KONSTRUKTION	KO
KONSTRUKTIONSANFORDERUNGEN	KA
KONSTRUKTIONSELEMENTE	KE
KONSTRUKTION UND BERECHNUNG	KB
KONSTRUKTION UND WISSENSMANAGEMENT	KW
KONSTRUKTIONSMETHODIK	KM
KONSTRUKTIONSTECHNIK	KT
KONSTRUKTION UND KOSTEN	KK
KONSTRUKTION UND GESTALTUNG	KG
KONSTRUKTION UND INNOVATION	KI
KONSTRUKTION UND PRODUKTENTSTEHUNG	KP
KONSTRUKTION UND RECHNEREINSATZ	KR
KONSTRUKTION UND SCHUTZRECHTE	KS
SACHWORTVERZEICHNIS	SV

Conrad u. a.
Taschenbuch der Konstruktionstechnik

Herausgeber

Prof. Dipl.-Ing. *Klaus-Jörg Conrad*
Fachhochschule Hannover

Autoren

Prof. Dipl.-Ing. *Klaus-Jörg Conrad*, Fachhochschule Hannover, (Kap. 1, 2, 3, 8, 12, 13, 14, 15, 16, 17, 21, 23, 26, 29)
Prof. Dr.-Ing. *Gerhard Engelken*, Fachhochschule Wiesbaden, (Kap. 5, 6)
Prof. Dr.-Ing. *Lars-Oliver Gusig*, Fachhochschule Braunschweig/Wolfenbüttel, (Kap. 20)
Prof. Dr.-Ing. *Horst Haberhauer*, Fachhochschule Esslingen – Hochschule für Technik, (Kap. 7, 11)
Prof. Dr.-Ing. *Falk Höhn*, Fachhochschule Hannover, (Kap. 22)
Dipl.-Ing. *Daniel Landenberger*, Universität Bayreuth, (Kap. 4)
Prof. Dr.-Ing. *Rainer Przywara*, Fachhochschule Hannover, (Kap. 9, 10, 19, 24)
Prof. Dr.-Ing. *Martin Reuter*, Fachhochschule Hannover, (Kap. 18, 25)
Prof. Dr.-Ing. *Wilhelm Rust*, Fachhochschule Hannover, (Kap. 27)
Dipl.-Ing. *Andreas Sauer*, Universität Duisburg-Essen, (Kap. 28)
Dr.-Ing. *Karsten Straßburg*, VB Autobatterie GmbH Hannover, (Kap. 30)
Prof. Dr.-Ing. habil. *Gerd Witt*, Universität Duisburg-Essen, (Kap. 28)
Dipl.-Umweltwiss. *Stefanie Wrobel*, Universität Bayreuth, (Kap. 4)

Taschenbuch der Konstruktionstechnik

herausgegeben von
Prof. Dipl.-Ing. Klaus-Jörg Conrad

Mit zahlreichen Bildern und Tabellen

FACHBUCHVERLAG LEIPZIG
im Carl Hanser Verlag

Bibliografische Information Der Deutschen Bibliothek

Die Deutsche Bibliothek verzeichnet diese Publikation in der Deutschen Nationalbibliografie; detaillierte bibliografische Daten sind im Internet über http://dnb.ddb.de abrufbar.

ISBN 3-446-22743-1

Die Wiedergabe von Gebrauchsnamen, Handelsnamen, Warenbezeichnungen usw. in diesem Werk berechtigt auch ohne besondere Kennzeichnung nicht zu der Annahme, dass solche Namen im Sinne der Warenzeichen- und Markenschutz-Gesetzgebung als frei zu betrachten wären und daher von jedermann benutzt werden dürften.

Dieses Werk ist urheberrechtlich geschützt.
Alle Rechte, auch die der Übersetzung, des Nachdrucks und der Vervielfältigung des Buches oder Teilen daraus, vorbehalten. Kein Teil des Werkes darf ohne schriftliche Genehmigung des Verlages in irgendeiner Form (Fotokopie, Mikrofilm oder ein anderes Verfahren), auch nicht für Zwecke der Unterrichtsgestaltung, reproduziert oder unter Verwendung elektronischer Systeme verarbeitet, vervielfältigt oder verbreitet werden.

Titelbilder: WABCO GmbH & Co. KG Hannover; IR-ABG Allgemeine Baumaschinen-Gesellschaft mbH Hameln

Fachbuchverlag Leipzig im Carl Hanser Verlag
© 2004 Carl Hanser Verlag München Wien
www.hanser.de/taschenbuecher
Projektleitung: Jochen Horn
Herstellung: Renate Roßbach
Umschlaggestaltung: Parzhuber & Partner Werbeagentur München
Umbruch: Werksatz Schmidt & Schulz GmbH, Gräfenhainichen
Druck und Bindung: Kösel, Krugzell
Printed in Germany

Vorwort

Die *Konstruktionstechnik* ist ein Bereich der Technikwissenschaften, der den Konstruktionsprozess und die Strukturgesetze technischer Systeme untersucht, um erfolgreich Produkte zu entwickeln. Das *„Taschenbuch der Konstruktionstechnik"* enthält eine praxisgerechte Darstellung aller Teilgebiete des Konstruktionsprozesses in übersichtlicher und strukturierter Form. Das wesentliche Ziel des Herausgebers und aller Autoren ist eine knappe Darstellung der Themen mit vielen Hinweisen auf Anwendungen und einfachen Beispielen.

Mit diesem Buch sollen Konstrukteure und Ingenieure angesprochen werden, die in den Bereichen Konstruktion, Entwicklung und CAD/CAM-Systeme tätig sind. Insbesondere ist dieses Taschenbuch für Studierende an Technikerschulen, Fachhochschulen und Technischen Universitäten geeignet, um den aktuellen Stand der Technik in der Konstruktion kurz und einprägsam zur Verfügung zu haben.

Obwohl nicht alle Fachgebiete und Besonderheiten behandelt werden konnten, enthält das Taschenbuch einen fundierten Überblick über Einsatz, Methoden, Vorgehensweisen und Hilfsmittel der Konstruktionstechnik. Grundlage dafür kann ein einfaches Schalenmodell der Konstruktionstechnik sein, das für alle typischen Konstruktionsprozesse geeignet ist.

Der gesamte Inhalt des Taschenbuches ist den drei Bereichen Grundlagenwissen, Fachwissen und Anwenderwissen zugeordnet, die jeweils vier Fachgebiete enthalten, um bewährte Strukturen darzustellen.

Die gemeinsame Behandlung dieser drei Bereiche in den dreißig Kapiteln dieses Taschenbuches soll auch den Zweck erfüllen, alle wesentlichen Themen der Konstruktionstechnik in einem Buch in knapper, übersichtlicher Form zu präsentieren. Für Vertiefungen sind zu jedem Kapitel umfangreiche Literaturangaben vorhanden.

Die Konstruktionstechnik, die Produktionstechnik und der Technische Vertrieb sind in besonderer Weise gefordert, im gesamten Bereich der Technik eine herausragende Rolle zu übernehmen. Die Entwicklung der Wirtschaft ist ohne Innovationen in den Unternehmen nicht denkbar. Neue Produkte erfordern oft neue Ideen, um die Erkenntnisse neuer Technologien in marktfähige Produkte umzusetzen. Die Entwicklung neuer Produkte mit leistungsfähigen Komponenten der Mechanik, Elektrotechnik, Elektronik und Informatik, die heute durch den Begriff Mechatronik erfasst werden, setzen die Beherrschung der Konstruktionstechnik und entsprechender Arbeitsmethoden, wie z. B. Teamarbeit, voraus.

Qualitätsgerechte Produkte werden heute von Ingenieuren konstruiert, die im Unternehmen prozessorientiert denken und handeln. Prozessmanagement und prozessorientierte Qualitätsmanagementsysteme werden deshalb ebenfalls behandelt.

Der Herausgeber dankt allen Autoren für ihren Einsatz und die Bereitstellung ihres Wissens. Allen Unternehmen, die Bildmaterial und Unterlagen zur Verfügung gestellt haben, danke ich ebenfalls. Bedanken möchte ich mich auch bei den Verfassern der Fachliteratur der behandelten Fachgebiete, von denen viele bewährte Darstellungen als Anregungen dienten. Für die vielen guten Hinweise bei der EDV-technischen Aufbereitung der Bilder und für die fachlichen Diskussionen danke ich meinen Mitarbeitern an der Fachhochschule Hannover. Besonderer Dank gilt Herrn Dipl.-Phys. *Jochen Horn* vom Carl Hanser Verlag, der sich sehr engagiert für das Gelingen dieses Taschenbuches eingesetzt hat.

In diesem Taschenbuch ist häufig von Konstrukteuren und Ingenieuren die Rede, gemeint sind natürlich *alle*: Frauen und Männer.

Anregungen, Hinweise und Stellungnahmen zur Verbesserung des Taschenbuches nehmen alle Autoren gern entgegen und werden diese für weitere Auflagen berücksichtigen.

Hannover, im August 2004 *Klaus-Jörg Conrad*

Inhaltsverzeichnis

Konstruktion KO
1 Einführung und Übersicht 20
   1.1 Einführung 20
   1.2 Übersicht 22
   1.3 Ingenieuraufgaben 22
   1.4 Konstruktionsmittel 23

Konstruktionsanforderungen KA
2 Technische Zeichnungen 28
   2.1 Grundlagen 29
   2.2 Zeichnungen – Normen und Regeln 32
      2.2.1 Papier-Endformate 33
      2.2.2 Schriftfelder für Zeichnungen 34
      2.2.3 Schriften technischer Zeichnungen . . . 35
      2.2.4 Maßstäbe 35
      2.2.5 Linienarten 36
   2.3 Axonometrische Darstellungen 39
   2.4 Zeichnungen – Informationen und Daten 40
      2.4.1 Geometrieinformationen 41
          2.4.1.1 Geometriedarstellungen in Ansichten 42
          2.4.1.2 Formelemente 46
      2.4.2 Bemaßungsinformationen 48
          2.4.2.1 Systeme der Maßeintragung . . 49
          2.4.2.2 Elemente der Maßeintragung . . 49
          2.4.2.3 Maßzahlen-Eintragung 51
          2.4.2.4 Eintragen von Maßen 51
          2.4.2.5 Maßeintragung an Formelementen 52
          2.4.2.6 Arten der Maßeintragung 57
          2.4.2.7 Eintragung von Toleranzen für Längen- und Winkelmaße 59
      2.4.3 Technologieinformationen 60
      2.4.4 Organisationsinformationen 61
   2.5 Hauptzeichnungen 64
   2.6 Grafische Symbole 66
   2.7 Technisches Freihandzeichnen 66
3 Normung 69
   3.1 Normen und Standards 69
   3.2 Normen und Richtlinien 70
   3.3 Aufgaben und Zweck der Normung 72
   3.4 Normen für den Konstruktionsprozess 73

3.5	Inhalt und Arten von DIN-Normen		74
3.6	Normzahlen und Normzahlreihen		75
4	Oberflächen		80
4.1	Was sind Oberflächen?		80
4.2	Kenngrößen zur Beschreibung der Feingestalt		80
	4.2.1 Gestaltabweichungen von Oberflächen		81
	4.2.2 Senkrechtkenngrößen (Amplitudenkenngrößen)		82
		4.2.2.1 Profilfilter und Profiltypen	82
		4.2.2.2 Mittenrauwerte Ra und Rq	83
		4.2.2.3 Höhe des Rauheitsprofils Rz, Rmax, Grundrautiefe $R3z$	84
		4.2.2.4 Gesamthöhe des Profils	85
	4.2.3 Gemischte Kenngrößen und Kennkurven		86
		4.2.3.1 Materialanteil des Profils $Rmr(c)$ und Materialanteilkurve	86
		4.2.3.2 Rauheitsprofil (Rpk, Rk, Rvk, Mr1, Mr2)	87
4.3	Funktion von Oberflächen und Wahl der Kenngrößen		88
4.4	Fertigungstechnisch erreichbare Feingestalt		90
4.5	Dokumentation der Feingestalt – Zeichnungseintragungen		91
4.6	Verfahren zur Erfassung der Feingestalt		92
	4.6.1 Optisch-manuelle Vergleichsverfahren		92
	4.6.2 Gerätebasierte optische Verfahren		93
	4.6.3 Mechanisch-elektrische Tastschnittverfahren		93
		4.6.3.1 Gleitkufentastsysteme	94
		4.6.3.2 Freitastsystem	94
5	Toleranzen und Passungen		97
5.1	Übersicht		97
5.2	Geometrische Produktspezifikation		97
5.3	Maße mit Toleranzangaben		99
	5.3.1 Toleranzarten und -begriffe		99
	5.3.2 Allgemeintoleranzen		101
	5.3.3 ISO-Toleranzsystem		102
5.4	Passungen		104
	5.4.1 Passungsarten und Begriffe		104
	5.4.2 Passungssysteme		105
	5.4.3 Zeichnungseintragungen		106
5.5	Tolerierungsgrundsatz		106
	5.5.1 Taylor'scher Prüfgrundsatz		106
	5.5.2 Unabhängigkeitsprinzip		107
	5.5.3 Hüllprinzip		108
5.6	Toleranzverknüpfungen in Maßketten		108
	5.6.1 Arithmetische Tolerierung		108
	5.6.2 Statistische Tolerierung		109

6	Form- und Lagetoleranzen		113
6.1	Übersicht und Begriffe		113
6.2	Toleranzarten für Form und Lage		116
	6.2.1	Formtoleranzen	116
	6.2.2	Profiltoleranzen	118
	6.2.3	Richtungstoleranzen	119
	6.2.4	Ortstoleranzen	120
	6.2.5	Lauftoleranzen	122
6.3	Anwendung der Maximum-Material-Bedingung		124
6.4	Hinweise für die Praxis		125

Konstruktionselemente KE

7	Maschinenelemente			130
7.1	Definition und Einteilung			130
7.2	Elemente zum Verbinden			130
	7.2.1	Stoffschlussverbindungen		131
		7.2.1.1	Schweißen	131
		7.2.1.2	Löten	132
		7.2.1.3	Kleben	132
	7.2.2	Reibschlussverbindungen		132
		7.2.2.1	Zylindrischer Pressverband	134
		7.2.2.2	Konischer Pressverband	134
		7.2.2.3	Spannelementverbindungen	135
		7.2.2.4	Klemmverbindungen	135
	7.2.3	Formschlussverbindungen		135
		7.2.3.1	Passfederverbindungen	136
		7.2.3.2	Profilwellen	136
		7.2.3.3	Bolzen- und Stiftverbindungen	137
	7.2.4	Elastische Verbindungen		137
	7.2.5	Schraubenverbindungen		138
7.3	Elemente zum Bewegen			139
	7.3.1	Achsen und Wellen		140
	7.3.2	Lager		141
		7.3.2.1	Gleitlager	141
		7.3.2.2	Wälzlager	142
	7.3.3	Führungen		143
	7.3.4	Kupplungen und Bremsen		144
	7.3.5	Getriebe		145
		7.3.5.1	Rädergetriebe	145
		7.3.5.2	Zugmitteltriebe	147
7.4	Elemente zur Leitung von Fluiden			147
	7.4.1	Leitungen		148
	7.4.2	Armaturen		148
7.5	Elemente zur Vermeidung von Schäden			149
7.6	Elemente zum Abdichten von Fluiden			150

Konstruktion und Berechnung KB

8 Konstruktionsberechnung 154
   8.1 Berechnungsverfahren 154
   8.2 Auslegungsrechnung 156
   8.3 Nachrechnung 158
   8.4 Optimierungsrechung 159
   8.5 Simulationsrechnung 160
   8.6 Grundlagen der Festigkeitsberechnung 162
      8.6.1 Grundaufgaben der Festigkeitsberechnung 162
      8.6.2 Grundbelastungsfälle 164
      8.6.3 Werkstoffverhalten 166
   8.7 Schwingende Beanspruchung 168
      8.7.1 Belastungsfälle 169
      8.7.2 Spannungsermittlung 170
      8.7.3 Werkstoffverhalten 172
      8.7.4 Zulässige Spannungen 175
   8.8 Festigkeitshypothesen 176

Konstruktion und Wissensmanagement KW

9 Wissensmanagement 182
   9.1 Ziele des Wissensmanagements 182
   9.2 Wege zur Umsetzung 183
      9.2.1 Taylorisierung von Wissensarbeit 184
      9.2.2 Wissen als Erkenntnisprozess 185
      9.2.3 Wissensmanagement auf der Grundlage der Unternehmensstrategie 185
      9.2.4 Der „Faktor Mensch" 186
10 Informationsmanagement in der Konstruktion 188
   10.1 Informationsquellen und -beschaffung 189
   10.2 Konstruktionsinformatik 191
   10.3 Simultaneous Engineering 192

Konstruktionsmethodik KM

11 Methodisches Konstruieren 196
   11.1 Einführung 196
   11.2 Technische Systeme 197
   11.3 Funktion 198
   11.4 Konstruktionsprozess 199
   11.5 Konzeptionsphase 200
      11.5.1 Aufgabenstellung 200
      11.5.2 Funktionsstruktur 203
      11.5.3 Lösungsprinzipien 204
      11.5.4 Konzept 205
   11.6 Gestaltungsphase 205
      11.6.1 Entwerfen 205
      11.6.2 Optimieren 206

11.6.3 Fertigungsunterlagen ... 207
11.7 Methoden zur Lösungsfindung ... 207
11.7.1 Konventionelle Hilfsmittel ... 208
11.7.2 Intuitive Methoden ... 208
11.7.3 Diskursive Methoden ... 210
11.8 Auswahl einer Lösung ... 212
11.8.1 Vorauswahl ... 212
11.8.2 Bewertung ... 212
11.9 Zusammenfassung ... 215

Konstruktionstechnik KT
12 Konstruktionstechnik ... 218
12.1 Konstruktionsprozess ... 218
12.2 Schalenmodell der Konstruktionstechnik ... 220
12.3 Traditionelles Denken und Systemdenken ... 221
12.4 Konstrukteur als Problemlöser ... 221
13 Organisation der Konstruktion ... 224
13.1 Unternehmensorganisation ... 224
13.2 Abteilungsorganisation ... 226
13.2.1 Funktionale Organisation ... 227
13.2.2 Projektmanagement ... 228
13.2.3 Mitarbeiter und Organisation ... 229
14 Prozessmanagement ... 230
14.1 Prozesse ... 230
14.2 Prozessorientierung ... 233
14.3 Geschäftsprozessmanagement ... 234
14.3.1 Geschäftsprozesse ... 234
14.3.2 Geschäftsprozesstypen ... 237
14.3.3 Prozessmodell der DIN EN ISO 9000: 2000 238
14.3.4 Prozess-Landkarte ... 240
14.3.5 Kunden-Lieferanten-Beziehungen ... 241
14.3.6 Gestaltung von Geschäftsprozessen ... 242
14.3.6.1 Struktur der Geschäftsprozesse 243
14.3.6.2 Beschreibung der Geschäftsprozesse ... 243
14.3.6.3 Beschreibung der Teilprozesse . 246
14.3.7 Prozessdokumentation ... 247
15 Konstruktionsablauf ... 249
15.1 Konstruktionsphasen und Vorgehen ... 249
15.2 Klären und Präzisieren der Aufgabenstellung ... 251
15.3 Anforderungslisten ... 252
15.4 Konzipieren ... 255
15.5 Entwerfen ... 255
15.6 Ausarbeiten ... 257
15.6.1 Erzeugnisgliederung ... 257
15.6.2 Stücklisten ... 260

Inhaltsverzeichnis

- 15.6.2.1 Stücklistenaufbau 260
- 15.6.2.2 Gliederung der Stücklistenarten . 262
- 15.6.2.3 Sinn und Zweck von Stücklisten . 263
- 15.6.3 Nummernsysteme 263
  - 15.6.3.1 Nummerungstechnik – Grundlagen 263
  - 15.6.3.2 Ziele der Nummerung 265
  - 15.6.3.3 Nummernsysteme 265
  - 15.6.3.4 Sachnummernsysteme 265
  - 15.6.3.5 Sachmerkmale 267

16 Prozessorientierte Qualitätsmanagementsysteme 271
- 16.1 Systemübersicht 271
  - 16.1.1 ISO 9000:2000/DIN EN ISO 9000:2000 . 272
  - 16.1.2 Total Quality Management 273
  - 16.1.3 Six Sigma Quality 278
- 16.2 Bewertung von Managementsystemen 281
  - 16.2.1 EFQM-Modell 282
  - 16.2.2 European Quality Award 286
  - 16.2.3 Der Ludwig Erhard Preis 287
- 16.3 Verbesserung von Prozessen und Qualität 287
  - 16.3.1 Kontinuierlicher Verbesserungsprozess .. 288
  - 16.3.2 Kundenorientierung verbessern 291
  - 16.3.3 Kundenorientierung und Kundenzufriedenheit 292
  - 16.3.4 Qualitätsbezogene Kosten 295
  - 16.3.5 Wertschöpfung in Prozessen 299
  - 16.3.6 Leistungsfähigkeit der Prozesse 301

17 Variantenmanagement 306
- 17.1 Produkt- und Teilevielfalt ermitteln 306
- 17.2 Produkt- und Teilevielfalt analysieren 307
- 17.3 Produkt- und Teilevielfalt reduzieren 308
- 17.4 Baureihen konstruieren 309
  - 17.4.1 Normzahlen anwenden 310
  - 17.4.2 Ähnlichkeitsgesetze anwenden 312
- 17.5 Baukasten konstruieren 313

18 Werkstoffauswahl 316
- 18.1 Allgemeine Aspekte der Werkstoffauswahl 317
- 18.2 Entscheidungssituationen 318
- 18.3 Der Teilprozess Werkstoffwahl 320
  - 18.3.1 Eine Anforderungsliste für den Konstruktionswerkstoff 321
    - 18.3.1.1 Ableiten von Suchkriterien . 324
  - 18.3.2 Suche und Auswahl von Werkstofflösungen 324
    - 18.3.2.1 Hilfsmittel Werkstoffschaubild .. 326
    - 18.3.2.2 Hilfsmittel Designparameter ... 329
    - 18.3.2.3 Hilfsmittel Fachliteratur 331

Inhaltsverzeichnis 13

		18.3.2.4	Hilfsmittel Materialkosten	336
	18.3.3		Bewertung der Auswahlkandidaten	338
	18.3.4		Analyse und endgültige Materialwahl	339
18.4	Zusammenfassung			341
19 Marketing und Vertrieb, Einkauf				344
19.1	Das Unternehmen im Wettbewerb			345
	19.1.1		Das Wettbewerbsmodell von Michael Porter	345
	19.1.2		Erfolgsstrategien	347
	19.1.3		Marktbearbeitung durch Segmentierung	348
19.2	Analyse des Produktangebots			349
	19.2.1		ABC-Analyse	349
	19.2.2		Portfolio-Analyse	350
	19.2.3		Produktlebenszyklus-Konzept	351
19.3	Vertrieb und Einkauf im B2B-Geschäft			352
	19.3.1		Einfache Regeln zur Kundenorientierung	352
	19.3.2		Organisationales Beschaffungsverhalten	353

Konstruktion und Kosten KK

- 20 Kosten in der Konstruktion ... 358
  - 20.1 Kostenverantwortung der Konstruktion ... 358
    - 20.1.1 Bedeutung der Kosten ... 359
    - 20.1.2 Wichtige Kostenbegriffe ... 360
  - 20.2 Einflussgrößen verschiedener Kostenbereiche ... 361
    - 20.2.1 Herstellkosten ... 362
    - 20.2.2 Entwicklungs- und Konstruktionskosten ... 363
    - 20.2.3 Selbstkosten ... 365
    - 20.2.4 Lebenslaufkosten (Life-Cycle-Cost) ... 366
  - 20.3 Verfahren zur Kostenermittlung ... 368
    - 20.3.1 Grundlagen der Kostenrechnung ... 368
    - 20.3.2 Kalkulationsverfahren ... 370
    - 20.3.3 Kostenfrüherkennung ... 373
    - 20.3.4 Relativkostenrechnung ... 375
  - 20.4 Kostenmanagement in der Konstruktion ... 376
    - 20.4.1 Methodenüberblick ... 377
    - 20.4.2 Target Costing ... 381
    - 20.4.3 Wertanalyse ... 382

Konstruktion und Gestaltung KG

- 21 Technische Gestaltung ... 386
  - 21.1 Entwerfen und Gestalten ... 386
  - 21.2 Gestaltungsgrundregeln ... 390
    - 21.2.1 Eindeutig als Grundregel ... 391
    - 21.2.2 Einfach als Grundregel ... 391
    - 21.2.3 Sicher als Grundregel ... 392
  - 21.3 Gestaltungsprinzipien ... 393
- 22 Industriedesign und Ergonomie ... 398
  - 22.1 Einordnung der Gestaltung ... 398

22.2 Gestalterische Mittel 401
22.3 Gestaltungsansätze 404
22.4 Ergonomie 406
    22.4.1 Aufgaben der Ergonomie bei der Produktentwicklung und -gestaltung 408
    22.4.2 Eigenschaften des Menschen 410
22.5 Beispiele 412
22.6 Zusammenfassung 415

23 Gestaltungsrichtlinien 416
  23.1 Funktionsgerechte Gestaltung 418
  23.2 Beanspruchungsgerechte Gestaltung 419
  23.3 Werkstoffgerechte Gestaltung 421
  23.4 Fertigungsgerechte Gestaltung 424
  23.5 Montagegerechte Gestaltung 430
  23.6 Toleranzgerechte Gestaltung 436
  23.7 Transportgerechte Gestaltung 438
  23.8 Sicherheit und Zuverlässigkeit 441
  23.9 Anschluss- und Schnittstellen 446
  23.10 Korrosion und Verschleiß 448
  23.11 Instandhaltung und Gebrauch 450
  23.12 Recyclinggerechte Gestaltung 452
  23.13 Entsorgungsgerechte Gestaltung 461

Konstruktion und Innovation KI

24 Innovation technischer Produkte 468
  24.1 Bedeutung und Ursachen von Innovationen 468
    24.1.1 Herkunft des Wortes Innovation 468
    24.1.2 Der Innovationsbegriff 469
    24.1.3 Ursachen von Produktinnovationen 471
    24.1.4 Wirtschaftliche Bedeutung von Innovationen 471
        24.1.4.1 Entstehung von Pioniergewinnen 472
        24.1.4.2 Sonstige Auswirkungen 473
  24.2 Quellen der Innovation 473
    24.2.1 Entwickeln eigener Ideen 476
        24.2.1.1 Logisch-systematische Verfahren 476
        24.2.1.2 Intuitiv-kreative Verfahren 477
    24.2.2 Nutzung fremder Kreativität 479
  24.3 Technologie- und Innovationsmanagement 480
    24.3.1 Entwicklung einer Technologie-Strategie . . 481
        24.3.1.1 Bemessung des F&E-Budgets . 482
        24.3.1.2 Formulierung der F&E-Strategie 483
    24.3.2 Gezieltes Innovationsmanagement 485
        24.3.2.1 Auswahl von Zukunftstechnologien 486
        24.3.2.2 Effektive Gestaltung von Projektportfolios 488

24.3.3	Effiziente Steuerung von Innovations-projekten	490
24.3.3.1	Zeitmanagement	491
24.3.3.2	Qualitätsmanagement	492
24.3.3.3	Steigerung der Innovationskraft	492
24.3.3.4	Ressourcenmanagement	493
24.3.3.5	F & E-Controlling	493
24.3.3.6	Personalmanagement	493
24.3.4	Die innovationsorientierte Organisation	494

Konstruktion und Produktentstehung KP

25	Produktentstehung	498
25.1	Produktplanung	500
25.1.1	Potenzialfindung	500
25.1.1.1	Befragung der Kunden	501
25.1.1.2	Methoden zur Marktanalyse	502
25.1.1.3	Der Blick in die Zukunft	505
25.1.2	Produktfindung	506
25.1.3	Geschäftsplanung	509
25.2	Produktentwicklung	509
25.2.1	Die Ingenieurarbeit in der Produktentwicklung	511
25.2.2	Aufgabe klären	513
25.2.3	Konzeptfindung	515
25.2.4	Vom Konzept zum Entwurf	516
25.2.5	Gestaltung und Ausarbeitung	519
25.2.6	Prototypen, Vor- und Nullserie	520
25.2.7	Produktionsvorbereitung	521
25.3	Integrierte Produktentwicklung (IPE)	525
25.3.1	Management der Komplexität	526
25.3.1.1	Arbeitsteilung und Ablauforganisation	526
25.3.1.2	Projektmanagement	528
25.3.2	Management der Qualität	531
25.3.2.1	Qualitätsmanagement	532
25.3.2.2	Werkzeuge zur Qualitätssicherung	536
25.3.3	Management „kurzer" Entwicklungszeiten	537
25.3.4	Allgemeine Aspekte der Produktentwicklung	538
25.4	Ausgewählte Methoden der Produktentwicklung	540
25.4.1	Häufig eingesetzte Methoden	540
25.4.1.1	Quality Function Deployment (QFD)	540
25.4.1.2	Benchmarking	542
25.4.1.3	Risikoanalyse	544

		25.4.1.4	Statistische Versuchsmethodik (DoE)	547

- 25.4.2 An Einfluss gewinnende Werkzeuge und Methoden ... 549
  - 25.4.2.1 Produktdaten-Management (PDM) ... 549
  - 25.4.2.2 Rapid und Virtual Prototyping ... 551

Konstruktion und Rechnereinsatz KR

- 26 Rechnerunterstützung der Konstruktion ... 560
  - 26.1 CAD/CAM-Begriffe und Übersicht ... 560
    - 26.1.1 CAD – Computer Aided Design ... 560
    - 26.1.2 CAP – Computer Aided Planning ... 561
    - 26.1.3 CAM – Computer Aided Manufacturing ... 562
    - 26.1.4 CAQ – Computer Aided Quality Assurance ... 563
    - 26.1.5 PPS – Produktionsplanung und -steuerung ... 563
    - 26.1.6 CAD/CAM ... 564
  - 26.2 CAD-Systeme ... 565
    - 26.2.1 CAD-System-Schnittstellen ... 566
    - 26.2.2 2D-CAD-Systeme ... 567
    - 26.2.3 Konstruieren mit 3D-CAD/CAM-Systemen ... 569
    - 26.2.4 3D-CAD-Systeme ... 572
      - 26.2.4.1 Feature-Technologie ... 573
      - 26.2.4.2 Parametrische CAD-Systeme ... 574
- 27 Finite-Elemente-Methode ... 580
  - 27.1 Computergestützte Berechnung in der Konstruktion ... 580
    - 27.1.1 Berechnung und Simulation ... 580
    - 27.1.2 Numerische Verfahren ... 580
    - 27.1.3 Analytische oder FEM-Berechnung? ... 581
    - 27.1.4 Versuch oder FEM-Berechnung? ... 582
  - 27.2 Hintergründe der Finite-Elemente-Methode ... 582
    - 27.2.1 Grundgedanke ... 582
    - 27.2.2 Begriffe ... 583
    - 27.2.3 Ansatz ... 584
    - 27.2.4 Knotenkräfte, Steifigkeitsmatrix ... 584
    - 27.2.5 Ablauf einer FE-Berechnung ... 585
    - 27.2.6 Elementtypen ... 586
  - 27.3 Genauigkeit und Aufwand ... 586
  - 27.4 Anwendungsgebiete und Berechnungsziele ... 587
  - 27.5 Lineare und nichtlineare Berechnungen ... 588
  - 27.6 Modellbildung, Idealisierung ... 589
  - 27.7 CAD-FEM-Kopplung ... 591
  - 27.8 Interpretation der Ergebnisse ... 592
  - 27.9 Varianten- und Parameterstudien, Optimierung ... 594
  - 27.10 Qualitätssicherung ... 595
  - 27.11 Auswahl geeigneter Software ... 595

Inhaltsverzeichnis 17

28 Rechnerunterstützung der Produktion 597
   28.1 Rapid Prototyping – RP 597
   28.2 Gestaltung und Fertigung 600
   28.3 Werkzeuge 603
      28.3.1 Stereolithographie – SL 603
      28.3.2 Laser-Sintern – LS 605
      28.3.3 Selective Laser Melting – SLM 607
      28.3.4 Laserformen 608
      28.3.5 Laser Cusing – LC 609
      28.3.6 Layer Laminate Manufacturing – LLM ... 609
      28.3.7 Fused Layer Modeling – FLM 610
      28.3.8 3D-Printing – 3DP 612
      28.3.9 Electron Beam Melting – EBM 613
29 Produktdaten-Management 615
   29.1 Konstruktion und Informationstechnik 615
   29.2 Virtuelle Produktentwicklung 616
   29.3 Virtualisierung der Produktentwicklung und
       Digital Mock-Up 618
   29.4 Produktdaten Management 620
   29.5 Von PDM zu PLM 622
   29.6 Produktlebenszyklus-Management 625

Konstruktion und Schutzrechte KS
30 Schutzrechte in der Konstruktion 628
   30.1 Arten gewerblicher Schutzrechte 628
      30.1.1 Das Patent 628
      30.1.2 Das Gebrauchsmuster 628
      30.1.3 Das Geschmacksmuster 629
      30.1.4 Die Marke 629
      30.1.5 Weitere Schutzrechte 629
   30.2 Wirkung von gewerblichen Schutzrechten 630
   30.3 Arbeitnehmererfindungen 630
   30.4 Patentbewertung 631
   30.5 Patente als Informationsquelle 631
      30.5.1 Vorgehen bei einer Patentrecherche 632
      30.5.2 Patentrecherche im Internet 632
      30.5.3 Die internationale Patentklassifikation ... 633

Sachwortverzeichnis SV 635

KONSTRUKTION

1 Einführung und Übersicht

1 Einführung und Übersicht

Prof. Dipl.-Ing. Klaus-Jörg Conrad

Konstruktion, Konstruktionsmittel, Konstruktionsmethodik und Konstruktionstechnik sind als Begriffe mit unterschiedlichen Vorstellungen sehr verbreitet. In diesem einleitenden Kapitel sollen deshalb grundlegende Klärungen und Erläuterungen so dargestellt werden, dass eine Übersicht vorhanden ist, die eine effektive Nutzung des Taschenbuches ermöglicht.

1.1 Einführung

Technische Produkte werden in Unternehmen nach den Anforderungen des Marktes entwickelt, hergestellt und verkauft. Auch wenn heute viele weitere Aufgaben zu erledigen sind, gilt immer noch der alte Grundsatz:

Konstruieren – Fertigen – Verkaufen

Daraus haben sich folgerichtig Fachgebiete entwickelt, die einen wesentlichen Bereich der Technik abdecken:

- Konstruktionstechnik (KT)
- Produktionstechnik (PT)
- Vertriebstechnik (VT)

Konstruktionstechnik wird in der Regel als übergeordneter Begriff verstanden für alle Bereiche der Konstruktion, der Entwicklung, der Arbeitsweisen beim Konstruieren und der Ergebnisse dieser Bereiche. **Konstruieren** umfasst alle Tätigkeiten zur Darstellung und eindeutigen Beschreibung von gedanklich realisierten technischen Gebilden als Lösung technischer Aufgaben. Die **Konstruktion** ist eine Abteilung oder das Ergebnis einer konstruktiven Tätigkeit, in dem eine technische Lösung entwickelt und dargestellt wird. [1]

Die Konstruktionstechnik wird in einem Kapitel ausführlich behandelt.

Produktionstechnik hat sich als übergeordneter Begriff für die Bereiche Produktionstechnologie, Produktionsmittel und Produktionslogistik entwickelt und wird durch die Aufgabe definiert. Aufgabe der Produktionstechnik ist die Anwendung geeigneter Produktionsverfahren und Produktionsmittel zur Durchführung von Produktionsprozessen bei möglichst hoher Produktivität. [3]

Technischer Vertrieb ist ein allgemeiner Begriff für die Verkaufsorganisation von Unternehmen der Investitionsgüter- und Zulieferindustrie. In

1 Einführung und Übersicht

diesen Branchen erfolgt der Verkauf erklärungsbedürftiger Güter, für die Vertriebsmitarbeiter Fähigkeiten und Erfahrungen in unterschiedlichen Bereichen haben müssen. Gefordert ist das technische Fachwissen eines Ingenieurs, die Erfahrungen eines Betriebswirtschaftlers bzw. Marketing-Fachmanns und das Können eines Verkäufers. [2]

Diese einfache Übersicht zeigt schon die unterschiedlichen Aufgaben und Tätigkeiten dieser drei Bereiche, die sich natürlich auch auf die Anforderungen an die Menschen auswirken. Konstrukteure, Produktionstechniker und Vertriebsleute haben und brauchen bestimmte Eigenschaften zur erfolgreichen Ausübung ihrer Tätigkeiten.

Was zur Konstruktionstechnik gehört, kann unterschiedlich definiert werden. Konstruktionstechnik ist nicht nur ein umfangreiches Fachgebiet, sondern auch ein Studiengang im Maschinenbau mit entsprechenden Anforderungen. Eine Darstellung der Zuordnung von Kenntnissen und Eigenschaften enthält das folgende Bild 1.1.

K = Kreativität
  O = Offenheit
    N = Neugier
      S = Standardisierung
        T = Technikinteresse
          R = Rationalisierung
            U = Unruhe
              K = Kostendenken
                T = Technologiewissen
              I = Innovation
                O = Organisation
                  N = Neigung
                    S = Strategie
                  T = Technische Machbarkeit
              E = Ergebnisorientierung
            C = Computereinsatz
          H = Handeln
          N = Nachdenken
      I = Ideen
      K = Können

Bild 1.1: Konstruktionstechnik mit Kenntnissen und Eigenschaften

Die Anforderungen an Ingenieure für den Bereich Konstruktionstechnik (KT) mit den in Bild 1.1 zugeordneten Eigenschaften beruhen auf persönlichen Erfahrungen und bekannten Wünschen aus der Praxis. Dieses Bild soll zum Nachdenken anregen und bei Interesse zum Nachschlagen in den folgenden Kapiteln.

Für die Produktionstechnik (PT) als zentralen Bereich der Fabrik sind Ingenieurkenntnisse schon immer durch entsprechende Studiengänge vermittelt worden. Der Bereich Vertriebstechnik (VT) hat in den letzten Jahren eine ständig zunehmende Bedeutung erlangt und wird ebenfalls als Studiengang angeboten. Da heute fast jeder Produkte herstellen kann, der Verkauf aber besondere Qualifikationen bei Ingenieuren voraussetzt, ist der Vertrieb ein wichtiger Partner für die Konstruktion.

1.2 Übersicht

Die zum Erfolg des Unternehmens erforderliche Zusammenarbeit soll in den folgenden Kapiteln aus der Sicht der Konstruktionstechnik vorgestellt werden. Deshalb werden nicht nur reine Konstruktionsthemen behandelt, sondern auch die der angrenzenden Fachgebiete.

Die Tabelle 1.1 enthält als Übersicht die drei Bereiche Grundlagenwissen, Fachwissen und Anwenderwissen mit den zugeordneten Fachgebieten, die behandelt werden. Das Inhaltsverzeichnis zeigt dann die Themen der Kapitel und das Sachwortverzeichnis die Begriffe.

Tabelle 1.1: Übersicht der behandelten Fachgebiete

Grundlagenwissen	Fachwissen	Anwenderwissen
Konstruktionsanforderungen	Konstruktionsmethodik	Konstruktion und Innovation
Konstruktionselemente	Konstruktionstechnik	Konstruktion und Produktentstehung
Konstruktion und Berechnung	Konstruktion und Kosten	Konstruktion und Rechnereinsatz
Konstruktion und Wissensmanagement	Konstruktion und Gestaltung	Konstruktion und Schutzrechte

1.3 Ingenieuraufgaben

Die Tätigkeit von Ingenieuren hat sich schon immer an einer Vorgehensweise orientiert, die die Verknüpfung von Wissenschaft und Praxis als wesentliches Merkmal hatte. Dabei wurden die Ingenieuraufgaben jemandem zugeordnet, der entsprechend der Übersetzung aus dem Französischen „sinnreiche Vorrichtungen baut" und dafür natürliche Begabung, Erfindungskraft, Genie und Erfahrung mitbringt.

Im Laufe der Jahre wurde mit der Entwicklung der Technik eine etwas differenziertere Betrachtungsweise entwickelt, die Bild 1.2 zeigt.

Die Lösung von Ingenieuraufgaben ist gekennzeichnet durch die Verknüpfung von Praxiswissen mit theoretischen Kenntnissen und der

1 Einführung und Übersicht

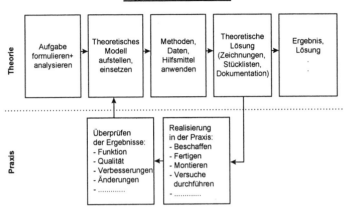

Bild 1.2: Vorgehen beim Bearbeiten von Ingenieuraufgaben [1]

schrittweisen Entwicklung von Lösungsideen zu Produkten oder Verfahren. Gleichzeitig stellte sich immer häufiger heraus, dass erst durch die Realisierung der theoretischen Lösung in der Praxis und durch Überprüfen der geforderten Ergebnisse die Anforderungen an die Aufgabe als erfüllt bestätigt werden konnten oder nicht.

Daraus ergibt sich der wesentliche Kreislauf zwischen Theorie und Praxis, der insbesondere auch für Konstrukteure sehr wichtig ist. Konstrukteure müssen stets das von ihnen entwickelte Produkt in den folgenden Produktentstehungsphasen begutachten, um Erfahrungen in der Praxis zu sammeln. Außerdem ist es sehr erkenntnisfördernd, wenn sie das entwickelte Produkt im Einsatz beim Kunden beobachten können. [1]

1.4 Konstruktionsmittel

Konstruktionsmittel sind zum Erreichen konstruktiver Lösungen erforderlich. Der Einsatz richtet sich nach den Konstruktionsaufgaben. Konstruktionsmittel werden ständig weiterentwickelt und sollten Konstrukteuren durch Weiterbildung vermittelt werden. Insbesondere führte die zunehmende Unterstützung durch Rechner zu anderen Arbeitsabläufen im Konstruktionsbereich.

Die Konstruktionsmittel für die grundlegenden Aufgaben der Konstrukteure sind immer noch wichtig und oft sehr sinnvoll für das Konstruktionsergebnis. Die Tabelle 1.2 enthält als Übersicht wichtige Konstruktionsmittel mit Beispielen.

Tabelle 1.2: Konstruktionsmittel

Tätigkeit	Ergebnis	Konstruktionsmittel
Nachdenken	Idee	Kreativität
Darstellen	Handskizze	Papier, Bleistift, Radiergummi
Verständlich aufbereiten nach Normen	Technische Zeichnung	Lineal, Zirkel, Winkelmesser, Stifte, Linienarten, Schrift, Symbole, Elemente, Richtlinien
Planen, Konzipieren, Entwerfen, Ausarbeiten, Konstruieren und Berechnen	Anforderungen, Konzept, Geometrie, Abmessungen, Formen, Werkstoffe, Funktion, Eigenschaften	Gestaltung, Berechnung, Formelemente, Maschinenelemente, Bücher, Regeln, Erfahrung
Neue Produkte entwickeln	Teile, Baugruppen, Produkte, Anlagen	Intuition, Methodik, Erfahrung, Hilfsmittel, Informationen, Wissen
Produkteigenschaften untersuchen	Virtuelle Darstellung von Produkten, Aufgaben für Versuche	CAD/CAM-System, Simulationsprogramme, Versuche
Berechnen, auslegen, optimieren	Geometrie, Abmessungen, Werkstoffe der Produkte, Schnittstellen	Programme, FEM (Finite-Elemente-Methode), Versuche
Dreidimensionales Modellieren und Konstruieren	Teile, Baugruppen, Produkte, Produktdaten, Datenaustausch	3D-CAD/CAM-System, Systemschnittstellen, Vernetzung
Speichern von Papier	Technische Zeichnungen, Stücklisten, Dokumentation	Ablage in Ordnern, in der Rolle, im Schrank
Speichern und Ausgeben von Dateien	Technische Zeichnungen, Stücklisten, Dokumentation	Dateien in EDV-Anlage, CAD-System, Drucker, Plotter

Als **Handwerkszeug** für Konstrukteure haben sich Papier, Bleistift und Radiergummi bewährt, um Freihandzeichnungen oder Skizzen zur Darstellung von Einzelheiten oder von Zusammenhängen anzufertigen. Dazu gehören auch technische Zeichnungen, die manuell am Zeichenbrett erstellt werden, deren Anzahl zwar ständig abnimmt, die aber immer noch eingesetzt werden. Dies gilt insbesondere für kleine Unternehmen mit Einzel- oder Kleinserienfertigung und einem Technischen Büro ohne eigene Produktkonstruktion, für die es also unwirtschaftlich ist, Zeichnungen mit Rechnerunterstützung zu erstellen.

Zeichnungen gehören immer noch zu einem der wichtigsten Verständigungsmittel in der Technik und sind insbesondere in Fertigung und Montage sowie auf Baustellen in Papierform erforderlich.

Wie Tabelle 1.2 zeigt, gehören heute neben dem Handwerkszeug vor allem Intuition, Methoden und Hilfsmittel zur systematischen Erarbei-

1 Einführung und Übersicht

tung von konstruktiven Lösungen technischer Aufgaben mit und ohne Rechnereinsatz. Erfahrungen und die in Tabelle 1.1 angegebenen Fachgebiete der drei Bereiche sind zum Konstruieren erforderlich. Die Ergebnisse sind Zeichnungen, Stücklisten und technische Dokumentation. Sie werden in der Regel als Dateien eines CAD-Systems vorliegen und sind in dieser Form auch weiterzuverarbeiten.

Quellen und weiterführende Literatur

[1] *Conrad, K.-J.:* Grundlagen der Konstruktionslehre. 2. Aufl., München Wien: Carl Hanser Verlag, 2003
[2] *Kapeller, W.:* Das Marketing-Lexikon für die Praxis. Landsberg/Lech: Verlag Moderne Industrie, 2000
[3] *Spur, G.:* Produktion. In: in Hütte – Die Grundlagen der Ingenieurwissenschaften. 31. Aufl., Berlin: Springer Verlag, 2000

KONSTRUKTIONS-ANFORDERUNGEN

KA

2 Technische Zeichnungen
3 Normung
4 Oberflächen
5 Toleranzen und Passungen
6 Form- und Lagetoleranzen

2 Technische Zeichnungen

Prof. Dipl.-Ing. Klaus-Jörg Conrad

Zeichnungen sind maßstäbliche, aus Linien bestehende bildliche Darstellungen eines oder mehrerer Gegenstände mit den jeweils notwendigen Ansichten, Perspektiven und sonstigen Angaben. Zeichnungen sind z. B. für künstlerische oder technische Zwecke erforderlich. Für den Maschinenbau wird definiert:

> **Technische Zeichnungen** sind bildliche Darstellungen von technischen Lösungen, die alle notwendigen Angaben zur Herstellung und zur Darstellung der Funktion von Teilen, Baugruppen, Maschinen oder Anlagen enthalten, die in der Regel in Normen festgelegt sind.

Zum technischen Zeichnen gehören Kenntnisse aller wichtigen Vereinbarungen für die Zeichnungserstellung sowie Informationen und Daten der dargestellten technischen Gebilde nach Bild 2.1.

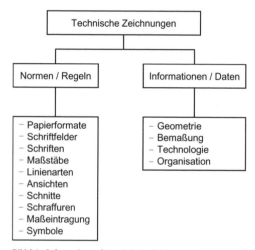

Bild 2.1: Informationen für technische Zeichnungen

Technische Zeichnungen anfertigen und lesen können gehört zum Handwerkszeug aller Ingenieure. Sie sind als „Sprache" eine wesentliche Grundlage für die Verständigung und den Informationsaustausch in der Technik. Die gedankliche Umsetzung bei der Darstellung von dreidimensionalen Körpern als zweidimensionale Ansichten erfordert räumliches

2 Technische Zeichnungen

Denken mit Vorstellungen von Formen. Das Lesen und Verstehen technischer Zeichnungen wird durch Skizzieren, Anfertigen von Zeichnungen und Vorstellungsübungen für das räumliche Denken erlernbar.

2.1 Grundlagen

Technische Zeichnungen müssen nach Regeln und Normen angefertigt werden, die eindeutig und klar für die manuelle und für die rechnerunterstützte Zeichnungserstellung gelten. Tabelle 2.1 enthält wichtige Normen. Die durch neue Normen ersetzten bisher geltenden DIN-Normen sind nicht mehr angegeben, wie z. B. DIN 6 für Ansichten und Schnitte.

Tabelle 2.1: Normen für technische Zeichnungen

Bezeichnungen	Normen
Darstellung von Linien	DIN ISO 128-20 bis -24
Ansichten und Schnitte	DIN ISO 128-30 bis -50
Ausführung von Schriften	DIN EN ISO 3098-0 bis -3 bis
Maßeintragung	DIN 406 Teil 10 bis 12
Positionsnummern	DIN ISO 6433
Darstellung von Gewinden	DIN ISO 6410-1 bis -3
Darstellung von Federn	DIN ISO 2162
Angabe der Oberflächenbeschaffenheit	DIN ISO 1302
Maßstäbe für technische Zeichnungen	DIN ISO 5455

DIN 199 definiert wesentliche Begriffe im Zeichnungs- und Stücklistenwesen.

Die Darstellung von Werkstücken oder Baugruppen auf einer Ebene in Form einer technischen Zeichnung erfolgt durch **Projektionen** nach DIN ISO 128-30. Projektionen entstehen durch Abbilden der Konturen eines Körpers auf einer hinter dem Körper liegenden Ebene.

Für technische Zeichnungen wird die orthogonale Projektion bzw. Normalprojektion eingesetzt. Es handelt sich um eine rechtwinklige Parallelprojektion. Damit können nur parallele Ebenen des Körpers gezeichnet werden. Sind mehrere Ansichten des Werkstücks zu zeichnen, so werden diese durch Betrachten des Körpers von mehreren Seiten aus auf rechtwinklig zueinander angeordneten Ebenen dargestellt. Bild 2.2 zeigt dieses Verfahren.

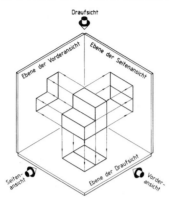

Bild 2.2: Orthogonale Projektion eines Körpers in einer Raumecke [6]

Das Aufklappen der Raumecke ohne Körper zeigt die Lage der Körperumrisse zu den Projektionsachsen. Durch Projektionslinien werden die Körperumrisse und -konturen zwischen den Ansichten verbunden. Sie verlaufen parallel zu den Projektionsachsen bzw. Projektionsebenen. Diese Darstellung im Bild 2.3 nennt man **Dreitafelprojektion**.

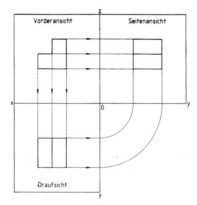

Bild 2.3: Dreitafelprojektion nach DIN ISO 128-30

Die Anordnung der Ansichten auf einer Ebene kann nach Projektionsmethode 1 oder 3 erfolgen und ist durch ein Symbol im oder über dem Schriftfeld zu kennzeichnen. Im deutschsprachigen Raum wird die **Projektionsmethode** 1 angewendet. Bild 2.4 zeigt durch ein Symbol, wie die Ansichten geklappt und angeordnet werden. Um Fehler zu vermeiden,

2 Technische Zeichnungen

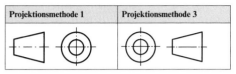

Bild 2.4: Projektionsmethoden nach DIN ISO 128-30

sind Zeichnungen mit englischsprachiger Beschriftung stets zu analysieren, um die Darstellung der Ansichten sicher zu erkennen.

Die Anordnung der Ansichten nach der Projektionsmethode 1 ist in Bild 2.5 gezeigt. In diesem Bild sind nicht nur drei, sondern alle möglichen Ansichten dargestellt, die bei komplexer Gestaltung eines Teiles erforderlich sein können.

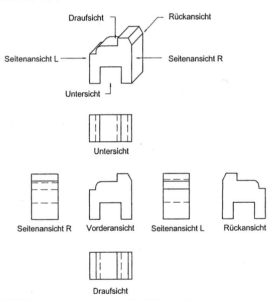

Bild 2.5: Ansichtenanordnung nach Projektionsmethode 1

Die Anzahl der erforderlichen **Ansichten** wird aus wirtschaftlichen Gründen so gewählt, dass nur die Ansichten gezeichnet werden, die für eine eindeutige und unverwechselbare Darstellung des Körpers erforderlich sind.

Die Werkstücke werden mit der aussagefähigsten Ansicht als Vorderansicht dargestellt. Seitenansicht und Draufsicht können zur Ergänzung gezeichnet werden. Die Vorderansicht sollte alle wesentlichen Merkmale des Teiles zeigen. Auf einer Zeichnung darf nur eine Projektionsmethode angewendet werden.

2.2 Zeichnungen – Normen und Regeln

Technische Zeichnungen werden als Skizzen, Teil-Zeichnungen, Gruppen-Zeichnungen oder zur Darstellung von Maschinen und Anlagen gebraucht. Dementsprechend gibt es viele bewährte Lösungen, die in der DIN 199-1 begrifflich erfasst. Eine Ordnung zeigt die Einteilung der Zeichnungen nach:

- Art der Darstellung
- Art der Anfertigung
- Inhalt
- Zweck

Nach der **Art der Darstellung** wird unterschieden zwischen Skizze, Zeichnung, Plan oder Technische Zeichnung.

Bei der **Anfertigung** wird die Art der Erstellung erfasst. Zeichnungen können frei Hand auf Papier skizziert, mit Lineal, Zirkel und Tusche maßstäblich auf Transparent gezeichnet oder durch Eingabe von Befehlen als grafische Daten in einem CAD-System erzeugt werden.

Der **Inhalt einer Zeichnung** wird mit der Benennung beschrieben. Es gibt Einzelteil-, Gruppen-, Gesamt-, Patent-Zeichnungen usw., die entsprechende Inhalte haben.

Einzelteil-Zeichnungen enthalten eine Darstellung der Teile in Fertigungslage mit Bemaßung, Toleranz- und Oberflächenangaben sowie technologische Angaben für die Fertigung.

Gruppen-Zeichnungen sind Darstellungen der Teile einer Baugruppe, sodass Funktionen und Wirkungsweise eindeutig erkennbar sind. Die Haupt- und Anschlussmaße sind eingetragen, alle Teile haben eine Positionsnummer und die organisatorischen Angaben sorgen für eine Zuordnung.

Der **Zweck einer Zeichnung** ergibt sich aus den Konstruktionsaufgaben. Beim Entwerfen werden Entwurfs-Zeichnungen erstellt, beim Ausarbeiten Einzelteil-Zeichnungen für die Fertigung und Zusammenbau-Zeichnungen sowie Explosions-Zeichnungen für die Montage. Einige Teile erfordern Rohteil-Zeichnungen mit allen Angaben für die Herstellung des Rohteils durch Schmieden oder Gießen und Fertigteil-Zeichnungen mit allen Bearbeitungsangaben für die Fertigbearbeitung des Werkstücks.

2 Technische Zeichnungen

Technische Zeichnungen wurden wegen der besonderen Bedeutung für den Informationsaustausch durch bewährte Standards vereinheitlicht und genormt. Bei der Anfertigung einer technischen Zeichnung sind die Normen nach Tabelle 2.2 zu beachten.

Tabelle 2.2: Ausführungsrichtlinien für technische Zeichnungen

Bezeichnungen	Normen
Papierformate	DIN EN ISO 216
Gestaltung gestufter Vordrucke	DIN EN ISO 5457
Schriftfelder	DIN 6771-1
Ausführung von Schriften	DIN EN ISO 3098-0
Maßstäbe	DIN ISO 5455
Linien	DIN ISO 128-20 und -24
Darstellung von Ansichten	DIN ISO 128-30
Schnittdarstellung	DIN ISO 128-40 und -50
Schraffuren	DIN 201
Darstellen von Gewinden, Schraubverbindungen	DIN ISO 6410-1
Maßeintragung	DIN 406-10, -11, und -12
Positionsnummern	DIN ISO 6433
Falten von Zeichnungen	DIN 824
Symbole für Oberflächenangaben	DIN EN ISO 1302
Symbole für Form- und Lagetoleranzen	DIN ISO 1101
Symbole für Werkstückkanten	DIN ISO 13715

2.2.1 Papier-Endformate

Die **Papier-Endformate** der technischen Zeichnungen nach DIN EN ISO 216 enthalten Grundsätze und Regeln mit dem Ziel, die Zeichnungsformate auf eine sinnvolle Auswahl zu begrenzen. Dafür wurden drei Grundsätze festgelegt.

1. Metrische Formatanordnung
   Grundlage der Formate ist das metrische Maßsystem. Die Fläche des Ausgangsformates ist gleich der metrischen Flächeneinheit von $A = X \cdot Y = 1 \text{ m}^2$.

2. Formatentwicklung durch Hälften
   Aus dem Ausgangsformat lassen sich durch aufeinander folgendes Halbieren der Seiten kleinere Formate entwickeln. Die Flächen zweier so erzeugter Formate verhalten sich wie 2:1.

3. Ähnlichkeit der Formate
   Die Seiten X und Y der Formate verhalten sich zueinander wie die Seite eines Quadrates zu dessen Diagonale. Für die Seiten eines Formates gilt: $X : Y = 1 : \sqrt{2}$.

Damit ergeben sich die Seitenlängen des Ausgangsformates A0 zu 841 mm und 1189 mm und die weiteren üblichen Formate nach Tabelle 2.3.

Tabelle 2.3: Maße der Standard-Papierformate

Bezeichnung	Maße, beschnitten		Zeichenfläche	
A0	841	1189	821	1159
A1	594	841	574	811
A2	420	594	400	564
A3	297	420	277	390
A4	210	297	180	277

Zeichnungsvordrucke sind nach Formaten und Gestaltung in DIN EN ISO 5457 festgelegt für manuell und rechnerunterstützt zu erstellende Zeichnungen.

Sonderformate sind für bestimmte Anwendungen festgelegt, wie z. B. verlängerte Formate für bestimmte Darstellungen, die wesentlich länger als hoch sind.

Technische Zeichnungen bestehen aus einer Zeichenfläche, einem Schriftfeld und einem Rand, deren Abmessungen nach Norm einzuhalten sind. Firmenspezifische Anpassungen sind häufig anzutreffen und dann in Werknormen beschrieben.

2.2.2 Schriftfelder für Zeichnungen

Die DIN 6771-1 enthält alle Angaben für die Gestaltung von Schriftfeldern. Ein **Schriftfeld** ist eine kleine Tabelle mit festgelegten Feldern unterschiedlicher Größe für das Eintragen der erforderlichen organisatorischen Daten. Die Maße und Rastermaße sind in der Norm enthalten. Das gezeichnete technische Gebilde ist damit eindeutig beschreibbar.

Ein Grundschriftfeld enthält Felder für Angaben wie Benennung, Zeichnungsnummer, Datum, Bearbeiter, Prüfer, Maßstab, Werkstoff, Änderungszustand und Hinweise auf Normen für Allgemeintoleranzen und Oberflächenangaben sowie weitere organisatorische Angaben. Diese Felder sind nach der Zeichnungserstellung auszufüllen und werden durch die Unterschrift zu einer Original-Zeichnung.

Grundschriftfelder können durch Zusatzfelder z.B. für Stücklisten ergänzt werden. Firmenspezifische Lösungen sind insbesondere durch den Einsatz von CAD-Systemen üblich. Sollten Zeichnungsformate angepasst für das Unternehmen nicht vom Lieferanten eines CAD-Systems mitgeliefert werden, ist eine normgerechte Eingabe sinnvoll. Ein Grundschriftfeld ist im Bild 2.40 dargestellt.

2.2.3 Schriften technischer Zeichnungen

Die Ausführung von **Schriften** in technischen Zeichnungen erfolgt nach DIN EN ISO 3098-0. Diese Norm legt als Merkmale fest:

Lesbarkeit, Einheitlichkeit, Eignung für Speicherung auf Mikrofilm sowie für Ausgaben numerisch gesteuerter Zeichensysteme.

Die Nenngröße der Schrift ist mit der Höhe h der Großbuchstaben festgelegt und gestuft nach Normzahlen mit dem Stufensprung $\sqrt{2} = 1{,}414$ für unterschiedliche Papierformate. Alle Abmessungen der Schriftzeichnungen sind in der Norm mit Maßen enthalten. Papierformate sind ebenfalls mit 1,414 gestuft, sodass sich bei Vergrößerungen oder Verkleinerungen von Zeichnungen Schrift und Grafik in gleicher Weise ändern. Die Mindestschrifthöhe beträgt $h = 2{,}5$ mm; bei Verwendung von Groß- und Kleinbuchstaben sollte $h = 3{,}5$ mm sein und die Höhe der Kleinbuchstaben 2,5 mm.

Von den beiden Schriftformen A und B mit unterschiedlicher Strichstärke und Neigung wird sehr häufig die Schriftform B vertikal nach DIN EN ISO 3098-2 angewendet. Griechische Schriftzeichen nach DIN EN ISO 3098-3 gelten für Formelzeichen und Winkelangaben.

2.2.4 Maßstäbe

Maßstäbe für technische Zeichnungen nach DIN ISO 5455 gelten für alle Bereiche der Technik. Der **Maßstab** wird in das Schriftfeld der Zeichnung eingetragen, um anzugeben, ob die Zeichnung in natürlicher Größe, vergrößert oder verkleinert dargestellt ist. Angegeben wird das Wort Maßstab und das Maßstabsverhältnis:

- Maßstab 1 : 1   natürlicher Maßstab
- Maßstab X : 1   Vergrößerungsmaßstab
- Maßstab 1 : X   Verkleinerungsmaßstab

Die in der folgenden Tabelle 2.4 enthaltenden Maßstäbe sind anzuwenden.

Tabelle 2.4: Maßstäbe für technische Zeichnungen

Maßstabart	Festgelegte Maßstäbe		
Vergrößerungsmaßstab	50 : 1 5 : 1	20 : 1 2 : 1	10 : 1
Natürlicher Maßstab	1 : 1		
Verkleinerungsmaßstab	1 : 2 1 : 20 1 : 200 1 : 2000	1 : 5 1 : 50 1 : 500 1 : 5000	1 : 10 1 : 100 1 : 1000 1 : 10000

Neben dem Hauptmaßstab im Schriftfeld können noch Schnitte und Einzelheiten auf der Zeichenfläche neben der Darstellung mit anderen Maßstäben eingetragen werden. Dabei wird weder das Wort Maßstab noch der Buchstabe M mitgeschrieben:

Einzelheit: Y 5 : 1; Schnitt: A-A 2 : 1.

Die Darstellung in natürlicher Größe ist vorzuziehen und hat sich insbesondere bei Werkstückzeichnungen bewährt.

2.2.5 Linienarten

Linien für die Ausführung der Dokumentation von technischen Produkten sind in Normen festgelegt, um deren Bedeutung und Anwendung einheitlich zu regeln. DIN ISO 128-20 enthält allgemein gültige Regeln. Die Regeln für die Anwendungen in technischen Zeichnungen für den Maschinenbau enthält DIN ISO 128-24. Diese neuen Normen lösen DIN 15-1 und -2 ab, bedeuten aber keine Änderungen in der Anwendung der Linienarten. Den Linienarten werden jetzt Kennzahlen zugeordnet, also z. B. 01 für Volllinien.

Linien sind geometrische Gestaltungselemente mit einer Länge > 0,5 × Linienbreite, die einen Anfangspunkt mit einem Endpunkt in beliebiger Weise verbinden.

Bei den **Linienarten** wird unterschieden nach

- Grundarten (Volllinien, Strichlinien, Strich-Punktlinie, Strich-Zweipunktlinie)
- Variationen (Wellenlinien, Freihandlinien) und
- Kombinationen (Zickzacklinie, Freihandlinie)

2 Technische Zeichnungen

Für die Anwendung der Linienarten in technischen Zeichnungen werden nach DIN ISO 128-24 Kennzahlen für die Grundart, die Linienbreite und die Anwendung vergeben. Beispiele sind:

- Volllinie, breit für sichtbare Kanten: 01.2.1
- Strichlinie, schmal für unsichtbare Kanten: 02.1.1

Wichtige Linienarten und deren Anwendung mit Angabe der Kennzahlen nach DIN ISO 128-24 enthält das folgende Bild 2.6.

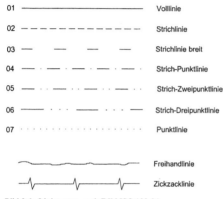

Bild 2.6: Linienarten nach DIN ISO 128-24

Allen Linienarten ist eine **Linienbreite** d zugeordnet, die abhängig von der Art und Größe der Zeichnung sowie dem Maßstab aus einer Reihe auszuwählen ist, die im Verhältnis $1 : \sqrt{2}$ gestuft ist:

0,13 mm, 0,18 mm, 0,25 mm, 0,5 mm, 0,7 mm, 1,4 mm, 2 mm.

Linienbreiten werden zu Liniengruppen so zusammengefasst, dass zwei Linienbreiten in einer Gruppe angewendet werden. Für die Vorzugs-Liniengruppen gilt:

- Liniengruppe 0,5: Linien, breit mit $d = 0,5$ mm und Linien, schmal mit $d = 0,25$ mm; Maßzahlen und grafische Symbole mit $d = 0,35$ mm
- Liniengruppe 0,7: Linien, breit mit $d = 0,7$ mm und Linien, schmal mit $d = 0,35$ mm; Maßzahlen und grafische Symbole mit $d = 0,5$ mm

Tabelle 2.5: Kennzahlen und Anwendung der Linienarten nach DIN ISO 128-24

Nr.	Linienart	Anwendung der Linienart
01.1	Volllinie, schmal	.1 Lichtkanten bei Durchdringung .2 Maßlinien .3 Maßhilfslinien .4 Hinweis- und Bezugslinien .5 Schraffuren .6 Umrisse eingeklappter Schnitte .7 Kurze Mittellinien .8 Gewindegrund .9 Maßlinienbegrenzung .10 Diagonalkreuze zum Kennzeichnen ebener Flächen .11 Biegelinien an Roh- und bearbeiteten Teilen .12 Umrahmungen von Einzelheiten
	Freihandlinie, schmal	.18 Vorzugsweise manuell dargestellte Begrenzung von Teil- oder unterbrochenen Ansichten und Schnitten, wenn die Begrenzung keine Symmetrie- oder Mittellinie ist.
	Zickzacklinie, schmal	.19 Vorzugsweise mit Druckern dargestellte Begrenzung von Teil- oder unterbrochenen Ansichten und Schnitten, wenn die Begrenzung keine Symmetrie- oder Mittellinie ist.
01.2	Volllinie, breit	.1 Sichtbare Kanten .2 Sichtbare Umrisse .3 Gewindespitzen .4 Grenzen der nutzbaren Gewindelänge .5 Darstellung in Diagrammen, Fließbildern .6 Systemlinien (Metallbau-Konstruktionen) .7 Formteilungslinien in Ansichten
02.1	Strichlinie, schmal	.1 Unsichtbare Kanten .2 Unsichtbare Umrisse
02.2	Strichlinie, breit	.1 Kennzeichen zulässiger Oberflächenbehandlung
04.1	Strich-Punktlinie, schmal (langer Strich)	.1 Mittellinien .2 Symmetrielinien .3 Teilkreise von Verzahnungen .4 Teilkreise für Löcher
04.2	Strich-Punktlinie, breit (langer Strich)	.1 Kennzeichnung begrenzter Bereiche, z. B. für die Wärmebehandlung .2 Kennzeichnung von Schnittebenen
05.1	Strich-Zweipunktlinie, schmal (langer Strich)	.1 Umrisse benachbarter Teile .2 Endstellung beweglicher Teile .3 Schwerpunktlinien

Die Tabelle 2.5 enthält eine Übersicht der wichtigsten Linienarten mit Kennzahlen für die Anwendung in technischen Zeichnungen.

Die Anwendung der Linienarten in Beispielen enthält Bild 2.7. Die Kennzahlen sind nach Tabelle 2.5 zugeordnet, wie in der Norm gefordert.

2 Technische Zeichnungen 39

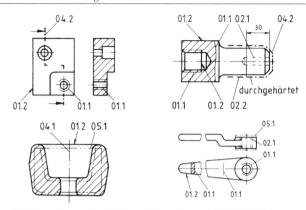

Bild 2.7: Linienarten in Beispielen mit Kennzahlen nach DIN ISO 128-24

Das Zeichnen von Linien sollte so erfolgen, dass eindeutige Darstellungen erkennbar sind. Dies bezieht sich auf die Mindestabstände von parallelen Linien, die 0,7 mm betragen sollten. Außerdem sind Kreuzungen und Anschlussstellen von Linien stets so zu zeichnen, dass sich Strich- und Strich-Punktlinien kreuzen und berühren. Mittellinien von Bohrungen sollten sich z. B. kreuzen, sichtbare und unsichtbare Körperkanten berühren.

Die Liniengruppe 0,5 mit einer Linienbreite von 0,5 für breite Linien, 0,25 für schmale Linien sowie 0,35 für Maße und grafische Symbole ist vorzugsweise anzuwenden. Nur für die Formate A1 und A0 wird die Liniengruppe 0,7 eingesetzt. Auf einer Zeichnung sollte nur eine Liniengruppe benutzt werden.

2.3 Axonometrische Darstellungen

Axonometrische Projektionen nach DIN ISO 5456-3 sind parallelperspektivische Darstellungen. Als genormte Projektionen werden im Maschinenbau eingesetzt:

- **Isometrie** (ISO = ein): ein Maßstab
- **Dimetrie** (DI = zwei): zwei Maßstäbe

Die Darstellung in Bild 2.8 enthält die Lage der Achsen und die Größenverhältnisse für dimetrische Projektionen. Kreise oder Radien werden als Ellipsen gezeichnet. Angewendet wird diese Projektion, um in der Vorderansicht alle wichtigen Einzelheiten zu zeigen.

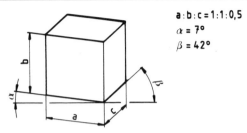

Bild 2.8: Dimetrische Projektion

Die isometrische Projektion nach Bild 2.9 hat als Kennzeichen, dass Breite, Höhe und Tiefe unverkürzt dargestellt werden. Kreise oder Radien werden als Ellipsen gezeichnet. Angewendet wird diese Projektion, um in allen drei Ansichten alle wichtigen Einzelheiten zu zeigen.

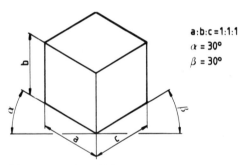

Bild 2.9: Isometrische Projektion

Mit dem Einsatz von CAD-Systemen lassen sich diese und beliebige andere Projektionen ohne zusätzlichen Aufwand anzeigen.

2.4 Zeichnungen – Informationen und Daten

Die Informationen und Daten, die in technischen Zeichnungen enthalten sind, können in vier Gruppen eingeteilt werden:
- Geometrieinformationen
- Bemaßungsinformationen
- Technologieinformationen
- Organisationsinformationen

2 Technische Zeichnungen

> **Geometrieinformationen** sind Linien, Konturen, Flächen, Ansichten, Schnitte und Formelemente für die Darstellung der Werkstücke.

> **Bemaßungsinformationen** liefern alle Angaben über Abmessungen der Werkstücke mit Formelementen durch Maßangaben, Toleranzen und Darstellungsangaben.

> **Technologieinformationen** umfassen die Angaben für Werkstoffe, Oberflächen, Qualität und Fertigungsverfahren, die für die Herstellung der Werkstücke einzuhalten sind.

> **Organisationsinformationen** stehen im Schriftfeld der Zeichnung und sind für den Ablauf im Betrieb erforderlich. Dazu gehören Benennung, Nummern, Unternehmen, Erstellung, Maßstab, Freigabe usw.

In den folgenden Abschnitten werden nach den stets geltenden Grundlagen nur wichtige Bereiche behandelt, die direkt für das Erstellen und Lesen von technischen Zeichnungen erforderlich sind.

2.4.1 Geometrieinformationen

> Die **Werkstückgeometrie** wird abhängig von der Anfertigung einer technischen Zeichnung aus Grundelementen wie Punkt, Linie, Element, Fläche oder aus Körperelementen aufgebaut.

Zur Darstellung der exakten Gestalt ist der Einsatz geometrischer Konstruktionen, technischer Kurven und darstellender Geometrie erforderlich. Die Grundformen prismatischer und zylindrischer Teile werden mit Pyramiden, Kegeln oder Kugeln erweitert.

Das Zeichnen der Geometrie von Körpern erfolgt mit Kenntnissen der **geometrischen Grundkonstruktionen** für Strecken, Winkel, Dreiecke, Kreise, Vielecke und Kreisanschlüsse, die hier als bekannt vorausgesetzt werden.

Die Grundlagen der **darstellenden Geometrie** sind für das Projektionszeichnen ebenfalls erforderlich, um räumliche Gegenstände in einer zweidimensionalen Ebene darzustellen.

Durchdringungen entstehen als Linien oder Kurven, wenn Werkstückgeometrien aus Grundkörpern oder Formelementen zusammengesetzt werden, die sich durchdringen. Dies ist z. B. der Fall bei zwei Zylindern, die im Winkel von 90° zusammengesetzt werden, oder bei zwei Bohrungen mit sich schneidenden Achsen, die sich durchdringen.

Abwicklungen sind die in eine Ebene gezeichnete Oberfläche eines Körpers. Sie sind insbesondere bei Blechteilkonstruktionen erforderlich, um die Abmessungen des Zuschnitts zu erkennen.

Für das manuelle Anfertigen technischer Zeichnungen ist die Kenntnis der Verfahren zur Geometriedarstellung der genannten Punkte erforderlich. Das rechnerunterstützte Zeichnen, insbesondere das dreidimensionale Modellieren der Geometrie mit 3D-CAD-Systemen, setzt zwar immer noch gute Geometriekenntnisse voraus, entlastet jedoch den Konstrukteur von vielen grundlegenden Techniken durch eine entsprechende Software. 2D-CAD-Systeme und 3D-CAD-Systeme bieten umfangreiche Unterstützung mit weiteren Elementen und Techniken für die Darstellung an.

Die Geometrie der Werkstücke wird gezeichnet durch

- normgerechte Ausführung (Linienarten)
- normgerechte Darstellung (Ansichten, Schnitte, Schraffur)
- normgerechte Formelemente (Radien, Freistiche, Nuten usw.)

Durch konstruktive Gestaltung wird die Geometrie so verändert, dass hinsichtlich Funktion und Wirtschaftlichkeit eine optimale Ausführung des Werkstücks auf der technischen Zeichnung entsteht.

Die Verarbeitung der Geometriedaten in einem CAD-System erfordert in jedem Fall eine exakte Gestaltung mit allen Formelementen. Vereinfachte Darstellungen oder herausgezeichnete Einzelheiten sind für die Weiterverarbeitung in einem CAM-System nicht sinnvoll, da eine softwaremäßige Umsetzung der Formelemente nicht gewährleistet ist.

2.4.1.1 Geometriedarstellungen in Ansichten

Das Zeichnen von Werkstücken erfolgt so, dass die Vorderansicht alle wichtigen Einzelheiten enthält. Zusätzliche Ansichten werden nur gezeichnet, wenn diese für eine eindeutige Darstellung erforderlich sind.

Das **Weglassen von Ansichten** ist durch die Verwendung von genormten Symbolen und Angaben mit entsprechenden Maßzahlen in den Zeichnungen möglich. Für Symmetrieteile sind das Durchmesserzeichen und das Quadratzeichen als Symbole zu verwenden. Mit Hinweislinien oder direkter Angabe im Werkstück werden durch die Schlüsselweite SW, die Tiefenangabe h (hight) oder die Dickenangabe t (thickness) Ansichten gespart.

Die **Pfeilmethode** wird als zusätzliche Methode eingesetzt, um die Ansichten beliebig zueinander anzuordnen, um ungünstige Projektionen zu

2 Technische Zeichnungen 43

vermeiden und um Platz zu sparen. Bis auf die Hauptansicht werden die Betrachtungsrichtungen durch einen Pfeil angegeben, der einen Winkel von 30° und etwa die 1,5fache Länge der Maßpfeile hat.

Unterbrochene Ansichten nach DIN ISO 128-34 stellen Werkstücke verkürzt dar, um Platz zu sparen, wie in Bild 2.10 gezeigt. Die Bruchkanten werden als schmale Freihandlinie oder als Zickzacklinie gezeichnet. Die Schleifenform bei zylindrischen Werkstücken ist nicht mehr zulässig. Beim Konstruieren mit CAD-Systemen sind Bruchkanten zu vermeiden.

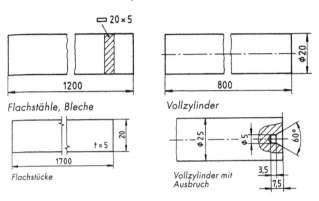

Bild 2.10: Unterbrochene Ansichten [2]

Schnittdarstellungen nach DIN ISO 128-40 und DIN ISO 128-50 sind für das Zeichnen von Werkstücken mit Innenkonturen, Hohlräumen oder Durchdringungen zu wählen, um eindeutige Zeichnungen zu erhalten. Schnitte ergeben sich durch gedankliches Schneiden und Entfernen von vorderen Teilen des Werkstücks.

Als Beispiel enthält Bild 2.11 die Ansicht einer Hohlwelle und zwei Schnitte. Der Längsschnitt wird auch als Mittelschnitt oder **Vollschnitt** bezeichnet, dessen Verlauf nicht gekennzeichnet werden muss.

Durch den Schnitt werden Werkstückkanten sichtbar, die als breite Volllinien zu zeichnen sind. Die durch den Schnitt entstehenden Werkstückflächen sind zu schraffieren. Als Schraffurlinien werden parallele schmale Volllinien unter 45° zu den Werkstückaußenkonturen in gleichmäßigem Abstand gezeichnet. Für Abstand, Richtung und Anodnung der Schraffurlinien beim Zusammentreffen der Schnittflächen mehrerer Teile sind geeignete Varianten der Winkel (45° oder 135°) und/oder der Abstände (enger oder weiter) zu wählen. Die Schraffurlinien werden für Maßzahlen und Beschriftungen unterbrochen.

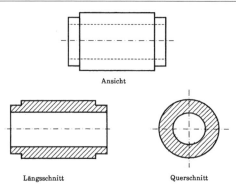

Bild 2.11: Werkstück mit Längs- und Querschnitt

Schraffuren nach DIN 201 sind festgelegte Linienmuster, die zur Kennzeichnung der verschiedenen Werkstoffe in Gruppenzeichnungen eingesetzt werden können. Im Maschinenbau werden diese angewendet, um Glas, Kunststoffe oder Baustoffe usw. hervorzuheben.

Halbschnitte entstehen durch das gedankliche Herausschneiden und Entfernen eines Viertels des Werkstücks bei symmetrischen Körpern. Bei stehenden Körpern wird die Schnitthälfte rechts von der Mittellinie, bei liegenden unterhalb der Mittellinie angeordnet, siehe Bild 2.12. Das Zeichnen verdeckter Werkstückkanten kann entfallen. Die Maßeintragung ist vollständig in einer Ansicht möglich.

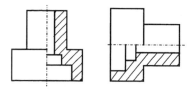

Bild 2.12: Halbschnitt-Darstellungen

Teilschnitte können zur Darstellung von Innenkonturen wie Bohrungen, Nuten, Zentrierungen in einem Werkstück gezeichnet werden. Der Teilschnitt darf nicht mit Umrissen, Kanten oder Hilfslinien zusammenfallen und ist durch Freihandlinien zu begrenzen, wie in Bild 2.10 gezeigt.

Eine **Kennzeichnung des Schnittverlaufs** ist für Vollschnitte und Halbschnitte nicht erforderlich, weil er eindeutig ist. Der Schnittverlauf wird sonst durch breite, kurze strichpunktierte Linien in der Breite der Volllinien angegeben. Die Linien schneiden die Werkstückkanten und werden bei Richtungsänderungen durch Ecken ergänzt, siehe Bild 2.13.

2 Technische Zeichnungen

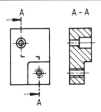

Bild 2.13: Schnittverlauf-Kennzeichnung [2]

Die Pfeile sind in Blickrichtung des Schnittes auf die Strichpunktlinie zu zeichnen. Auch bei Sprüngen im Schnittverlauf wird die Schraffur durchgezeichnet. Die Wortangaben in Zeichnungen, wie Schnitt, Ansicht, Einzelheit entfallen. Es werden nur die Buchstaben für den Schnittverlauf eingetragen.

Die **Gewindedarstellung in Schnittzeichnungen** nach Bild 2.14 zeigt typische Beispiele mit den entsprechenden Linienarten und Maßeintragungen. Die Darstellung von Gewinden ist nach DIN ISO 6410 genormt.

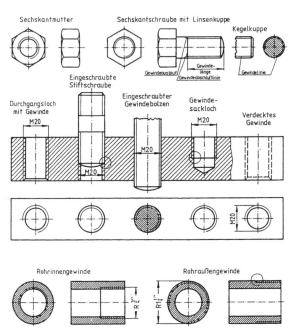

Bild 2.14: Darstellung von Gewinden im Schnitt [6]

Schnittzeichnungen werden übersichtlich und eindeutig, wenn Bauteile, die in der Schnittebene liegen, nicht geschnitten dargestellt werden. Dazu gehören alle kleinen Teile einer Gesamt- oder Gruppenzeichnung, die in ihrer Längsrichtung dargestellt sind und zu eng zu schraffieren wären. Dies sind insbesondere Wellen, Zapfen, Bolzen, Achsen, Stifte, Passfedern, Keile, Schrauben, Muttern, Scheiben, Niete, Kettenglieder, Kugeln, Rollen, Walzen in Lagern. Außerdem werden alle Bereiche eines Einzelteils, die sich als massive Elemente von der Grundform oder dem Profil eines Körpers abheben sollen, wie Rippen, Stege oder Speichen, nicht geschnitten dargestellt.

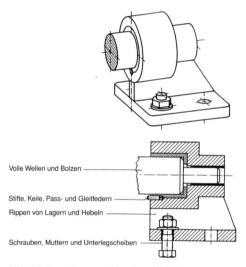

Bild 2.15: Darstellung von Teilen ohne Schnitt [6]

2.4.1.2 Formelemente

Formelemente sind Konstruktionselemente oder Maschinenelemente, die in Normen festgelegt sind und sich als Lösungen für Teilfunktionen zum Konstruieren bewährt haben.

Wichtige Formelemente mit Normangaben für die Gestaltung von Werkstücken enthält Tabelle 2.6. Die Normen werden benötigt, um die Bezeichnung und alle Einzelheiten für die Zeichnungen zu übernehmen. Die Übersicht zeigt, dass damit Übergänge, Enden oder Funktionselemente

2 Technische Zeichnungen

festgelegt sind, damit aus Körpern Werkstücke für einen technischen Zweck entstehen. Einige Beispiele enthalten die Bilder im Abschnitt Maßeintragung.

Hinweise zur Gestaltung und Darstellung der Maschinenelemente enthalten die Normen. Erfahrungswerte und Einbauhinweise, die in technischen Zeichnungen angegeben werden, sollten nach Katalogen und Informationen der Hersteller dieser Maschinenelemente übernommen werden. Auswahl und Auslegung sind nach Erfahrungen, Normen oder Hinweisen in Maschinenelemente-Büchern durchzuführen.

Tabelle 2.6: Formelemente-Normen

Bezeichnungen	Normen
Radien	DIN 250
Werkstückkanten	DIN ISO 13715
Freistiche	DIN 509
Rändel	DIN 82
Zentrierbohrungen	DIN ISO 6411
Nuten für Sicherungsringe in Wellen	DIN 471
Nuten für Sicherungsringe in Bohrungen	DIN 472
Gewindeausläufe, Gewindefreistiche	DIN 76
Gewindeenden mit metrischem Außengewinde	DIN EN ISO 4753
Schraubensenkungen	DIN 66, 74-1, 974-1 u. -2
Schlüsselweiten	DIN 475-1, 2, DIN ISO 272
Wellenenden Kegelige Wellenenden	DIN 748-1 u. -3 DIN 1448, DIN 1449
Passfedern	DIN 6885
Scheibenfedern	DIN 6888
Keilwellenverbindungen	DIN ISO 14
Zahnwellenverbindungen	DIN 5480-1
Kerbverzahnungen	DIN 5481-1
Polygonprofile	DIN 32711, DIN 32712

Auf technischen Zeichnungen sind die genormten Darstellungen für die Formelemente einzutragen. Vollständige Angaben sichern die Herstellung ohne Rückfragen aus dem Betrieb oder von den Lieferanten.

Beim Einsatz von CAD-Systemen sind für viele Formelemente unterschiedliche Hilfen vorhanden, sodass eine effektive Erstellung möglich ist.

Folgende **Regeln für technische Zeichnungen** haben sich bewährt:

- Nur die erforderlichen Ansichten und Schnitte für eine eindeutige Darstellung der Werkstückgeometrie und Maßeintragung zeichnen.
- Einzelteilzeichnungen sollten in der Vorderansicht die Fertigungslage des Teils darstellen, d.h. Achsen und Wellen in waagerechter Lage.
- Für die Darstellung der Formelemente der Teile sind genormte Linienarten zu verwenden.
- Haupt- und Gruppenzeichnungen sind mit der Gebrauchs- oder Einbaulage in der Vorderansicht zu zeichnen.

2.4.2 Bemaßungsinformationen

Maßeintragungen in technischen Zeichnungen sind wesentliche Informationen für die Beschreibung und Herstellung der dargestellten Teile.

> Die **Bemaßung der Werkstückgeometrie** sollte auch nach dem Grundsatz: eindeutig, einfach und sicher erfolgen. Eindeutige Maße ergeben sich durch Angabe der notwendigen Maße geordnet in den Ansichten, direkt ohne Rechnen ablesbare Maße sind einfach, und fehlerfreie Maße sichern den Einsatz ohne zusätzlichen Aufwand.

Die **Maßeintragung** erfolgt nach den Regeln der DIN 406

Teil 10: Begriffe, allgemeine Grundlagen [3],

Teil 11: Grundlagen der Anwendung [4] und

Teil 12: Eintragung von Toleranzen für Längen- und Winkelmaße [5]

Die Maßeintragung erfolgt beim rechnerunterstützten Konstruieren mit einem 2-D-CAD-System entsprechend den Möglichkeiten der Software in ähnlicher Form wie manuell.

Mit einem 3-D-CAD-System werden die Teile nicht aus Linien zusammengesetzt gezeichnet, sondern in der Regel im Skizziermodus modelliert und liegen anschließend als 3-D-Geometrie vor. Die Maßeintragung mit den Toleranzangaben sollte schon beim Modellieren der Teile nach den bewährten Regeln für das technische Zeichnen erfolgen, da dann beim automatischen Ableiten der Zeichnungsansichten der geringste Anpassungsaufwand erforderlich ist. Die automatisch erzeugte Maßeintragung ist bei jedem CAD-System von den Einstellungen in der Konfigurationsdatei abhängig, die durch die Software vorgegeben ist.

2.4.2.1 Systeme der Maßeintragung

Die Maße in einer technischen Zeichnung für ein Teil können nach drei Maßsystemen eingetragen werden, wie im Bild 2.16 dargestellt.

Bild 2.16: a) Funktions-, b) fertigungs- und c) prüfbezogene Maßeintragung [1]

Die **funktionsbezogene Maßeintragung** liegt vor, wenn die Eintragung und Tolerierung nach konstruktiven Anforderungen erfolgt und das Zusammenwirken der Bauteile entscheidend ist.

Die **fertigungsbezogene Maßeintragung** liegt vor, wenn die Eintragung nach fertigungstechnischen Anforderungen erfolgt, indem diese aus den funktionsbezogenen Zeichnungen errechnet werden. Die Tolerierung wird dem Fertigungsverfahren angepasst.

Die **prüfbezogene Maßeintragung** liegt vor, wenn die Eintragung und Tolerierung nach mess- und prüftechnischen Anforderungen erfolgt, damit ein Soll/Ist-Vergleich ohne Umrechnungen möglich ist.

2.4.2.2 Elemente der Maßeintragung

Die **Elemente der Maßeintragung** zeigt Bild 2.17. Maß- und Maßhilfslinien werden als schmale Volllinien gezeichnet. Die **Maßzahl** wird über der durchgezogenen Maßlinie eingetragen. Im Maschinenbau werden

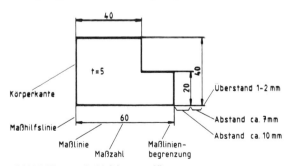

Bild 2.17: Elemente der Maßeintragung [6]

alle Maßzahlen ohne Einheit in Millimeter angegeben. Vor der Maßzahl werden Symbole als Zusatzangaben angeordnet, z.B. für Radien, Durchmesser, Kugeln, Schlüsselweite, Bogen usw., siehe Bild 2.18.
Die **Maßlinie** wird bei Längenmaßen parallel zu den zu bemaßenden Elementen gezeichnet und sollte andere Linien nicht schneiden (Bild 2.18). Maßlinien dürfen abgebrochen werden bei Halbschnitten, Teildarstellungen symmetrischer Körper und bei konzentrischen Durchmessern. Maßlinien für Winkelmaße und Radien zeigt auch Bild 2.18.

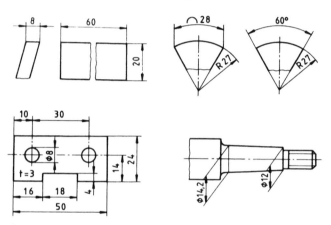

Bild 2.18: Maßlinien-Anordnung [2]

Maßhilfslinien sind Linien von der Werkstückkontur oder dem Element zur Maßlinie, die nach Bild 2.17 gezeichnet werden. Sie dürfen unterbrochen werden und gelten nur für eine Ansicht. Weitere Beispiele werden bei den Bildern der Maßeintragung für Formelemente gezeigt.

Maßlinienbegrenzungen sind in der Regel Pfeile nach Bild 2.19. Punkte werden bei wenig Platz gesetzt. Im Bauwesen werden offene Pfeile (90°) oder schräge Striche verwendet. Ein Ursprung wird als Kreis eingetragen.

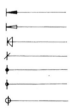

Bild 2.19: Maßlinienbegrenzung [4]

2.4.2.3 Maßzahlen-Eintragung

Maßzahlen werden im Abstand von 1 mm über der Maßlinie nach Methode 1 so eingetragen, dass sie von unten oder von rechts gelesen werden können, den Leserichtungen (Bild 2.20). Eintragungen an einer Hinweislinie oder in der Verlängerung der Maßlinie sind möglich.

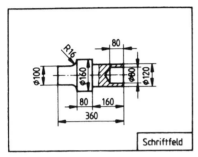

Bild 2.20: Maßeintragung nach Methode 1 der DIN 406-11 [4]

2.4.2.4 Eintragen von Maßen

Maße werden immer in der Ansicht eingetragen, in der die Zuordnung von Geometrie und Maß am deutlichsten ist. Eine gut überlegte Maßanordnung bietet für die Nutzer der Zeichnungen viele Vorteile.

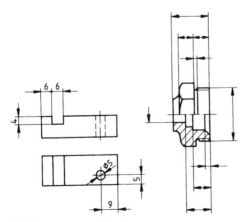

Bild 2.21: Anordnen der Maße [4]

Maße, die für die Funktion oder für die Fertigung zusammengehören, sind in einer Ansicht anzuordnen, wie in Bild 2.21 für Formelemente zu sehen. Eine weitere Erleichterung ist die getrennte Anordnung von Maßen für Innen- und Außenkonturen über bzw. unter der Mittellinie.

> Jedes Maß wird nur einmal ohne Angabe der Maßeinheit eingetragen.

Maßketten, die durch das Aneinanderreihen von Maßen entstehen, sind zu vermeiden, wenn kleine Toleranzen notwendig sind. Dies wird erreicht, wenn bezogen auf das Gesamtmaß ein Maß nicht eingetragen wird oder nur als Hilfsmaß in Klammern steht.

Für die Fertigung auf numerisch gesteuerten Maschinen ist eine NC-gerechte Maßeintragung erforderlich (NC = numerical control). Bei mehreren gleichen Formelementen mit gleichen Abständen sind Kettenmaße z. B. einfacher zu programmieren.

> **Fertigungsgerechte Maßeintragung** senkt die Kosten und erhöht die Qualität.

2.4.2.5 Maßeintragung an Formelementen

Maße für Durchmesser, Radien, Kugeln, Bogen, Schlüsselweiten, Neigungen, Verjüngungen, Kegel, Fasen, Kanten, Senkungen und Nuten sind im Maschinenbau in vielen Ausführungen erforderlich. Wichtige Grundlagen und Beispiel zeigen die folgenden Bilder.

Durchmesser erhalten stets das Durchmesserzeichen als Symbol vor der Maßzahl, auch wenn die Kreisform dargestellt ist. Beispiele enthält Bild 2.22.

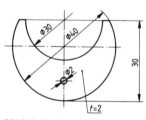
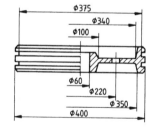

Bild 2.22: Durchmesser [1]

Radien erhalten stets vor der Maßzahl den Buchstaben R. Die Maßlinien mit einem Maßpfeil müssen aus der Richtung des Kreismittelpunkts kommen. Mittelpunkte von Radien werden nur bemaßt, wenn sie aus der Geometrie des Werkstücks nicht zu erkennen sind (Bild 2.23).

2 Technische Zeichnungen

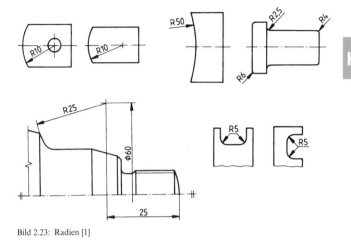

Bild 2.23: Radien [1]

Kugeln sind stets mit einem S (sphärisch) vor dem Durchmessersymbol oder der Radiusangabe R und der folgenden Maßzahl zu versehen, wie Bild 2.24 zeigt.

Bild 2.24: Kugeln [4]

Bögen werden durch das Bogensymbol vor der Maßzahl für die Länge des Bogens bemaßt, die Maßlinie hat den Radius des Bogens, und die Maßhilfslinien sind bei Bögen unter 90° stets parallel (Bild 2.25).

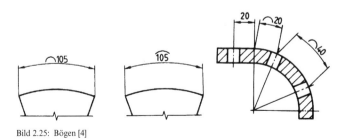

Bild 2.25: Bögen [4]

Quadrate erhalten vor der Maßzahl das Quadratsymbol, und es erfolgt nur die Bemaßung einer Quadratseite, wie Bild 2.26 zeigt.

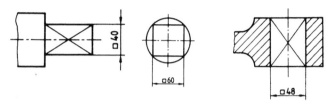

Bild 2.26: Quadrate

Schlüsselweiten werden mit einer Hinweislinie bemaßt. Die Buchstaben SW stehen vor der Maßzahl. Hinter der Maßzahl steht die entsprechende Norm. Auf die Flächen wird ein Diagonalkreuz mit schmalen Volllinien gezeichnet (Bild 2.27).

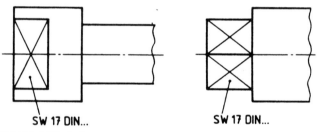

Bild 2.27: Schlüsselweiten

Neigung, Verjüngung und Kegel erhalten stets ein Symbol in entsprechender Richtung auf einer abgeknickten Hinweislinie vor der Maßzahl, die als Verhältnis oder als Prozentzahl angegeben wird, siehe Bild 2.28.

Kegel sind allgemein mit den beiden Durchmessern und der Länge vollständig bemaßt. Genaue Kegel als Formelemente z.B. für Werkzeugmaschinen erhalten zusätzliche Angaben wie Kegelverjüngung C als Symbol und Einstellwinkel $\alpha/2$ in Klammern für die Fertigung (Bild 2.28). Die **Kegelbemaßung** und die Eintragung von Toleranzen erfolgt dann nach der DIN ISO 3040.

Kegel sind genormt in DIN 254, Morsekegel und Metrische Kegel nach DIN 228-1 und -2 und Steilkegel nach DIN 2080 und ISO 2583.

2 Technische Zeichnungen

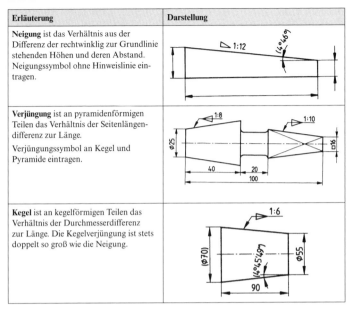

Erläuterung	Darstellung
Neigung ist das Verhältnis aus der Differenz der rechtwinklig zur Grundlinie stehenden Höhen und deren Abstand. Neigungssymbol ohne Hinweislinie eintragen.	
Verjüngung ist an pyramidenförmigen Teilen das Verhältnis der Seitenlängendifferenz zur Länge. Verjüngungssymbol an Kegel und Pyramide eintragen.	
Kegel ist an kegelförmigen Teilen das Verhältnis der Durchmesserdifferenz zur Länge. Die Kegelverjüngung ist stets doppelt so groß wie die Neigung.	

Bild 2.28: Neigungen, Verjüngungen, Kegel [1]

Fasen, Kanten und Senkungen sind Formelemente, die an Bohrungen, Wellenenden sowie an bearbeiteten Werkstückflächen als Gestaltungsbereiche beachtet werden müssen, um Füge- und Montagevorgänge fachgerecht zu ermöglichen.

Fasen mit einem Winkel von 45° werden stets in das Längenmaß einbezogen und als Produkt aus Fasenbreite und Winkel angegeben

Für alle anderen Winkel sind Längen und Winkel als Maße einzutragen. Die Maße der Fase dürfen mit einer Hinweislinie angegeben werden. Bild 2.29 enthält Beispiele.

Für kegelige Senkungen werden Senkdurchmesser oder Senkwinkel und Senktiefe angegeben.

Schraubensenkungen sind nach DIN 66, DIN 74-1 oder DIN 974-1 und -2 einzutragen. Durchgangslöcher nach DIN EN 20273 und Bohrerdurchmesser für Gewindekernlöcher vervollständigen die Angaben für diese Formelemente.

Werkstückkanten mit bestimmter Form werden wie angegeben bemaßt.

Werkstückkanten mit unbestimmter Form sind nach DIN ISO 13715 durch Symbole und einer Maßzahl für den Gratzustand einzutragen. Es ist auf diese Norm am Schriftfeld hinzuweisen: Kanten ISO 13715.

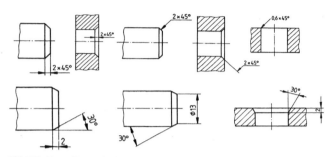

Bild 2.29: Fasen, Kanten, Senkungen [4]

Genormte Gewinde werden mit Kurzbezeichnungen nach DIN 202 eingetragen: Gewindeart, Nenndurchmesser, Steigung, Gangzahl. Fasen werden nur bemaßt, wenn sie nicht dem Außen- bzw. dem Kerndurchmesser entsprechen. Das Darstellen von Gewinden ist nach DIN ISO 6410-1 festgelegt (Bild 2.30).

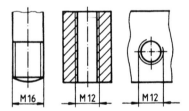

Bild 2.30: Gewinde

Nuten werden nach den Vorgaben der DIN 406 Teil 11 bemaßt. Beispiele von Nuten für Passfedern und Scheibenfedern enthält Bild 2.31. Die ergänzenden Hinweise der DIN 6885 für Passfedern und die DIN 6888 für Scheibenfedern sind zu beachten. Weitere Beispiele für formschlüssige Welle-Nabe-Verbindungen sind den Maschinenelementebüchern zu entnehmen.

2 Technische Zeichnungen

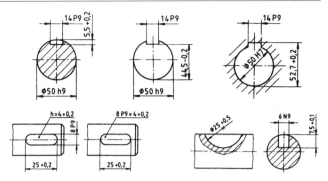

Bild 2.31: Nuten für Passfedern und Scheibenfedern [2]

Nuten für Sicherungsringe sind Einstiche in Wellen und Bohrungen, die vollständig oder vereinfacht bemaßt werden können. Sie sind für Wellen nach DIN 471 und für Bohrungen nach DIN 472 genormt (Bild 2.32).

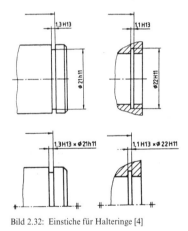

Bild 2.32: Einstiche für Halteringe [4]

2.4.2.6 Arten der Maßeintragung

Maßeintragungen können eingeteilt werden in drei Arten:
- **Parallelbemaßung** mit parallel zueinander liegenden Maßlinien
- **Steigende Bemaßung** mit einer Maßlinie für Maße einer Richtung
- **Koordinatenbemaßung** mit Maßlinien in Koordinatensystemen

Bei der **Parallelbemaßung** werden Maßlinien parallel in einer oder mehreren Richtungen, die senkrecht zueinander stehen oder konzentrisch sind, eingetragen, siehe Bild 2.33.

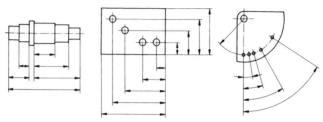

Bild 2.33: Parallelbemaßung [1]

Die **Steigende Bemaßung** hat als Kennzeichen, das von einem Ursprung aus in jeder möglichen Richtung jeweils eine Maßlinie einzutragen ist.

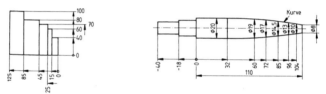

Bild 2.34: Steigende Bemaßung [1]

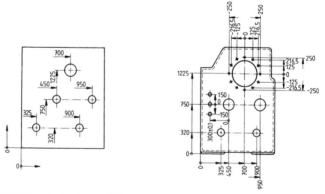

Bild 2.35: Abgebrochene Maßlinien und mehrere Koordinatensysteme [1]

2 Technische Zeichnungen 59

Alle Maße gelten vom Ursprung bis zum Maßpfeil an der Maßhilfslinie. Negative Maße können vom Ursprung in der Gegenrichtung eingetragen werden (Bild 2.34). Es können mehrere Ursprünge und abgebrochene Maßlinien angewendet werden (Bild 2.35).

Bei der **Koordinatenbemaßung** werden kartesische und polare Koordinatensysteme eingesetzt. Die Koordinaten werden in Tabellen eingetragen (Bild 2.36) oder direkt an den Koordinatenpunkten angegeben. Am gewählten Ursprung erfolgt die Angabe der Koordinatenachsen mit der Richtung. Maßlinien und Maßhilfslinien werden nicht gezeichnet.

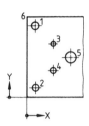

Pos.	x	y	d
1	20	160	⌀19
2	20	20	⌀15
3	60	120	⌀11
4	60	60	⌀13
5	100	90	⌀26
6	0	180	–
7			
8			

Bild 2.36: Koordinatenbemaßung mit Tabelle [1]

2.4.2.7 Eintragung von Toleranzen für Längen- und Winkelmaße

Toleranzen für Längen und Winkelmaße werden nach DIN 406 Teil 12 mit dem Kurzzeichen der Toleranzklasse nach DIN ISO 286 Teil 1 oder als Abmaße hinter dem Nennmaß in gleicher Schriftgröße angegeben, wie in den Bildern 2.37, 2.38 und 2.39 dargestellt. Zusätzlich zu dem Kurzzeichen können die Werte der Abmaße oder die Grenzmaße in Klammern eingetragen werden. Statt der Abmaße können auch Grenzmaße eingetragen werden, also für 32 + 0,1/–02 auch 32,1 und 31,8.

Bild 2.37: Toleranzklassen und Abmaße [5]

In Zusammenbauzeichnungen werden zur Kennzeichnung der gefügten Verbindung beide Kurzzeichen der Toleranzklasse eingetragen. Hinter dem Nennmaß stehen die Kurzzeichen für die Bohrung/Welle, falls erforderlich übereinander und mit Grenzmaßen, siehe Bild 2.37. Entsprechendes gilt für Maße mit Abmaßen.

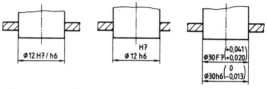

Bild 2.38: Toleranzklassen für gefügte Teile [5]

Das Eintragungen von Toleranzen für Winkelmaße erfolgt mit Einheiten für das Winkel-Nennmaß und für die Abmaße, Beispiele siehe Bild 2.39.

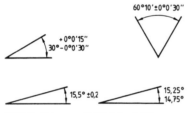

Bild 2.39: Toleranzen für Winkelmaße [5]

2.4.3 Technologieinformationen

Technologieinformationen umfassen die Angaben für Werkstoffe, Oberflächen, Qualität und Fertigungsverfahren, die für die Herstellung der Werkstücke einzuhalten sind.

Den Angaben können folgende Informationen zugeordnet werden:

- *Werkstoffbezogene Angaben:* Werkstoff, Wärmebehandlung, Halbzeug
- *Oberflächenbezogene Angaben:* Oberflächenbehandlung, Beschichtungen, Nachbehandlung, Oberflächenbeschaffenheit
- *Qualitätsbezogene Angaben:* Technische Eigenschaften, Teilekennzeichnung, Abnahmebedingungen, Liefervereinbarungen, Verpackung und Transport
- *Fertigungsbezogene Angaben:* Fertigungsgerechte Gestaltung, Rohteil, Werkstoffeigenschaften, Fertigungsverfahrens-Hinweise

2 Technische Zeichnungen

Hinweise zu diesen Angaben sind sehr unterschiedlich in der Praxis anzutreffen. Sie stehen in anderen Kapiteln und sollen hier nicht ausführlich behandelt werden. Für ein einfaches Teil im Bild 2.42 sind nur die Angaben für die Oberflächen diesem Informationsbereich zuzuordnen.

2.4.4 Organisationsinformationen

> **Organisationsinformationen** stehen im Schriftfeld der Zeichnung und sind für den Ablauf im Betrieb erforderlich. Dazu gehören Benennung, Nummern, Unternehmen, Erstellung, Maßstab, Freigabe usw.

Die Schriftfelder der technischen Zeichnungen sind in Normen festgelegt, werden jedoch in der Praxis unternehmensspezifisch angepasst, wobei insbesondere Organisation, Rechnereinsatz und CAD-System entscheidenden Einfluss haben. Dies gilt auch für das Eintragen der Organisationsdaten in das Schriftfeld.

Als Beispiel ist ein Schriftfeld mit den Organisationsdaten für eine Flanschbuchse in Bild 2.40 zu sehen. Wichtige Grundlagen für diesen Bereich stehen in anderen Abschnitten und Kapiteln, wie z. B. über Nummerung, Stücklisten und Organisation.

Hinweise für Allgemeintoleranzen, Oberflächennormen und Werkstückkanten sind stets mit den Angaben der Norm einzutragen, also z. B. Kanten ISO 13715, wenn diese in der Zeichnung verwendet werden.

Die Zeichnungen der Bilder 2.40 bis 2.43 wurden mit dem 3D-CAD/CAM-System Pro/ENGINEER Wildfire erstellt.

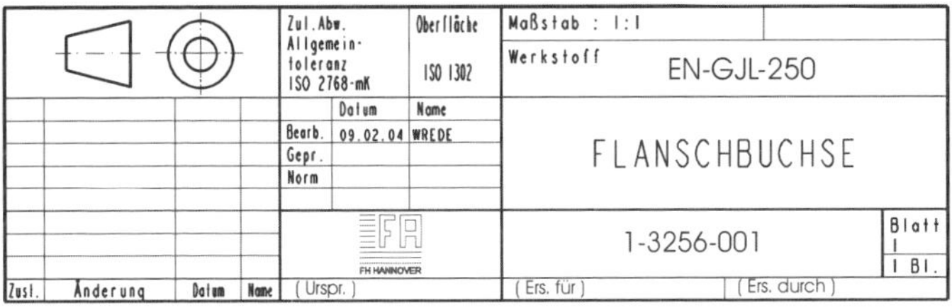

Bild 2.40: Flanschbuchse: Schriftfeld mit Organisationsinformationen

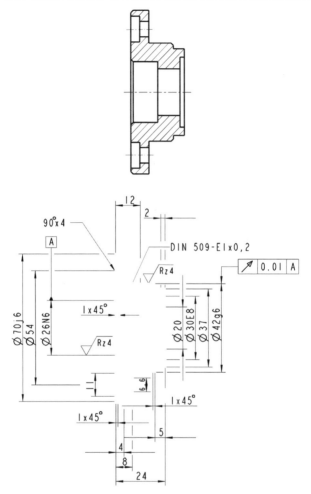

Bild 2.41: Flanschbuchse: Geometrie- und Bemaßungsinformationen

2 Technische Zeichnungen

Die Zeichnung eines Teils in Bild 2.42 enthält als Beispiel die behandelten vier Informationsbereiche einer Zeichnung in zusammengefasster Form. Die Aufteilung war eigentlich schon immer bekannt, wurde mit dem Einsatz von CAD jedoch noch einmal besonders deutlich.

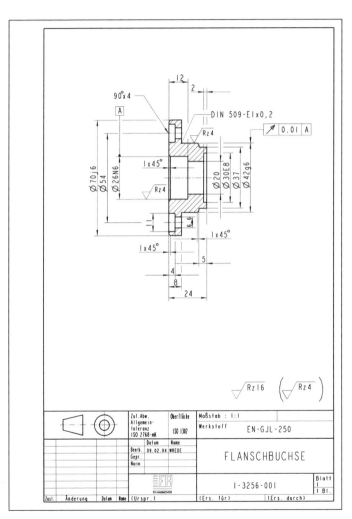

Bild 2.42: Flanschbuchse: Werkstückzeichnung

2.5 Hauptzeichnungen

> **Hauptzeichnungen** enthalten eine Maschine, eine Anlage oder ein Gerät im zusammengebauten Zustand (DIN 199-1).

Die Aufgabe der Hauptzeichnung ist, die Anordnung der Teile, deren Abhängigkeit voneinander und das gegenseitige Zusammenwirken darzustellen. Hauptzeichnungen enthalten Übersichts- und Anschlussmaße sowie Positionsnummern für den Zusammenhang mit der Stückliste.

Hauptzeichnungen wurden früher **Gesamtzeichnungen** genannt. Für Zeichnungen von Baugruppen umfangreicherer Maschinen werden **Gruppenzeichnungen** nach den Regeln der Hauptzeichnungen angefertigt. Die Hauptzeichnung soll eine übersichtliche Darstellung einer Maschine oder Gruppe in Gebrauchslage zeigen mit allen Einzelheiten für die Montage und den Einsatz (Bild 2.43).

Übersichtsmaße sind in der Regel die Außenmaße, die auch für Transport und Verpackung erforderlich sind.

Anschlussmaße sind für die Schnittstellen mit anderen Gruppen, für die Montage oder für die Aufstellung notwendig. Dies können beispielsweise Wellendurchmesser und -längen, Flanschflächenmaße oder Maße von Lage und Durchmessern von Befestigungsbohrungen sein.

Positionsnummer ist eine Zahl in doppelter Schriftgröße, die mit einer Hinweislinie außerhalb der Umrisslinie der Teile ausgerichtet angeordnet wird. Die kurzen, geraden Hinweislinien dürfen sich nicht schneiden. Üblich sind nicht umrandete Positionsnummern. Beim Einsatz von CAD ist dies nicht immer möglich. Die Anordnung der Positionsnummern sollte übersichtlich und gut lesbar in Leserichtung erfolgen. Sie sind waagerecht und/oder senkrecht in Reihen anzuordnen, wobei die Reihenfolge der Montagefolge oder der Uhrzeigerbewegung entspricht. Die Positionsnummer wird in der Stückliste eingetragen und schafft damit die Verbindung zwischen beiden. Praxisgerechte Lösungen verwenden statt der Positionsnummer die Sachnummer in der Hauptzeichnung.

Explosionszeichnungen sind eine besondere Form der axonometrischen Darstellung, bei der die Einzelteile von Baugruppen in Richtung der Koordinatenachsen auseinander gezogen gezeichnet werden. Explosionszeichnungen werden für die Montage, für Gebrauchsanweisungen und Ersatzteilübersichten eingesetzt (Bild 2.43).

Die Explosionszeichnungen werden heute sehr effektiv mit CAD aus der Gruppenzeichnung erstellt und bieten den Vorteil, den Montage-/Demontagevorgang am Bildschirm in einfacher Form zu simulieren.

Das Bild 2.43 zeigt eine Baugruppe als Mittelschnitt und die Explosionszeichnung sowie eine aufgesetzte Stückliste für die Montage.

2 Technische Zeichnungen

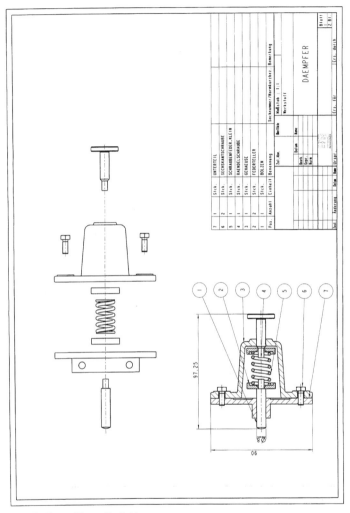

Bild 2.43: Hauptzeichnung für die Montage

2.6 Grafische Symbole

Grafische Symbole sind optische Informationen, die sprachunabhängig gelten. Sie sind so zu gestalten, dass sie einfach zu erkennen sind und die beabsichtigte Bedeutung selbsterklärend zeigen.

Grafische Symbole für die technische Produktdokumentation und für technische Zeichnungen müssen Anforderungen erfüllen, die sich in der Praxis bewährt haben und deshalb in Normen festgelegt sind. Tabelle 2.7 enthält eine Übersicht.

Tabelle 2.7: Normen und Anwendungen grafischer Symbole

Symbole für Anwendungen	Normen
Gestalten für technische Produktinformation	DIN EN 81714-1
Referenzbibliotheken	DIN EN 81714-2
Raster für das Gestalten	DIN EN ISO 3098-2
Form- und Lagetoleranzen	DIN ISO 7083
Zentrierbohrungen	DIN ISO 6411
Fluidtechnik	DIN ISO 1219-1
Rohrleitungen	DIN 2429-2
Wärmekraftanlagen	DIN 2481

Der Einsatz der Symbole erfolgt in

- Technischen Zeichnungen
- Hydraulik-Schaltplänen
- Pneumatik-Schaltplänen
- Rohrleitungsplänen
- Fließbildern
- Schaltplänen für Wärmekraftanlagen

Durch den Einsatz der sprachunabhängigen genormten Symbole sind die Pläne und Zeichnungen eindeutig und überall einsetzbar. Ein besonderer Nutzen ergibt sich durch PC-Programme mit Symbolbibliotheken zum Erstellen o. g. Pläne.

2.7 Technisches Freihandzeichnen

Freihandzeichnen hat für Konstrukteure schon immer eine besondere Bedeutung gehabt und wird auch in Zukunft noch notwendig und sehr nützlich sein. **Technische Freihandzeichnungen** sind ein gutes Hilfsmittel, um Ideen und Gedanken bildlich darzustellen. Skizzierte Lösungen unterstützen Ingenieure bei der Entwicklung von Produkten und fördern das räumliche Vorstellungsvermögen.

Mit dem Einsatz von CAD-Systemen in der Konstruktion wird die Bedeutung von Freihandzeichnungen noch deutlicher, da die Vorbereitung von Konstruktionsarbeiten am CAD-System ohne Skizzen nicht sinnvoll ist. CAD-Systeme unterstützen heute die erste Konstruktionsphase noch nicht in einem Umfang, der Skizzen überflüssig macht.

Ein weiterer Grund ist die Möglichkeit, dieses Hilfsmittel überall mit Papier und Bleistift einzusetzen, um z. B. in der Produktion, während eines Versuchs, beim Kunden oder auf Messen erste Ideen oder Verbesserungen festzuhalten bzw. um eigene Vorschläge und Lösungen mit Skizzen zu erklären.

Freihandzeichnungen können in allen Phasen des Konstruktionsprozesses eingesetzt werden. Sie eignen sich für Prinziplösungen, Berechnungen, Gestaltungseinzelheiten oder für die Dokumentation. Bekannte Anwendungen sind jeweils eine Mischung von Informationsgehalt, Genauigkeit und Schnelligkeit [7]:

- **Skizze**
  Darstellung einer Anordnung, eines Prinzips, einer Form, eines Berechnungsansatzes usw. mit wenigen Strichen schnell erfassen und klären.

- **Konstruktionsskizze**
  Räumliche Darstellungen mit technischen Einzelheiten zum Verdeutlichen von Gestaltvarianten, Versuchsanordnungen, Anschlussgeometrie mit Maßen, Aufstellungsbedingungen usw.

- **Zeichnung**
  Freihandzeichnungen nach den Regeln des Technischen Zeichnens als Fertigungszeichnung auf Papier, um schnell eine Unterlage für die Produktion zu erstellen. Anwendungen sind Musterbau, Vorrichtungsbau, Versuchsabteilungen oder Montage, um schnell Ideen umzusetzen.

- **Illustration**
  Die räumliche Darstellung von vollkommenen, schönen und verständlichen Produkten erfolgt ebenfalls durch Freihandzeichnungen, wenn der Einsatz aufwändiger Techniken mit Rechnerunterstützung nicht wirtschaftlich ist. Anwendungen sind Unterlagen für erste Präsentationen von Entwürfen, Versuchsberichte, Lehrunterlagen usw.

Zeichnungen sind für Ingenieure ein besonders gut geeignetes Hilfsmittel, alle wesentlichen Aussagen festzulegen und dabei während des Zeichnens bereits viele Fehler zu erkennen, zu beseitigen sowie technisch nicht machbare Lösungen rechtzeitig zu verwerfen.

CAD und Freihandzeichnen

Das Arbeiten mit einem CAD-System erfordert feste Vorstellungen von der einzugebenden Geometrie, um eine bestimmte Werkstückform zu modellieren. Je nach Art des CAD-Systems muss eine bestimmte Vorgehensweise eingeübt werden, bevor eine Geometrie am Bildschirm als Bauteil dargestellt ist. Die zügige Eingabe setzt voraus, dass man sich vor Beginn des rechnerunterstützten Konstruierens überlegt, wie die Aufgabe zu lösen ist. Damit nicht ständig Unterbrechungen durch fehlende Informationen, unklare Funktionsumsetzung, fehlende Formgestaltung oder Geometrieangaben auftreten, geht der Konstrukteur mit Skizzen an den CAD-Arbeitsplatz. Bewährt haben sich Freihandzeichnungen mit perspektivischen Darstellungen, wichtigen Maßen und technischen Hinweisen, um alle Informationen schnell in das System einzugeben. Die Vorbereitungen von Arbeiten für die Eingabe am CAD-System sind heute immer noch sehr sinnvoll.

Das Technische Freihandzeichnen sollte für alle technischen Studiengänge selbstverständlich zum Grundlagenwissen gehören. Da dies jedoch häufig nicht mehr angeboten wird, ist das Freihandzeichnen auch im Selbststudium zu lernen. Dafür gibt es in der Fachliteratur Methoden, Vorgehensweisen und viele Anwendungsbeispiele. [7]

Quellen und weiterführende Literatur

[1] *Böttcher, P.; Forberg, R.:* Technisches Zeichnen. 23. Aufl., Stuttgart: B. G. Teubner Verlag, 1998
[2] *Hoischen, H.:* Technisches Zeichnen. 29. Aufl., Berlin: Cornelsen Verlag 2003
[3] DIN 406: Technische Zeichnungen – Maßeintragung Teil 10 – Begriffe, allgemeine Grundlagen. Berlin: Beuth Verlag GmbH, 1992
[4] DIN 406: Technische Zeichnungen – Maßeintragung Teil 11 – Grundlagen der Anwendung. Berlin: Beuth Verlag GmbH, 1992
[5] DIN 406: Technische Zeichnungen – Maßeintragung Teil 12 – Eintragung von Toleranzen für Längen- und Winkelmaße. Berlin: Beuth Verlag GmbH, 1992
[6] Rotring-Werke (Hrsg.): Rotring Zeichenschule. Hamburg: Rotring Hamburg, 1983
[7] *Viebahn, U.:* Technisches Freihandzeichnen. 3. Aufl., Berlin: Springer Verlag, 1999

DIN (Hrsg.): Klein – Einführung in die DIN-Normen. 13. Aufl., Stuttgart: G. B. Teubner Verlag, 2001

3 Normung

Prof. Dipl.-Ing. Klaus-Jörg Conrad

KA

Normung ist ein Mittel zur Ordnung und Grundlage für ein sinnvolles Zusammenarbeiten und Zusammenleben. Durch Normung sind Lösungen für immer wieder auftretende Aufgaben vorhanden, die den jeweiligen Stand von Wissenschaft und Technik berücksichtigen und auch die wirtschaftlichen Bedingungen beachten.

> **Normung** ist die planmäßige, durch die interessierten Kreise gemeinschaftlich durchgeführte Vereinheitlichung von materiellen und immateriellen Gegenständen zum Nutzen der Allgemeinheit. (DIN 820-1)

3.1 Normen und Standards

Normung ist ein häufig zitiertes Fachgebiet der Konstruktion, das in erster Linie mehr gefürchtet als genutzt wird, weil viel Unkenntnis und Vorurteile vorhanden sind. Wer bei Normen nur an Schrauben denkt und diese als Daumenschrauben bzw. Einengungen für kreative Aufgaben ansieht, hat nicht erkannt, dass Normen bewährte, standardisierte Lösungen für Wiederholungsaufgaben enthalten, die erhebliche Vorteile für die Qualität von Produkten haben. Dementsprechend gibt es neben der fachlichen Definition einige treffende Formulierungen aus der Praxis.

> **Normen** sind die Bestlösung für wiederkehrende Aufgaben.

Eine Norm, bzw. in einigen Ländern ein Standard, stellt eine Vereinheitlichung dar. Aus einer Lösungsvielfalt wird eine Auswahl getroffen, die anwendungsgerecht aufbereitet wird.

> **Standards** sind die Ergebnisse eines Vereinheitlichungsprozesses. [1]

Betriebliche Standards sind in Unternehmen erarbeitete Vereinheitlichungen für wiederkehrende Anwendungen, die als Dokument oder PDF-Datei vorliegen.

Standardisieren heißt, Fleißarbeit durch Denkarbeit ersetzen.

Je stärker standardisiert wird, desto mehr Regeln gibt es für Konstrukteure. Standardisieren nach der Ideenfindung erhöht die Wirtschaftlichkeit. [3] Standardisierung ist auch ein wesentliches Element bei der kontinuierlichen Verbesserung der Prozesse im Unternehmen (KVP). Dort wird standardisiert, um die erkannten Verbesserungen für die Qualität zu sichern und um ein erreichtes Niveau zu halten.

Werknormen sind das Ergebnis der Normungsarbeit eines Unternehmens für eigene Bedürfnisse. Dieser Begriff ist in den Betrieben bekannter und wird häufiger verwendet für betriebliche Standards.

Das Ergebnis besteht jedoch in der Regel, unabhängig von der Definition, aus Unterlagen, die einen hohen Nutzen für den Betrieb haben. Beispiele sind unveränderte oder angepasste Normen, die übernommen werden, und Vereinheitlichungen in Form von bewährten Lösungselementen, Baugruppen, Fertigungs- und Montagevereinbarungen. Zu den betrieblichen Standards gehören auch Konstruktionsrichtlinien, Anforderungslisten, CAD-Normteiledateien, Wiederholteillisten und Technische Lieferbedingungen sowie Organisations- und Verfahrensanweisungen im Bereich Qualität.

3.2 Normen und Richtlinien

Normen für die Technik werden auf vier Ebenen erarbeitet, wie in Bild 3.1 dargestellt. Auf der betrieblichen Ebene entstehen Werknormen, auf nationaler Ebene in Deutschland sind es DIN-Normen, auf europäischer Ebene werden EN-Normen durch CEN/CENELEC und ETSI geschaffen und auf internationaler Ebene ISO- sowie IEC-Normen. Im Bild 3.1 sind außerdem wichtige Kriterien angegeben. [5]

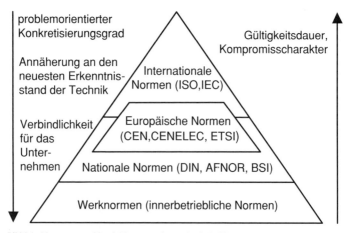

Bild 3.1: Normenpyramide mit Normungsebenen (nach *Reihlen*)

3 Normung

Folgende Abkürzungen werden im Bereich Normung häufig verwendet:

DIN: Deutsches Institut für Normung e.V.
AFNOR: Association Française de Normalisation
BSI: British Standards Institution
EN: Europäische Norm
ISO: International Organisation for Standardization
IEC: International Electrotechnical Commission
CEN: Comité Européen de Normalisation
CENELEC: Comité Européen de Normalisation Electrotechnique
ETSI: European Telecommunications Standards Institute
ECISS: European Committee for Iron and Steel Standardization

Normen, als anerkannte Regeln der Technik, setzen den Konsens der Fachleute voraus, der national, europaweit oder weltweit in einem zeitaufwändigen Verfahren zu ermitteln ist.

Eine Hierarchie der technischen Regeln zeigt, dass die oberste Stufe die Gesetze sind, gefolgt von Verordnungen und Erlassen, dann kommen die Normen.

DIN-Normen enthalten die vom Deutschen Institut für Normung erarbeiteten Fassungen der deutschen Normen. Vornormen werden nur dann herausgegeben, wenn noch hinreichende praktische Erfahrungen fehlen und noch keine Einigung zur Verabschiedung als Norm erreicht werden kann. Diese Normungsarbeit wird als entwicklungsbegleitende Normung bezeichnet.

DIN-EN-Normen sind Europäische Normen (EN), die vom Komitee für Europäische Normen herausgegeben werden, um die nationalen Normen auf dem Gebiet der Technik abzustimmen. Deren deutsche Fassung hat den Status einer Deutschen Norm. Europäische Normen müssen kurzfristig übernommen und nationale Normen zum gleichen Thema zurückgezogen werden.

DIN-ISO-Normen sind Deutsche Normen, die von der Internationalen Normenorganisation ISO erarbeitet und vom DIN unverändert übernommen wurden als deutsche Fassung.

DIN-EN-ISO-Normen sind ISO-Normen, die in der europäischen Union von allen Mitgliedstaaten angewendet werden müssen und vom DIN in der deutschen Sprachfassung veröffentlicht werden.

Richtlinien als Anweisungen für das Verhalten in bestimmten Fällen werden von verschiedenen Verbänden (VDI, VDE, VDA usw.) für den Bereich der Technik herausgegeben.

Der Verein Deutscher Ingenieure (VDI) hat systematisch ein Regelwerk aufgebaut, dass mit ca. 1600 gültigen VDI-Richtlinien alle Bereiche der

Technik umfasst. Die VDI-Richtlinien enthalten Technikwissen als Dienstleistung für alle Ingenieure, damit diese sich an anerkannten Regeln der Technik orientieren können.

Entsprechende Richtlinien gibt es auch vom Verein Deutscher Elektrotechniker (VDE) und vom Verband der Automobilindustrie e. V. (VDA). VDE-Veröffentlichungen erhalten häufig durch Verweise in Gesetzen einen Vorschriftenstatus.

3.3 Aufgaben und Zweck der Normung

Normung bietet Vorteile, die sich aus deren Aufgaben und dem Zweck ergeben. Durch das Untersuchen der Funktionen von Normen lassen sich die Vorteile ableiten und erklären.

Normenfunktion ist der zwangsläufige Zusammenhang zwischen einer Norm und den von ihrem Inhalt abhängigen Wirkungen. Normenfunktionen bestehen teils allgemein, teils hinsichtlich bestimmter Zusammenhänge. [4]

Bei den Normenfunktionen können Grund- und Zusatzfunktionen unterschieden werden, die hier in Anlehnung an [4] vorgestellt werden.

Grundfunktionen
- *Ordnungsfunktionen:* Durch Normung wird ein größerer Zustand von Ordnung erreicht. Beispiel: Anwendung von Normzahlen nach DIN 323.

- *Energetische Funktion:* Durch die Umstellung vom ungenormten zum genormten Zustand wird die Effizienz gesteigert. Beispiel: Wärmeschutz im Hochbau nach DIN 4108.

Zusatzfunktionen
- *Tauschfunktion:* Kostensenkung durch genormte Austauschteile. Beispiel: Normung von Maschinenelementen, wie Lager, Kupplungen usw.

- *Häufigkeitsfunktion:* Gezielte Normungsarbeit führt zur Verringerung der Typenvielfalt und somit zur Kostensenkung bzw. Rationalisierung. Beispiel: Anwendung von Normzahlen nach DIN 323.

- *Bevorratungsfunktion:* Erleichterte Lagerhaltung und Verteilung sowohl in wirtschaftlicher wie in technischer Hinsicht. Beispiel: Normung der Papierformate ergab ein gut funktionierendes System für die Bürowirtschaft.

- *Gütefunktion:* Sicherung der Qualität durch genormte Erzeugnisse. Beispiel: DIN-Normen für Werkstoffe, Halbzeuge und die Prüfnormen.

3 Normung 73

- *Verkehrsfunktion:* Informations-, Kommunikations-, aber auch Transportverbesserung durch Festlegen von für die Funktion grundlegenden Parametern. Beispiel: Maßliche Abstimmung technischer Teile zwischen verschiedenen technischen Bereichen.
- *Rechtsfunktion:* Normen als Grundlage für Gesetze und Rechtsverkehr. Beispiel: DIN-Normen als Anhang von Gesetzen entlasten den Gesetzgeber davon, technische Regeln selbst erarbeiten zu müssen (Maschinenschutzgesetz).
- *Sicherheitsfunktion:* Schutz des Menschen durch Sicherheitsnormen. Beispiel: Sicherheitsgerechtes Gestalten technischer Erzeugnisse nach DIN 31000/VDE 1000.

3.4 Normen für den Konstruktionsprozess

In den Unternehmen werden für die Konstruktionsprozesse die umfangreich vorhandenen Normen und Richtlinien, entsprechend den geforderten Ergebnissen, sehr unterschiedlich gebraucht (Tabelle 3.1).

Tabelle 3.1: Normenbereiche für den Konstruktionsprozess

Normenbereich	Hinweise und Beispiele
Technische Zeichnungen	Ausführungsregeln, Darstellungen, Projektionen
Konstruktionselemente	Formelemente, Maschinenelemente, Normteile
Werkstoffe, Halbzeuge	Werkstoffarten, Kennwerte, Eigenschaften
Nummerung, Stücklisten	Klassifizierung, Sachmerkmalleisten, Anwendung
Toleranzen, Passungen	Allgemeintoleranzen, Form- und Lagetoleranzen
Technische Oberflächen	Oberflächenbeschreibung, Symbole, Prüfverfahren
Fertigungsverfahren	Einteilung, Stoffverbindungen, Beschichten
Kosten, Wirtschaftlichkeit	Kosteninformationen, Wertanalyse
Sicherheitstechnik	Sicherheit von Maschinen, Schutz, Gefahren
Elektrotechnik	Elektrotechnik-Bauteile, Sicherheitsbestimmungen
Ergonomie	Anpassungen von Maschinen für Menschen
Qualitätsmanagement	Qualitätsforderungen, Qualitätsverbesserungen
Verbraucherschutz	Gebrauchstauglichkeit, Haltbarkeit, Sicherheit
Konformitätsbewertung	Übereinstimmung mit Normen, CE-Kennzeichen
Umweltschutz	Boden-, Wasser-, Luft-Grenzwerte, Schallschutz
Informationstechnik	Sicherheit, Portabilität von Software, Speicherung
Rechnerunterstützung	CAD-Normteiledatei, Modellierung, Schnittstellen
Dienstleistungen	Instandhaltung, Telekommunikation, Netzpflege

Zuordnungen von Normen zu den unterschiedlichen Unternehmensgrößen sind nicht bekannt. In jedem Konstruktionsbereich entsteht im Laufe der Jahre ein bestimmter Stamm von Normen, die abhängig von den Erzeugnissen angepasst angewendet werden.

Das DIN hat die vorhandene Anzahl der DIN-Normen zum Anfang des Jahres 2003 mit 27 179 angegeben [2]. Dieser Umfang ist natürlich in keinem Unternehmen erforderlich. Es gibt jedoch fachspezifische Zusammenstellungen von Normen in DIN-Taschenbüchern, die für einen Einstieg gut geeignet und preiswerter als Einzelnormen sind. In der Tabelle 3.1 wird deshalb in einer Übersicht auf wichtige Normenbereiche für den Konstruktionsprozess hingewiesen.

3.5 Inhalt und Arten von DIN-Normen

DIN-Normen können nach DIN 820 nach ihrem Inhalt eingeteilt werden in elf Arten von Normen. Die Tabelle 3.2 enthält eine Übersicht.

Tabelle 3.2: Normenarten und deren Inhalt nach DIN 820

Normenart	Inhalt der Normen
Dienstleistungsnorm	Technische Grundlagen für Dienstleistungen
Gebrauchstauglichkeitsnorm	Objektiv feststellbare Eigenschaften in Bezug auf die Gebrauchseigenschaften eines Gegenstandes
Liefernorm	Technische Grundlagen und Bedingungen für Lieferungen
Maßnorm	Maße und Toleranzen von materiellen Gegenständen
Planungsnorm	Planungsgrundsätze und Grundlagen für Entwurf, Berechnung, Aufbau, Ausführung und Funktion von Anlagen, Bauwerken und Erzeugnissen
Prüfnorm	Untersuchungs-, Prüf- und Messverfahren für technische und wissenschaftliche Zwecke zum Nachweis zugesicherter und/oder erwarteter (geforderter) Eigenschaften von Stoffen und/oder von technischen Erzeugnissen
Qualitätsnorm	Die für die Verwendung eines materiellen Gegenstandes wesentlichen Eigenschaften und objektiven Beurteilungskriterien
Sicherheitsnorm	Festlegungen zur Abwendung von Gefahren für Menschen, Tiere und Sachen (Anlagen, Bauwerke, Erzeugnisse u. Ä.)
Stoffnorm	Physikalische, chemische und technologische Eigenschaften von Stoffen
Verfahrensnorm	Verfahren zum Herstellen, Behandeln und Handhaben von Erzeugnissen
Verständigungsnorm	Terminologische Sachverhalte, Zeichen oder Systeme zur eindeutigen und rationellen Verständigung.

Normungsgegenstand ist der materielle oder immaterielle Gegenstand, auf den sich die Festlegungen in der Norm beziehen. Auf Grund des Inhalts kann eine Norm zu mehreren Arten gehören.

3.6 Normzahlen und Normzahlreihen

Eine sinnvolle Ordnung zur Vereinfachung von immer wieder auszuführenden Aufgaben hat technische und wirtschaftliche Vorteile. Diese Ordnung ist auch geeignet, den Bedarf an Stufungen von Größen so zu nutzen, dass sie als technisch gut empfunden werden. Für Größen, die mit Zahlen und Einheiten zu beschreiben sind, wie z. B. Hauptabmessungen, Leistungen, Drehzahlen, Übersetzungen usw., haben sich Normzahlen nach DIN 323 bewährt, die dort mit Beispielen beschrieben sind.

> Normzahlen NZ sind Vorzugszahlen für die Wahl beliebiger Größen, auch außerhalb der Normung.
>
> **Normzahlen** sind gerundete Glieder geometrischer Reihen, die die ganzzahligen Potenzen von 10 enthalten, also die Zahlen 1, 10, 100; 0,1 usw. Die Reihen werden mit dem Buchstaben R (nach dem Erfinder Renard) und einer Zahl bezeichnet, die die Anzahl der Stufen je Dezimalbereich angeben, z. B. R 10. (DIN 323)

Die Entwicklung von Maschinen nach gleichem Funktionsprinzip in verschiedenen Baugrößen erfordert eine als technisch richtig gestuft empfundene Größenfolge. Gestuft werden technische Daten, wie Drehzahlen oder Leistungen, Getriebe als Baugruppen oder ganze Maschinen in ihren Hauptabmessungen. Eine Stufung mit Normzahlen reduziert die Anzahl der möglichen Varianten, ohne Lücken zu empfinden.

Normzahlen sind für die Stufung physikalischer, technischer und wirtschaftlicher Größen besonders geeignet, weil sie Glieder einer geometrischen Reihe sind und diese sich in vielen praktischen Fällen als natürlich und zwanglos ergibt.

In DIN 323 sind die Hauptwerte der vier Grundreihen R 5, R 10, R 20 und R 40 festgelegt. Für die Reihe R 5 nach Tabelle 3.3 ergibt sich der Stufensprung durch Einsetzen der Hauptwerte in die Gleichung nach Tabelle 3.4. Damit kann der Stufensprung ermittelt werden, der mit $z = 6$ und $z - 1 = 5$ errechnet wird, wie in Tabelle 3.3 angegeben.

Tabelle 3.3: Hauptwerte der Reihe R 5

	a_1	a_2	a_3	a_4	a_5	$a_6 \Rightarrow a_z$
R 5	1,00	1,60	2,50	4,00	6,30	10,0 (Anzahl $z = 6$)

Tabelle 3.4 enthält zum Vergleich den Ansatz und den Stufensprung für arithmetische und geometrische Reihen. Der **Stufensprung** gibt das Verhältnis eines Gliedes zum vorhergehenden an.

Tabelle 3.4: Arithmetische und geometrische Reihen

Arithmetische Reihen: Die Differenz zweier aufeinander folgender Glieder ist konstant.	**Geometrische Reihen:** Der Quotient zweier aufeinander folgender Glieder ist konstant.
a_1 $a_2 = a_1 + c$ $a_3 = a_2 + c = a_1 + 2c.$. $a_z = a_1 + (z-1)\,c$ *Stufensprung* $c = \dfrac{a_z - a_1}{z-1}$	a_1 $a_2 = a_1 \cdot \varphi$ $a_3 = a_2 \cdot \varphi = a_1 \cdot \varphi^2.$. $a_z = a_1 \cdot \varphi^{(z-1)}$ *Stufensprung* $\varphi = \sqrt[z-1]{\dfrac{a_z}{a_1}}$

Die Wurzelexponenten der Stufensprunggleichungen geben auch die Anzahl der Glieder einer Reihe in einer Zehnerstufe an, siehe Tabelle 3.5. Nach DIN 323 ist für den Stufensprung der Buchstabe q festgelegt, in der Praxis wird meistens φ verwendet.

Tabelle 3.5: Grundreihen mit Stufensprung

Stufensprung: R 5 $\varphi_5 = \sqrt[5]{10} \approx 1{,}6$	*Stufensprung:* R 10 $\varphi_{10} = \sqrt[10]{10} \approx 1{,}25$
Stufensprung: R 20 $\varphi_{20} = \sqrt[20]{10} \approx 1{,}12$	*Stufensprung:* R 40 $\varphi_{40} = \sqrt[40]{10} \approx 1{,}06$

Normzahlen werden als gerundete Glieder eingesetzt, da diese Werte für die Anwendung ausreichend sind. Bei der Festlegung einer Stufung sind die groben Reihen zu bevorzugen, also erst nach R 5, dann nach R 10, R 20 oder R 40 stufen. Tabelle 3.6 enthält die Hauptwerte der vier Grundreihen. Die Werte unter 1 und über 10 lassen sich von den Werten der Tafel durch Multiplikation mit ganzen positiven oder negativen Potenzen von 10 ermitteln, indem einfach das Komma versetzt wird. Damit kann auch für jede Reihe die Anzahl der Glieder beliebig erweitert werden.

Tabelle 3.6: Hauptwerte der Normzahlen nach DIN 323

R 5	R 10	R 20	R 40
1,00	1,00	1,00	1,00
			1,06
		1,12	1,12
			1,18
	1,25	1,25	1,25
			1,32
		1,40	1,40
			1,50
1,6	1,60	1,60	1,60
			1,70
		1,80	1,80
			1,90
	2,00	2,00	2,00
			2,12
		2,24	2,24
			2,36
2,50	2,50	2,50	2,50
			2,65
		2,80	2,80
			3,00
	3,15	3,15	3,15
			3,35
		3,55	3,55
			3,75
4,00	4,00	4,00	4,00
			4,25
		4,50	4,50
			4,75
	5,00	5,00	5,00
			5,30
		5,60	5,60
			6,00
6,30	6,30	6,30	6,30
			6,70
		7,10	7,10
			7,50
	8,00	8,00	8,00
			8,50
		9,00	9,00
			9,50
10,00	10,00	10,00	10,00

Normzahlen entstehen aus dem dezimalen Zahlensystem durch Aufteilen der Zwischenbereiche der Zehnerpotenzen 1, 10, 100 in zehn geometrisch gleiche Stufen. Für die Reihe R 10 wird also der Bereich von 1 bis 10 aufgeteilt in zehn Hauptwerte. In dieser **Normzahlreihe** sind die ganzzahligen Vielfachen der Einheit 1, 2, 4, 8 enthalten und die Halb-, Viertel- und Achtelwerte 5, 2,5 und 1,25. Für technische Berechnungen ist der Näherungswert 3,15 für π = 3,14159 vorhanden.

Für feinere Stufungen wird je ein Glied zwischen die Glieder der Reihe R 10 geschoben usw. In der Reihe R 20 wurde auch mit 1,4 ein Näherungswert für $\sqrt{2}$ = 1,4142 festgelegt, der z. B. für die Stufung der Papierendformate eingesetzt wird.

Die Reihe R10 enthält als Grundreihe jeweils die Doppel- und Halbwerte voneinander und ist damit auch gut merkbar:

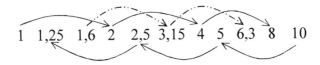

Neben Grundreihen gibt es abgeleitete Reihen z. B. R10/3 für jedes dritte Glied von R 10. Da es mehrere Möglichkeiten gibt, sollte ein Wert angegeben werden, der in der abgeleiteten Reihe enthalten sein muss, so z. B.

R10/3: 1   2   4   8

R10/3: 1,25   2,5   5   10

R10/3:   1,6   3,15   6,3

Eindeutige Angabe: R10/3 (... 2,5 ...) mit dem Stufensprung R10/3:

$$\varphi_{10} = \varphi_{10}^3 = (\sqrt[10]{10})^3 = 10^{\frac{3}{10}} = 2 \text{ oder } \varphi_{10}^3 = 1{,}25^3 = 2$$

Eine Stufung nach Normzahlen (NZ) ist für viele Größen möglich und sinnvoll, wie in DIN 323 belegt. Der Teil 2 dieser Norm enthält auch viele gute Hinweise für das Aufstellen von Diagrammen und Rechentafeln für den praktischen Einsatz.

Es gibt aber auch Größen, die nach anderen Gesichtspunkten gestuft sind. Beispiele sind Toleranzen, Werkzeuge für Verzahnungen (Modul), Halbzeuge, Blechdicken, Wanddicken usw.

Beispiel: Abmessung von zylindrischen Behältern nach NZ stufen. Wenn die Reihe bekannt ist, muss nur einmal gerechnet werden, die anderen Größen können aus der Tabelle 3.6 abgelesen werden. Die Ergebnisse enthält Tabelle 3.7.

3 Normung

Tabelle 3.7: Abmessungen von zylindrischen Behältern

Größe	⌀ *d* (in mm)	*h* (in mm)	*V* (in dm^3)
1	100	125	1
2	125	160	2
3	160	200	4
4	200	250	8
Reihe	R 10	R 10	R 10/3

Beispiel: Reihe der Stufung der Blendenwerte am Fotoapparat ermitteln.

1 / 1,4 / 2 / 2,8 / 4 / 5,6 / 8 / 11 / 16 / 22 / 32

In welcher Reihe sind diese Werte enthalten? – R 20/3 mit dem Stufensprung $\varphi = 1,4$. Von einem Blendenwert zum nächsten wird die halbe bzw. doppelte Lichtmenge durch das Objektiv fallen.

Quellen und weiterführende Literatur

[1] *Adolphi, H.:* Strategische Konzepte zur Organisation der betrieblichen Standardisierung. Berlin: Beuth Verlag GmbH, 1997
[2] *Bahke, T.:* Sicher normierte Produkte schneller auf dem Markt. VDI nachrichten 2003, Nr. 22, S. 21
[3] *Beeler, J.:* CAD von seiner Schokoladenseite. Der Konstrukteur 3/2003, S. 32, 34
[4] *Krieg, K. G.; Heller, W.; Hunecke, G.:* Leitfaden der DIN-Normen. Stuttgart: B. G. Teubner, 1983
[5] *Reihlen, H.:* Normung. In: Hütte 31. Aufl. S. N 1–N 14. Berlin: Springer Verlag, 2000

Bahke, T.: Blum, U.; Eickhoff, G. (Hrsg.): Normen und Wettbewerb. Berlin: Beuth Verlag GmbH, 2002
DIN (Hrsg.): Klein – Einführung in die DIN-Normen. 13. Aufl., Stuttgart: G. B. Teubner Verlag, 2001
DIN 323: Normzahlen und Normzahlreihen Blatt 1 und 2. Berlin: Beuth Verlag GmbH, 1974
DIN 820: Normungsarbeit. Berlin: Beuth Verlag GmbH, 1994

4 Oberflächen

Dipl.-Umweltwiss. Stefanie Wrobel
Dipl.-Ing. Daniel Landenberger

4.1 Was sind Oberflächen?

Eine wirkliche (Werkstück-)Oberfläche wird definiert als die Oberfläche, die einen Körper physikalisch begrenzt und von dem ihn umgebenden Medium trennt [1], [2]. Die **geometrische Oberfläche** ist eine ideale Oberfläche, deren Nennform durch die Zeichnung und/oder andere Unterlagen technisch definiert wird. Die **Istoberfläche** ist das messtechnisch erfasste, angenäherte Abbild der wirklichen Oberfläche. Je nach Größenordnung ist eine makroskopisch glatte Oberfläche mehr oder weniger stark strukturiert. Dies ist das Ergebnis der Bearbeitung, bei der es zu mechanischen und/oder chemischen Veränderungen der Oberfläche kommt.

Da die Funktion eines Werkstücks häufig maßgeblich von der Oberflächenbeschaffenheit bestimmt wird, ist die Erfassung und Bewertung der Oberflächenbeschaffenheit eine der wichtigsten Aufgaben der Qualitätssicherung, die neben der Produktentwicklung, Konstruktion, Fertigungsplanung und Fertigung einen Bestandteil des industriellen Produktionsprozesses darstellt. Durch Erfassung der Feingestalt (Abschnitt 4.6) und standardisierter Kenngrößen (Abschnitt 4.2) können Werkstücke, die nicht den konstruktiven Vorgaben entsprechen, in der Qualitätssicherung identifiziert und Rückschlüsse auf Fehler im Fertigungsprozess gezogen werden. Neben dem Einsatz in der Qualitätssicherung der Neuproduktion kommt die Oberflächenmessung heute auch verstärkt bei der Prüfung von Produkten für die Wieder- und Weiterverwendung sowie bei der Grundlagenforschung beispielsweise zur Beurteilung von Beschichtungsverfahren zum Einsatz, da sich mit den eingesetzten Messverfahren Oberflächen im Nanometerbereich untersuchen lassen.

4.2 Kenngrößen zur Beschreibung der Feingestalt

Die Beschreibung der Kenngrößen richtet sich im Folgenden streng nach den Definitionen der aktuellen Normen. In der Praxis und in der Literatur sind häufig hiervon abweichende Bezeichnungen und Definitionen anzutreffen, auf die gesondert hingewiesen wird.

4 Oberflächen 81

4.2.1 Gestaltabweichungen von Oberflächen

Da die Istoberfläche des gefertigten Werkstücks sich von der (idealen) geometrischen Oberfläche, die in der Konstruktion festgelegt wird, unterscheidet, mussten ein **Ordnungssystem für Gestaltabweichungen** und Kennwerte festgelegt werden, um die Vergleichbarkeit von Oberflächenmessungen zu gewährleisten und die Messprozesse zu standardisieren. Nach DIN EN ISO 4760 [1] sind die Gestaltabweichungen in sechs Ordnungen eingeteilt (siehe Bild 4.1).

Gestaltabweichung	Beispiele	Entstehungsursachen (Beispiele)
1. Ordnung: Formabweichung 	Unebenheit, Unrundheit	Durchbiegung und Führungsfehler in den Werkzeugmaschinen
2. Ordnung: Welligkeit 	Wellen	Schwingungen während der Fertigung
 3. Ordnung: Rauheit	Rillen	Werkzeug-Schneidenform, Vorschub
4. Ordnung: Rauheit	Riefen, Schuppen	Spanbildung
5. Ordnung: Rauheit – nicht mehr in einfacher Weise bildlich darstellbar	Gefügestruktur	Kristallisationsvorgänge, Gefügeänderung, chem. Einwirkungen, Korrosion
6. Ordnung: – nicht mehr in einfacher Weise bildlich darstellbar	Gitteraufbau, Atomanordnung	Gitterbaufehler (bspw. durch Temperatur, Strahlung), Substitutions- und Einlagerungsatome

Bild 4.1: Gestaltabweichungen von Oberflächen (nach [1])

In der ersten Ordnung sind **Formabweichungen** zusammengefasst, die auch als Abweichungen der **Grobgestalt** bezeichnet werden. Dazu zählen z. B. Geradheits-, Ebenheits- und Winkligkeitsabweichungen, für deren Erfassung die gesamte Istoberfläche des Werkstücks betrachtet werden muss. Die Erfassung der Gestaltabweichungen zweiter bis fünfter Ordnung, die auch unter Abweichungen der **Feingestalt** zusammengefasst werden können, erfolgt im Gegensatz zu Formabweichungen messtechnisch an einem Flächenausschnitt. Zu den Abweichungen der Feingestalt zählen die Welligkeit und die Rauheit. Die Gestaltabweichungen sechster Ordnung beschreiben Abweichungen im Aufbau der Materie. In der industriellen Praxis werden diese in der Regel nicht erfasst.

In aktuellen nationalen und internationalen Normen sowie Werksnormen wird eine große Anzahl von Oberflächenkenngrößen definiert, von denen nachfolgend die für die industrielle Praxis und Funktion von Oberflächen wichtigsten relevanten Kenngrößen beschrieben werden.

4.2.2 Senkrechtkenngrößen (Amplitudenkenngrößen)

Kenngrößen der Rauheit und der Welligkeit werden i.d.R. anhand einer **Einzelmessstrecke** *lr* bzw. *lw* definiert, die zahlenmäßig der Grenzwellenlänge λc bzw. λf entspricht (Abschnitt 4.2.2.1) [2]. Zur Bewertung der Oberflächerauheit werden jedoch für Rauheitskenngrößen standardmäßig Mittelwerte aus fünf Einzelmessstrecken berechnet, die zusammen die (Gesamt-)Messstrecke *ln* bilden. Die Taststrecke *lt* als Summe aus Vorlaufstrecke, **Gesamtmessstrecke** *ln* und Nachlaufstrecke ist die Strecke, die das Tastsystem insgesamt zur Erfassung des Profils zurücklegt. Beim Primär-Profil (*P*-Profil) ist die Einzelmessstrecke *lp* gleich der **(Gesamt-)Messstrecke** *ln*. Die **Regelmessstrecken** sind in DIN EN ISO 4288 [4] festgelegt.

4.2.2.1 Profilfilter und Profiltypen

Messtechnisch werden Gestaltabweichungen unterschiedlicher Ordnung durch (Profil-)Filter voneinander getrennt. **Profilfilter** trennen ein Profil in lang- und kurzwellige Anteile. Bei Geräten zur Messung der Rauheit, Welligkeit und des Primärprofils werden drei Filter mit gleichen Übertragungscharakteristika nach DIN EN ISO 11562 [5], aber unterschiedlichen Wellenlängen benutzt:

- λs-**Profilfilter** – definiert den Übergang von der Rauheit zu den Anteilen mit noch kürzeren Wellenlängen, die auf der Oberfläche vorhanden sind

- λc-**Profilfilter** – definiert den Übergang von der Rauheit zur Welligkeit

- λf-**Profilfilter** – definiert den Übergang von der Welligkeit zu den Anteilen mit noch längeren Wellenlängen, die auf der Oberfläche vorhanden sind

Die Wahl der **Grenzwellenlänge** λc definiert die Lage des Übergangs zwischen Welligkeit und Rauheit und den Anteil der Welligkeit bzw. Rauheit im *R*- und *W*-Profil. Die Mittellinie entsteht bei einem phasenkorrekten Filter durch Bildung eines gewichteten Mittelwertes für jede Stelle des Profils. Hierbei gibt die Gewichtsfunktion für jede Profilstelle an, mit welchem Faktor die benachbarten Profil-Punkte in die Mittelwertberechnung eingehen. Diese sollte nach aktuellen Normen einer Gauß'schen Glockenfunktion entsprechen. Hinweise zur Wahl der Grenzwellenlänge λc enthält die DIN EN ISO 4288 [4].

Das **Oberflächenprofil** ist das Profil, das sich durch den Schnitt einer Werkstückoberfläche mit einer vorgegebenen Ebene ergibt [2]. Das **Primärprofil** ist die Grundlage für die Berechnung der *P*-Kenngrößen (*Pt*,

Pa, ...). Es entsteht aus dem ertasteten Profil durch Beseitigung der Nennform nach der Methode der kleinsten Summe der Abweichungsquadrate auf der Linie der vorgegebenen Form (z. B. einer Regressionsgerade) und durch Abtrennung sehr kurzer Wellenlängen, die nicht in die Bewertung miteinbezogen werden (Grenzwellenlänge λ*s*). Das **Rauheitsprofil** ist Grundlage für die Berechnung von *R*-Kenngrößen und wird vom Primärprofil durch Abtrennung der langwelligen Profilanteile mit dem Profilfilter λ*c* hergeleitet. Das **Welligkeitsprofil** (*W*-Profil) ist das Profil, das durch das Anwenden der λ*f*- und λ*c*-Profilfilter auf das *P*-Profil entsteht (Bild 4.2).

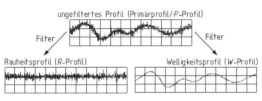

Bild 4.2: Oberflächen-Profildiagramme [3]

4.2.2.2 Mittenrauwerte *Ra* und *Rq*

Die international gebräuchlichste Rauheitskenngröße stellt der **arithmetische Mittelwert der Profilordinaten** (arithmetischer Mittenrauwert) *Ra* bezogen auf die Einzelmessstrecke *lr* dar. Wie in Abschnitt 4.2.2 erwähnt, wird in der Messpraxis *Ra* bezüglich der Messstrecke *ln* bestimmt. Als Unterscheidungsmerkmal werden in diesem Fall nach DIN EN ISO 4288 [4] den auf die Einzelmessstrecken *lri* bezogenen Kenngrößen Indizes angefügt (*Ra*1, *Ra*2, ...).

Ra entspricht der Höhe eines Rechteckes mit der Länge *lr* bzw. *ln*, in welches das gemessene Profil flächengleich umgewandelt wird (Bild 4.3). *Ra* hängt nur in äußerst geringem Maße von einzelnen Profilmerkmalen ab und vermittelt ausschließlich einen Eindruck von der durchschnittlichen Rauheit. Da jedoch die Oberflächeneigenschaften und ihr Einfluss auf die Funktionen eines Werkstücks stark von einzelnen Profilmerkmalen bestimmt werden, wird zur Beurteilung einer Oberfläche i. d. R. der Mittenrauwert *Ra* nicht allein, sondern im Zusammenhang mit weiteren Kenngrößen herangezogen.

Bei der Berechnung des **quadratischen Mittelwertes der Profilordinaten** (quadratischer Mittenrauwert) *Rq* werden die Messwerte der Einzelmessstrecke vor der Mittelwertbildung quadriert, sodass einzelnen Profilmerkmalen höhere Bedeutung zukommt als bei *Ra*. *Rq* kann aus dem Primär-, Welligkeits- und Rauheitsprofil errechnet werden [2].

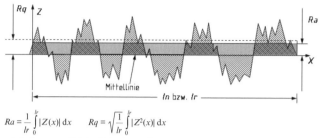

$$Ra = \frac{1}{lr}\int_0^{lr}|Z(x)|\,dx \qquad Rq = \sqrt{\frac{1}{lr}\int_0^{lr}|Z^2(x)|\,dx}$$

mit Ordinatenwert $Z(x)$ = Höhe des Profils gemessen an einer beliebigen Stelle x

Bild 4.3: Arithmetischer Mittenrauwert Ra und quadratischer Mittenrauwert Rq [2]

4.2.2.3 Höhe des Rauheitsprofils Rz, Rmax, Grundrautiefe $R3z$

Nach der aktuellen Norm ist die **größte Höhe des Profils** Rz die Summe aus der größten Profilspitze Zp und der Tiefe des größten Profiltals Zv innerhalb einer Einzelmessstrecke [2]. Rz gibt einen Anhaltspunkt für die Homogenität des Oberflächenprofils: Ähneln sich die über die Gesamtmessstrecke erfassten Rz-Werte, sind Profilspitzen und -täler überwiegend gleichmäßig verteilt. Zu beachten ist, dass Rz in der DIN EN ISO 4287 von 1984 als die Zehnpunktehöhe der Unregelmäßigkeiten definiert war. Unterschiede zwischen diesen beiden Definitionen sind nicht immer vernachlässigbar, sodass bei Gebrauch vorhandener technischer Dokumente, Zeichnungen und Messgeräte, die auf der alten Definition basieren, Vorsicht geboten ist. Die in der zurückgezogenen DIN 4768 beschriebene, aber noch gebräuchliche maximale Rautiefe Rmax entspricht dem Maximalwert der größten Höhe des Profils Rz innerhalb der Gesamtmessstrecke ln (Bild 4.4). Der Index „max" (tiefgestellt) dagegen kennzeichnet nach der aktuellen DIN EN ISO 4288 [4] den höchsten zulässigen Wert einer Kenngröße (vorgegebener Grenzwert).

Die ebenfalls in der DIN 4768 beschriebene **mittlere Rautiefe** Rz ist der arithmetische Mittelwert der größten Profilhöhen der aufeinander folgenden Einzelmessstrecken nach DIN EN ISO 4287. Gerade bei der Verwendung von Rz ist auf Grund dieser verschiedenen gebräuchlichen Definitionen in der Praxis zu beachten, auf welcher Norm und welcher ihrer Ausgaben die jeweiligen Angaben beruhen.

Wie in Abschnitt 4.2.2 erwähnt, werden in der Messpraxis Rz wie auch Ra bezüglich der Messstrecke ln bestimmt. Als Unterscheidungsmerkmal werden in diesem Fall nach DIN EN ISO 4288 den auf die Einzelmessstrecken lri bezogenen Kenngrößen Indizes angefügt ($Rz1$, $Rz2$, ...).

4 Oberflächen

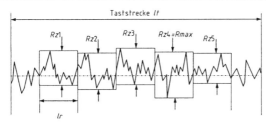

Bild 4.4: Höhe des Rauheitsprofils Rz und Rmax

Die **Grundrautiefe** $R3z$ nach der Daimler-Benz-Werksnorm MBN 31007 [6] aus dem Jahr 1998 ist im Gegensatz zur größten Profilhöhe Rz wenig empfindlich gegen Ausreißer. Aus diesem Grund ist sie besser zur Bewertung von Beschaffenheit und Funktionseigenschaften von Oberflächen geeignet und erfährt in der Praxis trotz ihres Fehlens in nationalen und internationalen Normen einige Beachtung.

Die Grundrautiefe $R3z$ ergibt sich als Mittelwert der Höhendifferenzen zwischen der jeweils dritthöchsten Profilspitze und dem dritttiefsten Profiltal von fünf Einzelmessstrecken. Die Grundrautiefe $R3z$ wird jedoch in der praktischen Anwendung immer stärker vom Materialanteil Rmr nach DIN EN ISO 4287 [2] und von den R-Kenngrößen nach DIN EN ISO 13565 [7], [8], [9] abgelöst, da nicht immer jede Einzelmessstrecke eines Profils eine dritthöchste Spitze und ein dritttiefstes Tal aufweist.

4.2.2.4 Gesamthöhe des Profils

Die **Gesamthöhe des Profils** (Pt, Wt, Rt) ist die Summe aus der Höhe der höchsten **Profilspitze** Zp und der Tiefe des tiefsten **Profiltals** Zv jeweils bezogen auf das P-, W- oder R-Profil. Die Gesamthöhe des Profils wird innerhalb der Messstrecke ln bestimmt [2] (Bild 4.5). Da mit der Länge der Messstrecke die Kenngrößen variieren können, ist die Länge der Bezugsstrecke anzugeben. Darüber hinaus ändert sich Wt auch mit der Wahl der Grenzwellenlänge λc.

Da Rt über die Messstrecke definiert wird, die größer als die Einzelmessstrecke ist, gilt für jedes Profil $Rt \geq Rz$. Dies gilt für Wt und Pt entsprechend.

Bild 4.5: Gesamthöhe des Profils Rt mit Zp und Zv

4.2.3 Gemischte Kenngrößen und Kennkurven

In der DIN EN ISO 4287 wird empfohlen, alle Kennkurven und daraus abgeleitete gemischte Kenngrößen nicht über die Einzel-, sondern über die Messstrecke ln zu definieren, da diese Vorgehensweise stabilere Kurven und Kenngrößen liefert. Nachfolgend werden die wichtigsten dieser Kenngrößen und -kurven vorgestellt.

4.2.3.1 Materialanteil des Profils *Rmr(c)* und Materialanteilkurve

Der **Materialanteil** $Rmr(c)$ (Traganteil tp nach ASME – American Society of Mechanical Engineers) ist der Quotient aus der Summe der Materiallängen der Profilelemente $Ml(c)$ in der vorgegebenen Schnitthöhe c und der Messstrecke. Die **Materialanteilkurve** des Profils (Abbot Firestone oder Abbot-Kurve) stellt den Materialanteil des Profils als Funktion der Schnitthöhe c dar (Bild 4.6).

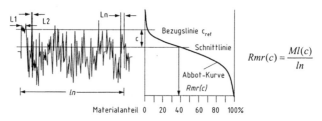

$$Rmr(c) = \frac{Ml(c)}{ln}$$

Bild 4.6: Materialanteil $Rmr(c)$ und Abbot-Kurve [2], [12]

4.2.3.2 Rauheitsprofil (*Rpk, Rk, Rvk, Mr*1, *Mr*2)

Die drei Teile der DIN EN ISO 13565 beschreiben ein Sonderfilterverfahren und Kenngrößen zur Erfassung und Beurteilung des Rauheitsprofils von mechanisch hoch beanspruchten Oberflächen, die durch relativ tiefe Täler unter einem feiner bearbeiteten Plateau mit geringer Welligkeit gekennzeichnet sind [7], [8], [9]. Bei der Beurteilung dieses häufig vorkommenden Oberflächentyps kommt es bei Anwendung eines Filters nach ISO 11562 [5] zu unerwünschten Verzerrungen, die durch Anwendung des Sonderfilterverfahrens minimiert werden.

Nach einem mehrstufigen Filterverfahren erhält man eine Mittellinie als Bezugslinie für die Profilauswertung, die in das ursprüngliche Primärprofil übertragen wird. Das Rauheitsprofil nach DIN EN ISO 13565-1 wird als Differenz zwischen dem Primärprofil und dieser Bezugslinie ermittelt [7]. Abschnitt 7 der Norm enthält Hinweise zur Wahl der Grenzwellenlänge und der Messstrecke. Teil 2 der Norm beschreibt die Auswertung der Kenngrößen, die das Funktionsverhalten solcher Oberflächen beschreiben [8]:

- **Rauheitskernprofil**: Rauheitsprofil ohne herausragende Spitzen und Täler
- **Kernrautiefe** Rk: Tiefe des Rauheitskernprofils
- **Materialanteil** $Mr1$: Materialanteil in Prozent, bestimmt durch die Schnittlinie, welche die herausragenden Spitzen von dem Rauheitskernprofil abtrennt
- **Materialanteil** $Mr2$: Materialanteil in Prozent, bestimmt durch die Schnittlinie, welche die tiefen Täler von dem Rauheitskernprofil abtrennt
- **reduzierte Spitzenhöhe** Rpk: mittlere Höhe dieser herausragenden Spitzen über dem Rauheitsprofil
- **reduzierte Spitzentiefe** Rvk: Mittlere Tiefe der Profiltäler unterhalb des Rauheitskernprofils.

Die Kenngrößen Rk, $Mr1$ und $Mr2$ ergeben sich aus einer Ausgleichsgeraden entlang der **Abbot-Kurve**, die nach DIN EN ISO 13565-2 zu berechnen ist. Rpk und Rvk werden als die Höhen von rechtwinkligen Dreiecken mit demselben Flächeninhalt wie die „Spitzen-" bzw. „Talfläche" errechnet. Die Basislänge der Dreiecke entspricht der Basislänge $0\% - Mr1$ bzw. $100\% - Mr2$ (Bild 4.7).

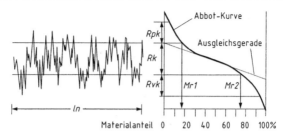

Bild 4.7: Darstellung der R-Kenngrößen (nach [7], [8], [9], [12])

4.3 Funktion von Oberflächen und Wahl der Kenngrößen

In der Konstruktion wird sowohl die **Grobgestalt** (Maß, Form, Lage) als auch die **Feingestalt** (Rauheit und Welligkeit) eines Werkstücks festgelegt. Nach der Fertigung des Werkstücks muss die Einhaltung der in der Konstruktion festgelegten Grob- und Feingestalt geprüft werden, um die geforderten Gebrauchseigenschaften zu gewährleisten. Zur Erfassung der Grobgestalt werden in der industriellen Praxis Koordinatenmessmaschinen eingesetzt, die Erfassung der Feingestalt erfolgt häufig mobil in der Fertigung oder stationär im Messraum mit Hilfe eines Oberflächenmessgerätes.

Da Rz und auch Ra allein kaum eine vollständige Charakterisierung von **Funktionsflächen** zulassen, sind in nachfolgender Tabelle 4.1 typische Anwendungen der gebräuchlichsten Oberflächenkenngrößen aufgeführt.

Tabelle 4.1: Typische Anwendungen gebräuchlicher Oberflächenkenngrößen [11], [12]

Kenngröße	Charakteristika	Anwendung
Pt	stark ausreißersensible Kenngröße	Dichtflächen (Abhängigkeit von Profilspitzen), elektrische Kontakte, Gleit-, Wälz- und Blickflächen; keine Anwendung, wenn einzelne Profilspitzen und -täler keinen Einfluss auf die Funktion haben, z. B. bei Presspassflächen
Ra	gibt Aufschluss über die durchschnittliche Rauheit, rel. wenig sensibel gegenüber Ausreißern	Grobvergleich von gefertigten Oberflächen auch auf internationaler Ebene; Aussagefähigkeit im Hinblick auf Funktionsmerkmale nur im Zusammenhang mit weiteren Kenngrößen
Rq	s. Ra; durch Quadrierung der Einzelwerte aber sensibler gegenüber Ausreißern	entsprechend Ra

Fortsetzung Tabelle 4.1

Kenn-größe	Charakteristika	Anwendung
$R\text{max}$	stark ausreißer-sensible Kenngröße	Oberflächen mit funktionsrelevanten Spitzen z. B. bei statischen und dynamischen Dichtflächen in Pumpen, hoch belasteten Funktionsflächen an Motorbauteilen
Rz	verglichen mit Ra gute Ausreißererfassung	bei höheren Anforderungen an die Oberflächen; nur in Kombination mit anderen Kenngrößen zu benutzen
$R3z$	geringere Ausreißerempfindlichkeit als Rz	feinbearbeitete, porige Schmiergleitflächen (insbesondere in der Automobilindustrie)
Wt	Maß für den Anteil der Welligkeit ohne Berücksichtigung der Rauheit, sehr unempfindlich gegenüber einzelnen Spitzen und Tälern im Profil	von Bedeutung z. B. für gefräste Dichtflächen, zur Prüfung der Lackierbarkeit oder auch für tribologisch beanspruchte Flächen; nicht anzuwenden, wenn langwellige Profilanteile keinen Einfluss auf die Funktion haben (z. B. Presspassflächen) oder einzelne Ausreißer die Funktion der Oberfläche beeinflussen; sollte nicht ohne weitere ergänzende Kenngrößen verwendet werden, die eine Bewertung erlauben, in welchem Verhältnis die Wellentiefe zum Anteil der Rauheit an der Gestaltabweichung steht

Die definierte Feingestalt eines Werkstücks wirkt sich unmittelbar auf die Funktionstauglichkeit von Werkstücken aus.

In Bild 4.8 sind typischen **Funktionsflächen** gebräuchliche Grenzwerte von Rz gegenübergestellt. [10]

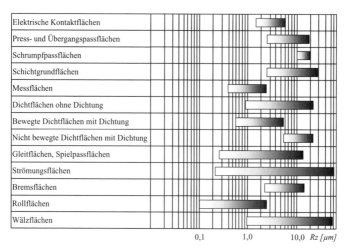

Bild 4.8: Gegenüberstellung von Rz-Grenzwerten und ausgewählten Funktionsflächen [10]

4.4 Fertigungstechnisch erreichbare Feingestalt

Bei der Festlegung einer Oberflächeneigenschaft, wie beispielsweise der Rauheit, sind neben konstruktiven Vorgaben auch fertigungstechnische Beschränkungen zu beachten. Dabei ist nicht nur die fertigungstechnische Machbarkeit, sondern auch der Aufwand zur Herstellung einer bestimmten Oberflächeneigenschaft entscheidend. Je niedriger beispielsweise die geforderte Oberflächenrauheit festgelegt wird, desto eher sind zusätzliche, meist trennende Fertigungsverfahren notwendig, welche die Fertigungskosten negativ beeinflussen.

In nachfolgendem Bild 4.9 sind ausgewählte Fertigungsverfahren und erreichbare Werte für *Ra* gegenübergestellt. Die angegebenen Werte können lediglich als Anhaltspunkte dienen, da die erreichbare Oberflächenrauheit außer vom eingesetzten Verfahren auch vom Werkstoff, der Qualität

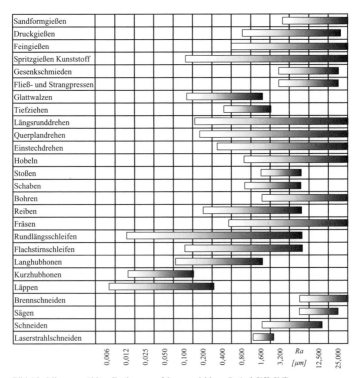

Bild 4.9: Mit ausgewählten Fertigungsverfahren erreichbare *Ra* (vgl. [13], [14])

4.5 Dokumentation der Feingestalt – Zeichnungseintragungen

Die nach der DIN EN ISO 1302 festgelegte Angabe der Oberflächenbeschaffenheit in der technischen Produktdokumentation gewährleistet die eindeutige Weitergabe der konstruktiv festgelegten Vorgaben an die Fertigung. In technischen Zeichnungen wird dazu ein **Grundsymbol** verwendet (siehe Bild 4.10 a). Wenn zusätzliche Merkmale angegeben werden sollen, wird an das Grundsymbol eine waagerechte Linie angehängt (siehe Bild 4.10 b). Sind alle Fertigungsverfahren erlaubt, ist das Grundsymbol offen (Bild 4.10 b), sollen nur Material abtragende Verfahren Einsatz finden, wird das Grundsymbol geschlossen (Bild 4.10 c). Wenn keine Material abtragenden Verfahren erlaubt sind, wird in das Grundsymbol ein Kreis eingepasst (Bild 4.10 d). Gelten die mit dem Symbol festgelegten Oberflächenangaben für alle Flächen des Werkstücks, wird ebenfalls ein Kreissymbol verwendet, dessen Mittelpunkt auf dem Schnittpunkt zwischen dem Ende der längeren schrägen Linie und der waagerechten Linie sitzt (Bild 4.10 e).

a b c d e

Bild 4.10: Grundsymbol und erweiterte grafische Symbole für die Angabe der Oberflächenbeschaffenheit [15]

Die Anordnung der zusätzlichen Anforderungen am Symbol ist ebenfalls festgelegt (siehe Bild 4.11 a). Auf den Positionen a und b werden weitere Anforderungen an die Oberflächenbeschaffenheit wie beispielsweise *Rz* samt Einzelmessstrecke vermerkt. Die Position c ist für die Angabe des Fertigungsverfahrens reserviert. Die Position d beschreibt die Oberflächenrillen und -ausrichtung, in Position e können Angaben zu Bearbeitungszugaben dargestellt werden.

Anhand von Bild 4.11 b) soll beispielhaft eine typische Zeichnungsangabe für die Oberflächenrauheit erläutert werden. Dabei ist eine obere Grenze von 55 µm und eine untere Grenze von 6,2 µm für *Ra* vorgegeben. Da an *Ra* kein „max" angehängt ist, wird die „16%-Regel" für den Vergleich der gemessenen Werte mit der Toleranzgrenze angewandt. Für die beiden Vorgaben gelten die Übertragungscharakteristik von 0,008 bis

4 mm und die Regel-Messstrecke von 5 × 4 mm = 20 mm (siehe [4]). Ferner bedeutet das C, dass die Oberflächenrillen ungefähr kreisförmig um den Mittelpunkt zu finden sein sollen, worauf beim Fertigen des Werkstücks durch Fräsen geachtet werden muss. [15]

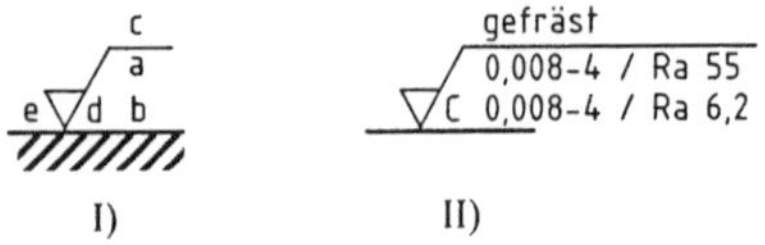

```
         c                    gefräst
        ___                  _____
       \ a                  \  0,008-4 / Ra 55
    e   \/d  b               \/C 0,008-4 / Ra 6,2
    ////////

       I)                        II)
```

Bild 4.11: Anordnungen der Oberflächenanforderungen
am grafischen Symbol mit Beispiel [15]

In der betrieblichen Praxis sind noch weitere **Oberflächensymbole** wie z. B. das Dreieck ▽ für geschruppte oder drei Dreiecke ▽▽▽ für feingeschlichtete Oberflächen im Einsatz. Die Normen, in denen diese Angaben beschrieben waren (DIN 140, DIN 3141), sind inzwischen zurückgezogen, in Auszügen sind sie aber noch in der Fachliteratur (z. B. [16]) zu finden.

4.6 Verfahren zur Erfassung der Feingestalt

Um die bei der Werkstückgestaltung definierten Oberflächen zu erfassen, kommen hauptsächlich Messgeräte mit mechanischen oder optischen Sensoren zum Einsatz. Abhängig von den Umgebungsbedingungen und der erforderlichen Messgenauigkeit steht eine Reihe von Prüfverfahren zur Verfügung. Nachfolgend sollen die wichtigsten in der industriellen Praxis verwendeten Prüfverfahren vorgestellt werden.

4.6.1 Optisch-manuelle Vergleichsverfahren

Bei den optisch-manuellen Vergleichsverfahren werden drei Verfahren unterschieden. Bei der **Sichtprüfung** wird auf die zu prüfende Oberfläche eine gerade Vergleichskante (bspw. ein Haarlineal) gelegt. Diese Kante wird von hinten beleuchtet oder gegen das Licht gehalten. Durch Beurteilung des Lichtdurchlasses kann ein erfahrener Prüfer Rauheitsunterschiede bis ca. 5 µm erfassen.

Bei der **Nagelprobe** werden mit der Fingerspitze mehrfach das Werkstück und ein Vergleichsnormal mit definierter Rauheit überstrichen. Damit lassen sich Rauheitsunterschiede bis 2 µm, aber auch Rillen und Kratzer unterscheiden. Anwendung findet das Prüfverfahren dort, wo eine schnelle Abschätzung der Oberflächenrauheit notwendig ist, beispielsweise bei der Demontage mit anschließender Sortierung von aufzuarbeitenden Bauteilen.

Zum **Antuschieren** werden zwei Flächen benötigt. Eine Fläche wird mit einer dünnen Farbschicht beschichtet, danach wird die zweite Fläche an dieser Farbschicht gerieben, wodurch sich die berührenden Flächenabschnitte von den nicht berührenden farblich abheben. Eingesetzt wird das Verfahren zur Ermittlung der tragenden Länge.

4.6.2 Gerätebasierte optische Verfahren

Die gebräuchlichsten Geräte zur optischen Erfassung der Oberfläche sind das Lichtschnittmikroskop, das Interferenzmikroskop und der optische Taster. Beim **Lichtschnittmikroskop** wird ein Abbild eines Schnittes senkrecht zur Werkstückoberfläche erzeugt, das nach einer eventuell notwendigen Skalierung zur Berechnung von Oberflächenkenngrößen genutzt werden kann.

Beim **Interferenzmikroskop** werden die Entfernungsunterschiede, die beispielsweise zwischen Profilhöhen und Tälern auf der Oberfläche bestehen, durch Interferenzerscheinungen sichtbar gemacht. Auf der Abbildungsplatte des Mikroskops entstehen Interferenzstreifen, mit denen Höhenunterschiede knapp unter 1 µm feststellbar sind.

Das Prinzip der dynamischen Fokussierung wird von **optischen Tastern** genutzt, die mit Hilfe eines fokussierten Laserstrahls den Abstand des Tasters zur Oberfläche im Vergleich zu einer Bezugsfläche konstant halten. Die Ausgleichsbewegungen des optischen Tasters zur Gewährleistung des konstanten Abstands werden erfasst und können als Oberflächenprofil ausgegeben werden.

4.6.3 Mechanisch-elektrische Tastschnittverfahren

Oberflächenmessgeräte, die nach dem mechanisch-elektrischen **Tastschnittverfahren** arbeiten, tasten eine nach DIN EN ISO 4288 definierte Strecke der Werkstückoberfläche mit konstanter Geschwindigkeit und Tastkraft ab. Als **Messstrecke** muss der Teil der Werkstückoberfläche ausgewählt werden, an dem kritische Werte zu erwarten sind. Zum Abtasten des Oberflächenprofils wird eine definierte Tastspitze, die meist als Diamantkegel oder -pyramide ausgeführt ist, genutzt. Die Bewegungen der Tastspitze werden in ein elektrisches Signal umgewandelt, das von einer Auswerteelektronik weiterverarbeitet wird. Ungefiltert entspricht das aufgezeichnete Profil dem Ist-Profil (P-Profil), mit Hilfe von Profilfiltern (Kurz- und Langwellenfiltern) werden das Rauheitsprofil und das Welligkeitsprofil ermittelt.

4.6.3.1 Gleitkufentastsysteme

Bei **Gleitkufentastsystemen** wird der Tastkopf mittels einer Kufe (**Einkufentastsystem** – siehe Bild 4.12 a) oder zwei Kufen (**Zweikufentastsystem**) auf der zu messenden Oberfläche geführt. Die Tastspitze erfasst dabei das Oberflächenprofil relativ zur Bahn der Führung. Durch diese mechanische Filterwirkung eignen sich Gleitkufentastsysteme nur unzureichend zur Messung von Ist- und Welligkeitsprofilen. Vorteil der Gleitkufensysteme ist jedoch die geringe Schwingungsempfindlichkeit, weshalb sie bevorzugt bei mobilen Rauheitsmessgeräten für den Einsatz in der Fertigung verwendet werden.

4.6.3.2 Freitastsystem

Bei **Freitastsystemen**, auch **Bezugsflächentastsysteme** oder **Bezugsebenentastsysteme** genannt, wird der Tastkopf parallel zu einer nahezu geometrisch idealen Bezugsebene in der Vorschubeinrichtung des Oberflächenmessgerätes bewegt (siehe Bild 4.12 b). Dadurch lassen sich neben der Rauheit auch das Ist- und Welligkeitsprofil aufzeichnen und auswerten. Ein weiterer Vorteil ist, dass sich kürzere Messstrecken als bei Gleitkufensystemen wählen lassen, da keine zusätzliche Auflagefläche für die Kufe benötigt wird. Nachteile sind die bedingte Eignung zur Messung von gekrümmten Flächen, die aufwändigere Ausrichtung der Vorschubeinrichtung bezüglich der Werkstückoberfläche und die größere Schwingungsempfindlichkeit als bei Gleitkufensystemen, weshalb Freitastsysteme hauptsächlich bei stationären Messplätzen verwendet werden.

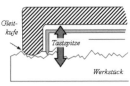

a) Einkufentastsystem   b) Freitast-/Bezugsebenentastsystem

Bild 4.12: Tastsysteme

Quellen und weiterführende Literatur

[1] DIN 4760: Gestaltabweichungen; Begriffe, Ordnungssystem. Köln: Beuth, 1982
[2] DIN EN ISO 4287: Geometrische Produktspezifikationen (GPS) – Oberflächenbeschaffenheit: Tastschnittverfahren – Benennungen, Definitionen und Kenngrößen der Oberflächenbeschaffenheit (ISO 4287:1997); Deutsche Fassung EN ISO 4287. Berlin: Beuth, 1998

[3] Fachkunde Metall. 54. Auflage. Haan-Gruiten: Verlag Europa Lehrmittel, 2003
[4] DIN EN ISO 4288: Geometrische Produktspezifikation (GPS) – Oberflächenbeschaffenheit: Tastschnittverfahren – Regeln und Verfahren für die Beurteilung der Oberflächenbeschaffenheit (ISO 4288:1996); Deutsche Fassung EN ISO 4288. Berlin: Beuth, 1997
[5] DIN EN ISO 11562, Ausgabe 1998-09: Geometrische Produktspezifikationen (GPS) – Oberflächenbeschaffenheit: Tastschnittverfahren – Messtechnische Eigenschaften von phasenkorrekten Filtern (ISO 11562:1996); Deutsche Fassung EN ISO 11562:1997. Berlin: Beuth, 1998
[6] Daimler Benz Werksnorm DB N 31007, 1983
[7] DIN EN ISO 13565-1, Ausgabe 1998-04: Geometrische Produktspezifikationen (GPS) – Oberflächenbeschaffenheit: Tastschnittverfahren – Oberflächen mit plateauartigen funktionsrelevanten Eigenschaften – Teil 1: Filterung und allgemeine Messbedingungen (ISO 13565-1: 1996); Deutsche Fassung EN ISO 13565-1: 1997. Berlin: Beuth, 1998
[8] DIN EN ISO 13565-2, Ausgabe:1998-04 Geometrische Produktspezifikationen (GPS) – Oberflächenbeschaffenheit: Tastschnittverfahren – Oberflächen mit plateauartigen funktionsrelevanten Eigenschaften – Teil 2: Beschreibung der Höhe mittels linearer Darstellung der Materialanteilkurve (ISO 13565-2: 1996); Deutsche Fassung EN ISO 13565-2:1997. Berlin: Beuth, 1998
[9] DIN EN ISO 13565-3, Ausgabe 2000-08: Geometrische Produktspezifikation (GPS) – Oberflächenbeschaffenheit: Tastschnittverfahren; Oberflächen mit plateauartigen funktionsrelevanten Eigenschaften – Teil 3: Beschreibung der Höhe von Oberflächen mit der Wahrscheinlichkeitsdichtekurve (ISO 13565-3: 1998); Deutsche Fassung EN ISO 13565-3: 2000. Berlin: Beuth, 2000
[10] VDI/VDE 2601: Anforderungen an die Oberflächengestalt zur Sicherung der Funktionstauglichkeit spanend hergestellter Flächen – Zusammenstellung der Kenngrößen, 1991
[11] *Warnecke, H.-J.; Dutschke, W.:* Fertigungsmesstechnik – Handbuch für Industrie und Wissenschaft. Berlin: Springer, 1984
[12] *N. N.:* Grundlagen der Oberflächenmesstechnik – Schulungsunterlage Mahr, Göttingen, 2000
[13] *Bodschwinna, H.:* Oberflächenmesstechnik mit Tastschnittgeräten in der industriellen Praxis. 1. Aufl., Köln: Beuth, 1992
[14] *Bergner, O.; Frömmer, G.; Lohr, J.; Kretschmar, R.; Morgner, D.; Wieneke, F.:* Zerspantechnik Fachbildung. 2. Aufl., Haan-Gruiten: Verlag Europa Lehrmittel, 2002
[15] DIN EN ISO 1302: Angabe der Oberflächenbeschaffenheit in der technischen Produktdokumentation. Berlin: Beuth, 2002
[16] Tabellenbuch Metall. 41. Aufl., Haan-Gruiten: Verlag Europa Lehrmittel, 1999

Dutschke, W.: Fertigungsmesstechnik. 3. Aufl., Stuttgart: B. G. Teubner, 1996
Hoischen, H.: Technisches Zeichnen – Grundlagen, Normen, Beispiele, Darstellende Geometrie. 29. Aufl., Berlin: Cornelsen Verlag, 2003
Noppen, G.; Sigalla, J.: Technische Oberflächen Teil 1: Oberflächenbeschaffenheit; *Czichos, H.; Peterson, D.; Schwarz, W.:* Teil 2: Oberflächenatlas. 2. Aufl., Köln: Beuth, 1985
Pfeifer, T.: Fertigungsmesstechnik. 2. Aufl., München: Oldenbourg, 2001

5 Toleranzen und Passungen

Prof. Dr.-Ing. Gerhard Engelken

5.1 Übersicht

Die Notwendigkeit zur Auseinandersetzung mit dem Gebiet der Toleranzen und Passungen ergibt sich aus der arbeitsteiligen Organisation der industriellen Fertigung. Technische Bauteile entstehen zunächst in der Vorstellung des Konstrukteurs. Die Spezifikation konkretisiert sich in einer technischen Zeichnung. Diese muss

- vollständig und
- eindeutig

sein, damit ein anderer das Bauteil fertigen kann. Mit der Darstellung von Maßtoleranzen und Passungen werden in diesem Kapitel wichtige Grundlagen behandelt.

Maßtoleranzen und Passungen allein sind jedoch für eine vollständige und eindeutige Spezifikation in der Regel nicht ausreichend. Deshalb ist es zwingend erforderlich, auch Form- und Lagetoleranzen in die Betrachtung einzubeziehen (Kapitel 6).

Neben den technischen Anforderungen müssen auch wirtschaftliche Anforderungen berücksichtigt werden. Die Spezifikation muss daher nicht nur funktionsgerecht, sondern auch fertigungs- und prüfgerecht sein. Die optimale Spezifikation gelingt daher in der Regel nur in interdisziplinär zusammengesetzten Teams, in denen neben der Konstruktion auch Fertigung und Qualitätswesen mitwirken.

5.2 Geometrische Produktspezifikation

Die Normenwelt ist in Bewegung. Das im Jahr 1996 eingerichtete Technische Komitee ISO/TC 213 „Geometrische Produktspezifikation und Prüfung" verfolgt das Ziel, ein einheitliches System von GPS-Normen zur Spezifikation und Prüfung der Werkstückgeometrie als verbessertes Werkzeug für die Entwicklung und Herstellung zu schaffen. Vorhandene Normen wurden in einer Übersichtsmatrix über die Geometrische Produktspezifikation eingeordnet [1], [20]. Hierbei spiegeln die Kettenglieder der einen Dimension die Abfolge von Spezifikation und Prüfung:

1. Angaben der Produktdokumentencodierung
2. Definition der Toleranzen – Theoretische Definition der Werte
3. Definition der Eigenschaften des Istformelementes

4. Ermittlung der Abweichungen des Werkstücks
5. Anforderungen an Messeinrichtungen
6. Kalibrieranforderungen – Kalibriernormen

In der zweiten Dimension der GPS-Matrix werden geometrische Eigenschaften betrachtet wie:

1. Maß (Länge)
2. Abstand
3. Radius
4. Winkel
5. Form einer Linie unabhängig von einem Bezug
6. Form einer Linie abhängig von einem Bezug
7. Form einer Fläche unabhängig von einem Bezug
usw.

Bei der Einordnung der vorhandenen Normen wurden ebenso Widersprüche deutlich wie auch Lücken, die vor allem die Kettenglieder 3 bis 6 betreffen, da die Normung mit der Entwicklung der Messtechnik nicht Schritt gehalten hat. Hieraus entstanden umfangreiche Aktivitäten zur Überarbeitung und Entwicklung vollständiger GPS-Normen.

Mit den Normen DIN EN ISO 14660-1 [21] und DIN EN ISO 14660-2 [22] wurden zum ersten Mal Begriffe und Definitionen eingeführt, ohne die eine Beschreibung der Messung gar nicht möglich ist.

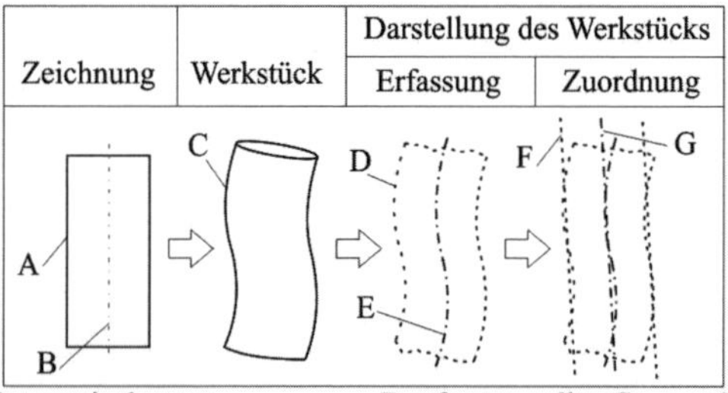

A Nenn-Geometrieelement
B abgeleitetes Nenn-Geometrieelement
C wirkliches Geometrieelement
D erfasstes vollst. Geometrieelement
E erfasstes abgel. Geometrieelement
F zugeordnetes vollst. Geometrieel.
G zugeordnetes abgel. Geometrieel.

Bild 5.1: Beziehungen der Definitionen von Geometrieelementen zueinander [21], [22]

Das Nenn-Geometrieelement hat z. B. im CAD-Modell keine Form- und Lageabweichung. Das wirkliche Geometrieelement (Werkstück) hat dagegen solche Abweichungen, die messtechnisch erfasst und durch Zuordnung bewertet werden müssen. Die im Jahr 1999 veröffentlichte

5 Toleranzen und Passungen

DIN EN ISO 14253-1 [19] legt im Hinblick auf die Feststellung von Übereinstimmung oder Nichtübereinstimmung mit der Spezifikation eindeutig fest, dass die Zone der Übereinstimmung die um den doppelten Wert der „erweiterten Messunsicherheit" eingeschränkte Toleranzzone ist.

Den weiter bestehenden Unsicherheiten und der Unvollständigkeit der Normen kann die Konstruktion heute Rechnung tragen, indem sie

- Lagetoleranzen nach ISO 1101 [8] anwendet und Koordinatenbemaßung bevorzugt,
- Bezüge oder Bezugssysteme für die Erfassung von Geometrieelementen klar definiert,
- das Unabhängigkeitsprinzip anwendet und Passflächen mit der Hüllbedingung belegt sowie
- Messunsicherheiten bei der Festlegung von Toleranzwerten berücksichtigt.

5.3 Maße mit Toleranzangaben

5.3.1 Toleranzarten und -begriffe

Nach dem Masterplan GPS sind vielfältige Toleranzarten zu unterscheiden.

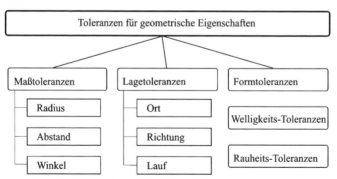

Bild 5.2: Auszug zur Systematik der Toleranzen [20]

Gegenstand des vorliegenden Kapitels sind die Maßtoleranzen. Ein Maß besteht dabei aus einem Zahlenwert und einer Einheit (z. B. „50 mm"). Üblicherweise versteht man unter Maß ein Längenmaß, andere Maßarten (z. B. Winkelmaß) werden explizit benannt. Für Längenmaße gilt nach DIN ISO 286-1 [6] und DIN ISO 8015 [18] folgende grundlegende Aussage:

> Ein **Maß** ist der Abstand zwischen zwei gegenüberliegenden Punkten.
> Ein Maß wird daher im Zweipunktverfahren gemessen.

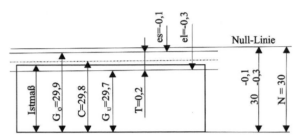

Bild 5.3: Maßarten und Toleranzbegriffe, dargestellt am Beispiel einer Rechteckplatte [2]

Wesentliche Maßarten und Toleranzbegriffe sind:

- **Örtliches Istmaß** I (actual size): gemessene Größe. Je nach Messstelle können sich unterschiedliche Istmaße ergeben, darunter dann das Größtmaß und das Kleinstmaß.

- **Grenzmaße** G (limits of size): Grenzen für die zulässigen Istmaße I, nämlich **Höchstmaß** G_o und **Mindestmaß** G_u.

- **Mittenmaß** C: arithmetischer Mittelwert aus den beiden Grenzmaßen, der für das statistische Tolerieren benötigt wird.

- **Toleranz** T (tolerance) oder **Maßtoleranz** (size tolerance): Differenz von Höchst- und Mindestmaß:

$T = G_o - G_u$

- **Nennmaß** N (basic size, nominal size): ideal gedachtes Bezugsmaß zur Festlegung der Grenzmaße über Grenzabmaße. In der grafischen Darstellung von Toleranzen wird das Nennmaß durch die Nulllinie dargestellt.

- **Oberes Abmaß** (upper deviation) ES, es (extreme superior; Großbuchstaben für Bohrung, Kleinbuchstaben für Welle): bestimmt das Höchstmaß:

$G_o = N + ES$ (bzw. es)

- **Unteres Abmaß** (lower deviation) EI, ei (extreme inferior): bestimmt das Mindestmaß:

$G_u = N + EI$ (bzw. ei)

Im Zusammenhang mit der Paarung von Teilen sind die nachfolgenden Maßarten von besonderer Bedeutung:

5 Toleranzen und Passungen

Maximum-Material-Grenzmaß *MML* (maximum material limit): *MML* ist dasjenige Grenzmaß, bei dessen Realisierung das Bauteil das Maximum an Material behält, also

- bei Außenmaßen das Höchstmaß und
- bei Innenmaßen das Mindestmaß.

Bei Abstandsmaßen gibt es kein *MML*.

Wirksames Istmaß *VS* (virtual size): Das Maß eines geometrisch idealen Gegenstücks, mit dem sich das Geometrieelement spielfrei paaren lässt. Das wirksame Istmaß *VS* trägt der möglichen Formabweichung Rechnung: Beim Außenmaß wird *VS* bei Formabweichung größer, beim Innenmaß kleiner als das örtliche Istmaß.

Wirksames Grenzmaß *MMVL* (maximum material virtual limit): Das wirksame Grenzmaß ergibt sich als Summe von Maximum-Material-Grenzmaß *MML* und der dem Geometrieelement zugeordneten Formtoleranz *t*. Es repräsentiert den für die Paarung ungünstigsten Fall.

Prüfmaß (testing size): Ein für die Funktion des Bauteils wichtiges Maß, für das der Konstrukteur die Prüfung explizit fordert. Das Prüfmaß wird durch einen abgerundeten Rahmen gekennzeichnet.

5.3.2 Allgemeintoleranzen

Allgemeintoleranzen gelten allgemein für die gesamte Zeichnung. Die verschiedenen Normen orientieren sich an Fertigungsverfahren, da ihrer Festlegung die Überlegung zu Grunde liegt, dass die Fertigung mit werkstattüblicher Genauigkeit problemlos möglich sein sollte. Sie umfassen mehr oder weniger vollständig neben den Maßtoleranzen auch Form- und Lagetoleranzen.

Die bekannteste Norm für Allgemeintoleranzen ist DIN ISO 2768 [10], [11] für die spanende Bearbeitung (früher DIN 7168). Für andere Fertigungsverfahren sei auf die weiterführende Literatur bzw. auf die entsprechenden Normen verwiesen. DIN ISO 2768-1 [10] beinhaltet Maß- und Winkeltoleranzen mit den Toleranzklassen f, m, c und v, DIN ISO 2768-2 [11] beinhaltet Form- und Lagetoleranzen mit den Toleranzklassen H, K und L. Auszugsweise sind die Abmaße nach DIN ISO 2768-1 in der nachfolgenden Tabelle aufgeführt.

Tabelle 5.1: Maßtoleranzen nach DIN ISO 2768-1 [10]

	Durchmesser/Abstände			Rundung/Fase		Winkel		
Nennmaßbereich	> 6 ... 30	> 30 ... 120	> 120 ... 400	> 0,5... 3	> 3 ... 6	> 10° ... 50°	> 50° ... 120°	> 120° ... 400°
f (fein)	± 0,1	± 0,15	± 0,2	± 0,2	± 0,5	± 30′	± 20′	± 10′
m (mittel)	± 0,2	± 0,3	± 0,5	± 0,2	± 0,5	± 30′	± 20′	± 10′
c (grob)	± 0,5	± 0,8	± 1,2	± 0,4	± 1	± 1°	± 30′	± 15′
v (sehr grob)	± 1	± 1,5	± 2,5	± 0,4	± 1	± 2°	± 1°	± 30′

Die Bezugnahme auf Allgemeintoleranzen ist im oder am Schriftfeld einzutragen,

z. B.   **Allgemeintoleranzen DIN ISO 2768 – mH**
oder verkürzt: **ISO 2768 – mH**

Bei der Nutzung von Allgemeintoleranzen gelten folgende Regeln:

> Allgemeintoleranzen für Längenmaße gelten nur dort, wo auf der Zeichnung tatsächlich ein Maß eingetragen ist.

Soll ein Maß nicht der Allgemeintoleranz unterliegen, so muss es entsprechend gekennzeichnet sein als:

- **Theoretisches Maß** (Nennmaß mit rechteckigem Rahmen)
- **Hilfsmaß** (Nennmaß in Klammern) oder
- **Ungefährmaß** (Nennmaß mit vorangestelltem ≈)

> Die Überschreitung einer Allgemeintoleranz darf nicht automatisch zur Zurückweisung eines Werkstücks führen, sofern dadurch seine Funktion nicht beeinträchtigt ist.

5.3.3 ISO-Toleranzsystem

Das ISO-Toleranzsystem ist ein seit Jahrzehnten bewährtes System zur Angabe von Maßtoleranzen. Es trägt dazu bei,

- die Vielfalt möglicher Toleranzangaben überschaubar zu machen,
- die Auswahl der geeigneten Maßtoleranz zu unterstützen
- geeignete Fertigungsverfahren bzw. Arbeitsgangfolgen festzulegen und
- die notwendige Anzahl von Prüfeinrichtungen zu verringern.

Grundlage des ISO-Toleranzsystems ist die DIN ISO 286-1 [6] und -2 [7]. Wesentliche Elemente des ISO-Toleranzsystems sind die **Kennbuchstaben**,

5 Toleranzen und Passungen

welche die **Grundabmaße** der Toleranzfelder festlegen und die **Grundtoleranzgrade**.

Als Kennbuchstaben werden Großbuchstaben für Innenmaße (Bohrungen) verwendet, Kleinbuchstaben für Außenmaße (Wellen). Grundabmaße sind die Abmaße, die jeweils am nächsten zur Nulllinie liegen, die tatsächlichen Werte sind abhängig vom Nennmaßbereich festgelegt.

Das nachfolgende Bild stellt somit die Lage von ausgewählten Toleranzfeldern relativ zur Nulllinie in etwa maßstäblich für den Nennmaßbereich 30 ... 50 mm und den Grundtoleranzgrad IT 7 dar.

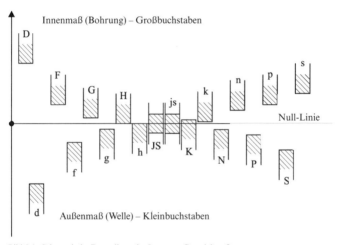

Bild 5.4: Schematische Darstellung der Lage von Grundabmaßen

Die Grundtoleranzgrade werden mit den Buchstaben „IT" (International Tolerance) und den Zahlen 01 und 0 sowie 1 bis 18 bezeichnet. Dabei stehen kleine Zahlenwerte für enge und große Zahlenwerte für weite Toleranzen.

Als **Grundtoleranz** wird die Maßtoleranz bezeichnet, die sich aus der Kombination von Nennmaßbereich und Grundtoleranzgrad ergibt. Die Tabelle 5.2 enthält einen kleinen Ausschnitt.

Die Grundtoleranzen wachsen mit dem Nennmaß, allerdings nicht proportional, sondern etwa mit dem Exponenten 1/3. Sie wurden so festgelegt, dass sich für alle Nennmaßbereiche etwa die gleiche Fertigungsschwierigkeit ergibt.

Tabelle 5.2: Auswahl von Grundtoleranzen nach ISO 286-2 [7]

Nennmaßbereich in mm		Grundtoleranzen in µm für Grundtoleranzgrad						
über	bis	IT 4	IT 5	IT 6	IT 7	IT 8	IT 9	IT 10
0	3	3	4	6	10	14	25	40
3	6	4	5	8	12	18	30	48
6	10	4	6	9	15	22	36	58
10	18	5	8	11	18	27	43	70
18	30	6	9	13	21	33	52	84
30	50	7	11	16	25	39	62	100
50	80	8	13	19	30	46	74	120
80	120	10	15	22	35	54	87	140
120	180	12	18	25	40	63	100	120
180	250	14	20	29	46	72	115	140

ISO-Toleranzen beinhalten die Festlegung von Toleranzfeldern durch

- das Nennmaß,
- den Kennbuchstaben für die Lage des Toleranzfeldes zum Nennmaß bzw. zur Nulllinie sowie
- den Zahlenwert für den Grundtoleranzgrad (ohne „IT").

Beispiele für die Angabe von ISO-Toleranzen sind:

Bohrung (Innenmaß):   35 H 7   oder   35 ^{H7}
Welle (Außenmaß):   35 h 7   oder   35 $_{h7}$

5.4 Passungen

Von einer Passung spricht man, wenn kreiszylindrische oder planparallele Fügeflächen mit gleichem Nennmaß ausgeführt werden und die Art der Passung durch die Angabe von ISO-Toleranzen für Innenmaß und Außenmaß festgelegt wird. Andere Fügegeometrien (z. B. Polygon- oder Vielkeilgeometrien) werden hier nicht betrachtet, sie haben spezielle Passungssysteme.

5.4.1 Passungsarten und Begriffe

Die relative Lage der Toleranzfelder der beteiligten Geometrieelemente zueinander bestimmt die Passungsart.

Spielpassung (clearance fit): Das Innenmaß (Bohrung) ist stets größer als das Außenmaß (Welle). Für das engste Passungsmaß (Mindestspiel) gilt:

$S_{\min} = EI - es \geq 0$

5 Toleranzen und Passungen

Übermaßpassung (interference fit): Das Innenmaß (Bohrung) ist stets kleiner als das Außenmaß (Welle). Für das weiteste Passungsmaß (Mindestübermaß) gilt:

$$S_{max} = Es - ei \geq 0$$

Übergangspassung (transition fit): In Abhängigkeit von den Istmaßen von Innenmaß und Außenmaß liegt entweder Spiel oder Übermaß vor.

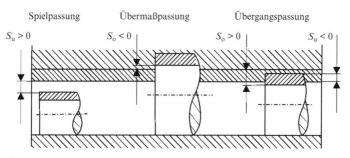

Bild 5.5: Passungsarten

Das Fügen von Teilen mit Übermaßpassung kann nur durch besonderen Fügedruck oder durch Aufschrumpfen erfolgen. Nach dem Fügen baut sich in der Passungsfläche eine Flächenpressung auf, die zur Übertragung von Kräften und/oder Drehmomenten genutzt wird (Pressverband). Bei der Berechnung von Pressverbänden ist zu überprüfen, ob beim weitesten Paarungsmaß (Mindestübermaß) S_{max} die Kraftübertragung in ausreichender Höhe gewährleistet ist und ob beim engsten Paarungsmaß (Höchstübermaß) S_{min} plastische Verformung oder gar Reißen von dünnwandigen Außenteilen vermieden wird.

Für alle Passungen ist ggf. die Veränderung des Passungsmaßes unter Temperatureinfluss bzw. bei Nennmaßveränderung im Zusammenhang mit der Entwicklung geometrisch ähnlicher Baureihen zu überprüfen.

5.4.2 Passungssysteme

Durch Kombination von ISO-Toleranzen lassen sich theoretisch mehr als 500 verschiedene Passungen definieren. Diese Vielfalt wird in der Praxis überhaupt nicht benötigt. DIN 7157 Beiblatt [16] empfiehlt daher für die praktische Anwendung eine Auswahl von Toleranzfeldern. Noch weitergehend schränken die Passungssysteme Einheitsbohrung und Einheitswelle die Vielfalt ein.

Einheitsbohrung: Alle Innenmaße (Bohrungen) haben die Grundtoleranz H (unteres Abmaß $EI = 0$). Die Art der Passung ergibt sich aus der zugeordneten ISO-Toleranz für das Außenmaß (Welle) (DIN 7154 [12], [13]).

Einheitswelle: Alle Außenmaße (Wellen) haben die Grundtoleranz h (oberes Abmaß $es = 0$). Die Art der Passung ergibt sich aus der zugeordneten ISO-Toleranz für das Innenmaß (Bohrung) (DIN 7155 [14], [15]).

Tabelle 5.3: Vorschläge für Passungen (Auswahl) nach DIN 7154 und 7155

Einheitsbohrung	Einheitswelle	Charakter der Passung	Fügeart
DIN 7154	DIN 7155		
H7/r6	R7/h6	Presssitz	Schrumpfen
H7/n6	N7/h6	Festsitz	hydraulisch
H7/m6	M7/h6	Treibsitz	Hammer Abzieher
H7/k6	K7/h6	Haftsitz	
H7/j6	J7/h6	Schiebesitz	von Hand
H7/h6	H7/h6	Gleitsitz	
H7/g6	G7/h6	Laufsitz eng	

Das System Einheitsbohrung ist im Maschinenbau stark verbreitet, da es dazu beiträgt, den Aufwand für Fertigungsmittel (z. B. Reibahlen) und Prüfmittel (z. B. Grenzlehrdorne) zu reduzieren.

5.4.3 Zeichnungseintragungen

Passungen werden grundsätzlich in Zusammenstellungszeichnungen eingetragen, und zwar als Texteintrag (z. B. „H7/g6") direkt oder mittels einer Bezugslinie an die Passstelle.

5.5 Tolerierungsgrundsatz

Bei der Betrachtung von Passungen sind wir bisher von idealen Geometrieelementen ausgegangen. Die Maße konnten innerhalb der Maßtoleranz variieren, eine zusätzliche Form- oder Lageabweichung wurde jedoch nicht berücksichtigt.

Genau diesem Zusammenhang zwischen Maßabweichungen und vor allem Formabweichungen wird durch die unterschiedlichen Tolerierungsgrundsätze Rechnung getragen.

5.5.1 Taylor'scher Prüfgrundsatz

Bei Maximum-Material-Grenzmaßen ist das berechnete Mindestspiel nur dann vorhanden, wenn nicht zusätzlich Formabweichungen vorliegen.

5 Toleranzen und Passungen

Frederick W. Taylor (1856–1915) erkannte diesen Zusammenhang sehr früh und meldete den **Taylor'schen Prüfgrundsatz** 1905 zum Patent an:

> Die Gutprüfung ist eine Paarungsprüfung mit einer Lehre, die über das gesamte Geometrieelement geht, die Ausschussprüfung eine Einzelprüfung im Zweipunktverfahren.

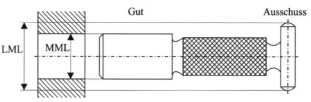

Bild 5.6: Prüflehre nach *Taylor* für eine Bohrung [2]

Die Gutseite einer Prüflehre stellt danach das geometrisch ideale Paarungselement mit Maximum-Material-Grenzmaß MML dar. Sie verkörpert die **Hülle** des Paarungselementes, die das Geometrieelement mitsamt seinen eventuellen Formabweichungen einschließt.

5.5.2 Unabhängigkeitsprinzip

Im Gegensatz zum Taylor'schen Prüfgrundsatz besagt das Unabhängigkeitsprinzip, dass Maß- und Formabweichungen voneinander unabhängig sind und getrennt geprüft werden. Das Unabhängigkeitsprinzip ist in ISO 8015 [18] international genormt.

> Wenn das Unabhängigkeitsprinzip gelten soll, muss auf der Zeichnung im oder am Schriftfeld der Vermerk stehen: „Tolerierung ISO 8015".

Wenn beim Unabhängigkeitsprinzip für ein Paarungsmaß die Hüllbedingung (der Taylor'sche Prüfgrundsatz) gelten soll, so muss hinter das Paarungsmaß der Zusatz Ⓔ (E für „envelope" = Hülle) eingetragen werden. Folgende Schreibweisen sind möglich:

15g7Ⓔ oder 15 ± 0,1Ⓔ oder 15Ⓔ

Die Kombination von Unabhängigkeitsprinzip mit der individuellen Kennzeichnung der Hüllbedingung ist in der Praxis sinnvoll, da sie Prüfaufwand reduziert und die Prüfplanung unterstützt.

5.5.3 Hüllprinzip

Das Hüllprinzip besagt, dass für alle einfachen Passungselemente wie Zylinderflächen und Parallelebenenpaare die Hüllbedingung gilt, und zwar ohne den Zusatz Ⓔ. DIN 7167 [17] legt fest:

> Für eine Zeichnung ohne Angabe des Tolerierungsgrundsatzes gilt das Hüllprinzip.

International und auch zur Klarstellung sollte man jedoch eintragen: „Tolerierung DIN 7167".

Die Anwendung des Hüllprinzips hat den Nachteil, dass die Hüllbedingung dann auch Geometrieelemente umfasst, deren Funktion es eigentlich nicht erfordert.

5.6 Toleranzverknüpfungen in Maßketten

Meistens hängen mehrere tolerierte geometrische Eigenschaften aneinander wie die Glieder einer Kette. Eine solche Kette heißt **Maßkette**, auch wenn die Kette neben Maßabweichungen auch Form- und Lageabweichungen beinhaltet, da diese auf Maßabweichungen abgebildet werden.

Bei einer Maßkette werden zusammenhängende Toleranzen in einer Richtung betrachtet. Das **Schließmaß** verbindet in dieser Richtung Anfang und Ende der Kette. Seine Toleranz ist die **Schließtoleranz** T_S.

Bei der **Toleranzanalyse** wird die Schließtoleranz aus den beteiligten Einzeltoleranzen bestimmt. Bei der **Toleranzsynthese** werden ausgehend von einer vorgegebenen Schließtoleranz die Einzeltoleranzen festgelegt.

5.6.1 Arithmetische Tolerierung

Bei der arithmetischen Tolerierung ergibt sich die arithmetische Schließtoleranz T_a als Summe der Einzeltoleranzen in der Maßkette. Die durch-

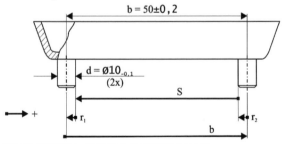

Bild 5.7: Maßkette an einem Spritzgussteil nach *Jorden* [2]

zuführenden Berechnungen werden an einem vereinfachten Spritzgussteil vorgestellt.

Entsprechend der eingetragenen Zählrichtung ergibt sich als Gleichung für das Schließmaß:

$S = -r_1 + b - r_2$

Das Nenn-Schließmaß S_N wird durch das Einsetzen der Nennmaße in die Schließmaßgleichung bestimmt. Für die Bestimmung des Höchst-Schließmaßes S_o werden Maße in positiver Richtung mit Höchstmaß, Maße in negativer Richtung mit Mindestmaß eingesetzt.

Für die Bestimmung des Mindestschließmaßes S_u werden Maße in positiver Richtung mit Mindestmaß, Maße in negativer Richtung mit Höchstmaß eingesetzt.

Im Beispiel ergeben sich folgende Werte:

S_N = 40 mm S_o = 40,4 mm S_u = 39,8 mm

Dabei ist zu beachten, dass bei den Zahlenwerten für den Mindestradius der beiden Zapfen die volle Durchmessertoleranz abgezogen wurde, da die Zapfen an der Minimum-Material-Grenze auch Formabweichungen haben können.

> Bei Gültigkeit der Hüllbedingung hat eine Zylinderfläche an der Maximum-Material-Grenze ideale Gestalt. An der Minimum-Material-Grenze sind zusätzliche Formabweichungen möglich, sodass die volle Maßtoleranz für die Schließmaßberechnung zu berücksichtigen ist.

Für die Schließtoleranz gilt danach:

$T_S = S_o - S_u$ = 40,4 − 39,8 mm = 0,6 mm

$T_a = \Sigma T_i$ = 0,1 + 0,4 + 0,1 mm = 0,6 mm

Wenn ein Einzelmaß von der Richtung der Maßkette um einen Winkel α abweicht, wird es mit seiner in Richtung der Maßkette liegenden Komponente $l \cdot \cos \alpha$ berücksichtigt.

Werden Maßketten an bewegten Mechanismen betrachtet, sind die Schließmaßberechnungen für genügend feine Winkelteilungen durchzuführen, da hier eine Extremwertbetrachtung über alle möglichen Winkelstellungen erfolgen muss.

5.6.2 Statistische Tolerierung

In der Realität ist es sehr unwahrscheinlich, dass die arithmetische Schließtoleranz tatsächlich ausgenutzt wird, da dafür die einbezogenen Einzelmaße jeweils das ungünstige Grenzmaß annehmen müssten. Die arithmetische Aufteilung der Schließtoleranz auf die Einzeltoleranzen führt daher in der Tendenz zu zu engen und damit teuren Toleranzvorgaben.

In realen Fertigungsprozessen lassen sich für die Istmaße Verteilungsfunktionen angeben, die durch den Erwartungswert μ, die Streuung σ und die Form der Verteilung charakterisiert werden.

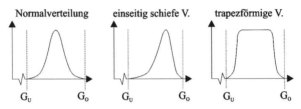

Bild 5.8: Verschiedene Verteilungsfunktionen für Istmaße

Kombiniert man die Verteilungen der Einzelmaße in der Maßkette durch die so genannte Faltung, so erhält man die Verteilungsfunktion für das Schließmaß: Angenommen, die Istabweichungen der Einzelmaße sind voneinander unabhängig und mittig normalverteilt, dann ist auch das Schließmaß normalverteilt mit der Streuung σ:

$$\sigma = \sqrt{\sigma_1^2 + \sigma_2^2 + \sigma_3^2 + \ldots + \sigma_n^2}$$

Setzt man nun die Toleranz der Einzelmaße als Vielfaches von σ an, z.B. $T = 6\sigma$, dann erhält man die quadratische Schließtoleranz T_q:

$$T_q = \sqrt{T_1^2 + T_2^2 + T_3^2 + \ldots + T_n^2}$$

Der Wert 6σ entspricht dabei einer Größe, die in vielen Programmen zum Qualitätsmanagement als Zielgröße formuliert wird. Sie besagt, dass die Wahrscheinlichkeit für die Toleranzeinhaltung bei 99,73% und die Ausschusswahrscheinlichkeit entsprechend bei 0,27% liegt. Das Verhältnis $T/6\sigma$ wird danach als **Prozessfähigkeitswert** C_p bezeichnet. Für einen hinreichend beherrschten Fertigungsprozess muss $C_p > 1$ sein; üblich sind Werte zwischen 1,3 und 1,6.

> Mit der Zunahme von C_p steigt die Wahrscheinlichkeit für die Toleranzeinhaltung, und die Ausschusswahrscheinlichkeit sinkt.

Da reale Fertigungsprozesse häufig nicht den idealisierenden Annahmen entsprechen, kann man pragmatisch die quadratische Schließtoleranz als Abschätzung nach unten, die arithmetische Schließtoleranz als Abschätzung nach oben ansehen. Die wahrscheinliche Schließtoleranz T_w

liegt immer zwischen diesen Werten, jedoch meist nahe zur quadratischen Schließtoleranz, sodass vielfach vereinfachend mit der quadratischen Schließtoleranz gerechnet wird.

Wegen der Komplexität der Zusammenhänge gibt es Spezialsoftware zur Unterstützung von eindimensionalen Toleranzanalysen oder dreidimensionalen Toleranzanalysen ausgehend von einem 3D-CAD-Modell.

Kritisch anzumerken ist, dass jede statistische Tolerierung in einem gewissen Gegensatz zur Null-Fehler-Philosophie steht. Da jede statistische Tolerierung von einer wenn auch kleinen verbleibenden Wahrscheinlichkeit für die Toleranzüberschreitung ausgeht, muss in jedem Fall bedacht werden, welche Auswirkungen eine Toleranzüberschreitung hat und wie sichergestellt wird, dass sie keinen Schaden anrichtet.

Quellen und weiterführende Literatur

[1] *Dietzsch, M.:* Einführung in die nationale und internationale GPS-Entwicklung. In: DIN Deutsches Institut für Normung e.V. Berlin (Hrsg.): Referatensammlung – GPS'03 – Geometrische Produktspezifiakation in Entwicklung und Konstruktion. Mülheim/Ruhr, 25. März 2003. Berlin: Beuth Verlag GmbH, 2003

[2] *Jorden, W.:* Form- und Lagetoleranzen. Handbuch für Studium und Praxis. München Wien: Carl Hanser Verlag, 2004

[3] *Klein, B.:* Statistische Tolerierung, Bauteil- und Montageoptimierung. München Wien: Carl Hanser Verlag, 2002

[4] *Schwarze, J.:* Grundlagen der Statistik. 9. Aufl., 3 Bände. Herne: Neue Wirtschafts-Briefe-Taschenbücher, 2001

[5] *Trumpold, H.:* Toleranzsysteme und Toleranzdesign. Qualität im Austauschbau. München Wien: Carl Hanser Verlag, 1997

[6] DIN ISO 286-1: ISO-System für Grenzmaße und Passungen; Grundlagen für Toleranzen, Abmaße und Passungen. Berlin: Beuth Verlag GmbH, 1990-11

[7] DIN ISO 286-2: ISO-System für Grenzmaße und Passungen; Tabellen der Grundtoleranzgrade und Grenzabmaße für Bohrungen und Wellen. Berlin: Beuth Verlag GmbH, 1990-11

[8] DIN ISO 1101: Technische Zeichnungen; Form- und Lagetolerierung; Form-, Richtungs-, Orts- und Lauftoleranzen. Allgemeines, Definitionen, Symbole, Zeichnungseintragungen. Berlin: Beuth Verlag GmbH, 1985-03

[9] DIN EN ISO 2692: Geometrische Produktspezifikation (GPS) – Form- und Lagetolerierung – Maximum-Material-Bedingung (MMR), Minimum-Material-Bedingung (LMR). Berlin: Beuth Verlag GmbH, 1990-05 (Neuentwurf 2002-05)

[10] DIN ISO 2768-1: Allgemeintoleranzen; Toleranzen für Längen- und Winkelmaße ohne einzelne Toleranzeintragung. Berlin: Beuth Verlag GmbH, 1991-06

[11] DIN ISO 2768-2: Allgemeintoleranzen; Toleranzen für Form und Lage ohne einzelne Toleranzeintragung. Berlin: Beuth Verlag GmbH, 1991-04

[12] DIN 7154-1: ISO-Passungen für Einheitsbohrung; Toleranzfelder, Abmaße in µm. Berlin: Beuth Verlag GmbH, 1966-08

[13] DIN 7154-2: ISO-Passungen für Einheitsbohrung; Passtoleranzen, Spiele und Übermaße in µm. Berlin: Beuth Verlag GmbH, 1966-08

[14] DIN 7155-1: ISO-Passungen für Einheitswelle; Toleranzfelder, Abmaße in µm. Berlin: Beuth Verlag GmbH, 1966-08

[15] DIN 7155-2: ISO-Passungen für Einheitswelle; Passtoleranzen, Spiele und Übermaße in µm. Berlin: Beuth Verlag GmbH, 1966-08

[16] DIN 7157 Beiblatt: Passungsauswahl; Toleranzfelderauswahl nach ISO/R 182. Berlin: Beuth Verlag GmbH, 1973-10

[17] DIN 7167: Zusammenhang zwischen Maß-, Form- und Parallelitätstoleranzen; Hüllbedingung ohne Zeichnungseintragung. Berlin: Beuth Verlag GmbH, 1987-01

[18] DIN ISO 8015: Technische Zeichnungen; Tolerierungsgrundsatz. Berlin: Beuth Verlag GmbH, 1986-06

[19] DIN EN ISO 14253-1: Geometrische Produktspezifikation (GPS) – Prüfung von Werkstücken und Messgeräten durch Messen – Teil 1: Entscheidungsregeln für die Feststellung von Übereinstimmung oder Nichtübereinstimmung mit Spezifikationen. Berlin: Beuth Verlag GmbH, 1999-11

[20] ISO/TR 14638: Geometrische Produktspezifikation (GPS) – Übersicht. Berlin: Beuth Verlag GmbH, 1995-12

[21] DIN EN ISO 14660-1: Geometrische Produktspezifikation (GPS) – Geometrieelemente. Teil 1: Grundbegriffe und Definitionen. Berlin: Beuth Verlag GmbH, 1999-11

[22] DIN EN ISO 14660-2: Geometrische Produktspezifikation (GPS) – Geometrieelemente. Teil 2: Erfasste mittlere Linie eines Zylinders und eines Kegels, erfasste mittlere Fläche, örtliches Maß eines erfassten Geometrieelementes. Berlin: Beuth Verlag GmbH, 1999-11

6 Form- und Lagetoleranzen

Prof. Dr.-Ing. Gerhard Engelken

6.1 Übersicht und Begriffe

Toleranzarten: DIN ISO 1101 enthält 14 Toleranzarten, die mit dem Oberbegriff „Form- und Lagetoleranzen" zusammengefasst werden.

Tabelle 6.1: Übersicht zu Toleranzarten nach DIN ISO 1101 [2]

Gruppe	Untergruppe	Toleranzart	Symbol
Formtoleranzen		Geradheit	—
		Ebenheit	⌑
		Rundheit (Kreisform)	○
		Zylindrizität	⌭
	Profiltoleranzen	Profil einer beliebigen Linie	⌒
		Profil einer beliebigen Fläche	⌓
Lagetoleranzen	Richtungstoleranzen	Parallelität	∥
		Rechtwinkligkeit	⊥
		Neigung	∠
	Ortstoleranzen	Position	⌖
		Konzentrizität und Koaxialität	◎
		Symmetrie	≡
	Lauftoleranzen	Lauf	↗
		Gesamtlauf	⌰

Formtoleranzen sollen dafür sorgen, dass ein Geometrieelement von der Idealform nur in bestimmten Grenzen abweicht. Sie betreffen demnach immer nur ein einzelnes Geometrieelement.

Lagetoleranzen sind dagegen bezogene Toleranzen, mit denen die Abweichung eines Geometrieelementes von der idealen Lage bezogen auf ein oder mehrere Bezugselemente eingegrenzt wird.

Profiltoleranzen nehmen insofern eine Sonderstellung ein, als sie entweder als reine Formtoleranz definiert werden oder mit der Angabe von Bezugselementen. Sie werden daher im neuen Entwurf zur ISO 1101 als eigene Gruppe geführt.

Toleranzzonen: Die Form- oder Lagetoleranz eines Elementes definiert eine Zone, innerhalb der dieses Element liegen muss. Je nach der zu tolerierenden Eigenschaft und je nach Art ihrer Eintragung hat die Toleranzzone eine der folgenden Ausprägungen:

- die Fläche innerhalb eines Kreises
- die Fläche zwischen zwei konzentrischen Kreisen
- die Fläche zwischen zwei abstandsgleichen Linien oder zwei parallelen geraden Linien
- den Raum innerhalb eines Zylinders
- den Raum zwischen zwei koaxialen Zylindern
- den Raum zwischen zwei abstandsgleichen Flächen oder zwei parallelen Ebenen
- den Raum innerhalb eines Quaders

Das tolerierte Element kann innerhalb der Toleranzzone beliebige Form und Richtung haben, sofern dies nicht durch einen Zusatztext (wie z. B. „nicht konvex") eingeschränkt wird.

Bezugselement: Ein Bezugselement ist eine wirkliche Fläche oder eine Linie eines Teiles, das zur Ermittlung des geometrisch idealen Bezuges verwendet wird. Als Bezugselemente werden in der Regel Elemente festgelegt, von denen die Lage des Bauteils im Verhältnis zu angrenzenden Bauteilen abhängt. Die Festlegung als Bezugselement macht in der Regel eine Formtolerierung erforderlich. Hat ein Bauteil mehrere Bezugselemente, dann müssen diese in der Regel untereinander lagetoleriert sein.

Mehrere Bezugselemente können gleichberechtigt einen gemeinsamen Bezug bilden oder ein Bezugssystem, wenn sie in einer Rangfolge geordnet sind.

Toleranzrahmen: Die Toleranzanforderungen werden in einem rechteckigen Rahmen angegeben, der in zwei oder mehr Kästchen unterteilt ist. Die Kästchen enthalten von links nach rechts:

- das Toleranzsymbol
- den Toleranzwert in der Einheit der Längenmaße. Bei kreis- oder zylinderförmiger Toleranzzone wird dem Toleranzwert das ⌀-Symbol vorangestellt.
- falls erforderlich, den oder die Buchstaben, die den Bezug oder die Bezüge bezeichnen

  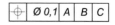

ohne Bezug   mit einem Bezug   mit Bezugssystem

Bild 6.1: Verschiedene Ausprägungen von Toleranzrahmen [2]

6 Form- und Lagetoleranzen

Ein einzelner Bezug wird dabei durch einen Großbuchstaben gekennzeichnet. Bilden zwei Bezüge einen gemeinsamen Bezug, so werden die Bezugsbuchstaben, getrennt durch einen Bindestrich, in ein Kästchen gesetzt. Bilden mehrere Bezüge ein Bezugssystem, so werden die Bezugsbuchstaben entsprechen ihrer Rangfolge von links nach rechts in getrennte Kästchen eingetragen. Ist die Reihenfolge dagegen nicht von Bedeutung, so werden die Bezugsbuchstaben in ein Kästchen gesetzt.

ein Bezug   gemeinsamer Bezug   mit Bezugssystem   gleichwertige Bezüge

Bild 6.2: Mögliche Eintragungen von Bezügen [2]

Tolerierte Elemente: Der Toleranzrahmen wird mit dem tolerierten Element durch eine Bezugslinie mit Bezugspfeil verbunden. Dabei sind folgende Fälle zu unterscheiden:

- Bezieht die Toleranz sich auf die Linie oder Fläche selbst, dann wird der Bezugspfeil auf die Konturlinie des Elementes oder auf eine Maßhilfslinie gesetzt. Dabei muss der Bezugspfeil deutlich versetzt zur Maßlinie angebracht werden.

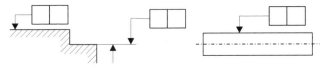

Bild 6.3: Reale Geometrieelemente als tolerierte Elemente [2]

- Bezieht die Toleranz sich auf abgeleitete Elemente (Achse oder Mittelebene), dann wird der Bezugspfeil in Verlängerung der Maßlinie gezeichnet.

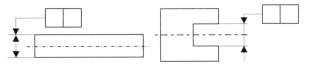

Bild 6.4: Abgeleitete Elemente als tolerierte Elemente [2]

Bezüge: Zur Kennzeichnung des Bezugs wird der Bezugsbuchstabe in einen Bezugsrahmen eingetragen, der mit dem Bezugselement mit einer Bezugslinie mit ausgefülltem oder leerem Bezugsdreieck verbunden wird. Dabei sind analog zur Kennzeichnung der tolerierten Elemente folgende Fälle zu unterscheiden:

- Sind die Linie oder Fläche selbst das Bezugselement, dann wird das Bezugsdreieck auf die Konturlinie des Elementes oder auf eine Maßhilfslinie gesetzt. Dabei muss das Bezugsdreieck deutlich versetzt zur Maßlinie angebracht werden.

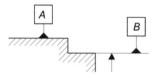

Bild 6.5: Reale Geometrieelemente als Bezüge [2]

- Werden abgeleitete Elemente (Achse oder Mittelebene) als Bezugselement verwendet, dann wird das Bezugsdreieck in Verlängerung der Maßlinie gezeichnet.

Bild 6.6: Abgeleitete Elemente als Bezüge [2]

6.2 Toleranzarten für Form und Lage
6.2.1 Formtoleranzen

Geradheit: Eine Geradheitstoleranz (straightness tolerance) legt fest, dass ein Geometrieelement eine vorgegebene Geradheitsabweichung nicht überschreiten darf.

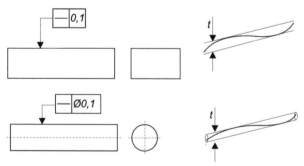

Bild 6.7: Standardbeispiele Geradheit [2]

6 Form- und Lagetoleranzen

Die Toleranzzone wird gebildet durch zwei parallele Geraden, einen Quader oder einen Zylinder.

Ebenheit: Die Ebenheitstoleranz (flatness tolerance) legt fest, dass eine ebene Fläche eine vorgegebene Ebenheitsabweichung nicht überschreiten darf.

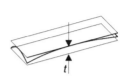

Bild 6.8: Beispiel Ebenheit [2]

Toleranzzone ist der Raum zwischen zwei parallelen Ebenen.

Rundheit: Die Rundheitstoleranz (circularity tolerance) grenzt die Abweichung von der geometrisch idealen Kreisform ein.

Bild 6.9: Beispiel Rundheit [2]

Toleranzzone ist die Fläche zwischen zwei konzentrischen Kreisen. Der Toleranzwert entspricht der Radiendifferenz der beiden Kreise.

Zylindrizität: Die Zylindrizitätstoleranz oder auch Zylinderformtoleranz (cylindricity tolerance) grenzt die Abweichung von der geometrisch idealen Zylinderform ein und kann praktisch nur für Zylinderflächen vorgeschrieben werden.

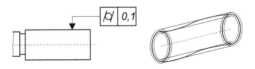

Bild 6.10: Beispiel Zylindrizität [2]

Bild Toleranzzone ist der Raum zwischen zwei koaxialen Zylindern. Der Toleranzwert entspricht der Radiendifferenz der beiden Zylinder.

6.2.2 Profiltoleranzen

Linienprofil: Die Linienprofiltoleranz (nach DIN ISO 1101 Profilformtoleranz einer beliebigen Linie, profile of any line) grenzt die Abweichung eines beliebigen Linienzuges von seinem idealen Verlauf ein. Der Linienzug wird dabei als ein Geometrieelement betrachtet.

Die Toleranzzone wird begrenzt durch zwei Linien, die Kreise vom Durchmesser t einhüllen, deren Mitten auf dem geometrisch idealen Linienzug liegen (Äquidistanten). Die Toleranzzone ist in jedem zur Zeichenebene parallelen Schnitt wirksam.

In der Praxis ist es häufig wenig sinnvoll, nur die Form eines Linienzuges zu tolerieren. Durch Angabe von Bezügen kann zusätzlich die Lage relativ zu einem oder mehreren Bezugselementen festgelegt werden.

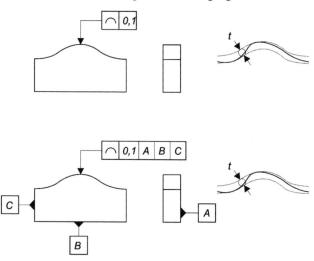

Bild 6.11: Beispiel für Linienprofiltoleranz ohne und mit Angabe von Bezügen [1], [2]

Flächenprofil: Die Flächenprofiltoleranz (nach DIN ISO 1101 Profilformtoleranz einer beliebigen Fläche, profile of any surface) grenzt die Abweichung einer beliebigen Fläche von ihrer Idealgeometrie ein.

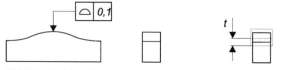

Bild 6.12: Beispiel für Flächenprofiltoleranz [1]

6 Form- und Lagetoleranzen

Die Toleranzzone wird begrenzt durch zwei Flächen, die Kugeln vom Durchmesser *t* einhüllen, deren Mitten auf der geometrisch idealen Fläche liegen. Analog zur Linienprofiltoleranz ist es häufig sinnvoll, nicht nur die Form, sondern zusätzlich die Lage der Fläche relativ zu einem oder mehreren Bezugselementen durch die Angabe entsprechender Bezüge festzulegen.

6.2.3 Richtungstoleranzen

Bei vielen Bauteilen ist die hinreichend genaue Ausrichtung von Geometrieelementen zueinander von entscheidender Bedeutung für die Funktionsfähigkeit.

> Richtungstoleranzen begrenzen die Richtungsabweichung des tolerierten Elementes. Toleranzzonen sind parallele Ebenen oder Zylinder, deren Richtung durch den Bezug bestimmt ist und deren Abstand, Durchmesser oder Durchmesserdifferenz dem Toleranzwert entspricht.

> Jede Richtungstoleranz schließt daher eine Formtoleranz ein. Die Formabweichung des tolerierten Geometrieelementes – senkrecht zur Toleranzzone gemessen – kann nicht größer sein als die Richtungstoleranz. Die zusätzliche Angabe einer Formtoleranz ist daher nur sinnvoll, wenn sie kleiner ist als die Richtungstoleranz.

Parallelität: Die Parallelitätstoleranz (parallelism tolerance) begrenzt die Richtungsabeichung zwischen zwei parallelen Ebenen oder Linien.

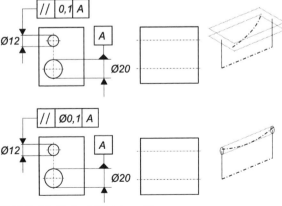

Bild 6.13: Beispiele Parallelitätstoleranz [1]

Rechtwinkligkeit: Die Rechtwinkligkeitstoleranz (perpendicularity tolerance) stellt sicher, dass der Winkel zwischen toleriertem Element und Bezugselement hinreichend genau 90° beträgt.

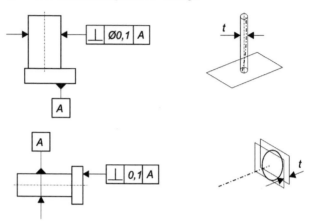

Bild 6.14: Beispiele Rechtwinkligkeitstoleranz [2]

Neigung: Die Neigungstoleranz (angularity tolerance) ist der allgemeine Fall der Richtungstolerierung. Während bei Parallelität und Rechtwinkligkeit die Winkelfestlegung implizit in der Toleranzangabe enthalten ist, muss bei der Neigungstoleranz der Winkel zwischen dem tolerierten Element und dem Bezugselement explizit in der Zeichnung als theoretisches Maß eingetragen werden.

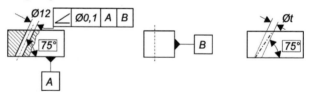

Bild 6.15: Beispiel für Neigungstoleranz [1]

6.2.4 Ortstoleranzen

Ortstoleranzen legen den idealen Ort eines Geometrieelementes relativ zu einem oder mehreren Bezügen fest.

> Die Toleranzzone von Ortstoleranzen ist symmetrisch zum Nennwert ausgebildet.

Jede geradlinige Ortstoleranzzone begrenzt am tolerierten Element nicht nur den Ort (Grenzabweichung $\pm t/2$, sondern auch die Richtung und die Form (jeweils mit der Grenzabweichung t).

Position: Die Positionstoleranz (position tolerance) begrenzt den Ort des tolerierten Elementes relativ zum Bezug oder häufiger zum Bezugssystem.

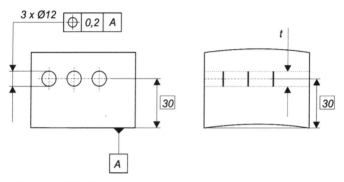

Bild 6.16: Beispiel Positionstoleranz [1]

Koaxialität und Konzentrizität: Die Koaxialitätstoleranz (coaxiality tolerance) grenzt die Abweichung der Achse einer Rotationsfläche von der Bezugsachse ein, die Konzentrizitätstoleranz (concentricity tolerance) die Abweichung von Kreismittelpunkten in einer Ebene. Bei realen Bauteilen ist in der Regel die Einschränkung der Achsabweichung von Rotationsflächen von entscheidender Bedeutung.

Bei der Koaxialitätstoleranz sind das tolerierte Element und das Bezugselement immer Achsen von Rotationsflächen.

Die Toleranzzone ist bei der Koaxialitätstoleranz immer ein Zylinder mit Durchmesser t, dessen Achse der Achse des Bezugselementes entspricht. Die Grenzabweichung entspricht daher dem halben Toleranzwert $t/2$.

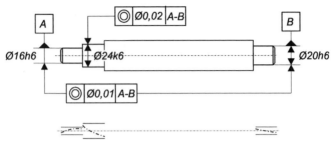

Bild 6.17: Beispiele Koaxialitätstoleranz [1]

Symmetrie: Die Symmetrietoleranz (symmetry tolerance) definiert eine Spiegelsymmetrie mit einer Bezugsebene oder -linie.

Die Toleranzzone wird in der Regel von zwei Ebenen oder Geraden mit dem Abstand t gebildet. Die Grenzabweichung entspricht daher dem halben Toleranzwert $t/2$.

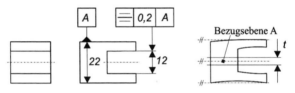

Bild 6.18: Beispiel Symmetrietoleranz [1]

6.2.5 Lauftoleranzen

Lauftoleranzen schränken meist mehrere Toleranzarten gemeinsam ein, daher finden sie breite Anwendung.

Einfacher Lauf: Der einfache Lauf (circular run-out) ist an hinreichend vielen Stellen zu prüfen. Dabei wird jedes Messergebnis für sich mit dem Toleranzwert verglichen.

6 Form- und Lagetoleranzen

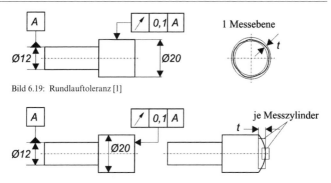

Bild 6.19: Rundlauftoleranz [1]

Bild 6.20: Planlauftoleranz [1]

Bei der **Lauftoleranz in beliebiger Richtung** wird der Lauf an mehreren Stellen einer Rotationsfläche senkrecht zu der Fläche gemessen, bei der **Lauftoleranz in vorgeschriebener Richtung** erfolgt die Messung in der angegebenen Richtung.

> Die Lauftoleranz schließt die Rundheit und mit genügender Näherung auch die Koaxialität ein.

Gesamtlauf: Der Gesamtlauf (total run-out) ist wie der einfache Lauf an hinreichend vielen Stellen zu prüfen. Dabei werden jedoch alle Messergebnisse zusammen mit dem Toleranzwert verglichen.

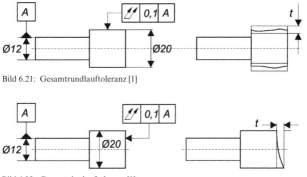

Bild 6.21: Gesamtrundlauftoleranz [1]

Bild 6.22: Gesamtplanlauftoleranz [1]

Die Gesamtrundlauf schließt die Zylindrizität, die Rundheit, die Geradheit der Mantellinien und der Achse, die Parallelität der Mantellinien zur Achse und untereinander sowie die Koaxialität ein.

Der Gesamtplanlauf schließt die Rechtwinkligkeit und damit auch die Ebenheit ein.

6.3 Anwendung der Maximum-Material-Bedingung

Der Zusammenhang zwischen Maßtoleranzen und Form- und Lagetoleranzen war im Zusammenhang mit der Darstellung der Tolerierungsgrundsätze (Abschn. 5.5) diskutiert worden. Beim Unabhängigkeitsprinzip können Form- und Lagetoleranzen zusätzlich zu den Maßtoleranzen auftreten. Beim Hüllprinzip werden Form- und Lagetoleranzen nur insoweit zugelassen, als das Maximum-Material-Grenzmaß nicht überschritten wird.

Die Maximum-Material-Bedingung MMB nach DIN ISO 2692 [4] geht nun davon aus, dass bei Anwendung des Unabhängigkeitsprinzips die ungünstigste Kombination von Maximum-Material-Grenzmaß und zusätzlicher Formtoleranz durchaus auftreten kann und gestattet sogar, eine eingetragene Toleranz zu überschreiten, solange die Gesamttoleranz eingehalten wird und die Funktionserfüllung gewährleistet ist.

Das Beispiel eines Flachsteckers nach *Jorden* [1] macht die Konsequenzen deutlich.

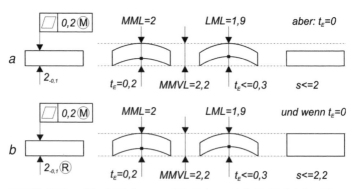

Bild 6.23: Maximum-Material-Bedingung am Beispiel eines vereinfachten Flachsteckers [1]

Bei der üblichen Anwendung a steht der Zusatz Ⓜ hinter der Formtoleranz. Damit wird deutlich gemacht, dass die Formabweichung überschritten werden darf, wenn das Istmaß unter der Maximum-Material-Grenze MML liegt und das wirksame Grenzmaß MMVL nicht überschritten wird.

Wird wie in b darüber hinaus der Zusatz Ⓡ (für „reziprok") hinter der Maßtoleranz eingetragen, darf auch die Maßtoleranz überschritten werden, wenn die zulässige Formabweichung unterschritten wird und das wirksame Grenzmaß MMVL nicht überschritten wird: Es entsteht ein Toleranzpool, bei dem die Gesamttoleranz sich beliebig auf Maß- und Formtoleranz aufteilen kann.

Die MMB kann angewendet werden, wenn ein wirksames Grenzmaß durch die Summe von einer Maßtoleranz und einer Form- und Lagetoleranz gebildet wird.

Die MMB wird nur auf Form- und Lagetoleranzen angewendet und muss im Einzelfall im Toleranzrahmen durch den Zusatz Ⓜ hinter dem Toleranzwert kenntlich gemacht werden.

Die MMB wird nur auf abgeleitete Geometrieelemente angewendet (Achsen, Symmetrielinien, -ebenen). Der Bezugspfeil des Toleranzrahmens zeigt direkt auf die Maßlinie des zugeordneten Maßes und verdeutlicht, welche Toleranzen zusammenwirken sollen.

Wenn Toleranzen durch die MMB verbunden sind, dürfen sie in einer Maßkette nicht als Einzeltoleranz gewertet werden. Ihre Toleranzsumme ist als ein Kettenglied zu berücksichtigen.

6.4 Hinweise für die Praxis

Maßtoleranzen, Form- und Lagetoleranzen müssen funktions-, fertigungs- und prüfgerecht sein. Dieser Zielsetzung wird durch Beachten der nachfolgenden Hinweise Rechnung getragen:

> So wenig wie möglich, so viel wie nötig.

Zu viele Toleranzeinträge beeinträchtigen die Übersichtlichkeit und die Lesbarkeit einer technischen Zeichnung und führen zu erhöhtem Fertigungs- und Prüfaufwand. Da Lagetoleranzen auch Formabweichungen begrenzen, können Formtoleranzen zum gleichen Geometrieelement häufig entfallen.

> Allgemeintoleranzen sollen nicht nur Maße, sondern auch Form und Lage umfassen.

In der Zeichnung sollte ein klarer Hinweis auf die zu verwendenden Allgemeintoleranzen enthalten sein. Da eine Zeichnung ohne Angabe von Form- und Lagetoleranzen in der Regel unvollständig ist, sollten Form- und Lagetoleranzen mindestens durch Allgemeintoleranzen abgedeckt sein. Funktionswichtige Form- und Lagetoleranzen sollten grundsätzlich explizit in die Zeichnung eingetragen werden. Dies vereinfacht die Prüfplanung.

> Toleranzeintragungen sollen eindeutig sein.

Tolerierte Elemente und Bezugselemente sollen in der Zeichnung klar erkennbar sein.

> Toleranzeintragungen sollen fehlerfrei sein.

Bei Unsicherheiten sollten die relevanten Normen bzw. entsprechend qualifizierter Sachverstand (QM-Spezialisten) zu Rate gezogen werden.

> Es sollen geeignete Bezugselemente bzw. Bezugssysteme verwendet werden.

Bezugselemente sollten so gewählt werden, wie es den Aufspann- bzw. Auflagebedingungen beim Prüfen entspricht. Bezugsflächen sollen ausreichend groß sein und sich durch hohe Formtreue und Oberflächengüte auszeichnen.

> Das der Zeichnung zu Grunde liegende Tolerierungsprinzip soll in der Zeichnung eingetragen werden.

Dieser Hinweis ist deshalb wichtig, weil internationale Praxis und deutsche Praxis voneinander abweichen. Während international das Unabhängigkeitsprinzip bevorzugt wird, gilt in Deutschland das Hüllprinzip als vereinbart, wenn kein entsprechender Eintrag auf der Zeichnung zu finden ist.

Im Interesse der Klarheit in einer international arbeitsteiligen Wirtschaft sollte daher immer auf der Zeichnung eingetragen werden, ob die Zeichnung „nach DIN 7167" (Hüllprinzip) oder „nach ISO 8015" (Unabhängigkeitsprinzip) toleriert wurde.

Grundsätzlich ist das Unabhängigkeitsprinzip zu bevorzugen, da es Prüfaufwand reduziert und die Prüfplanung erleichtert.

> Eindeutige Messbedingungen für die Toleranzprüfung sollten festgelegt werden.

Da bisher Normvorgaben für die Durchführung von Toleranzmessungen fehlen (z. B. Vorgaben zu den zu verwendenden Tastern oder zur Messstrategie), sollten geeignete Festlegungen in Arbeitsanweisungen oder Hausnormen erfolgen.

Quellen und weiterführende Literatur

[1] *Jorden, W.:* Form- und Lagetoleranzen. Handbuch für Studium und Praxis. München Wien: Carl Hanser Verlag, 2004
[2] DIN ISO 1101: Technische Zeichnungen; Form- und Lagetolerierung; Form-, Richtungs-, Orts- und Lauftoleranzen. Allgemeines, Definitionen, Symbole, Zeichnungseintragungen. Berlin: Beuth Verlag GmbH, 1985-03
[3] DIN ISO 1660: Technische Zeichnungen; Eintragung von Maßen und Toleranzen von Profilen. Berlin: Beuth Verlag GmbH, 1988-07
[4] DIN ISO 2692: Technische Zeichnungen; Form- und Lagetolerierung. Maximum-Material-Prinzip. Berlin: Beuth Verlag GmbH, 1990-05
[5] DIN ISO 2768-1: Allgemeintoleranzen; Toleranzen für Längen- und Winkelmaße ohne einzelne Toleranzeintragung. Berlin: Beuth Verlag GmbH, 1991-06
[6] DIN ISO 2768-2: Allgemeintoleranzen; Toleranzen für Form und Lage ohne einzelne Toleranzeintragung. Berlin: Beuth Verlag GmbH, 1991-04
[7] DIN EN ISO 4288: Geometrische Produktspezifikation (GPS) – Oberflächenbeschaffenheit: Tastschnittverfahren – Regeln und Verfahren für die Beurteilung der Oberflächenbeschaffenheit. Berlin: Beuth Verlag GmbH, 1998-04
[8] DIN 4760: Gestaltabweichungen; Begriffe, Ordnungssystem. Berlin: Beuth Verlag GmbH, 1982-06
[9] DIN EN ISO 5458: Geometrische Produktspezifikation (GPS) – Form- und Lagetolerierung – Positionstolerierung. Berlin: Beuth Verlag GmbH, 1999-02
[10] DIN ISO 5459: Technische Zeichnungen; Form- und Lagetolerierung; Bezüge und Bezugssysteme für geometrische Toleranzen. Berlin: Beuth Verlag GmbH, 1982-01
[11] DIN 7167: Zusammenhang zwischen Maß-, Form- und Parallelitätstoleranzen; Hüllbedingung ohne Zeichnungseintragung. Berlin: Beuth Verlag GmbH, 1987-01
[12] DIN ISO 8015: Technische Zeichnungen; Tolerierungsgrundsatz. Berlin: Beuth Verlag GmbH, 1986-06
[13] DIN EN ISO 11562: Geometrische Produktspezifikation (GPS) – Oberflächenbeschaffenheit: Tastschnittverfahren – Messtechnische Eigenschaften von phasenkorrekten Filtern. Berlin, Beuth Verlag GmbH, 1998-09

KONSTRUKTIONSELEMENTE

7   Maschinenelemente

7 Maschinenelemente

Prof. Dr.-Ing. Horst Haberhauer

7.1 Definition und Einteilung

Maschinenelemente sind Bauteile des allgemeinen Maschinenbaus, die in unterschiedlichen Maschinen jeweils gleiche oder ähnliche Funktionen erfüllen und daher immer wieder vorkommen. Entsprechend den zu erfüllenden Funktionen kann es sich dabei um einzelne Bauteile (z. B. Stifte oder Wellen) handeln, aber auch um Bauteilgruppen wie Kupplungen usw.

Viele dieser Bauelemente weisen nicht nur typische Ausführungsformen auf, sondern sind darüber hinaus vielfach bezüglich Anordnung und Abmessungen genormt.

Entsprechend ihrem Verwendungszweck lassen sich die Maschinenelemente einteilen in

- Elemente zum Verbinden *(Verbindungselemente)*
- Elemente zum Bewegen *(Antriebselemente)*
- Elemente zur Leitung von Fluiden *(Rohrleitungen)*
- Elemente zur Vermeidung von Schäden *(Schmiermittel)*
- Elemente zur Abdichtung von Fluiden *(Dichtungen)*

7.2 Elemente zum Verbinden

Verbindungselemente werden benötigt, um einzelne Elemente zu technischen Systemen wie Baugruppen, Geräten und Maschinen zusammenzufügen. Sie haben die Aufgabe, Kräfte und Momente bei eindeutiger und fester Lagezuordnung zu übertragen. Beispiel: Welle mit einem Zahnrad drehfest verbinden.

Die Verbindung von Maschinenteilen kann erfolgen durch

- *Stoffschluss*   (Kraftübertragung mittels eines Werkstoffes)
- *Reibschluss*   (Kraftübertragung per Reibkräfte)
- *Formschluss*   (Kraftübertragung über Formelemente)
- *Elastische Elemente* (Kraftübertragung über Federn)

Bei einer Schraubverbindung sind zur Funktionserfüllung Reib- und Formschluss erforderlich. Nietverbindungen können dagegen je nach

7 Maschinenelemente

Herstellung reib- oder formschlüssig sein. Das Nieten wurde allerdings von den stoffschlüssigen Fügeverfahren weitgehend verdrängt.

7.2.1 Stoffschlussverbindungen

Bei Stoffschlussverbindungen (Bild 7.1) werden Bauteile mit oder ohne Zusatzwerkstoffe an der Fügefläche zu einer unlösbaren Einheit vereinigt. Eine stoffschlüssige Verbindung kann durch **Schweißen**, **Löten** oder **Kleben** erzielt werden. Sie verdrängen in zunehmendem Maße aus wirtschaftlichen Gründen Niet- und Schraubenverbindungen. Eines der wichtigsten Fügeverfahren im Maschinen- und Apparatebau ist das Schweißen.

Vorteile: Bezogen auf die Tragfähigkeit zählen Stoffschlussverbindungen zu den leichtesten und wirtschaftlichsten Verbindungen.

Nachteile: Stoffschlussverbindungen sind nicht ohne Zerstörung demontierbar. Außerdem führen die großen Wärmebelastungen beim Schweißen zu Verzug, Schrumpfspannungen und einer Festigkeitsminderung des Grundwerkstoffes an der Fügestelle.

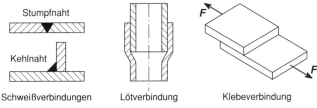

Bild 7.1: Stoffschlussverbindungen

7.2.1.1 Schweißen

Beim Schweißen werden Bauteile aus **artgleichen Werkstoffen** in flüssigem oder plastischem Zustand miteinander vereinigt. Gut schweißbar sind kohlenstoffarme Stähle (C < 0,25%), Aluminium und Alu-Legierungen sowie Kupfer und Kupferlegierungen. Bei Kunststoffen eignen sich nur Thermoplaste zum Schweißen.

Schweißnähte sollten in hoch beanspruchten Zonen vermieden werden. Bezüglich der Beanspruchung ist eine Stumpfnaht vorteilhafter, da ihre Kerbwirkung wesentlich geringer ist als bei Kehlnähten. Kehlnähte sind jedoch häufig wirtschaftlicher als Stumpfnähte, da sie keine Nahtvorbereitung erfordern.

Für die Berechnung von metallischen Schweißverbindungen gibt es ausführliche Berechnungsvorschriften [1–4]. Dadurch ist eine sichere Aussage über das Bauteilversagen möglich.

7.2.1.2 Löten

Unter Löten versteht man das Verbinden **metallischer Teile** mit Hilfe eines Zusatzwerkstoffes, dem Lot. Die Festigkeit der Verbindung ist außer vom Lot auch von der Größe der Lötfläche und der Dicke des Lötspaltes (0,05 ... 0,2 mm) abhängig. Da eine zuverlässige Berechnung von Lötverbindungen wegen der vielen Einflüsse nicht möglich ist, sollte eine möglichst große Fügefläche angestrebt werden. Wenn erforderlich, muss die Festigkeit durch Versuche sichergestellt werden.

Weichlot-Verbindungen (Arbeitstemperatur < 450 °C) werden für mechanisch gering beanspruchte Teile wie Kühler oder Konservendosen verwendet. **Hartlot-Verbindungen** (Arbeitstemperatur > 450 °C) finden Anwendung im Fahrzeugbau für Rohrrahmen oder im Maschinenbau für Welle-Nabe-Verbindungen, Befestigung von Flanschen auf Rohren usw.

7.2.1.3 Kleben

Durch Kleben werden sowohl **gleichartige** als auch **verschiedenartige Werkstoffe** mit nichtmetallischen Zusatzwerkstoffen (Kleber) miteinander verbunden. Klebeverbindungen werden häufig auch zum Abdichten von Flächen und zum Sichern von Schraubenverbindungen verwendet. Für Klebeverbindungen gibt es keine gesicherten Berechnungsverfahren. Daher sind möglichst große Klebeflächen und geringe Belastungen (vorzugsweise in Schubrichtung) anzustreben. Da meistens Kunststoffe als Kleber verwendet werden, ist darauf zu achten, dass die Verbindung wegen der Kriechneigung des Klebers nicht unter Dauerbelastung steht.

7.2.2 Reibschlussverbindungen

Mit Reibschlussverbindungen (Bild 7.2) können sowohl Drehmomente als auch axiale Kräfte übertragen werden. Die erforderliche Pressung p in den Fugen (Reibflächen) kann erzeugt werden durch

- die Elastizität der Bauteile *(Pressverbindung)*
- das Verspannen mittels Keilen oder Kegeln *(Kegelsitz)*
- federnde Zwischenglieder *(Spannelementverb.)*
- Schraubenkräfte *(Klemmverbindung)*

7 Maschinenelemente

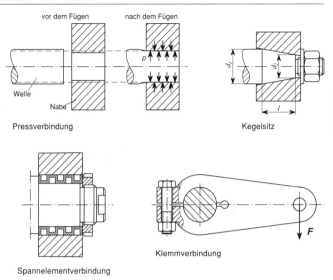

Bild 7.2: Reibschlussverbindungen

Die durch die Pressung entstehende Normalkraft $F_N = p \cdot A$ (mit A = Reibfläche) erzeugt eine Reibkraft F_R, die eine Übertragung von Kräften bzw. Momenten ermöglicht. Den Zusammenhang zwischen Reibkraft und Normalkraft gibt das **Coulomb'sche Reibungsgesetz** an:

$F_R = F_N \cdot \mu$

Da die Reibzahl μ in der Größenordnung von 0,1 liegt, muss die Normalkraft etwa 10-mal größer sein als die Reibkraft. Exakt lässt sich die Reibzahl allerdings nur versuchstechnisch bestimmen.

Vorteile. Reibschlussverbindungen sind infolge ihrer Dämpfungseigenschaften (Rutschen bei Überlastung durch) bei **dynamischen Belastungen** günstiger als die starren Formschlussverbindungen. Sie lassen sich einfach montieren.

Nachteile. Die Reibungskraft muss immer größer als die zu übertragende Kraft sein. Da die Reibungszahl nur sehr ungenau vorher bestimmbar ist, muss mit großen Sicherheitsfaktoren gerechnet werden. Deshalb sind **große Vorspannkräfte** erforderlich, die das Bauteil auch dann belasten, wenn keine äußeren Kräfte anliegen.

7.2.2.1 Zylindrischer Pressverband

Bei einer Pressverbindung wird die erforderliche Flächenpressung durch die elastische Verformung von Welle und Nabe erzeugt, die durch eine Übermaßpassung entsteht. Unter einer Übermaßpassung versteht man die Paarung von zylindrischen Passteilen, die vor dem Fügen Übermaß besitzen. Sie werden häufig verwendet, da sie leicht herzustellen und dadurch kostengünstig sind.

Nach dem Fügeverfahren wird zwischen Längs- und Querpresssitzen unterschieden. Bei einem **Längspresssitz** erfolgt das Fügen durch „kaltes" Aufpressen bei Raumtemperatur. Die dafür erforderlichen großen Einpresskräfte werden meistens mit hydraulischen Pressen aufgebracht. Die Einpressgeschwindigkeit sollte 2 mm/s nicht überschreiten.

Bei einem **Querpresssitz** wird vor dem Fügen entweder das Außenteil (Nabe) durch Erwärmen aufgeweitet oder das Innenteil (Welle) durch Unterkühlen im Durchmesser so verkleinert, dass sich die Teile kräftefrei fügen lassen. Wird das Außenteil erwärmt, so schrumpft es beim Abkühlen auf das Innenteil (Schrumpfsitz). Kühlt man das Innenteil so, dass es sich beim Erwärmen auf die Raumtemperatur dehnt, liegt ein Dehnsitz vor. Um ein kräftefreies Fügen zu ermöglichen, ist ein Fügespiel von 1‰ des Fügedurchmessers vorzusehen.

Voraussetzung für eine sichere Kraft- bzw. Momentenübertragung ist die genaue Berechnung [5] und die Einhaltung der recht engen Toleranzen bei der Fertigung. Bei der **elastischen Auslegung** einer Pressverbindung wird das Größtübermaß so gewählt, dass die daraus resultierende maximale Spannung noch unterhalb der Fließgrenze liegt. Um die Festigkeit der Wellen- und Nabenwerkstoffe besser auszunützen, können unter bestimmten Umständen **elastisch-plastische** Beanspruchungen zugelassen werden. Das heißt, die Bauteile werden zum Teil über die Fließgrenze hinaus auch plastisch verformt. Zu beachten ist, dass bei einer elastisch-plastischen Auslegung eine Demontage praktisch nicht mehr möglich ist.

7.2.2.2 Konischer Pressverband

Die erforderliche Fugenpressung wird bei einem Kegelsitz durch eine axiale Kraft (meist per Schraube/Mutter) aufgebracht. Er wird vorwiegend zur Befestigung von Bauteilen an Wellenenden verwendet. Seine Vorteile sind: nachspannbar, gut lösbar, keine Wellenschwächung und gute Zentrierung (kleine Unwucht). Nachteilig sind dagegen die teure Herstellung und die fehlende Einstellbarkeit in axialer Richtung.

Nach DIN 406 und DIN 254 werden als Richtwerte folgende Kegelverhältnisse angegeben:

- $C = 1 : 5$ leicht lösbare Verbindung
- $C = 1 : 10$ schwer lösbare Verbindung
- $C = 1 : 20$ Werkzeugaufnahme für Wendelbohrer

Das Kegelverhältnis berechnet sich aus:

$$C = \frac{d_1 - d_2}{l}$$

7.2.2.3 Spannelementverbindungen

Die erforderliche Pressung in den Wirkflächen können auch durch elastische Zwischenelemente aufgebracht werden. Die großen Vorteile dieser Spannelementverbindungen liegen darin, dass mit ihrer Hilfe Naben, Zahnräder, Kupplungen und dergleichen auf glatten, zylindrischen Wellen sicher befestigt werden können. Sie sind zudem axial und tangential frei einstellbar. Als nachteilig können der erforderliche Bauraum und die hohen Kosten aufgeführt werden. Die Auslegung erfolgt in der Regel nach Herstellerangaben (siehe Produktkataloge).

7.2.2.4 Klemmverbindungen

Bei den Klemmverbindungen wird die erforderliche Flächenpressung in der Fuge durch äußere Kräfte, meist mittels Schrauben, aufgebracht. Es werden Verbindungen mit geteilter und mit geschlitzter Nabe ausgeführt, die vorzugsweise für geringe und wenig schwankende Drehmomente verwendet werden. Ihr Vorteil besteht darin, dass die Nabenstellung in axialer und tangentialer Richtung leicht einstellbar ist. So lassen sich Räder oder Hebel sehr einfach auf glatte Wellen befestigen.

7.2.3 Formschlussverbindungen

Bei Formschlussverbindungen (Bild 7.3) werden Kräfte über die geometrische Form übertragen, das heißt, über berührende Flächen, deren Kontakt durch die zu übertragenden Kräfte selbst aufrechterhalten wird. Die Kräfte werden immer senkrecht zu den Berührflächen übertragen, wodurch vornehmlich Druck- und Scherspannungen entstehen. Mittels Formschluss entstehen in der Regel leicht lösbare Verbindungen. Je nach Passungswahl können im Betrieb axiale Relativbewegungen auftreten, die gegebenenfalls durch geeignete Sicherungselemente (z. B. Sicherungsring nach DIN 471) verhindert werden müssen.

Passfederverbindung   Profilwellenverbindung   Bolzenverbindung   Stiftverbindung

Bild 7.3: Formschlussverbindungen

7.2.3.1 Passfederverbindungen

Passfederverbindungen werden verwendet, um Riemenscheiben, Zahnräder, Kupplungsnaben usw. drehfest mit Wellen zu verbinden. Da zwischen dem Passfederrücken und dem Nutgrund der Nabe ein Spiel (Rückenspiel) vorhanden ist, legen sich die Nutenseitenflächen an die Passfederseitenflächen an. Dadurch wird das Drehmoment ausschließlich über die Flanken der Passfeder übertragen.

Passfedern sind in DIN 6885 hinsichtlich Form und Abmessungen, abhängig vom Wellendurchmesser, genormt. Bei Wellenenden nach DIN 748 müssen Passfedern nicht berechnet werden, da Form und Abmessungen in der Norm festgelegt sind. Nach [6] können Passfederverbindungen unter Berücksichtigung der tatsächlichen Beanspruchungs- und Versagenskriterien genau berechnet werden.

7.2.3.2 Profilwellen

Anstatt in Wellennuten mehrere Passfedern einzusetzen, kann man auch unmittelbar den Wellenquerschnitt als Profil ausbilden und den Nabenquerschnitt entsprechend gestalten. Vorteil der Profilwellenverbindung ist, dass kein zusätzliches Zwischenelement (Passfeder) zur Übertragung des Drehmoments benötigt wird. Die Zentrierung der Nabe erfolgt entweder über eine Zylindermantelfläche (kleinster Durchmesser der Welle) oder über die Flanken der Mitnehmer. Mit einer Innenzentrierung kann ein sehr guter Rundlauf erzielt werden. Die Flankenzentrierung gewährleistet ein kleines Verdrehspiel und ist daher besonders für wechselnde und stoßartige Drehmomente geeignet. Eine überschlägige Auslegung erfolgt wie bei der Passfeder auf Flächenpressung.

7.2.3.3 Bolzen- und Stiftverbindungen

Mit Bolzen und Stiften lassen sich zwei oder mehrere Bauteile einfach und kostengünstig miteinander verbinden. Sie zählen zu den ältesten Verbindungen und sind weitestgehend genormt.

Bolzenverbindungen. Bolzen werden hauptsächlich für Gelenkverbindungen von Gestängen, Laschen, Kettengliedern, Schubstangen, aber auch als Achsen für die Lagerung von Laufrädern, Rollen, Hebeln und dergleichen verwendet. Da hierbei Relativbewegungen auftreten, muss mindestens ein Teil beweglich sein. Als Beanspruchungen treten überwiegend Flächenpressung und Scherung auf. Die Biegebeanspruchung kann meistens vernachlässigt werden. Nur bei Bolzen, die lang im Verhältnis zu ihrem Durchmesser sind, treten nennenswerte Biegespannungen auf.

Stiftverbindungen. Stifte finden Anwendung zur festen Verbindung von Naben, Hebeln und Stellringen auf Wellen oder Achsen. Ferner werden Stifte zur genauen Lagesicherung zweier Maschinenteile und als Steckstifte zur Befestigung von Federn und Ähnlichem verwendet. Da sie als Presssitze mit Übermaß in die Bohrungen eingeschlagen werden, sind alle Teile fest.

7.2.4 Elastische Verbindungen

Elastische Elemente, auch **Federn** genannt, können auf einem großen Weg Energie aufnehmen, speichern und auf Wunsch ganz oder teilweise wieder abgeben. Die gespeicherte Energie kann zur Aufrechterhaltung einer Kraft verwendet werden.

Die **Federkennlinie** stellt die Federkraft abhängig vom Federweg dar. Die Steigung der Kennlinie wird als **Federkonstante** R bezeichnet:

$$R = \frac{dF}{ds} = \frac{\text{Federkraft}}{\text{Federweg}} \quad \text{bzw.} \quad R_t = \frac{dT}{d\vartheta} = \frac{\text{Federmoment}}{\text{Drehwinkel}}$$

Metallfedern besitzen immer lineare (Hooke'sche Gerade), Gummifedern progressive und Tellerfedern, infolge ihrer Membranwirkung, degressive Kennlinien. Die Kennlinie (Bild 7.4) eines Federsystems kann durch das Zusammenschalten mehrerer Federn beeinflusst werden. Parallel geschaltete Federn führen zu härteren Federsystemen ($R = R_1 + R_2 + R_3$), in Reihe geschaltete Federn werden weicher ($1/R = 1/R_1 + 1/R_2 + 1/R_3$).

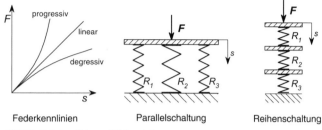

Bild 7.4: Federkennlinien und Federschaltungen

Die meisten Federn im Maschinenbau werden aus metallischen Werkstoffen hergestellt. Die Einteilung der Bauformen von Metallfedern erfolgt nach der Beanspruchung:

Beanspruchung	Bauformen
Zug/Druck	Zugstabfeder, Ringfeder
Biegung	Blattfeder, Spiralfeder, Drehfeder, Tellerfeder
Torsion	Drehstabfeder, Schraubenfeder

Einfache Zugstabfedern haben wegen ihrer sehr geringen Federwege keine praktische Bedeutung. Sehr häufig werden Schraubenfedern (als Zug- und Druckfedern) eingesetzt. Tellerfedern sind trotz nichtlinearer Kennlinien wegen ihren kleinen Einbauvolumen weit verbreitet.

Die **Dimensionierung** von Federn erfolgt nach drei Gesichtspunkten:

- der *Tragfähigkeit*   (max. Kraft bzw. Moment)
- der *Verformung*   (Federweg bzw. Drehwinkel)
- der *Arbeitsaufnahme*   (Energiespeicherung)

7.2.5 Schraubenverbindungen

Die Schraube zählt immer noch zu den am häufigsten verwendeten Verbindungselementen. Mit ihr lassen sich sichere und beliebig oft lösbare Verbindungen herstellen. Für Befestigungsschrauben wird ausschließlich das metrische ISO-Spitzgewinde nach DIN 13 verwendet. Die Vorspannkraft F_V erfordert ein Anziehmoment von

$$M_A = F_V \left[\frac{d_2}{2} \tan(\varphi + \varrho') + \mu_K \frac{D_{Km}}{2} \right].$$

Dabei ist d_2 der Flankendurchmesser des Gewindes, φ der Steigungswinkel, ϱ' der scheinbare Reibungswinkel im Gewinde, μ_K der Reib-

7 Maschinenelemente

beiwert zwischen Kopf- bzw. Mutterauflage und D_{Km} der mittlere Reibdurchmesser am Schraubenkopf bzw. an der Mutter.

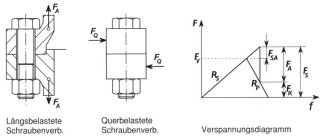

Längsbelastete Schraubenverb.   Querbelastete Schraubenverb.   Verspannungsdiagramm

Bild 7.5: Schraubenverbindungen

Durch das Anziehmoment wird die Schraube auf Torsion beansprucht. Außerdem wird beim Anziehen (Montage) die Schraube gedehnt, das heißt, auf Zug beansprucht (mehrachsiger Spannungszustand). Eine äußere Betriebskraft F_A in Schraubenlängsrichtung (Bild 7.5) belastet die Schraube zusätzlich. Dagegen werden die verspannten Teile, die bei der Montage zusammengedrückt werden, durch F_A entlastet. Bei der Auslegung ist darauf zu achten, dass die Schraube nicht überlastet ($F_S < F_{S,zul}$) und die Verbindung immer ausreichend verspannt wird ($F_K > F_{K,erf}$).

Wie aus dem Verspannungsdiagramm (Bild 7.5) ersichtlich, ist der Anteil von F_A, der die Schraube zusätzlich belastet, von der Steifigkeit R_S der Schraube abhängig. Weiche Schrauben (Dehnschrauben) sind deshalb besonders bei dynamischen Betriebskräften von Vorteil. Treten Querkräfte auf, muss die Schraube so fest angezogen werden, dass die Querkraft F_Q sicher per Reibschluss über die Trennfuge übertragen werden kann, damit die Schraube von der äußeren Kraft nichts „bemerkt".

Schrauben werden aus Stahl hergestellt; ihre Festigkeit ist mit zwei Buchstaben (am Schraubenkopf) gekennzeichnet. Die Multiplikation dieser beiden Zahlen ergibt 1/10 der Mindeststreckgrenze (z. B. entspricht die Angabe *8.8* einer Mindeststreckgrenze von 640 N/mm²). Die Festigkeitsklasse von Muttern wird mit einer Zahl entsprechend 1/100 der Prüfspannung in N/mm² angegeben.

7.3 Elemente zum Bewegen

Achsen, Wellen, Lager und Kupplungen sind wichtige Elemente in Antriebseinheiten zur Übertragung von Drehbewegungen, Kräften und

Momenten. Häufig müssen auch Belastungen in linear bewegten Systemen aufgenommen und geführt werden. Getriebe haben außer der Übertragung von Drehbewegungen noch die Aufgabe, Energiegrößen wie Drehzahl und Drehmoment zu wandeln.

7.3.1 Achsen und Wellen

Achsen

- dienen zur Aufnahme von Rollen, Rädern, Seiltrommeln usw.
- können feststehend oder umlaufend sein
- übertragen kein Drehmoment und
- werden hauptsächlich auf Biegung beansprucht

Wellen

- dienen zur Aufnahme von Rädern, Scheiben oder Naben
- sind immer umlaufend
- übertragen ein Drehmoment und
- werden auf Biegung und Torsion beansprucht (die Schubbeanspruchung kann meist vernachlässigt werden)

Die Berechnung der Tragfähigkeit erfolgt nach [7]. Bei der Auslegung muss darauf geachtet werden, dass neben ausreichender Tragfähigkeit die Durchbiegung, und bei langen Wellen die Verdrehung, nicht unzulässig groß werden. Da es sich bei Achsen und Wellen um elastische, mit Massen besetzte Bauteile handelt, stellen sie schwingungsfähige Systeme dar. Deshalb ist darauf zu achten, dass die Erregerfrequenzen möglichst weit von der Eigenfrequenz des Antriebssystems entfernt sind.

Achsen und Wellen sind kostengünstig und betriebssicher zu gestalten. Die **Kosten** werden bestimmt durch

- den *Werkstoff* und
- die *Bearbeitungskosten*

Die **Betriebssicherheit** wird bestimmt durch

- die *Funktion*
- die *Tragfähigkeit*
- die *Verformbarkeit* und
- das *dynamische Verhalten*

7.3.2 Lager

Lager haben die Aufgabe, drehende Maschinenteile (z. B. Wellen) zu führen, Kräfte zwischen relativ zueinander bewegten Bauteilen zu übertragen und das mit möglichst geringen Reibungsverlusten. Mit **Radiallagern** können Kräfte senkrecht zur Drehachse, mit **Axiallagern** Kräfte in Richtung der Achse aufgenommen werden.

Sind die Lager konstruktiv so gestaltet, dass sich einfache Zapfen in Bohrungen drehen, tritt in den Lagerstellen Gleit- oder Festkörperreibung auf. Die dabei entstehenden Reibungskräfte können bei großen Lagerbelastungen und hohen Drehzahlen zu enormen Verlustleistungen und Verschleiß führen. Eine Reduzierung der Reibung kann durch eine Trennung der relativ zueinander bewegten Flächen erzielt werden. Konstruktiv geschieht dies, indem die Reibflächen

- mit einem Fluid *(Gleitlager mit Flüssigkeitsreibung)* oder
- mit Wälzkörpern *(Wälzlager mit Rollreibung)*

voneinander getrennt werden.

7.3.2.1 Gleitlager

Bei Gleitlagern wird eine vollkommene Trennung der aneinander vorbeigleitenden Flächen durch einen Schmierfilm angestrebt. Sie sind einfach im Aufbau und vielseitig in der Anwendung. Infolge der Schmiermittelschicht sind sie geräusch- und schwingungsdämpfend und unempfindlich gegen Stöße. Gleitlager können für größte Belastungen und hohe Drehzahlen ausgelegt werden und besitzen bei ausreichender Schmiermittelversorgung eine nahezu unbegrenzte Lebensdauer. Nachteilig sind der verhältnismäßig große Schmiermittelverbrauch und der große Aufwand für die Schmiermittelversorgung. Auch setzt die Auslegung von betriebssicheren Gleitlagern auch heute noch viel Erfahrung voraus. [8]

Bei **hydrodynamischen Gleitlagern** wird die trennende Schmierschicht selbsttätig erzeugt. Die Voraussetzungen für den Aufbau eines tragfähigen Schmierfilms sind

- eine Relativbewegung zwischen den Gleitflächen
- ein keilförmiger Spalt
- ein viskoser Schmierstoff, der an den Gleitflächen haftet

Der Nachteil bei hydrodynamischen Gleitlagern ist die hohe Reibung (Festkörperreibung) bei sehr kleinen Relativbewegungen, die beim An- und Auslauf unvermeidbar sind.

Bei **hydrostatischen Gleitlagern** drücken externe Hochdruckpumpen das Schmiermittel zwischen die Gleitflächen. Dadurch ist auch bei sehr kleinen Relativbewegungen (bis Stillstand) eine Vollschmierung gewährleistet.

7.3.2.2 Wälzlager

Wälzlager werden immer dann eingesetzt, wenn eine wartungsfreie und betriebssichere Lagerung bei normalen Anforderungen (z. B. keine extremen Stöße) verlangt wird. Infolge des geringen Schmiermittelverbrauchs ist in vielen Fällen eine Dauerschmierung möglich. Seine große Verbreitung verdankt das Wälzlager dem Umstand, dass es als eine Einheit geliefert wird, sodass an Wellenwerkstoff und Wellenoberfläche keine besonderen Ansprüche zu stellen sind. Normung und Massenproduktion ermöglichen kostengünstige Wälzlager mit hoher Präzision.

Für die einwandfreie Funktion einer Achsen- oder Wellenlagerung ist die Anordnung der Wälzlager außerordentlich wichtig. Grundsätzlich lassen sich drei unterschiedliche Lageranordnungen (Bild 7.6) unterscheiden. Bei der statisch bestimmten **Fest-Los-Lagerung** dient das Festlager zur Aufnahme einer kombinierten Axial-/Radialbelastung und übernimmt die axiale Führung der Welle. Schrägkugel- und Kegelrollenlager müssen immer **angestellt** werden. Dafür wird das axiale Lagerspiel oder die Vorspannung bei der Montage eingestellt. Die **schwimmende Lagerung** ist die kostengünstigste Anordnung. Das Axialspiel, das eine exakte Führung verhindert, kann mit einer Tellerfeder kompensiert werden.

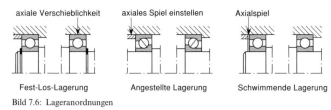

Bild 7.6: Lageranordnungen

Bei Wälzlagern ist eine statistische Festlegung der Lebensdauer erforderlich. Nach DIN ISO 281 wird die nominelle Lebensdauer

$$L_{10} = \frac{10^6}{60 \cdot n} \left(\frac{C}{P}\right)^p \quad \text{(in Betriebsstunden)}$$

von 90 % einer größeren Anzahl von offensichtlich gleichen Lagern unter gleichen Bedingungen erreicht oder überschritten. In der Lebensdauergleichung ist n die Drehzahl in 1/min, C die dynamische Tragzahl und P die äquivalente Lagerbelastung. Der Exponent p ist für Kugellager gleich 3 und für Rollenlager gleich 10/3.

7.3.3 Führungen

Da linear bewegte Systeme in der Regel auch seitlich geführt werden müssen, werden die Elemente der geradlinigen Bewegung als Führungen bezeichnet. Sie beschränken die ursprünglich sechs Freiheitsgrade des ungeführten Bauteils auf einen bzw. zwei Freiheitsgrade. Die wichtigsten Anforderungen an Geradführungen sind

- *genaue Lagebestimmung* (geringes Spiel, hohe Steifigkeit)
- *geringer Verschleiß* (bzw. Nachstellmöglichkeiten)
- *leichte Verstellbewegungen* (kleine und konstante Reibkräfte)

Führungen können als Gleit- und Wälzpaarungen ausgeführt werden (Bild 7.7). Bei Wälzpaarungen überwiegen die Kugelführungen und bei den Gleitpaarungen solche mit Metall-/Metall- bzw. Kunststoff-/Metall-Berührung.

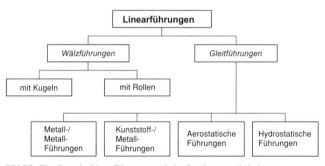

Bild 7.7: Einteilung der Linearführungen nach den Berührungsverhältnissen

Die Einteilung nach der geometrischen Form erfolgt in

- **Paarung ebener Flächen**
  - für Kräfte senkrecht zu den Gleitflächen
  - als Flach-, Schwalbenschwanz- oder Prismenführung
  - mit Stellleisten kann Spiel bzw. Verschleiß nachgestellt werden
  - nur *ein* Freiheitsgrad möglich (Längsbewegung)
- **Rundlingspaarungen**
  - für Kräfte parallel und/oder quer zur Führungsachse
  - einfache Herstellung der zylindrischen Flächen
  - *zwei* Freiheitsgrade möglich (Längs- und Drehbewegung)

7.3.4 Kupplungen und Bremsen

Kupplungen können folgende Aufgaben erfüllen

- Wellen verbinden, um Drehbewegungen und Drehmomente zu übertragen
- Wellenverlagerungen ausgleichen
- Stöße und Schwingungen dämpfen
- Drehmomente begrenzen
- Leistungsfluss trennen bzw. schließen (schalten)

Während die erste Aufgabe von allen Kupplungen erfüllt werden muss, können die übrigen Aufgaben nur von speziellen Kupplungstypen zufrieden stellend erfüllt werden. Gemäß ihren Aufgaben lässt sich eine Einteilung der Kupplungen nach Bild 7.8 vornehmen.

Bild 7.8: Systematische Einteilung der Kupplungen (nach VDI 2240)

Soll die Verbindung dauernd bestehen, so genügen **nichtschaltbare Kupplungen**, soll die Verbindung jedoch zeitweise hergestellt und dann wieder unterbrochen werden, müssen **schaltbare Kupplungen** verwendet werden, die nach der Art des Schaltens eingeteilt werden.

Nichtschaltbare Kupplungen werden nach ihrer Tragfähigkeit ausgelegt. Bei schaltbaren Kupplungen entsteht infolge der Relativbewegungen (Schlupf) während des Schaltens Wärme. Deshalb ist darauf zu achten, dass die Reibarbeit kleiner als die zulässige Schaltarbeit ist.

Bremsen sind Kupplungen mit stillstehendem Abtriebsteil. Sie können nach ihren Aufgaben folgendermaßen unterteilt werden:

- *Haltebremse* (Festhalten einer Last)
- *Stopp- oder Regelbremse* (Reduzierung einer Geschwindigkeit)
- *Belastungsbremse* (Belastung einer Kraftmaschine)

Prinzipiell können alle Schaltkupplungen als Bremsen ausgeführt werden.

7.3.5 Getriebe

Oft entsprechen Drehzahl und Drehmoment der Kraftmaschine (Motor) nicht dem Bedarf der Arbeitsmaschine. Ein Getriebe hat somit die Aufgabe, eine Bewegung zu übertragen und den Anforderungen der Arbeitsmaschine anzupassen. Handelt es sich um die Übertragung von Drehbewegungen und bleibt das Verhältnis zwischen An- und Abtriebsdrehzahl konstant, so spricht man von gleichförmig übersetzenden Getrieben. Das Verhältnis von Antriebsdrehzahl zu Abtriebsdrehzahl heißt Übersetzungsverhältnis oder kurz Übersetzung

$$i = \frac{n_{an}}{n_{ab}} = \frac{n_1}{n_2} = \frac{\omega_1}{\omega_2}.$$

Bei mehrstufigen (z. B. dreistufigen) Getrieben wird

$$i = \frac{n_{an}}{n_{ab}} = \frac{n_1}{n_2} \cdot \frac{n_2}{n_3} \cdot \frac{n_3}{n_4} = i_{1,2} \cdot i_{2,3} \cdot i_{3,4}.$$

Die Gesamtübersetzung ist danach das Produkt aller Einzelübersetzungen. Werden die Verluste innerhalb eines Getriebes vernachlässigt, gilt für das übertragbare Drehmoment:

$$T_{ab} = -T_{an} \cdot i$$

Die Bewegungsübertragung kann dabei entweder formschlüssig oder reibschlüssig erfolgen:

Wirkprinzip	Übertragungs-verhalten	Ausführungsformen
Formschluss (ohne Schlupf)	starr elastisch	Zahnradgetriebe, Kettentriebe Zahnriementriebe
Reibschluss (mit Schlupf)	elastisch starr	Reibradgetriebe, Riementriebe Rollenkeilkettentriebe

7.3.5.1 Rädergetriebe

Zahnradgetriebe. Die Bauarten formschlüssiger Zahnradgetriebe werden nach ihren Wellenanordnungen eingeteilt. Bei parallelen Wellen sind die Wälzkörper Zylinder und heißen **Stirnräder**, die als Gerad- und Schrägverzahnungen ausgeführt werden. Bei sich schneidenden Wellen ergeben sich als Wälzkörper Kegel. Die **Kegelräder** können gerad-, schräg- oder bogenverzahnt werden. Für sich kreuzende Wellen werden **Schraubenräder** oder **Schneckengetriebe** verwendet.

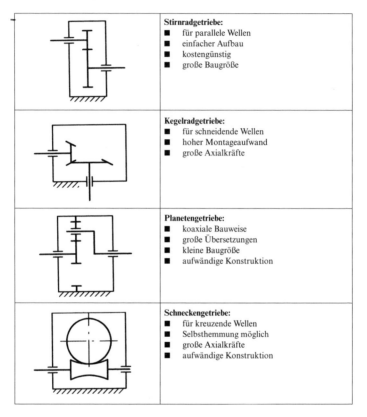

	Stirnradgetriebe: ■ für parallele Wellen ■ einfacher Aufbau ■ kostengünstig ■ große Baugröße
	Kegelradgetriebe: ■ für schneidende Wellen ■ hoher Montageaufwand ■ große Axialkräfte
	Planetengetriebe: ■ koaxiale Bauweise ■ große Übersetzungen ■ kleine Baugröße ■ aufwändige Konstruktion
	Schneckengetriebe: ■ für kreuzende Wellen ■ Selbsthemmung möglich ■ große Axialkräfte ■ aufwändige Konstruktion

Für Stirn- und Kegelräder werden heute fast ausschließlich **Evolventenverzahnungen** verwendet, da sich diese einfach herstellen lassen. Außerdem können Zahnräder mit gleicher Teilung (bzw. Modul) unabhängig von der Zähnezahl beliebig gepaart und ausgetauscht werden.

Reibradgetriebe. Die Bewegungsübertragung erfolgt über zylindrische, kegel- oder scheibenförmige Reibkörper, die aneinander gepresst werden. Die Größe der übertragbaren Umfangskräfte ist von der Anpresskraft und von der Reibungszahl μ abhängig. Beide Parameter werden durch die Werkstoffpaarung und die Schmierung beeinflusst.

Reibradgetriebe zeichnen sich durch einfachen Aufbau, kleine Baugrößen, geringen Wartungsaufwand und einen gewissen Überlastschutz (Durchrutschen) aus. Außerdem lassen sich leicht stufenlos verstellbare Übersetzungen verwirklichen. Die erforderlichen Anpresskräfte haben jedoch große Lagerbelastungen und hohe Werkstoffbeanspruchungen (Flächenpressung) zur Folge.

7.3.5.2 Zugmitteltriebe

Zugmitteltriebe dienen der rotierenden Leistungsübertragung zwischen zwei oder mehreren Wellen. Die Bewegungsübertragung erfolgt über Elemente, die nur Zugkräfte aufnehmen können. Als Zugmittel werden reibschlüssige **Riemen** oder formschlüssige **Ketten** bzw. **Zahnriemen** verwendet, welche die Riemenscheiben bzw. Kettenräder auf einem Teil ihres Umfangs umhüllen. Als Riemen werden Flach- und Keilriemen verwendet. Der **Keilriemen** hat sich heute überall dort durchgesetzt, wo große Leistungen auf kleinem Bauraum zu übertragen sind. Mit Riemen- und Kettentrieben lassen sich sehr große Achsabstände verwirklichen.

Die wichtigsten Unterschiede lassen sich wie folgt zusammenfassen:

Riementrieb	Kettentrieb
hohe Vorspannkräfte	ohne Vorspannung
große Lagerbelastungen	kleine Lagerbelastungen
Schlupf vorhanden	schlupffrei
geräuscharm	Spiel und Geräusch vorhanden
gute Dämpfung	keine Dämpfung
temperaturempfindlich	auch für hohe Temperaturen
auch für hohe Drehzahlen	nicht für hohe Drehzahlen
Schmutz und Öl problematisch	gegen Schmutz unempfindlich

7.4 Elemente zur Leitung von Fluiden

Leitungssysteme haben die Aufgaben

- Gase und Flüssigkeiten zu fördern (Fortleiten eines Fluids) und
- Drücke zu übertragen (z. B. Manometerleitung)

Das Fortleiten der Fluide erfolgt entweder durch Absaugen (Unterdruck) oder Drücken (Überdruck) mit Hilfe von Pumpen bzw. Gebläsen oder durch Ausnutzung eines Gefälles. Systeme zur Leitung von Fluiden müssen dicht und, abhängig vom Fluid, korrosions- und/oder temperaturbeständig sein.

7.4.1 Leitungen

Rohrleitungsanlagen enthalten

- Rohre und/oder Schläuche
- Formstücke (Krümmer und Verzweigungen)
- Rohrverbindungen (Schweiß-, Flansch-, Muffen- und Schraubverbindungen)
- Dichtungen
- Rohrhalterungen
- Dehnungsausgleicher und
- Armaturen

Für Rohrleitungen verwendet man hauptsächlich nahtlose oder geschweißte Stahlrohre. Außerdem werden neben Rohren aus Gusseisen (für Gas-, Wasser- und Kanalisationsleitungen) auch Kupfer- und Aluminiumrohre eingesetzt. Schläuche sind erforderlich für bewegliche, leicht lösbare Verbindungen, die keine Rückwirkungen (wie z. B. Vibrationen) auf die angeschlossenen Aggregate ausüben dürfen.

7.4.2 Armaturen

Eine Armatur ist ein Bauteil, das in Rohrleitungssystemen die Funktion des Schaltens oder Stellens ausübt. Es handelt sich dabei um Absperr-, Regel- oder Sicherheitsorgane.

- *Absperrorgane* sollen einen Strömungsweg dicht absperren
- *Regelorgane* verändern den Volumenstrom und
- *Sicherheitsorgane* verhindern das Überschreiten eines Sollwertes (z. B. Druck) und bewahren das System somit vor Schaden

Die wichtigsten Armaturenbauarten (Bild 7.9) sind genormt.

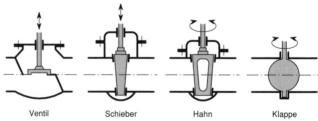

Bild 7.9: Armaturen

7 Maschinenelemente

Für die Auswahl von Armaturen kann die folgende Übersicht hilfreich sein:

Merkmal	Ventil	Schieber	Hahn	Klappe
Baulänge	groß	klein	mittel	klein
Bauhöhe	mittel	groß	klein	klein
Strömungswiderstand	mittel	niedrig	niedrig	mäßig
wechselnde Strömungsrichtung	bedingt	gut	gut	gut
Öffnungs- bzw. Schließzeit	mittel	lang	kurz	kurz
Stellvorgänge	sehr gut	schlecht	mäßig	gut
Verstellkraft	mittel	klein	klein	mittel
Verschleiß	gering	mäßig	hoch	gering
Dichtheit	sehr gut	mittel	sehr gut	gering
Nenndruck (PN)	hoch	mittel	mittel	klein
Nennweite (DN)	mittel	groß	mittel	groß
DIN	3356	3352	3357	3354

7.5 Elemente zur Vermeidung von Schäden

Schäden an Bauteilen können durch Überlastung entstehen, die durch ausreichende Dimensionierung oder entsprechende Maschinenelemente (z. B. Sicherheitskupplung, Druckbegrenzungsventil usw.) verhindert werden können. Daneben sind die Schadensbilder

- *Verschleiß* (fortschreitender Materialverlust) und
- *Korrosion* (Rosten, Verzundern, Reibkorrosion)

zu beobachten.

Wenn sich zwei berührende Körper relativ zueinander bewegen und gleichzeitig Kräfte übertragen müssen, entsteht Reibung. Die auftretende Reibung ist abhängig von der Werkstoffpaarung und der Oberflächenbeschaffenheit und führt dazu, dass die Kontaktflächen verschleißen. Verschleiß ist als ein fortschreitender Materialabtrag an der Oberfläche eines festen Körpers definiert, hervorgerufen durch mechanische Beanspruchungen und direkt von der Reibung abhängig. [9]

Um die Reibung und den damit verbundenen Verschleiß zu minimieren, werden **Schmiermittel** eingesetzt. Daneben sollen Schmierstoffe die entstehende Reibungswärme sowie den Abrieb aus der Kontaktzone abführen und die Bauteile vor Korrosion schützen. Das Schmiermittel ist somit ebenfalls ein wichtiges Funktions- bzw. Maschinenelement.

Schmierstoffe unterscheidet man nach ihrer Herstellung in

- *Mineralöle* (aus Erdöl)
- *Synthetische Öle* (spezielle Eigenschaften, aber teuer) und
- *Schmierfette* (geringer Verbrauch und keine aufwändige Abdichtung erforderlich)

Schmieröle werden wegen ihrer guten Reibstellenversorgung am häufigsten verwendet.

7.6 Elemente zum Abdichten von Fluiden

Dichtungen sollen Hohlräume mit verschiedenen Drücken und unterschiedlichen Medien gegeneinander abschließen. Beispiele:

- Trennung verschiedener Betriebsstoffe (z. B. Wasser – Öl)
- Trennung unterschiedlicher Mediumzustände (flüssig – gasförmig)
- Eindringen von Fremdkörpern (Schmutz) verhindern
- Schmiermittelverbrauch minimieren

Die Einteilung der Dichtungen (Bild 7.10) erfolgt danach, ob sich die abzudichtenden Maschinenteile in relativer Bewegung zueinander befinden oder nicht. An Bauarten, Dichtungsmitteln und -werkstoffen gibt es heute eine derartige Vielfalt, dass die Auswahl einer optimalen Dichtung sehr schwierig ist. Da das Versagen einer Dichtung schwerwiegende Fol-

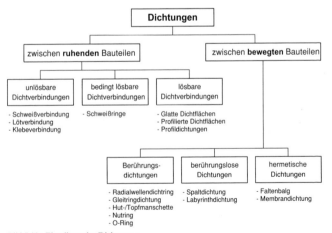

Bild 7.10: Einteilung der Dichtungen

7 Maschinenelemente 151

gen haben und hohe Kosten verursachen kann, wird dringend geraten, von den Erfahrungen und den Vorschlägen der Dichtungshersteller Gebrauch zu machen. Eine Übersicht über Dichtungen und deren Benennungen enthält DIN 3750. Ausführlich werden Dichtungsfragen in [10] behandelt.

Quellen und weiterführende Literatur

[1] DIN 15018: Krane. Grundsätze für Stahltragwerke, Berechnungen. Berlin: Beuth-Verlag, 1984
[2] DIN 18800: Stahlbauten, Bemessung und Konstruktion. Berlin: Beuth-Verlag, 1990
[3] DV 95201: Schweißen metallischer Werkstoffe an Schienenfahrzeugen und maschinentechnischen Anlagen. Minden: Deutsche Bundesbahn, 1991
[4] FKM-Richtlinie: Rechnerischer Festigkeitsnachweis für Maschinenteile. 4. Auflage. Frankfurt a. M.: VDMA 2002
[5] DIN 7190: Pressverbände. Berechnungsgrundlagen und Gestaltungsregeln. Beuth-Verlag, 2001
[6] DIN 6892: Passfedern, Berechnung und Gestaltung. Berlin: Beuth-Verlag, 1998
[7] DIN 743: Tragfähigkeitsberechnung von Wellen und Achsen. Berlin: Beuth-Verlag, 2000
[8] *Lang, O. R.; Steinhilper, W.:* Gleitlager. Berlin: Springer Verlag, 1978
[9] *Czichos, H.; Habig, K. H.:* Tribologie Handbuch, Reibung und Verschleiß. Braunschweig: Vieweg Verlag, 1992
[10] *Tietze, W.:* Handbuch der Dichtungspraxis. 2. Auflage. Essen: Vulkan-Verlag, 2000

Decker, K.-H.: Maschinenelemente – Funktion, Gestaltung und Berechnung. 15. Auflage. München Wien: Carl Hanser Verlag, 2003
Haberhauer, H.; Bodenstein, F.: Maschinenelemente – Gestaltung, Berechnung, Anwendung. 12. Auflage. Berlin: Springer Verlag, 2003

KONSTRUKTION UND BERECHNUNG

KB

8   Konstruktionsberechnung

8 Konstruktionsberechnung

Prof. Dipl.-Ing. Klaus-Jörg Conrad

Im Konstruktionsprozess mit den Konstruktionsphasen Planen, Konzipieren, Entwerfen und Ausarbeiten führen Konstruktionstätigkeiten zu Ergebnissen. Von den bekannten Konstruktionstätigkeiten wie Informieren, Definieren, Berechnen, Gestalten, Bewerten, Ändern und Dokumentieren soll hier das Berechnen behandelt werden.

8.1 Berechnungsverfahren

Die **Berechnung** von Bauteilen dient der Absicherung der Gestaltung. Sie ist erforderlich, um die steigenden Anforderungen an die Leistungsfähigkeit von Produkten zu erfüllen. Insbesondere sollen durch die Berechnung folgende Ziele erreicht werden [9]:

- Sicherheit des Bauteils gegen Versagen
- Prüfung der Produktfunktionalität
- Bewertung äußerer Einflüsse
- geringes Gewicht durch Leichtbauweise
- optimale Materialausnutzung sowie
- Sicherstellung einer wirtschaftlichen Fertigung

Die Berechnung ist für den Erfolg der Unternehmensprodukte und für eine zweckmäßige Ausnutzung der Ressourcen von zunehmender Bedeutung. Für Bauteile, die durch Berechnung abgesichert sind, können Versuche mit Prototypen reduziert werden. Berechnungen mit Rechnereinsatz, wie z. B. für die Finite-Elemente-Methode, werden in einem zusätzlichen Kapitel behandelt. Für einfache Berechnungen werden in der Praxis häufig auch Tabellenkalkulationsprogramme eingesetzt. Hier sollen die Grundlagen der Auslegung und Nachrechnung für Maschinenbauteile als Übersicht vorgestellt werden. Dazu gehören:

- Auslegungsrechnung
- Nachrechnung
- Optimierungsrechnung
- Simulationsrechnung

Das **Berechnungsverfahren** nach Bild 8.1 enthält die Arbeitsschritte für den allgemeinen Ablauf von der Funktion über die Entwurfsrechnung und Gestaltung bis zum Festigkeitsnachweis nach *Schlottmann*. [7]

8 Konstruktionsberechnung

Das Prinzip der Drehmomentübertragung wird z. B. durch eine Welle aus Stahl mit dem Durchmesser „d" realisiert. Nach dieser Entwurfs- bzw. Auslegungsrechnung erfolgt die Gestaltung mit Maschinenelementen zur Einleitung des Torsionsmoments (Passfederverbindung), der Übergang mit Radien an den gestuften Durchmessern bis zur Keilwellenverbindung zur Weiterleitung des Torsionsmomentes an das folgende Bauteil.

Aufgabe	Lösung	
Funktion:	Moment M_t leiten	
Lösungsprinzip: Technische Mechanik	 Mt ▶▶ ———————— ◀◀ Mt	
Entwurfsberechnung: Nach Werkstoffwahl wird der Wellendurchmesser d_{min} berechnet. Anhaltswerte Überschlagsrechnung		
Gestaltung: ■ Momenteinleitung über Passfederverbindung ■ Übergangsradien ■ Weiterleitung über Keilwellenverbindung ■ Maschinenelemente ■ DIN-Normen ■ VDI-Richtlinien	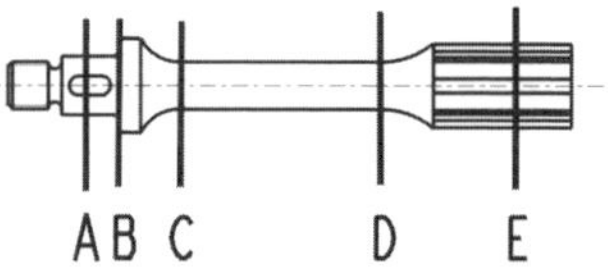 A B C D E	
Festigkeitsnachweis: Für die Querschnitte A, B, C, D, E eine Festigkeitsberechnung durchführen. Statische Beanspruchung Schwingende Beanspruchung	**Nachweis positiv:** Vollständige Gestaltung als technische Zeichnung.	**Nachweis negativ:** Geometrie bzw. Werkstoff ändern und erneut rechnen.

Bild 8.1: Berechnungsverfahren: Von der Funktion zum Maschinenbauteil

Anschließend wird durch eine Festigkeitsberechnung der Nachweis erbracht, dass die Welle das Moment sicher überträgt. Dabei kann sich ergeben, dass der Nachweis negativ ist, d. h., die Welle ist nicht ausreichend dimensioniert. Dann muss die Geometrie oder der Werkstoff geändert werden. Dabei handelt es sich um einen Iterationszyklus, der, falls erforderlich, mehrfach durchlaufen werden muss, bevor eine technische Zeichnung erstellt wird:

- Entwurfsberechnung für wichtige Bauteile
- Gestaltung mit Konstruktionselementen
- Festigkeitsnachweis des Bauteils

Der in Bild 8.1 dargestellte Ablauf ist mit vielen Beispielen in Maschinenelementebüchern beschrieben.

Für die Entwurfsberechnung (Dimensionierung) müssen die vom Bauteil zu übertragenden Kräfte, Momente, Leistungen, Drehzahlen usw. bekannt sein. Die Hauptabmessungen des Bauteils werden überschlägig berechnet mit einer zulässigen Spannung. Anschließend erfolgt die Gestaltung mit Form- und Maschinenelementen. Der Festigkeitsnachweis erfolgt danach durch eine Festigkeitsberechnung.

Eine Auslegung wird in der Regel im ersten Schritt nach Erfahrungswerten erfolgen, die in entsprechende Gleichungen eingesetzt werden. Diese Näherungsgleichungen enthalten dann nur noch sehr wenige Größen, um Ergebnisse zu errechnen. Für eine erste Berechnung eines Wellendurchmessers werden z. B. nur das Moment und eine zulässige Spannung als Tabellenwert benötigt. Durch das Einsetzen einer zulässigen Spannung kann die Auslegungsgleichung für eine überschlägige Berechnung von Wellendurchmessern nur aus dem wirkenden Moment berechnet werden.

Beispiel: Überschlagsberechnung einer Welle mit Torsionsmoment M_t, um den erforderlichen kleinsten Durchmesser d_{min} nach Erfahrungswerten zu ermitteln:

$$\tau_t = \frac{M_t}{W_t} \leq \tau_{tzul} \quad \text{mit} \quad W_t = \frac{\pi \cdot d^3}{16} \quad \text{ergibt} \quad d = \sqrt[3]{\frac{16 \cdot M_t}{\pi \cdot \tau_{tzul}}}$$

Überschlag: Mit $W \approx 0{,}2 \cdot d^3$ und $\tau_{tzul} = 12$ N/mm² als zulässiger Werkstoffkennwert für gleichzeitig wirkende Biegespannung gilt $d_{min} \approx 0{,}75 \cdot \sqrt[3]{M_t}$; nur Zahlen mit den Einheiten für d_{min} in mm und für M_t in N · mm einsetzen.

Diese so vereinfachten Gleichungen sind nur für häufige Anwendungen sinnvoll und es sind unbedingt die Zahlenwerte mit den richtigen Einheiten einzusetzen.

8.2 Auslegungsrechnung

Auslegungsrechnung oder **Entwurfsrechnung** nennt man die Dimensionierung von Bauteilen in den ersten Phasen des Konstruktionsprozesses zum Erfüllen von Funktionen.

Durch eine Auslegungsrechnung werden Anforderungen an Bauteile wie z. B. Belastungen, Bewegungen oder Lebensdauer erfasst. Die Eingangsgrößen sind also technische, funktionale oder technologische Angaben, um Abmessungen, Funktionen und Werkstoffe festzulegen.

8 Konstruktionsberechnung

Für die Auslegungsrechnung von Maschinenelementen sind zahlreiche Programmsysteme verfügbar, z. B. für Schrauben, Federn oder Kupplungen. Erfahrungen zur Auslegung von Bauteilen oder Baugruppen werden zunehmend von wissensbasierten Systemen umgesetzt, da Gleichungen zur Erfassung von Erfahrungen schwer zu codieren sind. [9]

Bild 8.2 zeigt den grundsätzlichen Programmablauf für Auslegungsrechnungen.

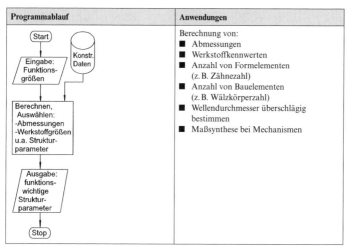

Bild 8.2: Auslegungsrechnung – Ablauf und Anwendung [4]

Programme zur durchgängigen Dimensionierung von Konstruktionselementen enthalten sowohl Auslegungs- als auch Nachrechnungsoperationen. [4]

Die Auslegung von Maschinenelementen erfolgt im ersten Schritt nach der geforderten Funktion, in dem bewährte Lösungen aus DIN-Normen, VDI-Richtlinien oder den Maschinenelemente-Büchern gewählt werden. Häufig finden sich diese Elemente und bewährte Varianten bei den Zulieferern, sodass diese dann übernommen werden können. Damit entfällt die Konstruktionsarbeit oder wird sehr stark reduziert. Außerdem sind Kosten und Lieferzeit bekannt. Nur wenn keine Wiederholteile, genormte Teile oder Zulieferteile bekannt sind, erfolgt eine Auslegung.

Neben den Auslegungsrechnungen für Bauteile der Konstruktion gibt es auch Auslegungsrechnungen für die Festlegung von Maschinen und Anlagen. Werkzeugmaschinen werden z. B. in der Regel nach den technologischen Anforderungen ausgewählt. Dabei ist für die geforderte Bearbeitung der Arbeitsraum maßgebend. Die Auslegung neuer Werkzeugmaschinen und die Anpassung vorhandener Baureihen erfolgt dann nach Erfahrungswerten, die den Maschinenherstellern bekannt sind. [1]

8.3 Nachrechnung

Nachrechnungen werden zur Überprüfung von gestalteten Bauteilen durchgeführt, um festzustellen, ob die Anforderungen erfüllt sind.

Durch Kontrollrechnungen ist zu überprüfen, ob Geometrie und mechanisches Verhalten der Bauteile, Baugruppen oder Produkte in den vorgegebenen Grenzen liegen. Die Nachrechnungen reichen von einem Festigkeitsnachweis bis zur Berechnung von mehrteiligen Maschinenelementen, wie z.B. Wälzlagern mit Ersatzmodellen. Dabei müssen die Abweichungen der Berechnung mit Ersatzmodellen zur realen Konstruktion beachtet werden. Die am häufigsten eingesetzte Berechnungsmethode ist die Finite-Elemente-Methode. [9]

Das Überprüfen der ersten Dimensionierung eines Bauteils erfolgt durch einen Vergleich der Anforderungen mit den Ergebnissen. Die Werte der

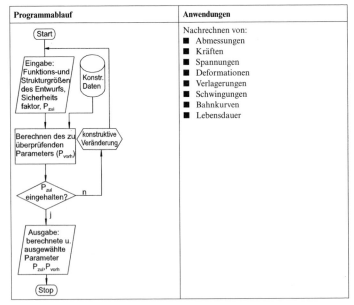

Bild 8.3: Nachrechnung – Ablauf und Anwendung [4]

vorhandenen Abmessungen, allgemein Parameter P_{vorh}, werden ermittelt und mit den zulässigen P_{zul} verglichen. Dies geschieht für mehrere Elemente eines Bauteils. Bei Federn ist z. B. ein Funktions- und Festigkeitsnachweis zu führen. Der Konstrukteur muss durch seine Erfahrung u. U. erst nach mehreren Rechnungen einen Kompromiss finden. [4]

Bild 8.3 zeigt den grundsätzlichen Programmablauf für Nachrechnungen und enthält Hinweise auf Anwendungen.

8.4 Optimierungsrechung

Optimierungsrechungen dienen der Gestaltoptimierung von Bauteilen, um höchstmögliche Steifigkeiten, niedrigste Eigengewichte oder sehr ausgeglichene Lastverteilungen zu erreichen. [9]

Die Optimierung erfolgt durch Rechnereinsatz. Die zu optimierenden Strukturen sind in der Regel zu parametrisieren. In einem iterativen Prozess werden die Parameter so lange variiert, bis ein Optimum erreicht wird.

Die Optimierungsmethoden haben unterschiedliche Optimierungsziele und Verfahren zur Verknüpfung der Parameter. Bei der linearen Optimierung werden alle Parameter über lineare Beziehungen miteinander verbunden. Die lineare Optimierung führt zu exakten Problemlösungen, wenn die Zielfunktion eine lineare Funktion ist und wenn für eine Anzahl von Variablen Größt- und Kleinstwerte vorgegeben werden. In der Konstruktion ist jedoch oft die nichtlineare Optimierung erforderlich, die mit anderen Methoden durchgeführt wird. [9]

Das Optimierungsproblem muss mathematisch formuliert sein, um ein vorhandenes Optimierungsprogramm einzusetzen. Die n gesuchten Parameter einer Konstruktion werden als Variable zu einem Vektor $X = (X_1, X_2, ..., X_n)$ zusammengefasst. Die Wahl der Werte für X unterliegt konstruktiv bedingten Einschränkungen, die als Ungleichungen $g_i(X) \geq 0$ oder Gleichungen $h_j(X) = 0$ zu formulieren sind. Beispiel: Max. Einbaudurchmesser $D = 50$ mm für ein Lager: $g(X) = 50 - d \geq 0$.

Das Optimum wird als Minimum (z. B. Masse, Volumen, Kosten) oder Maximum (Lebensdauer, Wirkungsgrad usw.) der Zielfunktion gefunden. [4]

Bild 8.4 enthält Programmablauf und Anwendungen. Die Einschränkungen definieren das Gebiet der zulässigen Lösungen, in dem das Optimum durch Bewerten der Varianten mit einer Zielfunktion $F(X)$ gesucht wird: $F(X_{opt})$ = Extremum. [4]

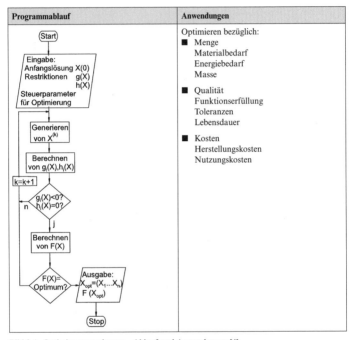

Bild 8.4: Optimierungsrechnung – Ablauf und Anwendungen [4]

8.5 Simulationsrechnung

Simulation im Bereich der Produktentwicklung umfasst die Nachbildung eines dynamischen Systems in einem Modell, um zu Erkenntnissen zu gelangen, die auf die Wirklichkeit übertragbar sind. [VDI-Richtlinie 3633]

Die Simulation erfolgt am Rechner mit einem Programm, dessen grundsätzlichen Ablauf sowie Anwendungen Bild 8.5 zeigt.

8 Konstruktionsberechnung

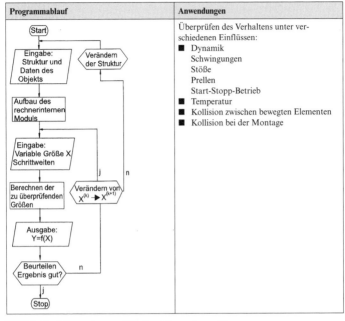

Bild 8.5: Simulationsrechnung – Ablauf und Anwendungen [4]

Die Produktentwicklung mit Rechnerunterstützung erfolgt durch neue Modellierungstechniken in Verbindung mit parametrischem und Featureorientiertem Konstruieren, der Integration von Berechnungsprogrammen und der Simulation. Die Simulation unterstützt zunehmend die virtuelle Produktentwicklung. Simulationsmodelle nutzen in der Regel unmittelbar 3D-CAD-System-Geometriedaten und sind oft schon als Modul in einem 3D-CAD-System integriert.

Durch Simulation hat man die Möglichkeit, in der Planungsphase Aussagen zu erhalten über

- Verhalten von Produkten, technischen Baugruppen
- Ergebnisse des einzusetzenden Fertigungsverfahrens
- Durchführbarkeit eines geplanten Fertigungsverfahrens [9].

Die Vorteile ergeben sich durch das Erkennen von Problemen und Fehlern schon am Rechner. Der Prototypenbau und der Versuchsaufwand können dadurch reduziert werden.

Die Simulationsrechnung zum Nachbilden des Verhaltens eines entworfenen Objekts erfolgt mit Hilfe eines rechnerinternen Modells. Berechnet werden Auswirkungen auf das Modell durch Eingabe entsprechender Einflussgrößen mit dem Ziel, eine günstige Dimensionierung zu erreichen. [4]

8.6 Grundlagen der Festigkeitsberechnung

Der **Festigkeitsnachweis** ist der wesentliche Bereich der Nachrechnung für Bauteile in der Produktentwicklung. Hier sollen als Ergänzung zum Abschnitt Nachrechnung wichtige Grundlagen zum Verstehen erläutert werden, also keine vollständige Darstellung der Festigkeitsberechnung und keine Formelsammlung, sondern Verfahren und Hilfsmittel zum Einsatz beim Konstruieren.

> Die **Festigkeit** eines Bauteils wird durch das wechselseitige Zusammenspiel aus Beanspruchung und Werkstoff bestimmt.

Die Konstruktion muss gewährleisten, dass jedes Bauteil seine Funktion sicher und wirtschaftlich erfüllt. Ein Bauteil ist sicher, wenn es über die vorgesehene Lebensdauer zuverlässig seinen Zweck erfüllt, ohne Gefahr für die Umgebung. Ein Bauteil ist wirtschaftlich, wenn der Kostenaufwand für Herstellung und Einsatz möglichst gering ist. Das Beispiel der Wandstärke für einen Druckbehälter zeigt, dass der richtige Wert nur durch Berechnung nach den vorliegenden Betriebsbedingungen erfolgen kann.

> Die **Festigkeitsberechnung** hat die Aufgabe, eine Konstruktion so auszuführen, dass sie sicher und zugleich wirtschaftlich ihre Funktion erfüllen kann.

Die Festigkeitsberechnung wird durchgeführt, um die Spannungen und Verformungen eines Bauteils festzustellen. Damit verbunden ist eine Prüfung auf Ausfall eines Bauteils durch Bruch, unzulässige plastische oder elastische Verformung sowie Instabilität durch Knicken oder Beulen. Diese Schäden müssen mit Sicherheit ausgeschlossen werden.

8.6.1 Grundaufgaben der Festigkeitsberechnung

Die Festigkeitsberechnung ist umfangreich in der Literatur beschrieben, sodass hier nur wichtige Zusammenhänge in Anlehnung an *Dietmann* dargestellt werden. [2]

8 Konstruktionsberechnung

Der Ablauf der Festigkeitsberechnung erfolgt nach einem einfachen Schema, das in Bild 8.6 dargestellt ist.

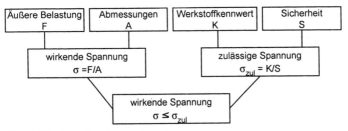

Bild 8.6: Ablauf einer Festigkeitsberechnung [2]

Die Belastung eines Bauteils durch eine äußere Kraft F führt zu einer Beanspruchung. Diese sog. innere Beanspruchung ist abhängig von der Größe der Abmessungen A des Bauteils. Das Maß dafür ist die Spannung σ, die im Werkstoff herrscht. Die Spannung ist umso größer, je höher die äußere Belastung ist und je kleiner die Abmessungen sind. Im einfachsten Fall gilt: $\boldsymbol{\sigma = F/A}$.

Die wirkende Spannung ist unabhängig vom Werkstoff des Bauteils. Die ertragbare Spannung ist jedoch materialabhängig. Die Höhe der ertragbaren Spannung gibt ein entsprechender Werkstoffkennwert K an.

Die zulässige Spannung ergibt sich, indem die Grenze der Belastbarkeit durch einen Wert für die Sicherheit S reduziert wird: $\sigma = \boldsymbol{\sigma_{zul} = K/S; S \geq 1}$. Die wirkende Spannung darf nicht größer sein als die zulässige Spannung: **Festigkeitsbedingung:** $\sigma \leq \sigma_{zul}$.

Die innere Beanspruchung ist dann immer mit einem bestimmten Sicherheitsabstand unter der Versagensgrenze. Die Erfüllung dieser Bedingung wird auch Festigkeitsnachweis genannt. Mit den Angaben des Bildes 8.6 ergibt sich die **Festigkeitsbedingung:** $F/A \leq K/S$.

Von den vier Ausgangsgrößen werden in der Festigkeitsberechnung je drei benutzt, um die vierte Größe zu berechnen. Daraus ergeben sich vier Grundaufgaben nach Tabelle 8.1.

Tabelle 8.1: Grundaufgaben der Festigkeitsberechnung [2]

Gegeben	Gesucht	
$A; K; S$	Zulässige äußere Belastung F	(„Lastbegrenzung")
$F; K; S$	Erforderliche Abmessungen A	(„Dimensionierung")
$F; A; S$	Erforderlicher Werkstoffkennwert K	(„Werkstoffauswahl")
$F; A; K$	Vorhandene Sicherheit S	(„Sicherheitsanalyse")

Die Festigkeitsberechnung erfolgt durch die Lösung von zwei unabhängigen Teilaufgaben:

- Berechnung der wirkenden Spannung
- Berechnung der zulässigen Spannung

Die Spannungsberechnung, unabhängig vom Werkstoff, erfordert Kenntnisse aus der Mechanik. Das Werkstoffverhalten, unabhängig von den Bauteilbelastungen und -abmessungen, erfordert Kenntnisse aus der Werkstoffkunde und Werkstoffprüfung.

8.6.2 Grundbelastungsfälle

Geometrisch einfache Grundformen wie Stab, Rohr, Scheibe, Platte oder Schale werden eingesetzt, um die vielfältigen Bauteilformen für die Festigkeitsberechnung zu erfassen. Die verschiedenen Belastungen, denen ein Bauteil ausgesetzt sein kann, werden unterteilt in die Grundbelastungsfälle Zug, Druck, Biegung, Schub und Torsion. Bild 8.7 zeigt einen geraden Stab mit konstantem Querschnitt unter diesen Grundbelastungsfällen und zugeordnete technische Bauteile als Beispiele.

Für die Grundbelastungsfälle ergeben sich Berechnungsgleichungen, in denen die als Kräfte oder Momente auftretenden Belastungen erfasst werden.

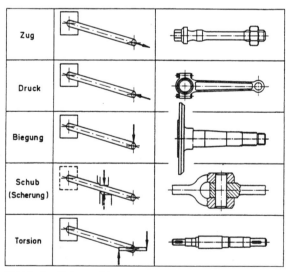

Bild 8.7: Grundbelastungsfälle [2]

8 Konstruktionsberechnung

Durch **Kräfte** F ergeben sich Spannungen als Quotient aus Kraft und Fläche. Kräfte F senkrecht zur Fläche A ergeben Normalspannung, Tangentialspannungen entstehen bei Kräften F parallel zur Fläche A. Schräg angreifende Kräfte verursachen sowohl Normal- als auch Tangentialspannungen und sind zusammengesetzte Beanspruchungen.

Durch **Momente** M ergeben sich Biegebeanspruchung oder Torsionsbeanspruchung, der das Bauteil ein Widerstandsmoment W entgegensetzt, das von den geometrischen Abmessungen abhängt. Durch Momente ergeben sich Spannungen im Bauteil, als Quotient aus Moment und Widerstandsmoment. Bei Biegebeanspruchung treten Normalspannungen auf, bei Torsionsbeanspruchung Tangentialspannungen. Für die Grundbelastungsfälle ergeben sich die Gleichungen zur Spannungsberechnung und die Werkstoffkennwerte für statische Beanspruchung bei Raumtemperatur nach Tabelle 8.2.

Tabelle 8.2: Spannungen und Werkstoffkennwerte für statische Beanspruchung [2]

Art der Beanspruchung	Spannung	Werkstoffkennwert Bezeichnung	Zeichen	Ersatzwert bei Stahl
Zug	$\sigma = \dfrac{F}{A}$	Streckgrenze (Fließgrenze) 0,2-Dehngrenze Zugfestigkeit	R_e $R_{p0,2}$ R_m	
Druck	$\sigma_d = \dfrac{F}{A}$	Druckfließgrenze (Stauchgrenze) Druckfestigkeit	σ_{dF} σ_{dB}	R_e bzw. $R_{p0,2}$
Biegung	$\sigma_b = \dfrac{M_b}{W_b}$	Biegefließgrenze Biegefestigkeit	σ_{bF} σ_{bB}	R_e bzw. $R_{p0,2}$
Schub	$\tau = \dfrac{F}{A}$	Scherfestigkeit	τ_{aB}	$(0{,}65 \ldots 0{,}75)\,R_m$
Torsion	$\tau_t = \dfrac{M_t}{W_t}$	Torsionsfließgrenze Torsionsfestigkeit	τ_{tF} τ_{tB}	$0{,}58\,R_e$ bzw. $0{,}58\,R_{p0,2}$ R_m

Bei Druckbeanspruchung sind außerdem noch Flächenpressung, Hertz'sche Pressung, Stribeck'sche Pressung, Knicken und Beulen zu beachten; die z. B. bei Maschinenbauteilen auftreten können. Entsprechende Berechnungsverfahren und Erfahrungswerte sind in der Fachliteratur vorhanden.

Auch der Temperatureinfluss ist in der Tabelle nicht erfasst, da alle Angaben nur bei Raumtemperatur gelten.

Für die Beanspruchungsarten ist die Wirkung der Kräfte bzw. Momente in Bild 8.8 dargestellt. Diese Übersicht enthält auch erste Hinweise für die Einordnung von praktischen Fällen sowie typische Abmessungen und Wirkungen.

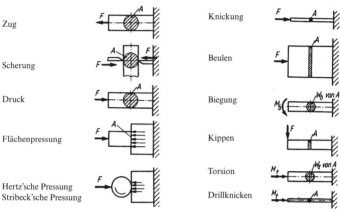

Bild 8.8: Kräfte und Momente bei unterschiedlichen Beanspruchungen [6]

8.6.3 Werkstoffverhalten

Das **Werkstoffverhalten** unter **statischer Beanspruchung** wird durch den Zugversuch nach DIN 50145 bestimmt. Bei diesem Versuch wird eine zylindrische Probe mit genormten Abmessungen in einer Prüfmaschine stetig zunehmend durch eine Zug-Belastung gedehnt bis zum Bruch. Dabei wird die erforderliche Zugkraft F in Abhängigkeit von der Verlängerung Δl der Probe gemessen und aufgezeichnet.

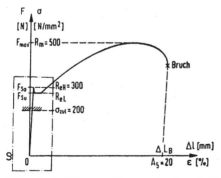

Bild 8.9: Kraft-Verlängerungs-Diagramm eines Baustahls [2]

8 Konstruktionsberechnung

Das Ergebnis ist ein Kraft-Verlängerungs- bzw. Spannungs-Dehnungs-Diagramm, dem man Werkstoffkennwerte entnehmen kann.

Um unabhängig von den Abmessungen zu sein, werden bezogene Größen eingefügt. Die Kraft F wird auf den Ausgangsquerschnitt A_0 der Probe bezogen und ergibt die Spannung $\sigma = F/A_0$. Die Verlängerung Δl auf die Ausgangsmesslänge l_0 bezogen ergibt die Dehnung $\varepsilon = \Delta l/l_0$. Damit wird aus dem Kraft-Verlängerungs-Diagramm ein Spannungs-Dehnungs-Diagramm.

Die Werkstoffkennwerte sind dann Festigkeitswerte, wie Zugfestigkeit R_m und die Werte für die obere bzw. untere Streckgrenze R_e als Spannungen in N/mm² sowie Verformungskennwerte wie Bruchdehnung und Brucheinschnürung in %.

Das Spannungs-Dehnungs-Diagramm zeigt zwei weitere elastische Kennwerte, die sich aus dem leicht idealisierten Verlauf nach Bild 8.10 ableiten lassen.

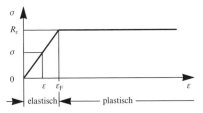

Bild 8.10: Spannungs-Dehnungsdiagramm [2]

Für den elastischen Bereich mit $\sigma < R_e$ und $\varepsilon < \varepsilon_F$ gilt: **σ/ε = const. = E**.

Der Proportionalitätsfaktor E heißt **Elastizitätsmodul** oder **E-Modul** mit der Einheit N/mm². Der E-Modul kennzeichnet den Zusammenhang zwischen Spannung und Dehnung im elastischen Zustand. Ein Werkstoff ist umso elastischer, je kleiner E ist. Oder, je größer E ist, desto steifer ist der Werkstoff. Es gilt das **Hooke'sche Gesetz: $\sigma = E \cdot \varepsilon$**.

Für alle Stahlsorten bei Raumtemperatur ist der E-Modul gleich groß: $E = 200\,000 \ldots 210\,000$ N/mm². Die **Dehnung** ε ist die Längsdehnung ε_l, die ergänzt wird um den Kennwert Querdehnung ε_q, der die Durchmesseränderung erfasst. Im elastischen Bereich gilt das **Poisson'sche Gesetz** $\varepsilon_l/\varepsilon_q$ = const. = $-\mu$. Für μ wird auch der Buchstabe ν sowie die Poisson'sche Zahl $m = 1/\mu$ verwendet. Die Querkontraktionszahl hat für alle Stahlsorten den Wert $\mu = 0{,}3$ bzw. $m = 10/3$.

Die Querdehnung ε_q ist im elastischen Zustand der Längsdehnung ε_l proportional, aber mit umgekehrtem Vorzeichen, d.h., ist ε_l positiv (Verlängerung), dann ist ε_q negativ (Verkürzung) und umgekehrt.

Aus den Spannungs-Dehnungs-Diagrammen typischer Werkstoffarten wie Stahl und Gusseisen ergeben sich allgemeine Aussagen zum Werkstoffverhalten.

Ein Werkstoff vom Typ Stahl ist zäh, d.h., der Werkstoff ist plastisch verformbar. Ein Werkstoff vom Typ Gusseisen ist spröd, d.h., der Werkstoff ist nicht oder kaum plastisch verformbar.

Die **Funktionsunfähigkeit** von Bauteilen wird in der Festigkeitslehre mit **Versagen** bezeichnet. Ein Konstruktionsteil kann durch zu große plastische Verformungen („Fließen") oder durch einen Bruch versagen, je nachdem, welche Werkstoffart eingesetzt wurde. Durch die Festigkeitsberechnung soll das Versagen verhindert werden. Bei zähen Werkstoffen wird deshalb gegen Fließen und Bruch gerechnet, bei spröden Werkstoffen nur gegen Bruch.

Die zulässige Spannung muss mit einem ausreichenden Sicherheitsabstand unter dem Werkstoffkennwert bleiben, der für die jeweilige Versagensart maßgebend ist. Für das „Fließen" ist dies die Streckgrenze R_e, für „Bruch" die Zugfestigkeit R_m. Der Sicherheitswert S soll alle Unsicherheiten der Festigkeitsberechnung abdecken und wird nach Erfahrungen als Richtwert verwendet. Tabelle 8.3 enthält entsprechende Werte.

Tabelle 8.3: Angaben zur Berechung der zulässigen Spannung [2]

Werkstoff	Versagensart	Maßgebender Werkstoffkennwert	Sicherheitsbeiwert
Zäh	Fließen	R_e ($R_{p0,2}$)	$S_F = 1{,}2 \ldots 2$
	Bruch	R_m	$S_B = 2 \ldots 3$
Spröd	Bruch	R_m	$S_B = 4 \ldots 9$

8.7 Schwingende Beanspruchung

Die **schwingende Beanspruchung** ist ein technisch sehr wichtiger Sonderfall der zeitabhängigen Beanspruchung. Eine Beanspruchung heißt im Gegensatz zur statischen, zeitunabhängigen Beanspruchung dynamisch, wenn sie zeitabhängig ist. Eine Beanspruchung ist schwingend, wenn sie sich in periodisch wiederkehrenden Folgen zwischen festen Grenzen ändert. Als grafische Darstellung wählt man die Sinusschwingung nach Bild 8.11.

Eine schwingende Beanspruchung mit $\sigma_{max} < R_m$ kann nach einer bestimmten Anzahl von Belastungen (Schwingspielen) zu einem Schwingungsbruch führen, obwohl die Belastung bis dahin ohne merkliche, äußerlich erkennbare Schädigungen ertragen wurde. Erst kurz vor dem Bruch entsteht ein Anriss. Die Bruchgrenze hat sich im Laufe der Zeit

8 Konstruktionsberechnung

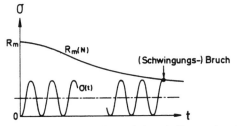

Bild 8.11: Zeitlicher Verlauf einer schwingenden Beanspruchung [2]

geändert, sie ist von der Anzahl N der Schwingungen abhängig geworden. Die Ursache ist also Werkstoffermüdung.

Die wirkende Spannung (äußere Belastung) und die zulässige Spannung (Werkstoffverhalten) sind zeitabhängig.

8.7.1 Belastungsfälle

Die Haltbarkeit eines Bauteils hängt maßgeblich vom zeitlichen Verlauf der Beanspruchung ab. Mit dem Begriff Lastfall werden die verschiedenen Arten der Änderung von Belastungsgrößen ausgedrückt. Man unterscheidet im Maschinenbau idealisierte Lastfälle nach *Bach*:

Ruhende Beanspruchung (Lastfall I)
Die Spannung steigt zügig auf einen bestimmten Wert und behält diesen während einer bestimmten Zeit, d. h. statische Beanspruchung.
Beispiele: Torsion von Wellen ohne Drehrichtungswechsel, d. h. dauernd laufende Elektromotoren, Pumpen, Turbinen bei konstanter Leistung, Schrauben in Klemmverbindungen.

Schwellende Beanspruchung (Lastfall II)
Die Spannung steigt zunächst von null auf einen Höchstwert und sinkt wieder auf null ab.
Beispiele: Kranseile, Fahrzeugfedern, Bremshebel, Zahnradzähne ohne Drehrichtungswechsel.

Wechselnde Beanspruchung (Lastfall III)
Die Spannung schwankt ständig zwischen einem positiven und einem negativen Höchstwert.
Beispiele: Maschinen mit wechselnden Drehrichtungen, Spindeln mit Zug- und Druckbeanspruchung, Getriebewellen.

Schwingende Beanspruchung (Lastfall I + III)

Der allgemeine Lastfall ist eine Überlagerung von Lastfall I und III. Die Spannung schwankt mit der Ausschlagsspannung σ_a um einen Mittelwert σ_m, der im Zug-Druck-Bereich liegen kann. Bei $\sigma_m = 0$ liegt Lastfall III vor. Bild 8.12 zeigt die Spannungs-Zeit-Verläufe der Lastfälle.

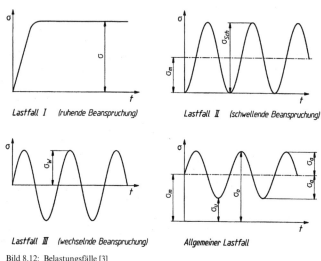

Bild 8.12: Belastungsfälle [3]

8.7.2 Spannungsermittlung

Die äußere Belastung durch Kräfte oder Momente ist von der Zeit abhängig und wird als Sinusschwingung angegeben. Der zeitliche Verlauf der äußeren Belastung und der zeitliche Verlauf der Spannung kann durch die gleiche Sinuskurve angegeben werden, wie in Bild 8.13 dargestellt.

Die Höhe der Spannung ändert sich periodisch zwischen zwei Grenzwerten, der Oberspannung σ_o und der Unterspannung σ_u.

- Spannungsamplitude $\sigma_a = \dfrac{\sigma_o - \sigma_u}{2}$
- Mittelspannung $\sigma_m = \dfrac{\sigma_o + \sigma_u}{2}$

8 Konstruktionsberechnung

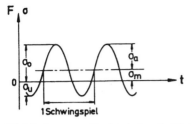

Bild 8.13: Spannungsgrößen bei schwingender Belastung [2]

Der Spannungsverlauf entspricht einer Schwingung mit der Spannungsamplitude σ_a um eine statische Mittelspannung σ_m. Eine Schwingungsbeanspruchung ist damit eindeutig bestimmt durch σ_o und σ_u oder durch σ_m und σ_a. Die Schwingungsbreite der Spannung beträgt 2 σ_a, also doppelte Amplitude. Ein Schwingspiel ist eine vollständige Schwingung.

Je nach Vorzeichen von Ober- und Unterspannung unterscheidet man verschiedene Beanspruchungsbereiche und Sonderfälle nach Bild 8.14:

■ Zugschwellbereich: σ_o und σ_u sind positiv, also Zugspannungen (Fall *a + b*)

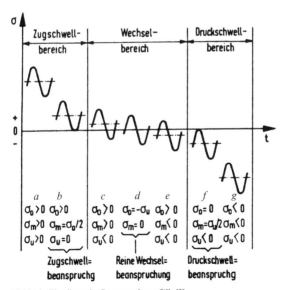

Bild 8.14: Einteilung der Beanspruchungsfälle [2]

- Wechselbereich: σ_o und σ_u haben verschiedene Vorzeichen (Fall c, d + e)
- Druckschwellbereich: σ_o und σ_u sind negativ, also Druckspannungen (Fall f + g)
- Sonderfälle: Reine Zugschwellbeanspruchung (Fall b)
  Reine Wechselbeanspruchung (Fall d)
  Reine Druckschwellbeanspruchung (Fall f)

8.7.3 Werkstoffverhalten

Das **Werkstoffverhalten** unter schwingender Beanspruchung wird durch den **Dauerschwingversuch** DIN 50100 bestimmt. Dabei wird ein zylindrischer Probestab einer schwingenden (meist Zug-Druck-)Belastung von bestimmter Höhe unterworfen und die Anzahl der Belastungen bis zum Bruch erfasst.

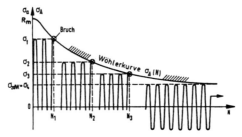

Bild 8.15: Wöhlerkurve ($\sigma_m = 0$) [2]

Das Ergebnis sind sog. Wöhlerkurven, die die Spannungsamplitude σ_a über der Anzahl N der bis zum Bruch ertragenen Schwingspiele enthält, siehe Bild 8.15.

Aus der schematischen Darstellung für Zug-Druck-Wechselbelastungen mit $\sigma_m = 0$ kann jeweils abgelesen werden, für welche Spannungsamplitude $\sigma_a = \sigma_1$ ein Bruch nach N_1 Lastspielen auftritt. Durch Verringern der Spannungsamplitude vergrößert sich N bis zum Bruch. Die Wöhlerkurve geht in eine Waagerechte über, d.h., unterhalb einer bestimmten Spannungsamplitude tritt kein Bruch mehr auf. Diese Spannung kann beliebig oft ertragen werden, hier die Zug-Druck-Wechselfestigkeit eines Werkstoffes σ_{zdW} oder kurz σ_W.

Werden die Schwingspielzahlen N in logarithmischem Maßstab aufgetragen, ergeben sich als Wöhlerkurve Geradenstücke, die in drei Bereiche unterteilt werden:

8 Konstruktionsberechnung

- statische Festigkeit: $\sigma_a \approx R_m$; N klein
- Zeitfestigkeit: Je kleiner σ_a wird, desto größer wird N
- Dauerfestigkeit: Ab bestimmtem σ_a-Wert tritt kein Bruch mehr ein; Werkstoffkennwert σ_W; N ist abhängig von der Werkstoffart (für Stahl $N = 10^7 = 10$ Mio.)

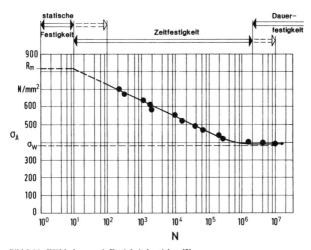

Bild 8.16: Wöhlerkurve mit Festigkeitsbereichen [2]

Der allgemeine Fall der schwingenden Beanspruchung hat eine Mittelspannung σ_m. Er ist beschreibbar als statische Mittelspannung, der eine zeitlich wechselnde Spannung überlagert ist mit der Amplitude σ_a.

Dauerschwingfestigkeit σ_D (kurz Dauerfestigkeit) nennt man die unter einer beliebigen Mittelspannung σ_m dauernd ertragbare Spannungsamplitude. Sie ist nach DIN 50100 diejenige Spannungsamplitude σ_A, die bei einer gleichzeitig vorhandenen Mittelspannung σ_m von gegebener Größe beliebig oft ertragen werden kann: $\sigma_D = \pm \sigma_A + \sigma_m$

Die Zusammenhänge lassen sich in einem Dauerfestigkeitsschaubild darstellen, das aus Versuchswerten aufgestellt wird. Das **Dauerfestigkeitsschaubild nach *Smith*** zeigt Bild 8.17.

Auf der waagerechten Achse wird σ_m und auf der senkrechten σ_o und σ_u aufgetragen. Die Spannungsschwingungen links ergeben Grenzlinien für σ_o und σ_u, zwischen denen die Schwingungsbeanspruchung liegen muss, wenn es nicht zum Bruch kommen soll. Außerdem werden die Zusam-

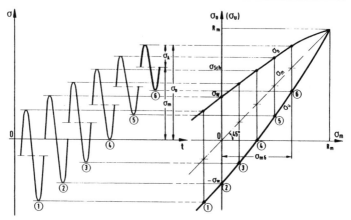

Bild 8.17: Dauerfestigkeitsschaubild nach *Smith* [2]

menhänge zwischen der Mittelspannung und der Spannungsamplitude dargestellt.

Bei gleichem Achsenmaßstab fallen die Mittelwerte $\sigma_m = \dfrac{\sigma_o + \sigma_u}{2}$ auf eine 45°-Gerade. Der Abstand von σ_o zur 45°-Geraden ist dann der Spannungsausschlag σ_A, der bei dem jeweiligen σ_m noch ertragen wird.

Eingezeichnet sind auch die Sonderfälle

- reine Wechselbeanspruchung mit **Wechselfestigkeit** $\sigma_o = \sigma_W$ für $\sigma_m = 0$ und
- reine Schwellbeanspruchung mit **Schwellfestigkeit** $\sigma_o = \sigma_{Sch}$ für $\sigma_u = 0$ mit $\sigma_m = \sigma_A$

Dauerfestigkeitsschaubilder sind wegen des hohen Versuchsaufwands nicht für alle Werkstoffe bekannt, lassen sich aber näherungsweise konstruieren. [2]

Die vorhandenen Dauerfestigkeitsschaubilder sind in der Maschinenelementeliteratur enthalten.

Die Dauerschwingfestigkeit wird mit polierten Proben ermittelt. Ist die Oberfläche rauer, so ist auch die ertragbare Schwingbeanspruchung niedriger, da bei schwingender Beanspruchung die höchste Spannung praktisch immer an der Oberfläche auftritt und der Schwingungsbruch von der Oberfläche ausgeht.

Der Einfluss des Oberflächenzustandes wird durch den Oberflächenfaktor $f = \sigma_W / \sigma_{W\text{poliert}}$ erfasst, der die Verminderung der Wechselfestigkeit gegenüber polierten Oberflächen angibt.

8 Konstruktionsberechnung

8.7.4 Zulässige Spannungen

Für die **Dauerschwingbeanspruchung** ist die typische Versagensart der sog. Schwingungsbruch (Dauerbruch, Ermüdungsbruch, Zerrüttungsbruch), der nach einer bestimmten Anzahl von Schwingspielen als Folge der inneren Zerrüttung des Werkstoffes eintritt.

Um einen Schwingungsbruch zu vermeiden, ist die Schwingungsamplitude auf ein zulässiges Maß zu begrenzen. Daraus ergibt sich die **Festigkeitsbedingung:** $\sigma_a \leq \sigma_{azul}$.

Die zulässige Spannungsamplitude σ_{azul} ergibt sich aus der ertragbaren Spannungsamplitude σ_A, die aus dem Dauerfestigkeitsschaubild in Abhängigkeit der Mittelspannung σ_m zu entnehmen ist, und dem Sicherheitsbeiwert gegen Schwingungsbruch S_D zu: $\sigma_{azul} = \sigma_A/S_D$, mit $S_D = 1{,}5$ bis $2{,}5$.

Hohe Werte sind für S_D zu wählen, wenn die Festigkeitsberechnung auf Näherungswerten basiert. Das Versagen kann auch unter einer allgemeinen Schwingungsbeanspruchung, d.h. bei beliebigem Verhältnis von Schwingungsamplitude zu Mittelspannung, eintreten. Dann kann ja auch ein unter statischer Beanspruchung mögliches Versagen, Fließen oder Bruch, eintreten. Für ein solches Versagen bei hoher Mittelspannung und kleiner Amplitude ist die größte auftretende Spannung σ_o maßgeblich. Zusätzlich muss also noch die folgende Festigkeitsbedingung erfüllt sein: $\sigma_o \leq \sigma_{ozul}$. Auf die Oberspannung $\sigma_o = \sigma_m + \sigma_a$ hat das Verhältnis σ_a/σ_m keinen Einfluss. Die zulässige Oberspannung beträgt wie bei rein statischer Beanspruchung: $\sigma_{ozul} = \dfrac{R_e}{S_F}$ bzw. $\sigma_{ozul} = \dfrac{R_m}{S_B}$. [2]

Die Festigkeitsberechnung eines schwingend beanspruchten Bauteils muss die

- „statischen" Versagenswerte Fließen und/oder Bruch und
- „schwingende" Versagensart Schwingungsbruch

erfassen.

Tabelle 8.4 enthält dies als Zusammenfassung.

Tabelle 8.4: Zulässige Spannung bei Schwingbeanspruchung [2]

Versagensart	Festigkeitsbedingungen	Zulässige Spannung
Fließen	$\sigma_o \leq \sigma_{ozul}$	R_e/S_F
Gewaltbruch		R_m/S_B
Schwingungsbruch	$\sigma_a \leq \sigma_{azul}$	σ_A/S_D

8.8 Festigkeitshypothesen

Der Festigkeitsnachweis eines Bauteils wird geführt durch das Erfüllen der Festigkeitsbedingung $\sigma \leq \sigma_{zul}$. Die Spannung σ ist die innere Beanspruchung, die durch äußere Belastungen entsteht. Die Grundbelastungsfälle Zug, Druck, Biegung, Schub und Torsion werden an möglichst einfachen geometrischen Formen (Stab, Balken) mit einfach angebrachten Belastungen untersucht und ergeben bestimmte einfache Spannungsverteilungen (Rechteck-, Dreieckflächen). Die Spannung wirkt jeweils nur in einer Ausrichtung als sog. einachsiger Spannungszustand. Deshalb kann man die wirkende Spannung σ direkt mit der zulässigen $\sigma = K/S$ vergleichen. Da die Werkstoffkennwerte R_e, R_m oder σ_W ebenfalls unter einachsiger Beanspruchung im Zugversuch bzw. Dauerschwingversuch ermittelt werden, ist dieses Vorgehen zulässig.

Die realen Bauteile werden praktisch immer mehrachsig beansprucht, also durch zwei- oder dreiachsige Spannungen. Deshalb muss die Festigkeitsberechnung erweitert werden, um Wellen, Achsen, Spindeln usw. zu berechnen.

Beispiele: Wellen, Achsen: Biegung und Schub
Wellen: Biegung und Torsion
Spindeln: Zug/Druck und Torsion
Wellenzapfen: Schub und Torsion

Werkstoffkennwerte, die unter **mehrachsiger Beanspruchung** ermittelt werden, stehen im Allgemeinen nicht zur Verfügung. Man geht deshalb den umgekehrten Weg und versucht den von der äußeren Belastung erzeugten realen mehrachsigen Spannungszustand auf einen festigkeitsmäßig gleichwertigen, angenommenen einachsigen Spannungszustand zu überführen. Das erfolgt durch Festigkeitshypothesen, wie Bild 8.18 zeigt.

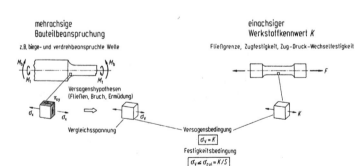

Bild 8.18: Schema einer Festigkeitsberechung [5]

8 Konstruktionsberechnung

> **Festigkeitshypothesen** sollen mehrachsige Bauteilbeanspruchungen mit den meist unter einachsigen Beanspruchungsbedingungen ermittelten Festigkeitskennwerten eines Werkstoffes vergleichbar machen.

Mit Hilfe der Festigkeitshypothesen kann man aus einzelnen Komponenten des vorliegenden Spannungszustandes einen einzigen Spannungswert, die sog. **Vergleichsspannung σ_v**, errechnen.

Wenn die Vergleichsspannung die Festigkeitsgrenze des Werkstoffs K erreicht, versagt das Bauteil, und es gilt die **Versagensbedingung $\sigma_v = K$**.

Die Vergleichsspannung kann direkt den zulässigen Spannungen des Werkstoffs gegenübergestellt werden. Bei mehrachsigem Spannungszustand lautet dann die **Festigkeitsbedingung: $\sigma_v \leq \sigma_{zul} = K/S$**.

Es gibt verschiedene Festigkeitshypothesen und damit verschiedene Möglichkeiten, die Vergleichsspannung zu berechnen. Sie unterscheiden sich voneinander in der Erklärung, die sie für das Versagen des Werkstoffes bei Erreichen der jeweiligen Festigkeitsgrenze geben.

Da die Versagensart durch

- die Art der Beanspruchung, z. B. Biegung oder Torsion, und
- deren zeitlichen Verlauf, z. B. statisch oder Schwingung, sowie
- die Werkstoffeigenart, z. B. zäh oder spröd,

bestimmt wird, ist der Anwendungsbereich der einzelnen Festigkeitshypothesen weitgehend festgelegt.

> Die **Normalspannungshypothese** setzt voraus, dass für die Beanspruchung des Werkstoffes allein die betragsmäßig größte Normalspannung entscheidend ist: $\sigma_v = |\sigma|_{max} = \sigma_1$ bzw. σ_3

Die maximal auftretenden Normalspannungen werden als Hauptspannungen σ_1 bzw. σ_3 bezeichnet, die in Hauptspannungsrichtung wirken.

Der Versagensfall tritt bei statischer Beanspruchung ein, sobald σ_1 die Zugfestigkeit R_m bzw. σ_3 die Druckfestigkeit σ_{dB} erreicht, und bei schwingender Beanspruchung, wenn die auftretende Spannungsamplitude σ_{a1} gleich der ertragbaren Spannungsamplitude σ_A wird. Die Normalspannungshypothese wird angewandt, wenn als Versagen ein Bruch ohne plastische Verformungen auftritt, also bei spröden Werkstoffen.

> Die **Schubspannungshypothese** setzt voraus, dass für die Beanspruchung des Werkstoffes die größte auftretende Schubspannung entscheidend ist: $\sigma_v = \sigma_1 - \sigma_3 = \sigma_{max} - \sigma_{min} = 2\tau_{max}$.

Die Schubspannungshypothese wird angewandt, wenn das Versagen des Werkstoffes durch Scherbruch erfolgt, der durch Schubspannungen ausgelöst wird.

Der Werkstoff versagt durch plastisches Fließen, wenn die Vergleichsspannung σ_v die Streckgrenze R_e bzw. wenn die Vergleichsspannungsamplitude σ_{va} die ertragbare Spannungsamplitude σ_A erreicht. Die Schubspannungshypothese wird bei zähen Werkstoffen angewandt, wenn Versagen durch plastische Verformungen erwartet wird.

> Die **Gestaltänderungsenergiehypothese** setzt voraus, dass für die Beanspruchung des Werkstoffes die in einem elastisch verformten Körperelement gespeicherte Gestaltänderungsenergie entscheidend ist. Der Werkstoff versagt durch das Auftreten plastischer Formänderungen, wenn der werkstoffabhängige Grenzwert erreicht wird. Dieser Grenzwert der Gestaltänderungsenergie ergibt mit den Hauptspannungen die Vergleichsspannung:
>
> $$\sigma_v = \frac{1}{\sqrt{2}} \sqrt{(\sigma_1 - \sigma_2)^2 + (\sigma_2 - \sigma_3)^2 + (\sigma_3 - \sigma_1)^2}.$$

Der Werkstoff versagt, wenn die Vergleichsspannung σ_v die Streckgrenze R_e bzw. wenn die Vergleichsspannungsamplitude σ_{va} die ertragbare Spannungsamplitude σ_A erreicht. Da das Auftreten plastischer Verformungen entscheidend ist, wird diese Hypothese ebenfalls bei zähen Werkstoffen angewandt. [2]

Tabelle 8.5 enthält eine Übersicht für zwei- und dreiachsige Spannungszustände.

Tabelle 8.5: Vergleichsspannungen für zwei- und dreiachsigen Spannungszustand [2]

Festigkeits-hypothese	Spannungszustand		
	dreiachsig $\sigma_1; \sigma_2; \sigma_3$	zweiachsig $\sigma_1; \sigma_2; \sigma_3 = 0$	$\sigma_b; \tau_t$
Normal-spannungs-hypothese (NH)	σ_1 (Zug) bzw. σ_3 (Druck)	σ_1	$\dfrac{\sigma_b}{2} + \dfrac{1}{2}\sqrt{\sigma_b^2 + 4\tau_t^2}$
Schubspan-nungshypo-these (SH)	$\sigma_1 - \sigma_2 = 2\tau_{max}$	$\sigma_1 = 2\tau_{max}$	$\sqrt{\sigma_b^2 + 4\tau_t^2}$
Gestalts-änderungs-energie-hypothese (GEH)	$\dfrac{1}{\sqrt{2}} \sqrt{(\sigma_1 - \sigma_2)^2 + (\sigma_2 - \sigma_3)^2 + (\sigma_3 - \sigma_1)^2}$	$\sqrt{\sigma_1^2 + \sigma_2^2 - \sigma_1\sigma_2}$	$\sqrt{\sigma_b^2 + 3\tau_t^2}$

8 Konstruktionsberechnung

Anwendungen zusammengesetzter Beanspruchung

In der Praxis sind Sonderfälle des Zusammenwirkens gleich gerichteter Spannungen sowie von Normal- und Tangentialspannungen häufig anzutreffen.

Gleich gerichtete Spannungen können beim ebenen oder zweiachsigen Spannungszustand durch äußere Belastungen in einem Bauteil auftreten:

- Gleich gerichtete Normalspannungen, z.B. Zug, Druck, Biegung
- Gleich gerichtete Tangentialspannungen, z.B. Torsion, Schub

Diese Spannungen können jeweils durch Überlagern zu resultierenden Spannungen addiert werden unter Beachtung des Vorzeichens:

Zug und Biegung: $\sigma_{res} = \sigma_z + \sigma_b$

Druck und Biegung: $\sigma_{res} = \sigma_d + \sigma_b$

Schub und Torsion: $\tau_{res} = \tau + \tau_t$

Normal- und Tangentialspannungen sind ein weiterer häufig auftretender Sonderfall zusammengesetzter Beanspruchung beim zweiachsigen oder ebenen Spannungszustand:

- Normalspannungen, z.B. Biegung (oder Zug oder Druck) und
- Tangentialspannung, z.B. Torsion (oder Schub).

Die Vergleichsspannung wird dann direkt aus den Spannungskomponenten σ_b und τ_t nach einer Festigkeitshypothese berechnet.

In der Praxis wird oft nach der Gestaltänderungsenergiehypothese gerechnet, wenn zähe Werkstoffe gegen Fließen bzw. Dauerbruch auszulegen sind, wie z.B. Stahl gegen Verformung bzw. Zerrüttung:

Für Biegung und Torsion: $\sigma_v = \sqrt{\sigma_b^2 + 3\tau_t^2}$.

Hinweise

Die Festigkeitsberechnung ist mit den vorgestellten Grundlagen natürlich nicht umfassend behandelt. Die vielen Erkenntnisse über Kerbwirkungen, Temperatur- und Umwelteinflüsse usw. muss der Konstrukteur aus der Fachliteratur entnehmen und berücksichtigen.

Auch die Versagensarten wurden nur grundlegend vorgestellt. Die Instabilitäten, die mechanische Abnutzung durch Verschleiß und die chemischen Angriffe durch Korrosion wurden nicht behandelt. Neue Erkenntnisse zur Erfassung von Lebensdauer und Zuverlässigkeit im Maschinenbau, insbesondere für Konstrukteure, liegen heute vor. [8]

Quellen und weiterführende Literatur

[1] *Conrad, K.-J.* (Hrsg.): Taschenbuch der Werkzeugmaschinen. München Wien: Fachbuchverlag Leipzig im Carl Hanser Verlag, 2002
[2] *Dietmann, H.:* Einführung in die Elastizitäts- und Festigkeitslehre. 2. Aufl., Stuttgart: Alfred Kröner Verlag, 1988
[3] *Haberhauer, H.; Bodenstein, F.:* Maschinenelemente. 12. Aufl., Berlin: Springer Verlag, 2003
[4] *Höhne, G.; Langbein, P.:* Konstruktionstechnik. In: Grundwissen des Ingenieurs. 13. Aufl., München Wien: Fachbuchverlag Leipzig im Carl Hanser Verlag, 2002
[5] *Kloos, H.* u.a.: Werkstofftechnik. In: Dubbel – Taschenbuch für den Maschinenbau. 15. Aufl., Berlin: Springer Verlag, 1986
[6] *Krause, W.:* Konstruktionselemente der Feinmechanik. 3. Aufl., München Wien: Carl Hanser Verlag, 2004
[7] *Schlottmann, D.:* Konstruktionslehre Grundlagen. 2. Aufl., Berlin: Springer Verlag, 1983
[8] *Schlottmann, D.; Schnegas, H.:* Auslegung von Konstruktionselementen. 2. Aufl. Berlin: Springer Verlag, 2002
[9] *Spur, G.; Krause, F.-L.:* Das virtuelle Produkt. München Wien: Carl Hanser Verlag, 1997

Decker, K.-H.: Maschinenelemente. 15. Aufl., München Wien: Carl Hanser Verlag, 2000
Niemann, G.; Winter, H.; Höhn, B.-R.: Maschinenelemente Band 1. 3. Aufl., Berlin: Springer Verlag, 2001
Schlecht, B.: Tragfähigkeitsnachweis von Wellen und Achsen nach DIN 743. Teile 1: Bemessungskonzepte und Berechnungsverfahren. antriebstechnik 42 (2003) Nr. 3, S. 52–56
Schmidt, Th.: Festigkeitsnachweis von Eisengussteilen nach der FKM-Richtlinie. Konstruieren + gießen 28 (2003) Nr. 1, S. 15–21

KONSTRUKTION
UND WISSENSMANAGEMENT

KW

9 Wissensmanagement
10 Informationsmanagement in der Konstruktion

9 Wissensmanagement

Prof. Dr.-Ing. Rainer Przywara

Produkt- und prozessspezifisches **Wissen** ist, neben Kapital und Rohstoff, der entscheidende Baustein für Erfolg und **Wettbewerbsfähigkeit** von Unternehmen. **Wissensmanagement** bedeutet, derartiges Wissen zu identifizieren, strukturieren, aktualisieren, es geeignet zur Verfügung zu stellen sowie überschüssige bzw. veraltete Informationen zu eliminieren.

Der Zugang zu Informationen vielfältiger Art ist durch das **Internet** stark vereinfacht und beschleunigt worden. Parallel dazu konnten Geschäftsprozesse neu gestaltet werden. Die mit diesen Vorgängen verbundene (Börsen-)Euphorie der späten 1990er-Jahre ist inzwischen einer rationaleren Betrachtungsweise gewichen. Natürlich ist der schnellere Zugriff auf Informationen, auch dank moderner Suchmaschinen, geblieben, und wegen der erheblich verbesserten elektronischen Speichermedien können riesige Datenmengen vergleichsweise leicht aufbewahrt werden. Damit fängt aber Wissensmanagement erst an, denn Überinformation kann auch Desinformation bedeuten. Um nicht in einer Datenflut zu ertrinken, sondern ihren Strom sinnvoll zu nutzen, müssen Informationen sorgfältig ausgewählt und kanalisiert werden. Das ist beileibe kein ausschließlich technisches Problem: Sorgfältiges Wissensmanagement berücksichtigt den Menschen so, wie er sich in hierarchischen Umgebungen typischerweise verhält (und das ist zumeist nicht die für das Unternehmen ideale Form!).

9.1 Ziele des Wissensmanagements

Wie jede andere Tätigkeit im Unternehmen soll auch Wissensmanagement zur Schaffung von **Wettbewerbsvorteilen** beitragen. Dieses geschieht über drei Mechanismen:

- exklusiverer Zugang zu Wissen
- schnellerer Zugang zu Informationen
- bessere interne Verarbeitung

So geschaffenes Wissen wird in wertschöpfende Marktleistungen umgesetzt. Die Wissensschöpfungskette besteht aus den Teilschritten

1. Identifizieren, Suchen
2. Bearbeiten, Dokumentieren
3. Kommunizieren
4. Entsorgen

Es besteht eine Vernetzung mit der operativen Wertschöpfungskette (Bild 9.1).

9 Wissensmanagement

Bild 9.1: Wissensschöpfung erfolgt parallel zum operativen Geschäft. [4]

Gelungenes Wissensmanagement zeigt sich dort in

- Vermeidung von Mehrfacharbeiten
- Vermeidung von Know-how-Verlust
- verbreiterter Informationsbasis
- besserer Koordination, sowohl intern als auch firmenübergreifend
- Innovationsförderung

9.2 Wege zur Umsetzung

Wissensmanagement kann auf sehr unterschiedliche Art betrieben werden. Ursächlich hierfür sind die zu Grunde liegenden Annahmen über den Zielfokus, den Wissenserwerb sowie die Steuerung des Managementprozesses. Diese Einflüsse wurden in einem dreidimensionalen Modell des Wissensmanagements zusammengefasst (Bild 9.2).

Die Weitergabe (Multiplikation) von Wissen funktioniert offenbar anders als die **Innovation**. Auch kann man Prozesse komplett (ingenieurmäßig) durchgestalten, lediglich Meilensteine setzen oder gar nur einen ergebnisoffenen Rahmen vorgeben. Die Extrempositionen „Taylorisierung von Wissensarbeit" (Würfel 1) und „Wissen als Erkenntnisprozess" (Würfel 8) werden nachfolgend analysiert.

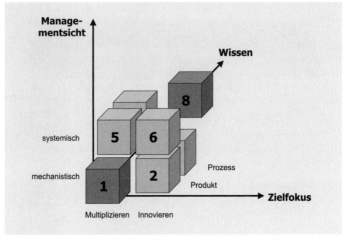

Bild 9.2: Grazer Modell des Wissensmanagements [4]

9.2.1 Taylorisierung von Wissensarbeit

In der einschlägigen Literatur zur Umsetzung von Wissensmanagement dominiert ein technokratischer Ansatz, in dem vorgesehen ist, durch eine geeignete Software an vielen Orten vorhandene Daten und Informationen zu sammeln und nach bestimmten Kriterien weiterzuleiten. Bei diesem Vorgehen wird Wissen beständig akkumuliert; der sammelnde Mitarbeiter ist letztlich ein standardisierter Teil des softwarebasierten Gesamtsystems und hat sich, um das System funktionieren zu lassen, dessen „Spielregeln" zu fügen.

Die Methode führt schließlich zu einer Art Enzyklopädie, einem kodifizierten Wissensgebäude mit breitem Fundament, was jede Mitarbeitergeneration weiterbaut, nachdem sie zuvor die nötigen Grundlagen erworben hat.

Einer der ersten Versuche technischen Wissensmanagements, die im 18. Jahrhundert in Frankreich entstandene „encyclopédie" von *Diderot* und *d'Alembert*, war ein gewaltiges Kompendium der damaligen Technik. Ihre Hauptwirkung entfaltete sie sozialgeschichtlich, indem sie zur Emanzipation des Bürgertums, namentlich der Handwerker, beitrug. Das vermittelte technische Wissen war allerdings kurze Zeit später mit der aufkommenden Industrialisierung genauso überholt wie die ihm innewohnenden Zunftzwänge des Mittelalters.

Dieser Ansatz kann leicht dazu verführen, eine eingeprägte Denkrille immer tiefer zu schneiden, um sie schließlich nicht mehr verlassen zu können. Verbesserungen erfolgen ausschließlich im Detail, der Raum für einen großen Wurf ist vollständig verbaut. Die „Industrialisierung von Wissensarbeit" [4] führt daher mit großer Wahrscheinlichkeit zu **Effizienzgewinnen**, die aber, dank Ausblendung möglicher Alternativen, oftmals durch **Effektivitätsverluste** erkauft werden. (**Effizienz**, so sagt es ein verbreitetes Bonmot, bedeutet, die Dinge richtig zu tun, **Effektivität** dagegen, die richtigen Dinge zu tun.)

Attraktiv wirken derlei Systeme auf viele Manager, weil sie herkömmlichen Controllingmechanismen genügen: Elektronische Speicherung erfolgt in standardisierter Darstellung, **Best Practices**, **Lessons Learned** und Standards werden in **Intranet**s zur Verfügung gestellt. Mittels Leitbildern, **Strategie**-, aber auch Sprachregelungen, metanationaler Kulturbildung und einheitlicher Aus- und Weiterbildung werden einheitliche Praktiken verordnet – aber auf der rhetorischen Ebene werden gleichzeitig Autonomie und **Kreativität** beschworen.

Pointiert kann man sagen, dass tayloristisches Wissensmanagement Mehrfacharbeit verhindert, aber leicht zur Wegrationalisierung wilden und freien Denkens führen und sich somit kontraproduktiv auswirken kann.

9.2.2 Wissen als Erkenntnisprozess

In diesem Modell wird Wissen als Momentaufnahme, als „vorläufiger Stand des Irrtums" [4], gedacht. Der Fokus liegt auf Innovation. Das bedeutet ständige Perspektivwechsel, Zerstörung von Gewissheiten, kreatives Denken mit unterschiedlichen Methoden. Im Idealfall werden eigenwillige und initiative Mitarbeiter kreativ mit großer Hingabe an neuen Dingen arbeiten.

Dieses Modell entsprach der Unternehmenskultur vieler Internet-Start-ups der späten 1990er-Jahre – fast alle sind unsanft in der Realität gelandet. Die Schwierigkeiten liegen zum einen darin, dass Innovation nicht immer zu Wertschöpfung führt (vgl. Kap. Marketing und Vertrieb), zum anderen in der schwierigen Überwachung und Steuerung kreativer Prozesse schlechthin.

9.2.3 Wissensmanagement auf der Grundlage der Unternehmensstrategie

Unternehmen haben ganz unterschiedliche Positionen im Wettbewerb, es gibt **Leader** (Innovatoren) wie **Fast Follower** (Imitatoren), und Firmen sind in den unterschiedlichsten Branchen tätig. Sicherheitsstandards stehen beispielsweise bei Atomkraftwerken ganz oben auf der Agenda – Kreativität ist da eher nachrangig. Im Showgeschäft dagegen wäre ständige Wiederholung (fast) immer tödlich.

Unternehmen müssen in dem skizzierten Spannungsfeld ihnen angemessene Wege des Wissensmanagements finden. Dieses kann auf der Basis einer Positionierung im Wissensmanagementwürfel geschehen (Bild 9.2) und sollte im Einklang mit der Unternehmensstrategie stehen bzw. aus dieser abgleitet sein. Damit wird Wissensmanagement automatisch in eine nicht delegierbare Verantwortung des Top-Managements verwiesen, welches die Umsetzung mit Hilfe geeigneter Steuerungsmechanismen sicherstellt.

Nur so kann mit großer Sicherheit erreicht werden, dass sich der in der Regel hohe IT-Aufwand letztlich auszahlt, indem unter dem Strich ein ihn übertreffender Beitrag zur Wertschöpfung erzielt wird.

9.2.4 Der „Faktor Mensch"

Ein wesentliches Problem des Wissensmanagements innerhalb hierarchischer Strukturen besteht in ihren starken Anreizen, Wissen zu horten und stets mehr aufzunehmen als preiszugeben. Aus der Spieltheorie ist das Dilemma bekannt: Einseitiges Betrügen stellt den Spieler am besten, beidseitige Kooperation am zweitbesten, am drittbesten beidseitiges Betrügen, am schlechtesten ist der gestellt, der einseitig kooperiert – und genau das wird im Wissensmanagement permanent erwartet (mit der vagen Option auf Kooperation der anderen Mitspieler).

In klassischer Managementmanier werden nun Anreizsysteme und ausgeklügelte Controlling-Schemata, sogar an die Anwendung angepasste **Balanced Scorecards**, zur Behebung des misslichen Zustandes aufgeboten – mit äußerst geringer Erfolgswahrscheinlichkeit.

Von Anreizsystemen weiß man spätestens seit *Sprenger* [6], dass sie nur wirken, wenn die Dosis beständig erhöht wird. Häufig wirken sie kontraproduktiv, vermitteln sie doch den fatalen Eindruck, dass das Normale, hier die Einbringung von Kreativität und Erfahrung, nicht für normal, sondern etwas Besonderes gehalten wird.

Kennzahlensysteme sind für **Intangible Assets** generell schwierig zu konstruieren und liegen für das Wissensmanagement nur unzureichend vor. Mit Belohnungen hinterlegte Steuerungsmechanismen können generell zu erheblichen Verhaltensdeformationen von Mitarbeitern führen, die ausschließlich im Hinblick auf ihre Kennzahl, aber nicht im Sinne des Unternehmens agieren. Wird beispielsweise die Vielzahl von Veröffentlichungen prämiert, werden sicherlich einige intelligente Köpfe dafür belohnt, nach dem „cut-and-paiste"-Verfahren sehr viele Seiten zu generieren, in denen sich Wohlbekanntes mit Banalem und Langweiligem mischt.

Um dennoch dafür zu sorgen, dass Menschen ihr Wissen preisgeben, gibt es zumindest einige nützliche Hinweise:

1. Es muss stets das Prinzip der Freiwilligkeit gelten.
2. IT-Tools müssen einfach und intuitiv handhabbar sein.
3. Vor einer breiten Einführung sollte eine **Lead-user-Gruppe** die Wirkung testen.
4. Es sollten sich gemeinsame Erfolgserlebnisse einstellen.

Zu den gemeinsamen Erfolgserlebnissen zählt natürlich, dass eine leicht handhabbare gemeinsame Datenbasis für alle Benutzer erkennbare Vorteile bietet. Ein spürbarer persönlicher Erfolg in enger Verbindung mit einem Gemeinschaftserlebnis kann aber auch mit einem sehr stark auf den Gesamterfolg des Unternehmens abzielenden Entlohnungssystem erzielt werden. Darüber hinaus hilft ein solches System dem Unternehmen, mit der Konjunktur zu atmen und damit seine Liquiditätslage positiv zu beeinflussen.

Quellen und weiterführende Literatur

[1] *Herbst, D.:* Erfolgsfaktor Wissensmanagement, Berlin 2000
[2] *Nonaka, I.; Takeuchi, H.:* Die Organisation des Wissens, Frankfurt/Main 1997
[3] *Probst, G.; Raub, S.; Romhardt, K.:* Wissen managen – wie Unternehmen ihre wertvollste Ressource optimal nutzen, 3. Aufl., Wiesbaden 1999
[4] *Schneider, Ursula:* Die 7 Todsünden im Wissensmanagement, Frankfurt 2001
[5] *Schütt, P.:* Wissensmanagement, Niedernhausen/Ts. 2000
[6] *Sprenger, R.:* Mythos Motivation. Wege aus einer Sackgasse, Frankfurt/Main 1991

10 Informationsmanagement in der Konstruktion

Prof. Dr.-Ing. Rainer Przywara

Unternehmen stehen heute vor großen Herausforderungen: Die Produktentwicklungszyklen sollen verkürzt werden, man versucht Fixkosten zu vermeiden und konzentriert sich auf Kernkompetenzen. In der Konstruktion bedeutet das vielerorts, mit einem knapp besetzten Team in kurzer Zeit technisches Neuland zu betreten, mit anderen Abteilungen eng zu kooperieren, externe Ressourcen wie z. B. Ingenieurbüros zu koordinieren und auch veränderte Randbedingungen wie reduzierte Fertigungstiefe, Beschaffung in fremdsprachigen Niedrigkostenländern sowie stets neue Absatzmärkte zu berücksichtigen.

Zu den wesentlichen Aspekten des Wissensmanagements in diesem sich beständig wandelnden Umfeld gehören

- die Informationsbeschaffung
- die Informationsverarbeitung und -kommunikation
- Simultaneous (Concurrent) Engineering

> Die Formen- und Maschinenfabrik FMF, ein Profitcenter der Continental AG, fertigt Sondermaschinen zur Reifenherstellung für ihre Kunden weltweit. Von den insgesamt rund 200 Mitarbeitern ist rund ein Viertel in der Konstruktion tätig. Betrug die Fertigungstiefe Ende der 1980er-Jahre noch 80%, so sind es heute weniger als 30%. Die meisten Baugruppen werden mittlerweile aus Osteuropa bezogen, nur die Endmontage erfolgt in Deutschland. Trotz ständig gesunkener Mitarbeiterzahl wurde der Output seit Mitte der 1990er-Jahre vervierfacht.
>
> Entsprechend musste sich die Konstruktion in vielen Bereichen umstellen: Zunächst verschwanden die Reißbretter aus dem Konstruktionssaal. Nach und nach wurden Sublieferanten einbezogen, Ingenieurbüros, die auf derselben IT-Plattform arbeiten. Mittlerweile wurde zusätzlich ein Konstruktionsbüro in Rumänien gegründet, welches über Datenleitung mit dem Stammsitz kommuniziert.
>
> Die gesteigerte Zusammenarbeit mit externen Lieferanten führte zu gravierenden Änderungen in der Art zu konstruieren. Es wurde verstärkt auf Standardbauteile und -baugruppen wie beispielsweise Linearführungen zurückgegriffen. Konnte man früher Unklarheiten in

10 Informationsmanagement in der Konstruktion

raschem Dialog mit der nahen Fertigung regeln, so ist diese heute meist weit entfernt. Es ist daher verstärkt nötig, dass lediglich in den Köpfen der Mitarbeiter (implizit) verfügbare Wissen als Anweisung oder Erläuterung auf die Zeichnung zu bringen, es also (explizit) den Lieferanten zugänglich zu machen.

10.1 Informationsquellen und -beschaffung

Zu den wesentlichen Aspekten der Informationsbeschaffung gehören das Sammeln, Sichten, Bewerten und Auswählen von Informationen, um Fakten in Entscheidungsprozessen richtig gewichten zu können, aber auch zur assoziativen Ideenfindung.

In der Konstruktion werden erfahrungsgemäß schon mindestens 70 % der späteren Herstellkosten unwiderruflich festgelegt, indem durch die Art der Konstruktion die Art der Herstellung vorgegeben wird (Bild 10.1). Um die Gesamtkosten möglichst gering zu halten, müssen in der Konstruktion sehr viele Regeln und Erkenntnisse aus beinahe allen Unternehmensbereichen berücksichtigt werden. Dies betrifft die Werkstoffauswahl, Fertigung, Beschaffung, Montage, Qualitätssicherung, den Umweltschutz, aber auch Marketing und Vertrieb. Demnach benötigt die Konstruktionsabteilung Informationen aus allen Abteilungen des Unter-

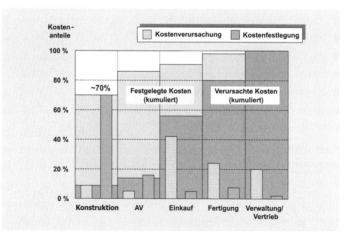

Bild 10.1: Die meisten Kosten werden bereits in der Konstruktion festgelegt. Quelle: IMA, Universität Stuttgart

nehmens, darüber hinaus solche von Zulieferern, Kunden und Fachleuten. Die Informationsbeschaffung umfasst die Bestellung von Büchern, Patenten, Normen, Vorschriften wie auch das Lesen von Zeitungen, Zeitschriften und Produktkatalogen.

Der Aufwand für die Informationsbeschaffung beträgt ca. 5...15% der Arbeitszeit der Konstrukteure. Einschließlich Kommunikation und Weiterbildung wird beinahe die halbe Arbeitszeit für das Informationsmanagement aufgewendet! Um den erheblichen Anteil der auf die Informationsaufbereitung entfallenden Arbeitszeit zu reduzieren, wird versucht, die häufig nur ungeordnet und personenbezogen vorliegenden Daten mit rechnerunterstützten Informationssystemen schneller bereitzustellen.

Zu den besonders wichtigen Informationsquellen für die Konstruktion zählen

- Kataloge (Produkt-, Konstruktionskataloge)
- Normen und Richtlinien (DIN, ISO, EN, VDI, VDE, VDA)
- Konstruktionsrichtlinien (Erfahrungswerke der Unternehmen)

In **Katalogen** werden bewährte Informationen zur Konstruktion systematisch aufbereitet. Konstruktionskataloge sind Hilfsmittel zur systematischen Lösungsentwicklung und helfen bei der schnellen Wiederverwendung bekannter Elemente.

Normen sind technische Regelwerke, die den Stand der Technik widerspiegeln. Es gibt verschiedene Normen, die beispielsweise

- Normteilabmessungen enthalten
- Berechnungsvorschriften beinhalten
- Unterlagenerstellung festlegen
- Merkmalsbeschreibungen enthalten
- Fertigungsverfahren definieren

In Deutschland werden Normen vom Deutschen Institut für Normung (DIN) herausgegeben. Europaweit geltenden Normen werden mit EN abgekürzt, weltweit geltende werden von der **International Organization for Standardization** (ISO) herausgegeben. Für Deutschland übernommenen internationalen Normen wird das DIN-Kürzel vorangestellt, beispielsweise DIN EN, DIN EN ISO.

Auch Verbände wie der VDI (Verein Deutscher Ingenieure), VDE (Verein Deutscher Elektrotechniker) oder der VDA (Verband der Automobilindustrie) geben wichtige Richtlinien heraus.

Werknormen sind firmenspezifische Handlungsanweisungen, um die Verwendung bewährter Abläufe oder Lösungselemente sicherzustellen. Eine

10 Informationsmanagement in der Konstruktion

ähnliche Funktion haben **Konstruktionsrichtlinien**, die betriebliche Vorgaben zur Lösung konstruktiver Aufgaben enthalten. [2]

10.2 Konstruktionsinformatik

In der Konstruktionsinformatik werden die Methoden und Abläufe der Konstruktionstechnik mit IT-Unterstützungssystemen verbunden. Sie ist Teil der informationstechnischen Integration des Betriebes, in der alle informationsverarbeitenden Fertigungs- und Planungssysteme sowie Transportsysteme und Rechner zusammengeführt werden.

Basis ist die Werkstattzeichnung, deren grafische Information in ein rechnerinternes Modell konvertiert wird. Dieses wird nun nach und nach entwickelt und vervollständigt, wobei sich der Informationsumfang stetig vergrößert, da in allen Phasen der Entwicklung und des Produktionsablaufs ständig auf die aktuellen Informationen zugegriffen wird.

Um das hohe Maß an Informationen möglichst schnell, gezielt und vollständig zu verarbeiten, werden datenbankbasierte IT-Systeme eingesetzt, die besonders zur Speicherung, Verarbeitung und Ausgabe größerer Datenmengen geeignet sind. Informationen werden strukturiert abgelegt und können nach bestimmten Suchkriterien aufgerufen werden. So kann beispielsweise für Konstruktionskataloge der Lösungsraum je nach Aufgabenstellung gezielt eingeengt werden. [6]

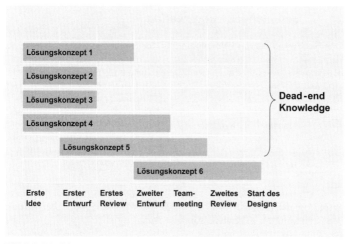

Bild 10.2: Möglicher Know-how-Verlust in der Konzeptionsphase [5]

Konstruktionsoptimierung erfolgt häufig iterativ, wobei in konventionellen Prozessen verworfene Lösungsansätzen zumeist unwiederbringlich verloren gehen. Um auch solche **dead-end knowledge** für zukünftige Entwicklungen nutzbar zu machen, kann es sinnvoll sein, die Konstruktionshistorie (**design history**) insbesondere in der Konzeptionsphase festzuhalten (Bild 10.2). Dabei sollten neben der eigentlichen Idee auch die Gründe, die für oder gegen einen Entwurf sprachen, aufgezeichnet werden. Nicht in jedem Fall ist allerdings marktrelevantes Know-how ausgesondert worden – manches gehört, und auch das ist Teil des Wissensmanagements, endgültig in den (virtuellen) Papierkorb. [5]

Letztlich geht es darum, die strategische Produktentwicklung für Nachfolgeprojekte zu erleichtern und zur Qualitätssteigerung beizutragen. Hier ist durch die IT-Struktur eine weltweite Verfügbarkeit der relevanten Informationen sicherzustellen. Dieses bedingt insbesondere

- eine ausreichend dimensionierte und kompatible Hardware
- eine gemeinsam nutzbare Software
- eine gemeinsam verwendete Sprache (i. d. R. Englisch)

Gleichwohl ist erneut zu betonen, dass eine gute IT-Struktur noch keine Garantie für gutes Informationsmanagement ist. Die im Kapitel Wissensmanagement herausgestellten Erfolgsfaktoren, die das individuelle menschliche Verhalten betreffen, gelten auch in der Konstruktion, denn auch dort agieren letztlich Menschen in einem bestimmten sozialen Kontext.

10.3 Simultaneous Engineering

Der Neugestaltung und Vereinfachung der Produktentstehungsprozesse kommt eine immer größere Bedeutung zu. Auf Grund des globalen Wettbewerbs sind verkürzte Entwicklungszeiten und reduzierte Entwicklungskosten bei wachsendem Entwicklungsaufwand erforderlich. Hier bietet sich Simultaneous Engineering als Lösungsansatz an.

> Unter dem Begriff **Simultaneous Engineering** (SE) oder dem weitgehend synonym verwendeten **Concurrent Engineering** (CE) wird eine zeitparallele Aufgabenabarbeitung im Gegensatz zur sequenziellen, tayloristisch geprägten Arbeitsweise verstanden (Bild 10.3).

Die Zielsetzung des Leitkonzepts CE ist es, Entscheidungen zur Produktdefinition nicht erst in den nachfolgenden Phasen Produktherstellung oder -nutzung zu erkennen, sondern frühestmöglich. Dieses geschieht durch interaktive Problemlösung betriebseigener und -fremder Bereiche. Durch CE werden teilweise erhebliche Vorteile erreicht:

10 Informationsmanagement in der Konstruktion

- Verkürzung von Entwicklungszeiten
- Verbesserung der Entwicklungsqualität
- Steigerung der Innovationskraft
- Senkung der Entwicklungskosten (5...30 %)
- Vermeidung von Änderungen (10...90 %)
- Senkung von Herstellkosten (5...40 %)
- Investitionssenkung (20...50 %).

Um diese Vorteile tatsächlich zu erzielen, müssen zeitliche und inhaltliche Vorgaben strikt eingehalten werden. Ohne auf Kooperation basierende entsprechende Synchronisation ist die zeitparallele Durchführung abhängiger Arbeitsschritte nicht möglich. [6]

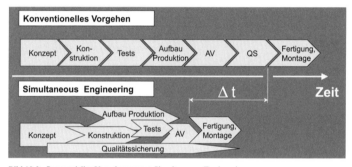

Bild 10.3: Sequenzielles Vorgehen versus Simultaneous Engineering

Der erzielbare Vorteil wächst dabei mit der Länge der Prozesskette. CE wird daher bevorzugt eingesetzt in besonders kapitalintensiven Bereichen mit großem Entwicklungsaufwand, z. B. Automobilindustrie, Flugzeugindustrie, militärischer Sektor, Schiffbau.

In vielen Bereichen, gerade auch in der Automobilindustrie, hat sich die Beschaffungsstrategie der Abnehmer gewandelt. Diese übertragen ihren Zulieferern zunehmend Systemkompetenz und arbeiten mit ihnen partnerschaftlich auf CE-Basis zusammen. Nur Zulieferer, die gelernt haben, ihre Entwicklungsprozesse produktiv zu gestalten und die Handschrift ihrer Kunden zu schreiben, halten im internationalen Wettbewerb mit und können sich als Entwicklungspartner positionieren.

Der Ablauf eines typischen CE-basierten Projekts, in welchem ein Systemlieferant mit einem Automobilhersteller kooperiert, ist in Bild 10.4 dargestellt. Der Entwicklungsprozess ist dabei wie folgt gekennzeichnet:

- permanenter Ideenaustausch über **Key Account Management** in der Vor- und Frühphase

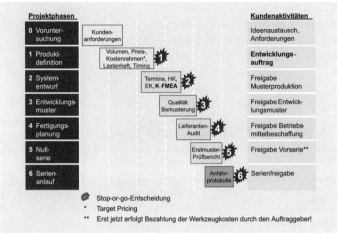

Bild 10.4: Kooperation zwischen Zulieferer und Fahrzeughersteller im Rahmen von Simultaneous Engineering (Continental AG)

- frühe vertragliche Bindung (Geheimhaltungsverpflichtung!)
- iterative Entwicklung eines **Lastenhefts**
- **Target Costing, Target Pricing**
- Entwicklungsrisiko trägt Lieferant (kaum Vorauszahlungen)
- interdisziplinäre Teams
- an die Aufgabe angepasstes Vorgehen (kein „Kochrezept")
- gemeinsame IT-Basis

Quellen und weiterführende Literatur

[1] *Bullinger, H.-J.; Warschat, C.:* Concurrent Engineering, Berlin 1995
[2] *Conrad, K.-J.:* Grundlagen der Konstruktionslehre, 2. Aufl., München 2003
[3] *Gryza, C.; Mihaelis, Th.; Walz, H.:* Strategisches Informationsmanagement, München 2000
[4] *Lincke, W.:* Simultaneous Engineering – Neue Wege zu überlegenen Produkten, München/Wien 1995
[5] *Mottaghian, S.; Reetz, U.:* Wissensmanagement in Entwicklung und Konstruktion, in: Wissensmanagement, Ausgabe 9/10-2000
[6] *Spur, G.; Krause, F.-L.:* Das virtuelle Produkt. Management der CAD-Technik, München 1997

KONSTRUKTIONSMETHODIK

KM

11 Methodisches Konstruieren

11 Methodisches Konstruieren

Prof. Dr.-Ing. Horst Haberhauer

11.1 Einführung

Das Konstruieren ist ein vielschichtiger, komplizierter und schwer planbarer Vorgang. Unter Konstruieren versteht man das vorwiegend schöpferische, auf Wissen und Erfahrung gegründete und optimale Lösungen anstrebende Vorausdenken technischer Erzeugnisse, Ermitteln ihres strukturellen Aufbaus und Schaffen fertigungsreifer Unterlagen. Die Entscheidungen, die in der Konstruktion getroffen werden, sind für den späteren Erfolg des Produkts verantwortlich. Hier werden nicht nur Funktionalität und Gestalt, sondern zum größten Teil auch die Kosten festgelegt. Das größte Potenzial für Kostenreduzierungen und Qualitätsverbesserungen liegt demnach in der Produktentwicklung.

Die Komplexität der Probleme, die steigenden Anforderungen an Produkt und Mensch und die Vielfalt der Wissensquellen erfordern von Unternehmen, Abteilungen und Mitarbeitern methodisches Arbeiten, wenn überdurchschnittliche Ergebnisse erzielt werden sollen. Die Konstruktionsmethodik versucht, den Konstruktionsprozess planbar zu machen und zielgerichtet zu neuartigen und optimalen Produkten zu gelangen.

Der Ursprung des methodischen Vorgehens zur Lösung von Problemen lässt sich schwer festlegen. Schon die Konstruktionen von *Leonardo da Vinci* (1492–1519) weisen eine erstaunliche Systematik auf. Und auf der von *René Descartes* 1637 formulierten Methodenlehre

- nichts anderes als nur klare und deutliche Lehre;
- wir müssen jedes Problem in so viele Teile zerlegen, als zu seiner Lösung erforderlich sind;
- die Gedanken müssen einer Ordnung vom Einfachen zum Verwickelten folgen, und wo keine Ordnung ist, müssen wir eine schaffen;
- wir sollten immer alles gründlich überprüfen, dass nichts übersehen wurde;

gründen noch heute alle modernen Methoden für Problemlösungen. Eine intensive Methodenentwicklung begann aber erst in den 1950er-Jahren an den Technischen Hochschulen.

In Konstruktionsprozessen werden technische Systeme von Menschen geschaffen. Daher muss die Konstruktionsmethodik versuchen, die Theorie

11 Methodisches Konstruieren

technischer Systeme zur Beschreibung von Produkten mit der Theorie der Konstruktionsprozesse zu verbinden (Bild 11.1).

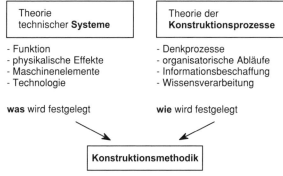

Bild 11.1: Methodik des Konstruierens

11.2 Technische Systeme

Ein technisches System ist ein Produkt, das eine Aufgabe oder eine Funktion zu erfüllen hat. Es enthält eine Menge von **Elementen**, die durch Relationen (Beziehungen) miteinander gekoppelt sind. Die Relationen sind numerisch mit Hilfe von Gleichungen beschreibbar, die Anordnung der Elemente ist grafisch in Form von Zeichnungen oder 3D-CAD-Modellen darstellbar. Ein System ist durch eine **Systemgrenze** von seiner Umgebung abgetrennt und steht über Ein- und Ausgangsgrößen mit ihr in Verbindung.

Das Verhältnis zwischen Aus- und Eingang bestimmt das Systemverhalten. Damit eine Maschine ihre zugedachte Funktion erfüllen kann, müssen die Eingangsgrößen in die Ausgangsgrößen umgewandelt werden. Diese Zustandsänderungen können in technischen Systemen mit Hilfe von **Energie-, Stoff-** und/oder **Signalumsätzen** vollständig beschrieben werden (Bild 11.2).

Aus der Struktur eines Systems, worunter die Anordnung der Elemente und die Beschreibung der Relationen zu verstehen ist, lässt sich die Funktion eindeutig ableiten. Mit einer **Waschmaschine** (Systemstruktur) kann man nur **Wäsche waschen** (Funktion). Die Umkehrung ist jedoch nicht möglich. Das heißt, ein bestimmtes Systemverhalten bzw. eine Funktion kann von unterschiedlichen Systemstrukturen erfüllt werden. So lässt sich eine Drehzahl-Drehmoment-Wandlung (Übersetzung) mit unterschiedlichsten Getriebearten realisieren.

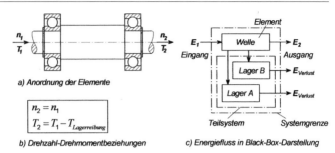

Bild 11.2: System Welle

11.3 Funktion

Als Funktion wird die Aufgabe, die ein Produkt zu erfüllen hat, verstanden. Sie wird bei technischen Systemen als der allgemeine Zusammenhang zwischen Eingang und Ausgang dargestellt.

Die Wahrnehmung und Beschreibung von Produkten kann nach zwei unterschiedlichen Informationsarten erfolgen:

1. Klassifizierungsinformationen

- teilen alle Objekte, Situationen, Verbindungen und Strukturen in Kategorien ein
- haben das Ziel, Kategorien so genau wie möglich zu spezifizieren
- benennen alles mit eindeutigen Begriffen
- sind statisch und **gegenstandsorientiert**

2. Relationsinformationen

- drücken Zuordnungen nicht durch Begriffe, sondern durch Beziehungen und Wirkungen aus
- sind ereignisorientiert und **funktionsbezogen**

Obwohl wir im klassifizierenden Denken erzogen wurden, ist uns das relationale a priori nicht fremd. Wir praktizierten es, bevor wir in die Schule kamen. Vorschulkinder sehen Dinge nicht als isolierte Begriffe. Für sie ist z. B. ein Haus kein Gebäude, sondern: „wo ich schlafe und wo Mama ist".

In der Schule lernen wir dann, Dinge durch Begriffe und diese wieder durch andere Begriffe zu erklären. Nicht durch ihre Beziehungen zur dynamischen Wirklichkeit. So entsteht aus dem Relations-Universum der Kinder ein Klassifizierungs-Universum der Erwachsenen. Dadurch wird ein fachspezifisches, linear-kausales und punktuelles Denken zementiert, das unsere Wertvorstellungen zu einem mechanistischen Weltbild erstarren lässt. Dieses Weltbild kann in sich zwar exakt, aber keineswegs ganzheitlich sein.

Gegenstandsorientiertes oder bildhaftes Denken greift in der Regel auf bewährte Lösungen zurück. Oft werden dadurch neue Lösungsansätze verhindert. Häufig erkennt man an fertigen Produkten die „Handschrift" des Konstrukteurs. Das heißt, die Konstruktion spiegelt das durch spezielle Erfahrungen eingeschränkte Vorstellungsvermögen ihres Konstrukteurs wider. Die Entwicklung optimaler und innovativer Produkte erfordert deshalb in der Regel ein funktionsorientiertes Denken. Und gerade dieses fällt Ingenieuren erfahrungsgemäß besonders schwer.

11.4 Konstruktionsprozess

Immer wenn es darum geht, Probleme zu lösen, steht am Anfang die Aufgabe oder das Problem und am Ende die Lösung. Der allgemeine Problemlösungsprozess, der vom Problem zur Lösung führt, enthält im Wesentlichen die drei Elemente: Analyse, Synthese und Entscheidung.

Die **Analyse** beinhaltet Informationsgewinnung, Zerlegen, Gliedern, Untersuchen von Eigenschaften und Zusammenhängen. Es geht hierbei hauptsächlich um das Erkennen des wesentlichen Problems. Bei der **Synthese** werden Informationen verarbeitet. Es ist der Vorgang des Suchens und Findens sowie des Zusammenführens und Kombinierens. Eine **Entscheidung** ist immer bei mehreren Alternativen erforderlich.

Alle Methoden zum Lösen von allgemeinen Problemen haben folgende Schritte gemeinsam (Bild 11.3):

- Ziele definieren, Randbedingungen festlegen und strukturieren (**Analyse**)

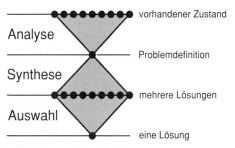

Bild 11.3: Allgemeiner Problemlösungsprozess

- Lösungsmöglichkeiten suchen (**Synthese**)
- Varianten beurteilen und Entscheidungen treffen (**Auswahl**).

In Anlehnung an den allgemeinen Problemlösungsprozess kann auch der Konstruktionsprozess entsprechend gegliedert werden (Bild 11.4). Die Erarbeitung konstruktiver Lösungen lässt sich in eine **Konzeptionsphase** und eine **Gestaltungsphase** unterteilen.

11.5 Konzeptionsphase

In der Konzeptionsphase (Bild 11.4) wird die **prinzipielle Lösung** oder das **Konzept** festgelegt. Dabei wird durch Abstrahieren auf die wesentlichen Probleme das Ziel der konstruktiven Aufgabe definiert („Was will man wirklich?"). In einer Funktionsstruktur lassen sich die geforderten Funktionen und deren Beziehungen darstellen, für die dann Lösungen gesucht werden müssen. Diese Lösungen müssen anschließend bewertet werden, damit eine Entscheidung für die beste Lösung getroffen werden kann.

11.5.1 Aufgabenstellung

Am Anfang einer jeden Konstruktion steht das Pflichtenheft. Ausgehend von einem Lastenheft, welches die Wünsche und Vorstellungen des Auftraggebers enthält, sind zunächst die Aufgabenstellung genau zu definieren und die Randbedingungen möglichst eindeutig festzulegen. Um sicherzustellen, dass die definierten Produktmerkmale auch mit den Erwartungen des Kunden übereinstimmen, wurde die Methode **Quality Function Deployment** (QFD) entwickelt. Damit können Kundenerwartungen bereits zu Beginn der Produktdefinition richtig erkannt und während der Produktentstehung systematisch umgesetzt werden.

Neben persönlichen Daten bezüglich Zuständigkeit und Verantwortlichkeit sollte ein Pflichtenheft folgende Informationen enthalten:

Die **Problemdefinition** sollte möglichst lösungsneutral formuliert werden, wenn neue Lösungen gefunden werden sollen. Der Begriff **Passfederverbindung** stellt z. B. eine ganz konkrete Lösung dar. Dagegen lassen funktionale Beschreibungen wie „*Welle mit Nabe verbinden*" oder „*Drehmoment von Welle auf Nabe übertragen*" eine Menge von Lösungen zu.

Die **Zielsetzung** beschreibt, warum ein Produkt entwickelt wird und was man mit ihm erreichen möchte.

Der **Stand der Technik** bezüglich des zu entwickelnden Produkts lässt sich mit Marktanalysen bzw. Benchmarks und/oder Literatur- und Patentrecherchen ermitteln. Außerdem sind aktuelle Normen und Vor-

11 Methodisches Konstruieren

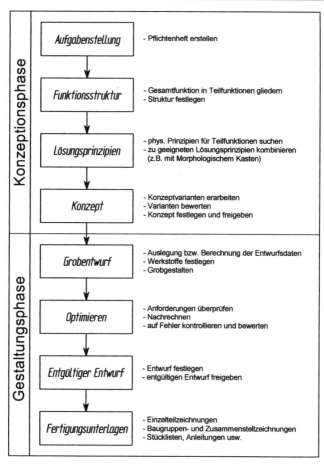

Bild 11.4: Konstruktionsprozess

schriften, welche zu berücksichtigen sind, aufzuführen und im Anhang, zumindest auszugsweise, beizulegen. Hierfür bietet das Internet eine hervorragende Plattform.

Die **Anforderungsliste** (Tabelle 11.1) ist der wichtigste Teil des Pflichtenhefts. Sie enthält alle Anforderungen, welche an das zu konstruierende Produkt gestellt werden. Das fertige Produkt wird später nur danach beurteilt, wie gut es die gestellten Forderungen erfüllt. Daher sollten

Tabelle 11.1: Anforderungsliste

Anforderungsliste „Schaltgetriebe"		
F/W	Anforderungen	Werte, Erläuterungen
MF	**Geometrie** Bauraum ($L \times B \times H$)	$< 500 \times 200 \times 300$ mm
F MF F W F W	**Technische Daten** Antriebsdrehzahl Abtriebsdrehzahl Leistung Drehrichtung beidseitig Schalthäufigkeit unter Last schaltbar	1450 1/min 160 1/min 5,5 kW > 20 Schaltungen/Tag
F	**Stoff/Material** Ölschmierung vorsehen	
W	**Sicherheit** vor Überlastung schützen	
F MF	**Ergonomie** manuelle Betätigung Handkraft	 < 15 N
F W MF	**Gebrauch** für Bandantriebe innen und außen universeller Ersatz Umgebungstemperatur	 $-30\,°C \ldots +60\,°C$
W	**Instandhaltung** wartungsfrei	
W	**Recycling** nur wieder verwertbare Metalle	
MF MF	**Stückzahlen** Jahresproduktion Gesamtproduktion	> 5000 Stück > 50000 Stück
MF	**Kosten** Herstellkosten	$< 150,-$ EURO
F	**Termine** Serienstart	Mai 2004

Anforderungen möglichst konkret und quantitativ, nicht allgemein und qualitativ angegeben werden (z. B. nicht „leise", sondern „< 70 dB(A)").

Zur Erstellung einer Anforderungsliste kann eine Merkmalliste sehr hilfreich sein, in der alle wichtigen Anforderungen in Form einer Checkliste aufgeführt sind. Hauptmerkmale können sein:

- **Geometrie** (Abmessungen, Anschlussmaße, ...)
- **Technische Daten** (Leistung, Drehzahlen, Momente, Kräfte, ...)
- **Stoff/Material** (vorgeschriebene Werkstoffe, Schmiermittel, ...)

- **Signal** (Steuerung, Anzeige, Messgröße, ...)
- **Sicherheit** (Überlastsicherung, Arbeitssicherheit, ...)
- **Ergonomie** (Bedienungsart, Bedienungskraft, Bedienungshöhe, ...)
- **Gebrauch** (Einsatzort, Anwendung, Geräusch, Lebensdauer, ...)
- **Fertigung/Montage** (gegebene Fertigungs- und Montageverfahren)
- **Qualität** (Prüfvorschriften, Qualitätssicherung, Kontrolle, ...)
- **Instandhaltung** (Wartungsintervalle und -umfang, Verschleißteile)
- **Recycling** (wieder verwertbare Werkstoffe und Elemente, ...)
- **Spezielle Anforderungen** (sonstige Kundenwünsche)
- **Stückzahlen** (Absatzzahlen, Jahresproduktion, ...)
- **Kosten** (Herstellkosten, Werkzeugkosten, ...)
- **Termine** (Prototyp, Serienbeginn, Liefertermin, ...)

Da Produktanforderungen Geld kosten und sich widersprechen können, sollten sie bereits im Pflichtenheft gewichtet werden. Dies kann geschehen, indem zwischen Festforderungen F (muss unbedingt sein oder K.-O.-Kriterien), Mindestforderungen MF (muss mindestens erfüllt werden) und Wunschforderungen W unterschieden wird. Eine differenziertere Gewichtung lässt sich dadurch erzielen, dass den einzelnen Anforderungen Punkte zugewiesen werden (4 Pkte. = sehr wichtig bis 1 Pkt. = unwichtig).

11.5.2 Funktionsstruktur

Jede der drei Umsatzgrößen eines technischen Systems

Energie – Stoff (Material) **– Signal** (Informationen)

kann den Hauptfluss (Hauptumsatz) oder den Nebenfluss darstellen. Der Hauptfluss ist konstruktionsbestimmend, der Nebenfluss dient in der Regel zur Aufrechterhaltung des Hauptumsatzes.

Gesamtfunktion. Die durch Abstraktion gewonnene Problemformulierung beschreibt die Gesamtaufgabe bzw. die Gesamtfunktion (Bild 11.5) eines technischen Systems. Sie gibt lösungsneutral den Zusammenhang zwischen Ein- und Ausgangsgrößen in Blockdarstellung an.

Teilfunktionen. Je nach Komplexität der Aufgabenstellung wird die sich ergebende Gesamtfunktion ebenfalls mehr oder weniger komplex sein. Unter **komplex** wird in diesem Zusammenhang der Grad der Übersichtlichkeit des Zusammenhangs zwischen Eingang und Ausgang, die Vielschichtigkeit der notwendigen physikalischen Vorgänge sowie die sich ergebende Anzahl der zu erwartenden Baugruppen und Einzelteile verstanden.

So wie ein technisches System in Teilsysteme und Systemelemente unterteilbar ist, lässt sich auch der Zusammenhang komplexer Funktionen in mehrere überschaubare Teilfunktionen gliedern (Bild 11.5).

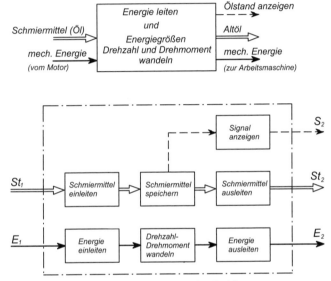

Bild 11.5: Gesamtfunktion und Funktionsstruktur eines Getriebes

11.5.3 Lösungsprinzipien

Für die Teilfunktionen der Funktionsstruktur müssen nun Wirkprinzipien gesucht werden. Ein Wirkprinzip enthält den physikalischen Effekt (z. B. Reibung), geometrische Ausprägungen (z. B. zylindrische Welle und Nabenbohrung) sowie Angaben zum Werkstoff. Eine Funktion kann von verschiedenen Wirkprinzipien erfüllt werden. Im Sinne einer optimalen Lösungsfindung ist es daher sinnvoll, für jedes Teilproblem alle möglichen Teilfunktionslösungen zu suchen und darzustellen (Bild 11.6).

Konstruktive Problemlösungen basieren nicht auf eindeutigen Algorithmen und Gesetzmäßigkeiten. Die Lösungssuche ist eher intuitiv und vom Zufall beeinflusst. Das passive „Warten auf einen guten Einfall" ist natürlich keine optimale Arbeitsweise. Deshalb wurden in den letzten

11 Methodisches Konstruieren

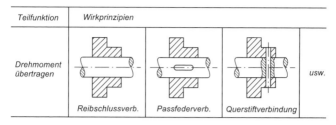

Bild 11.6: Wirkprinzipien als Teilfunktionslösungen

Jahren verschiedene Methoden zur Lösungsfindung entwickelt, mit denen sich die Vielfalt an kreativen Lösungen spürbar anheben lässt.

11.5.4 Konzept

Die gefundenen Teilfunktionslösungen müssen nun zu Lösungsprinzipien kombiniert werden, welche die Gesamtfunktion erfüllen. Dabei ist zu beachten, dass die Summe optimaler Teillösungen nicht unbedingt eine optimale Gesamtlösung ergibt. Die gegenseitige Beeinflussung der Teillösungen untereinander ist in der Regel von großer Bedeutung. Nur die geeigneten Lösungsvarianten werden weiter konkretisiert. Ergeben sich aus der Kombination der einzelnen Lösungsprinzipien mehrere sinnvolle Konzeptvarianten, so ist durch ein Auswahlverfahren die beste Lösung als Konzept festzulegen. Um eine möglichst zuverlässige Entscheidung zu ermöglichen, sind bereits in diesem Stadium oft maßstäbliche Skizzen erforderlich.

11.6 Gestaltungsphase

In der Gestaltungsphase (Bild 11.4) erfolgt die stoffliche Verwirklichung des in der Konzeptionsphase erarbeiteten Lösungsprinzips. Zuerst wird ein Entwurf erstellt, aus dem dann die zur Herstellung erforderlichen Fertigungsunterlagen (Zeichnungen, CAD-Datensätze, Stücklisten usw.) abgeleitet werden.

11.6.1 Entwerfen

Beim Entwerfen wird ein technisches Gebilde so weit gestaltet, dass ein nachfolgendes Detaillieren bis zur Fertigungsreife eindeutig möglich ist. Eine solche Gestaltung erfordert die Wahl von Werkstoffen und Fertigungsverfahren, die Festlegung der Hauptabmessungen und die

Untersuchung der räumlichen Verträglichkeit. Ein Entwurf ist somit eine maßstäbliche Darstellung des Produkts, aus der Funktion, Herstellung und Montage ersichtlich sind. Meist sind mehrere Entwürfe oder Teilentwürfe notwendig, um ein befriedigendes Ergebnis zu erzielen. Die Tätigkeit des Entwerfens enthält neben kreativen auch sehr viele korrektive Arbeitsschritte. Der Entwurfsvorgang ist sehr komplex, da

- viele Tätigkeiten zeitlich parallel ausgeführt werden (z. B. Gestalten, Berechnen, Informieren),

- manche Arbeitsschritte mehrmals wiederholt werden müssen und Änderungen an einem Bauteil häufig bereits gestaltete Zonen beeinflussen.

Entwerfen ist demzufolge ein Optimierungsprozess, bei dem die Bauteilgeometrien ständig verändert werden.

Da die optimale Gestaltung von Produkten ein hohes Maß an Erfahrungen und Detailwissen erfordert, können Gestaltungsregeln sehr hilfreich sein (Kapitel 23. Gestaltungsrichtlinien).

11.6.2 Optimieren

Während der Gestaltungsphase muss ständig kontrolliert werden, ob die konstruktive Ausarbeitung alle Anforderungen erfüllt und ob keine gravierenden Fehler enthalten sind.

Wegen mangelnder Konkretisierungstiefe während der Konzeptionsphase können viele Detailfragen erst in der Gestaltungsphase letztendlich gelöst werden. Die konstruktive Gestaltung von Lösungsprinzipien lässt sich häufig unterschiedlich realisieren. Deshalb sind auch hier immer wieder Entscheidungen über alternative Formgebungen, Abmessungen, Werkstoffe, Toleranzen, Maschinenelemente usw. zu treffen. Für die Suche nach geeigneten Lösungen und Argumente für Entscheidungen können Methoden zur Lösungsfindung und Auswahlverfahren, die bereits in der Konzeptionsphase aufgeführt worden sind, hilfreich sein.

Obwohl Bewertungsverfahren Schwachstellen offenbaren, sind Fehler nicht immer leicht zu erkennen. Das liegt zum einen an der Komplexität der Produkte und der Herstellprozesse, aber zum anderen auch an den vielfältigen Störeinflüssen, denen jedes Produkt bei Anwendung und Gebrauch ausgesetzt sind. Außerdem ist der Konstrukteur seiner Konstruktion gegenüber subjektiv eingestellt.

Konstruktive Fehler und dadurch bedingte Ausfälle sind mit zum Teil sehr hohen Kosten verbunden. Nachträgliche Fehlerbehebung kann zudem mit einem Imageverlust verbunden sein, der monetär nur sehr schwer beschreibbar ist.

Auf der anderen Seite würde eine perfekte Konstruktion ohne Fehler den Entwicklungsaufwand enorm in die Höhe treiben. Es geht also darum, nur diejenigen Fehler zu vermeiden, bei denen mit schwer wiegenden Konsequenzen zu rechnen ist.

Daher ist eine systematische Vorgehensweise erforderlich, die eine möglichst große Objektivität gewährleistet. Für solch eine wirtschaftliche Fehlerfrüherkennung eignet sich z. B. die Risikoanalyse **Failure Mode and Effects Analysis**, kurz FMEA genannt. Sie ermöglicht eine gezielte Fehler-Ursachen-Analyse einschließlich einer Risikobewertung.

11.6.3 Fertigungsunterlagen

Der zweite Teil der Gestaltungsphase beinhaltet das Detaillieren und die Erstellung der Produktdokumentation. Das Detaillieren beschränkt sich nicht auf das einfache Herauszeichnen der Einzelteile aus dem Entwurf, sondern es sind gleichzeitig Detailoptimierungen hinsichtlich Form, Oberflächengüte und Genauigkeitsanforderungen (Toleranzen) vorzunehmen. Jedes Bauteil muss nach seiner Dokumentation (Einzelteilzeichnung oder CAD-Modell) eindeutig herstellbar sein. Die Montage benötigt Informationen darüber, wie Einzelteile zueinander angeordnet, mit welchen Drehmomenten z. B. Schrauben angezogen und welche speziellen Anweisungen während der Montage berücksichtigt werden müssen. Diese Informationen werden in Baugruppen- und Zusammenstellzeichnungen dargestellt. Um ein Erzeugnis vollständig zu beschreiben, ist auch eine Stückliste notwendig, in der alle Einzelteile des Produkts enthalten sind.

Durch den Einsatz von modernen CAD-Systemen werden Zeichnungen immer mehr durch dreidimensionale Darstellungen ersetzt. Dadurch ergeben sich für den Konstrukteur oft neue Möglichkeiten bei Gestaltung und Kommunikation. Das Ziel der Produktdokumentation, die vollständige Beschreibung des Produkts, hat sich jedoch durch den Einsatz von CAD nicht verändert.

11.7 Methoden zur Lösungsfindung

Zur Lösungsfindung können unterschiedliche Methoden eingesetzt werden. Wenn im Folgenden zwischen konventionellen, intuitiven und diskursiven Methoden unterschieden wird, geschieht dies aus rein didaktischen Gründen. Sie schließen sich nicht gegenseitig aus, sondern ergänzen sich.

11.7.1 Konventionelle Hilfsmittel

Mit **Recherchen** in Fachbüchern, Fachzeitschriften, Patenten und Produktkatalogen kann der Konstrukteur wichtige Informationen über den Stand der Technik erhalten.

Bei der **Analyse technischer Systeme** werden Lösungen in anderen Branchen und Anwendungsgebieten gesucht. Wenn hauptsächlich Erfahrungen aus dem eigenen Produktspektrum vorhanden sind, kann dies eine wichtige Informationsquelle sein.

Sehr interessante Lösungsansätze können bei der **Analyse natürlicher Systeme** gefunden werden. Die Bionik beschäftigt sich mit der Übertragbarkeit von Lösungen aus der Natur auf technische Systeme.

11.7.2 Intuitive Methoden

Da der richtige Einfall zur richtigen Zeit meistens nicht erzwungen werden kann (Prof. *Galtung*: "The good idea is not discovered or undiscovered, it comes, it happens"), werden in den intuitiven Methoden gruppendynamische Effekte wie Anregungen durch unbefangene Äußerungen und Assoziationen genutzt.

Brainstorming. Eine der am häufigsten angewandten Kreativitätstechniken ist das Brainstorming. Dabei soll durch Ausschalten von „Konferenzblockaden" das Problemlösen in Gruppen sehr viel produktiver werden. Der Erfolg von Brainstorming beruht darauf, dass

- zur Lösung eines Problems das Wissen mehrerer Personen genutzt wird,

- denkpsychologische Blockaden ausgeschaltet werden,

- durch die Ausgrenzung restriktiver Äußerungen die Lösungsvielfalt erweitert wird,

- das Kommunikationsverhalten der Beteiligten gestrafft und „demokratisiert" wird,

- unnötige Diskussionen vermieden werden.

Brainstorming ist eine Gruppensitzung, bei der in einer ungehemmten Diskussion auch fantastische Einfälle zugelassen sind. Durch gegenseitige Inspiration und Assoziation sollen möglichst viele Ideen entstehen (Quantität vor Qualität). Vorgebrachte Ideen werden von anderen Teilnehmern aufgegriffen, abgewandelt und weiterentwickelt. Dabei wird zunächst nicht auf die Realisierbarkeit der Vorschläge geachtet.

Kritik ist während der Sitzung nicht erlaubt, da sie den Ideenfluss hemmt. Alle Beteiligten müssen in der Gedankenäußerung ihre Hemmungen überwinden, und nichts sollte in der Gruppe als absurd, falsch oder schon bekannt angesehen werden. Eine Brainstorminggruppe benötigt einen Leiter (Koordinator) und sollte nicht zu groß sein (max. 15 Personen). Nach einer halben Stunde lässt die Effektivität rasch nach.

Ein Brainstorming kann in drei Phasen eingeteilt werden:

1. Vorbereitungsphase

- Problem gemeinsam definieren, analysieren, aufspalten, präzisieren
- Kern des Problems erfassen
- gegenseitig informieren
- bekannte Lösungen diskutieren

2. Intuitive Phase

- spontane Ideen äußern und festhalten
- gegenseitige Inspiration zu Assoziationsketten

3. Auswertungsphase

- Auswertung und Beurteilung der Ideen
- konstruktive Ausarbeitung

Die eigentliche Brainstormingsitzung beschränkt sich nur auf die zweite, intuitive Phase. Vorbereitung und Auswertung sind jedoch mindestens ebenso wichtig.

Der Nachteil beim Brainstorming ist, dass der „Ideenlieferant" später nicht mehr nachweisbar ist. Die Gruppe hat das Ergebnis erarbeitet, nicht der Einzelne. Dies kann zur Unterdrückung von Ideen führen, wenn Streitigkeiten zu befürchten sind (z. B. Patentanmeldungen).

Methode 6-3-5. Mehr Individualität bietet eine Weiterentwicklung der Brainstorming-Methode. Bei der Methode 6-3-5 (Brainwriting) schreiben 6 Teilnehmer jeweils 3 Lösungsideen innerhalb von 5 Minuten nieder. So erhalten 6 Teilnehmer innerhalb von 30 Minuten maximal 108 Lösungsvorschläge.

Vorteile der Methode 6-3-5:

- Lösungsvorschläge werden schriftlich festgehalten (Formular)
- es ist nachvollziehbar, von wem welche Ideen stammen
- Anregungen durch Ideen der Vorgänger
- Kritikäußerungen und mögliche Spannungen im Team werden vermieden

11.7.3 Diskursive Methoden

Sie ermöglichen Lösungen durch bewusst schrittweises, systematisch aufeinander aufbauendes Vorgehen. Mit einer diskursiven Methode gelangt man planvoll zum Ziel.

Morphologische Methode. Mit intuitiven Methoden, wie Brainstorming, wird vor allem nach Lösungsprinzipien für Teilfunktionen gesucht. Zum Erfüllen der in der Aufgabenstellung geforderten Gesamtfunktion müssen nun aus diesem Feld von Teillösungen Gesamtlösungen durch Verknüpfen zu Prinzipkombinationen (Lösungsvarianten) erarbeitet werden. Grundlage für einen solchen Verknüpfungsprozess ist die Funktionsstruktur.

Zur systematischen Darstellung und Kombination eignet sich in besonderem Maße die morphologische Methode. Die konsequente Anwendung dieser Methode gewährleistet, dass bei der Lösungsfindung keine der vorab erarbeiteten Teillösungen vergessen wird. In der Praxis können nicht alle möglichen Lösungen eines Problems konstruktiv ausgearbeitet und verwertet werden, aber schon das Wissen um die Existenz solcher Lösungen kann oft von großer Bedeutung sein.

Das wichtigste Hilfsmittel beim Einsatz der morphologischen Methode ist der **Morphologische Kasten** (Bild 11.7). In diesen werden in der Vertikalen die Teilfunktionen der Funktionsstruktur eingetragen. In der Horizontalen stehen die für die Teilfunktionen ermittelten Funktionsträger bzw. Teillösungen. In dieses Ordnungsschema werden dann alle gefundenen Lösungsmöglichkeiten eingetragen. Sie können in Form von Stichworten, Prinzip- oder Entwurfsskizzen niedergelegt werden.

Aus der Kombination der Teillösungen resultieren dann die unterschiedlichen Gesamtlösungen. Je nach Anzahl der Teilfunktionen und Teillösungen kann es leicht zu einer sehr großen Anzahl von Kombinationen und somit zu sehr vielen Gesamtlösungen kommen. Das Hauptproblem bei dieser Kombinationsmethode ist die Entscheidung, welche Lösungen miteinander verträglich und kollisionsfrei sind, d.h. wirklich kombinierbar sind.

Lösungskataloge. Bei sich wiederholenden Konstruktionsproblemen erleichtern Konstruktionskataloge häufig die Konstruktionssynthese und führen zu einer großen Lösungsvielfalt. Es handelt sich dabei um für die Konstruktion nutzbare, außerhalb des Gedächtnisspeichers meist in Tabellenform vorliegende Wissensspeicher.

Dies können **Produktkataloge** sein, die eine Vielzahl von fertigen Lösungen in Form von Maschinenelementen (Kupplungen) oder komplexen Maschinensystemen (komplette Antriebseinheit) anbieten.

11 Methodisches Konstruieren

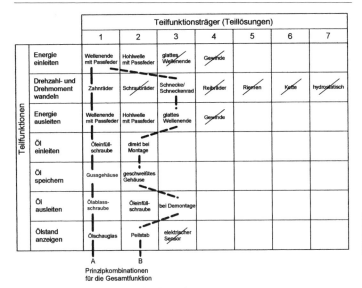

Bild 11.7: Morphologischer Kasten für ein Getriebe

Bewährte Lösungen können als **Konstruktionsrichtlinien** festgehalten werden. Sie können Maschinenelemente (z. B. die Gestaltung einer Schraubenverbindung), Hinweise zu Fertigungsverfahren (Oberflächen und Toleranzen), zur Montage (z. B. Schraubenanzugsmomente für bestimmte Einsatzfälle) usw. enthalten. Die Anwendungsbreite ist äußerst groß.

Systematische Gliederungen bei den Konstruktionskatalogen nach *Roth* (siehe Quellen und weiterführende Literatur) erlauben gezielte Zugriffe auf deren Inhalte. Diese Kataloge bestehen aus einem Gliederungsteil (Ordnung), einem Hauptteil (Objekte) und einem Zugriffsteil (Eigenschaften) und gegebenenfalls einem Anhang.

Da es sich bei Konstruktionskatalogen nicht um beliebige, unverbindliche Lösungssammlungen handelt, sind folgende Voraussetzungen zu erfüllen:

- Vollständigkeit innerhalb gesetzter Grenzen gewährleisten
- schnellen Zugriff ermöglichen
- vielfältig einsetzbar (möglichst produktunabhängig)
- erweiterbar und im Detail änderbar

11.8 Auswahl einer Lösung

Beim methodischen Vorgehen ist immer ein breites Lösungsfeld (viele Lösungen) erwünscht. In der Fülle liegen zugleich Stärken und Schwächen systematischer Methoden. Die große theoretisch denkbare, aber praktisch nicht zu verarbeitende Anzahl von oft nicht tragbaren Lösungen muss möglichst frühzeitig eingeschränkt werden. Dabei ist jedoch darauf zu achten, dass nicht Teillösungen entfallen, die erst in der Kombination mit anderen eine vorteilhafte Gesamtlösung ergeben.

11.8.1 Vorauswahl

Bei dem von Prof. *Pahl* vorgeschlagenen „Ausscheiden und Bevorzugen" werden zunächst die offensichtlich ungeeigneten Varianten ausgeschieden. Bleiben dann noch zu viele mögliche Lösungen übrig, sind die erkennbar besseren zu bevorzugen. Diese können anschließend bewertet werden.

11.8.2 Bewertung

Eine Bewertung soll den Wert oder den Nutzen einer Lösung in Bezug auf eine vorher aufgestellte Zielvorstellung ermitteln. Um einen möglichst optimalen Vergleich zwischen mehreren zur Verfügung stehenden Lösungsmöglichkeiten zu erhalten, kann nach VDI 2225 von jeder Variante

- die technische Wertigkeit
- die wirtschaftliche Wertigkeit und
- die technisch-wirtschaftliche Wertigkeit

ermittelt werden.

Technische Wertigkeit. Die Zielvorstellung ergibt sich in der Regel aus der Anforderungsliste (Pflichtenheft). Um zu beurteilen, wie gut eine Variante die Forderungen und Wünsche erfüllt, vergleicht man sie mit einer gedachten Ideallösung. Man stellt sich vor, dass es eine Lösung gibt, die alle Anforderungen „ideal gut" erfüllt. Zu den Anforderungen aus dem Pflichtenheft können zusätzliche Gebrauchsmerkmale herangezogen werden. Zu beachten ist, dass alle Kriterien positiv formuliert werden (z. B. günstige Bedienungsmöglichkeit oder geringer Wartungsaufwand).

Die eigentliche Bewertung erfolgt dadurch, dass die Lösungsvarianten an den Beurteilungskriterien gemessen werden, denen je nach Erfüllungsgrad eine Punktzahl zugewiesen wird. Da die ideale Lösung jeweils die maximale Punktzahl erhält, besitzt man einen einfachen Vergleichsmaßstab:

$$\text{Technische Wertigkeit} = \frac{\text{techn. Erfüllungsgrad einer Lösung}}{\text{techn. Erfüllungsgrad der Ideallösung}},$$

als Formel ausgedrückt:

$$w_T = \frac{P_1 + P_2 + P_3 + \ldots + P_n}{n \cdot P_{max}}.$$

Die Technische Wertigkeit ist somit ein normierter Wert ($0 < w_T < 1$). Als Bewertungsmaßstab hat sich als zweckmäßig erwiesen:

4 Punkte = sehr gut
3 Punkte = gut
2 Punkte = ausreichend
1 Punkt = gerade noch tragbar
0 Punkte = unbefriedigend

Haben einige der zu bewertenden Eigenschaften besondere Bedeutung, so sind diese zu gewichten. Hierfür wird derselbe „Gewichtungsmaßstab" wie in der Anforderungsliste verwendet (von 0 Punkte = unwichtig bis 4 Punkte = sehr wichtig). Das einfache Beispiel in Tabelle 11.2 zeigt, dass bei einer Bewertung ohne Gewichtung, auch bei unterschiedlichen Lösungen, keine Entscheidung möglich sein kann.

Tabelle 11.2: Technische Wertigkeit mit und ohne Gewichtung

	Lösung A	Lösung B	Ideale Lösung	Gewichtung	Lösung A	Lösung B	Ideale Lösung
Geringe Teilezahl	2	4	4	1	2	4	4
Geringes Volumen	2	4	4	2	4	8	8
Hohe Zuverlässigkeit	3	3	4	4	12	12	16
Einfache Wartung	4	1	4	4	16	4	16
Einfache Montage	3	2	4	3	9	6	12
Summe Punkte	14	14	20		43	34	56
Techn. Wertigkeit	0,7	0,7	1,0		0,77	0,6	1,0

Wirtschaftliche Wertigkeit. Neben der technischen Machbarkeit sind auch die Kosten für den Erfolg eines Produkts von entscheidender Bedeutung. Es ist daher sinnvoll, analog zur technischen Bewertung eine wirtschaftliche Wertigkeit einzuführen. Hierzu ist es notwendig, eine „wirtschaftliche Ideallösung" festzulegen, deren Herstellkosten HK_i als ideal angenommen werden können. Mit Hilfe von Methoden wie Target Costing (Zielkostenmanagement) lässt sich systematisch eine Antwort auf die Frage finden: „Was darf ein Produkt kosten?". Im Gegensatz zu den maximalen Punktezahlen bei der technischen Wertigkeit stellen die idealen Herstellkosten eine Minimumgröße dar:

$$\text{Wirtschaftliche Wertigkeit} = \frac{\text{HK einer wirtschaftl. Ideallösung}}{\text{kalkulierte HK der Lösungsvariante}},$$

als Formel ausgedrückt:

$$w_W = \frac{HK_i}{HK}.$$

Zu Beginn des Konstruktionsprozesses, d. h. während der Konzeptionsphase, ist es oft sehr schwer, exakte Kosten zu ermitteln. Mit zunehmender Konkretisierung wird es jedoch möglich, Herstellkosten immer genauer zu kalkulieren.

Technisch-wirtschaftliche Wertigkeit. Die technischen und wirtschaftlichen Bewertungen lassen sich nicht unmittelbar miteinander verknüpfen, da sie meist einen Zielkonflikt darstellen. Gute technische Lösungen sind in der Regel teuer, billige Lösungen oft technisch schlecht. Da jedoch beide starken Einfluss auf den zu erwartenden Markterfolg haben, sollten sie in einer gemeinsamen Darstellung (Bild 11.8) erfasst werden.

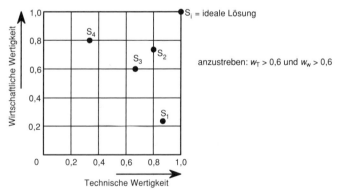

Bild 11.8: Stärke-Diagramm

Das so genannte Stärke-Diagramm gibt Auskunft über die **Stärke** einer Konstruktionslösung. Die ideale Lösung ist durch den Punkt

11 Methodisches Konstruieren

S_i ($w_T = w_W = 1$) gekennzeichnet. In Bild 11.8 stellt S_1 eine technisch sehr gute, aber auch sehr teure Lösung dar. S_4 hingegen ist wirtschaftlich gut, aber technisch unzureichend. Während die Lösung S_3 technisch und wirtschaftlich noch akzeptabel ist, kann S_2 in diesem Beispiel als die beste Alternative betrachtet werden.

11.9 Zusammenfassung

Methodik ersetzt keine Kreativität. Sie kann aber, richtig eingesetzt, kreatives Arbeiten unterstützen. Deshalb sollte immer versucht werden, die Konstruktionsmethodik im Sinne eines **roten Fadens** den individuellen Bedürfnissen anzupassen.

Nicht immer macht es Sinn, den gesamten Ablauf formal auf ein konstruktives Problem anzuwenden. Viele konstruktive Aufgaben beziehen sich nicht auf das gesamte Produkt, sondern auf Teilsysteme (Teile oder Baugruppen), die verbessert oder variiert werden müssen. Hieraus leiten sich unterschiedliche Konstruktionsarten ab, die den Einsatz der Konstruktionsmethodik beeinflussen (Tabelle 11.3).

Tabelle 11.3: Konstruktionsarten

Konstruktionsart	Merkmale	Anwendung der Konstruktionsmethodik
Neukonstruktion	Für ein Produkt oder für Teilfunktionen neue Lösungsprinzipien suchen und konstruktiv ausarbeiten.	Optimal geeignet, da alle Konstruktionsphasen durchlaufen werden.
Anpassungskonstruktion	Vorhandene Produkte an neue Anforderungen anpassen, ohne das Lösungsprinzip zu ändern.	Beschränkt auf die Gestaltungsphase (Entwerfen und Detaillieren).
Variantenkonstruktion	Bei festgelegter Anordnung aller Elemente werden nur die Abmessungen variiert.	Beschränkt auf die Detaillierungsphase (Fertigungsunterlagen erstellen).

Zusammenfassend gilt für die Anwendung der Konstruktionsmethodik:

- Die Methodik nicht als Gesetz, sondern als Hilfsmittel betrachten.
- Am Anfang beginnen, dann schrittweise und zielgerichtet Lösungen erarbeiten.
- Bei Neukonstruktionen nie ohne Pflichtenheft beginnen.
- Über Lösungsvielfalt optimale Lösungen finden.
- Eine Konstruktionslösung ist absolut gesehen nie gut oder schlecht. Ihr Wert kann nur bezüglich ihrer Anforderungen bestimmt werden.

Quellen und weiterführende Literatur

Conrad, K.-J.: Grundlagen der Konstruktionslehre. 2. Auflage. München Wien: Hanser Verlag, 2003
Dubbel: Taschenbuch für den Maschinenbau. 20. Auflage. Berlin: Springer Verlag, 2001
Geupel, H.: Konstruktionslehre, Methodisches Konstruieren für das praxisnahe Studium. Berlin: Springer Verlag, 2001
Koller, R.: Konstruktionslehre für den Maschinenbau. 4. Auflage. Berlin: Springer Verlag, 1998
Pahl, G.; Beitz, W.: Konstruktionslehre, Grundlagen der erfolgreichen Produktentwicklung. 5. Auflage. Berlin: Springer Verlag, 2003
Roth, K.: Konstruieren mit Konstruktionskatalogen. Band 1: Konstruktionslehre. 3. Auflage; Band 2: Kataloge. 3. Auflage. Berlin: Springer Verlag, 2001
VDI-Richtlinie 2221: Methodik zum Entwickeln und Konstruieren technischer Systeme und Produkte. Düsseldorf: VDI-Verlag, 1993
VDI-Richtlinie 2222: Konstruktionsmethodik. Düsseldorf: VDI-Verlag, 1997
VDI-Richtlinie 2223: Methodisches Entwerfen technischer Produkte. Düsseldorf: VDI-Verlag, 1999
VDI-Richtlinie 2225 Blatt 3 E: Technisch-wirtschaftliches Konstruieren, Technisch-wirtschaftliche Bewertung. Düsseldorf: VDI-Verlag, 1990

KONSTRUKTIONSTECHNIK

KT

12 Konstruktionstechnik
13 Organisation der Konstruktion
14 Prozessmanagement
15 Konstruktionsablauf
16 Prozessorientierte Qualitätsmanagementsysteme
17 Variantenmanagement
18 Werkstoffauswahl
19 Marketing und Vertrieb, Einkauf

12 Konstruktionstechnik

Prof. Dipl.-Ing. Klaus-Jörg Conrad

Konstruktionstechnik ist ein häufig verwendeter, aber selten eindeutig definierter Begriff für einen der drei Kernbereiche produzierender Unternehmen. Diese drei Kernbereiche sind

- Konstruktionstechnik: Konstruieren und Entwickeln
- Produktionstechnik: Fertigen und Montieren
- Vertriebstechnik: Anbieten und Verkaufen

Wie bereits im Kapitel Einführung und Übersicht erläutert und im gesamtem Buch dargestellt, gehören zur Konstruktionstechnik viele Fachgebiete, Methoden, Hilfsmittel und Vorgehensweisen um die immer komplexeren Aufgaben erfolgreich zu lösen.

Konstruktionstechnik wird hier in Anlehnung an *Müller* [4] definiert:

Konstruktionstechnik, als Bereich der Technikwissenschaften, untersucht den Prozess des Konstruierens technischer Gebilde sowie allgemeine Strukturgesetze technischer Systeme mit den Zielen:

- Gesetzmäßigkeiten konstruktiver Prozesse zu erkennen
- Verfahren, Technologien bzw. Methoden des Konstruierens zu entwerfen
- Überführung dieser Erkenntnisse in die praktische Tätigkeit bzw. in die Ausbildung der Konstrukteure
- Verbesserung der Effektivität der Prozesse und der Qualität der Ergebnisse im Konstruktionsbereich

Die folgenden Abschnitte enthalten einige Erläuterungen der Definition.

12.1 Konstruktionsprozess

Als **Konstruktionsprozess** bezeichnet man den Ablauf aller Tätigkeiten unter Beachtung von Regeln, die zur Konstruktion technischer Produkte geeignet sind. Der Konstruktionsprozess ist produktneutral oder allgemein, wenn er für alle Arten von technischen Produkten gilt, sonst ist es ein produktspezifischer Konstruktionsprozess, der nach Regeln für bestimmte Produktarten abläuft. [1]

12 Konstruktionstechnik

Die ständige Weiterentwicklung der Technik hat in den letzten Jahren dazu geführt, dass die klassische **Funktionsorientierung** mit sehr starker Arbeitsteilung immer mehr durch eine **Prozessorientierung** abgelöst wird. Heute sind die Aufgaben und Abläufe in den Unternehmen durch Denken und Arbeiten in Prozessen zu lösen.

Entsprechend ist der Konstruktionsprozess zu sehen: Konstrukteure müssen ihre Tätigkeiten als Teil des gesamten Produktentstehungsprozesses verstehen und in Prozessen denken. Deshalb werden auch die wesentlichen Tätigkeiten als Abläufe dargestellt, wobei die Lösung von Teilaufgaben durch Systembetrachtungen, Methoden und Informationsumsetzung unterstützt werden.

Alle wesentlichen Zusammenhänge für die Methodik beim Konstruieren sind branchen- und produktunabhängig mit den **VDI-Richtlinien** 2221 und 2222 bekannt. Neue Erkenntnisse werden entsprechend dem Stand der Technik laufend erarbeitet und als neue Richtlinien herausgegeben, wie z. B. VDI 2206 – Entwicklungsmethodik für mechatronische Produkte oder VDI 2223 – Methodisches Entwerfen technischer Produkte.

Das Anwenden dieser Methoden und Erkenntnisse in der Konstruktionslehre und in der Konstruktionspraxis erfolgt und schafft damit die Voraussetzungen für effektive Konstruktionsprozesse mit Konstruktionsergebnissen, die die Anforderungen der Kunden erfüllen.

In der Praxis zeigt sich jedoch, dass die Kenntnis der Abläufe zwar sehr hilfreich, aber allein oft nicht ausreichend ist, um sehr gute Lösungen für konstruktive Aufgaben zu finden. Neben den vielen Anregungen in der Konstruktionslehre-Literatur gibt es natürlich die Ergebnisse guter Konstrukteure, deren Ideen als marktgerechte Produkte vorhanden sind.

Erfahrungen japanischer Unternehmen bei der **Produktinnovation** belegen die Bedeutung und den Aufwand, um von Ideen zu marktgerechten Produkten zu kommen.

Für eine gute Innovation braucht man die Idee von nur einer Person, aber zehn Personen sind schon nötig, um nach der Idee einen Prototyp zu bauen. Einhundert Personen sind erforderlich, um dieses Produkt für den Markt zu entwickeln und einzuführen.

Von der Idee zum Produkt:

1 Person – 1 Idee

10 Personen – 1 Prototyp

100 Personen – 1 marktgerechtes Produkt

Viele Ideen sind sehr interessant, für den Geschäftserfolg eines Unternehmens sind jedoch marktgerechte Produkte entscheidend.

12.2 Schalenmodell der Konstruktionstechnik

Das im Bild 12.1 gezeigte **Schalenmodell der Konstruktionstechnik** enthält ausgehend von der Idee als Kern in den Schalen die Aktivitäten, Einflussgrößen und Ergebnisse des Konstruktionsprozesses sowie die Produkte. Die erste Schale enthält wichtige Tätigkeiten, um eine Idee weiterzuentwickeln. In der zweiten Schale sind die bekannten Einflussfaktoren zur Erarbeitung konstruktiver Lösungen angegeben. Die Ergebnisse der Konstruktionstechnik stehen in der dritten Schale. Der Konstruktionsprozess ist mit den realen Produkten in der vierten Schale abgeschlossen. Das Produkt gehört zur Konstruktionstechnik, da der Produktlebenszyklus auch die Gebrauchsphase sowie Recycling und Entsorgung umfasst, wie im Kapitel Gestaltungsrichtlinien erläutert.

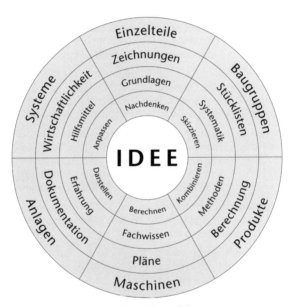

Bild 12.1: Schalenmodell der Konstruktionstechnik

Die Schalen können je nach Anforderungen, Aufgaben und für unterschiedliche Branchen erweitert, verfeinert oder reduziert werden. Sie sind auch in unterschiedlicher Reihenfolge und mehrfach zu durchlaufen. Die Inhalte der einzelnen Segmente können von innen nach außen oder innerhalb der Schalen zum Bearbeiten konstruktiver Aufgaben eingesetzt werden.

12 Konstruktionstechnik 221

12.3 Traditionelles Denken und Systemdenken

Aus einer Idee ein Produkt zu entwickeln, ist auf verschiedenen Wegen möglich. Das Denken in Systemen zeigt Ansatzpunkte, die für Aufgaben aus dem täglichen Leben ebenso gelten wie für Konstruktionsprobleme.

Ein **System** kann als die Beschreibung einer funktionierenden Lösung einer gegebenen Problemstellung formuliert werden. [3] Die Lösung der Problemstellung kann aus mehreren Komponenten bestehen, deren Zusammenwirken ein funktionierendes Produkt ergibt. Die einzelnen Einflussfaktoren der Problemlösung haben viele Beziehungen untereinander, die zu erfassen sind. Das System hat Grenzen, die sich aus dem Sachzusammenhang ergeben, wenn die Beziehungen der Einflussfaktoren dort nicht mehr so bedeutsam sind.

Die Problemlösung ergibt sich nicht durch eine Addition der einzelnen Wirkungen, sondern durch die Folge des funktionierenden Zusammenspiels wichtiger Einflussfaktoren. Das Denken in Systemen ist eigentlich ein Nachdenken über die wirksamen Beziehungen zwischen den Einflussfaktoren. Die Einflussgrößen sind deshalb in ihrem Zusammenwirken zu erfassen. [3]

Beim Nachdenken über Systeme sind grafische Darstellungen der Beziehungen als Skizzen sehr hilfreich zum Erläutern, zum Dokumentieren und zum Erkennen der Grenzen zu anderen Systemen.

Das **traditionelle Denken** in Ursache-Wirkung-Beziehungen bzw. in Wenn-dann-Denkweisen zeigt sich dann als wenig realistisch. Es ist viel wahrscheinlicher, dass eine bestimmte Lösung durch mehrere, ineinander wirkende Ursachen entsteht. Dieses **Systemdenken** ist ein Zusammenspiel der wirksamen Beziehungen, wie im Bild 12.2 rechts gezeigt.

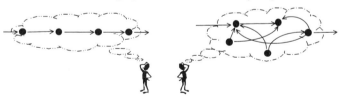

Bild 12.2: Traditionelles Denken und Systemdenken [3]

12.4 Konstrukteur als Problemlöser

Die Anforderungen der Märkte und Kunden an moderne Produkte bedeuten für Konstrukteure, immer komplexere Aufgaben zu lösen. Schon allein die heute übliche Nutzung von Komponenten aus Maschinenbau,

Elektrotechnik, Elektronik und Informatik für neue Produkte und die Beachtung des gesamten Produktlebenszyklus erfordert ein Umdenken.

Die bekannten Methoden und Hilfsmittel im normalen Ablauf anzuwenden, ist nicht mehr ausreichend, um die Probleme zu lösen. Die komplexen und unbestimmten Größen sind erst nach mehreren Arbeits- und Entscheidungsschritten so weit geklärt, dass ein Konzept vorliegt. Viele Planungsarbeiten und ständige Verbesserungen des eigenen Vorgehens sind erforderlich, um eine neue Lösung zu finden. Lösungen ergeben sich nicht mehr durch einfaches Abarbeiten bewährter Regeln, sondern erst durch intensives Auseinandersetzen mit den Problemen, die sich aus der Konstruktionsaufgabe ergeben.

Probleme liegen dann vor, wenn der Konstrukteur einen unerwünschten Anfangszustand in einen erwünschten Endzustand überführen soll, aber nicht weiß, mit welchen Mitteln dies erfolgen könnte oder wie der Endzustand eigentlich aussehen soll.

Konstrukteure benötigen als erfolgreiche **Problemlöser** folgende Voraussetzungen: Gutes Faktenwissen, gute Grundlagenkenntnisse, Erfahrungen, Kenntnisse über Suchmethoden und Berechnungsmethoden.

Nach Untersuchungen im Konstruktionsbereich hat sich gezeigt, dass gute Problemlöser folgen Merkmale haben [2], [5]:

- Faktenwissen
- Methodenwissen
- Heuristische Kompetenz

Faktenwissen ist für die Fähigkeit, Probleme zu lösen, besonders wichtig und lässt sich nicht durch Methodenwissen kompensieren. Der Wissensvorsprung von Experten kann von Anfängern kurzfristig weder aufgeholt noch überbrückt werden. Leistungsüberlegenheit entsteht durch bereichsübergreifendes Faktenwissen und nicht durch allgemeine Fähigkeiten. [2]

Methodenwissen ist für das effektive Problemlösen wichtig, wenn nicht nur mit zweckmäßigen Methoden das rationale Wissen verarbeitet wird, sondern auch das viel häufigere unbewusste Methodenkönnen darunter eingeordnet wird. Gemeint sind die eigenen effektiven Methoden, die durch Anschauen, Erkennen und Übertragen als Erfahrungen aufgenommen und angewendet werden. [2]

Heuristische Kompetenz ist eine individuelle Eigenschaft menschlicher Fähigkeiten, Probleme zu lösen. Gemeint ist die zielgerichtete Kreativität, die Planungs- und Steuerungsfähigkeit des eigenen Vorgehens mit der inneren Flexibilität für neue Ansätze. Zur heuristischen Kompetenz gehört das Erkennen der Wichtigkeit und der zeitlichen Reihenfolge von Teilproblemen, Fakten und anzuwendenden Methoden. Der entscheidende Antrieb ist durch persönliche Motivation, Kreativität und den Anspruch der Konstrukteure an die eigene Leistungsfähigkeit gegeben. [2]

Die außerdem noch in der Definition genannten Ziele werden in anderen Kapiteln behandelt. Sie können mit der angegebenen Literatur vertieft werden.

Quellen und weiterführende Literatur

[1] *Conrad, K.-J.:* Grundlagen der Konstruktionslehre. 2. Aufl., München Wien: Carl Hanser Verlag, 2003
[2] *Ehrlenspiel, K:* Integrierte Produktentwicklung. 2. Aufl., München Wien: Carl Hanser Verlag, 2003
[3] *Lehner, M.; Wilms, F.:* Systemisch denken – klipp und klar. Zürich: Verlag Industrielle Organisation, 2002
[4] *Müller, J.:* Arbeitsmethoden der Technikwissenschaften. Berlin: Springer Verlag, 1990
[5] *Pahl, G.:* Psychologische und pädagogische Fragen beim methodischen Konstruieren. Köln: Verlag TÜV Rheinland, 1994

Gausemeier, J.; Ebbesmeyer, P.; Kallmeyer, F.: Produktinnovation. München Wien: Carl Hanser Verlag, 2001
Vester, F.: Die Kunst vernetzt zu denken. 3. Aufl., Deutscher Taschenbuch Verlag, 2003

13 Organisation der Konstruktion

Prof. Dipl.-Ing. Klaus-Jörg Conrad

13.1 Unternehmensorganisation

Die Organisation eines Unternehmens ist so zu gestalten, dass die durchzuführenden Aufgaben effektiv erledigt werden. Es sind geeignete Strukturen zu entwickeln, um eine Organisationsform zu finden, die alle Anforderungen erfüllt für den **Informationsfluss** der Prozesse.

Für Produktionsunternehmen gilt folgende Definition [1]:

> **Organisation** umfasst die formale Strukturierung des Unternehmens in definierte Einheiten und die Festlegung ihrer Ablaufbeziehungen zueinander hinsichtlich der Erfüllung unternehmerischer Aufgaben.

Die formale Strukturierung des Unternehmens wird durch gesetzliche Vorschriften bestimmt, die zu einer Rechtsform als äußere Organisation führt. Die innere Organisation eines Unternehmens besteht aus einer Aufbauorganisation und einer Ablauforganisation.

> Die **Aufbauorganisation** umfasst die hierarchische Gliederung des Unternehmens in Organisationseinheiten mit Aufgabenaufteilung, Weisungs- und Informationsbeziehungen sowie die Zuordnung von Aufgaben auf Personen. Kernfrage: „Wer macht was?"

> Die **Ablauforganisation** regelt den grundsätzlichen Ablauf der einzelnen Arbeitsaufgaben für eine durchgängige Bearbeitung in den unterschiedlichen Bereichen einer Organisationseinheit.
> Kernfrage: „Was ist wann in welcher Reihenfolge zu tun?"

Aufbau- und Ablauforganisation sind nicht unabhängig voneinander, sondern zwei Bestandteile einer Organisation, die sich ergänzen. Die beiden Anteile sind gleichrangig und haben Rückwirkungen auf den jeweils anderen Teil der Organisation. Dabei muss berücksichtigt werden, dass in Organisationen nur das harmonische Zusammenwirken beider Bereiche zu effektiven Leistungen im Unternehmen führt.

Die Ablauforganisation wird heute verstärkt betrachtet, da die im Unternehmen ablaufenden Prozesse die Leistung und damit den Kundennutzen erzeugen.

13 Organisation der Konstruktion

Die Prozessorganisation orientiert sich an effizienten Abläufen von Prozessen im Betrieb, indem geklärt wird,

- was soll in welcher Reihenfolge erledigt werden (WANN?) und
- was ist der Anlass, um die Ziele umzusetzen (WARUM?).

> **Prozessorganisation** oder prozessorientierte Organisationsgestaltung nennt man die dauerhafte Strukturierung und die laufende Optimierung von Geschäftsprozessen im Hinblick auf die Prozessziele.
>
> Kernfrage: „Was soll wann und warum erreicht werden?"

Es gibt grundsätzlich keine Organisationsform, die für jedes Unternehmen geeignet wäre, weil Betriebsgröße, Produkte, Märkte und gewachsene Strukturen neben vielen anderen Faktoren unterschiedlich sind. Effektive Organisationsformen muss jedes Unternehmen und jede Abteilung selbst finden und gestalten.

Unternehmensbereiche bestehen aus Organisationseinheiten mit unterschiedlichem Umfang, wie Werke, Abteilungen oder Meisterbereiche. Im Folgenden sollen die Grundlagen der Organisation von Konstruktionsabteilungen vorgestellt werden. Die Tabelle 13.1 enthält übliche Konstruktionsbereiche und die erforderlichen Erläuterungen.

Tabelle 13.1: Konstruktionsbereiche – Abteilungen und Kennzeichen [2]

Konstruktionsbereich	Abteilung	Kennzeichen
Angebotskonstruktion	Angebotsabteilung	Kundenanfragen nach spezifischen Problemlösungen mit vorhandenen oder neuen Produkten werden konstruktiv untersucht und vereinfacht dargestellt ohne technische Einzelheiten, um den Wettbewerbsvorteil zu erhalten.
Entwicklungskonstruktion	Entwicklung	Entwicklung neuer Produkte nach Kundenauftrag oder Marktbedarf mit allen Konstruktionsphasen.
Auftragskonstruktion	Auftragsabwicklung	Kundenauftragsbearbeitung zur Veranlassung aller Aktivitäten im Unternehmen zum Bau und Betrieb einschließlich erforderlicher Anpassungen für den Auftrag.
Werkzeugkonstruktion	Werkzeugbau	Werkzeuge für Fertigungsverfahren als Neuentwicklung, Variante oder Anpassung für Kundenaufträge.
Betriebsmittelkonstruktion	Vorrichtungsbau	Vorrichtungen für Fertigungs-, Montage- oder Prüfaufgaben im Produktentstehungsprozess.

In den Unternehmen ist die Organisation der Konstruktionsbereiche häufig in Abteilungen oder Gruppen so, dass für bestimmte Aufgaben Mitarbeitergruppen zuständig sind, die im Produktentstehungsprozess spezielle Aufgaben durchführen. Diese Spezialisierung ist insbesondere in größeren Unternehmen und bei komplexen Produkten anzutreffen, wie z. B. im Werkzeugmaschinenbau.

13.2 Abteilungsorganisation

Die Organisation einer **Konstruktionsabteilung** in Produktionsunternehmen ist abhängig von den Produkten und von den Prozessen. Die Organisation ist so zu gestalten, dass der Informationsfluss der Prozesse reibungslos funktioniert.

Eine erste Aufteilung von Produktionsunternehmen nach **Produktarten** orientiert sich an der Stückzahl und der Auftragsart:

- Serienprodukte
- Kleinserienprodukte
- Einzelprodukte
- Mehrere Produktarten
- Anlagen

Diese Produktarten erfordern in den Unternehmen unterschiedliche Prozesse, die sich auf die Konstruktionsabteilungen auswirken:

- Vertriebsprozess
- Produktentwicklungsprozess
- Konstruktionsprozess
- Auftragsabwicklungsprozess

Die Aufgaben und die **Prozesse** richten sich nach den Produktarten. Serienprodukthersteller konstruieren nach einem Entwicklungsauftrag, Einzelprodukthersteller nach einem Kundenauftrag. Bei Herstellern von Serienprodukten wird der Informationsfluss von Konstruktion und Entwicklung unabhängig vom Kundenauftrag erfolgen, der durch den Auftragsabwicklungsprozess erfüllt wird, siehe Bild 13.1

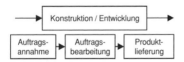

Bild 13.1: Informationsfluss eines Serienproduktherstellers [3]

Einzelprodukte werden erst nach der Auftragserteilung konstruiert, wobei die Konstruktionszeit den Liefertermin bestimmt. Der Informationsfluss erfolgt geschlossen für Konstruktion und Auftragsabwicklung nach Bild 13.2.

Bild 13.2: Informationsfluss eines Einzelproduktherstellers [3]

Dabei ist zu beachten, dass der Vertriebsprozess oft nur mit Konstruktionsunterstützung bei der Klärung technischer Fragen möglich ist.

Mittelständische Unternehmen, die Anlagen als Produkt herstellen, benötigen den Vertrieb und wenn möglich auch eine Projektierung zur Umsetzung von Anfragen in Angebote. Die Projektierung sorgt für die vollständige Klärung der Anfragen und arbeitet im Informationsfluss zwischen Vertrieb, Konstruktion und Einkauf nach Bild 13.3.

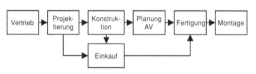

Bild 13.3: Informationsfluss für Anlagenbauer mit Projektierung [3]

Der Konstrukteur erhält die Aufträge in Form von Lastenheften oder als Auftragsbestätigungen und setzt die Kundenwünsche in Arbeitsergebnisse in Form von Zeichnungen, Stücklisten und Dokumentation um. Die auf die Konstruktion entfallenden Aufgaben sind unterschiedlich und richten sich nach der Qualifikation der Projektierungsabteilung.

Ähnliche Überlegungen wie für den Anlagenbau gelten auch für Einzelprodukte, oder wenn mehrere Produktarten im Lieferprogramm enthalten sind.

Mit der Organisationsform und den Prozessen sind die Informationsflüsse in den Unternehmen festgelegt, d. h., die Ergebnisse der Konstruktion müssen stets die notwendigen Eingaben für die Bereiche Planung, Arbeitsvorbereitung und Produktion liefern.

13.2.1 Funktionale Organisation

In den Konstruktions- und Entwicklungsabteilungen gibt es abhängig von der Firmengröße, den Standorten und den Produktarten unterschiedliche Organisationsformen.

Die **funktionale Organisation** oder auch Verrichtungsorganisation wird nach Funktionsbereichen gegliedert. Übertragen auf Konstruktionsabteilungen gibt es dann z. B. die Bereiche Mechanikkonstruktion, Elektrokonstruktion, Entwicklung und Programmierung. In einigen Firmen sind der Konstruktion noch die Bereiche Versuch, Dokumentation und Normung unterstellt. In einer folgenden Ebene können dann Produktarten und spezielle Baugruppen zugeordnet werden. Für die Aufträge werden die Aufgaben aufgeteilt, fachspezifisch erledigt und von einem Mitarbeiter koordiniert, der für den gesamten Auftrag zuständig ist. Insbesondere kleine und mittlere Unternehmen wenden diese Organisationsform an.

13.2.2 Projektmanagement

Wegen der immer komplexer werdenden Produkte hat sich verstärkt Projektmanagement durchgesetzt, um Aufträge abzuwickeln. Ein **Projekt** ist ein zeitlich befristetes, zielorientiertes, neuartiges und komplexes Vorhaben, das eine abteilungsübergreifende Zusammenarbeit erfordert. Unter **Projektmanagement** ist dementsprechend die zielgerichtete Planung, Steuerung und Kontrolle von Projekten zu verstehen. [4]

Projektmanagement hat den wesentlichen Vorteil, dass ein **Projektleiter** verantwortlich ist für die vollständige Abwicklung des Auftrags einschließlich aller Informationsflüsse. Projektmanagement funktioniert entsprechend dem Verhalten der Projektgruppe und der vorhandenen Organisation. Eine häufige Organisationsform für Projektmanagement ist die Matrix-Organisation. In einer **Matrix-Organisation** existiert die hierarchische Aufbauorganisation mit Abteilungen und speziellem Abteilungswissen, siehe Bild 13.4.

Der prozessorientiert arbeitende Projektleiter leiht sich Mitarbeiter aus den Abteilungen für die Projektlaufzeit aus. Durch die Matrix-Organisation können die Mitarbeiter mit dem erforderlichen Praxiswissen schnell ausgewählt und im Projektteam eingesetzt werden.

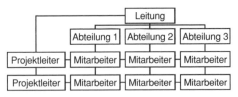

Bild 13.4: Matrix-Organisation

Nachteile dieser Vorgehensweise für die Mitarbeiter sind die doppelten Zuständigkeiten mit zwei Vorgesetzten für Abteilungstätigkeiten und für

13 Organisation der Konstruktion

Projekttätigkeiten sowie die fehlenden fachlichen Gespräche als Führungsmittel zwischen dem Abteilungsleiter und dem Mitarbeiter während der Projektarbeiten. [3]

13.2.3 Mitarbeiter und Organisation

Die Organisationsform sollte sich stets nach den Kunden richten, die Aufträge erteilen, und ist bei sich ändernden Voraussetzungen anzupassen. Die Mitarbeiter sind grundsätzlich so zu motivieren, dass sie im Sinne der Kunden die Aufträge erledigen. Eine gelebte weniger perfekte Organisation ist besser als eine ideale Organisation, die von den Mitarbeitern nicht angenommen wird. Mitarbeiterentwicklung ist wichtiger als eine perfekte Organisation.

Quellen und weiterführende Literatur

[1] *Bullinger, H.-J.; Warnecke, H. J.* (Hrsg.): Neue Organisationsformen im Unternehmen. Berlin: Springer Verlag, 1996
[2] *Conrad, K.-J.:* Grundlagen der Konstruktionslehre. 2. Aufl., München Wien: Carl Hanser Verlag, 2003
[3] *Knoche, Th.:* Management in Konstruktion und Entwicklung. München Wien: Carl Hanser Verlag, 2000
[4] *Vahs, D.:* Organisation. Stuttgart: Schäffer-Poeschel, 1997

14 Prozessmanagement

Prof. Dipl.-Ing. Klaus-Jörg Conrad

Prozesse sind in jedem Unternehmen vorhanden, auch wenn sie nicht bewusst wahrgenommen werden. Es gibt Konstruktionsprozesse, Fertigungsprozesse, Serviceprozesse usw., die in der Regel mehrere Aktivitäten in bestimmten Bereichen umfassen und Ergebnisse liefern. Diese Prozesse können sich selbst überlassen werden in der Hoffnung, dass sie dann die gewünschten Ergebnisse liefern.

Prozesse sollten jedoch nicht nur wegen der Forderungen der Qualitätsnorm DIN EN ISO 9000:2000 untersucht werden, sondern weil die Kenntnis der Prozesse für das Unternehmen wichtig ist. Prozesse sind deshalb zu identifizieren, zu analysieren und so darzustellen, dass alle Mitarbeiter sie verstehen und bewusst in Prozessen denken und arbeiten. Prozesse sind kontinuierlich weiterzuentwickeln, damit die Vorteile für Kunden und Unternehmen genutzt werden.

Prozessmanagement, also das Managen der Prozesse, wurde entsprechend den Erkenntnissen und Erfahrungen von vielen Autoren beschrieben. Deshalb sollen hier als Übersicht die wichtigsten Grundlagen für Produktionsunternehmen vorgestellt werden.

14.1 Prozesse

Die Bedeutung der **Prozesse** wird von vielen Unternehmen als so wichtig eingestuft, dass prozessorientiertes Denken und Arbeiten in vielen Bereichen gefordert wird.

> **Prozesse** dienen der Klärung, was wann und warum erreicht werden soll.
> **Proceduren** (Verfahren, Ablauf) belegen, wer wo und wie etwas tut, wobei das Warum keine sehr große Bedeutung hat.

Prozesse werden nach einheitlichen Prinzipien gestaltet und dokumentiert, unter Berücksichtigung der Forderungen nach

- **Effektivität** = die richtigen Dinge tun
- **Effizienz** = die Dinge richtig tun
- **Wirtschaftlichkeit** = es zu marktfähigen Bedingungen tun
- **Ordnungsmäßigkeit** = es rechtlich beanstandungsfrei zu tun

14 Prozessmanagement

Prozesse sind effektiv, wenn sie die Ergebnisse liefern, die der Kunde will bzw. braucht.

Prozesse sind effizient, wenn diese Ergebnisse auf optimale Weise erreicht werden.

Prozesse haben bestimmte **Merkmale**, die im Bild 14.1 dargestellt sind.

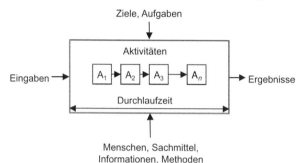

Bild 14.1: Merkmale eines Prozesses [5]

Eingaben eines Prozesses sind Informationen und Materialien, die eine Folge von Aktivitäten und Tätigkeiten innerhalb des Prozesses auslösen. Beispiele für Eingaben in den Prozess sind Zeichnungen, Rohteile, Halbzeuge, Informationen, Telefonanrufe oder EDV-Daten.

Prozesse bestehen aus Teilprozessen, Aktivitäten und Tätigkeiten, die als Systematik in dem Bild 14.2 zur Klärung der Zusammenhänge dargestellt sind.

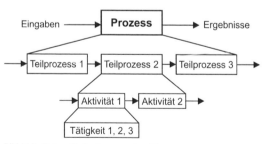

Bild 14.2: Systematik der Prozessanalyse [1]

Ergebnisse des Prozesses sind ebenfalls Informationen oder Materialien, die jedoch durch den Prozess eine Wertsteigerung erfahren haben. Beispiele für Ergebnisse sind Auftragspapiere, Fertigungspläne, NC-Programme, Berechnungsergebnisse, Fertigteile oder Produkte.

Die Zerlegung von Prozessen in Teilprozesse ist bei fast allen Prozessen sinnvoll und erfolgt als Prozesskette, wenn die Ergebnisse als Eingaben des jeweils folgenden Teilprozesses vorhanden sind.

> Unter **Prozessketten** versteht man nach Regeln definierte, verlaufsorientierte Abfolgen von Prozessen oder Teilprozessen. Die einzelnen Prozesse können dabei nacheinander oder parallel durchgeführt werden.

Prozessketten sollten möglichst einfach und übersichtlich dargestellt werden mit den wesentlichen Größen. Für genauere Abläufe haben sich zusätzliche Flussdiagramme bewährt. [1]

Die erforderlichen Begriffe enthält die Tabelle 14.1. Zusätzliche Erläuterungen auf den folgenden Seiten sorgen für die notwendige Kenntnisse zum Verstehen und Anwenden.

Tabelle 14.1: Begriffsbestimmungen für Prozesse

Begriff	Definition	Beispiele
Tätigkeit	Tätigkeiten sind einzelne Arbeitsschritte oder Teil einer Aktivität.	Informationen erfassen Normteile festlegen Toleranzen eintragen
Aktivität	Aktivitäten umfassen die Bearbeitung eines Vorgangs, der mit einem Arbeitsergebnis abgeschlossen wird und in der Regel mehrere Einzeltätigkeiten erfordert.	Anforderungsliste schreiben Festigkeit berechnen Stückliste schreiben Zeichnung prüfen
Prozess	Prozesse legen fest, welche Aktivitäten in welcher Reihenfolge stattfinden, um bestimmte Eingaben in etwas Wertvolleres als Ergebnisse zu verwandeln.	Produktentwicklungsprozess Konstruktionsprozess Auftragsabwicklungsprozess Beschaffungsprozess Produktionsprozess
Prozessmanagement	Prozessmanagement umfasst planerische, organisatorische und kontrollierende Maßnahmen zur zielorientierten Steuerung der Wertschöpfungskette eines Unternehmens hinsichtlich Qualität, Zeit, Kosten und Kundenzufriedenheit. [4]	Management der Prozesse des Unternehmens: Prozessentwicklung mit Beschreibung von Maßnahmen zur Wertschöpfung, Prozessbewertung mit Kennzahlen, Kundenzufriedenheit messen.

Die Prozessdefinition nach DIN EN ISO 9000: 2000 ist sehr abstrakt: Ein **Prozess** ist ein Satz von in Wechselbeziehung oder Wechselwirkung stehenden Tätigkeiten, der Eingaben in Ergebnisse umwandelt.

Ein Prozess ist demnach bereits vorhanden, wenn die Verknüpfung von wenigen Aktivitäten Arbeitsergebnisse liefert. Solche Prozesse für Teilaufgaben mit Teilergebnissen laufen in sehr großer Zahl im Unternehmen ab und sind auch an der Erstellung von Leistung für Kunden des Unternehmens beteiligt. Diese Teilprozesse sind so zu verbinden und aufeinander abzustimmen, dass als Ergebnis eine Prozesskette entsteht, die alle Anforderungen der Kunden erfüllt. Diese Koordination verursacht in der Praxis erhebliche Schwierigkeiten und Kosten.

14.2 Prozessorientierung

Die **prozessorientierte Organisation** hat die Zielgrößen **Zeit**, **Kosten** und **Qualität**, die zu optimieren sind. Diese Ziele sind gegenläufig, sodass das Maximum einer Größe allein dazu führt, dass die beiden anderen sich verschlechtern. Ein Gesamtoptimum ist mit einem prozessorientierten Ansatz zu ermitteln, damit alle Zielgrößen und Wechselwirkungen entsprechend bewertet werden. Bild 14.3 zeigt die Struktur.

Für die Geschäftsprozesse Auftragsabwicklung und Produktentwicklung sind stets alle drei Größen so zu gestalten, dass ein optimaler Wertschöpfungsprozess geschaffen wird. [2]

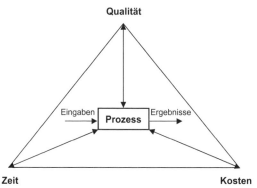

Bild 14.3: Zielgrößen prozessorientierter Organisation [1]

Die Prozessorganisation orientiert sich an effizienten Abläufen von Prozessen im Betrieb.

> **Prozessorganisation** oder prozessorientierte Organisationsgestaltung nennt man die dauerhafte Strukturierung und die laufende Optimierung von Prozessen im Hinblick auf die Prozessziele.
>
> Kernfrage: „Was soll wann und warum erreicht werden?"

Prozessmanagement ist in Tabelle 14.1 schon eindeutig und vollständig definiert [4]. Eine weitere Definition zum Vergleich lautet:

Unter **Prozessmanagement** versteht man den ganzheitlichen Ansatz zur Leistungsverbesserung in Unternehmen. Im Prozessmanagement wird nicht nur die Wirksamkeit (Effektivität), sondern auch die Wirtschaftlichkeit (Effizienz) benötigt. [3]

14.3 Geschäftsprozessmanagement

Unternehmen haben den Zweck, Leistungen zu erzeugen, die Kunden zufrieden zu stellen und durch Vermarktung der Leistungen den wirtschaftlichen Erfolg des Unternehmens zu sichern. Leistungen sind Produkte oder Dienstleistungen, die in Geschäftsprozessen erstellt werden. Die folgenden Ausführungen wurden nach Schmelzer/Sesselmann zusammengestellt. [6]

14.3.1 Geschäftsprozesse

Geschäftsprozesse bestehen aus der funktionsüberschreitenden Verkettung wertschöpfender Aktivitäten, die spezifische, von Kunden erwartete Leistungen erzeugen und deren Ergebnisse strategische Bedeutung für das Unternehmen haben. Sie können sich über Unternehmensgrenzen hinweg erstrecken und Aktivitäten von Kunden, Zulieferern oder auch Konkurrenten einbinden. Mit Hilfe der Geschäftsprozesse ist es möglich, die strukturbedingte Zerstückelung der Prozessketten in Funktionsorganisationen zu überwinden und die Aktivitäten eines Unternehmens stärker auf die Erfüllung von Kundenanforderungen auszurichten. [6]

Ein Geschäftsprozess besteht aus folgenden Komponenten (Bild 14.4):

Bild 14.4: Geschäftsprozess [5]

- Anforderungen der Kunden
- Eingaben zur Leistungserstellung
- Leistungserstellung mit Wertschöpfung
- Ergebnisse als Produkte oder Dienstleistungen
- Geschäftsprozessverantwortlicher ist zuständig für Effektivität und Effizienz des Geschäftsprozesses
- Ziel- und Messgrößen zur Steuerung des Geschäftsprozesses

Geschäftsprozesse werden auch als Kernprozesse, Leistungsprozesse, Schlüsselprozesse oder Unternehmensprozesse bezeichnet.

Ein **Geschäftsprozess** beginnt und endet bei den Kunden. Die Anforderungen der Kunden werden als Eingaben im Geschäftsprozesses umgesetzt, um am Prozessende die Ergebnisse, die der Kunde als Produkte oder Dienstleistungen erwartet, zu erhalten. Der Kunde bekommt einen Wert, den er mit einem entsprechenden Preis bezahlt. Das Unternehmen sichert sich durch Prozessergebnisse Einnahmen.

Geschäftsprozessmanagement hat das Ziel, die **Effektivität** und die **Effizienz** des Unternehmens zu erhöhen. Geschäftsprozesse sind **effektiv**, wenn ihre Ziele und Ergebnisse die Anforderungen der Kunden erfüllen und gleichzeitig dazu beitragen, die Unternehmensziele zu erreichen („die richtigen Dinge tun"). Die wichtigste Kenngröße der Prozesseffektivität ist die Kundenzufriedenheit. Nur wertschaffende Aktivitäten sind effektiv, alle anderen sind wertvernichtend.

Geschäftsprozesse sind **effizient**, wenn die Kundenleistungen mit möglichst geringem Ressourceneinsatz, d. h. wirtschaftlich, erzeugt werden („die Dinge richtig tun"). Die Prozesseffizienz bestimmt die Höhe der Kosten für die Leistungserstellung und den angestrebten Gewinn, wenn die von Kunden akzeptierten Preise ausreichen. Die Effizienz eines Geschäftsprozesses bestimmt auch, wie anforderungsgerecht und schnell Leistungen für Kunden bereitgestellt werden. Wichtige Effizienzgrößen in Geschäftsprozessen sind Kosten, Zeit und Qualität der Prozesse, die aufeinander abgestimmt sein müssen.

Beispiele für Geschäftsprozesse in Industrieunternehmen nach Bild 14.5 zeigen den direkten Bezug zum Kunden. Außerdem ist zu erkennen, dass die Ergebnisse eines Geschäftsprozesses die Eingaben für den nächsten sind. Kunden werden in Geschäftsprozessen in zwei Gruppen eingeteilt:

- Externe Kunden
- Interne Kunden

Externe Kunden sind die Endkunden, die die Produkte oder Dienstleistungen abnehmen und selbst nutzen oder anwenden.

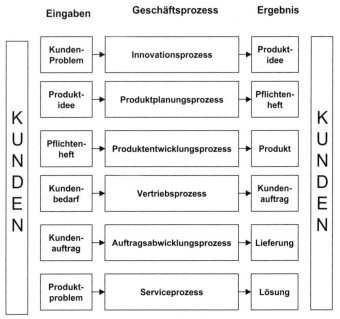

Bild 14.5: Geschäftsprozesse in Industrieunternehmen [6]

Interne Kunden sind Abnehmer von Teilergebnissen im Unternehmen, die sie als Eingaben weiterverarbeiten. In einem Geschäftsprozess ist jeder Teilprozess Kunde des davor liegenden und zugleich Lieferant des nachfolgenden Teilprozesses.

Die Bedeutung und Wirkungsweise von Geschäftsprozessen im Alltag zeigt folgendes Beispiel der Autoreparatur:

Die Kundenerwartung an die Reparatur eines Autos besteht aus den Anforderungen schnell, termintreu, kostengünstig und zuverlässig. Der Geschäftsprozess „Reparaturabwicklung" beginnt beim Kunden (Reparaturannahme) und endet beim Kunden (Rechnung bezahlen). Wie und wer den Prozess der Reparatur abwickelt, ist für den Kunden nicht interessant. Für den Kunden ist nur wichtig, dass die Autowerkstatt diesen Geschäftsprozess vollkommen beherrscht.

Die Einführung von Geschäftsprozessen ist ein zuverlässiger Weg, Mängel in der Kundenorientierung zu beseitigen. In Geschäftsprozessen sind Kunden und Kundenbeziehungen das Wichtigste. Das Denken und Handeln des gesamten Unternehmens wird durch Geschäftsprozesse auf

Kunden ausgerichtet. Die Kunden sind umso zufriedener, je effizienter die Geschäftsprozesse die Kundenanforderungen und -erwartungen erfüllen. Damit steigt der Erfolg des Unternehmens.

14.3.2 Geschäftsprozesstypen

Geschäftsprozesse werden nach ihren Aufgaben in Typen unterteilt. Die bekannten Varianten unterscheiden zwei, drei oder vier Prozesstypen. Oft zeigt die Praxis, dass zwei Typen ausreichen:

- Kernprozesse oder primäre Geschäftsprozesse und
- Unterstützungsprozesse oder sekundäre Geschäftsprozesse

Einige Unternehmen ergänzen diese beiden Typen um

- Managementprozesse

um den Forderungen des Qualitätsmanagementmodells zu entsprechen.

In den **Kernprozessen** erfolgt die Leistungserstellung für den externen Kunden durch Wertschöpfung, also die Herstellung von Produkten und Dienstleistungen. Mit diesen Prozessen wird im Unternehmen Geld verdient. Beispiele für die Kernprozesse des Bildes 14.5 werden im Bild 14.6, ergänzt um Unterstützungsprozesse, als Prozessmodell dargestellt.

In der Praxis legen die Unternehmen nach intensiven Überlegungen jeweils fest, welche Typen und welche Geschäftsprozesse vorhanden und notwendig sind. Das Ergebnis wird dann als **Prozessmodell** bezeichnet, das in der Regel für jedes Unternehmen spezifisch ist.

Die **Unterstützungsprozesse** sind unternehmensinterne Prozesse, die danach beurteilt werden, wie sie die Kernprozesse durch Dienstleistungen unterstützen. Die Ergebnisse der internen Unterstützungsprozesse sind genauso zu bewerten wie die von externen Lieferanten. Die internen Kunden bestimmen jetzt, welche Leistungen benötigt werden.

Managementprozesse enthalten Führungsaufgaben des Unternehmens, wie z.B. Ziele, Führung, Steuerung und Bewertung. Diese Prozesse gewährleisten die Durchführung von Managementaufgaben. Sie geben die Richtung vor, sind strategischer Natur und bestimmen bzw. beeinflussen die Kern- und Unterstützungsprozessse.

Die Zahl der Kernprozesse sollte nach praktischen Erfahrungen zwischen fünf und acht liegen. Kleine Unternehmen, ohne eigene Produktentwicklung, kommen auch mit drei bis vier Kernprozessen aus. Für die Anzahl der Unterstützungsprozesse gelten die gleichen Werte. Wichtig ist nicht die Anzahl, sondern die Gestaltung von einfachen, gut steuerbaren und messbaren Prozessen.

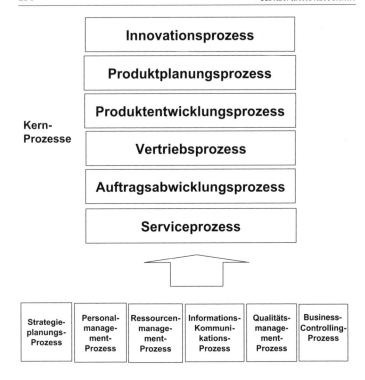

Unterstützungsprozesse

Bild 14.6: Prozessmodell mit Kern- und Unterstützungsprozessen [6]

14.3.3 Prozessmodell der DIN EN ISO 9000: 2000

Das **Prozessmodell** der DIN EN ISO 9000: 2000 wird für prozessorientiertes Qualitätsmanagement gefordert und kann entsprechend zur Einteilung der Prozesse dienen. Es unterscheidet

- Managementprozesse
- Geschäftsprozesse
- Unterstützende Prozesse
- Mess-, Analyse- und Verbesserungsprozesse

Diese Prozessbereiche werden definiert und ergänzt mit einer Auflistung von häufig in Unternehmen anzutreffenden Prozessen.

Managementprozesse sind Prozesse, die der strategischen Ausrichtung der Organisation dienen bzw. den strukturellen Rahmen bilden (Verantwortung der Leitung):

- Strategische Planung
- Unternehmenssteuerung
- Operative Planung
- Controlling
- Unternehmensorganisation
- Personalentwicklung
- Kommunikation
- Marketing

Geschäftsprozesse sind Prozesse, die der Wertsteigerung bei der Herstellung von Produkten bzw. der Erbringung von Dienstleistungen dienen:

- Anfragebearbeitung
- Angebotserstellung
- Auftragsabschluss
- Auftragsabwicklung
- Auftragsabnahme
- Lieferung
- Kundenservice
- Wartung

Unterstützende Prozesse sind Prozesse zur Durchführung der anderen Prozesse, um eine reibungslose Leistungserbringung zu gewährleisten (Management der Mittel):

- Beschaffung
- Datenverarbeitung
- Infrastruktur
- Lager
- Personaladministration
- Buchhaltung
- Prüfmittelüberwachung
- Abfallwirtschaft

Mess-, Analyse- und Verbesserungsprozesse sind Prozesse zur Messung, Überwachung und kontinuierlichen Verbesserung des Systems, der Prozesse sowie der Produkte bzw. Dienstleistungen:

- Kundenzufriedenheitsermittlung
- Prozessmessung
- Interne Audits
- Kontinuierliche Verbesserung

14.3.4 Prozess-Landkarte

Die **Prozess-Landkarte** (Prozessplan, Prozesslandschaft) ist eine übersichtliche Darstellung der in einer Organisation existierenden Prozesse. Diese Darstellung enthält alle Prozesse, die die Leistung für den Kunden erbringen, und alle Prozesse, die diese Leistungserbringung steuern, unterstützen und verbessern. Sie stellt die Verbindungen, Abhängigkeiten und Wechselbeziehungen dar, um die Geschäftsprozesse zu verstehen.

Die Prozess-Landkarte kann mit einem Organigramm verglichen werden. Das Organigramm stellt das Bereichs- und Abteilungsdenken dar, während bei Prozessen die durchgängige Prozesskette im Vordergrund steht. Prozessorientierung im Unternehmen ist eine Grundhaltung, bei der das gesamte betriebliche Handeln als Kombination von Prozessen bzw. Prozessketten betrachtet wird.

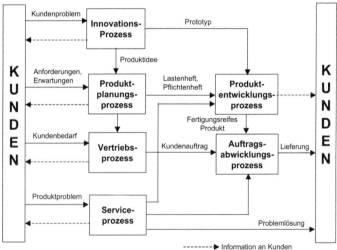

Bild 14.7: Prozess-Landkarte [6]

Prozess-Landkarten sind immer unternehmensspezifisch zu gestalten, um die Besonderheiten und Zusammenhänge im Unternehmen zu berücksichtigen. Die Prozess-Landkarte vermittelt Überblick über die Kernprozesse, deren Wirkzusammenhang und die Verbindungen zum Kunden. Bild 14.7 zeigt ein Beispiel für die Kernprozesse nach Bild 14.5.

Eine Prozess-Landkarte muss unternehmensspezifisch erarbeitet werden.

Aufschlussreicher, aber auch wesentlich komplexer, sind Prozess-Landkarten mit Teilprozessen. Grafische Darstellungen sind dann mit Softwaretools zu erstellen.

14.3.5 Kunden-Lieferanten-Beziehungen

In Geschäftsprozessen wird unterschieden zwischen externen und internen Kunden. Externe Kunden sind in der Regel Endkunden, die die Produkte und Dienstleistungen selbst nutzen oder anwenden.

Interne Kunden sind Abnehmer von Teilergebnissen, die sie als Eingaben verwenden und weiterbearbeiten. In einem Geschäftsprozess ist jeder

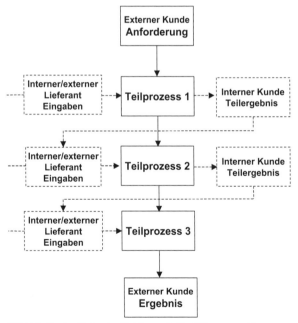

Bild 14.8: Kunden-Lieferanten-Beziehungen in Geschäftsprozessen [6]

Teilprozess Kunde des vorhergehenden und zugleich Lieferant des nachfolgenden Teilprozesses.

Interne Kunden-Lieferanten-Beziehungen werden in der Praxis oft weniger intensiv gepflegt als externe. Interne Lieferanten sind oft zu teuer, zu langsam und liefern nicht ausreichende Qualität.

Geschäftsprozesse fördern neben der unternehmensinternen auch die unternehmensübergreifende Zusammenarbeit.

Das Bild 14.8 zeigt in der Mitte einen Geschäftsprozess mit den Anforderungen als Eingaben und den Ergebnissen von und zum externen Kunden. Der Geschäftsprozess verläuft senkrecht und ist in Teilprozesse unterteilt, die waagerecht mit internen Lieferanten und internen Kunden dargestellt sind. Aus den Eingaben des ersten Teilprozesses werden durch Aktivitäten der Mitarbeiter Teilergebnisse, die jeweils wieder Eingaben für die folgenden Lieferanten im nächsten Teilprozess sind.

Der Vorteil dieser Darstellung ergibt sich bei der Beschreibung von Prozessen. In dieser Anordnung kann ein vollständiger Prozess auf einer Seite übersichtlich beschrieben werden.

14.3.6 Gestaltung von Geschäftsprozessen

Die organisatorische **Gestaltung der Geschäftsprozesse** ist nach dem Aufstellen des Prozessmodells und der Prozess-Landkarte der nächste Schritt. Die dafür bekannten Erfahrungen aus der Praxis sollen hier schwerpunktmäßig vorgestellt werden. Für Geschäftsprozesse und für Teilprozesse haben sich folgende Regeln bewährt [6]:

1. Jeder Geschäftsprozess beginnt und endet bei den Kunden, die Leistungsanforderungen stellen und Prozessergebnisse erhalten

2. Jeder Geschäftsprozess ist in Teilprozesse, Aktivitäten und Tätigkeiten zu unterteilen

3. Jeder Geschäftsprozess hat einen Verantwortlichen

4. In jedem Geschäftsprozess wird ein Objekt komplett bearbeitet

5. Nicht wertschöpfende Teilprozesse, Aktivitäten und Tätigkeiten sind zu eliminieren

6. Für jeden Geschäftsprozess ist eine zeit- und ressourcengünstige Ablaufstruktur festzulegen

7. Mit den Lieferanten der Geschäftsprozesse sind Leistungsvereinbarungen zu treffen

14.3.6.1 Struktur der Geschäftsprozesse

Jeder Geschäftsprozess ist in Teilprozesse, Aktivitäten und Tätigkeiten zu unterteilen. Bild 14.9 zeigt die Struktur und ein Beispiel.

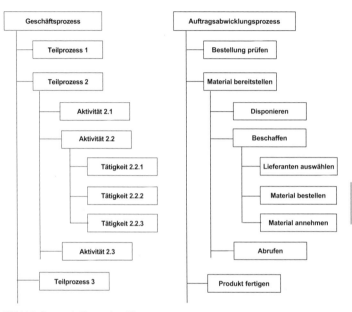

Bild 14.9: Prozess-Aufbaustruktur [6]

Die Darstellung der Prozessebenen ist sinnvoll, um Aufgaben und Verantwortungen festlegen zu können. Für Mitarbeiter, die den Prozess selbst steuern, ist eine Zerlegung bis zu den Tätigkeiten nicht erforderlich. Bei einfachen Prozessen sind ebenfalls weniger Ebenen zu beschreiben. Prozesse werden von Prozessteams erarbeitet.

14.3.6.2 Beschreibung der Geschäftsprozesse

Prozessbeschreibungen dokumentieren die Ergebnisse der Prozessgestaltung. Dafür gibt es verschiedene Fragelisten und Muster in den Literaturstellen, von denen ein Beispiel in Tabelle 14.2 vorgestellt wird.

Tabelle 14.2: Beschreibung eines Geschäftsprozesses [6]

Prozessname: Produktentwicklungsprozess	Prozessverantwortlicher:
Prozessanfangspunkt: Pflichtenheft	Prozessendpunkt: Lieferfreigabe
Objekt: Entwicklungsprojekt (Beschreiben des Projekts, für das die Prozessmerkmale erfasst werden sollen.)	
Prozesseingaben: Lastenheft, Pflichtenheft, Projektplan, Wirtschaftlicher Produktplan, Prototypen (Informationen, Material)	Lieferant: Produktplanungsprozess, Innovations- prozess (Angabe der liefernden Prozesse)
Prozessergebnis: Integriertes, getestetes und fertigungsreifes Produkt mit vollständiger Dokumentation (Produkte/Dienstleistungen)	Kunde: Auftragsabwicklungsprozess, Vertriebsprozess, Serviceprozess (Angabe der abnehmenden Prozesse)
Messgrößen: Zykluszeit, Termineinhaltung, Anteil fehlerfreier Prozessergebnisse, Kundenzufriedenheit erfassen (Prozesszeiten, Prozesskosten, Termintreue, Kundenzufriedenheit, Aufwand, Prozessqualität)	

Der Produktentwicklungsprozess soll als Beispiel vorgestellt werden. Entwicklungsprojekte werden nach dem Produktplanungsprozess im Produktentwicklungsprozess weiterbearbeitet. Das Ergebnis des Produktplanungsprozesses ist das Pflichtenheft. Der Produktentwicklungsprozess beginnt dementsprechend mit dem Pflichtenheft und hat als Ergebnis die Lieferfreigabe.

Produktentwicklungsprozesse sind vom Prozessteam so zu gestalten und anzuwenden, dass alle Entwicklungsaufgaben des Unternehmens erfolgreich durchzuführen sind.

Die Teilprozesse des Produktentwicklungsprozesses sind abhängig von den Entwicklungsaufgaben des Unternehmens.

Das Ergebnis des Produktentwicklungsprozesses ist ein getestetes, lieferfähiges Produkt mit allen für Fertigung, Montage, Einkauf, Logistik, Vertrieb und Service notwendigen Unterlagen.

Nach Abschluss dieses Prozesses können externe Kunden das Produkt erwerben.

Die Prozessbeschreibungen sind für ein Unternehmen einheitlich festzulegen. Art, Umfang und Kriterien richten sich nach Produkten, Organisation, Größe und spezifischen Merkmalen des Unternehmens.

Bewährt hat sich eine Festlegung, wie z. B. in Tabelle 14.3, durch die Prozessverantwortlichen. Nach dem Einsatz in Sitzungen der Prozessteams ergeben sich dann noch erforderliche Verbesserungen. Durch dieses Vorgehen ist gewährleistet, dass eine Form gefunden wird, die die Prozessverantwortlichen, die Prozessteams und alle Mitarbeiter im Unternehmen verstehen und anwenden können.

Tabelle 14.3: Prozessbeschreibung

K$_T$	Prozessbeschreibung	
	Prozessname:	Prozessart: M/K/U
Prozessverantwortlicher:		
Prozessteam:		
Prozesskurzbeschreibung: (Aufgaben, Merkmale, Ablauf)		
Prozessziele: (Messbare Ziele)		
Prozessanfangspunkt:		
Prozessendpunkt:		
Zugehörige Teilprozesse: (Prozesskette)		
Prozessschnittstellen: (Abteilungen, Prozesse)		
Prozess-Eingaben:		
Interne/externe Lieferanten:		
Prozess-Ergebnisse: (Produkte, Dienstleistungen)		
Interne/externe Kunden:		
Wertschöpfung:		
Benutzte Ressourcen:		
Zugeh. Verfahrensanweisungen:		
Zugeh. Arbeitsanweisungen:		
Erfolgsfaktoren:		
Prozesskennzahlen:		
Kennzahl		
Messung		
Auswertung		

14.3.6.3 Beschreibung der Teilprozesse

Teilprozesse werden mit Substantiv und Verb beschrieben, wie z. B. „Auftrag klären". Klare und einfache Beschreibungen sind vom Prozessteam so zu wählen, dass auch Außenstehende den Teilprozess verstehen:

- Für jeden Teilprozess ist eine **Teilprozessbeschreibung** zu erstellen
- **Teilprozessergebnisse** werden mit den dazugehörigen Kunden eingetragen
- **Teilprozesseingaben** wie Zulieferungen, Informationen usw. sind mit zugehörigen Lieferanten anzugeben

Bei Bedarf können auch Aktivitäten mit Ergebnissen erfasst werden.

Mit Vorschriften und Richtlinien sind Qualitätsrichtlinien, Verfahrensanleitungen und Ausführungsbestimmungen gemeint, die bei dem Teilprozess zu beachten sind.

Tabelle 14.4: Beschreibung von Teilprozessen [6]

Teilprozess (TP):	Geschäftsprozess:
TP-Verantwortlicher:	TP-Objekt:
Eingaben:	Lieferanten:
1.	1.
2.	2.
Aktivitäten:	Ergebnisse:
1.	1.
2.	2.
TP-Ergebnisse:	TP-Kunden:
1.	1.
2.	2.
3.	3.
Ziel- und Messgrößen:	
Vorschriften und Richtlinien:	
Tools, Methoden:	

Die Prozesskette der Kunden-Lieferanten-Beziehungen gehört zur Prozessdokumentation. Damit sind die Teilprozesse bekannt. Für jeden Teilprozess ist mindestens eine Beschreibung nach folgendem Muster in Tabelle 14.5 erforderlich. Bei Bedarf erstellt das Prozessteam eine ausführlichere Beschreibung nach Tabelle 14.4.

Tabelle 14.5: Vereinfachte Teilprozessbeschreibung

Teilprozess 1:	
Aufgabe/Objekt:	
Ziel:	
Eingaben:	
Ergebnisse:	

Der Umfang der Teilprozessbeschreibungen ist abhängig von den ausführenden Mitarbeitern und wird deshalb firmenspezifisch angepasst.

14.3.7 Prozessdokumentation

Das Top-Down-Vorgehen ist konsequent einzuhalten, indem erst die Geschäftsprozesse definiert werden und danach die tieferen Prozessebenen, also die Teilprozesse sowie die Aktivitäten und Tätigkeiten. Dadurch ist auch später noch zu erkennen, welche Teilaufgaben für die Erzeugung des Prozessergebnisses erforderlich und damit wertschöpfend sind.

Die Kernprozesse sind in Teilprozesse zu zerlegen. Der Ausgangspunkt für die Definition der Teilprozesse ist das Ergebnis des Kernprozesses. Dieses wird in Teilergebnisse zerlegt. Mit Kenntnis der Teilergebnisse können die erforderlichen Teilprozesse festgelegt werden.

Die Teilprozesse sind in Aktivitäten und Tätigkeiten zu zerlegen.

Ein Teilprozess umfasst alle Aufgaben, die zur Erstellung eines bestimmten Teilergebnisses notwendig sind. Zur Darstellung der Teilergebnisse, Teilprozesse, Aktivitäten und Tätigkeiten kann ein Prozessgliederungsplan eingesetzt werden.

Das Prozess-Team erarbeitet Strukturen und Abläufe der Kern- und der Teilprozesse, damit ein gemeinsames Prozessverständnis geschaffen wird.

Management- und Unterstützungsprozesse sind firmenspezifisch nach den für Prozessbeschreibungen festgelegten Regeln zu erarbeiten. Ausführliche Teilprozessbeschreibungen sind oft nicht erforderlich.

Zur **Prozessdokumentation** gehören alle Dokumente, die im Rahmen der Prozessgestaltung erstellt werden. Mit der Dokumentation können mehrere Aufgaben erfüllt werden:

- prozessinterne und externe Kommunikation
- Prozesskoordination und Prozessbewertung
- Training der Prozessmitarbeiter

- Qualitätsmanagement und Zertifizierung nach DIN EN ISO 9001: 2000
- Erkennen von Prozessproblemen
- Ableiten von Prozessverbesserungen

Die Prozessdokumentation besteht aus:

- Übersicht: Prozess-Landkarte, Prozessmodell, Kunden-Lieferanten-Beziehungen, Formularen
- Geschäftsprozesse: Beschreibung, Aufbaustruktur, Aufgaben der Verantwortlichen, Management-Team, Prozess-Teams, Prozessdaten, Prozesskennzahlen
- Teilprozesse: Beschreibung, Ablaufstruktur, Aufgaben der Verantwortlichen, Ziel- und Messgrößen

Die aktive Beteiligung der Konstrukteure bei der Entwicklung und Gestaltung der Geschäftsprozesse ist wegen der Bedeutung der Konstruktionstechnik im Unternehmen selbstverständlich.

Quellen und weiterführende Literatur

[1] *Conrad, K.-J.* (Hrsg.): Taschenbuch der Werkzeugmaschinen. München Wien: Fachbuchverlag Leipzig im Carl Hanser Verlag, 2002
[2] *Eversheim, W.* (Hrsg.): Prozessorganisierte Unternehmensorganisation. 2. Aufl., Berlin: Springer Verlag, 1996
[3] *Fischer, F.; Scheibeler, A. A. W.* (Hrsg.): Handbuch Prozessmanagement. München Wien: Carl Hanser Verlag, 2003
[4] *Gaitanides, M.; Scholz, R.; Vrohlings, A.; Raster, M.:* Prozessmanagement. München Wien: Carl Hanser Verlag, 1994
[5] *Vahs, D.:* Organisation. Stuttgart: Schäffer Poeschel Verlag, 1997
[6] *Schmelzer, H. J.; Sesselmann, W.:* Geschäftsprozessmanagement in der Praxis. München Wien: Carl Hanser Verlag, 2003

Binner, H. F.: Organisations- und Unternehmensmanagement. München Wien: Carl Hanser Verlag, 1996
Binner, H. F.: Prozessorientierte TQM-Umsetzung. 2. Aufl., München Wien: Carl Hanser Verlag, 2002
Schönheit, M.: Wirtschaftliche Prozessgestaltung. Berlin: Springer Verlag, 1997

15 Konstruktionsablauf

Prof. Dipl.-Ing. Klaus-Jörg Conrad

Der Konstruktionsprozess kann in Konstruktionsphasen mit Arbeitsschritten unterteilt werden, die durch unterschiedliche Konstruktionstätigkeiten zu Arbeitsergebnissen führen. Das allgemeine Vorgehen ergibt damit einen Konstruktionsablauf, der in diesem Kapitel erläutert wird. In der Praxis erfolgt eine Anpassung nach Branchen, Produkten und Organisationen unter Einsatz bewährter Methoden und Hilfsmittel. Viele Methoden und Hinweise sind bereits in den Kapiteln Methodisches Konstruieren, Produktentstehung und Technische Gestaltung grundlegend beschrieben. Hier soll eine Zusammenfassung für das allgemeine Vorgehen beim Konstruieren als Übersicht vorgestellt werden mit den erforderlichen Hinweisen für die Konstruktionstechnik.

15.1 Konstruktionsphasen und Vorgehen

Die vier Konstruktionsphasen Planen, Konzipieren, Entwerfen und Ausarbeiten stellen eine Zusammenfassung der wichtigsten Tätigkeiten dar, die sich als wesentliche Gliederung für das Vorgehen beim Konstruieren im Maschinenbau bewährt hat.

- Das **Planen** klärt die Aufgabe durch Erfassen der Anforderungen, die in einer Anforderungsliste festgelegt werden.

- Das **Konzipieren** erfolgt in drei Arbeitsschritten: Funktionen festlegen und Funktionsstruktur aufstellen. Physikalische Prinzipien für das Wirkprinzip festlegen. Geometrie, Bewegungen und Stoffarten als Lösung festlegen.

- Das **Entwerfen** besteht aus dem Gestalten von Teilen, Baugruppen und Verbindungen.

- Das **Ausarbeiten** bedeutet, alle Fertigungs- und Montageangaben in Zeichnungen und Stücklisten festzulegen.

Den Konstruktionsphasen werden Teilaufgaben zugeordnet, um bestimmte Arbeitsergebnisse zu erzielen. Der Ablauf aller Tätigkeiten von der Aufgabe bis zur konstruktiven Lösung ist als allgemeines Vorgehen nach VDI 2221 bekannt (Bild 15.1). Das Abarbeiten erfolgt schrittweise mit Wiederholungen für alle Arbeitsschritte, bis alle Anforderungen umgesetzt sind. Mit diesem Vorgehen wird sichergestellt, dass alle Arbeitsschritte nach Durchführung und Überprüfung durch Entscheidungen abgeschlossen werden.

Ablaufpläne für das Vorgehen beim Konstruieren wurden in verschiedenen Varianten veröffentlicht und werden in der Regel firmenspezifisch angepasst, da dafür in jedem Unternehmen eine Organisation vorhanden ist. Wichtig ist nicht ein starres Einhalten aller Vorgaben, sondern eine flexible Handhabung zur Unterstützung der Konstrukteure. [1]

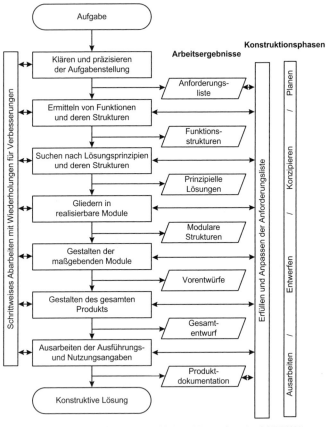

Bild 15.1: Allgemeines Vorgehen beim Entwickeln und Konstruieren (nach VDI 2221)

Wie bei allen Vorgehensplänen ist flexible Handhabung je nach Problemlage erforderlich. Es können weitgehende Überschneidungen auftreten, da z. B. Fertigungsgesichtspunkte, Werkstoffe, gestalterische Merkmale usw. bereits das Lösungsprinzip beeinflussen können.

15 Konstruktionsablauf

Konstrukteure in der Praxis sind häufig sehr skeptisch, wenn ihnen die Arbeitsweise nach Ablaufplänen erklärt wird, weil sie dieses Vorgehen als viel zu aufwändig und zeitintensiv empfinden. Dabei ist jedoch zu beachten, dass es sich eigentlich nur um die Darstellung von Abläufen handelt, die nach Angaben von guten Konstrukteuren übernommen wurden. Außerdem fehlen viele für einen Auftragsdurchlauf notwendige Aktivitäten, die im Konstruktionsalltag selbstverständlich sind. [1]

Der Konstruktionsprozess wird häufig auch durch ein praxisorientiertes Vorgehen ohne strikte Einhaltung der Ablaufpläne durch Beantwortung einfacher Fragen realisiert, wie z. B. [1]:

- Welche Eigenschaften sind gefordert?
- Wie soll es funktionieren?
- Welche ähnlichen Lösungen gibt es?
- Was kann gekauft werden?
- Wie wird es beansprucht?
- Welche Festigkeit ist notwendig?
- Welche Werkstoffe sind geeignet?
- Welches Rohmaterial wird eingesetzt?
- Wie wird es hergestellt?
- Welche Kosten entstehen?
- Welche Lösung ist wirtschaftlicher?
- Wie wird es einfacher?
- Wie wird es sicherer?
- Wie wird es montiert?
- Welche Schnittstellen müssen beachtet werden?
- Wie wird die Qualität erreicht?

15.2 Klären und Präzisieren der Aufgabenstellung

In der ersten Konstruktionsphase werden die ersten Schritte des Konstruktionsprozesses behandelt, in dem ausgehend von der Planung der Produkte das Klären und Präzisieren der Aufgabenstellung zu dem Arbeitsergebnis Anforderungsliste führt. Die dafür bewährten Methoden und Hilfsmittel werden vorgestellt.

Als Aufgabenstellungen sind alle Varianten mit dem Umfang eines Satzes bis zu einer ausführlichen Beschreibung in einem oder mehreren Ordnern anzutreffen. Die Aufgabenstellung erhalten die Konstruktionsabteilungen z. B. als Auftrag eines Kunden, Auftrag eines Zulieferers, Auftrag einer Unternehmensabteilung, Auftrag zur Produktverbesserung oder Auftragsanteil für ein Großprojekt.

> Das Klären der Aufgabenstellung umfasst alle Tätigkeiten der informativen Festlegung, um nach der Informationsbeschaffung alle Anforderungen, Daten und Bedingungen in strukturierter Form geordnet aufzubereiten.

Sehr wichtig ist eine möglichst vollständige Klärung aller Punkte der Aufgabenstellung durch Fragen, wobei auch schon die gesamte Produktnutzung erfasst werden sollte:

- Welches Kernproblem muss für die Aufgabe gelöst werden?
- Welchen Zweck muss die Aufgabe erfüllen?
- Welche Produkteigenschaften sind zu erfüllen?
- Welche Eigenschaften dürfen nicht auftreten?
- Welche Forderungen und welche Wünsche sind zu erfüllen?
- Welche Erwartungen hat der Auftraggeber?
- Welche Bedingungen müssen beachtet werden?
- Welche Schwachstellen können auftreten?
- Welche Lösungen sind vom Wettbewerb bekannt?

Die Aufgabenklärung kann auch dazu verwendet werden, Produkte oder Baugruppen nicht zu konstruieren, sondern diese komplett zu kaufen.

> Erst wenn geklärt ist, dass es nicht sinnvoll ist zu kaufen (technisch, wirtschaftlich), wird mit den Arbeitsschritten und methodischen Hilfen der Konstruktionslehre konstruiert! [1]

Die Anforderungsliste ist das Ergebnis dieser Phase (Bild 15.1).

15.3 Anforderungslisten

> Die **Anforderungsliste** ist eine systematisch erarbeitete Zusammenstellung aller Daten und Informationen durch den Konstrukteur für die Konstruktion von Produkten. Sie dient der Klärung und genauen Festlegung der Aufgabe und wird in enger Zusammenarbeit mit dem Auftraggeber erstellt und aktualisiert.

15 Konstruktionsablauf

Hinweise zum Aufstellen einer Anforderungsliste enthält das Kapitel Methodisches Konstruieren oder die Fachliteratur. [1]

Neben der Anforderungsliste sind noch **Lastenhefte** und **Pflichtenhefte** in den Unternehmen im Einsatz, deren Bedeutung und Abgrenzung hier in Anlehnung an VDI/VDE 3694 in Tabelle 15.1 enthalten ist.

Tabelle 15.1: Gegenüberstellung der Aufgabenklärungshilfen

Merkmal	Lastenheft	Pflichtenheft	Anforderungsliste
Definition	Anforderungen des Kunden als Liefer- und Leistungsumfang zusammenstellen	Realisierung aller Anforderungen durch den Lieferanten beschreiben lassen	Zusammenstellung aller Daten und Informationen durch den Konstrukteur für die Konstruktion von Produkten
Ersteller	Kunde	Lieferant	Konstrukteur
Aufgabe	Definieren, WAS und WOFÜR zu lösen ist	Definieren, WIE und WOMIT Anforderungen zu realisieren sind	Definieren von Zweck und Eigenschaften der Anforderungen
Bemerkung	Lastenheft enthält Anforderungen und Randbedingungen	Pflichtenheft enthält Lastenheft mit Realisierung der Anforderungen	Anforderungsliste entspricht erweitertem Pflichtenheft

Formblatt für Anforderungslisten

Die systematische Zusammenstellung aller Forderungen und Wünsche in übersichtlicher und geordneter Form erfordert ein Formblatt, das mit der Organisation eines Unternehmens abzustimmen ist. Anforderungslisten müssen so aufgebaut sein, dass sie für Anlagen, Maschinen oder Baugruppen eingesetzt werden können. Sie werden firmenspezifisch unterschiedlich ausfallen und können durch eine Werknorm oder durch eine Verfahrensanweisung im Handbuch Qualitätsmanagement eingeführt werden. Den Aufbau des Formblatts zeigt ein Beispiel in Tabelle 15.2 in verkürzter Form, da üblicherweise ein DIN-A4-Blatt bzw. eine PC-Tabelle eingesetzt wird.

Anforderungskataloge sind geordnete Sammlungen von bewährten und möglichen Merkmalen mit Beispielen und Hinweisen für das Aufstellen von Anforderungslisten. Sie unterstützen durch produktspezifische Merkmale das Aufstellen von Anforderungslisten.

Regeln zum Aufstellen einer Anforderungsliste [1]:

- Anforderungen sammeln
- Anforderungen sinnvoll ordnen
- Anforderungskataloge nutzen
- Anforderungsliste prüfen und ergänzen
- Anforderungsliste auf Formblättern erstellen

Tabelle 15.2: Anforderungsliste

K_T	Anforderungsliste	F=Forderung W=Wunsch	
Auftrags-Nr.:	Projekt	Bearbeiter:	
Anforderungen			
F W	Nr.	Bezeichnung	Werte, Daten, Erläuterung, Änderungen	Verantwortlich, Klärung durch:
Einverstanden:		Datum:	Blatt:

Quality Function Deployment (QFD)

Die Aufstellung einer Anforderungsliste setzt voraus, dass die Kundenforderungen an ein Produkt in technische Merkmale umgesetzt wurden. Da dieser Prozess leider nicht oder nur teilweise erfolgt, entfallen u. U. wesentliche Eigenschaften, die für den Kunden wichtig sind. Um diesen Nachteil zu beseitigen, wurde die Methode QFD = Quality Function Deployment geschaffen. [1]

Das Vorgehen wird im Kapitel Produktentstehung erläutert.

15.4 Konzipieren

> Das **Konzipieren** umfasst alle Tätigkeiten zur prinzipiellen Festlegung der Lösung. Durch Abstrahieren und Funktionsanalyse ist ein geeignetes Lösungsprinzip zu finden und ein Konzept zu erarbeiten.

Als Arbeitsschritte des Konzipierens haben sich bewährt:
- Erkennen des Kerns der Aufgabe durch Abstrahieren
- Gesamtfunktion in Teilfunktionen zerlegen und Funktionsstrukturen aufstellen
- Für Teilfunktionen geeignete Wirkprinzipien suchen und diese zu Prinziplösungen kombinieren
- Lösungsvarianten als realisierbare Konzepte skizzieren
- Auswahl der besten Lösungsvariante durch Bewertung
- Festlegen des Konzepts für das Entwerfen

Das Konzipieren wird beim Methodischen Konstruieren erläutert. Dort sind auch Methoden zur Lösungsfindung und Bewertungsverfahren beschrieben. Weitere Beispiele und Anwendungshinweise enthält die Fachliteratur. [1]

Die Arbeitsergebnisse dieser Phase sind Funktionsstrukturen und prinzipielle Lösungen (Bild 15.1).

15.5 Entwerfen

Das Entwerfen ist die dritte Phase des Konstruierens und wird als typischer Arbeitsschritt für Ingenieurarbeit im Konstruktionsbüro eingeordnet. In dieser Phase erfolgt die grafische Darstellung der technischen Gebilde, die als Lösungsprinzip unter Beachtung der Anforderungen der Aufgabe gedanklich entwickelt wurden. Ideenskizzen sowie erste Auslegungsberechnungen werden als konstruktive Lösung gestaltet und dargestellt. Das Ergebnis dieses Arbeitsschritts ist ein Entwurf mit festgelegter Gestalt und Anordnung aller Elemente eines Produkts sowie allen Angaben zur Herstellung und Beschaffung dieser Elemente. Das grundlegende Vorgehen wurde bereits beim Methodischen Konstruieren erklärt. Umfangreichere Hinweise zum Gestalten enthalten die Kapitel unter Konstruktion und Gestaltung sowie die Konstruktionsberechnung.

> Das **Entwerfen** umfasst alle Tätigkeiten zur gestalterischen Festlegung von Einzelteilen und deren Anordnung in Baugruppen und Produkten, sodass das Lösungsprinzip unter Beachtung technischer und wirtschaftlicher Kriterien realisiert wird.

Dafür sind folgende **Arbeitsschritte** erforderlich:

- Festlegung der Hauptabmessungen
- Untersuchung der räumlichen Verhältnisse
- Wahl von Werkstoffen
- Berechnung der Auslegungsgrößen
- Ergänzung des Lösungsprinzips
- Festlegung von Fertigungsverfahren
- Gestaltung aller Bauteile und Verbindungen
- Festlegung von Baugruppen
- Festlegung der Teilearten
- Festlegung der Zulieferteile
- Analyse auf Schwachstellen
- Bewertung und Auswahl

Ein konstruktiv einwandfreier Entwurf ist die Grundlage für ein fehlerfreies Produkt. Entwurfszeichnungen werden durch verschiedene Methoden bewertet. Für besonders anspruchsvolle Produkte wird eine **FMEA (Fehler-Möglichkeits- und -Einfluss-Analyse)** durchgeführt, wie im Kapitel Produktentstehung erläutert.

Die wirklichen Ursachen für Produktfehler sind oft Schwachstellen bei der Produktplanung. Fehler in dieser Phase sind durch eine systematische Betrachtung der Fehlermöglichkeiten am geplanten Produkt zu vermeiden. Dadurch sollen die Fehlerursachen der Konzeption bzw. Auslegung des Produkts einschließlich aller Komponenten erkannt, verbessert und beseitigt werden. Die Vorgehensweise FMEA zur Fehlervermeidung reduziert Fehlerkosten und steigert die Kundenzufriedenheit. [1]

In dieser Phase erfolgt auch die Gliederung des Entwurfs in realisierbare **Baugruppen** bzw. **Module**. Die Produktstruktur ist also so zu entwickeln, dass Baugruppen oder Module entstehen. Dies geschieht durch das Zusammenfassen von Bauteilen zu funktionsfähigen technischen Gebilden, die durch festgelegte Anschluss- und Schnittstellen austauschbar sind. Die so entstandenen modularen Strukturen werden auch **Modulbauweise** bzw. **Baugruppenbauweise** genannt.

Je nach Art und Umfang des zu entwickelnden Produkts sind für die maßgebenden Baugruppen Vorentwürfe anzufertigen, die anschließend zu Gesamtentwürfen zusammengefasst werden (Bild 15.1).

15 Konstruktionsablauf

15.6 Ausarbeiten

In dieser Phase werden aus dem zum Ausarbeiten freigegebenen Entwurf alle Informationen so aufbereitet, dass ein Produkt hergestellt werden kann. Es müssen also alle Zeichnungen, Stücklisten und Anweisungen zum Bau und Betrieb eines Erzeugnisses erarbeitet werden. Dafür müssen als Ergebnis der Entwurfsarbeit auf der Entwurfszeichnung alle Angaben eingetragen sein, die für das Ausarbeiten, also das Aufstellen von Stücklisten und das Anfertigen von Einzelteilzeichnungen, Baugruppenzeichnungen usw., notwendig sind.

> **Ausarbeiten** umfasst alle Tätigkeiten zur herstellungstechnischen Festlegung von Teilen, Baugruppen und deren Anordnung in einem Produkt durch Zeichnungen, Stücklisten und Anweisungen zum Bau und Betrieb eines Erzeugnisses.

Die **Arbeitsschritte** für das Ausarbeiten bestehen aus:

- Einzelteilzeichnungen erstellen
- Berechnungen durchführen
- Baugruppenzeichnungen erstellen
- Montagezeichnungen oder Gesamtzeichnungen anfertigen
- Stücklisten aufstellen
- Fertigungs- und Montageanweisungen festlegen
- Zeichnungs- und Stücklistenprüfung durchführen
- Betriebsanleitungen und Dokumentation erarbeiten

Nach der Erledigung aller Arbeitsschritte erfolgt die Freigabe zur Produktion. Einkauf, Arbeitsvorbereitung und Materialwirtschaft erhalten die Zeichnungen und Stücklisten, um alle Beschaffungen, Bereitstellungen und Planungen für Fertigung und Montage durchzuführen. Alle Ergebnisse werden vor einer Freigabe ständig optimiert und verbessert, um kostengünstigere Fertigungsverfahren oder Zulieferteile statt Eigenteile einzusetzen usw.

15.6.1 Erzeugnisgliederung

Erzeugnisse, die in Form von Entwürfen vorliegen, müssen beim Ausarbeiten so gegliedert werden, dass eine Herstellung sinnvoll und wirtschaftlich möglich ist. Der Konstrukteur muss also überlegen, welche Eigenfertigungsteile, welche Normteile und welche Zulieferteile einzusetzen sind und diese dann so zusammenfassen, dass Baugruppen für eine einfache Montage entstehen. Das ganze Erzeugnis wird also gedanklich so gegliedert, dass Zeichnungen und Stücklisten als Ordnungsschema eine Erzeugnisstruktur ergeben. Die Begriffe Erzeugnisgliederung, Erzeugnisstruktur oder auch Produktstruktur sind in DIN 199 bzw. VDI 2215 definiert und werden mit gleicher Bedeutung verwendet. [1]

> **Erzeugnis** nennt man einen durch Produktion entstandenen, gebrauchsfähigen bzw. verkaufsfähigen, materiellen oder immateriellen (z.B. Software) Gegenstand (DIN 199). Erzeugnisse sind funktionsfähige Teile, Maschinen oder Geräte, die aus einer Anzahl von Baugruppen und Teilen bestehen und das Produktionsergebnis darstellen. Baugruppen bestehen aus zwei oder mehr Teilen und aus Gruppen der Vormontage, die nach Fertigungs- und Montagegesichtspunkten gebildet werden.

Für die Herstellung von Erzeugnissen wird beim Ausarbeiten ein Zeichnungs- und Stücklistensatz erzeugt, der alle Zeichnungen und Stücklisten für die Produktion des Erzeugnisses und der Baugruppen umfasst.

> Unter **Erzeugnisgliederung** wird eine Aufteilung des Erzeugnisses in kleinere Einheiten verstanden. Die Erzeugnisgliederung wird auch Erzeugnisbaum, Erzeugnisstammbaum oder Aufbauübersicht genannt, wobei noch Rohteile bzw. Halbzeuge angegeben werden. Die Gliederung eines Erzeugnisses kann übersichtlich als Ordnungsschema aufgebaut werden, das eine Zuordnung der Einzelteile, Gruppen niederer Ordnung und Baugruppen enthält. Die Gliederung erfolgt durch Strukturstufen, die als Gliederungsebenen durch fortschreitende Auflösung eines Erzeugnisses in Baugruppen und Einzelteile entstehen.

Die Erzeugnisgliederung kann nach der Struktur

- funktionsorientiert oder
- fertigungs- und montageorientiert sein.

Eine **funktionsorientierte Erzeugnisgliederung** entsteht in der Konstruktion, wenn beim Entwerfen ausgehend von der Funktion Wirkflächen, Lösungselemente und Maschinenelemente als Funktionsgruppen entwickelt werden. Der Vorteil liegt für Konstrukteure in der Wiederverwendbarkeit der Funktionsgruppen.

Eine **fertigungs- und montageorientierte Erzeugnisgliederung** entsteht durch die Anordnung von Rohteilen, Einzelteilen, Normteilen, Vormontagegruppen und Baugruppen bis zum Erzeugnis durch Planungen und Überlegungen für Fertigung und Montage eines Erzeugnisses. Die Vorteile für fast alle Unternehmensabteilungen haben dazu geführt, dass

15 Konstruktionsablauf

vorrangig die fertigungs- und montageorientierte Erzeugnisgliederung nach Bild 15.2 eingesetzt wird.

Ein Zeichnungs- und Stücklistensatz soll fertigungsgerecht aufgebaut werden. Insbesondere bei größeren Erzeugnissen ist der Fertigungs- und Zusammenbaufluss der Bauteilgruppen bei der Montage des Erzeugnisses maßgebend. Dabei werden die Gruppen der Stufe 1 (dienen der Endmontage des Erzeugnisses), die Gruppen der Stufe 2 (dienen dem Zusammenbau der Gruppen der Stufe 1) usw. zusammengefasst, wie in Bild 15.2 gezeigt.

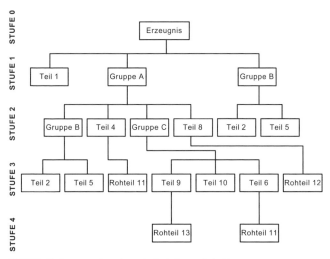

Bild 15.2: Fertigungs- und montageorientierte Erzeugnisstruktur

Die Ziele einer Erzeugnisgliederung sind nach VDI 2215:

- Auftragsabwicklung vereinfachen
- Angebotskalkulation erleichtern
- Normung fördern
- Wiederholteil-Baugruppen erkennen
- Materialdisposition beschleunigen
- Fertigung, Montage und Terminsteuerung verbessern
- Zeichnungs- und Stücklistenaufbau einheitlich für alle Produkte

Erzeugnisgliederungen sind auch eine wichtige Voraussetzung für eine rationale Herstellung von Produktprogrammen mit vielen Varianten, die als Baureihen- und Baukastensysteme verwirklicht sind. [1]

15.6.2 Stücklisten

Die **Stückliste** ist ein für einen bestimmten Zweck vollständiges, formal aufgebautes Verzeichnis für ein Teil oder eine Gruppe, das alle Teile oder Gruppen mit Angabe von Benennung, Sachnummer, Menge und Einheit enthält. Stücklisten beziehen sich immer auf die Stückzahl eins eines Teiles oder einer Gruppe. Stücklisten sind neben den Zeichnungen erforderlich für die Herstellung eines Erzeugnisses.

Eine Stückliste entsteht indirekt beim Konstruieren durch entsprechende Angaben des Konstrukteurs beim Entwerfen, in dem er festgelegt, welche Teilearten eingesetzt werden sollen und welche Erzeugnisgliederung sinnvoll ist.

Ein **Teil** ist ein Gegenstand, für dessen weitere Aufgliederung aus der Sicht des Anwenders kein Bedürfnis besteht (DIN 199). Ein Einzelteil ist ein Teil, das nicht zerstörungsfrei zerlegt werden kann.

Man unterscheidet folgende **Teilearten**:

- Eigenteil oder Fertigungsteil ist ein Teil eigener Entwicklung und eigener Fertigung.
- Wiederholteil ist ein Teil einer vorhandenen Konstruktion oder ein mehrfach einsetzbares Teil.
- Fremdteil oder Handelsteil (Katalogteil) ist ein Teil fremder Entwicklung und fremder Fertigung.
- Normteil ist ein Gegenstand, der in einer Norm festgelegt ist.

Nach der Festlegung der Teile, der Baugruppen und der Erzeugnisgliederung wird der Konstrukteur sich einen Stücklistensatz überlegen, der für die Produktherstellung sinnvoll ist.

15.6.2.1 Stücklistenaufbau

Stücklisten bestehen aus einem tabellenartigen Stücklistenfeld und einem Schriftfeld. Der formale Aufbau ist nach DIN 6771 Teil 1 und 2 festgelegt. Stücklisten können direkt auf einer Zeichnung über dem Schriftfeld oder als Formular DIN A4 ausgeführt werden.

Die separate Stückliste hat viele Vorteile und wird deshalb in der Praxis häufig eingesetzt. Zu beachten ist auch, dass Stücklisten als Informationsträger ein wichtiger Bereich der Organisation sind. In den Unter-

15 Konstruktionsablauf 261

nehmen werden häufig EDV-Stücklisten eingesetzt. Außerdem werden Stücklisten direkt aus CAD-Systemen übernommen.

Tabelle 15.3 zeigt als Beispiel eine Stückliste A1 DIN 6771.

Tabelle 15.3: DIN-Stückliste mit Eintragungen [1]

Stückliste A1 DIN 6771

1	2	3	4	5	6
Pos.	Menge	Einheit	Benennung	Sach-Nr. / Norm-Kurzbezeichnung	Werkstoff
1	1	Stck.	Reitstock-Unterteil	1 - 3255-001	EN-GJL-200,
					DIN EN 1561
2	2	Stck.	Stiftschraube	8 - 3446-001	
				DIN 938 - M16 x 80	8.8
3	2	Stck.	Sechskantmutter	8 - 3446-002	
				DIN 6330 - M16	8
4	1	Stck.	Spindel	1 - 3227-001	16 MnCr 5,
					DIN EN 10084
5	1	Stck.	Handrad	8 - 3455-003	
				DIN 950 - D4 - 160 x 14	GG
6	1	Stck.	Ballengriff	8 - 3447-004	
				DIN 39 - D32	St
7	0,1	kg	Schmierfett K	8 – 1799-001	DIN 51825

Bearb. 08.01.03 Conrad

Reitstock

1 – 3000-001

Zust. | Änderung | Datum | Name | (Urspr.) | (Ers. für:) | (Ers. durch:)

15.6.2.2 Gliederung der Stücklistenarten

Stücklisten lassen sich nach ihrem Aufbau in 3 Grundformen gliedern:
- Mengenübersichtsstücklisten
- Baukastenstücklisten
- Strukturstücklisten

Neben diesen Grundformen gibt es noch Mischformen und die Sonderformen, wie z.B. die Variantenstücklisten zur Erfassung von Varianten sowie firmenspezifische Stücklisten. Die grundlegenden Begriffe sind in DIN 199 genormt. Eine Übersicht der wichtigsten Arten enthält Bild 15.3.

Bild 15.3: Stücklistenarten [1]

Die **Mengenübersichtsstückliste** ist die einfachste Form einer Stückliste. Sie enthält je Erzeugnis nur eine Auflistung der Einzelteile mit ihren Sachnummern, Mengenangaben, Benennung, Werkstoff usw. Jedes Teil bzw. dessen Sachnummer erscheint auch bei mehrfachem Vorkommen im Erzeugnis nur einmal in der Stückliste.

Die **Strukturstückliste** enthält je Erzeugnis oder Baugruppe alle Gruppen und Einzelteile in strukturierter Anordnung. Jede Gruppe ist also bis zur höchsten Stufe aufgegliedert. Die Gliederung entspricht in der Regel dem Fertigungsablauf der Gruppen und Teile.

Die **Baukastenstückliste** ist eine Stücklistenform, die grundsätzlich nur einstufig ist und in der alle Teile und Gruppen der nächst tieferen Stufe aufgeführt sind. Sie enthält zusammengehörende Gruppen und Teile, ohne sich auf ein bestimmtes Erzeugnis zu beziehen. Die Mengenangaben beziehen sich nur auf die im Kopf genannte Baugruppe. [1]

Mit dem Einsatz von Stücklistenprogrammen haben sich noch viele weitere Stücklistenarten gebildet, deren Bedeutung meist aus dem Namen hervorgeht, wie beispielsweise Bereitstellungsstücklisten, Kalkulationsstücklisten oder Ersatzteilstücklisten. Sie können bei entsprechender Eingabe aus den Strukturstücklisten per EDV-Programm abgeleitet werden. Stücklisten werden auch nach Funktion und Verwendungszweck benannt: Zeichnungs-, Konstruktions-, Dispositions-, Ersatzteilstückliste usw.

15.6.2.3 Sinn und Zweck von Stücklisten

Der Sinn und der Zweck der Stücklisten kann zusammengefasst aus der Verwendung in den verschiedenen Abteilungen eines Unternehmens abgeleitet werden [1]:

- Verknüpfung von alphanumerischen Daten mit grafischen Daten (Positionsnummer oder Sachnummer der Zusammenbauzeichnung wird in die Stückliste übertragen)
- Systematische, normgerechte Auflistung sämtlicher Einzelteile, Baugruppen usw., die zu einem Erzeugnis gehören
- Informationsträger für alle Betriebsabteilungen in knapper, strukturierter Form
- Darstellung des hierarchischen Aufbaus der Baugruppen und Teile im Erzeugnis

15.6.3 Nummernsysteme

Die Dokumentation der Unterlagen von Erzeugnissen eines Unternehmens, die in Form von Zeichnungen, Stücklisten und Anweisungen für den Bau und Betrieb erforderlich sind, muss geordnet abgelegt werden. Für die Ablage und deren erneute Verwendung haben sich Nummern bewährt, die kurz und eindeutig alle notwendigen Informationen enthalten. Nummernsysteme liegen vor, wenn man für einen Bereich nach bestimmten Regeln das Bilden von Nummern vereinbart.

15.6.3.1 Nummerungstechnik – Grundlagen

Die allgemeinen Begriffe der Nummerung sind in DIN 6763 festgelegt. Die Definition einer Nummer nach DIN 6763 lautet:

> **Nummer** ist eine Folge von Ziffern oder Buchstaben bzw. Ziffern und Buchstaben.

Nach DIN 6763 unterscheidet man je nach Kombination von Zahlen oder Buchstaben:

- Numerische Nummern, z. B. 4004-03
- Alphanumerische Nummern, z. B. 740-GLE
- Alphabetische Nummern, z. B. ESC-P

> **Nummernsysteme** sind die organisatorischen Hilfsmittel für das Zusammenführen sämtlicher Teile und Unterlagen in einem Betrieb. Eine treffende Kurzform für die Aufgaben eines Nummernsystems lautet:
> **„Verpackungsmittel für Informationen".** [1]

Der Aufbau eines Nummernsystems ist abhängig von der Organisation einer Firma. Im Allgemeinen wachsen in den meisten Firmen Nummernsysteme im Laufe der Jahre in verschiedenen Abteilungen nebeneinander. Mit Einführung der Datenverarbeitung der Stücklisten muss ein einheitliches Nummernsystem für die ganze Firma festgelegt werden, um jede Information nur einmal abzuspeichern. Bei der Aufstellung von Nummernsystemen sollten grundsätzlich folgende Anforderungen erfüllt werden:

- für alle Abteilungen ein formaler und einheitlicher Aufbau
- Anzahl der Stellen möglichst gering halten
- Teile und Unterlagen eindeutig identifizieren
- Ähnlich- und Wiederholteile rechnerunterstützt suchen
- Identifizierung und Klassifizierung erweiterbar anlegen
- EDV-Eingabe mit automatischer Fehlervermeidung (Prüfziffer)

Die beiden wichtigsten Aufgaben von Nummern in Unternehmen sind das Identifizieren und das Klassifizieren.

> **Identifizieren** ist nach DIN 6763 das eindeutige und unverwechselbare Erkennen eines Gegenstandes anhand von Merkmalen (Identifizierungsmerkmalen) mit der für den jeweiligen Zweck festgelegten Genauigkeit. Die sich aus diesem Vorgang ergebende Nummer nennt man Identifizierungsnummer, Identnummer oder Identifikationsnummer.

> **Klassifizieren** ist nach DIN 6763 das Bilden von Klassen und/oder Klassifikationssystemen bzw. Klassifikationsnummernsystemen. Ein Klassifikationssystem ist ein Ordnungsschema für Klassen und das

> Klassifikationsnummernsystem ein Nummernsystem für Klassifikationssysteme. Klassifizierungsnummern ergeben sich aus diesem Vorgang und beschreiben Gegenstände einer Klasse mit gleichen Merkmalen, die nicht identisch sind.

15.6.3.2 Ziele der Nummerung

Eine Nummer dient der

- Identifizierung (eindeutig, unverwechselbar bezeichnen)
- Klassifizierung (Einordnung von Gegenständen in Gruppen bzw. Klassen, die nach vorgegebenen Gesichtspunkten gebildet werden)
- Information (Merkmale nennen) und
- Kontrolle (Verwechslungen vermeiden)

Diese Aufgaben werden in der Praxis in unterschiedlicher Kombination oder auch einzeln je nach Art des Nummernaufbaus erfüllt.

15.6.3.3 Nummernsysteme

Ein **Nummernsystem** ist nach DIN 6763 die Gesamtheit der für einen abgegrenzten Bereich festgelegten Gesetzmäßigkeiten für das Bilden von Nummern. Die gegliederte Zusammenfassung von Nummern zu einem Bereich und die Erläuterungen des Aufbaus der Nummern erfolgen also durch ein Nummernsystem.

Die wesentlichen Aufgaben eines Nummernsystems bestehen darin, zu identifizieren und/oder zu klassifizieren. Bei Nummernsystemen kann die Identifizierung und Klassifizierung unabhängig voneinander aufgebaut werden. Nach den bisher üblichen Vereinbarungen liegt dann ein parallel aufgebautes Nummernsystem vor (z. B. Zugnummern: IC 651). Sind der identifizierende und der klassifizierende Teil der Nummer abhängig voneinander, so liegt ein Verbundnummernsystem vor (z. B. Kfz-Nummer: H-AB 1234). [1]

15.6.3.4 Sachnummernsysteme

Die **Sachnummer** ist nach DIN 6763 die Identnummer für eine Sache. Ein **Sachnummernsystem** ist ein nach einheitlichen Gesichtspunkten aufgestelltes, aus verschiedenen Klassifizierungs- und Identnummern bestehendes Nummernsystem. Zur Erklärung der verschiedenen Sachnummernsysteme soll der prinzipielle Aufbau von Nummernsystemen mit einer Übersicht vorgestellt werden, um wesentliche Merkmale zu erkennen.

Bild 15.4 enthält die üblichen Nummernsysteme für Sachnummern, die in produzierenden Unternehmen eingesetzt werden.

Als Grundprinzip muss stets gelten:

Zu einer Sache gehört nur eine Nummer und umgekehrt!

Das Bild 15.4 zeigt die Merkmale eines vollsprechenden **Klassifizierungssystems**, bei dem jedes Nummerungsobjekt eindeutig und unverwechselbar mit einer Klassifizierungsnummer beschrieben wird. [1]

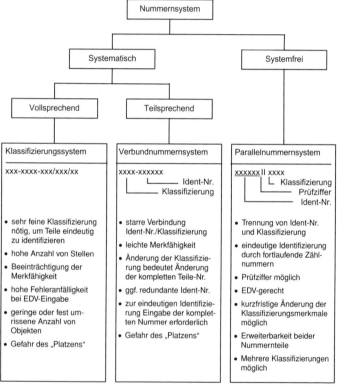

Bild 15.4: Prinzipieller Aufbau von Nummernsystemen [1]

Verbundnummernsysteme sind teilsprechend und bestehen stets aus Nummern mit einem klassifizierenden und einem identifizierenden Anteil, die zu einer Verbundnummer zusammengefasst sind.

15 Konstruktionsablauf

Beim **Parallelnummernsystem** wird das Objekt durch einen klassifizierenden Teil beschrieben und durch einen davon unabhängigen identifizierenden Teil eindeutig gekennzeichnet. Wegen der Unabhängigkeit des identifizierenden Teils vom klassifizierenden Teil ist der Schlüssel – im Gegensatz zum Verbundschlüssel – flexibel veränderbar. Allerdings werden mehr Stellen gebraucht.

15.6.3.5 Sachmerkmale

Der Begriff Sachmerkmal mit allen dazugehörigen Vereinbarungen und Regeln ist in der Sachmerkmalleisten-Normenreihe DIN 4000 festgelegt.

Gründe für die Entwicklung des Fachgebiets Sachmerkmalleisten waren:

- Ähnliche Teile zusammenfassen
- einheitliche Darstellung der Informationen
- ausgewählte Merkmale beschreiben und
- einfache Prinzipzeichnungen verwenden

Sachmerkmale (Eigenmerkmale) beschreiben Eigenschaften eines Objektes unabhängig von dessen Umfeld (z. B. Herkunft, Verwendungsfall).

Die Schlüsselweite ist z. B. ein Sachmerkmal, da die Änderung der Schlüsselweite einer Schraube eine andere Schraube ergibt. Sachmerkmale gliedern sich in **Beschaffenheitsmerkmale** und in **Verwendbarkeitsmerkmale**. Diese werden durch die Fragen „Wie ist das Objekt?" und „Was kann und was braucht das Objekt?" ermittelt, wie Bild 15.5 zeigt.

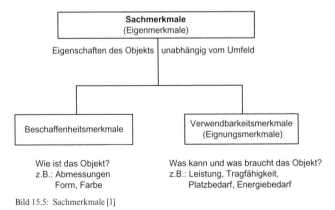

Bild 15.5: Sachmerkmale [1]

Vor der Behandlung der Sachmerkmalleisten sollen einige grundlegende Begriffe des Fachgebiets Sachmerkmale erklärt werden.

Ein **Merkmal** ist nach DIN 4000 eine bestimmte Eigenschaft, die zum Beschreiben und Unterscheiden von Gegenständen einer Gegenstandsgruppe dient. Das Merkmal „Farbe" umfasst die Merkmalausprägung „blau", „rot", „grün" usw.; das Merkmal „Form" umfasst die Merkmalausprägung „kreisförmig", „rechteckig" usw.

Eine **Merkmalausprägung** ist ein Zahlenwert mit Einheit oder eine attributive Angabe, also z. B. 2,5 mm, 3,5 kW oder stabförmig, aus Stahl, Nennweite, tropenfest.

> Eine **Sachmerkmalleiste** nach DIN 4000 ist die Zusammenstellung und Anordnung von Sachmerkmalen und von Relationsmerkmalen einer Gegenstandsgruppe.
>
> Sachmerkmalleisten dienen dem Zusammenfassen, Abgrenzen und Auswählen von genormten und nichtgenormten Gegenständen, die einander ähnlich sind. Sie beschreiben Gegenstände durch die teileabhängigen Eigenschaften und sind die Grundlage für ein anwenderfreundliches Informationssystem.

Die DIN 4000 besteht inzwischen aus ca. 100 Teilen, die jeweils mehrere Sachmerkmalleisten enthalten. Damit steht dem Konstrukteur schon ein umfangreiches Informationssystem für Norm- und Konstruktionsteile des Maschinenbaus und der Elektrotechnik zur Verfügung. Die Begriffe und Grundsätze im Teil 1 der DIN 4000 erläutern den Aufbau von Sachmerkmalleisten.

Jede Sachmerkmalleiste besteht aus

- Benennung
- Bildleiste (Geometriedarstellung mit Kennbuchstaben als Maß)
- Kennbuchstabe oder Merkmalkennung (A bis H und J)
- Sachmerkmalbenennung oder Merkmalbenennung (neun teilebestimmende Eigenschaften)
- Referenzhinweis (Maßbuchstaben oder Formelzeichen, die aus den entsprechenden Normen in die SM-Leisten übernommen werden); entfällt bei neuen Leisten
- Einheiten (Maßeinheiten der Sachmerkmale)
- Sachmerkmalverzeichnis (Datenzeilen erfasster Teile)

Jede Sachmerkmalleiste beschreibt eine Gruppe sich ähnelnder Gegenstände. Beispiele sind nach DIN 4000 mit Angabe der Teilnummer und der Leistennummer:

15 Konstruktionsablauf

- Radiallager Teil 12 Leiste 1
- keilförmige Scheiben Teil 3 Leiste 2
- nichtschaltbare Getriebe Teil 27 Leiste 1
- für Drehmeißel Teil 22 Leiste 2

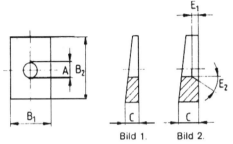

Sachmerkmalleiste DIN 4000-3-2								
Kenn-buchstabe	A	B	C	D	E	F	G	H	J
Sach-merkmal-benennung	Innen-durch-messer	Außen-maß B_1, B_2	Dicke	Neigung	Senktiefe und -winkel E_1, E_2			Werkstoff	Oberfläche und/ oder Schutzart
Referenz-hinweis					-	-			
Einheit	mm	mm	mm	%	mm, °	-	-	-	-

Bild 15.6: Beispiel einer Sachmerkmalleiste für keilförmige Scheiben (nach DIN 4000)

Eine Sachmerkmalleiste nach DIN 4000 besteht nur aus der Bildleiste und der Sachmerkmalleiste, jedoch ohne ein Sachmerkmalverzeichnis wie Bild 15.6 zeigt. Die Datenzeilen für ein firmenspezifisches Sachmerkmalverzeichnis werden am Rechner angelegt und mit Eingabe der Sachnummer gespeichert. Der Konstrukteur kann diese Verzeichnisse nutzen, um gezielt aus den gespeicherten Teilen das geeignete auszuwählen, da alle Daten dafür übersichtlich geordnet angezeigt werden.

Die Sachmerkmalleisten für Wiederholteilverwendung, insbesondere von Konstruktionsteilen und Baugruppen, erfordern Sachmerkmaldefinitionen unter funktionalen Gesichtspunkten. Das Erarbeiten erfolgt analog der Konstruktionsmethodik und ist in der Fachliteratur beschrieben. [1]

Die Entwicklung einer Klassifizierung mit Sachmerkmalen für Sachnummernsysteme in Unternehmen hat sich als Vorgehensweise bewährt und ist Grundlage einiger Nummernsysteme.

Auch für das Erarbeiten von Sachmerkmalen gibt es Methoden, die in der Praxis eingesetzt werden. [1]

Die Grundlagen und Zusammenhänge des Fachgebiets Sachmerkmale sind für Konstrukteure sehr wichtig, weil deren Anwendung erhebliche Vorteile bei der wirtschaftlichen Produktentwicklung hat, vor allem auch beim rechnerunterstützten Konstruieren.

Die vierte Phase hat als Ergebnis einen Zeichnungs- und Stücklistensatz für ein Produkt.

Quellen und weiterführende Literatur

[1] *Conrad, K.-J.:* Grundlagen der Konstruktionslehre. 2. Aufl., München Wien: Carl Hanser Verlag, 2003

DIN 4000: Sachmerkmal-Leisten, Begriffe und Grundsätze. Berlin: Beuth Verlag, 1992
DIN 4000 Teil 2 bis 79: Sachmerkmal-Leisten für Normteile. Berlin: Beuth Verlag
DIN 6763 Nummerung. Berlin: Beuth Verlag, 1985
DIN 6771 Teil 1+2: Vordrucke für technische Unterlagen, Stücklisten. Berlin: Beuth Verlag, 1987
VDI 2215: Datenverarbeitung in der Konstruktion. Organisatorische Voraussetzungen und allgemeine Hilfsmittel. Berlin: Beuth Verlag, 1980
VDI 2221: Methodik zum Entwickeln und Konstruieren technischer Systeme und Produkte. Berlin: Beuth Verlag, 1993
VDI/VDE 3694: Lastenheft/Pflichtenheft für den Einsatz von Automatisierungssystemen. Berlin: Beuth Verlag, 1991

16 Prozessorientierte Qualitätsmanagementsysteme

Prof. Dipl.-Ing. Klaus-Jörg Conrad

16.1 Systemübersicht

Unternehmen verbessern Qualität und Management durch Anwendung verschiedener **Prozessorientierter Qualitätsmanagementsysteme**, die schon eingeführt sind oder deren Umsetzung geplant wird. Die Anforderungen der Systeme dienen als Orientierung und sind durch ständige Verbesserungen der Prozesse umzusetzen. Die Entscheidung für ein System ist von mehreren Kriterien abhängig, wie beispielsweise Unternehmensart und -größe sowie von den Produkten, Märkten und Kunden.

Die deutsche Automobilindustrie hat z. B. einen Qualitätsstandard unter VDA Band 6 mit sechs Teilen festgelegt, deren Einhaltung von allen Herstellern und Zulieferern gefordert wird.

> Systembezeichnungen für Qualität und Management im Unternehmen sind für die Praxis unerheblich. Entscheidend sind die aus der Praxis wirtschaftlichen Handelns und der akademischen Forschung in den letzten Jahrzehnten entwickelten Ideen, Verfahren und Werkzeuge. Diese zu kennen und erfolgreich anzuwenden ist erforderlich, um die Anforderungen und Erwartungen der Kunden zu erfüllen. **KT**

Bei der Umwandlung von der Industrie- in die Netzgesellschaft wird dieses Managementwissen in den Unternehmen an Bedeutung gewinnen. Konstrukteure, deren Tätigkeiten in der Regel am Anfang der Prozesskette beginnen, sollten deshalb grundlegende Kenntnisse über die Qualitätsmanagementsysteme haben.

Die folgende Übersicht enthält kurze Beschreibungen einiger der in Deutschland üblichen Systeme, Modelle und Auszeichnungen. Ergänzend sind einige Verfahren und Vergleiche angegeben, die für die Weiterentwicklung eines eingeführten Managementsystems nach DIN EN ISO 9001:2000 hilfreich sind.

Behandelt werden einige **Forderungen der QM-Systeme** durch Angabe von Merkmalen und durch Vergleiche:

- ISO 9001:2000/DIN EN ISO 9001:2000
- Total Quality Management (TQM)
- SIX SIGMA Quality

In der Automobilindustrie werden weitergehende spezielle Forderungen an die QM-Systeme der Zulieferer durch folgende Systeme festgelegt, die hier nicht behandelt werden [13]:

- VDA – Verband deutscher Automobilindustrie: Alle wesentlichen Definitionen, Regelungen und Forderungen zum QM-System der Zulieferer sind in 13 Bänden beschrieben, z. B. VDA Band 6
- QS 9000 – Quality System Requirements: Qualitätssystem Forderungen der amerikanischen Automobilindustrie
- ISO/TS 16949 – Technische Spezifikation als weltweite Harmonisierung der branchenbezogenen Forderungskataloge

Von den **Qualitätspreisen** werden folgende vorgestellt:

- European Foundation for Quality Management-Modell (EFQM)
- European Quality Award (EQA)
- Ludwig Erhard Preis (LEP)

Die **Qualitätsverbesserung** soll schwerpunktmäßig mit einigen Themen vorgestellt werden:

- Qualitätsbezogene Kosten
- Kundenorientierung verbessern
- Kundenorientierung und Kundenzufriedenheit
- Kontinuierlicher Verbesserungsprozess (KVP)
- Wertschöpfung in Prozessen
- Leistungsfähigkeit der Prozesse

16.1.1 ISO 9000 : 2000/DIN EN ISO 9000 : 2000

Diese neue internationale Norm wird für die Qualitätssicherung von Produkten und Dienstleistungen angewendet. In Deutschland gilt die nationale DIN-Fassung. Sie wird von Unternehmen angewendet, um Fähigkeiten nachzuweisen, die für die Erfüllung von Kundenanforderungen notwendig sind. Die Norm ist auch geeignet, um herauszufinden, ob eine Firma Kundenanforderungen erfüllen kann. ISO 9000:2000 setzt einen Standard für Prozessorientierte Qualitätsmanagementsysteme.

Grundlage sind acht Qualitätsprinzipien, die als Leitsätze für modernes Qualitätsmanagement gelten [1]:

1. Kundenorientierte Organisation
Kunden, nicht die Organisation, bestimmen die Qualität. Der Blick nach außen ist wichtiger als der nach innen. Überleben hängt letztendlich davon ab, Kundenwünsche zu verstehen und umzusetzen.

2. Führung
Führung ist notwendig, um die Organisation zu den Kundenwünschen zu führen und zu verbessern.

3. Einbinden der Mitarbeiter
Die Menschen in der Organisation sind entscheidend für die gute Qualität von Produkten und Dienstleistungen.

4. Prozessansatz
Mit Hilfe von horizontal verbundenen Prozessen werden Inputs in Outputs verwandelt, nicht durch funktionale Abteilungen oder vertikale „Silos". Die Bedeutung der Abteilungsverantwortung wurde gegenüber der alten Norm geändert. Der kontinuierliche Verbesserungsprozess muss mit Zielen versehen sein (Managementverantwortung), es müssen Ressourcen bereitgestellt, die Produkte und Leistungen verwirklicht und die Ergebnisse gemessen und analysiert werden.

5. Systemansatz
Die Organisation ist ein System mit Inputs, Outputs, Informationsfluss, Zielen, Überprüfungsmechanismen, Interaktion. Prozesse formieren sich zu einem zielgerichteten System.

6. Kontinuierliche Verbesserung
Kontinuierliche Verbesserung ist für das Überleben notwendig. Jeder Mitarbeiter muss daran teilnehmen.

7. Auf Fakten gründender Ansatz
Grundsatz von *Deming*: "In God we trust, all other must bring data" – An Gott glauben wir, alle anderen müsse Beweise liefern.
Management by facts:
ZDF statt ARD: „Zahlen, Daten, Fakten" statt „Alle Reden Darüber" (nach *Deming*).

8. Verbindung zu Lieferanten
Eine Organisation und ihre Lieferanten sind voneinander abhängig. Beziehungen zum gegenseitigen Nutzen erhöhen die Wertschöpfung beider. Nicht Unternehmen, sondern Wertschöpfungsketten konkurrieren miteinander.

16.1.2 Total Quality Management

Total Quality Management (TQM) ist ein besonders aussichtsreiches Konzept für Unternehmen, die nach neuen Konzepten suchen für Produktivitätsverbesserung, Ertragsstrategie und Markterfolg.

TQM ist mit „umfassendes Qualitätsmanagement" zu übersetzen und nach DIN EN ISO 8402 definiert:

> **TQM** ist eine auf die Mitwirkung aller ihrer Mitglieder basierende Managementmethode einer Organisation, die Qualität in den Mittelpunkt stellt und durch Zufriedenstellen der Kunden auf langfristigen Geschäftserfolg sowie auf Nutzen für die Mitglieder der Organisation und für die Gesellschaft zielt.

TQM ist der weitreichendste Qualitätsansatz, der für ein Unternehmen denkbar ist. TQM kann mit drei Grundpfeilern dargestellt werden, gegliedert nach den drei Bestandteilen des Begriffs, die Bild 16.1 als Grundpfeiler des TQM zeigt [8]:

- „T" steht für Total, d. h. Einbeziehen aller Mitarbeiter, aber auch ganz besonders der Kunden und Lieferanten, weg vom isolierten Funktionsbereich, hin zum ganzheitlichen Denken.
- „Q" steht für Quality, d. h. Qualität der Arbeit, der Prozesse und des Unternehmens, aus denen heraus die Qualität der Produkte wie selbstverständlich entsteht.
- „M" steht für Management und betont die Führungsaufgabe „Qualität" und die Führungsqualität.

Mit diesen Erläuterungen lässt sich die vereinfachte Definition aus der DIN EN ISO 9000:2000 verstehen:

„Umfassendes Qualitätsmanagement (TQM) beruht auf der Teilnahme aller Mitglieder einer Organisation."

Die folgende Zusammenfassung zeigt das Zusammenwirken von Zielen und Aufgaben im TQM. [14]

Tabelle 16.1: Ziele und Aufgaben im TQM

Zusammenwirken von Zielen und Aufgaben im TQM	
Ziele	<ul><li>langfristiger Geschäftserfolg</li><li>Nutzen für alle Mitglieder der Organisation</li><li>Nutzen für die Gesellschaft (Erfüllung der Forderungen)</li></ul>
Aufgaben	<ul><li>Zufriedenstellung der Kunden</li><li>Mitwirkung aller Mitglieder (gesamtes Personal aller Hierarchieebenen, Ausbildung und Schulung)</li></ul>
Weitere Aufgaben	<ul><li>Führung ist Vorbild (nachhaltig und überzeugend)</li><li>Prozesse rekonstruieren und managen</li><li>Ständige Verbesserung institutionalisieren</li><li>Präventiv arbeiten</li><li>Verantwortung gegenüber der Gesellschaft übernehmen</li><li>Faktenbasiert handeln</li><li>Partnerschaften mit Lieferanten eingehen</li></ul>

16 Prozessorientierte Qualitätsmanagementsysteme

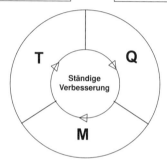

Bild 16.1: Grundpfeiler des TQM [8]

TQM kann aus dem Blickwinkel der Wissenschaft als Führungslehre, aus der Sicht der Unternehmen als Führungsmodell gelten. Da es schwierig ist, in den Unternehmen den richtigen Ansatz im Sinne von TQM zu finden, ist ein Orientierungsrahmen erforderlich, an den die individuelle Vorgehensweise angelehnt wird.

Deshalb wurden unterschiedliche TQM-Modelle entwickelt. Die Grundlage für die Bewertung von TQM-geführten Unternehmen sind zwei Modelle, die die Entwicklung des TQM entscheidend beeinflusst haben [9]:

- der Deming Application Prize – 1951 in Osaka erstmalig verliehen
- der Malcolm Baldridge National Quality Award (MBNQA) – 1988 in Washington D. C. erstmals verliehen

Die länderspezifischen Merkmale dieser Preise erschweren deren Akzeptanz in Europa. In Europa hat die **EFQM (European Foundation for Quality Management)** als Stiftung namhafter Industrieunternehmen mit der EU-Kommission und der **EOQ (European Organisation for Quality)** 1987 ein europäisches Referenzmodell entwickelt.

Dieses Modell trägt heute den Namen **EFQM-Excellence-Modell** und ist im Bild 16.2 dargestellt. Mit den neun Kriterien stellt es die Basis für die jährliche Verleihung des EQA (European Quality Award), der seit 1992 an europäische Spitzenunternehmen auf dem Gebiet des TQM verliehen wird.

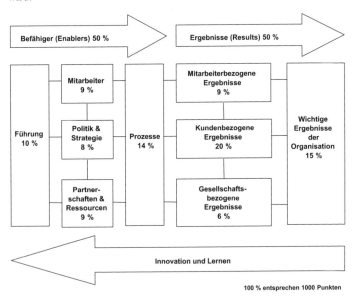

Bild 16.2: Das europäische TQM-Modell [9]

TQM ist als Führungsmodell, mit Qualität als gemeinsamem Nenner, auf Verständnis im Unternehmen angewiesen. Ist das Verständnis vorhanden, bietet es große Chancen und beste Erfolgsaussichten [8]:

- Die Qualität der Unternehmensprozesse beeinflusst die gesamte Kosten- und Wertschöpfungsstruktur. Die Rendite steigt überdurchschnittlich, wenn die Prozessqualität verbessert wird und so Verschwendungen konsequent verringert und vermieden werden.

- Höhere Produktqualität steigert Umsatz und Marktanteile, wenn sie auf Kundennutzen ausgerichtet ist und vom Kunden in Form überlegener Produktmerkmale und Dienstleistungen wahrgenommen wird.

Das TQM-Modell beruht auf dem Zusammenwirken der im Bild 16.2 dargestellten neun Kriterien, die in Befähiger und Ergebnisse unterteilt werden. [9]

Ausgangspunkt ist eine überzeugende Führung durch die oberste Leitung. Die Einbeziehung aller Mitarbeiter und die Umsetzung einer TQM-orientierten Politik und Strategie durch die Führung wirkt auf Ressourcen, Prozesse und Ergebnisse ein.

Neben Befähigern stehen auf der Ergebnisseite die Bereiche, die den langfristigen Geschäftserfolg entscheidend beeinflussen. Dies sind Kundenzufriedenheit, Mitarbeiterzufriedenheit, gesellschaftliche Verantwortung und die Ergebnisse des Unternehmens.

Innovation und Lernen als erforderliche Grundlagen ständiger Verbesserung bestehender Strukturen sind quer zu allen neun Kriterien eingetragen (Bild 16.2). Durch Innovation und Lernen wird nach der Erfassung der Ergebnisse der Kreis zu allen Befähigern geschlossen.

Das TQM-Modell der EFQM ist damit ein Unternehmensbewertungsmodell zur Beurteilung der Leistungsfähigkeit eines Unternehmens. Die Prozentzahlen im Modell beschreiben die Wertigkeit der einzelnen Kriterien und können auch in Punkten angegeben werden. Die Summen ergeben 1000 Punkte. Sehr gute Unternehmen erreichten bisher ca. 700 Punkte. [9]

„TQM-Business Excellence" bezeichnet die Eigenschaft, dass Unternehmen umfassendes Qualitätsmanagement anwenden und in ihrem Geschäft hervorragend arbeiten. [11]

Die DIN EN ISO 9004:2000 kann als internationale Norm ein Leitfaden zur Leistungsverbesserung für die Erreichung von TQM im Unternehmen sein. [4]

Der Unterschied der Anforderungen von DIN EN ISO 9001:2000 und TQM-Business Excellence kann vereinfacht zusammengefasst werden:

DIN EN ISO 9001:2000:

Welche Anforderungen sind mindestens zu erfüllen? (Pflicht)

TQM-Business Excellence:

Welche Konzepte sollten umgesetzt werden, um Spitzenleistungen zu erbringen? (Kür)

16.1.3 Six Sigma Quality

Six Sigma Quality ist eine auf Fakten und Daten gestützte Methodik zur Vermeidung von Fehlern und zur Verbesserung von Prozessen. Als Unternehmensstrategie steht im Mittelpunkt die Optimierung und Ausrichtung der Geschäftsprozesse auf die Erwartungen und Bedürfnisse der Kunden.

Grundlage für Six Sigma ist das Prozessmanagement mit den Bausteinen

- Prozesse definieren
- Prozesse führen
- Prozesse verbessern
- Prozesse erneuern

Das Ziel ist, die Begrenzung der Abweichungen vom Sollwert auf einen Wert von 6σ (Sigma) zu erreichen. Sechs Sigma bedeutet, dass nur 3,4 Fehler bei einer Million Möglichkeiten auftreten, bzw. dass 99,99966 % fehlerfreie Ergebnisse vorliegen (3,4 ppm = 3,4 parts per million = 3,4 Fehler je 1 Million Möglichkeiten). Damit wird ein Null-Fehler-Ziel durch Six Sigma fast erreicht. Die Sollwerte werden an den Kundenanforderungen ausgerichtet.

> **Die Kernfrage von Six Sigma lautet:**
>
> Wie kann ein Prozess im Sinne des Kundennutzens verbessert werden?
>
> **Kernpunkte von Six Sigma:**
>
> - Kundenorientierte Festlegung von Prozesszielen
> - Systematische Messung der Prozessleistung
> - Einsatz bewährter statistischer Werkzeuge zur Analyse der Messergebnisse und Abweichungsursachen
> - Intensive Ausbildung von Six Sigma-Experten
> - Konsequente Durchführung von Projekten zur Prozessverbesserung

Geschäftsprozessmanagement und Six Sigma sind durch die Prozesse eng miteinander verbunden. Der Ansatz bei den Prozessen ist besonders erfolgreich, da durch Six Sigma eine messbare Steigerung des Kundennutzens und eine Verbesserung der Unternehmensergebnisse erreicht wird.

Um das anspruchsvolle Ziel 6σ zu erreichen, wird bei Six Sigma Quality die Messung der Prozessleistung kundenorientierter, formalisierter und systematischer als bei den anderen Verbesserungsmethoden (KVP) durchgeführt. [17]

Six Sigma Quality wurde von Motorola entwickelt und 1987 eingeführt. Bereits 1991 erreichte Motorola 6σ und wendet es auch heute noch an.

Six Sigma hat den TQM-Gedanken überholt und wird sowohl in der Produktion als auch für Dienstleistungen angewandt. [1]

Was ist Six Sigma?

- Six Sigma ist ein methodisches Vorgehen mit Kennzahlen zur Prozessoptimierung durch Einsatz bekannter Qualitätswerkzeuge.
- Six Sigma unterstützt die Verbesserung von Prozessen durch Aufzeigen der Ursachen für Abweichungen und Fehler sowie durch Erarbeiten von Lösungen und deren Umsetzung.
- Six Sigma liefert als Ergebnis Verbesserungen in Qualität, Kundenservice und Profitabilität von Prozessen.

Woher kommt der Name Six Sigma, und was ist 6σ?

Six Sigma deutet als Name schon auf Statistik, Streuung und Messen hin, ist aber nicht nur auf Statistik zu reduzieren.

Sigma σ ist das Symbol für die Standardabweichung und beschreibt, wie sicher ein Prozess ist. Insbesondere wird die Normalverteilung eingesetzt. Sigma σ ist bei der Normalverteilung die Standardabweichung vom Mittelwert der Gauß'schen Glockenkurve, siehe Bild 16.3.

Six Sigma bezieht sich auf die Toleranzgrenzen, die bei minus und plus sechs Standardabweichungen liegen. Das Ziel „Six Sigma" bedeutet des-

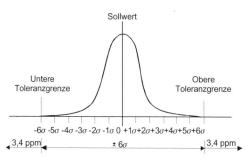

Bild 16.3: Normalverteilung mit Standardabweichungen σ vom Mittelwert

halb, die natürliche Streuung des Prozesses so zu verringern, dass die Entfernung des Mittelpunktes der Prozessstreuung zur nächsten Toleranzgrenze genau sechs Standardabweichungen entspricht.

Six-Sigma-Qualität heißt konkret, dass von 1 Million Teilen nur 3,4 Teile Fehler haben dürfen. Die Fehlerzahl von 3,4 ppm ergibt sich durch Berücksichtigung einer unvermeidlichen Streuung von 1,5 Sigma bei der Wiederholung von Prozessen.

Tabelle 16.2: Sigma-Werte mit Fehlerquote und Erfolgsquote [16]

Standardabweichung Sigma (σ)	Teile mit Fehlern parts per millon (ppm)	Teile ohne Fehler in Prozent (%)
1	691 462	30,9
2	308 537	69,15
3	66 807	93,3
4	6 210	99,38
5	233	99,977
6	3,4	99,99966

Der Nachweis, dass 99% der Produkte unter klasssischen Qualitätsgesichtspunkten Gutteile sind, wird in der Regel keine Aktivitäten auslösen. Praktisch kann dies jedoch bedeuten [15]:

- 20 000 verlorene Briefsendungen pro Stunde
- 15 Minuten unsicheres Trinkwasser pro Tag
- 7 Stunden ohne Strom im Monat
- 200 000 falsche Rezepte pro Jahr

Die meisten produzierenden Unternehmen erreichen heute wahrscheinlich einen 3- oder 4-Sigma-Standard, d.h. 6210 ppm. Unternehmen, die den 3-Sigma-Standard nicht erreichen, haben häufig Probleme, gute Ergebnisse zu erzielen. Die meisten Dienstleistungsunternehmen liegen bei 2 Sigma, also 308 537 ppm. Die Tabelle 16.3 zeigt die Fehlleistungskosten in Abhängigkeit vom Sigma-Standard der Prozesse. [15]

Tabelle 16.3: Fehlleistungskosten in Abhängigkeit von Sigma-Standard [15]

Sigma-Standard	Bewertung	Fehlleistungskosten im Unternehmen
2	nicht wettbewerbsfähiges Unternehmen	nicht anwendbar
3	guter Durchschnitt	25% bis 40% des Umsatzes
4	guter Durchschnitt	15% bis 25% des Umsatzes
5		5% bis 15% des Umsatzes
6	Weltklasse	< 1% des Umsatzes

Six Sigma beschäftigt sich nicht nur mit der Verringerung der Fehleranzahl, sondern auch mit der Verringerung der Streuung. Dabei spielen sowohl Produkt- als auch Prozessabweichungen eine große Rolle.

> Wichtig ist eigentlich nicht die Erkenntnis, ob ein Prozess so abläuft, dass bei 1 Million Teilen nur 3,4 Fehler entstehen. Das Entscheidende ist das rigorose Verfahren, das angewandt wird, um dieses Ziel zu erreichen. [1]

Six Sigma bietet einem Unternehmen zusammengefasst Folgendes. [12]

- Eine Breakthrough-Verbesserungsstrategie mit dem Potenzial, die Leistungen eines Unternehmens dramatisch zu verbessern
- Eine pragmatische Initiative, die eine starke Verknüpfung von strategischen Zielen und den zu ihrer Erreichung erforderlichen Mittel liefert
- Ein attraktives Set von Verbesserungsmethoden und -werkzeugen
- Moderne Leistungsüberwachung und Verbesserung von qualitätskritischen Merkmalen (CTQs)
- Ein umfassendes Ausbildungsprogramm für alle Ebenen der Organisation, zusätzlich zu bestimmten Rollen und Verantwortlichkeiten: Champions, White Belts und Green Belts sowie Vollzeitverbesserungsexperten – Black Belts und Master Belts
- Ein auf das Unternehmensergebnis ausgerichteter Ansatz der kontinuierlichen Verbesserung. Auf das Unternehmensergebnis ausgerichtet bedeutet hierbei, dass alle Verbesserungsaktivitäten auf die Reduzierung von Kosten und die Steigerung der Kundenzufriedenheit abzielen
- Ein umsetzungsfreundlicher konzeptioneller Rahmen, der in hohem Maße von der Verpflichtung der Unternehmensleitung abhängt
- Gründliches Verständnis von Variation und Reduzierung von Variation
- Entscheidungsfindung auf der Grundlage von Fakten
- Eine langfristige Initiative, die harte Arbeit und große Aufmerksamkeit aller an Schlüsselprozessen und wichtigen Supportprozessen Beteiligten sowie von Kunden und Lieferanten erfordert

16.2 Bewertung von Managementsystemen

Die Umsetzung von Managementkonzepten ist für die Mitarbeiter nur mit einer inhaltlichen Orientierung möglich. Ein für alle verständlicher

Ansatz ist nicht einfach zu finden. Deshalb wurden TQM-Modelle entwickelt, die als Grundlage für die Bewertung dienen. [14]

16.2.1 EFQM-Modell

Das EFQM-Modell zur Bewertung von Managementsystemen ist international als Richtlinie und Zielsystem für die Einführung von Total Quality Management (TQM) anerkannt. Die Kriterien dieses Modells decken alle inhaltlichen Schwerpunkte eines Managementsystems ab. Es enthält einen Bewertungsmaßstab, der es ermöglicht, die Leistungsfähigkeit des eigenen Systems zu hinterfragen und detailliert transparent zu machen.

Das EFQM-Modell ist ein europäisches Referenzmodell, das von namhaften Industrieunternehmen in Zusammenarbeit mit der EU-Kommission und der European Organisation for Quality (EOQ) entwickelt wurde. Es ist als EFQM-Excellence-Modell bekannt und geschützt.

Das EFQM-Modell beruht auf dem Zusammenwirken der in Bild 16.4 dargestellten neun Kriterien, die in Befähiger und Ergebnisse unterteilt werden.

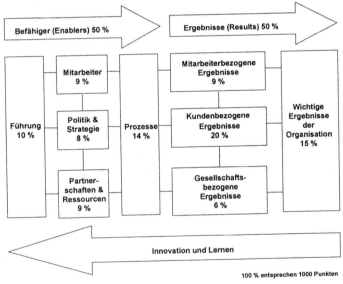

Bild 16.4: Das EFQM-Modell [14]

Dem Aufbau des Modells ist zu entnehmen, dass der Ausgangspunkt für alle Aktivitäten eine nachhaltige und überzeugende Führung der obersten Leitung ist.

Die Führung wirkt bis in die Gestaltung der Prozesse durch eine TQM-orientierte Politik und Strategie sowie die Einbeziehung aller Mitarbeiter, Partner und Ressourcen. Dieses Zusammenspiel der Befähiger wird dann am Markt in Ergebnisse umgesetzt.

Das Modell zeigt, dass der langfristige Geschäftserfolg entscheidend von der Zufriedenheit der Kunden, der Mitarbeiter sowie der Anerkennung des Unternehmens in seinem Umfeld, bezogen auf seine gesellschaftliche Verantwortung, abhängt.

Die Befähiger beschreiben die Potenziale des Unternehmens, die auf folgende Fragen Antworten erfordern [14]:

- Was macht das Unternehmen, um umfassende Qualität zu erlangen?
- Wie geht das Unternehmen vor, um konzeptionelle Ansätze in den Strukturen zu verankern?
- Wie wird die Wirksamkeit veränderter Abläufe und Strukturen überprüft?
- Wie lernt die Organisation aus den Erkenntnissen der Überprüfung?

Die Betrachtung der Ergebnisse konzentriert sich auf folgende Aspekte [14]:

- Welche Daten und Informationen werden im Unternehmen zur Erfolgsbewertung herangezogen?
- Wie werden die Daten ermittelt?
- Wie hat sich die Ausprägung dieser Größen in den letzten Jahren entwickelt?

Die wichtigsten Punkte der neun **EFQM-Kriterien** [1]:

Führung (Leadership):
Herausragende Bedeutung von Führung sowie das Erstellen einer Vision und Mission

Mitarbeitereinbindung (People):
Systematische Entwicklung des Humankapitals

Politik und Strategie (Policy and Strategy):
Anforderungen und Strategie, nach der in der Organisation kommuniziert und umgesetzt wird

Partnerschaften und Ressourcen:
Aktive Partnerschaft mit Lieferanten zum Vorteil beider Partner

Prozesse:
Kernprozesse zur Verwirklichung der Strategie der Organisation und qualitätssichernde Prozesse

Mitarbeiterbezogene Ergebnisse (People Results):
Mitarbeiterzufriedenheit überwachen, Training, Leistungsbeurteilung

Kundenbezogene Ergebnisse (Customer Results):
Kundenzufriedenheit ermitteln, Kundenloyalität, Marktanteil

Gesellschaftsbezogene Ergebnisse (Society Results):
Verantwortung in der Gesellschaft

Wichtige Geschäftsergebnisse (Key Performance Results):
Balance-Scorecard-Ansatz, Berechnung von qualitätsbezogenen Kosten und Messgrößen für Produkt- und Prozessqualität

Das EFQM-Modell ist ein **Bewertungsmodell**, um die Leistungsfähigkeit eines Unternehmens darzustellen. Die Prozentzahlen im Bild 16.4 beschreiben die Wertigkeit der einzelnen Kriterien für den Erfolg des Unternehmens am Markt. Diese Prozentzahlen wurden erarbeitet und werden jährlich hinterfragt und bei Bedarf aktualisiert.

Die Gewichtung der einzelnen Kriterien des Modells wurde bestätigt. Die EFQM hat jedoch inhaltliche Korrekturen am Modell vorgenommen. Diese beziehen sich auf die Struktur der Unterkriterien und auf das Bewertungsverfahren – das Radar-Konzept.

Im neuen Modell wird noch stärker der Kunde beachtet und die immer bedeutender werdenden Partnerschaften entlang der Wertschöpfungskette. Außerdem wurde, durch neue Unterkriterien und das Radar-Konzept, das zunehmende Gewicht des Wissensmanagements in Verbindung mit Lernen im Unternehmen erfasst.

Das Radar-Konzept des EFQM-Modells als Bewertungskonzept [14]:

Das Wort Radar setzt sich aus den Anfangsbuchstaben der folgenden Begriffe zusammen:

- Results (Ergebnisse)

- Approach (Ansatz, Vorgehen)

- Deployment (Umsetzung)

- Assessment (Überprüfung)

- Review (Bewertung)

Damit sind die Aspekte für den im EFQM-Modell zu messenden Standard genannt. Die Leistungsfähigkeit der Organisation kann nach diesen Aspekten in allen 32 Unterkriterien bewertet und verbessert werden.

Vergleich von EFQM und ISO 9001: 2000

Das EFQM-Excellence-Modell beschreibt Qualität viel umfassender als die Norm DIN EN ISO 9001: 2000, aber es gibt auch Überlappungen. Die Grundprinzipien des EFQM-Modells können den entsprechenden ISO-Prinzipien zugeordnet werden, haben jedoch eine viel weiter gehende Bedeutung (Tabelle 16.4).

Tabelle 16.4: Vergleich EFQM-Modell mit ISO 9001:2000 [1]

EFQM-Modell	ISO 9001: 2000
Ergebnisorientierung	–
Kundenorientierung	Kundenorientierung
Führung und zielgerechtes Handeln	Führung
Management mit Prozessen und Fakten	Prozess, Faktenansatz
Entwicklung und Einbindung von Mitarbeitern	Mitarbeitereinbindung
Kontinuierliches Lernen, Innovation und Zusammenarbeit	kontinuierliche Verbesserung
Entwicklung von Partnerschaften	gegenseitig vorteilhafte Entwicklung von Lieferanten
Verantwortung gegenüber der Gesellschaft	–
–	systemischer Managementansatz

Anwendungsvergleich ISO – EFQM [9]

Die ISO 9000: 2000 ist eine Norm mit einem Modell sowie einer verstärkten Betonung von Kunden und Prozessen.

Beim EFQM-Modell sind zusätzlich durch die Aspekte Partnerschaft, Innovationen und Lernen auch alle denkbaren Ansprechgebiete erwähnt.

Eine Gegenüberstellung aller Inhalte ist wenig sinnvoll, da die Darstellung des Unterschieds zwischen beiden Anwendungen keine Vorteile bringt.

Die Prozessbetrachtung im Vergleich zeigt als Beispiel Unterschiede im Ansatz.

Für ISO 9001: 2000 sind Prozesse zu dokumentieren und deren Funktion nachzuweisen. Es wird also nach dem Vorhandensein von Prozessen gefragt („Was?").

Für das EFQM-Modell wird danach gefragt, wie Prozesse systematisch ermittelt werden, wie diese Systematik aufgebaut ist, wie Prozesse verbessert werden, welche Kriterien dabei angesetzt werden und nach welchen

Methoden Prozesse optimiert werden. Hier wird also nach der Vorgehensweise gefragt („Wie?").

Die Bewertung der Qualitätsmanagementsysteme durch Audits erfolgt durch gleichartige Vorgehensweise, durch Bewertung von schriftlichen Unterlagen und eine Überprüfung im Unternehmen.

Ein Vergleich von Audit und Assessment zeigt auch hier wesentliche Unterschiede. Tabelle 16.5 enthält wichtige Ergebnisse als Übersicht.

Tabelle 16.5: Vergleich von ISO-Zertifizierungsaudit mit EQA Site Visit [9]

Kriterien	ISO-Zertifizierungsaudit	EQA Site Visit
A. Gegenstand der Untersuchung	Qualitätsmanagement-Handbuch ■ Verfahrensanweisungen ■ Arbeitsanweisungen	EQA-Bewertung ■ Befähiger ■ Ergebnisse
B. Erforderliche Vorbereitungszeit	8–12 Monate	> 4 Jahre
C. Inspektionspersonal	2–3 Auditoren der örtlichen Zertifizierungsgesellschaft	8 multinationale Assessoren unterschiedlicher Branchen
D. Dauer des Audits	3 Tage	3 Tage
E. Anzahl der Interviews	~ 40 nach vorgegebenem Auditplan einschl. Leitungsebene	~ 100 beliebig ausgewählt (einschließlich Top-Manager)
F. Schwerpunkt der Interviews	Übereinstimmung mit Qualitätsdokumenten	Geisteshaltung (TQM), Deployment, ständige Verbesserung
G. Kosten für das Unternehmen	15 000 Euro	15 000 Euro
H. Vergleichende Erfahrung in Europa	~ 100 000 Zertifikate	~ 50 Site Visits

16.2.2 European Quality Award

Der **European Quality Award (EQA)** wird als europäischer Qualitätspreis seit 1992 auf der Basis des EFQM-Modells verliehen. Diese Auszeichnung können Unternehmen bekommen, die nachweisen können, dass ihr Vorgehen zur Verwirklichung von TQM über mehrere Jahre einen größeren Beitrag zur Stärkung des langfristigen Geschäftserfolges geleistet hat.

Kurzfristige Geschäftserfolge und Insellösungen zählen nicht.

Die Kriterien zur Bewertung der Unternehmen für den europäischen Qualitätspreis enthält das EFQM-Modell. Das Modell kann mit folgender Voraussetzung beschrieben werden:

> Exzellente Ergebnisse im Hinblick auf Leistung, Kunden, Mitarbeiter und Gesellschaft werden durch eine Führung erzielt, die Politik und Strategie, Mitarbeiter, Partnerschaften, Ressourcen und Prozesse auf ein hohes Niveau hebt.

Beispiele mit vollständiger Beschreibung der Vorgehensweise, der Erfahrungen und der Ergebnisse liegen vor. [14]

16.2.3 Der Ludwig Erhard Preis

Auf der Grundlage des EQA wurde 1996 in Deutschland der **Ludwig Erhard Preis (LEP)** entwickelt und eingeführt. Die Auszeichnung „Umfassende Unternehmensqualität und Spitzenleistung im Wettbewerb" wurde von deutschen Wirtschaftsverbänden geschaffen. Der Ludwig Erhard Preis ist ebenfalls eine Auszeichnung für Spitzenleistungen im Wettbewerb. Das Modell mit sprachlichen Anpassungen enthält neun Kriterien in Anlehnung an den EQA.

Dem Bereich „Mittel und Wege" sind zugeordnet:

- Führungsverhalten
- Mitarbeiterorientierung
- Unternehmenspolitik/-strategie
- Ressourceneinsatz
- Prozesse

Zu den „Ergebnissen" gehören:

- Mitarbeiterzufriedenheit
- Kundenzufriedenheit
- Auswirkungen auf die Gesellschaft
- Geschäftserfolge

Damit sollen kleine und mittelständische Unternehmen die Möglichkeit erhalten, eine erfolgversprechende Bewerbung in deutscher Sprache abzugeben. [2]

16.3 Verbesserung von Prozessen und Qualität

Für **Qualitäts- und Prozessverbesserungen** sind viele Methoden und Werkzeuge bekannt, von den hier nur einige zur Übersicht vorgestellt werden.

Es gibt z. B. für Six Sigma eine Sieben-mal-sieben-Toolbox, die eine Auswahl der meistangewendeten Werkzeuge darstellt. [12]

16.3.1 Kontinuierlicher Verbesserungsprozess

> Der **kontinuierliche Verbesserungsprozess (KVP)** umfasst den gemeinsamen Kern verschiedener Konzepte und Methoden für effektivitäts- und effizienzsteigernde Veränderungen von Organisationen.

Das Ziel von KVP ist die umfassende Verbesserung der Qualität und Effizienz in einem Unternehmen unter Einbeziehung aller Bereiche und Mitarbeiter.

Alle Prozesse, die im Unternehmen ablaufen, werden kundenorientiert ausgerichtet. Durch ständige Verbesserungen wird die zu produzierende Qualität erreicht, indem im Prozess erkannte **Verschwendungen** beseitigt werden.

Der kontinuierliche Verbesserungsprozess ist die deutsche Übersetzung des japanischen **KAIZEN** mit gleicher inhaltlicher Bedeutung. Es handelt sich nicht nur um eine Methode, sondern um eine **prozessorientierte Denkweise**, die als grundlegende Verhaltensweise stets anzuwenden ist. Bild 16.5 zeigt wichtige Zusammenhänge.

Die Geschäftsführungsphilosophie KVP beruht auf dem Konzept, die Verbesserung der Produktivität zu erreichen, kontinuierlich und in kleinen Schritten. Das Konzept ist eine systematische Vorgehensweise des

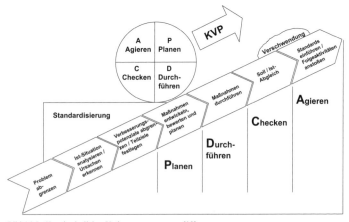

Bild 16.5: Kontinuierlicher Verbesserungsprozess [10]

Planens, Durchführens, Checkens und Agierens (PDCA-Zyklus nach Deming), sodass die Arbeitsabläufe und -verfahren kontinuierlich verbessert werden können.

KVP wird umgesetzt durch den zu höherer Qualität aufwärts „rollenden" PDCA-Zyklus, der nur durch Verschwendung behindert wird, die in allen Phasen auftreten kann. Die Bahn enthält die schrittweise erforderlichen Aktivitäten. Nach dem Abschluss der Aktivitäten werden Standards eingeführt, die dafür sorgen, dass der erreichte Stand der Qualität gehalten wird.

KVP enthält viele bekannte Elemente. KVP bietet jedoch einen ganzheitlichen Ansatz zur Unternehmensverbesserung und wirkt damit unterstützend für die Umsetzung von TQM sowie bei den EFQM-Kriterien.

KVP nutzt die Erkenntnis, dass nicht nur einzelne Leitlinien, Methoden, Werkzeuge und Unternehmensziele zu berücksichtigen sind, sondern dass alle Komponenten zusammengebracht und eingesetzt werden müssen.

Die Kreativität der Mitarbeiter wird genutzt, um den Anteil an Wertschöpfung zu erhöhen und Verschwendungen zu minimieren. Der Verbesserungsprozess sollte am Ort der Wertschöpfung durch eine konsequente Präsenz der Führungskräfte gestartet, unterstützt und stabilisiert werden.

KVP ist keine Methode, sondern eine Geschäftsführungsphilosophie, die durch die Anwendung von Methoden gefördert wird.

KVP beruht auf verschiedenen Denkweisen, die alle zu berücksichtigen sind:

- Verbesserung und Erhaltung
- Mitarbeiterorientierung
- Qualitätsorientierung
- Prozess- und Ergebnisorientierung
- Kunden-Lieferanten-Beziehungen
- Zahlen, Daten, Fakten.

Der Verbesserungsprozess als Zyklus

Prozesse kontinuierlich zu verbessern, bedeutet für alle Mitarbeiter:

- ständig etwas zu lernen
- flexibel auf neue Anforderungen zu reagieren und
- das Bestehende immer weiter zu verbessern

KVP will kleine, aber kontinuierliche Fortschritte erzielen.

Angewendet wird der PDCA-Zyklus nach Deming für eine immer wiederkehrende Aufgabe mit vier Teilschritten nach Bild 16.6:

- Plan (plan)
- Durchführen (do)
- Überprüfen (check)
- Agieren bzw. Verbessern (act)

Bild 16.6: Vorgehen nach dem PDCA-Zyklus [8]

In der Darstellung im folgenden Bild 16.7 sind den vier Teilschritten 16 Maßnahmen zugeordnet.

Bild 16.7: PDCA-Zyklus für KVP [10]

KVP nutzt die systematische Vorgehensweise des PDCA-Zyklus, um Verbesserungen einzuleiten, zu verfolgen und überprüfen zu können.

16.3.2 Kundenorientierung verbessern

Die **Kenntnis der Kundenzufriedenheit** ist ein elementares Informationsbedürfnis erfolgreicher Unternehmen. Sie ermöglicht dem Unternehmen, sich in Zukunft stärker an den Forderungen und Wünschen der Kunden zu orientieren.

Um die Kundenzufriedenheit zu ermitteln, gibt es verschiedene Möglichkeiten:

- Direkte Gespräche mit den Kunden
- Nachfrageaktionen unmittelbar nach der Leistungserstellung
- Bearbeitung und Auswertung von Kundenbeschwerden
- Umsatzanteile ermitteln
- Kundenloyalität fördern

Die Kenntnis der Wünsche und Anforderungen der Kunden sollte dann auch unverzüglich und präzise im Prozess umgesetzt werden. Dabei kommt es auch darauf an, eine gravierende Übererfüllung dieser Wünsche zu vermeiden, denn das verursacht unnötige Kosten.

Wesentliche Kriterien der Kundenzufriedenheit sind aus dem Prozessmanagement bekannt, siehe Bild 16.8.

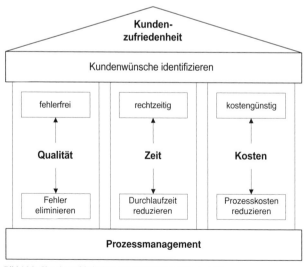

Bild 16.8: Kundenzufriedenheit durch Prozessmanagement [6]

Eine Nichterfüllung der Kundenforderungen in Bezug auf Erwerb (Verfügbarkeit, Lieferbereitschaft), Gebrauch (Funktionsfähigkeit, Zuverlässigkeit, Haltbarkeit) und Verwertung (Recyclingfähigkeit, Entsorgung) kann den Verlust des Kunden und seine Reklamationen zur Folge haben.

Dadurch werden nach Auftragsende noch weitere Mitarbeiterkapazitäten gebunden, und es können zusätzliche, meist unüberschaubare Kosten entstehen. Es lohnt sich also, die Wünsche des Kunden in jeder Hinsicht exakt zu ermitteln und zu dokumentieren.

16.3.3 Kundenorientierung und Kundenzufriedenheit

Kundenorientierung ist ein Grundsatz des Qualitätsmanagements.

Die Normenforderung steht in DIN EN ISO 9000:2000 (Kap. 02, S. 7):

„Organisationen hängen von ihren Kunden ab und sollten daher gegenwärtige und zukünftige Erfordernisse der Kunden verstehen, deren Anforderungen erfüllen und danach streben, deren Erwartungen zu übertreffen."

Unternehmen haben als oberstes Ziel,

- Kundenprobleme zu lösen,
- Kundennutzen zu schaffen und
- Kunden zufrieden zu stellen.

Die **Kundenzufriedenheit** ist ein entscheidender Faktor dafür, dass die Produkte gekauft werden und damit die Existenz und Zukunft des Unternehmens zu sichern.

Die Einführung von Geschäftsprozessen ist ein zuverlässiger Weg, um Mängel der Kundenbeziehungen und Kundenzufriedenheit zu beseitigen. Geschäftsprozesse stellen Kunden in den Mittelpunkt, in dem das Denken und Handeln des gesamten Unternehmens auf Kunden ausgerichtet wird. Je besser die Geschäftsprozesse die Kundenanforderungen und -erwartungen erfüllen, umso zufriedener sind die Kunden und umso erfolgreicher ist das Unternehmen.

Beispiel Autoreparatur für die Bedeutung und Wirkungsweise von Geschäftsprozessen im Alltag:

- Kundenerwartung: schnelle, termintreue, kostengünstige und zuverlässige Reparatur des Autos
- Geschäftsprozess: Reparaturabwicklung
- Beginnt beim Kunden: Reparaturannahme

16 Prozessorientierte Qualitätsmanagementsysteme

- Endet beim Kunden: bezahlte Rechnung
- Interne Prozessabwicklung ist für Kunden uninteressant (Subunternehmer [TÜV-Abnahme, Lackiererei], Lieferanten [Ersatzteile])
- Autoreparaturwerkstatt ist erfolgreich, wenn sie diesen Geschäftsprozess beherrscht und die Kundenerwartungen erfüllt

> Die **Kundenzufriedenheit** ist für zwei Drittel der Unternehmen der wichtigste strategische Erfolgsfaktor.
>
> Kundenzufriedenheit hängt von zwei Vorraussetzungen ab:
> - richtige Kenntnis und Definition der Kundenanforderungen und
> - richtige Umsetzung der Kundenanforderungen

Um die Kundenanforderungen festlegen zu können, müssen Probleme, Bedürfnisse, Ziele, Absichten, Wünsche und Erwartungen der Kunden richtig verstanden werden. Daraus sind die richtigen Definitionen der Kundenanforderungen abzuleiten und im Produktplanungsprozess zu erfassen.

> Die Umsetzung der Kundenanforderungen erfolgt durch alle Geschäftsprozesse, insbesondere durch die Kernprozesse.
>
> Die Kundenanforderungen beeinflussen maßgeblich die Geschäftsprozesse.

Die von den externen Kunden geforderten und erwarteten Leistungen bestimmen, welche Geschäftsprozesse und welche Leistungen in diesen Prozessen erbracht werden müssen. Die Erfüllung der Kundenanforderungen entscheidet über den Markterfolg der Produkte und den Erfolg des Unternehmens.

> Hohe Kundenzufriedenheit wirkt sich positiv aus auf:
> - Kundenloyalität und Kundenbindung
> - Wiederkauf
> - Umsatz
> - Marketing- und Vertriebskosten
> - Preissensitivität der Stammkunden

Die Kundenzufriedenheit muss nach DIN EN ISO 9001:2001 (Kap. 8.2, S. 31) überwacht und gemessen werden:

> „Die Organisation muss Informationen über die Wahrnehmung der Kunden in der Frage, ob die Organisation die Kundenanforderungen erfüllt hat, als eines der Maße für die Leistung des Qualitätsmanagementsystems überwachen. Die Methoden zur Erlangung und zum Gebrauch dieser Informationen müssen festgelegt werden."

Da Kundenzufriedenheit sich ständig ändert und neu orientiert, sind regelmäßige Messungen eine wesentliche Voraussetzung für erfolgreiche Kundenorientierung.

Die Normenforderungen zur Kundenzufriedenheit stehen unter der Überschrift „Überwachung und Messung". Die Forderung, Kundenanforderungen als eine der Messgrößen des QM-Systems zu überwachen, bedeutet nicht, dass unbedingt eine Kundenbefragung durchgeführt werden muss. Befragungen der Kunden liefern dem Unternehmen jedoch wichtige Informationen. Die Kriterien zur Beurteilung der Kundenzufriedenheit sollten jedoch durch möglichst objektive Größen im Idealfall quantitativ messbar sein.

Informationen über Zufriedenheit und Unzufriedenheit der Kunden sind in den Unternehmen vorhanden. Der Anteil ist jedoch sehr unterschiedlich, wie die Übersicht in Tabelle 16.6 zeigt.

Tabelle 16.6: Informationen über die Kundenzufriedenheit [3]

Unzufriedenheit:	Zufriedenheit:
Reklamationen Garantiefälle Beschwerden Produktprobleme Kundenabwanderung …	Wiederkaufquote Gespräche Lieferantenbewertung Umsatzentwicklung …
Im Unternehmen sind ca. 20 % unbekannt	Im Unternehmen sind ca. 80 % unbekannt

Fehlende Unzufriedenheits-Meldungen bedeuten nicht automatisch, dass die Kunden zufrieden sind. Andererseits sind Kunden nicht unbedingt zufrieden, wenn alle Kundenanforderungen wie vereinbart erfüllt worden sind.

Um ein Zertifizierungsaudit zu bestehen, reicht eine systematische Auswertung der im Unternehmen vorhandenen Informationen über die Kundenzufriedenheit in der Regel aus. Die verwendeten Methoden und Verfahren sollten folgende Punkte beachten [3].

- Die Daten sollten regelmäßig erfasst werden
- die gesammelten Informationen sollten danach bewertet werden, ob sie aussagefähig und repräsentativ sind
- vereinbarte Leistungen und nicht ausgesprochene Erwartungen sind zu beachten
- eine Methode zur Auswertung/Interpretation der Daten muss vorhanden sein
- Trends sollten erkennbar werden
- aus den vorliegenden Ergebnissen sollten Maßnahmen abgeleitet werden können

16.3.4 Qualitätsbezogene Kosten

Qualitätsbezogene Kosten sind Kosten, die entstehen durch
- die Sicherstellung zufriedenstellender Qualität
- Wiederkauf
- das Schaffen von Vertrauen, dass die Qualitätsforderungen erfüllt werden, sowie
- Verluste infolge Nichterreichens zufrieden stellender Qualität [11]

Dazu gehören also alle Kosten, die verursacht werden durch
- Tätigkeiten der Fehlerverhütung
- planmäßige Qualitätsprüfungen
- intern und extern festgestellte Fehler
- externe QM-Darlegung

Daraus ergibt sich die klassische Gliederung der qualitätsbezogenen Kosten nach den Entstehungsursachen, die unter Bild 16.9 erläutert werden. [11]

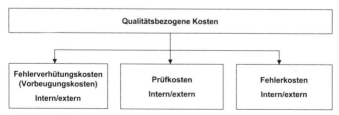

Bild 16.9: Qualitätsbezogene Kostenarten [11]

Fehlerverhütungskosten (Vorbeugungskosten) sind Kosten, die durch verhütende oder vorbeugende Tätigkeiten im Rahmen der Qualitätssicherung verursacht werden, um Fehler zu vermeiden oder das Wiederauftreten von Fehlern auszuschließen. Alle Maßnahmen zur Vermeidung von qualitätsbezogenen Verlusten bzw. Fehlleistungen sind zu erfassen.

Interne Fehlerverhütungskosten entstehen zum größten Teil in den planenden Bereichen des Unternehmens. (Beispiel: Personalkosten, Lieferantenfreigaben, Prüfplanung, Qualitätsaudits usw.)

Externe Fehlerverhütungskosten entstehen im Zusammenhang mit externen Tätigkeiten und Anschaffungen für die Qualitätssicherung. (Beispiele: Externe Qualitätsfähigkeits-Untersuchungen, externe QM-Schulungen, externe QM-Darlegungskosten usw.)

Prüfkosten sind Kosten, die durch das Entdecken von Fehlern entstehen. Sie werden verursacht durch Planung, Durchführung und Auswertung von Prüfungen. Prüfkosten ergeben sich durch Prüfung und Überwachung mit Personal, Prüf- und Messmitteln.

Fehlerkosten sind Kosten, die durch fehlerhafte Einheiten entstehen. Sie treten auf, wenn Produkte/Dienstleistungen nicht den Qualitätsspezifikationen entsprechen. Die Fehlerkosten werden nach dem Ort ihrer Feststellung aufgeteilt:

- Interne Fehlerkosten (Kosten intern festgestellter Fehler)
- Externe Fehlerkosten (Kosten extern festgestellter Fehler)

Interne Fehlerkosten werden vor der Auslieferung an den Kunden erkannt. (Beispiele: Ausschusskosten, Nacharbeit, Kosten für Aktivitäten, weil die Produkte nicht beim ersten Mal richtig laufen, usw.)

Externe Fehlerkosten werden nach der Auslieferung an den Kunden erkannt. (Beispiele: Nacharbeit beim Kunden, Garantiekosten, Beschwerden, Außeneinsatz für Reparaturen usw.)

QUALITÄTSBEZOGENE KOSTEN

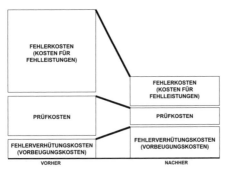

Bild 16.10: Qualitätsbezogene Kosten [1]

16 Prozessorientierte Qualitätsmanagementsysteme

Die Abbildung der qualitätsbezogenen Kosten in Bild 16.10 ist ein Ansatz modernen Qualitätsdenkens. Dabei ist entscheidend, schlechte Qualität zu messen und die Kostenanteile entsprechend der Darstellung durch geeignete Maßnahmen zu beeinflussen. Fehlerverhütung macht sich bezahlt, da Fehlerkosten und Prüfkosten stark abnehmen.

Die Aufteilung der qualitätsbezogenen Kosten sollte zutreffender erfolgen:

- Präventivkosten = Übereinstimmungskosten der Qualität = Konformitätskosten und

- Fehlleistungskosten = Abweichungskosten der Qualität = Nichtkonformitätskosten

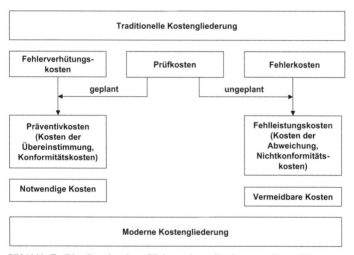

Bild 16.11: Traditionelle und moderne Gliederung der qualitätsbezogenen Kosten [11]

Präventivkosten sichern das Erreichen der Qualitätsziele, vermeiden Fehler und erhöhen Wertschöpfung.

Übereinstimmungskosten entstehen durch Herstellung von Qualität.

Konformitätskosten sind Kosten zum Erfüllen der Qualitätsforderungen, wie z. B. geplante Prüfkosten, Fehlerverhütungskosten und QM-Darlegungskosten (QM-System-Einführung).

Fehlleistungskosten umfassen die Kosten für das Suchen und Beseitigen von Fehlern und Fehlerursachen z. B. durch Verschwendung von Ressourcen.

Abweichungskosten entstehen durch Nicht-Erfüllung von Qualitätsanforderungen.

Nichtkonformitätskosten sind Kosten, die durch Nichterfüllen von Qualitätsforderungen entstehen, wie z. B. ungeplante Prüfkosten, interne und externe Fehlerkosten und Fehlerfolgekosten.

Fehlerfolgekosten sind Kosten, die durch fehlerhafte Einheiten verursacht werden. Fehlerfolgekosten entstehen im Unternehmen oder beim Kunden, wenn die Erwartungen an ein Produkt nicht erfüllt sind. Dazu gehören [11]

- Behandlung von Reklamationen
- Kosten durch Rücklieferungen
- Kosten durch Produkthaftung
- Vertragsstrafen
- entgangene Gewinne
- Garantiekosten

> Das Ziel ist, die Konformitätskosten zu optimieren und die Nichtkonformitätskosten gegen null abzusenken (Null-Fehler-Produktion). [11]

Planung und Entwicklung verbessern

> Das Qualitätsdenken beginnt bei der Produktplanung und muss sich in Entwicklung, Konstruktion, Arbeitsvorbereitung, Produktion, Versand und Gebrauch beim Kunden fortsetzen.

Da aus Untersuchungen in der Industrie bekannt ist, dass 70 bis 80 % der Kosten und der Fehlerzahl eines Produkts aus der Konstruktions- bzw. Planungsphase stammen, ist die Qualitätssicherung in diesen Phasen besonders wichtig. Außerdem ist bekannt, dass der Schwerpunkt der Fehlerbehebung in der Produktion und beim Kunden liegt. Die Qualitätssicherung muss also möglichst früh in der Produktentwicklung durchgeführt werden. [7]

Die Kosten zur Fehlerbehebung können in Abhängigkeit von den Phasen der Fehlerentdeckung durch eine in der Praxis entwickelte einfache Regel dargestellt werden, wie Bild 16.12 zeigt.

> **Zehnerregel:** Die Kosten steigen von Phase zu Phase jeweils um den Faktor 10.

16 Prozessorientierte Qualitätsmanagementsysteme 299

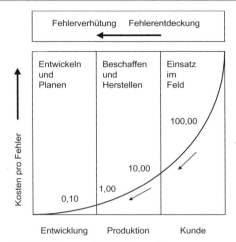

Bild 16.12: Zehnerregel der Fehlerkosten [7]

Das heißt, ein Fehler, der in der Entwicklung nicht erkannt wird, kostet später beim Kunden das 100fache. Diese Regel wurde durch Untersuchungen der Firma Mercedes-Benz AG bestätigt.

Einfache Maßnahmen zur **Vermeidung von Fehlern** sind vollständige Klärung der Aufträge, Checklisten, festgelegte Abläufe für die Phasen, Arbeitsablaufpläne oder Qualitätsprüfungen.

16.3.5 Wertschöpfung in Prozessen

Wertschöpfung ist der Wertzuwachs aus Kundensicht, der aus der Differenz zwischen dem Wert nach der Verarbeitung minus dem Wert vor der Verarbeitung entsteht. Wertschöpfende Aktivitäten sind alle Aktivitäten, die ausgeführt und erfolgreich abgeschlossen werden müssen, um die Kundenanforderungen in Geschäftsprozessen zu erfüllen.

Alle Prozesse sind durch eine Prozessanalyse auf ihren Beitrag zur Steigerung der Wertschöpfung zu untersuchen.

Drei Typen an Tätigkeiten sind hierbei zu unterscheiden [19]:

- eindeutige Wertschöpfung im Sinne von Nutzleistung
- Tätigkeiten, die keinen Wert erzeugen, aber mit den vorhandenen Technologien und Fertigungseinrichtungen unvermeidbar sind

- Tätigkeiten, die keinen Wert erzeugen und direkt vermeidbar sind

Arten von nicht-wertschöpfenden Tätigkeiten [19]:

- Vorbereitung: Tätigkeiten, die der Vorbereitung einer nachfolgenden Aktivität dienen (Aufräumen des Arbeitsplatzes)
- Verzögerung/Warten/Lagerung: Tätigkeiten, bei denen die Arbeit darauf wartet, gemacht zu werden (Zwischenlagerung, Vorratshaltung)
- Versagen: Tätigkeiten, die durch Fehler in einem Prozess verursacht werden (Nacharbeit, Rückruf)
- Kontrolle, Prüfung: Tätigkeiten zur internen Kontrolle des Prozesses (Überprüfung, Freigabe)

Bild 16.13 enthält eine Einteilung zum Erkennen der Wertschöpfung.

Einteilung von Prozessen nach Wertschöpfung

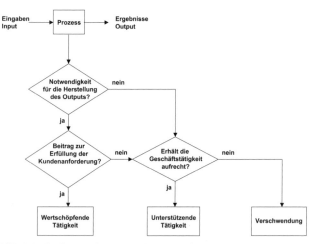

Bild 16.13: Einteilung von Prozessen nach Wertschöpfung [19]

Die Konzentration auf Wertschöpfung bedeutet, dass alle nicht wertschöpfende Teilprozesse, Aktivitäten und Tätigkeiten zu eliminieren sind.

Aktivitäten, die keinen Wert für Kunden schaffen, werden häufig als „Ersatzprozesse" oder „verborgene Fabriken" bezeichnet. Damit sollen Probleme und Schwierigkeiten beseitigt werden. Beispiele sind Fehlermeldewesen, Änderungswesen oder Endkontrollen. Diese Aktivitäten stellen ein großes Verbesserungspotenzial dar. [11]

Die Effizienz von Geschäftsprozessen wird gesteigert durch das Eliminieren der „Ersatzprozesse" und der „verborgenen Fabriken".

16.3.6 Leistungsfähigkeit der Prozesse

Die **Leistungsfähigkeit** der Prozesse entspricht der Leistungsfähigkeit des gesamten Unternehmens. Deshalb müssen alle Aktivitäten eines Unternehmens auf ihren Wertschöpfungsanteil untersucht werden. Wertschöpfung wird definiert als Erhöhung des Kundennutzens. Der Wertschöpfung wird dann der Ressourcenverbrauch gegenübergestellt.

Nicht wertschöpfende Teilprozesse, Aktivitäten und Tätigkeiten sind in den Prozessen zu identifizieren. Sie schaffen keinen Kundennutzen, verbrauchen aber Zeit und Ressourcen. In Unternehmen tragen nur relativ wenige Aktivitäten zur Wertschöpfung bei. Um diese zu erkennen, sollten für alle Prozesse die Nutz-, Stütz-, Blind- und Fehlleistungen ermittelt werden:

Nutzleistungen sind alle geplanten wertschöpfenden Tätigkeiten, die zur Wertsteigerung für den Kunden beitragen. Sie sind in allen wertschöpfenden Prozessen enthalten.

Stützleistungen sind alle geplanten Aktivitäten, die die Nutzleistung bei der Wertschöpfung unterstützen, damit das geplante Ergebnis der Prozesse erreicht werden kann. Sie erhöhen den Wert eines Produkts nicht.

Blindleistungen sind die ungeplanten Tätigkeiten in der Wertschöpfungskette. Sie führen zu ungeplanten Prozessabschnitten, ohne den Kundennutzen zu steigern.

Fehlleistungen entstehen ungeplant auf Grund nicht fähiger Prozesse. Der Wert des Produkts oder der Dienstleistung für den Kunden wird gemindert.

Die Gesamtleistung eines Unternehmens setzt sich wie folgt zusammen [18]:
- Nutzleistung ca. 25%: trägt direkt zur Wertsteigerung bei
- Stützleistung ca. 45%: trägt indirekt zur Wertsteigerung bei
- Blindleistung ca. 20%: trägt nicht zur Wertsteigerung bei
- Fehlleistung ca. 10%: trägt zur Wertminderung bei

> Ziel des Geschäftsprozessmanagements ist es, Fehl- und Blindleistungen zu beseitigen, Stützleistungen auf das unbedingt Notwendige zu reduzieren und die Nutzleistungen zu optimieren.

Die Prozessleistungsarten sind im Bild 16.14 mit Kriterien enthalten.

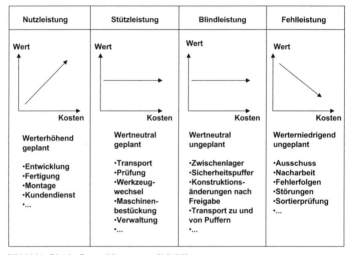

Bild 16.14: Die vier Prozessleistungsarten [14], [18]

Wertschöpfung steigern durch Tätigkeitsanalysen von Prozessen

Durch die kritische Überprüfung der Tätigkeiten wird der Wertschöpfungsanteil innerhalb eines Prozesses erhöht, weil die Tätigkeiten besonders beachtet werden, die den Kundennutzen erhöhen. Alle nicht erforderlichen Tätigkeiten werden systematisch erarbeitet und beseitigt.

Das Prozessteam erstellt dafür eine Liste mit allen Tätigkeiten des Prozesses. Die Tätigkeiten entnimmt man dem Flussdiagramm und den Tätigkeitsanalysen. **Tätigkeitsanalysen** werden durchgeführt, indem die betroffenen Mitarbeiter alle ausgeführten Tätigkeiten über mehrere Tage aufschreiben. Die einzelnen Tätigkeiten werden anschließend den Leistungsarten zugeordnet, wie das Beispiel in der folgenden Tabelle zeigt. In dieser Tabelle ist ein **Angebotserstellungsprozess** für Sonderausführungen angegeben.

16 Prozessorientierte Qualitätsmanagementsysteme

Tabelle 16.7: Analyse der Leistungsarten in einem Prozess [5]

Tätigkeit		Abteilung	Zeit (min)	Leistungen Nutz	Stütz	Blind	Fehl
Kundenanfrage eintragen und weiterleiten	01	Verkauf	12			×	
Rücksprache mit dem Kunden	02	Verkauf	16		×		
Eintrag in Eingangsliste mit interner Nummer	03	Technik	10			×	
Kunden über Vorgang informieren	04	Technik	18			×	
Prüfen der Anfrage	05	Konstruktion	20		×		
Teile und Baugruppen definieren	06	Konstruktion	35		×		
Zeichnungen und Stücklisten erstellen	07	Konstruktion	75	×			
Sondernummer vergeben	08	Konstruktion	12			×	
Ergebnisse überprüfen	09	Konstruktion	17		×		
Unterlagen archivieren	10	Konstruktion	15		×		
Preise schätzen	11	Kalkulation	18		×		
Lohnminuten berechnen	12	Kalkulation	30		×		
Angebot erstellen	13	Verkauf	50	×			
Angebot dem Kunden vorlegen	14	Marketing	10	×			

Fehlleistungen wurden nicht angegeben, da diese nur in einem laufenden Prozess ermittelt werden können. Sie würden sich ergeben, wenn bei den einzelnen Tätigkeiten Fehler gemacht würden, die durch Nacharbeit beseitigt werden müssen, oder wenn die erarbeiteten Ergebnisse nicht den Anforderungen des Kunden entsprechen.

Die eingetragenen Blindleistungen können auftreten, wenn bei der Kundenanfrage nicht alle Punkte ausreichend geklärt wurden und deshalb eine Rücksprache erforderlich machen. Die überflüssige doppelte Vergabe einer Nummer durch die Technik und durch die Konstruktion (03 und 08) sollte ebenso vermieden werden wie die Information des Kunden (04) durch die Technik.

Der Kunde erwartet ein Angebot und interessiert sich nicht für interne Vorgänge bei seinen Lieferanten.

Mit diesem Beispiel werden durch die erfolgte Einschätzung die verschiedenen Leistungsarten klar. Daraufhin können Verbesserungsmaßnahmen erarbeitet und einzelne Tätigkeiten beseitigt werden.

Quellen und weiterführende Literatur

[1] *Bicheno, J.* (Übersetzerin Otto, B.): Die Excellence-Box. Praktischer Ratgeber zu TQM, LEAN und Six Sigma in Fertigung und Dienstleistung. Ostfildern, Quindy Edition, 2002
[2] *Brombacher, R.-B.; Burg, K.-E.:* Der Weg zu Business-Excellence – die erfolgreiche Bewerbung zum Ludwig-Erhard-Preis: Aubi Baubeschläge. 2. Aufl., Düsseldorf, Symposium Publishing, 2002
[3] *Bünting, F.:* Kundenzufriedenheit messen. VDMA Nachrichten (2003) H. 6, S. 62–63
[4] *Fischer, F.; Scheibeler, A. A. W.* (Hrsg.): Handbuch Prozessmanagement. München Wien: Carl Hanser Verlag, 2003
[5] *Füermann, T.; Dammasch, C.:* Prozessmanagement. München Wien: Carl Hanser Verlag, 1997
[6] *Gaitanides, M.; Scholz, R.; Vrohlings, A.; Raster, M.:* Prozessmanagement. München Wien: Carl Hanser Verlag, 1994
[7] *Hering, E.; Triemel, J.; Blank, H.-P.:* Qualitätssicherung für Ingenieure. Düsseldorf: VDI-Verlag GmbH, 1993
[8] *Hummel, T.; Malorny, C.:* Total Quality Management. Tipps für die Einführung. Pocket Power, 3. Aufl., München Wien: Carl Hanser Verlag, 2002
[9] *Kamiske, G. F.:* Der Weg zur Spitze. Business Excellence durch Total Quality Management. Der Leitfaden. 2. Aufl., München Wien: Carl Hanser Verlag, 2000
[10] *Kostka, C., Kostka, S.:* Der kontinuierliche Verbesserungsprozess. Methoden des KVP. Pocket Power, 2. Aufl., München Wien: Carl Hanser Verlag, 2002
[11] *Linß, G.:* Qualitätsmanagement für Ingenieure. München Wien: Fachbuchverlag Leipzig im Carl Hanser Verlag, 2001
[12] *Magnussen, K.; Kroslid, D.; Bergmann, B.:* Six Sigma umsetzen. Die neue Qualitätsstratagie für Unternehmen. Mit neuen Unternehmensbeispielen. 2. Aufl., München Wien: Carl Hanser Verlag, 2003
[13] *Pfeifer, T.:* Qualitätsmanagement. Strategien, Methoden, Techniken. 3. Aufl., München Wien: Carl Hanser Verlag, 2001
[14] *Radtke, P.; Wilmes, D.:* European Quality Award. Praktische Tipps zur Anwendung des EFQM-Modells. Pocket Power, 3. Aufl., München Wien: Carl Hanser Verlag, 2002
[15] *Rehbehn, R.; Yurdakul, B.:* Mit Six Sigma zu Business Excellence. Strategien, Methoden, Praxisbeispiele. Publicis Corporate Publishing (Hrsg. Siemens AG), Erlangen, 2003
[16] *Renno, E.:* Von der Statistik zur Qualität. QZ 48 (2003) 4, S. 310
[17] *Schmelzer, H. J.; Sesselmann, W.:* Geschäftsprozessmanagement in der Praxis. München Wien: Carl Hanser Verlag, 2003
[18] *Tomys, A.-K.:* Kostenorientiertes Qualitätsmanagement. München Wien: Carl Hanser Verlag, 1995
[19] *Wagner, K. W.* (Hrsg.): PQM-Prozessorientiertes Qualitätsmanagementsystem. München Wien: Carl Hanser Verlag, 2001

Binner, H. F.: Organisations- und Unternehmensmanagement. München Wien: Carl Hanser Verlag, 1996

Binner, H. F.: Prozessorientierte TQM-Umsetzung. 2. Aufl., München Wien: Carl Hanser Verlag, 2002
Brassard, M.; Ritter, D.: Der Memory Jogger™ II. GOAL/QPC, 1994
Rath & Strong (Hrsg.): Six sigma pocket guide. Köln: TÜV-Verlag GmbH, 2002
Stratmann, W.: Die ISO 9001:2000 Interpretation der Anforderungen der DIN EN ISO 9001:2000. 4. Aufl., Köln: TÜV-Verlag GmbH, 2002
VDMA (Hrsg): Prozesse beschleunigen und gewinnorientiert steuern. Frankfurt a.M.: VDMA Verlag GmbH, 2002

17 Variantenmanagement

Prof. Dipl.-Ing. Klaus-Jörg Conrad

> **Varianten** entstehen, wenn ein Produkt in einer oder mehreren Einzelheiten anders gestaltet oder verändert wird, aber die für das Ausgangsprodukt wesentlichen Eigenschaften nach wie vor vorhanden sind.

Typisch für Varianten ist, dass sie sich häufig auf eine gemeinsame Produktvorgabe beziehen, aus der die Varianten nach verschiedenen Eigenschaften abgeleitet wurden, und dass sie parallel verwaltet werden. Bei Änderungen an Varianten sind die Beziehungen zu den zugehörigen Produktversionen zu beachten.

Varianten sind also insbesondere bei Serienprodukten eine Möglichkeit spezifische Kundenwünsche oder Anforderungen der Märkte zu erfüllen. Dies hat jedoch zur Folge, dass die Anzahl der Varianten steigt und bei gleichzeitig geringerer Stückzahl die Losgröße pro Variante ebenfalls abnimmt. Ein weiterer Grund für die Zunahme der Varianten ergibt sich durch den Einsatz von rechnergestützten Verfahren in der Konstruktion. Damit sind Varianten schnell konstruktiv erstellt, ohne jedoch den Aufwand und die Kosten in den anderen Bereichen des Unternehmens zu erfassen.

Viele Varianten und geringe Stückzahlen pro Los erhöhen die Kosten pro Variante und haben negative Auswirkungen auf Durchlaufzeit und Lieferzeit, insbesondere vor Serienanlauf. Die Produkte werden durch die Vielfalt von Teilen und Komponenten der Varianten immer komplexer.

Variantenmanagement hat deshalb als Ziel, durch folgende Maßnahmen die genannten Nachteile zu beseitigen [4]:

- Varianten nur wie vom Markt wirklich benötigt anbieten
- Varianten, die nicht notwendig sind, erkennen und reduzieren
- Variantenaufwand für Durchlaufzeiten und Kosten reduzieren

17.1 Produkt- und Teilevielfalt ermitteln

Die Produkt- und Teilevielfalt im Unternehmen hat Ursachen und Auswirkungen, die zu ermitteln und auszuwerten sind.

Als Ursachen für Produktvarianten sind z. B. ermittelt worden [4]:

- Vertriebszusagen, ohne Konstruktions- und Produktionsaufwand richtig einzuschätzen

17 Variantenmanagement

- Angebote für viele verschiedene Märkte mit abweichenden Anforderungen
- Angebote mit länderspezifischen Besonderheiten
- Kundenanforderungen zusagen mit der Aussicht auf Folgeaufträge
- Auflagen durch Gesetzen und Richtlinien erfüllen

Ursachen für die Teilevielfalt ergeben sich häufig im Unternehmen durch schlechte Organisation und Abstimmung der Abteilungen [4]:

- Informationsflüsse sind nicht ausreichend
- Erzeugnisstruktur schlecht aufbereitet oder nicht vorhanden
- Werknormung und Standardisierung zu spät umgesetzt
- Kalkulationsverfahren entsprechen nicht den Anforderungen
- Erfahrungen fehlen oder werden nicht genutzt
- Wiederholteil- und Ähnlichteilsuche nicht effektiv
- CAD-Systeme für schnelle Variantenkonstruktion einsetzen, ohne Kostenbeachtung in den Folgeabteilungen

Besondere Bedeutung hat die Produkt- und Teilevielfalt für die Herstellkosten, da die Kosten der vielen Varianten nicht unmittelbar aus den Herstellkosten erkennbar sind. Die Konstruktion von Varianten verursacht im Konstruktionsbüro Lohnkosten, die noch um den Faktor 6 steigen, wenn der Aufwand in den Folgeabteilungen erfasst wird. Dabei handelt es sich um reine Verwaltungskosten, die zu einem höheren Gemeinkostenanteil führen. Es ist deshalb erforderlich, die Kosten nicht durch konventionelle Kostenrechnung zu ermitteln, sondern alle anfallenden Kosten im Produktentwicklungsprozess durch eine Prozesskostenrechnung zu erfassen. [4]

17.2 Produkt- und Teilevielfalt analysieren

Die **ABC-Analyse** ist eine Methode zur Erfassung von vielen vorhandenen Varianten in einem Produktbereich. Die Einteilung in drei Klassen und deren Beitrag zum Umsatz eines Unternehmens ist aus einer Darstellung der Umsatzbeträge über den zugeordneten Varianten zu erkennen. Wenn 80 % der Produkte weniger als 20 % zum Umsatz beitragen, müssen viele dieser Produkte unwirtschaftlich sein (80-zu-20-Regel).

Der **Variantenbaum** ist eine Darstellung zur Übersicht über die Varianten eines Produkts. Der Aufbau beginnt mit einem Basisbauteil. Die Struktur des Variantenbaums ergibt sich durch Darstellung der Teile nach der Montagereihefolge, indem nach jedem Vorgang die Varianten erkennbar sind. Aus diesem Produktaufbau soll erkannt werden, wie viele Anbauteile wie viele Varianten ergeben. Nach der Analyse des Variantenbaums werden überflüssige Varianten gestrichen und ein neuer Variantenbaum mit den notwendigen Varianten aufgebaut.

17.3 Produkt- und Teilevielfalt reduzieren

Die Reduzierung der Produkt- und Teilevielfalt führt zu weniger Varianten und einer Vereinfachung im Unternehmen mit entsprechenden wirtschaftlichen Potenzialen.

Technische Maßnahmen, um die Reduzierung umzusetzen, enthält folgende Tabelle 17.1.

Tabelle 17.1: Maßnahmen zum Reduzieren der Teilevielfalt [4]

Teilearten/Systeme	Maßnahmen/Gründe
Kaufteile	Kaufteile sind fertige Teile mit bekannten Kosten
Normteile	Normteile gleicher Art und Abmessungen verwenden
Gleichteile	Produkt mit vielen gleichen Teilen entwickeln
Wiederholteile	Teile für viele unterschiedliche Produkte vorsehen
Integralbauweise	Teile umgestalten und zusammenfassen zu einem Teil
Teilefamilie	Teile gleicher Funktion standardisieren
Baukastensystem	Baugruppen und Teile mehrfach verwenden
Baureihen	Produkte gleicher Funktion ohne Sonderkonstruktionen

Die Aussagen der Tabelle 17.1 sind erfahrenen Konstrukteuren bekannt, werden aber oft erst umgesetzt, nachdem negative Entwicklungen des Ertrags durch Produkte mit vielen Varianten erkannt werden.

Die Teilearten und deren Vorteile beim Einsatz sind bekannt. [2] Hier sollen nur die Grundlagen der Teilefamilien, Baureihen und Baukastensysteme vorgestellt werden.

> **Teilefamilien** sind zu bilden, indem ähnliche Teile in den Bereichen Konstruktion oder Fertigung gefunden und zusammengefasst werden. Ähnlichkeit kann bestehen in der geometrischen Form, den Abmessungen, dem Bearbeitungsverfahren oder in den erforderlichen Maschinen für die einzelnen Arbeitsgänge.

Konstruktive Teilefamilien haben die Eigenschaft, dass sie für den gleichen Zweck oder für die gleiche Funktion eingesetzt werden. Teilefamilien sind entweder Gestaltvarianten oder Maßvarianten. **Gestaltvarianten** ändern sowohl die Maße als auch die Gestalt, ohne vom Grundtyp abzuweichen. Beispiele sind Wellen mit unterschiedlich gestalteten Wellenenden als Fügestellen für Naben oder Deckel für offene Wellenbohrungen in Getriebegehäusen. **Maßvarianten** ändern die Gestalt nicht, sondern haben variable Maße, wie z. B. Gummiprofile für Wischerblätter oder Aluminiumprofile.

Fertigungstechnische Teilefamilien sind Werkstückgruppen von Teilen mit geometrischer und fertigungstechnischer Ähnlichkeit, die gemeinsame oder ähnliche Fertigungseinrichtungen nutzen. Neben der Reduzierung der Teilevielfalt auf bereits bekannte Teilegruppen durch Standardisierung ergeben sich größere Stückzahlen, die kostengünstiger zu fertigen sind und den Einsatz von Standardarbeitsplänen ermöglichen. Beispiele sind Werkstücke für Mehrspindel-Drehautomaten. [3]

Als **Hilfsmittel** für die **Konstruktion** sind Klassifizierung und Werknormen bekannt. **Parallelnummernsysteme** mit einem klassifizierenden Nummernteil für die Werkstücke unterstützen das Bilden von Teilefamilien ebenso wie **Sachmerkmalleisten**, da ähnliche Teile und Wiederholteile so aufbereitet vorliegen, dass sie mit entsprechenden EDV-Systemen schnell gefunden werden, bevor Konstruktionstätigkeiten anfallen. Weitere Hinweise stehen im Kapitel Konstruktionsablauf und in der Fachliteratur. [2]

Konstrukteure erhalten ebenfalls Unterstützung durch aktuelle Informationen über fertigungstechnische Teilefamilien, indem sie Werknormen nutzen, die die Fertigungsmöglichkeiten und -grenzen enthalten. Außerdem sind gute Kenntnisse über die Leistungsfähigkeit moderner Werkzeugmaschinen von Vorteil. [3] Insgesamt lassen sich damit Konstruktionsänderungen häufig vermeiden.

17.4 Baureihen konstruieren

Baureihen sind nach Größen gestufte Teile, Baugruppen oder Maschinen gleicher Funktion, die nach bestimmten Regeln und Richtlinien aus einer Grundbaugröße entwickelt und konstruiert werden.

Für die Entwicklung von Baureihen sind Normzahlen und Ähnlichkeitsgesetze einzusetzen.

Baureihen sind **Anpassungskonstruktionen** mit den Eigenschaften [4]:

- gleiche Funktion (qualitativ)
- gleiche konstruktive Lösung
- gleiche Werkstoffe (anstreben)
- gleiche Fertigung (anstreben)
- unterschiedliche Leistungsdaten (Funktion quantitativ)

- unterschiedliche Abmessungen und davon abhängige Größen (Gewicht, Kosten usw.)

Baureihen sollen einen großen Anwendungsbereich mit einer geringen Anzahl von Produkten abdecken. Sie können bei guter Marktkenntnis als neue Produktreihe geplant und entwickelt werden oder aus einer vorhandenen Lösung bei Bedarf nach Kundenwünschen.

Baureihen haben für Hersteller und Anwender einige Vorteile und Nachteile. [4], [6]

Vorteile für Hersteller:

- Konstruktionsaufwand pro Stück ist geringer
- Auftragabwicklungsaufwand pro Stück ist geringer, da Standards für Aufträge, Arbeitspläne usw. vorhanden sind
- Fertigungsaufwand ist geringer, da größere Stückzahlen und größere Lose zu fertigen sind
- Lieferzeit wird kürzer
- Qualität wird durch Lerneffekte besser

Vorteile für Anwender:

- Produkte mit guter Qualität und günstigem Preis
- Lieferung erfolgt schneller als bei Neukonstruktion
- Service und Ersatzteile sind günstiger

Nachteile von Baureihen:

- Produkte passen nicht immer optimal von den technischen Daten
- spezielle Kundenwünsche sind nicht vollständig erfüllbar

Diese Nachteile werden jedoch akzeptiert, wenn Kaufpreis und Lieferzeit gegenüber neuen Konstruktionen günstiger sind.

Zu beachten ist auch der Aufwand, um alle Unterlagen für eine Baureihe zu erstellen, der größer ist als für eine normale Konstruktion. Deshalb werden in der Regel die Dokumente nicht für alle Größen einer Baureihe erarbeitet, sondern nur für die Grundbaugröße. Alle anderen Baugrößen müssen nur für Angebote ausgelegt sein.

17.4.1 Normzahlen anwenden

Normzahlen sind Vorzugszahlen für die Wahl beliebiger Größen, auch außerhalb der Normung, die für die Stufung anzuwenden sind.

Die Festlegung der Baureihen erfordert Stufungen, die angenehm und technisch sinnvoll sein sollen. Im Kapitel Normung sind alle wichtigen

Zusammenhänge der Normzahlen, Normzahlreihen, Stufensprung usw. enthalten. Die Anwendungen von Normzahlen für Baureihen sind in vielen Gebieten des Maschinenbaus zu finden.

Produktionsunternehmen verfolgen das Ziel, eine Grundkonstruktion für mehrere Typen einer Produktreihe zu nutzen, um möglichst große Stückzahlen bei geringen Herstellkosten zu erreichen. Die Wahl der **Stufen einer Baureihe** erfordert viel Fachkenntnis, Erfahrungen und Marktkenntnis. In der Regel wird am Entwicklungsbeginn gröber gestuft und später in den Bereichen feiner, in denen hoher Bedarf erkannt wird.

Der Werkzeugmaschinenbau ist ein typisches Beispiel für die Anwendung von Normzahlen, die dort sowohl für Modellreihen als auch für die Stufung von Baugruppen und Abmessungen angewendet werden. Ein Beispiel für die Stufung eines Werkzeugsystems nach Normzahlen enthält Bild 17.1.

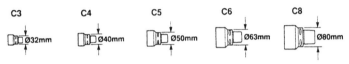

Bild 17.1: Coromant Capto ™ -Werkzeugsystem-Stufung [1]

Flachbettdrehmaschinen werden z. B. als Modellreihe mit drei Baugrößen so entwickelt, dass die Baugröße mit der kleinsten Spitzenhöhe konstruiert wird, um den vorhandenen Bauraum gut zu nutzen. Die nach Normzahlen gestuften Abmessungen des Arbeitsraums liefern dann schnell die Daten der beiden folgenden Baugrößen. Ebenso werden viele weitere Abmessungen und Baugruppen geometrisch gestuft.

Die verschiedenen Spitzenhöhen werden durch Anpassung der höhenabhängigen Gußstücke mit der Gießerei so abgestimmt, dass konstruktiv wenig Aufwand entsteht, während die spanende Bearbeitung mit Standardarbeitsplänen erfolgen kann. Außerdem werden möglichst viele **Gleichteile** entwickelt, die als Baugruppen für alle Baugrößen einzusetzen sind, wie z. B. Maschinenbett, Bettschlitten, Haupt- und Vorschubantriebe, Steuerungen oder Bedieneinheiten.

Für diese Modellreihe wurde auch ein **Baukastensystem** entwickelt, um möglichst für alle Fertigungsaufgaben ohne aufwändige Neukonstruktion ein gute Lösung anbieten zu können. Die Bilder 17.3, 17.4 und 17.5 zeigen drei Bauformen von Spitzendrehmaschinen für verschiedene Werkstückspektren und Bearbeitungsaufgaben mit unterschiedlicher Bettlänge, Bettanordnung, Spindelkasten fest und verfahrbar usw. [3]

17.4.2 Ähnlichkeitsgesetze anwenden

Ähnlichkeit ist vorhanden, wenn das Verhältnis mindestens einer physikalischen Größe des Grundentwurfs und der Folgeentwürfe konstant bleibt, also ein Wert für einen Stufensprung vorhanden ist.

Grundähnlichkeiten können für die physikalischen Grundgrößen Länge, Zeit, Elektrizitätsmenge, Temperatur oder Lichtstärke definiert werden. Geometrische Ähnlichkeit ist z. B. gegeben, wenn das Verhältnis aller jeweiligen Längen bei den Folgeentwürfen der Baureihe zum Grundentwurf konstant bleibt. Der Stufensprung ist dann $\varphi_L = L_1/L_0$ mit L_0 als Abmessung im Grundentwurf und L_1 im Folgeentwurf. Damit wird der Stufensprung berechnet und als Faktor für alle weiteren Baugrößen angewendet. Die Tabelle 17.2 enthält drei Grundähnlichkeiten und Bild 17.2 ein Beispiel für geometrische Ähnlichkeit.

Tabelle 17.2: Grundähnlichkeiten [4]

Ähnlichkeit	Grundgröße	konstante Größe und Beziehung
geometrische	Länge L	Stufensprung der Länge $\varphi_L = L_1/L_0$
zeitliche	Zeit t	Stufensprung der Zeit $\varphi_t = t_1/t_0$
Kraft	Kraft F	Stufensprung der Kraft $\varphi_F = F_1/F_2$

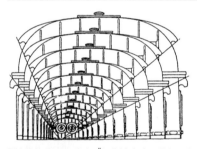

Bild 17.2: Geometrische Ähnlichkeit einer Zahnradgetriebebaureihe [4]

Spezielle Ähnlichkeiten sind gegeben, wenn die Verhältnisse von mehr als einer Grundgröße konstant sind. Bei der statischen Ähnlichkeit sind der Stufensprung der Länge und der Stufensprung der statischen Kraft konstant, bei der dynamischen Ähnlichkeit sind die Stufensprünge von Länge, Zeit, statischer Kraft und dynamischer Kraft konstant. Daraus können Kennzahlen entwickelt werden. Anwendungen sind im Angebotsbereich zu sehen, wenn für einen vorhandenen Grundentwurf die wichtigsten Daten für einen Folgeentwurf benötigt werden. Ausführliche Erläuterungen und Beispiele enthält die Fachliteratur. [4], [6]

17 Variantenmanagement 313

17.5 Baukasten konstruieren

Ein **Baukasten** ist ein System von Teilen, Baugruppen oder Maschinen, die als Bausteine kombinierbar sind, um Produkte mit unterschiedlicher Gesamtfunktion zu erhalten.

Sind mehrere Größen der Bausteine mit jeweils gleicher Funktion gestuft erforderlich, so enthalten Baukästen auch Baureihen. Die Bilder 17.3 bis 17.5 zeigen jeweils unterschiedliche Arbeitsräume aus einer Modellreihe.

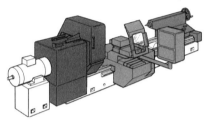

Bild 17.3: Spitzendrehmaschine Bauform 1
(WOHLENBERG Werkzeugmaschinen GmbH, Hannover) [3]

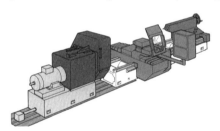

Bild 17.4: Spitzendrehmaschine Bauform 2
(WOHLENBERG Werkzeugmaschinen GmbH, Hannover) [3]

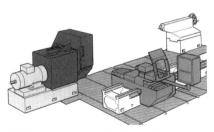

Bild 17.5: Spitzendrehmaschine Bauform 3
(WOHLENBERG Werkzeugmaschinen GmbH, Hannover) [3]

Baureihen unterscheiden sich von Baukästen durch die Funktion, die bei Baureihen immer gleich ist. Baukästen können auch entwickelt werden, um durch mehrfachen Einsatz gleicher Module unterschiedliche Abmessungen bei gleicher Funktion zu erhalten, wie z. B. bei Stahlbaukomponenten.

Die Vorteile von Baukästen entsprechen denen der Baureihen, also Kostensenkung, Lieferzeitverkürzung und Qualitätssteigerung für Hersteller und Anwender. Nachteile eines Baukastensystems sind die nicht erfüllbaren speziellen Kundenwünsche und die oft nicht mögliche Realisierung aller technischen Anforderungen. [4], [6] Bekannt sind Baukästen für Heimwerker, Werkzeugmaschinen, Werkzeuge, Getriebe, Straßenbahnen, Transportmittel oder Landmaschinen.

Baukästen müssen durch eine vollständige Aufgabenklärung und beim Lösungskonzept durch eine Festlegung aller zu realisierender Funktionen geplant werden. Wichtig ist, dass für Bausteine Teilfunktionen zugeordnet, zusammengefasst oder getrennt werden, damit die Bausteine häufig eingesetzt werden können.

Für Baukästen gibt es Begriffe für die Teilfunktionen bzw. für die Bausteine, die in einer Übersicht in Bild 17.6 dargestellt sind. Die **Teilfunk-**

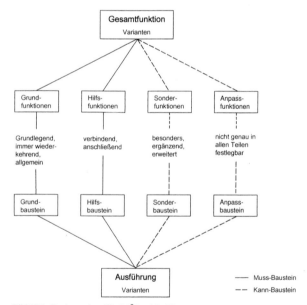

Bild 17.6: Baukastenbegriffe als Übersicht [6]

17 Variantenmanagement

tionen treten bei allen **Baukastensystemen** auf und können unterschiedlich kombiniert jeweils eine Gesamtfunktion erfüllen.

Folgende Teilfunktionen und zugeordnete Bausteine stellen eine Ordnung dar [6]:

- **Grundfunktionen** sind für jede Gesamtfunktion erforderlich und im **Grundbaustein** umzusetzen, sie sind also Muss-Baustein (z. B. Schalter)

- **Hilfsfunktionen** sind für das Verbinden und Anschließen der Bausteine als **Hilfsbaustein** erforderlich und damit auch ein Muss-Baustein (z. B. Schrauben)

- **Sonderfunktionen** werden mit ergänzenden, aufgabenspezifischen Teilfunktionen zu **Sonderbausteinen**, die ein Kann-Baustein sind (z. B. Handgriff)

- **Anpassfunktionen** sind notwendig, um besondere Funktionen mit einem **Anpassbaustein** an Grundfunktionen anzupassen oder an andere Systeme, es sind Kann-Bausteine (z. B. Zwischenflansch)

Muss- und Kann-Bausteine sind eine weitere Möglichkeit zu gliedern. Baukästen können auch durch auftragsspezifische Teilfunktionen ergänzt werden, um spezielle Kundenwünsche zu erfüllen.

Das Entwickeln von Baukästen ist mit vielen ausgeführten Beispielen in der Fachliteratur beschrieben. [4], [5], [6]

Quellen und weiterführende Literatur

[1] *Beuke, D.; Conrad, K.-J.:* CNC-Technik und Qualitätsprüfung. München Wien: Carl Hanser Verlag, 1999
[2] *Conrad, K.-J.:* Grundlagen der Konstruktionslehre. 2. Aufl., München Wien: Carl Hanser Verlag, 2003
[3] *Conrad, K.-J.* (Hrsg.): Taschenbuch der Werkzeugmaschinen. München Wien: Fachbuchverlag Leipzig im Carl Hanser Verlag, 2002
[4] *Ehrlenspiel, K.:* Integrierte Produktentwicklung. München Wien: Carl Hanser Verlag, 2003
[5] *Koller, R.:* Konstruktionslehre für den Maschinenbau. 4. Aufl., Berlin: Springer Verlag, 1998
[6] *Pahl, G.; Beitz, W.; Feldhusen, J.; Grote, K.-H.:* Konstruktionslehre. 5. Aufl., Berlin: Springer Verlag, 2002

Franke, H.-J.; Hesselbach, J.; Huch, B.; Firchau, N. L.: Variantenmanagement in der Einzel- und Kleinserienfertigung. München Wien: Carl Hanser Verlag, 2002
Schuh, G.; Schwenk, U.: Produktkomplexität managen. München Wien: Carl Hanser Verlag, 2001

18 Werkstoffauswahl

Prof. Dr.-Ing. Martin Reuter

Bei der Auswahl eines Konstruktionswerkstoffs für ein Bauteil steht dem Konstrukteur heute eine Vielzahl an Informationsquellen zur Verfügung. Dennoch wird nur selten von der „traditionellen" Wahl des Materials abgewichen. Die Ursache liegt außer in den häufig persönlichen Motiven (wie das Scheuen von Risiken oder den Aufwand bei einer Neuwahl) in dem geringen Angebot an methodischen Lösungswegen und, bei neuen Werkstoffen, der sehr langwierigen Prozesskette zwischen Werkstoffentwicklung und Werkstoffeinsatz.

Die **Werkstofftechnik** hat sich in den letzten Jahrzehnten rasant entwickelt. Nicht nur Neuentwicklungen von Werkstoffen im Bereich der Kunststoffe, technischen Keramiken und deren Verbundwerkstoffe bieten neue Auswahlmöglichkeiten, sondern auch die Weiterentwicklung von Fertigungsverfahren wie die Pulvermetallurgie (Sintern) oder die Beschichtungstechniken von Oberflächen. Dies führt häufig nicht nur zur Fragestellung, welcher Werkstoff für die Aufgabe zu wählen ist. Vielmehr ist die fertigungstechnische Gestaltung den vielfach anisotropen Eigenschaften anzupassen (z. B. Turbinenschaufeln aus einkristallinen Nickel-Basis-Legierungen). Eine Zusammenarbeit zwischen Konstrukteur und Werkstoffhersteller wird notwendig. Die Ausbildung der Konstrukteure ist jedoch gestaltungs- und weniger werkstofforientiert, was zusätzlich den Einsatz neuer Werkstoffe hemmt [1].

Werkstoffdatenbanken stellen häufig nur die Materialwerte zur Verfügung; eine Auswahl über eine Mehrzahl an Anforderungskriterien wird durch die Programme nicht unterstützt. Des Weiteren bleiben sie i. d. R. auf eine Werkstoffgruppe (Metalle, Kunststoffe, Keramiken, Gläser) beschränkt.

So greift der Ingenieur entsprechend den Anforderungen an das Bauteil im Wesentlichen auf den „Lagerkatalog" des Unternehmens zurück, und neue innovative Lösungen werden nicht verfolgt.

Durch die Verpflichtung zum **Qualitätsmanagement** muss in vielen Unternehmen auch die Werkstoffwahl unter qualitätssichernden und qualitätsplanenden Gesichtspunkten erfolgen. Qualität wird konstruiert, nicht im Nachhinein überprüft. Werkstoffversagen stellt häufig eine ursächliche Fehlerquelle von Produkten dar. Die konsequente Verwendung und Pflege von Risikoanalysen (z. B. der FMEA) erbringen im Produktentstehungs- bzw. -änderungsprozess entscheidende Hinweise auf Werkstoffanforderungen.

18 Werkstoffauswahl

18.1 Allgemeine Aspekte der Werkstoffauswahl

Bei der Werkstoffauswahl stehen, wie Bild 18.1 zeigt,
- Konstruktion
- Technologie
- und Werkstoffeigenschaften

in enger Wechselbeziehung. Die technisch optimale Lösung ist dabei meist unwirtschaftlich und schlecht zu fertigen. Jede Werkstoffwahl stellt daher eine Kompromisslösung dar.

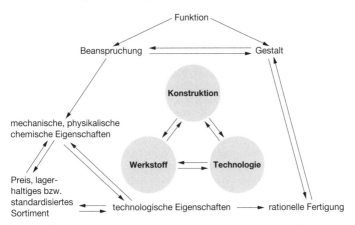

Bild 18.1: Werkstoffauswahl unter dem Aspekt der Einheit von Konstruktion, Werkstoff und Technologie [3]

Die **Konstruktion** des Bauteils erfolgt nach der Funktion, die es im Verbund mit anderen Konstruktionselementen zu erfüllen hat. Dazu sind die Beanspruchungen in Bezug auf die Dimensionierung des Bauteils als auch die Gestalt zu berücksichtigen. Letztere folgt weniger ästhetischen Gesichtspunkten als den Wechselwirkungen mit der Funktion und der Auslegung. So ist ein Bauteil weitestmöglich kerbwirkungsfrei zu gestalten oder Bauteilabschnitte sind entsprechend den auftretenden Belastungsarten (wie Druck, Biegung, Torsion) über die Wahl optimierter Querschnittsformen anzupassen.

Die Wahl der „**Technologie** für ein Bauteil" (d. h. die Fertigungsmethoden, die für dessen Erzeugung notwendig werden), hat hauptsächlich Kostenaspekte zu berücksichtigen. Die Werkstoffwahl kann günstige Fertigungsverfahren von vornherein ausschließen (z. B. spanende Bearbeitung bei technischen Keramiken). Kostengünstige spanende Verfahren werden am häufigsten zur Herstellung eingesetzt; vorab werden Massenteile geschmiedet oder gegossen. Verbreitet ist ebenfalls die Blechverarbeitung. Blechteile können durchaus kostengünstige Alternativen zu „Massivteilen" darstellen.

Das Verbinden von Bauteilen durch Fügeverfahren spielt bei der Werkstoffwahl eine maßgebende Rolle. Beim „Einbau" eines Bauteils in das konstruktive Umfeld sind beim Verbinden unterschiedlicher Werkstoffgruppen insbesondere Know-how-Problematiken wesentliche Knockout-Kriterien für eigentlich passende Materialeigenschaften.

Auch die Form des Bauteils ist den Regeln einer Fertigungstechnologie anzupassen. So sind beim Gießen Gussschrägen zum Entformen unerlässlich und Hinterschneidungen in Gießformen möglichst zu vermeiden; gegebenenfalls sind Trennebenen für jedes Gießteil festzulegen.

Außerhalb materialspezifischer **Kennwerte** sind für einen Werkstoff Fertigungseigenschaften und „wirtschaftliche" Eigenschaften (Materialkosten, Fertigungsaufwand wie „Automatisierbarkeit", Zähigkeit beim Spanen, ...) sowie darüber hinaus Gebrauchseigenschaften zu spezifizieren, um den geeigneten Werkstoff für die Konstruktionsaufgabe zu finden. Das Recycling rückt auf Grund der Berücksichtigung des gesamten Produktlebens immer stärker in den Vordergrund und beeinflusst bei einigen Produkten bereits wegen gesetzlicher Verpflichtungen die Werkstoffwahl. Gemäß einer Umfrage in Maschinenbauunternehmen stellen aber die Gebrauchseigenschaften das wesentliche Auswahlkriterium für Stähle noch vor Kosten und Lebensdauer dar. [3]

Schwerpunktbildung

Der Einsatz „neuer" Werkstoffe wird nicht für jedes Teil eines Produkts geprüft. Häufig sind es funktionale oder wirtschaftliche Argumente, die ein Überdenken des gewählten Werkstoffs oder das Verlassen des Standards bewirken. Wertanalytische Betrachtungen von Produkten sind typische (kostenorientierte) Auslöser für Werkstoffänderungen.

Bei komplexen Produkten sollte daher zur Identifizierung entscheidender Werkstoffabhängigkeiten die Kosten- oder Zuverlässigkeitsstrukturen von Baugruppen, Bauteilen oder Funktionen z.B. mittels einer ABC-Analyse herangezogen werden [1]. Entsprechend sind die Schwerpunkte bei der Materialsuche zu setzen.

18.2 Entscheidungssituationen

Bei der Werkstoffwahl sind drei Entscheidungssituationen zu unterscheiden [1]:

18 Werkstoffauswahl

- Ein völliger **neuer Werkstoff** soll für ein Produkt eingesetzt werden (selten).
- Ein Werkstoff in einem Produkt wird durch einen neuen ersetzt (mittelhäufig).
- Eine **Werkstoff-Variante**, deren Verhalten im Produkt bereits bekannt ist, wird gewählt (sehr häufig).

Je nach Bekanntheitsgrad des „neuen" Werkstoffes ist das Risiko (im Einsatz) zu bewerten (Bild 18.2). Der hohe Neuigkeitsgrad eines neu entwickelten Werkstoffs besitzt das höchste Risikopotenzial. Hingegen sind Entscheidungen für eine bekannte Werkstoffvariante nur gering risikobelastet. Daraus resultiert, dass der Prozess „Werkstoffwahl" ähnlich zu handhaben ist wie Produktentwicklungsprozesse:

> **Werkstoffneueinführungen** sind komplexer Natur und benötigen ein qualitäts-, zeit- und kostenorientiertes Projektwesen. Nur eine interdisziplinäre Zusammenarbeit aller Beteiligten im Produktentstehungsprozess unter Einbeziehung des gesamten Produktlebens sichert den Erfolg einer Werkstoffneueinführung.
>
> Die Auswahl einer bekannten Werkstoffvariante wird hingegen häufig als einsame Entscheidung des Entwicklers am Schreibtisch gefällt.

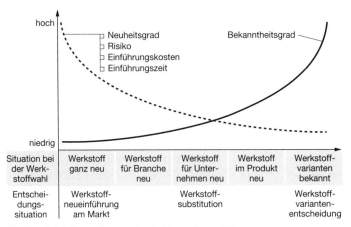

Bild 18.2: Entscheidungssituationen bei der Werkstoffauswahl [1]

Die Vorteile einer Werkstoffinnovation sind auf Grund des hohen Risikopotenzials genau zu analysieren. Innovative Lösungen können Marktanteile z. B. durch technischen Vorsprung gewinnen, Gewinnmargen erhöhen, aber sie können auch negative Folgen wie hohe Kosten im Servicebereich bewirken.

Zusammenfassend ist festzustellen, dass je nach Komplexität die Werkstoffwahl als „einsame" Entscheidung oder als Teilprozess eines Gesamtentwicklungsprozess begriffen werden muss. Die notwendigen Aktivitäten des Teilprozesses sowie die zur Verfügung stehenden Methoden und Werkzeuge sollen im Folgenden näher erläutert werden.

18.3 Der Teilprozess Werkstoffwahl

Auf Grund der bereits erwähnten **Risiken** ist eine hohe Entscheidungssicherheit bei der Auswahl vonnöten. Die oft gängige „beiläufige" Wahl des Materials im Konstruktionsprozess wird durch eine systematische und methodische Vorgehensweise ersetzt, die zur Entscheidungsbildung bei der Auswahl des Materials teils (grundlegende) Untersuchungen des neuen Werkstoffs bedingen. Die Entscheidung für einen neuen Konstruktionswerkstoff erfordert daher (wie bei der Neukonstruktion eines Produkts) einen sehr frühzeitigen „Entwicklungsstart", um das „Time to Market" nicht unnötig zu verlängern.

Der Weg zum „richtigen Werkstoff" beginnt wie beim Weg „zum gut konstruierten Produkt" mit einer detaillierten Analyse der Anforderungen. Stellt sich die Frage nach einem neuen Werkstoff, ist – vergleichbar der Anforderungsliste an eine Konstruktion – eine **Anforderungsliste** für das gesuchte Material zu erstellen. Diese hat sowohl materialspezifische, technologische wie wirtschaftliche Eigenschaften abzudecken.

Im Weiteren muss der Auswahlprozess sicherstellen, dass die am besten geeigneten Werkstoffe gefunden werden. Eine Vorauswahl der Werkstoffgruppen auf Grund deren Merkmalgrenzen ist durch das erstellte Anforderungsprofil leicht durchführbar. Für die verbleibenden Werkstoffe (oder Werkstoffgruppen) besteht die schwierige Aufgabe, eine Rangfolge der Eignung für die geforderte Aufgabe zu erstellen. Voraussetzung dafür ist eine gründliche Informationsbeschaffung über die ausgewählten Materialien (Ist-Analyse). Dabei kristallisieren sich – gegebenenfalls über methodische Werkzeuge wie das Ranking – die besten Werkstoffe für die Anwendung heraus, die zu gegenständlichen Prüfungen herangezogen werden können. Die Ergebnisse dieser Versuche führen letztlich zur Auswahl des „neuen" Werkstoffs.

Der gewählte Werkstoff ist im weiteren Verlauf der Produktentwicklung bzw. -änderung zu jedem Zeitpunkt der Prozesskette zu hinterfragen: Müssen neue Anforderungen formuliert werden bzw. sind die Anforderungen durch den gewählten Werkstoff noch erfüllt?

18 Werkstoffauswahl

Zusammenfassend wird eine hohe Auswahlsicherheit durch die Einhaltung folgender Prozessschritte zur Werkstoffwahl erreicht [1]:

1. **Klären der Aufgabe**
   Ziel ist die Erstellung einer **Anforderungsliste** auf Grund einer eingehenden Analyse der Aufgabenstellung unter wirtschaftlichen, technologischen und technischen Gesichtspunkten und einer umfassenden Informationsbeschaffung über Werkstoffe.

2. **Suchen von Werkstofflösungen**
   Suche von geeigneten Werkstoffen und Ranking jeder Werkstofflösung, am besten getrennt für jede der identifizierten Materialanforderungen. [4]

3. **Analyse**
   Die (Vor-)Kalkulation und die Dimensionierung der Bauteile muss den Nachweis der Festigkeit/Stabilität erbringen sowie den gesetzten Kostenrahmen einhalten. Versuchsergebnisse müssen die Eignung des Werkstoffs/der Werkstoffe nachweisen.

4. **Bewertung und Entscheidung**
   Bewertung der in Frage kommenden Werkstoffalternativen, Ranking der möglichen Lösungen und Ableiten einer Entscheidung durch Abgleich von Bewertungslisten. [4]

18.3.1 Eine Anforderungsliste für den Konstruktionswerkstoff

Aus der gestellten Konstruktionsaufgabe ist es dem Entwicklungsingenieur fast immer möglich, ein kurzes Anforderungsprofil an das Bauteil zu formulieren. Beispielsweise ist für den Werkstoff der Vorgelegewelle eines Stirnradgetriebes folgendes Profil zu erfüllen:

„Die Vorgelegewelle muss eine hohe Festigkeit, hohe Steifigkeit, ausreichend elastische Verformbarkeit (auch bei Temperaturen bis 70 °C) aufweisen. Ein geringes Gewicht ist auf Grund der Trägheitskräfte vorteilhaft. Der Kontakt mit unterschiedlichen Konstruktionselementen (Lager, Dichtungen) bedingt eine verschleißfeste Oberfläche in den betroffenen Funktionsbereichen. Als Massenteil sind die Kosten so niedrig wie möglich zu halten."

> Die Anforderungen des Bauteils sind in einem Anforderungsprofil kurz, präzise und unter Einbeziehung funktionaler, technologischer und wirtschaftlicher Aspekte zu formulieren.

Im Folgenden ist diese Kurzbeschreibung in materialspezifische Anforderungen zu übersetzen. Diese Analyse der „Werkstoffkennwerte" ist mittels einer einfachen Checkliste (Tabelle 18.1) möglich, die je nach Bedarf erweitert werden kann. Sie fragt implizit ab, welche Materialeigenschaften zur Erfüllung der Konstruktionsaufgabe notwendig sind.

Tabelle 18.1: Checkliste zur Erstellung einer Anforderungsliste eines Bauteil-Werkstoffes [nach 4]

Identifizierung von Anforderungen – Fragenkatalog	Ja	Nein	Ggf.[1]
1. Ist eine hohe Festigkeit bei kleiner Bauteilgröße notwendig?			
2. Ist eine hohe Festigkeit bei niedrigem Gewicht gefordert?			
3. Ist Festigkeit bei höheren Temperaturen gefordert?			
4. Sind bei erhöhten Temperaturen auch im Langzeitverhalten Bauteilabmessungen einzuhalten?			
5. Sind Bauteilabmessungen bei Temperaturwechseln einzuhalten?			
6. Ist eine erhöhte Steifigkeit notwendig?			
7. Ist eine hohe Zähigkeit (Verformbarkeitsvermögen) notwendig?			
8. Ist es notwendig, aufgenommene Energie durch elastische Verformungen aufzubrauchen?			
9. Ist es sinnvoller, die aufgenommene Energie durch plastische Verformungen aufzubrauchen?			
10. Ist eine erhöhte Verschleißfestigkeit (der Funktionsflächen) gefordert?			
11. Ist eine erhöhte chemische Beständigkeit des Materials gefordert?			
12. Müssen Materialschäden durch radioaktive Bestrahlung verhindert werden?			
13. Gibt es spezielle Wünsche an besondere Fertigungsmethoden des Bauteils?			
14. Sind die Kosten des Bauteils bei der Materialauswahl von hoher Relevanz?			
15. Gefährden Beschaffungs- oder Entwicklungszeiten des Werkstoffs das Gesamtprojekt?			

1) Gegebenenfalls

Ableiten von Suchkriterien

Die Fragen der Checkliste richten sich noch nicht konkret an Materialkennwerten aus. Dennoch sind die Antworten für die weitere Auswertung richtungweisend, da sich mit ihnen konkrete Werkstoffkennwerte verbinden und wirtschaftliche und projektbezogene Rahmenbedingungen definiert werden.

Beispielsweise ist die Frage nach der Langzeitstabilität von Bauteilabmessungen mit der temperatur- und lastabhängigen Größe des Kriechwiderstands zu beurteilen. Oder: Der Wunsch nach speziellen Fertigungsverfahren schließt die Wahl einer bestimmten Werkstoffgruppe aus (z. B. Keramiken beim Wunsch „Schmieden"). Im Falle der Fügeverfahren ist bei „exotischen" Werkstoffgruppen des allgemeinen Maschinenbaus (z. B. Gläser, Keramiken) zu beachten, dass trotz vielfältiger Entwicklungen in Unternehmen häufig der Einsatz auf Grund des fehlenden Füge-Know-hows gescheut wird.

Tabelle 18.2: Materialeigenschaften und zugehörige absolute und spezifische Werkstoffkennwerte [4]

Zuordnung von Materialeigenschaften zu Werkstoffanforderungen (Auswahl)	
Materialanforderung an ...	**Eigenschaftsgröße**
Festigkeit	Zugfestigkeit oder Streckgrenze
Festigkeit im Leichtbau	Zugfestigkeit/Dichte oder Streckgrenze/Dichte
Festigkeit bei erhöhten Temperaturen	Warmfestigkeit
Langzeitstabilität von Abmessungen	Kriechfestigkeit bei Betriebstemperatur
Wärmeausdehnung	Wärmeausdehnungskoeffizient
Steifigkeit	Elastizitätsmodul
Dehnbarkeit/Duktilität[1]	Bruchdehnung
Elastisches Formänderungsvermögen	Gespeicherte elastische Energie an der Streckgrenze (Resilienzmodul[2])
Zähigkeit	Gespeicherte Energie bei Bruch
Verschleißfestigkeit	Materialverlust unter Verschleißbedingungen; Härte
Korrosionsfestigkeit	Materialverlust unter korrosiven Bedingungen
Radioaktive Beanspruchung	Festigkeitsverlust oder Duktilitätsverlust unter radioaktiven Bedingungen
Fertigungseigenschaften	Eignung für Fertigungsprozesse (prozessbezogen!)
Wirtschaftlichkeit/Kosten	Gewichtsbezogene Materialkosten und Fertigungskosten auf Grund der Bearbeitbarkeit
Verfügbarkeit	Beschaffungszeit und Aufwand für die Beschaffung

1) Duktilität = max. plastische Verformbarkeit eines Werkstoffes im Zugversuch ohne lokale Einschnürung (entspricht der plastischen Verformung bei maximaler Belastung)
2) Die Materialkonstante Resilienzmodul ist definiert als die Energie, die ein Kubikmillimeter eines Werkstoffes bei Verformung bis zur Elastizitätsgrenze aufnimmt.

Die Checkliste dient damit einer ersten Identifizierung von Anwärtern möglicher Materiallösungen, da die notwendigen Haupteigenschaften des Materials deutlich werden.

> Mittels einer Checkliste sind Materialeigenschaften zu identifizieren und die Anforderungen in konkrete Materialkennwerte zu fassen.

Einige wichtige Materialkennwerte und ihren Bezug zur konstruktiven Anforderung zeigt Tabelle 18.2. Die Materialkennwerte sind die „objektiven" Grunddaten, mit denen nun eine die Auswahl von möglichen Lösungen erfolgen kann.

18.3.2 Suche und Auswahl von Werkstofflösungen

Aus der Analyse der Anforderungen ist bekannt, welche Materialkennwerte ein Material zur Erfüllung der Anforderungen aufweisen muss. Die Methoden der Produktentwicklung (siehe Kapitel 11 „Konstruktionsmethodik") lassen sich auch für die Suche von Werkstofflösungen erfolgreich einsetzen. So stehen zur **Informationsgewinnung** über die Materialdaten

- Literatur (z. B. [2], [4], [5])
- Fachzeitschriften
- Internet
- Normen und Richtlinien
- Werkstoffdatenbanken (z. B. Stahlschlüssel)
- Herstellerinformationen
- Fachverbände
- Arbeitskreise, Seminare
- Experten an Hochschulen und Unternehmen usw.

zur Verfügung.

Aufschlussreich ist auch ein „Blick über den Tellerrand" auf **branchenfremde Applikationen** mit ähnlichen Werkstoffanforderungen. Hier lassen sich ohne die üblichen Einschränkungen innerhalb des Wettbewerbs häufig nützliche Informationen und Erfahrungen über ein Material mit Fremdfirmen austauschen.

Aus den Reihen **kreativitätsbetonter Techniken** sei das Brainstorming, am besten in einer Runde von Fachleuten unterschiedlicher Fachabteilungen, empfohlen.

Die Suche nach einem neuen Werkstoff basiert bisweilen auf werkstoffbedingten **Schadensfällen**. In diesem Fall kann die Qualitätssicherung praxisbezogene Daten zur Verfügung stellen, die die Risiken einer neuen

18 Werkstoffauswahl

Werkstoffauswahl eingrenzen. Auch Werkstoffe und ihre Schadensfälle von Konkurrenzprodukten lassen wichtige Schlüsse über den besten Werkstoff zu. Damit wird der Benchmark des Wettbewerbs zu einer wertvollen Informationsquelle.

Risikoanalysen bewerten Risiken des Produkts und damit zwangsläufig auch die damit verbundenen Werkstoffversagensfälle. Die gepflegte Risikoanalyse (z. B. die FMEA) birgt daher wichtige Informationen und Hinweise auf Materialien.

Vorauswahl von Lösungen

Die Vielzahl an Werkstoffen ist anhand von ausgewählten Hauptanforderungen (entsprechend der Kurzformulierung des Anforderungsprofils) im ersten Schritt auf eine geringere Anzahl von Suchfeldern einzugrenzen. Da die Werkstoffgruppen Metalle, Kunststoffe, Gläser und Keramiken sowie alle Kombinationen von Verbundwerkstoffen ausgeprägte Werkstoffeigenschaften besitzen, bieten sich diese für eine **Vorauswahl** an. Als erste Werkzeuge dienen

- Werkstoffschaubilder (für eine grafische Auswahl von Werkstoffgruppen) [2] sowie
- Knockout-Kriterien – d. h. Anforderungen, die für die Konstruktionsaufgabe unerlässlich sind.

Unter Umständen sind auch restriktive Randbedingungen (z. B. Fertigungsmöglichkeiten, Marketingaspekte) in der Anforderungsliste enthalten und heranzuziehen.

Werkstoffschaubilder

Die nach *Ashby* mittels Werkstoffschaubildern mögliche Auswahl von Lösungen ist auf Werkstoffgruppen (wie Aluminiumlegierungen, Elastomere, technische Keramiken) beschränkt. Die Identifizierung von Werkstofffamilien erlaubt die anschließende tiefer gehende Suche nach gewünschten Materialien der Gruppe. Hierbei sind wiederum alle Mittel der detaillierten Informationsbeschaffung zu nutzen (siehe 18.3.3 und 18.3.4).

Knockout-Kriterien

Es wird empfohlen, im Hinblick auf die Haupteigenschaften des Werkstoffs Knockout-Kriterien zu identifizieren. Für Festigkeit und Verformbarkeit oder auch für ausgewählte thermische Kennwerte ist dies aus der Konstruktionsaufgabe heraus leicht zu bewerkstelligen.

Im Folgenden sollen die für die Auswahl von Werkstofflösungen hilfreichen Werkzeuge näher erläutert werden.

18.3.2.1 Hilfsmittel Werkstoffschaubild

Eine besondere Darstellung von Materialkennwerten in Bezug auf Eignung für materialspezifische Anforderungen zeigt *M. F. Ashby* in „Materials Selection in Mechanical Design" [2]. Siebzehn unterschiedliche Werkstoffschaubilder stellen zwölf für die Konstruktion wesentliche Materialkennwerte grafisch dar. Dazu zählen

- Steifigkeit, Festigkeit, Warmfestigkeit, Bruchzähigkeit
- Dichte
- Wärmeleitfähigkeit, Temperaturleitfähigkeit, thermische Ausdehnung
- Verschleißfestigkeit, Härte, chemische Beständigkeit und
- Materialkosten.

Sie sind absolut oder als bezogene Größen in doppellogarithmischen Diagrammen gegeneinander aufgetragen. Die kombinierten Merkmale orientieren sich an praktisch sinnvollen, d. h. häufig aufeinander treffen-

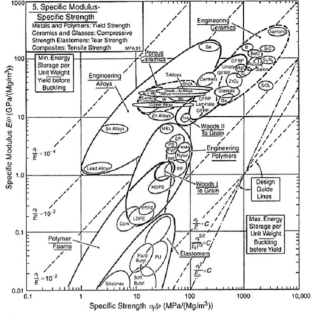

Bild 18.3: Auf Dichte bezogene Elastizitätsmodule und Festigkeiten von Werkstoffen [2]

18 Werkstoffauswahl

den Anforderungen in Konstruktionen. Einzelne Werkstoffarten gruppieren sich in den Schaubildern auf Grund ähnlicher Eigenschaften zu Clustern (siehe Bilder 18.3 bis 18.6).

Das Werkstoffschaubild, das den Elastizitätsmodul und die Festigkeit pro Volumeneinheit darstellt, trägt beispielsweise Leichtbauanforderungen Rechnung (Bild 18.3). Die typischen Ingenieurlegierungen, zu deren Hauptvertreter die Stähle zählen, zeigen wie auch die modernen technischen Keramiken hohe Festigkeiten und Steifigkeiten bei geringem Gewichtseinsatz. Dennoch werden Ingenieurkeramiken nicht für „Vorgelegewellen" eingesetzt, da andere Hauptanforderungsprofile wie die Bruchzähigkeit durch diese Werkstoffgruppe nicht abgedeckt werden.

Ein zweites Werkstoffschaubild soll beispielhaft die sinnvolle Auftragung von thermischen Werkstoffkennwerten verdeutlichen. Ein Betrieb bei höheren Temperaturen oder ein Betrieb „mit Reibleistung" verursacht in konstruktiven Bauteilen nicht nur Wärmedehnung, sondern kann (wie z. B. in Gleitlagern) zur Überhitzung des Lagers führen. Bei einer Vorgelegewelle eines Zahradgetriebes sind Wärmequellen die Reibung in

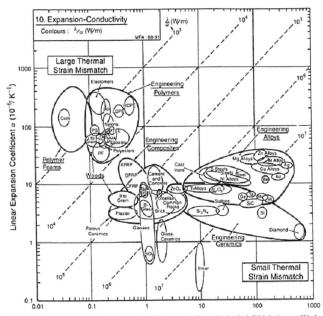

Bild 18.4: Thermischer Ausdehnungskoeffizient und thermische Leitfähigkeit von Werkstoffen [2]

Lagern oder an Dichtungen, Zahnradeingriffe usw. Eine konstruktive Grundbedingung ist, dass die entstehende Wärme abgeführt werden muss. Konstruktive Maßnahmen wie große Kühloberflächen sind nur zweckmäßig, wenn der Konstruktionswerkstoff nicht die Wärme speichert, sondern rasch ableitet und sich durch eine hohe Wärmeleitfähigkeit vor Überhitzung „schützt". Andererseits besitzt der optimale Werkstoff keine oder nur eine geringe Wärmedehnung, um die Betriebszustände (wie Betriebsspiel) temperaturunabhängig zu gestalten.

Beim Einbau im Maschinenverband aus Stahl ist ein „ausdehnungsarmes" Gehäuse oder Lager praktisch nicht realisierbar. Allein Invar (64 % Fe, 36 % Ni) würde eine Forderung nach niedrigem Ausdehnungskoeffizienten bei den metallischen Werkstoffen erfüllen, ist aber auf Grund der Kosten für diesen Werkstoff für Standardbauteile nicht einsetzbar. Es wird daher ein Ausdehnungskoeffizient gewählt, der dem „Stahl"-Umfeld der Vorgelegewelle angepasst ist. Der Blick auf Bild 18.4 zeigt, dass Ingenieurlegierungen als metallische Werkstoffe bei moderaten Wärmeausdehnungskoeffizienten mit der geforderten hohen Wärmeleitfähigkeit ausgerüstet sind.

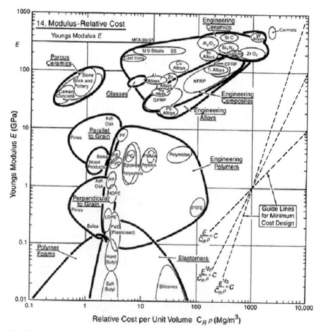

Bild 18.5: Festigkeiten und Materialkosten von Werkstoffen [2]

18 Werkstoffauswahl

Zur Beurteilung des wirtschaftlichen Aspekts verwendet *Ashby* Festigkeiten und Steifigkeiten in Abhängigkeit von spezifischen auf das Gewicht bezogenen Materialkosten (Bilder 18.5 und 18.6). Dieses Schaubild ist auf Grund der wechselnden Rohstoffpreise und des Materialbedarfs marktabhängig und laufend zu aktualisieren. Die Währungsunabhängigkeit des Kennwerts wird durch den Bezug auf die Materialkosten eines unlegierten Rundstahls erreicht.

Bei der Kostenbeurteilung sind nicht nur „Kilogramm-Kosten", sondern u. a. auch Fertigungsaspekte zu berücksichtigen (siehe auch 18.3.2.4). Dabei spielen als Materialeigenschaften die plastische Verformbarkeit für die Fertigung von Bauteilen (z. B. für das Zerspanungsverhalten) eine gewichtigere Rolle als die elastische Verformung, die im Wesentlichen die funktionalen „Konstruktionseigenschaften" des Bauteils bestimmt.

Je nach Hauptforderungen sind Werkstoffschaubilder somit ein gutes Werkzeug, Suchfelder für Werkstoffgruppen außerhalb von Standardlösungen zu erkennen.

18.3.2.2 Hilfsmittel Designparameter

Ashby verwendet zur Suche nach den optimalen Werkstoffen Designparameter, die sich in Werkstoffschaubildern als zusätzliche Hilfsmittel zum Auffinden gleichwertiger Materiallösungen eignen.

Am Beispiel eines **auf Zug beanspruchten Stabes** mit den Anforderungen

- hohe Festigkeit
- hohe Steifigkeit und
- geringes Gewicht

sei ein solcher Designparameter erläutert. [2]

Die Masse (das Gewicht) G des Stabs mit der Fläche A (Durchmesser d), der Länge l und der Dichte ϱ wird bestimmt durch

$$G = A \cdot l \cdot \varrho = \frac{\pi \cdot d^2}{4} \cdot l \cdot \varrho.$$

Um eine Last F zu tragen, darf eine zulässige Spannung – in der Regel die Fließspannung σ_F – im Bauteil nicht überschritten werden. Es gilt:

$$\frac{F}{A} \leq \sigma_F.$$

Somit folgt für die Gesamtmasse (das Gesamtgewicht)

$$G \geq F \cdot l \left(\frac{\varrho}{\sigma_F}\right).$$

Der leichteste Stab, der die Anforderungen materialseitig erfüllt, wird entsprechend dem Produkt durch die Designgröße (σ_F/ϱ), der auf die Dichte bezogenen Fließspannung (Festigkeit) des Werkstoffes, bestimmt.

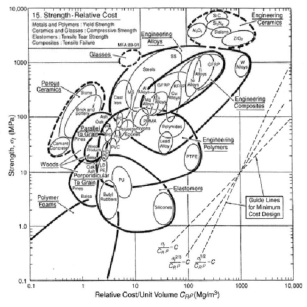

Bild 18.6: „Steifigkeiten" und Materialkosten von Werkstoffen [2]

Am Beispiel einer **druckbeanspruchten Stütze** (mit Kreisquerschnitt A) soll die Einbeziehung des wirtschaftlichen Aspekts, der Materialkosten, in einen Designparameter demonstriert werden. Die Anforderungen seien beschrieben durch

- kostengünstige Lösung bei
- hoher Steifigkeit.

Die Länge l der Stütze und die Last F sind auf Grund der Funktion und der äußeren Beanspruchungen festgelegt. Für die Materialkosten K des Werkstoffs gilt:

$$K = G \cdot K_G = A \cdot l \cdot \varrho \cdot K_G.$$

K_G sind die auf das Kilogramm bezogenen Materialkosten, eine häufig bei Kalkulationen herangezogene Berechnungsgröße. Bei einer kostengünstigen und damit schlanken Stütze tritt ein Versagen nicht durch Überschreitung der Druckfestigkeit auf, sondern es besteht bereits bei kleineren Lasten die Gefahr des elastischen Ausknickens (zunächst ohne bleibende Verformung). Um diese elastische Verformung zu vermeiden,

18 Werkstoffauswahl

darf die Druckkraft F_D nach Euler die Knickkraft F_D nicht überschreiten:

$$F_D \leq F_K = \pi^2 \cdot \frac{E}{\lambda^2} \cdot A = \frac{\pi}{4} \cdot \frac{E \cdot A^2}{(k \cdot l)^2}.$$

Der Parameter k ist ein von der Anbindung der Druckstütze an die konstruktive Umgebung abhängige Konstante (z. B. gelenkige Anbindung an den Endpunkten: $k = 1$), λ der Schlankheitsgrad der Stütze.

Als Ziel ist die Kostenoptimierung der Druckstütze anvisiert. Durch Eliminierung der Fläche A folgt für die Gesamtkosten der Stütze:

$$K \geq \left(\frac{4 \cdot k^2}{\pi}\right)^{0,5} \cdot F_D^{0,5} \cdot l^2 \cdot \left(\frac{\varrho \cdot K_G}{E^{0,5}}\right).$$

Da die Druckkraft F_D und die Länge l beispielsweise durch den Leistungsbedarf und den Entwurf weitgehend festgelegt sind, kann nur über den Designparameter ($\varrho \cdot K_G / E^{0,5}$) eine Optimierung der Kosten erfolgen. Wird diese Größe minimiert, ist die kostengünstige Lösung der Druckstütze gefunden.

In den Werkstoffschaubildern von *Ashby* sind typische Designparameter in der doppellogarithmischen Darstellung (für dieses Beispiel Elastizitätsmodul über spezifische Materialkosten) bereits als Linien dargestellt. Alle auf einer Geraden fallenden Werkstoffe bzw. Werkstoffgruppen (in diesem Fall mit Steigung 2) sind gleichwertige Lösungen für eine kostengünstige Druckstütze. Alle oberhalb der Designlinie liegenden Lösungen sind bei „gleichen Kosten" steifere und damit bessere Lösungen; alle darunter liegenden Werkstoffe sind „weicher" und damit funktional schlechter einzustufen. Je nach Belastungsart (oder Anforderung) fallen die Designlinien mit unterschiedlicher Steigung aus und führen zu anforderungsgerechten Hilfslinien in den Ashby-Diagrammen.

18.3.2.3 Hilfsmittel Fachliteratur

Werkstoffsammlungen (wie der Stahlschlüssel) und materialkundliche Fachliteratur zeichnen sich in der Regel durch anwendungsbezogene Gliederungen der Werkstoffe aus. Wenige gehen dabei über eine Werkstoffgruppe hinaus. Beispielhaft sei für eine übergreifende Ausarbeitung und Klassifizierung der Werkstoffe [5], [6] genannt. Die Ergebnisse seien kurz zusammengefasst:

Allgemeine Konstruktionswerkstoffe

Unter den **allgemeinen Konstruktionswerkstoffen** werden im Maschinen- und Anlagenbau am häufigsten die Eisenwerkstoffe verwendet. Ihre Eigenschaften werden wesentlich von den Legierungselementen und Begleitelementen bestimmt. Aber auch Herstellverfahren (Gießen, Walzen etc.) bestimmen das Verhalten im Einsatz mit. Der Vorteil der Eisenwerkstoffe liegt auch in der Vielzahl an Veredlungsverfahren, die sich im Bereich der Wärmebehandlung von Bauteilen, aber auch in der Beschichtung der metallischen Oberflächen ansiedeln. So lassen sich verschleißfeste Oberflächen je nach Verwendung durch

- Herstellverfahren (z. B. kalt verfestigte Oberfläche durch Walzen oder Ziehen)

- Wärmebehandlung des Werkstoffes (z. B. Vergüten, Spannungsarmglühen)

- Wärmebehandlung unter Zufuhr von Legierungselementen (z. B. Kohlenstoff beim Einsatzhärten, Stickstoff beim Nitrierhärten)

- Beschichtungsverfahren (z. B. Emaillieren, PVD, CVD)

erzielen. Entsprechend der geforderten Eigenschaft der Funktionsfläche (z. B. Korrosionsfestigkeit, Verschleißfestigkeit, Aussehen, Reinigungsfreundlichkeit) lassen sich die Eigenschaftsgrößen einer Stahl- bzw. Eisenwerkstoffoberfläche auf die Funktion des Bauteils einstellen.

Eine Einteilung der **Eisenwerkstoffe** erfolgt nach dem Kohlenstoffgehalt, der als Maß für die Schweißeignung und die Gießbarkeit dieser Werkstoffe ein wesentliches technologisches Auswahlkriterium bestimmt. Gusseisen, Stahlguss und Stahl können durch spezielle Herstellverfahren in ihren Eigenschaften so stark beeinflusst werden, dass die Merkmalsgrenzen verschwimmen und sich Einsätze in früher nicht ausführbaren Anwendungen erschließen (z. B. Austempered Ductile Iron ADI als Gusseisen-Zahnradwerkstoff in Hochleistungsgetrieben).

Eine grobe Einteilung der Stahlwerkstoffe erfolgt nach der Festigkeit und dem Anwendungsbereich in allgemeine Baustähle, Vergütungsstähle, Einsatz- und Nitrierstähle.

Für Massenteile werden Automatenstähle mit guter Zerspanbarkeit eingesetzt. Darüber hinaus haben sich noch weitere Gruppen von Eisenwerkstoffen mit Sonderanwendungen ausgebildet (siehe [6]).

Unter den allgemeinen Konstruktionswerkstoffen haben die Werkstoffe für den **Leichtbau** an Bedeutung gewonnen. Zu diesen zählen Aluminium-, Magnesium- und Titanlegierungen. Den größten Zuwachs beim Einsatz verzeichnen in den letzten Jahrzehnten die **Polymerwerkstoffe** (Kunststoffe). Die drei Hauptgruppen Thermoplaste (z. B. PE, PS, PVC, PA), Duroplaste (z. B. Epoxidharze, Polyesterharze) und Elastomere (z. B. synthetische Kautschuke, Silikonelastomere) weisen unterschiedliche Eigenschaften auf, sodass je nach Anforderungsprofil der Konstruktion häufig eine Kunststofflösung gefunden werden kann.

18 Werkstoffauswahl

Im Fertigungsbereich werden Polymerwerkstoffe im Wesentlichen mit Spritzguss- und Extrudierverfahren verarbeitet. Aber auch Umformverfahren (z. B. Tiefziehen, Biegen), Fügeverfahren (z. B. Heizelementeschweißen) u. v. m. wurden für diese Werkstoffgruppe entwickelt. Die Merkmale chemische Beständigkeit, hohe Wirtschaftlichkeit in der Massenverarbeitung, elastische Verformbarkeit, Dämpfungskonstante sowie geringes spezifisches Gewicht sind für die zunehmende Bedeutung dieser Werkstoffe ausschlaggebend. Die geringen Festigkeiten werden häufig nur durch Kombination mit anderen Werkstoffen überwunden. Insbesondere im Flugzeugbau, aber auch im Bereich des Sports dienen **faserverstärkte Kunststoffe** (z. B. Glas-, Kohle- oder Polyamidfasern) der Einsparung von Gewicht bei hoher Belastbarkeit. Für den allgemeinen Maschinen- und Anlagenbau sind diese Verbunde jedoch auf Grund der hohen Kosten für Einzelteile auf Sonderanwendungen beschränkt. Weiterentwicklungen haben auch thermisch belastbare Kunststoffe hervorgebracht; sie sind jedoch sehr teuer und daher wenig verbreitet.

Außerhalb dieser allgemeinen Sicht auf Konstruktionswerkstoffe haben Sonderanwendungen Werkstoffentwicklungen ausgelöst:

- Als **Werkstoffe für Werkzeuge** sind außer den Werkzeugstählen Hartmetalle und Schneidkeramiken im Einsatz. Hinzu treten Beschichtungsverfahren, um hohe Verschleißfestigkeit, gute Wärmeleitfähigkeit und gute Temperaturwechselbeständigkeit bei geringen Werkzeugkosten optimal zu gestalten.

- **Werkstoffe für tiefe Temperaturen** müssen ihre Verformungsfähigkeit erhalten. Die Sprödbruchsicherheit ist durch eine gute Kaltzähigkeit sicherzustellen. Außer metallischen Werkstoffen sind schlagzähe Polymerwerkstoffe im Einsatz.

- **Werkstoffe für hohe Temperaturen** sind häufig nach der Anforderung „hohe Festigkeit bei ausreichender Steifigkeit" auszuwählen. Am meisten verbreit sind warmfeste Stähle (z. B. Chromstähle, austenitische Stähle) und Legierungen (Superlegierungen auf Basis von Eisen, Nickel und Cobalt für höhere Temperaturen). In teureren Sonderanwendungen lassen sich auch hoch schmelzende Metalle wie Wolfram, Molybdän und Tantal verwenden. Warmfeste Verbundwerkstoffe haben sich dagegen nur wenig durchgesetzt. Verbietet sich bei hohen Temperaturen eine Oxidation des Werkstoffs, werden zunderbeständige Stähle angewendet. Diese Oxidationsbeständigkeit und darüber hinaus gehende chemische Beständigkeit versprechen Gläser (Geräteglas, Quarzglas) und Glaskeramiken bis in höchste Temperaturbereiche. Des Weiteren kann ein Schutz vor hohen Temperaturen durch metallische Schutzschichten (z. B. oxidierendes Aluminium für Zunderbeständigkeit), Hochtemperaturemails und keramische Schutzschichten aufgebaut werden. Belastungen durch höchste Temperaturen (über 1000 °C) sind nur durch Einsatz feuerfester Materialien (wie Schamotte, Aluminiumoxid), Sonderkeramiken (Oxidkeramik, SiC, SiN) und spezieller Kohlenstofferzeugnisse (Diamant, Pyrokohlenstoff, Glaskohlenstoff, Graphit) zu lösen.

- Polymerwerkstoffe zeichnen sich als **Werkstoffe mit hoher Korrosionsbeständigkeit** aus. Diese Eigenschaft wird auch in der Beschichtungstechnik metallischer „korrosiver" Oberflächen genutzt (z. B. Lackieren, Spritzen, Pulverbeschichten). Im Stahlschlüssel [7] bieten sich auch eine große Zahl an rost- und säurebeständigen Stählen (z. B. V2A, V4A) an. Titan, Aluminium, Magnesium, Kupfer, Blei, Nickel und ihre Legierungen können je nach angreifendem Korrosionsmittel alternativ eingesetzt werden. Edle Metalle, Gläser und Keramiken (häufig in Form von Überzügen) schützen vor Korrosionsangriff. Entsprechende Fertigungsverfahren wie das Aufspritzen, Aufdampfen, Pulverbeschichten usw. werden angewendet.

- Ein **verschleißfester Werkstoff** ist bei reibender Beanspruchung der Funktionsfläche für einen langzeitigen Erhalt der Funktion unerlässlich. Außerhalb der verschleißfesten, häufig wärmebehandelten Stahlsorten und Gusswerkstoffen spart das lokale Aufbringen von Oberflächenschichten, mittels Galvanik, Auftragschweißen, Spritzen, Aufdampfen (z. B. Abscheiden von TiN, TiC, W_2C durch PVD oder CVD-Verfahren) etc. Kosten ein; andere Parallelanforderungen wie Verformbarkeit, Festigkeit usw. werden durch den Grundwerkstoff erfüllt. Die Wärmebehandlungen zur Erzielung hoch verschleißfester Funktionsflächen sind gewöhnlich das Oberflächenhärten mittels Flamme oder Induktion, das Laserstrahlhärten oder das Härten mit Diffusionsverfahren (Einsatz-, Nitrierhärten, Carbonitrieren, Silicieren, Chromieren oder Borieren). Werkstoffalternativen bieten Hartmetalle bzw. die Panzerung mit Hartmetallen oder Hartstoffe (z. B. isostatisches Heißpressen von SiC oder Sintertonerde).

- **Reibwerkstoffe** (z. B. in Reibkupplungen, Bremsen etc.) erfordern einen hohen konstanten Reibwert für wechselnde Betriebsbedingungen verbunden mit niedrigem Verschleiß. Eine grundlegende Unterscheidung erfolgt zwischen Reibpaarungen im Trockenlauf und im Öllauf. Bewährt haben sich bei diesen Anforderungen vornehmlich organisch gebundene Verbundwerkstoffe (Composite). Alternativen sind Gusseisen, gesinterte Friktionswerkstoffe auf Kupfer- oder Eisenbasis bzw. mit hohem keramischem Anteil (Cermets). Der Öllauf reduziert den Verschleiß auf die Trocken- und Mischreibungsphasen der Reibflächen. Dadurch können auch Stahllamellen,

18 Werkstoffauswahl

spezielle Papierreibwerkstoffe, Faserwerkstoffe mit Polymerbindung, Graphit-Reibmaterial und gesinterte Werkstoffe auf Kupferbasis eingesetzt werden.

- **Gleitlagerwerkstoffe** erfordern niedrige Reibkoeffizienten bei geringem Verschleiß. Weitere wesentliche Materialeigenschaften wie gute Wärmeleitfähigkeit, gute Notlaufeigenschaften haben neben den metallischen und nichtmetallischen Gleitwerkstoffen den Verbundwerkstoffen mit ihren kombinierten Eigenschaften unterschiedlicher Werkstoffgruppen zum Durchbruch verholfen. Aus der Palette der verfügbaren Gleitlagerwerkstoffe sollen stellvertretend die Weißmetalle, Gusseisen, Kupfer- und Aluminiumlegierungen, Sinterlager (ölgetränkter Sinterstahl, -bronze) und Polymere (z. B. Teflon, PA, POM, häufig im Verbund mit Trägerwerkstoffen wie Stahl) genannt werden.

- Zu den Anforderungen der Gleitlagerwerkstoffe tritt in **Wälzlagern** eine außerordentlich hohe Flächenpressung auf Grund der Linien- oder Punktberührung des Wälzkörpers mit dem Innen- und Außenring auf. Zu den speziell entwickelten Wälzlagerstählen (z. B. 100 Cr 6) bieten heute warmfestere, steifere, verschleißfestere und leichtere Keramiken (z. B. Si_3N_4) interessante Lösungen. Die Kosten für ein Keramiklager sind jedoch nur bei Spezialanwendungen (aggressive Medien, Hochtemperatur …) zu rechtfertigen. Korrosionsbeständigkeit wird z. B. durch Einsatz eines Kunststoff-Wälzlagers erreicht.

- **Federwerkstoffe** müssen ihre federnden Eigenschaften über eine lange Lebensdauer unverändert beibehalten und gegen Überlast eine hohe Bruchsicherheit aufweisen. Der Elastizitätsmodul beeinflusst wesentlich die Federsteifigkeit; Unterschiede werden abgedeckt durch die Verwendung von Federstahl sowie von Kupferlegierungen mit unterschiedlichen Legierungspartnern wie Zink, Beryllium und Cobalt. Temperaturbeanspruchungen im Einsatzfall beeinflussen die Federkennlinien und sind bei der Wahl des Federwerkstoffs zu beachten. Korrosionsfeste Federn aus Federstählen und Nichteisen-Metalllegierungen sind erhältlich. Kunststoffe finden als Federwerkstoff (Epoxidharze, Kautschuke, Polyurethane usw.) auf Grund ihrer schwingungsdämpfenden Eigenschaften ihren besonderen Platz im allgemeinen Maschinenbau.

- In der **Verbindungstechnik** finden sich Werkstofflösungen für Schrauben- und Mutternwerkstoffe, Klebstoffe, Schweißwerkstoffe, Lote oder Nietwerkstoffe. Mörtel und Zemente (z. B. Ofenbau) sind für Hochtemperaturanwendungen gebräuchlich.

18.3.2.4 Hilfsmittel Materialkosten

Die Materialkosten und damit die Werkstoffwahl sind wesentliche Kostenanteile an den Herstellkosten eines Produkts. Im Maschinenbau betragen die Materialkosten nach einer VDMA-Analyse 1994 durchschnittlich ca. 43 % der Gesamtkosten eines Unternehmens [8]. Die Schwankungsbreite ist je nach Branche sehr hoch (z. B. Krane 78 %, mittelschwere Werkzeugmaschinen 34 %). Folgerichtig sind Materialien mit niedrigen relativen Kosten bei der Werkstoffwahl vorzuziehen. Die Materialkosten eines Bauteils sind dabei nicht nur auf sein Volumen zu beziehen, sondern auch „auf die Werkstoffanforderung". In der Mehrzahl der Fälle ist dies die Forderung nach hoher Festigkeit. Der „auswahlorientierte" Kennwert ergibt sich somit als Quotient der volumenbezogenen Materialkosten und der Festigkeit in $(€ \cdot m^2)/(m^2 \cdot N)$. Bild 18.7 zeigt am Beispiel der Stähle, dass hochfeste Stahlsorten niedrigere Relativkosten aufweisen als niederfeste.

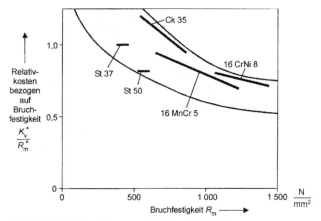

Bild 18.7: Relative Materialkosten am Beispiel von Stählen [8]

Es dürfen bei der Beurteilung der Materialkosten jedoch nicht nur Rohmaterialkosten verglichen werden. Hinzu treten viele weitere vom gewählten Werkstoff abhängige Kostenanteile. Ein Überblick über die Kostenanteile und Grundregeln bei der Materialwahl zeigt Bild 18.8.

So führt die Grundregel „Kostengünstiges Material verwenden" aus, dass ein fertigungsgünstiges Material gewählt werden soll (z. B. ungünstige Zerspanungseigenschaften von zähen Materialien). Als weitere Kostenverursacher in der Fertigung und im weiteren Produktleben seien

18 Werkstoffauswahl

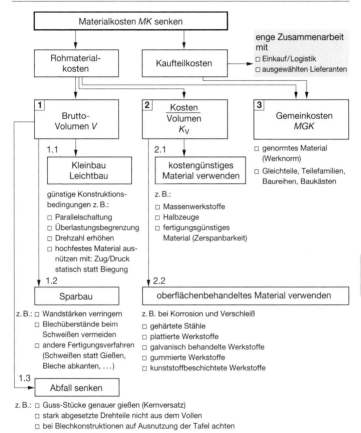

Bild 18.8: Festigkeiten und Materialkosten von Werkstoffen [8]

stellvertretend die Montage (z. B. komplexe Fügeverfahren von Verbundwerkstoffen), die Qualitätssicherung (z. B. teuere Prüfverfahren durch nichtmetallische Oberflächen), der Servicebetrieb (z. B. Reparatur von kohlefaserverstärkten Kunststoffteilen) oder die Entsorgung (z. B. radioaktive Materialien, Fasern) genannt. Letztlich sind somit die Kosten für ein Produkt im Hinblick auf das gesamte Produktleben zu ermitteln und zu minimieren.

18.3.3 Bewertung der Auswahlkandidaten

Die vorangegangenen Prozessschritte haben eine Zahl möglicher Werkstofflösungen erbracht; die notwendigen Beurteilungskriterien in Form von Kenngrößen und Werkstoffeigenschaften sind erarbeitet.

Die weitere Zielsetzung ist es, mittels dieser Kenngrößen und Materialdaten objektiv eine Rangfolge (Ranking) der ermittelten Auswahlkandidaten zu erstellen. Dabei gilt:

> Die Eigenschaften der Werkstoffe sind für eine gegebene Konstruktionsaufgabe hinsichtlich der Anforderungen zu bewerten.

Wie bereits früher erwähnt: Den idealen Werkstoff gibt es nicht. Letztlich ist somit abzuwägen, welche der Anforderungen aus der Anforderungsliste hohes Gewicht besitzen.

Mit den Hauptanforderungen sind diese bereits deutlich geworden. Andere Kriterien können nun dazugenommen bzw. Hauptkriterien untereinander gewichtet werden. Gerade die Gewichtung lässt es über definierte Beurteilungskriterien und Werteskalen zu, die Nähe der identifizierten Lösung (bzw. Lösungen) an einer Ideallösung zu messen. Sie unterwirft den Konstrukteur einem methodischen, nachvollziehbaren Vorgehen. Aus der gedanklichen Strukturierung der Eigenschaft und ihrer Wertigkeiten erwächst ein klarerer Blick für die Notwendigkeiten der Konstruktionsaufgabe.

Jede identifizierte Anforderung ist einem oder mehreren Werkstoffkennwerten zugeordnet. Die Richtung der Bewertung (z. B. geringe Kosten, hohe Steifigkeit, hohe Bruchzähigkeit) ist durch die Konstruktionsanforderung vorgegeben, sodass zu jedem Kennwert oder zu jeder Materialeigenschaft der in Betracht zu ziehenden Werkstoffe ein Ranking erfolgen kann. Die Kennwerte selbst müssen aus der vorangegangenen Informationsbeschaffung bekannt sein. Je nach Zahl der die Anforderungen beschreibenden Materialkennwerte entsteht somit eine entsprechende Zahl an Rankings.

Für die weitere Vorgehensweise bieten sich unterschiedliche Werkzeuge an. Letztlich sind sie vergleichbar den konstruktionsmethodischen Werkzeugen. Einfache Eigenschaftsvergleiche (in den Ranglisten) können nach Listenplatz ausgewertet und anschließend weiterverfolgt werden. Allerdings sollten bei dieser Werkstoffauswahl die Hauptanforderungen im Vordergrund stehen. Die Methode gewichteter Punktbewertung führt zu einem differenzierteren und stärker detaillierten Bild durch Korrektur der Anforderungen nach Wertigkeit. Auch Nutzwertanalysen, Zielbaum-Methoden u. a. werden bei der Materialsuche empfohlen. Unzweifelhaft stellt die Methode der gewichteten Punktbewertung für Entwicklungsingenieure auf Grund des Bekanntheitsgrades die am einfachsten durchzuführende Auswahlmethode dar.

18.3.4 Analyse und endgültige Materialwahl

Unabhängig von der Vorgehensweise sollten aus dem vorangegangenen Prozessschritt bis zu drei Materialien als mögliche Alternativen verbleiben, die nun abschließend auf Eignung untersucht werden.

Eine Entscheidung für den Werkstoff kann nur mit zusätzlichen Daten vorangetrieben werden.

Die Materialkennwerte erlauben – wenn nicht bereits in der Vorauswahl geschehen – nun ein **Berechnen und Dimensionieren** der Teile entsprechend den äußeren Lasten, die Untersuchung von Stabilitätsproblemen (Knickung, Schwingungsproblematik usw.), mögliche Lebensdauervorhersagen und/oder die Vorkalkulation von Bauteilen. Dies kann unter Umständen schon zum Ausschluss einer Lösung führen, da z. B. Bauteilgröße und Festigkeitswert in direktem Zusammenhang stehen. Wie bereits unter 18.3.2.4 aufgezeigt, kann ein hochfester Werkstoff (bei kleiner Bauteilgröße) zu einer kostengünstigeren Lösung als der niederfeste führen. Auch Bauraumbeschränkungen können dabei das Aus einer Alternative bedeuten. Hinweise auf das zu wählende Material resultieren vorwiegend bei komplexen Bauteilgeometrien, Rand- oder Lastbedingungen aus detaillierten Berechnungen, wobei der Einsatz von **Simulationsverfahren** (z. B. FEM) eine Variation der Materialkennwerte entsprechend den Werkstoffalternativen und somit die Beurteilung der gefährdeten Bauteilbereiche zulassen.

> Die in Normversuchen ermittelten Eigenschaftswerte von Werkstoffen sind vielfach nicht praxisrelevant. Sie geben das Verhalten bei stochastisch verteilten mechanischen, aber auch chemischen, thermischen (usw.) Belastungen des Bauteils in der Praxis nicht ausreichend wieder.

Damit wird die Verlässlichkeit der Bauteilberechnungen (und der Dimensionierung) in Frage gestellt.

Grundlegende Versuche mit dem Werkstoff, Untersuchungen an Bauteilen oder am Prototyp und einsatzspezifische Versuche (Prüfstände, Erprobungsphasen) sind Möglichkeiten der Überprüfung (Validierung) der geforderten Werkstoffeigenschaften. Ziel ist es in diesen Versuchen, das Material möglichst einsatznah zu prüfen. Virtuelle Tests mittels

Simulationen sind wiederum möglich und können die Entwicklungszeit reduzieren. Sie sind aber ähnlich kritisch wie die „Praxisnähe" der Dimensionierungsberechnungen zu sehen.

Unentbehrlich sind **vertiefende Gespräche** mit Lieferanten und Fachleuten des Herstellers oder des eigenen Bereichs und die Diskussion im Unternehmen über alle Auswirkungen eines neuen oder geänderten Werkstoffes (Fertigungsmöglichkeiten, Kosten, Qualitätsfragen u. v. m.) Bei weitergehender Fokussierung auf eine Materiallösung setzt sich die anfängliche Beratung durch Vertriebsingenieure in Fachgesprächen der Werkstoffspezialisten des Herstellers fort. Erfahrungen aus anderen Anwendungen werden mit möglichen Folgen im eigenen Produkt verglichen. Die Expertenmeinungen aus dem Hochschulbereich können insbesondere bei den „Newcomern" der Werkstoffentwicklungen hilfreiche Einzelteile im „Werkstoff-Puzzle" geben. Eine gründliche Recherche über die „speziellen" Werkstoffeigenschaften und den -einsatz vervollständigt das Bild über den möglichen neuen Werkstoff.

In der Regel wird die endgültige Entscheidung auf der Grundlage vorhandener, meist in den Folgen bekannter Risiken getroffen (z. B. auf Grund einer **Risikoanalyse** wie die FMEA). Diese Risiken zu beziffern bzw. zu beschreiben, ist ebenfalls Grundlage einer Entscheidungsvorlage.

Die Entscheidung

Kristallisiert sich entsprechend den Resultaten aus Versuchen, Berechnungen, Risikoanalysen und Gesprächen der Werkstoff für die Konstruktionsaufgabe heraus, so bleibt dem Autor abschließend die Bemerkung, dass in der Vielzahl der Fälle außerhalb der „objektivierten" Sicht die „subjektive" Einschätzung eine ausschlaggebende Rolle spielt. Dies trifft insbesondere dann zu, wenn es sich um einen völlig „neuen" Werkstoff für ein Produkt handelt. Daher müssen bei der Werkstoffwahl die Risikominimierung und die Analyse der Restrisiken vorrangig behandelt werden, da nur eine „objektive" Sicht den inneren Einschätzungen (eines Vorgesetzten) den Rang abzulaufen vermag. Darin besteht der große Vorteil des methodischen Vorgehens bei der Werkstoffauswahl.

Auch die Substitution von Werkstoffen in „funktionierenden Produkten" werden wesentlich von der Risikobereitschaft des entscheidenden Teams oder des „Chefs" bestimmt. Nach der Erfahrung des Autors werden diese am ehesten bei hohen Kostenvorteilen positiv entschieden.

So entspricht das Zitat von *Ehrlenspiel* und *Kiewert* [1]: „Von automatisierten Entscheidungen kann bei den vielen subjektiv getroffenen Festlegungen ohnehin keine Rede sein" am ehesten der beruflichen Praxis.

Die Werkstoffinnovation im technisches Produkt ist somit wie in der Vergangenheit abhängig von

- einer praxisnahen Werkstoffentwicklung mit verbesserter Informationsbereitstellung (beispielsweise auch durch Vergleichsbetrachtungen von Anwendungen)
- der interdisziplinären Zusammenarbeit (wie sie in der integrierten Produktentwicklung erfolgt)
- der methodischen Vorgehensweise (unter Verwendung erprobter Werkzeuge der Produktentwicklung)
- einer stärkeren Ausbildung der Konstrukteure auf den Gebiet der Werkstoffe und
- den äußeren Umständen (Gesetzgebung z. B. im Recyclingbereich, Normen und Regeln, …).

Die EDV-gestützte Werkstoffwahl kann sich möglicherweise zu einem stärkeren Element bei der Materialsuche entwickeln – die grundlegende Entscheidung für die Risiken des neuen Werkstoffes wird aber bleiben.

18.4 Zusammenfassung

Eine Übersicht über die notwendigen Hauptaktivitäten verdeutlicht das Flussdiagramm in Bild 18.9.

Zu Beginn steht die Fragestellung, welche Art von Werkstoffentscheidung bei der Konstruktionsaufgabe vorliegt. Die Antwort bestimmt letztlich den Umfang der notwendigen Aktivitäten für die Werkstoffwahl. Gegebenenfalls muss ein eigenes Teilprojekt gestartet werden; im einfachsten Fall gliedert sich die Aktion „Werkstoffwahl" unauffällig in den Produktentstehungsprozess ein (siehe 18.2).

Das Durchlaufen von Optimierungsschleifen unter Anwendung projekt- und qualitätssichernder Maßnahmen sichert den Erfolg einer Werkstoffwahl; sie sind nach dem Deming-Zyklus „Plan-Do-Check-Act" zu gestalten.

Kreative (neue) Materiallösungen, die über die aufgezeigten Hilfsmittel (siehe 18.3.2) gefunden werden, sind im parallel laufenden Produktentstehungsprozess fortwährend auf Erfüllung der Anforderungen zu prüfen. Der Aufwand für den Nachweis der Einsatztauglichkeit des Materials kann in dieser Phase so stark ansteigen, dass wirtschaftliche Aspekte bei der Entscheidung bestimmend werden.

Die endgültige Werkstoffwahl schließt den Entwicklungsprozess zwar formal ab, jedoch ist bei einer Werkstoffneueinführung eine „Nachsorge" durch Kontrollen beim Einsatz, der Auswertung von Schadensfällen etc. stets zu installieren. Hier sollten die Hauptverantwortlichen klar definiert werden, um verwertbare Daten zu erhalten.

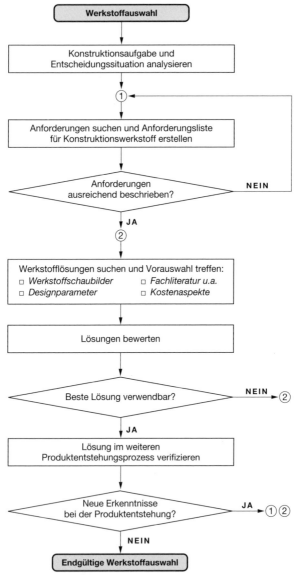

Bild 18.9: Flussdiagramm „Werkstoffauswahl"

18 Werkstoffauswahl 343

Quellen und weiterführende Literatur

[1] *Ehrlenspiel, K.; Kiewert, A.*: Die Werkstoffauswahl als Problem der Produktentwicklung im Maschinenbau. VDI Berichte Nr. 797, 1990
[2] *Ashby, M. F.*: Materials Selection in Mechanical Design. Oxford: Pergamon Press, 2002
[3] *Große, A.*: Analyse der Werkstoffauswahl in der industriellen Praxis und Konsequenz für die rechnerunterstützte Stahlauswahl. TU Clausthal, IMW-Institutsmitteilung Nr. 22, 1997
[4] *Collins, J. A.*: Mechanical Design of Machine Elements and Machines. John Wiley & Sons, 2003
[5] *Merkel, M.; Thomas,, K.-H:* Taschenbuch der Werkstoffe. 6. Aufl. München Wien: Fachbuchverlag Leipzig im Carl Hanser Verlag, 2003
[6] *Schatt, W.; Simmchen, E.; Zouhar, G.:* Konstruktionswerkstoffe des Maschinen- und Anlagenbaues. 5. Aufl. Stuttgart: Deutscher Verlag für Grundstoffindustrie, 1998
[7] *N. N.:* Stahlschlüssel 2004. 20. Aufl. Marbach: Verlag Stahlschlüssel Wegst, 2004
[8] *Ehrlenspiel, K.; Kiewert, A.; Lindemann, U.:* Kostengünstig Entwickeln und Konstruieren. 4. Aufl. Berlin: Springer Verlag, 2003

19 Marketing und Vertrieb, Einkauf

Prof. Dr.-Ing. Rainer Przywara

Das Berufsbild des Ingenieurs hat sich in den vergangenen Jahren erheblich gewandelt. Neben dem nach wie vor unverzichtbaren technischen Wissen ist ein beträchtliches Maß an betriebswirtschaftlicher und (fremd-)sprachlicher Kompetenz erforderlich, um im Zeitalter der Globalisierung erfolgreich tätig zu sein. Nur Mitarbeitern mit hohen kommunikativen und sozialen Fähigkeiten gelingt es, sich innerhalb rasch wandelnder Unternehmen zu behaupten. Auch im Konstruktionsbüro gilt: Nur Techniker mit den genannten Schlüsselqualifikationen können ihren Unternehmen helfen, sich in einem internationalen Umfeld gegen ihre weltweite Konkurrenz zu behaupten.

Was bedeutet dieser Wandel für den Bereich Konstruktion konkret?

- Konstruktion betrifft das Herzstück eines jeden Unternehmens, nämlich seine Produkte. Diese Produkte sind – das klingt zunächst banal – kein Selbstzweck, sondern müssen für den Kunden einen Nutzen erfüllen. Je höher dieser Nutzen, desto höher der Preis, den der Kunde für das Produkt zahlen wird. Der Nutzen muss nicht zwangsläufig praktischer Natur sein, sondern es kann sich beispielsweise auch um einen Prestigegewinn handeln. Viele Käufer extrem teurer Sportwagen wollen eher zeigen, dass sie zu den Schönen und Reichen gehören, als irgendwie von A nach B gelangen. Aber auch eine Werkzeugmaschine muss heute ein gewisses Maß an Eleganz aufweisen, um gut verkäuflich zu sein. An dieser Stelle trifft die Konstruktion auf die Anforderungen des Marketings. Beide Bereiche müssen eng zusammenarbeiten, um ein gewinnoptimales Produkt zu konzipieren. Es ist dabei sehr hilfreich, die Dinge auch durch die Brille der anderen Seite, für den Ingenieur also die des Marketings, sehen zu können.

- Kostenbewusstsein war für den Konstrukteur immer wichtig: Je geringer die mit der Herstellung verbundenen Kosten, desto höher kann der spätere Gewinn (= Preis – Kosten) ausfallen. Bereits in der Konstruktion werden ca. 80 % der späteren Kosten unwiderruflich festgelegt. Seit dem Ende des Ost-West-Konflikts und der damit verbundenen Öffnung der Märkte des Ostens hat die Kostenthematik jedoch eine ganz neue Qualität bekommen. Gerade an Hochlohnstandorten müssen verstärkt die Möglichkeiten externer Fertigung in Niedrigkostenländern berücksichtigt werden. Dieses bedingt vielfach konstruktive Lösungen, die zu den wesentlich anderen Beschaffungs- und Fertigungsgegebenheiten des Auslandes passen, denn eine 1:1-Übertragung hiesiger Standards auf ein völlig anderes Umfeld ist zumeist nicht die kostenminimale Lösung. Auch mit dem Einkaufsbereich muss die Konstruktion also eng zusammenarbeiten.

- Der Einkauf berührt die Konstruktion häufig sogar unmittelbar. Um ihre Fixkosten zu reduzieren, halten Unternehmen ihre Konstruktionsabteilungen so klein wie möglich, und ein großer Teil der benötigten Konstruktionsleistungen wird zugekauft. Konstrukteure stehen immer seltener selbst „am Brett", sondern entwickeln sich zu Dirigenten eines vielstimmigen Chores externer Mitarbeiter, die teilweise sogar im Ausland agieren.

- Schließlich gilt es gerade im **B2B**-Bereich, also wenn Unternehmen ihre Produkte an Unternehmen verkaufen, eine technisch anspruchsvolle Materie dem Kunden anschaulich zu vermitteln. Häufig sind die Fragestellungen so speziell, dass der Konstrukteur persönlich Rede und Antwort stehen muss – oftmals auf Englisch.

Um den genannten Anforderungen gerecht werden zu können, ist ein Basiswissen in den Bereichen Marketing/Vertrieb und Einkauf auch für Konstrukteure unerlässlich. Im Folgenden wird dabei ausgehend von der unternehmensstrategischen Ebene die **Produktpolitik** beleuchtet, um abschließend auf das Beschaffungs- und Absatzverhalten der Transaktionspartner im Investitionsgütergeschäft einzugehen.

19.1 Das Unternehmen im Wettbewerb

Ziel einer jeden Firma ist es, Gewinn zu machen. Dabei gibt es kein Unternehmen, welches nicht auf andere angewiesen wäre. Die Produktion ist heute weltweit ineinander verflochten, und an den Schnittstellen gibt es ein stetiges Ringen um Preise und Leistungen.

19.1.1 Das Wettbewerbsmodell von Michael Porter

Michael Porter legte dar (vgl. Bild 19.1), dass die Profitabilität eines Unternehmens bzw. einer Industriesparte von fünf Wettbewerbskräften bestimmt wird:

- **Käufermacht**
- **Zulieferermacht**
- bestehende **Wettbewerbsintensität**
- Bedrohung durch neue **Marktteilnehmer**
- Bedrohung durch **Produktsubstitution**

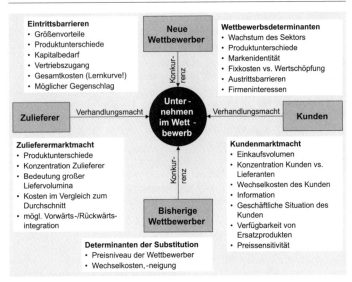

Bild 19.1: Das Unternehmen im Wettbewerbsumfeld [3]

Ein Beispiel zum besseren Verständnis: Die pharmazeutische Industrie machte in den 1990er-Jahren aus folgenden Gründen satte Gewinne:

1. Die Ärzte achteten bei der Medikamentenauswahl nicht auf die Kosten der Pharmazeutika, welche der Patient dann zwangsläufig kaufte (geringe **Käufermacht**).
2. Die Grundprodukte zur Herstellung der Arzneimittel waren vielerorts verfügbar (geringe **Zulieferermacht**).
3. Die Produkte wurden überwiegend in wettbewerbsgeschützten Nischen verkauft (geringe **Wettbewerbsintensität**).
4. Neue Marktteilnehmer haben es durch Patentschutz und komplizierte Zulassungsverfahren schwer (hohe **Eintrittsbarrieren** für neue Wettbewerber).
5. Effektive Medikamente werden in ihrer Wirkung selten erreicht oder gar übertroffen (geringe Bedrohung durch **Substitution**).

Macht ist also immer im Spiel! Das freie Spiel der **Marktkräfte** ist in der **Marktwirtschaft** gewollt, es kennzeichnet den **Preisbildungsmechanismus** aus Angebot und Nachfrage. Immer wenn eine Seite sehr stark ist, wird sie ihre Vorstellungen weitgehend durchsetzen. Gefährlich sind Monopole auf der Angebots- wie auf der Nachfrageseite, da sie Unternehmen zu einem Missbrauch ihrer Macht verleiten können. Ebenso unerwünscht und daher verboten ist es, wenn das freie Spiel der Kräfte durch ein abgekartetes zu Lasten Dritter ersetzt wird (Kartellbildung).

19.1.2 Erfolgsstrategien

Unternehmen können in Märkten erfolgreich sein, indem sie
- etwas anbieten, was nur unzureichend verfügbar ist
- etwas auf neue, überlegene Art anbieten
- etwas Neues anbieten.

Letztlich läuft das für in bestimmten Märkten tätige Unternehmen auf die zwei Erfolgsoptionen
- einzigartige Produkte (**Qualitätsführerschaft**)
- besonders billige Produkte (möglich durch **Kostenführerschaft**)

hinaus.

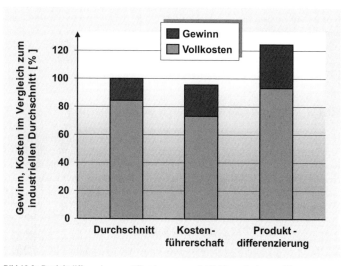

Bild 19.2: Produktdifferenzierung eröffnet hervorragende Wettbewerbschancen [3]

Geht man von einem mittleren Preis-Leistungs-Verhältnis aus, so bieten einzigartige Produkte etwas, welchem die Kunden einen höheren Wert beimessen, als dies den tatsächlich damit verbundenen Mehrkosten entspricht. Bei Luxusautomobilen ist dies in der Regel der Fall.

Bei echten Produktinnovationen entsteht für einen begrenzten Zeitraum eine Monopolstellung im Markt, die es ermöglicht, besonders hohe Gewinne zu erzielen. Diesen stehen allerdings erhebliche Entwicklungsaufwendungen und -risiken gegenüber, die nur große Firmen tragen können; nur diese Unternehmen können auf Dauer Marktpioniere sein.

Besonders billige Produkte profitabel anzubieten, setzt in der Regel **Kostenführerschaft** voraus. Niedrige Kosten werden durch Serieneffekte und eine geschickte Einkaufspolitik maßgeblich begünstigt.

Bei beiden Ansätzen ist zu berücksichtigen, dass der Begriff „Produkte" nicht nur das eigentliche Erzeugnis, sondern auch damit verbundenen Serviceleistungen umfasst. Gerade durch sie können sich Unternehmen im hart umkämpften B2B-Bereich Wettbewerbsvorteile verschaffen, indem sie beispielsweise ein hervorragendes Ersatzteilmanagement für ihre Kunden bieten. Ganz nebenbei können in diesem so genannten **Aftermarket** erhebliche Gewinne erwirtschaftet werden. Es gibt Unternehmen, die ihr Geld hauptsächlich in diesem Bereich verdienen; die Haupterzeugnisse sind dann der Köder, um den Fisch zu fangen.

Apropos Köder: Der Wurm (hier: das Produkt) soll dem Fisch (Käufer) schmecken, nicht dem Angler (Konstrukteur)! Es gilt, das Produkt aus den Augen des Kunden zu sehen. Teure technische Spielereien ohne echten Kundennutzen sind daher zu vermeiden – solche, die der Kunde mit Vergnügen teuer bezahlt, dagegen nicht, auch wenn sie aus nüchterner Konstruktionssicht überflüssig sein mögen.

19.1.3 Marktbearbeitung durch Segmentierung

In einem Massenmarkt tätige Unternehmen sind beständig einem hohen Marktdruck ausgesetzt, der auf Grund geringer Produktunterschiede zu Preiskämpfen führt – insgesamt keine sehr komfortable Situation. Ziel eines Unternehmens sollte es daher sein, bestimmte Bereiche, so genannte **Marktsegmente**, ausfindig zu machen, in denen sie nur wenige Wettbewerber haben. Dies ist eine Kernaufgabe des Marketings: „Wer nicht in Segmenten denkt, denkt nicht über Marketing nach!", stellte der Marketingpionier *Ted Levitt* bereit 1960 fest.

Marktsegmente umfassen Käufer mit ähnlichen Merkmalen und Verhaltenseigenschaften, z. B. Firmen einer bestimmten Region oder Hersteller bestimmter Artikel. Aus diesen werden dann Zielgruppen herausgefiltert und Marketing und Vertrieb gezielt auf Zielkunden ausgerichtet.

19 Marketing und Vertrieb, Einkauf 349

19.2 Analyse des Produktangebots

In der Regel stellen Unternehmen eine gewisse Palette an Produkten her, die sie zu unterschiedlichen Zeitpunkten auf den Markt gebracht haben und die dort unterschiedlich erfolgreich sind. Kontinuierlich muss dabei geprüft werden, welche betriebswirtschaftliche Bedeutung die Produkte für eine Firma haben, wann ein Produkt verbessert, ersetzt oder gar der Teilmarkt ganz verlassen werden sollte. Im Folgenden werden die wichtigsten Marketingtools zur Beurteilung dieser Fragen vorgestellt.

19.2.1 ABC-Analyse

Mit Hilfe der **ABC-Analyse** können folgende Ziele erreicht werden:

- Trennung des Wesentlichen vom Unwesentlichen
- Lenkung auf Bereiche mit hohen Ergebnisauswirkungen
- Aufwand-/Kostenreduzierungen durch Aufdeckung von Einspar- und Vereinfachungspotenzialen
- Erhöhung der Managementeffizienz durch gezielteres Vorgehen

Das Vorgehen ist grafisch anhand eines Beispiels aus dem Konstruktionssektor veranschaulicht (Bild 19.3). Das Analyse-Ergebnis lässt sich

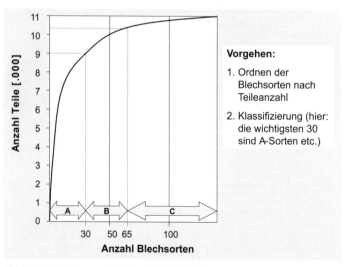

Bild 19.3: ABC-Analyse zur Reduktion der Teilvielfalt [1]

dahingehend interpretieren, dass mit nur sehr wenigen Blechsorten fast alle Produkte der untersuchten Firma gefertigt werden können. Man kann auf der Grundlage der vorliegenden ABC-Analyse die Teilevielfalt im Unternehmen deutlich reduzieren und damit Fertigungskosten sparen.

Im Marketing lassen sich ganz ähnliche Analysen durchführen, indem man beispielsweise untersucht, mit welchen Kunden man welche Umsätze und Deckungsbeiträge erzielt. Die ABC-Analyse dient der Prioritätensetzung bei Kunden, Kundengruppen, Produkten, Produktgruppen, Handelssortimenten sowie Lagerbeständen.

Im Einkauf kann man A-, B- und C-Lieferanten nach dem Liefervolumen abgrenzen; eine Bewertung nach Liefer- und Termintreue ist ebenfalls möglich. Die Anzahl der zugekauften Teile kann in Abhängigkeit von ihrer Einsatzhäufigkeit beschrieben werden.

19.2.2 Portfolio-Analyse

Mit Hilfe der **Portfolio-Analyse** lässt sich auf einen Blick erkennen, welche Marktposition bestimmte Produkte, aber auch Geschäftsfelder oder gar ganze Unternehmen innehaben. Man kann aber auch Personalportfolios auf der nachstehend beschriebenen Grundlage aufbauen. Die Analyse ist

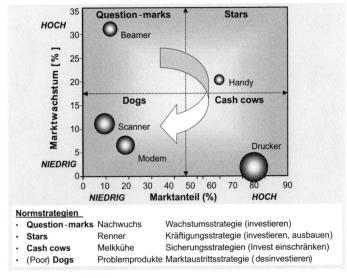

Bild 19.4: BCG-Portfolio [5]

19 Marketing und Vertrieb, Einkauf 351

mit Normstrategien verknüpft, anhand derer bestimmte Planungseinheiten ausgebaut, andere in ihrer Bedeutung zurückgenommen werden.

Ein sehr einfaches Planungskonzept wird seit mehreren Jahrzehnten von der Boston Consulting Group in Theorie und Praxis vertreten. Darin wird der Markterfolg einer Unternehmung auf die zwei Erfolgsfaktoren Marktanteil und Marktwachstum zurückgeführt. In der Grafik ist zudem der relative Umsatz jedes Produkts erkennbar. Er entspricht der Größe der Kreisflächen.

Der Marktanteil kann relativ (in % vom Gesamtmarkt) oder relevant (auf den Hauptkonkurrenten bezogen: <1, 1, >1) ausgedrückt werden. Das Marktwachstum bezieht sich auf den relevanten Markt. Die verwendete Skala ist auf Grund der jeweiligen Untersuchungsergebnisse sinnvoll aufzuteilen in einen niedrigen und einen hohen Bereich.

Die Beratungsfirma *McKinsey* bietet ein ähnliches Konzept in höherer Detaillierung an, in welchem in einer 3×3-Felder-Matrix Marktattraktivität und Wettbewerbsvorteile gegenübergestellt werden. Das McKinsey-Portfolio ist ebenfalls mit **Normstrategien** verknüpft.

19.2.3 Produktlebenszyklus-Konzept

In Anlehnung an die Biologie wird im **Produktlebenszyklus** das Entstehen, Wachsen und Vergehen eines Produkts anhand der mit ihm verbundenen jährlichen Absatzmengen, Umsätze, Gewinne o. Ä. dargestellt.

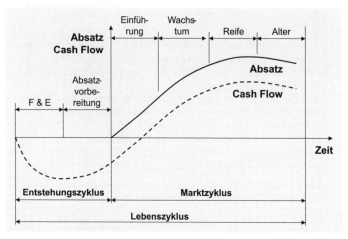

Bild 19.5: Typischer Produktlebenszyklus

So wird der technische Stand des Erzeugnisses klar ersichtlich (Bild 19.5). Die Kurven müssen nicht immer die eingezeichnete Form haben: Ein Nostalgieprodukt kann beispielsweise einen zweiten Frühling erleben.

Aus der Position eines Produkts im Produktlebenszyklus können erforderliche Marketing-Maßnahmen wie z. B. eine **Produktvariation** oder auch, bei negativen Deckungsbeiträgen, die **Produktelimination** abgeleitet werden. Hierbei ist aber stets auch der **Marktanteil** des Produkts zusätzlich zu berücksichtigen.

Die Unternehmensberatung *Arthur D. Little* hat die Verbindung von Lebenszyklusphase und Marktposition zu einem eigenen Portfolio mit hinterlegten **Normstrategien** weiterentwickelt.

19.3 Vertrieb und Einkauf im B2B-Geschäft

Das Beschaffungs- und Absatzverhalten im hier besonders betrachteten **B2B**-Bereich erfolgt nach anderen „Spielregeln" als der Verkauf an den Endkunden, bei dem sich Verkäufer und Kunde unmittelbar begegnen.

19.3.1 Einfache Regeln zur Kundenorientierung

Guter Service fängt bei guter Erreichbarkeit an, und das gilt für das gesamte Unternehmen, also auch für die Konstruktion. Jeder Anrufer muss an jeder Stelle unmittelbar eine vernünftige Antwort bekommen. Wie erreicht man das?

1. Jeder Mitarbeiter hat einen Vertreter, der benannt und bekannt ist. Auf diesen wird während Abwesenheit das Telefon umgestellt.
2. Ist auch dieser abwesend, wird ein mit einer persönlichen Ansage versehener Anrufbeantworter (deutsch/englisch) aktiviert.
3. Kann eine Frage nicht sofort beantwortet werden, ist sie von der den Anruf entgegennehmenden Person einschließlich Name, Firma und Telefonnummer des Anrufers zu notieren.
4. Dem Anrufer wird der Rückruf eines kundigen Mitarbeiters avisiert.
5. An diesen kundigen Mitarbeiter wird schnellstmöglich der Vorgang übergeben. Die Antwort sollte dann umgehend erfolgen.

Das immer noch beliebte „Frau X ist gerade nicht da, ich gebe Ihnen mal die Durchwahl!" ist generell aus dem Repertoire zu streichen!

Dauert es lange, eine qualifizierte Antwort zu erteilen, etwa weil noch Informationen beschafft werden müssen, so ist dem Kunden unbedingt ein Zwischenbescheid zu erteilen. Dieser könnte beispielsweise lauten:

„Vielen Dank für Ihre Anfrage. Das gewünschte Angebot wird gegenwärtig von uns bearbeitet. Sie werden es zu Beginn der übernächsten Woche erhalten."

19.3.2 Organisationales Beschaffungsverhalten

Im Investitionsgütergeschäft stehen sich Organisationen gegenüber, in denen komplexe Vorgänge von mehreren Personen arbeitsteilig erledigt werden. Sowohl in die Beschaffung als auch in das Angebot hochwertiger Investitionsgüter sind in der Regel mehrere Abteilungen der jeweiligen Unternehmen eingebunden. Die Entscheidungsgremien sind problemspezifisch tätig und existieren nur für die Dauer des jeweiligen Vertriebs- bzw. Beschaffungsprozesses. Man bezeichnet sie als **Selling-** bzw. **Buying-Center**.

Bild 19.6: Funktionen im Buying- und Selling-Center [4]

Multipersonalität in Verbindung mit dem Einfluss von Hierarchien, Fachkompetenz, Psyche sowie soziographischen und demographischen Persönlichkeitsmerkmalen der beteiligten Individuen setzt sich zusammen zu einem bestimmten Entscheidungs- und Informationsverhalten der Unternehmung, dem **organisationalen Beschaffungsverhalten**.

Innerhalb des **Selling-Centers** ist die typische Rollenverteilung wie folgt:

- Entscheider   Verantwortlicher für Finalentscheidung, hierarchisch hohe Position (z. B. Geschäftsführer, Vorstand)
- Verkäufer   Außendienstmitarbeiter aus dem Vertriebsbereich
- Reagierer   Produktspezialist (z. B. F & E, **Konstrukteur**), unterhält Fachkontakte zu Fachpromotoren potenzieller Nachfrager

- Hersteller   Fertigungsmitarbeiter
- Gatekeeper   Verantwortlich für Informationssteuerung, z. B. Vorstandsassistent
- Anreger   Hat Kontakt zu Macht- oder Fachpromotoren, ermittelt Bedarfsfälle, regt Beschaffung bei potenziellem Nachfrager an
- Genehmiger   Genehmigt Preise und Konditionen, z. B. Mitarbeiter der Rechtsabteilung oder des Finanzbereichs

Im **Buying-Center** wirken folgende Personen mit:

- Entscheider Verantwortlicher für Finalentscheidung, hierarchisch hohe Position (z. B. Geschäftsführer, Vorstand)
- Einkäufer   Koordiniert, ist fachlich kompetent, fällt bei Wiederholkäufen häufig die Alleinentscheidung
- Benutzer   Fertigungsingenieur o. Ä., häufig auch Initiator
- Beeinflusser Eigentlich nicht direkt involviert, verfügen sie über großes Wissen und damit Expertenmacht
- Gatekeeper   Informationssteuerung, z. B. Vorstandsassistent, auch Chefsekretärin
- Initiator   Hat Kontakt zu Macht- oder Fachpromotoren, ermittelt Bedarfsfälle, regt Beschaffung beim potenziellen Nachfrager an
- Genehmiger   Mitarbeiter der Rechtsabteilung oder des Finanzbereichs

Nicht alle Rollen müssen stets besetzt sein, einige können aber durchaus mehrfach besetzt sein. Bei Wiederholkäufen und kleineren Beschaffungen tritt nicht das gesamte Gremium in Aktion, sondern lediglich die unmittelbar damit befassten Mitarbeiter, d. h. Verkäufer bzw. Einkäufer.

Sowohl auf der Verkaufs- wie auf der Einkaufsseite kann es auf allen Ebenen Befürworter (**Promotoren**) und Gegner (**Opponenten**) bestimmter Geschäfte geben. Koalitionen und Konflikte innerhalb eines Centers lassen sich mit Hilfe einer **Multivariaten Skalierung** visualisieren. Im nachstehenden Beispiel haben sich schrittweise zwei Meinungen herausgebildet (weiße Flächen), die jeweils von mehreren durch Verbindungen gekennzeichnete Koalitionen getragen werden. Deutlich wird die stärkere Qualitätsorientierung der Techniker gegenüber der Preisorientierung der Betriebswirte im Buying Center.

Von großer Bedeutung für den erfolgreichen Verkauf und Einkauf ist es, auf allen Ebenen die wichtigen Ansprechpartner gut zu kennen und im ständigen Kontakt die erfolgsentscheidenden Informationen zu bekom-

19 Marketing und Vertrieb, Einkauf 355

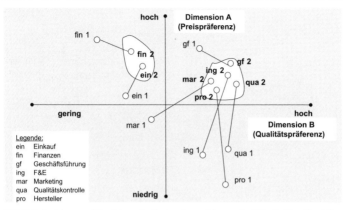

Bild 19.7: Positionen und Koalitionen im Buying-Center. Die ursprüngliche Position (1) wird im nächsten Entscheidungsschritt (2) revidiert. Nach [4]

men. Das Marketing-Schlagwort für solch eine systematische Kontaktpflege lautet **Relationship Management**.

Quellen und weiterführende Literatur

[1] *Becker, J.:* Strategisches Vertriebscontrolling. München: Vahlen, 2001
[2] *Pepels, W.* (Hrsg.): Handbuch Vertrieb. München Wien: Carl Hanser Verlag, 2002
[3] *Porter, Michael:* Competitive Advantage. New York: Simon & Schuster, 2004
[4] *Richter, H.-P.:* Investitionsgütermarketing. München Wien: Carl Hanser Verlag, 2001
[5] *Winkelmann, P.:* Marketing und Vertrieb. 4. Aufl., München: Oldenbourg, 2004

KONSTRUKTION UND KOSTEN

KK

20 Kosten in der Konstruktion

20 Kosten in der Konstruktion

Prof. Dr.-Ing. Lars-Oliver Gusig

In Unternehmen werden Produkte entwickelt, konstruiert und gefertigt, um am Markt einen Verkaufserlös zu erzielen. Kein Unternehmen kann im Wettbewerb langfristig bestehen, ohne dass innovative Produkte termingerecht zu marktfähigen Kosten von der Konstruktion zur Verfügung gestellt werden. An diesen drei klassischen Zielen der Produktentwicklung: Qualität, Zeit, Kosten wird die Entwicklungsleistung gemessen. Schwerpunkt der Ingenieurausbildung und -arbeit war lange die Erfüllung von Qualitätsmerkmalen (Leistung, Lebensdauer etc.) oder Terminvorgaben. Die Verzahnung von Konstruktion und Kosten ist erst in den letzten Jahren durch den erhöhten Wettbewerb in das Bewusstsein gerückt. Es ist nicht möglich, die Gestaltung von Qualität unabhängig von einer Kostenbetrachtung durchzuführen. Dieses Bewusstsein hat zu einem verstärkten Einsatz von Methoden zum kostengerechten Konstruieren geführt.

In diesem Kapitel werden nach einer Beschreibung der Kostenverantwortung der Konstruktion („was sind Kosten und warum sind sie wichtig?") die wichtigsten Einflussgrößen („wo entstehen Kosten?") aufgezeigt. Nach den relevanten Kalkulationsverfahren („wie werden Kosten berechnet?") werden einige wichtige Methoden des Kostenmanagements („wodurch werden Kosten gesenkt?") beschrieben.

20.1 Kostenverantwortung der Konstruktion

Entlang des Produktentstehungsprozesses in Unternehmen werden von allen beteiligten Bereichen in den verschiedenen Phasen jeweils Werte geschaffen, aber auch Aufwände verursacht. Diese Aufwände werden in der Betriebswirtschaftslehre Kosten genannt:

> **Kosten** sind der in Geld bewertete Güterverbrauch durch Material-, Energie-, Arbeits- und Kapitaleinsatz, der erforderlich ist, ein Produkt herzustellen oder eine Dienstleistung zu erbringen.

In produzierenden Unternehmen beträgt der Anteil der Kosten, der durch die eigentliche Herstellung der Produkte, also durch Einsatz von Material und dessen Verarbeitung, verursacht wird, etwa 50...80% der gesamten anfallenden Kosten. In Entwicklung und Konstruktion dagegen entstehen nur etwa 5...15% der gesamten Kosten hauptsächlich durch Einsatz von Personal. Völlig anders verhält es sich mit der Beein-

20 Kosten in der Konstruktion

flussbarkeit der Kosten. Der weitaus größte Teil der beeinflussbaren Kosten, etwa 70%, entfällt auf den Bereich Entwicklung und Konstruktion. Hier werden die Konzepte und Lösungsansätze definiert, die später in der Fertigung den Großteil der Kosten ausmachen. Dieses gegenläufige Verhalten kann durch Auftragen der **Kostenfestlegung** und der **Kostenentstehung** in prozentualen Produktkosten über die Produktentstehungsphasen dargestellt werden (Bild 20.1).

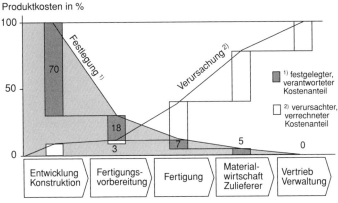

Bild 20.1: Kostenfestlegung und Kostenentstehung in unterschiedlichen Unternehmensbereichen [1]

Entwicklung und Konstruktion sind zu Anfang der Produktentstehung primär für die gesamte Kostenentstehung verantwortlich, haben damit aber auch die beste Möglichkeit zur Senkung der Kosten.

20.1.1 Bedeutung der Kosten

Wenn das Ziel von Unternehmen die langfristige Steigerung der Gewinne ist, bieten sich prinzipiell zwei Möglichkeiten. Zum einen können die Erlöse erhöht, zum anderen die Kosten gesenkt werden (Bild 20.2).

Die Steigerung der Erlöse durch höhere Preise, bessere Qualität oder besseren Vertrieb sind bei ausgereiften Produkten und weltweit starkem Wettbewerb jedoch begrenzt. Die Hauptaufgabe liegt hier in der Bereitstellung marktgerechter Produkte. Die Senkung der in den Unternehmen entstehenden Kosten dagegen kann weitgehend unabhängig von der Konkurrenz durch Optimierung des Produktentstehungsprozesses oder durch Entwicklung kostengünstiger Produkte im Unternehmen selber erfolgen. Durch den weltweit steigenden Wettbewerb kommt der Kostensenkung eine zentrale Bedeutung zur kurz- und mittelfristigen Sicherung des Unternehmensgewinnes zu.

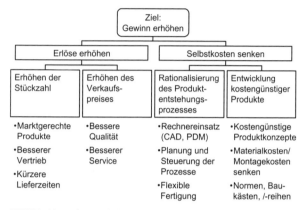

Bild 20.2: Alternativen zur Steigerung des Unternehmensgewinns

20.1.2 Wichtige Kostenbegriffe

Im Zusammenhang mit der kostengerechten Konstruktion sind eine Reihe von Begriffen gebräuchlich, die kurz erläutert werden sollen.

Allgemeine Begriffe:

> **Wirtschaftlichkeit**: Effizienzmaß zur Erzielung eines Maximums an Erfolg (Output) mit einem Minimum an Aufwand (Input).
>
> **Produktivität**: Mengenmäßige Definition der Wirtschaftlichkeit bezogen auf einen Einsatzfaktor, z. B. Anzahl Teile pro Arbeitsstunde.
>
> **Wertschöpfung**: Das Ergebnis des Gütereinsatzes hat einen höheren Wert als die Summe der entstandenen Kosten (Added Value).

Einteilung der Kosten nach dem Beschäftigungsschwankungsverhalten:

> **Fixe Kosten**: Leistungsmengenunabhängige Kosten, die auch entstehen, wenn nicht produziert wird (z. B. Verwaltungskosten, Zinsen, Löhne und Steuern in Abhängigkeit vom Planungszeitraum).
>
> **Variable Kosten**: Leistungsmengenabhängige Kosten, die mit einer Produktionserhöhung steigen (z. B. Materialeinzelkosten, Energiekosten, Fertigungslohnkosten) bzw. bei einer Minderung fallen.

20 Kosten in der Konstruktion

Einteilung der Kosten nach der Art der Verrechnung:

Einzelkosten: Kosten, die einem Kostenträger, dem Produkt, direkt zugeordnet werden können (z. B. für Material, Fertigungslohn).

Gemeinkosten: Kosten, die sich nicht direkt zuordnen lassen (z. B. Gehälter für Unternehmensleitung, Betrieb von Verwaltungsgebäuden).

Allgemeine Begriffe der Kostenrechnung:

Kostenart: Benennung für Kosten mit gleichen Merkmalen (z. B. Materialkosten, Arbeitskosten, Einzelkosten, Gemeinkosten).

Kostenstellen: Nach bestimmten Kriterien (z. B. funktional, organisatorisch, räumlich) abgegrenzte Verantwortungsbereiche der Kostenentstehung (z. B. Konstruktion, Vertrieb, Dreherei) des Gesamtbetriebes.

Kostenträger: Leistungseinheiten (Produktgruppen, Dienstleistungen), denen die entstehenden Kosten zugeordnet werden können.

20.2 Einflussgrößen verschiedener Kostenbereiche

Kosten entstehen in verschiedenen Bereichen des Unternehmens und in verschiedenen Phasen des Produktentstehungsprozesses. Es ergibt sich dadurch eine Vielzahl möglicher Perspektiven zur Beschreibung der relevanten Einflussgrößen. Die wichtigsten vier Kostenbereiche sind die Herstellkosten, die Entwicklungskosten, die Selbstkosten und die Lebenslaufkosten (Bild 20.1).

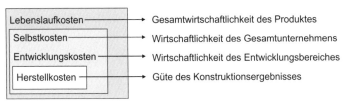

Bild 20.3: Vier Kostenbereiche und relevante Handlungsfelder

Schwerpunkt der Ingenieurarbeit in Projektgruppen oder Fachabteilungen ist die Senkung der Herstellkosten und der Entwicklungskosten. Die Selbstkosten dagegen können nur unternehmensweit betrachtet werden. Die Lebenslaufkosten wiederum sind für den Produktnutzer als Summe aller Kosten vom Kauf bis zur Entsorgung relevant. Für alle vier Bereiche ergeben sich unterschiedliche Einflussgrößen und Handlungsfelder.

20.2.1 Herstellkosten

Herstellkosten sind die direkt dem Herstellprozess eines Produkts zuzuordnenden Kostenbestandteile aus variablen und fixen Kosten.

Sie ergeben sich aus Material- und Fertigungskosten (Bild 20.4).

Bild 20.4: Zusammensetzung der Herstellkosten

Die Senkung der Herstellkosten ist das vorrangige Ziel des kostengerechten Konstruierens. In Zusammenarbeit mit den Bereichen Fertigung, Einkauf und Vertrieb ergeben sich für die Konstruktion eine Reihe grundlegender Einflussmöglichkeiten:

- Aufgabenstellung prüfen: Durch Reduzierung bzw. Anpassung der Anforderungen an die tatsächlich vom Markt geforderten Eigenschaften (Einsatzbereich, Lebensdauer, Fertigungstoleranzen, Vorschriften und Garantiezusagen). Es gilt das **Ökonomische Prinzip**: „So gut wie nötig, nicht so gut wie möglich!"

- Lösungskonzept variieren: Durch Ändern des prinzipiellen Lösungsweges können die Produktstruktur und damit die Herstellkosten stark verändert werden. Durch Einsatz von Konstruktionskatalogen, die Verwendung neuer Technologien, innovative Werkstoffe (hochfeste Werkstoffe, Leichtbau) oder grundsätzlich durch Vereinfachung des Aufbaus und Senkung der Komplexität und Teileanzahl (Integralbauweise).

20 Kosten in der Konstruktion

- Baugröße verringern: Die Größe, aber auch die Gestalt der Bauteile haben direkte Auswirkungen auf Material- und Logistikkosten bzw. die einsetzbare Fertigungstechnologie. Durch Kleinbau und Mikrokomponenten können Kosten, aber auch Gewicht abhängig von Stückzahl und Materialart reduziert werden.

- Stückzahl berücksichtigen: Die Stückzahl hat starken Einfluss auf die Wirtschaftlichkeit der in Frage kommenden Fertigungsarten (Einzelfertigung, Serienfertigung, Massenproduktion). Es müssen einmalig auftretende Kosten („One-off Cost" z. B. für Konstruktion, Inbetriebnahme), die unabhängig von der Stückzahl oder Losgröße anfallen, und stückzahlrelevante Kosten (z. B. Werkstoffkosten, Montagekosten) unterschieden werden. Mögliche Potenziale liegen in der großseriengerechten Konstruktion, dem Einsatz von Werknormteilen, der Kostendegression durch Mengenrabatt im Einkauf, dem Einsatz leistungsfähiger Fertigungsverfahren oder dem Lerneffekt bei erhöhten Stückzahlen.

- Fertigungs- und Montagetechnologie anpassen: Die Wirtschaftlichkeit der eingesetzten Verfahren hängt stark von Stückzahl, Werkstoff, Baugröße sowie den verfügbaren Produktionsmitteln ab und beeinflusst direkt die Fertigungskosten. Verbesserungsmöglichkeiten sind hier die Erhöhung von Automatisierungsgrad, Losgröße oder Maschinenauslastung. Es gibt eine Vielzahl von Gestaltungsregeln (Kap. Gestaltungsrichtlinien) zur fertigungs- und montagegerechten Gestaltung von Bauteilen.

20.2.2 Entwicklungs- und Konstruktionskosten

Entwicklungs- und Konstruktionskosten (EKK) sind Kosten, die einmalig für die Entwicklung eines neuen Produkts anfallen. Sie setzen sich aus Personalkosten (z. B. für Forschung, Berechnung, Zeichnungserstellung) und Sachkosten (z. B. für Prototypenbau, Versuchseinrichtungen) zusammen. Da die Entwicklungskosten relativ unabhängig von der zu produzierenden Stückzahl sind, können sie als Fixkosten betrachtet werden. Auch wenn die Entwicklungskosten an der gesamten Kostenentstehung in Unternehmen durchschnittlich nur 9 % [7] ausmachen, besteht auch hier das Bestreben, diesen Kostenanteil zu verringern, um eine Wirtschaftlichkeit auch bei kleineren Stückzahlen zu erreichen. Der Zusammenhang von Kosten und Erlösen zur Stückzahl kann in einem **Break-Even-Diagramm** dargestellt werden (Bild 20.5). Wenn die Gesamtkosten als Summe aus variable Kosten und Fixkosten zusammen mit den Erlösen über der Stückzahl aufgetragen werden, ergibt sich aus dem Schnittpunkt der Geraden, dem **Break-Even-Point**, die Grenzstückzahl, ab der ein (positiver) Gewinn möglich ist. Kann der Fixkostenanteil gesenkt werden, verschiebt sich dieser Punkt nach links, und es wird eine Wirtschaftlichkeit bereits bei kleineren Stückzahlen erreicht.

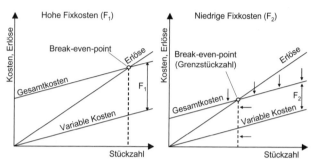

Bild 20.5: Break-Even-Diagramm, Verschiebung der Grenzstückzahl durch Senkung des Fixkostenanteils

Zur Senkung der Entwicklungskosten können zwei Handlungsfelder unterschieden werden: Erhöhung der Effizienz und/oder Erhöhung der Effektivität.

Effizienz: Frage nach der Bearbeitungsgeschwindigkeit. Wie schnell kann eine Aufgabe erledigt werden (Wirksamkeit der Methoden)?

Effektivität: Frage nach der Art der Tätigkeit. Werden die richtigen Aufgaben erledigt (Auswahl der Arbeitsfelder)?

Maßnahmen zur Effizienzsteigerung in der Entwicklung:

- Qualifikation und Motivation des Personals (Schulung, Weiterbildung, klare Zielsetzungen, Entlohnungssystem)
- Aufbau und Weiterentwicklung zielgerichteter Organisationsformen (funktional, prozessorientiert, Matrix-Struktur)
- Durchsetzung eines leistungsfähigen Projektmanagements (Teamstrukturen, Entscheidungswege nach Subsidiaritätsprinzip)
- Genaue Planung von Terminabläufen und Kapazitätseinsatz, abgesichert durch entsprechendes Controlling (Design Reviews)
- Bereitstellung geeigneter EDV-Hilfsmittel für Konstruktion (CAD, FEM, PDM etc.) und Kommunikation (Videokonferenzen, Workflowmanagement, Wissensmanagement etc.)

Maßnahmen zur Steigerung der Effektivität in der Entwicklung:

- Fokussierung der Entwicklungsarbeit, Ausrichtung auf strategische Unternehmensziele (Reduzierung der Projektanzahl)

20 Kosten in der Konstruktion 365

- Optimierung des Projektablaufes, kritisches Hinterfragen der einzelnen Projektaktivitäten (Reduzierung der Teilaufgaben)
- Entscheidung zwischen Eigen- und Fremdentwicklung auf Basis vorhandener Kompetenzen und Kapazitäten (Entwicklungstiefe)
- Reduzierung der Iterationsschleifen im Produktentstehungsprozess, Vermeidung von Änderungen, frühe Qualitätsabsicherung (Qualitygate-Prozess, Frontloading, digitale Nullserie)

20.2.3 Selbstkosten

Selbstkosten sind die Summe aus Herstellkosten, Entwicklungs- und Konstruktionskosten, Sondereinzelkosten des Vertriebs sowie Vertriebs- und Verwaltungskosten.

Aus den Selbstkosten ergibt sich zusammen mit dem kalkulatorischen Gewinnzuschlag ein kalkulierter Verkaufspreis (Bild 20.6).

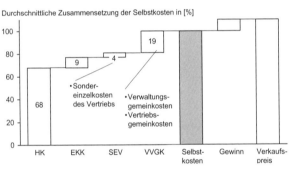

Bild 20.6: Zusammensetzung der Selbstkosten, Prozentangaben nach VDMA Kennzahlenkompass [1]

Zur Steigerung des Gewinnes oder zum Erreichen eines vom Markt vorgegebenen Verkaufspreises müssen also die Selbstkosten entsprechend gesenkt werden. Maßnahmen zur Kostensenkung in Vertrieb und Verwaltung sind z. B.:

- Effizenz- und Effektivitätssteigerung in Vertrieb und Verwaltung (Arbeitsabläufe, Rechnereinsatz, Entscheidungsstrukturen)
- Nutzung neuer Marketing- und Vertriebsformen (Direktvertrieb, Großmarkt/Händler, Internet)
- Optimierung der Logistikkette (Fracht- und Verpackungskosten)

20.2.4 Lebenslaufkosten (Life-Cycle-Cost)

Lebenslaufkosten (LLK bzw. **Life-Cycle-Cost, LCC)** sind die Summe aller Kosten, die während der Lebensdauer eines Produkts für den Nutzer anfallen. Bestandteile der Lebenslaufkosten sind:

- Einstandskosten oder Investitionskosten: Einkaufspreis als Summe aus Selbstkosten und Gewinn des Herstellers
- Einmalige Kosten (One-Off): Transport, Aufstellung, Inbetriebnahme, Schulung von Personal
- Betriebskosten: laufende Kosten für Energie, Betriebsstoffe, Löhne
- Instandhaltungskosten: Wartung, Inspektion, Überholung
- Entsorgungskosten, Demontage evtl. abzüglich Wiederverkaufswert
- Sonstige Kosten: Kapitalverzinsung, Steuern, Versicherungen, Ausfallkosten

Die Kostenbestandteile werden direkt (z. B. Betriebskosten) oder indirekt (z. B. Materialkosten des Herstellers) vom Nutzer getragen (Bild 20.7).

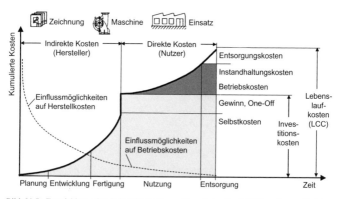

Bild 20.7: Entwicklung der Lebenslaufkosten während der Produktlebensdauer, direkte und indirekte Kostenanteile

Dabei wird der direkt vom Nutzer zu tragende Kostenanteil oft vernachlässigt. Viele Nutzer sind sich über Kosten, die nach dem Kauf anfallen, nicht vollständig im Klaren und machen eine Kaufentscheidung nur von den Einstandskosten abhängig, ohne unterschiedliches Gebrauchsverhalten der Produkte zu berücksichtigen. So kann die Zusammensetzung der Lebenslaufkosten stark mit der Produktart schwanken. Für einfache

Werkzeuge sind die Investitionskosten ausschlaggebend, die Lebenslaufkosten müssen nicht berücksichtigt werden. Bei Produkten oder Anlagen aber, deren Hauptfunktion die Energiewandlung bei einer hohe Lebensdauer ist, sind die Investitionskosten gegenüber den Betriebskosten deutlich weniger wichtig (Bild 20.8).

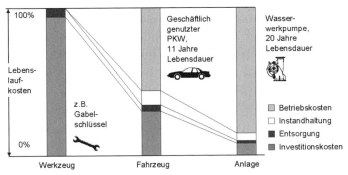

Bild 20.8: Produktbeispiele für die Zusammensetzung der Lebenslaufkosten

Das Bestreben einer kundenorientierten Kostenbetrachtung muss also in Abhängigkeit vom Produkt eine Senkung der Lebenslaufkosten sein. Die wichtigsten Parameter für die Lebenslaufkosten sind:

- Produktart (Konsum-/Investitionsgüter, Stückzahl)

- Produktkonzept (Funktionsstruktur, Einzel-/Serienfertigung)

- Einsatzgebiet (Umgebungsbedingungen, Nutzeranforderungen)

- Produktlebensdauer (Wartungs-/Austauschmöglichkeiten)

- Energiekosten (Energieart, lokale Verfügbarkeit und Markttrends)

- Lohnkosten (Lohnkostenentwicklung, Qualifikation des Nutzers)

- Gesetzliche Vorgaben (Steuern, Sicherheitsvorschriften, Normen)

Um die Lebenslaufkosten gezielt zu senken, muss die spätere Verwendung deutlich detaillierter analysiert werden, als dies schon zur Senkung der Herstellkosten notwendig ist. Betrachtet werden müssen besonders auch die Prozesse der mit dem Produkt befassten Menschen. Einige allgemeine Ziele zur Senkung der Lebenslaufkosten sind:

- Große investitionskostenbezogene Nutzungsdauer (Langlebigkeit bei hohen Kosten vs. leichte Austauschbarkeit bei niedrigen Kosten)

- Verlustarmes Wirkprinzip (Vermeiden von Energiewandlung, Verringern von Reibungs- und Strömungsverlusten)

- Leichte Bedienbarkeit (sinnfällige und ergonomische Elementanordnung, leichte Verständlichkeit)
- Transporteignung (Abmaße, Verpackungsart)
- Einfache Installation (Vorrichtungen für die Aufstellung, geringer Platzbedarf, geringe Schnittstellenanzahl)
- Einfache Wartung (gute Zugänglichkeit, günstige Ersatzteile, keine Sonderbetriebsstoffe, Vermeidung von Sonderwerkzeugen)
- Einfache Entsorgung (Demontageeignung, Vermeidung von Gefahrstoffen)

20.3 Verfahren zur Kostenermittlung

Grundlage für die kostengerechte Konstruktion sind detaillierte Kenntnisse der betriebswirtschaftlichen Daten. Die Ermittlung dieser Daten war in den letzten Jahren oft die Aufgabe zentraler Finanz- und Controllingbereiche. Das hatte eine Trennung von Technik und Wirtschaft zur Folge. Die Kostenentstehung war intransparent und wurde selbst innerhalb der Unternehmen geheim gehalten. Damit wird auch heute in vielen Bereichen eine gezielte kostengerechte Konstruktion nur eingeschränkt möglich sein. Der Entwicklungsbereich muss dazu die benötigten Informationen gezielt vom Controlling anfordern. Wichtig ist für den Konstrukteur das Grundverständnis, dass die verursachungsgemäße Zuordnung der Kosten in einem Unternehmen sehr aufwändig und letztendlich nicht eindeutig möglich ist. Er muss den Überblick zwischen verschiedenen Verfahren behalten, da unterschiedliche Verfahren zu unterschiedlichen Ergebnissen und damit zu anderen Entscheidungen führen können. Dabei dürfen die Verfahren nicht zu aufwändig sein (**Wirtschaftlichkeitsprinzip**), um dem Konstrukteur schnell abgesicherte Entscheidungsgrundlagen zu liefern.

20.3.1 Grundlagen der Kostenrechnung

Die Kostenrechnung hat die Aufgabe, die Kosten verursachungsgerecht den Kostenträgern zuzuordnen (**Verursachungsprinzip**). Das industrielle Unternehmen wird in der Betriebswirtschaftslehre als offenes, dynamisches System betrachtet. Es müssen die eingesetzten Leistungen (Arbeit, Werkstoffe, Betriebsmittel) und die erbrachten Leistungen (Produkte, Dienstleistungen) erfasst und quantitativ auf Kostenbasis miteinander verglichen werden. Die Kostenrechnung ist dabei Teil des betrieblichen Rechnungswesens (Bild 20.9).

20 Kosten in der Konstruktion 369

Bild 20.9: Stellung der Kostenrechnung im betrieblichen Rechnungswesen

Die Kostenrechnung verfolgt drei wesentliche Ziele [6]:

- Laufende Kontrolle der Wirtschaftlichkeit des Betriebsprozesses durch Vergleich der anfallenden Kosten mit den erstellten betrieblichen Leistungen
- Ermittlung der voraussichtlichen Kosten einer Auftragsabwicklung als Basis für die Erstellung des Angebotspreises (Vorkalkulation)
- Ermittlung der tatsächlich angefallenen Kosten einer Auftragsabwicklung (Nachkalkulation)

Dazu müssen zunächst sämtliche Kosten erfasst und nach drei Fragestellungen eingeteilt und untersucht werden [1]:

- Welche Kosten sind angefallen (Kostenarten)?
- Wo sind Kosten angefallen (Kostenstellen)?
- Wofür sind Kosten angefallen (Kostenträger)?

Diese Erfassung erfolgt mit dem **Betriebsabrechnungsbogen BAB**, in dem die Kosten in Euro tabellarisch für die verschiedenen Kostenstellen nach Kostenarten gegliedert werden (Bild 20.10).

Kostenarten		Kostenstellen Dreherei	Montage	Materialbereich	Verwaltung	Vertrieb
Gemein-kosten	Gehälter	50	20	10	15	25
	Energie	40	30	15	10	10
	Steuern	10	25	5	15	20
	Abschreibung	20	30	10	30	25
	Sonstige ...	...	...	...	...	...
	Summe GK	120	105	40	70	80
Einzel-kosten	Materialeinzelkosten	70	30	370		
	Fertigungslohnkosten	60	50			
Herstellkosten					845	845
GK-Zuschlagssätze		200%	210%	11%	8%	9%

Bild 20.10: Vereinfachtes Beispielschema eines Betriebsabrechnungsbogens

Ein vereinfachtes Vorgehen zur Erstellung erfolgt in zwei Schritten:

1. Kostenübernahme und -verteilung, die Zahlenwerte für Einzel- und Gemeinkosten werden auf die Kostenstellen verteilt.
2. Ermittlung der Gemeinkostenzuschläge durch Division der Summen (Summe Materialgemeinkosten durch Materialeinzelkosten etc.) für jede Hauptkostenstelle.

Wenn die Gemeinkostenzuschläge bekannt sind, können im Rahmen der Kostenträgerrechnung die Kosten der einzelnen Produkte berechnet werden. Dieser Vorgang wird als **Kalkulation** bezeichnet und soll die Ermittlung der Herstell- und Selbstkosten je Produkt ermöglichen. Je nach dem Zeitpunkt der Kalkulation unterscheidet man zwischen verschiedenen Möglichkeiten:

- **Angebotskalkulation** auf Basis von Schätz- oder Erfahrungswerten zur Preisfindung auf Grund einer Anfrage

- **Vorkalkulation** auf Basis von Erfahrungswerten zur Planung des Fertigungsablaufes und zur Ermittlung des Verkaufspreises

- **Nachkalkulation** zur Überprüfung der tatsächlichen erreichten Wirtschaftlichkeit und zur Optimierung der Kalkulationsverfahren

- **Mitlaufende Kalkulation** zur Überprüfung der Wirtschaftlichkeit bei längeren Projektlaufzeiten oder Produktlebenszyklen

In größeren Unternehmen laufen alle Vorgänge periodisch wiederkehrend ab und können dem Konstrukteur wichtige Informationen zu Produktänderungen geben.

20.3.2 Kalkulationsverfahren

Im Wesentlichen können zwei Hauptformen unterschieden werden:

- **Divisionskalkulation** bei einheitlicher Massenfertigung

- **Zuschlagskalkulation** bei stark unterschiedlichen Produkten und Stückzahlen

Die Durchführung der Divisionskalkulation ist in der betrieblichen Praxis besonders einfach und kann einstufig, mehrstufig oder als Äquivalenzzahlenkalkulation durchgeführt werden [3]. Grundsätzlich werden alle während eines Abrechnungsperiode angefallenen Kosten durch die produzierte Stückzahl dividiert. Wenn bei größerer Produktvielfalt die verursachungsgerechte Kostenverrechnung wichtiger wird, kann die summarische oder die differenzierende Zuschlagskalkulation angewandt werden.

20 Kosten in der Konstruktion

Summarische Zuschlagskalkulation

Das ganze Unternehmen wird als eine Kostenstelle betrachtet und eine einzige Bezugsgröße (z. B. Fertigungslohn oder Fertigungsmaterial) als Basis für die Berechnung der Gemeinkosten verwendet.

Differenzierende Zuschlagskalkulation

Dieses im Maschinenbau verbreitete Verfahren teilt das Unternehmen in mehrere Kostenstellen und die Gemeinkosten in mehrere Gemeinkostenarten (Material-, Fertigungs-, Verwaltungs-, Vertriebsgemeinkosten) auf. Es werden mehrere Bezugsgrößen (Fertigungsmaterial, Fertigungslöhne, Herstellkosten) zur Gemeinkostenverrechnung verwendet (Bild 20.11).

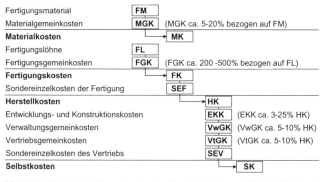

Bild 20.11: Schema der differenzierenden Zuschlagskalkulation mit üblichen Wertebereichen für die Zuschlagssätze

Die Zuschlagskalkulation hat bei Unternehmen mit Einzel- und Kleinserienfertigung unterschiedlicher Produkte den Nachteil, dass die Gemeinkosten den einzelnen Kostenträgern nur sehr ungenau zugeordnet werden können und stark von außen vorgegebenen schwankenden Einflüssen (z. B. Tariflöhnen) abhängen.

Platzkostenrechnung

Die Platzkostenrechnung wird meist in der Fertigung eingesetzt, um die Fertigungskosten in Abhängigkeit von den Arbeitsstunden am jeweiligen Arbeitsplatz (Maschine oder Handarbeit) genauer zu ermitteln. Enthalten sind Lohn-, Lohnneben-, Maschinen-, Werkzeug- und Restfertigungskosten. So können durch etwas erhöhten Rechenaufwand die Kosten verursachungsgerechter ermittelt werden. Es werden zwei Verfahren unterschieden, die Arbeitsstundensatzrechnung und die Maschinenstundensatzrechnung:

Maschinenstundensatzrechnung

Bei einer extrem detaillierten Gliederung der Kostenstellen im Fertigungsbereich wird jede Maschine als Kostenstelle betrachtet. Der Maschinenstundensatz kann dann durch

$$K_{MH} = \frac{K_A + K_Z + K_R + K_E + K_I}{T_N}$$

mit

K_{MH} Maschinenstundensatz in EUR/h
K_A Abschreibungskosten/Jahr
K_Z Zinskosten/Jahr
K_R Raumkosten/Jahr
K_E Energiekosten/Jahr
K_I Instandhaltungskosten/Jahr
T_N jährliche Nutzungszeit in Stunden

berechnet werden. Dadurch werden die Fertigungskosten deutlich transparenter und verursachungsgerechter zugeordnet. [2]

Prozesskostenrechnung

Um die Gemeinkosten auch in den indirekten Bereichen (Entwicklung, Vertrieb etc.) verursachungsgerecht zuordnen zu können, werden Verfahren unter Begriffen wie die Prozesskostenrechnung, Activity Based Costing u. Ä. eingesetzt [2]. Durch den weiter erhöhten Aufwand werden diese Methoden im Maschinenbau aber nur begrenzt angewendet.

Teilkostenrechnung

Bei der Teilkostenrechnung (auch Direct Costing) werden alle Kosten, die Vollkosten, in variable und fixe Anteile getrennt. Durch Berücksichtigung nur der variablen Kostenanteile, der Teilkosten, können relativ schnell Ergebnisse als Entscheidungsgrundlage (Ermittlung der Preisuntergrenze) gewonnen werden. Sie wird eingesetzt bei

- Auftragsverhandlungen zur Bestimmung, ob ein Auftrag kapazitätsmäßig und wirtschaftlich sinnvoll ist

- Optimierung des Produkt- und Produktionsprogramms, um die Gewichtung der unterschiedlichen Produkte und Fertigungsverfahren zu überprüfen oder neu zu gestalten

- Entscheidung „Make-or-Buy", wenn Eigenfertigung oder Zukauf möglich sind.

Deckungsbeitragsrechnung

Die Deckungsbeitragsrechnung ist eine Anwendung der Teilkostenrechnung als Gewinn- oder Verlustrechnung. Der Deckungsbeitrag ist

20 Kosten in der Konstruktion 373

definiert als Differenz zwischen Erlös und variablen Kosten. Es wird von einem Deckungsbeitrag von 100 % gesprochen, wenn die gesamten fixen Kosten gedeckt werden können, also gerade ein positiver Reingewinn erreicht wird (Bild 20.12).

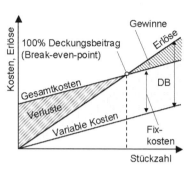

Bild 20.12: Definition und Darstellung des Deckungsbeitrages

Die Deckungsbeitragsrechnung wird besonders zur Darstellung der Abhängigkeit von Kosten und Beschäftigungsgrad (Grenzstückzahl) und zur Beurteilung des Produktportfolios hinsichtlich Gesamtwirtschaftlichkeit genutzt.

Grenzkostenrechnung

Bei realen Produkten sind die Kostenkurven nur selten linear, die Steigung variiert durch Sprünge bei den variablen und fixen Kosten. Als Grenzkosten werden die zusätzlichen Kosten pro zusätzlicher Kosteneinheit (Steigung der Gesamtkostenfunktion) bezeichnet. In der Praxis werden diese oft mit den variablen Kosten pro Stück gleichgesetzt, die von den Erlösen eines Produkts mindestens gedeckt werden müssen.

20.3.3 Kostenfrüherkennung

In den frühen Phasen des Produktentstehungsprozesses ist der Einfluss auf die späteren Kosten sehr groß (Bild 20.1), das Wissen über die zu erwartende Kostengröße aber noch sehr vage. Gerade bei Entwicklungstätigkeiten, die sich über viele Monate und Jahre erstrecken, müssen parallel zum steigenden technischen Konkretisierungsgrad die zu erwartenden Kosten ständig überprüft werden. Die Genauigkeit, mit der Kostenaussagen getroffen werden können, hängt stark von der Phase des Entwicklungsvorganges und von der Art der Entwicklungsaufgabe ab. Eine völlige Neukonstruktion weist deutlich höhere Ungenauigkeiten auf als eine Weiterentwicklung mit nur teilweise neuen Teilen (Bild 20.13).

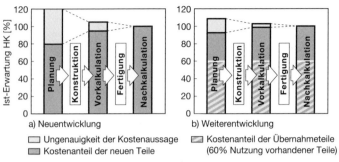

a) Neuentwicklung   b) Weiterentwicklung

☐ Ungenauigkeit der Kostenaussage   ▨ Kostenanteil der Übernahmeteile
■ Kostenanteil der neuen Teile   (60% Nutzung vorhandener Teile)

Bild 20.13: Genauigkeit von Kostenaussagen

Eine fein abgestufte, „mitlaufende" Kalkulation ist Basis für quantitativ abgesicherte, zeitnahe Entscheidungen während der Konstruktionstätigkeiten. Um diese kurzen Regelkreise zu ermöglichen, sind die in 20.3.2 beschriebenen Verfahren nur bedingt geeignet. Methoden zur Kostenfrüherkennung müssen dezentral von den technischen Bereichen schnell und mit geringem Aufwand durchgeführt werden können.

Es sind mehrere Verfahren bekannt, die sich stark sowohl in der Aussagegenauigkeit als auch in den benötigten technischen Informationen (Materialien, Fertigungsverfahren, Zeichnungen etc.) unterscheiden:

- Kostenschätzung aus Erfahrung
- Kostenüberleitungen aus ähnlichen Produkten
- Kalkulation über eine wesentliche Einflussgröße (z. B. Gewicht)
- Kalkulation über einen Leistungparameter (z. B. Drehmoment)
- Kostenermittlung durch Bemessungsgleichungen oder Materialkostenmethoden (VDI 2025)
- Kalkulation über Kostenwachstums- bzw. Ähnlichkeitsgesetze
- Rechnergestützte Kalkulation über CAD-Daten und weitere Basisinformationen (Kosteninformationssystem)

Weitere Methoden und genauere Beschreibungen in [1] und [4].

Aufgaben diese Methoden können sein:

- Absicherung der Wirtschaftlichkeit bei der Angebotserstellung
- Ständige Kontrolle der Entwicklung auf Erreichbarkeit der Ziele
- Informationsbereitstellung für konstruktive Entscheidungen
- Plausibilitätsprüfung für Zulieferangebote (Make-or-buy)
- Vergleich mit Wettbewerbsprodukten (Benchmarking)
- Erkennen von Kostensenkungspotenzialen

20 Kosten in der Konstruktion 375

20.3.4 Relativkostenrechnung

Relativkosten sind Bewertungszahlen zum Kostenvergleich von Lösungsvarianten zu einer gleichen Aufgabenstellung. Dabei werden die Kosten auf die gebräuchlichste oder kostengünstigste Ausführungsart bezogen. So werden konstruktive Entscheidungen unterstützt. Eine Kalkulation der absoluten Kosten ist direkt nicht möglich.

Werte für Relativkosten können sowohl aus betriebsübergreifenden Datensammlungen verwandt, aber auch selber innerbetrieblich erstellt werden. Das Verfahren wird in VDI 2225 [5] beschrieben, Daten liegen allgemein zugänglich z. B. in DIN 32990, DIN 32991 und DIN 32992 vor. Diese werden entweder tabellarisch oder in Form von Diagrammen dargestellt (Bild 20.14).

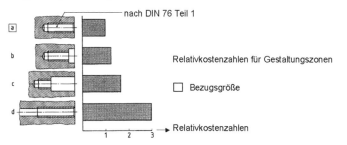

Bild 20.14: Beispiel Balkendiagramm für Relativkostenzahlen

Vorteile des Einsatzes von Relativkosten sind:

- Relativkosten ändern sich wenig, sie sind unabhängiger von Lohn- und Materialkostenschwankungen als die absoluten Kosten
- Relativkosten können offen kommuniziert werden, sie sind nur eingeschränkt vertraulich
- Für viele Standardprobleme liegen bereits umfangreiche Datensammlungen vor

Nachteile der Relativkosten:

- Aufwändige Erstellung und Aktualisierung der Daten
- Exakte Kalkulationen können nicht erstellt werden
- Praktikable Handhabung und Akzeptanz durch die Konstrukteure nur bei guter Integration in den Entwicklungsprozess

So muss dem Konstrukteur ein Werkzeug zur Kostenermittlung bereitgestellt werden, das bei geringem Mehraufwand ein grobes Abschätzen der Kosteneignung seiner Lösung schnell ermöglicht. Es ist dazu sinnvoll, die Relativkostendaten zusammen mit anderen Kostenermittlungsverfahren direkt in das CAD- oder PPS-System einzubinden. Ein solches Kosteninformationssystem soll dem Konstrukteur ständig den aktuellen Ist-Erwartungswert der von ihm festgelegten Herstellkosten und die Erreichbarkeit der angestrebten Zielkosten aufzeigen. Als weitere Funktion kann der Konstrukteur schnell verschiedene Varianten vergleichen und auf kostengünstigere Lösungsmöglichkeiten hingewiesen werden.

20.4 Kostenmanagement in der Konstruktion

„**Kostenmanagement** ist die gezielte und systematische Steuerung der Kosten. Ziel ist es, durch konkrete Maßnahmen die Kosten von Produkten, Prozessen und Ressourcen so zu beeinflussen, dass ein angemessener Unternehmenserfolg erzielt und die Wettbewerbsfähigkeit nachhaltig verbessert wird." [1]

Auf den Konstruktions- und Entwicklungsbereich bezogen ergeben sich zwei primäre Handlungsfelder. Unter dem Begriff „**Design-to-Cost (DTC)**" werden erstens die Steuerung der Produkte und Ressourcen über die Herstellkosten sowie zweitens die Beeinflussung der Prozesse über die Entwicklungs- und Konstruktionskosten bezeichnet. Um beide Bereiche wirkungsvoll zu verändern, müssen einige Vorraussetzungen erfüllt sein:

- Klar definierte Ziele (langfristige Visionen oder Strategien)
- Wissen über die aktuellen Abläufe und Kosten
- Konkret durchführbare Maßnahmen (operative Planung)
- Ständige Kontrolle der Maßnahmenumsetzung

Das Hauptproblem stellen dabei oft die mangelnde Kenntnis der Abläufe und die nicht eindeutig vereinbarten Ziele dar. Diese müssen von der Unternehmensleitung klar kommuniziert sein und sich in einer geeigneten Organisation des Entwicklungsbereiches widerspiegeln. Nur so kann bei den Mitarbeitern die Bereitschaft zur aktiven Unterstützung und ein Bewusstsein für den notwendigen verantwortungsvollen Umgang mit den Kosten erreicht werden. Als allgemeine Maßnahmen des Kostenmanagements bieten sich sechs Bereiche an:

- Einführung integrativer Organisationsformen und Arbeitsabläufe abhängig von Produktportfolio und Unternehmensart. Verbreitet sind Linien-, Projekt- oder Matrixorganisationen und Simultaneous Engineering.

20 Kosten in der Konstruktion 377

- **Frontloading**, bezeichnet die Verlagerung von Entwicklungsaktivitäten in frühe Phasen des Projektablaufes. Durch CAE-Hilfsmittel können z. B. ohne aufwändigen Prototypenbau Erkenntnisse über die Machbarkeit gewonnen werden (Bild 20.15).

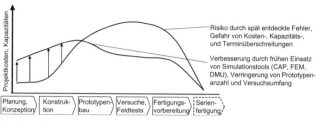

Bild 20.15: Verlagerung der Entwicklungsaktivitäten durch Frontloading

- **Quality-Gates**, als Methode zum fortlaufenden Messen des Produkt-Reifegrades. Einzelne Meilensteine werden bei regelmäßigen Design-Reviews überprüft und quantifizieren den aktuellen Konstruktionsstand.

- Regelmäßiges und standardisiertes Controlling der Effizienz von unterschiedlichen Entwicklungsteams identifiziert Stärken und Schwächen und kann durch Übertragung der Erfahrungen die Gesamtleistung des Entwicklungsbereiches verbessern.

- Einführung von softwaregestützten Wissensmanagement-Tools zum breiten und effizienten Informationsaustausch in größeren Entwicklungseinheiten.

- Externe Unterstützung durch Beratung, um seit Jahren gewachsene Entwicklungsnetzwerke neutral von außen zu bewerten und branchenübergreifend Verbesserungen zu ermöglichen.

Grundvoraussetzung zur Einführung und Anwendung dieser Ansätze ist auch hier zu allererst das Problembewusstsein der Unternehmensleitung.

20.4.1 Methodenüberblick

In den letzten Jahren ist eine Vielzahl von Methoden speziell zum kostengerechten Entwickeln und Konstruieren bekannt geworden. Die Methoden unterscheiden sich stark in Aufwand, Nutzen und dem hauptsächlichen Einsatzbereich (Bild 20.16).

Den weitesten Anwendungsbereich haben die in den nächsten beiden Abschnitten beschriebenen Methoden Target Costing und Wertanalyse. Die anderen Methoden sollen hier nur kurz erläutert werden.

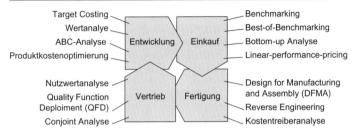

Bild 20.16: Übersicht einiger bereichsübergreifender Methoden zum kostengerechten Entwickeln und Konstruieren (Design-to-Cost)

- **Kostentreiberanalyse** fragt nach der Relevanz der einzelnen Kosteneinflussfaktoren. Durch Betrachtung der gesamten Wertschöpfungskette kann insbesondere bei komplexen Produkten oder Prozessen herausgefunden werden, welche Einflussfaktoren (Zukaufteile, Rohmaterial, Fertigung, Montage, Lagerhaltung, Fracht, Verpackung etc.) die Kostentreiber sind. So können die weiter folgenden Optimierungsarbeiten auf diese ausschlaggebenden Bereiche fokussiert werden.

- **ABC-Analyse** (bzw. Pareto-Analyse) ordnet die Menge der zu untersuchenden Produkte, Teile oder Prozessschritte in drei Klassen, die sich bezüglich Kosten, Gewicht, Umsatz o. Ä. unterscheiden. Häufig ergibt sich dabei, dass ein relativ kleiner Teil eine hohe Auswirkung auf den Umsatz hat (A-Teile) und somit bevorzugt betrachtet werden muss. Die Verteilung der Teile kann natürlich variieren, weist aber branchenübergreifend oft eine ähnliche Charakteristik auf (Bild 20.17).

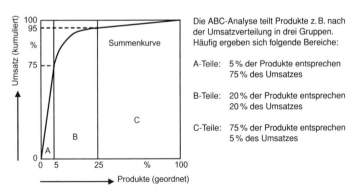

Bild 20.17: ABC-Analyse mit einer beispielhaften Summenkurve

- **Produktkostenoptimierung (PKO)** beschreibt die der kreativen Phase einer Wertanalsyse nachgeschalteten Einzelaktivitäten zur Herstellkostensenkung. Nach der Generierung der Optimierungsideen werden verschiedene Varianten technisch und wirtschaftlich auf Machbarkeit untersucht und die konstruktive Umsetzung begonnen. Checklisten zur Variation von Materialien, Lösungsprinzipien, Fertigungsverfahren etc. führen zu einem standardisierten und effizienten Bearbeitungsablauf.

- **Projektkostenmodellierung** berechnet die in den einzelnen Phasen des Produktentstehungsprozesses benötigten Kapazitäten (Entwicklungsleistungen, Prototypenkosten, Laborfläche, Fremdleistungen etc.) und stellt sie über dem Projektfortschritt dar. So können zum einen eine ständige Erfolgskontrolle der Entwicklungsteams durchgeführt und bei Bedarf frühzeitig zusätzliche Kapazität bereitgestellt werden und zum anderen über mehrere Projekte hinaus die sich ändernden Effizienzen unterschiedlicher Bereiche erfasst und Verbesserungen quantitativ bewertet werden.

- **Nutzwertanalyse** ermöglicht einen quantitativen Vergleich komplexer unterschiedlicher Varianten. Nach Erstellung einer Zielhierarchie werden Bewertungskriterien gewichtet und eine Zielgrößenmatrix aufgestellt. Damit können Nutzwerte über Wertefunktionen und Punktebewertungen von 0 bis 10 ermittelt und als Nutzwertprofile dargestellt und verglichen werden. [4]

- **Quality function deployment** und **Conjoint-Analyse** projizieren Kundenanforderungen auf Produkteigenschaften. Diese primär in der Qualitätssicherung sowie in Vertriebs- und Produktmanagementprozessen verwendeten Methoden (s. Kap. Produktentstehung) können die Anforderungen an das Produkt hinterfragen und über diese zentrale Einflussgröße die Herstellkosten senken.

- **Benchmarking** vergleicht andere und/oder fremde Produkte bei verschiedenen Eigenschaften (Leistung, Funktionen, Kosten etc.). Dabei werden neben den unterschiedlichen Eigenschaften auch Stückzahl, Fertigungsverfahren oder Unternehmensart durch Abziehen oder Addieren von entsprechenden Kostenbausteinen berücksichtigt.

- **Best-of-Benchmarking** ermittelt aus mehreren Angeboten gleicher Struktur den bestmöglichen Einkaufpreis. Zunächst unabhängig von der technischen Machbarkeit werden die jeweils günstigsten Kostenbausteine der unterschiedlichen Anbieter ausgewählt („**Cherrypicking**") und damit ein theoretisches Kostenminimum erzeugt. Best-of-Benchmarking kann so eigene oder fremde Prozess- oder Konzeptmängel aufdecken, aber auch als Verhandlungsargument im Einkauf genutzt werden.

- **Bottom-up-Analyse** kalkuliert Kosten für Eigen- oder Zukaufteile auf Basis von Rohmaterialien und Fertigungsverfahren ohne Berücksichtigung des am Markt erzielbaren Preises. Durch Nutzung allgemein zugänglicher Daten für Materialien und Verfahren können detaillierte Kostenschätzungen für Zielvorgaben oder zur Angebotsplausibilisierung ermittelt werden.

- **Linear-performance-pricing** (LPP) setzt Produktkosten zu einem bestimmenden Leistungsparameter (Drehmoment, Bremsleistung o. Ä) in Beziehung. In weiten Bereichen ergibt sich ein linearer Zusammenhang, der einen einfachen Variantenvergleich ermöglicht. Technologiesprünge oder Skaleneffekte werden erkannt und fließen in die Auswahl einer geeigneten Variante und die Kostenverhandlung mit ein.

- **Design-for-manufactury-and-assembly** (DFMA) optimiert in iterativen Schritten die oft widersprüchlichen Einflussfaktoren Teileanzahl, Herstellbarkeit der Teile und deren Montierbarkeit. Durch ein strukturiertes Frageschema können zunächst Teile identifiziert werden, die möglicherweise eliminiert oder integriert werden können (Bild 20.18).

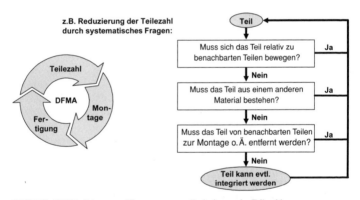

Bild 20.18: DFMA-Schema und Frageprozess zur Reduzierung der Teilezahl

- **Reverse Engineering** vollzieht den Entwicklungs- und Fertigungsprozess von Konkurrenzprodukten rückwärts auf Basis des Marktpreises und einer Demontage des fremden Produktes nach. Da die Verfahren und Kosten anderer Unternehmen üblicherweise nicht verfügbar sind, können so Anregungen zum eigenen technischen Verbesserungspotenzial gewonnen werden, aber auch Wettbewerbsstrategien der Konkurrenz verstanden werden.

20 Kosten in der Konstruktion

20.4.2 Target Costing

Target Costing ist eine marktgetriebene Methodik, ein wirtschaftliches Entwicklungsziel frühzeitig detailliert zu quantifizieren, um den weiteren Entwicklungsablauf ständig darauf auszurichten zu können.

Die Eigenschaften des zu entwickelnden Produkts werden dazu zunächst möglichst unabhängig von möglichen technischen Lösungen beschrieben. Diese müssen vom Vertrieb bestätigt und mit einem am Markt erzielbaren Preis belegt werden.

Aus dem erzielbaren Preis werden dann die **Zielkosten**, als die zulässigen Herstellkosten für die Entwicklung, abgeleitet. Erst dann werden daraus Einzelziele für einzelne Baugruppen oder Funktionen abgeleitet (Bild 20.19).

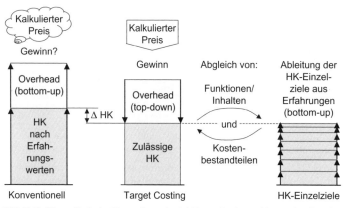

Bild 20.19: Unterschiede der Herangehensweise bei Target Costing und konventioneller Zielkostenermittlung

Es findet ein Umdenken vom Verkäufermarkt zum Käufermarkt statt. Die Fragestellung lautet nicht mehr: „Was wird das Produkt kosten?", sondern: „Was darf das Produkt kosten?"

Probleme bei der Erstellung und Umsetzung der Zielkosten ergeben sich dabei an vier Stellen:

- Das Erstellen lösungsunabhängiger Anforderungslisten fällt Vertriebs- und Entwicklungsbereichen oft schwer.

- Die Ermittlung der Gesamtzielkosten abgeleitet vom zukünftigen Marktpreis durch den Vertrieb wird durch veränderliche Kundenerwartungen und Aktivitäten des Wettbewerbs erschwert.

- Die Ableitung der Teilzielkosten aus dem Gesamtziel ist aufwändig und verlangt hohen Abstimmungsaufwand zwischen den beteiligten Fachbereichen und der Projektleitung.
- Die Erreichung der Zielkosten muss ständig während der Entwicklungsaktivitäten kontrolliert werden und sich ändernde Produktreife und Entwicklungsrisiken berücksichtigen.

Die Vorteile des Target Costing führen jedoch zu einem breiten Einsatz:

- Frühzeitige Ausrichtung auf Kundenbedürfnisse und genaue Marktanalyse veringern die Gefahr unwirtschaftlicher Projekte.
- Kurze Regelkreise durch schnelle Kontroll- und Korrekturmöglichkeiten der Konstruktion bei Überschreiten der Zielkosten verkürzen die Gesamtentwicklungszeit.

20.4.3 Wertanalyse

Die Wertanalyse, auch **Value Analysis** oder **Value Management**, wurde von *L. D. Miles* als allgemeine Methode zum Lösen komplexer Probleme entwickelt und wird seit etwa 1960 in Deutschland eingesetzt.

> Ziel einer **Wertanalyse** ist die Steigerung des Wertes eines Untersuchungsobjektes. Es sollen nicht primär die Kosten gesenkt werden, sondern auch Nutzen und Funktion verbessert werden.

Wertanalyseobjekte können nicht nur technische Produkte, sondern auch Dienstleistungen, Verfahren, Informationsinhalte oder -prozesse sein. [8]

Die in DIN 69910 bzw. VDI 2800 genormte Methode wird hauptsächlich zur Kostensenkung bestehender Produkte verwendet und dann als Wertverbesserung bezeichnet. Im Zusammenhang mit dem Target Costing ist aber auch eine Wertgestaltung neuer Objekte möglich.

Hauptbestandteile und Erfolgsfaktoren der Wertanalyse sind:

- Systematisches Vorgehen (Wertanalysearbeitsplan, Tabelle 20.1)
- Bereichsübergreifende Teamarbeit, kooperativer Arbeitsstil
- Funktionsorientiertes Denken und Ermittlung der Kosten pro Funktion (Funktionskosten, Bild 20.20)
- Durchgängige Einbindung des Managements

Probleme beim Einsatz der Wertanalyse ergeben sich oft durch den relativ hoch erscheinenden Anfangsaufwand und bei der Motivation der Konstrukteure. Wie bei anderen Kreativitätstechniken müssen die Konstrukteure sich gedanklich von ihren eigenen Lösungen entfernen und abstrakt und funktionsorientiert nach neuen Lösungsprinzipien suchen.

20 Kosten in der Konstruktion

Tabelle 20.1: Wertanalysearbeitsplan mit Grund- und Teilschritten

Grundschritt	Teilschritte (Bearbeitungsintensität stark projektabhängig)
1 Projekt vorbereiten	1.1 Moderator benennen; 1.2 Auftrag übernehmen; Grobziel, Bedingungen festlegen; 1.3 Einzelziele setzen; 1.4 Untersuchungsrahmen abgrenzen; 1.5 Projektorganisation festlegen; 1.6 Projektablauf planen
2 Objektsituation analysieren	2.1 Objekt- und Umfeld-Informationen beschaffen; 2.2 Kosteninformationen beschaffen; 2.3 Funktionen ermitteln; 2.4 Lösungsbedingte Vorgaben ermitteln; 2.5 Kosten den Funktionen zuordnen
3 Soll-Zustand festlegen	3.1 Informationen auswerten; 3.2 Soll-Funktionen festlegen; 3.3 Lösungsbedingende Vorgaben festlegen; 3.4 Kostenziele den Soll-Funktionen zuordnen
4 Lösungsidee entwickeln	4.1 Vorhandene Ideen sammeln; 4.2 Ideenfindungstechniken anwenden
5 Lösungen festlegen	5.1 Bewertungskriterien festlegen; 5.2 Lösungsideen bewerten; 5.3 Ideen zu Lösungsansätzen verdichten und darstellen; 5.4 Lösungsansätze bewerten; 5.5 Lösungen ausarbeiten; 5.6 Lösungen bewerten; 5.7 Entscheidungsvorlage erstellen; 5.8 Entscheidungen herbeiführen
6 Lösungen verwirklichen	6.1 Realisierung im Detail planen; 6.2 Realisierung einleiten; 6.3 Realisierung überwachen; 6.4 Projekt abschließen

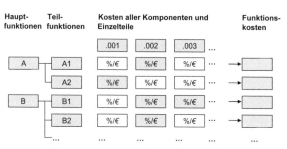

Bild 20.20: Grundprinzip bei der Ermittlung der Funktionskosten

Die Vorteile der Wertanalyse führen jedoch zu einer häufigen Anwendung in vielen Bereichen [1]:

- Quantifizierbare Erfolge, bei 800 Projekten konnten im Durchschnitt Herstellkostensenkungen von 23% bei einer Amortisationsdauer von meist unter einem Jahr erreicht werden.

- Qualitative Verbesserungen, durch die interdisziplinäre Zusammenarbeit steigen die Marktfähigkeit der Produkte und die Arbeitszufriedenheit.

Quellen und weiterführende Literatur

[1] *Ehrlenspiel, K.; Kiewert, A.; Lindemann, U.:* Kostengünstig Entwickeln und Konstruieren. 3. Aufl., Berlin: Springer Verlag, 2000
[2] *Warnecke, H.-J.; et al.:* Kostenrechnung für Ingenieure. 5. Aufl., München Wien: Carl Hanser Verlag, 1996
[3] *Plinke, W.; Rese, M.:* Industrielle Kostenrechnung. 6. Aufl., Berlin: Springer Verlag, 2003
[4] *Ehrlenspiel, K.:* Integrierte Produktentwicklung. 2. Aufl., München Wien: Carl Hanser Verlag, 2003
[5] VDI-Richtlinie 2225: Technisch-wirtschaftliches Konstruieren. Düsseldorf: VDI-Verlag, 1990
[6] VDI-Richtlinie 2234: Wirtschaftliche Grundlagen für den Konstrukteur. Düsseldorf: VDI-Verlag, 1987
[7] VDI-Richtlinie 2235: Wirtschaftliche Entscheidungen beim Konstruieren – Methoden und Hilfen. Düsseldorf: VDI-Verlag, 1987
[8] VDI-Zentrum Wertanalyse (Hrsg.): Wertanalyse; Idee – Methode – System. 4. Aufl., Düsseldorf: VDI-Verlag, 1995

KONSTRUKTION UND GESTALTUNG

KG

21 Technische Gestaltung
22 Industriedesign und Ergonomie
23 Gestaltungsrichtlinien

21 Technische Gestaltung

Prof. Dipl.-Ing. Klaus-Jörg Conrad

Technische Gestaltung umfasst alle Tätigkeiten, um aus dem Konzept einer Konstruktion einen Entwurf zu entwickeln, indem geometrische, stoffliche und herstellungstechnische Eigenschaften anforderungsgerecht umgesetzt werden. Die folgenden Erläuterungen beziehen sich auf technische Produkte des Maschinenbaus.

21.1 Entwerfen und Gestalten

Das **Gestalten** ist ein wichtiger Teilbereich des Entwerfens, der dritten Phase des Konstruierens. In dieser Phase erfolgt die grafische Darstellung der technischen Gebilde, die als Lösungsprinzipien unter Beachtung der Anforderungen der Aufgabe gedanklich entwickelt wurden. Ideenskizzen sowie erste Auslegungsberechnungen werden als konstruktive Lösung gestaltet und dargestellt. Das Ergebnis dieses Arbeitsschritts ist ein Entwurf mit festgelegter Gestalt und Anordnung aller Elemente eines Produkts sowie allen Angaben zur Herstellung und Beschaffung dieser Elemente. [1]

Die technische Gestalt entsteht in dem Ablauf der vier **Konstruktionsphasen** durch Tätigkeiten und Festlegungen beim Entwerfen:

- **Planen**: Aufgabenstellung klären (informative Festlegung)

- **Konzipieren**: Konzept entwickeln (prinzipielle Festlegung)

- **Entwerfen**: Entwurfsarbeit durchführen (gestalterische Festlegung)

- **Ausarbeiten**: Unterlagen ausarbeiten (herstellungstechnische Festlegung)

Beim Entwerfen sind viele Informationen zu verarbeiten, da Normen, Werkstoffe, bewährte Detaillösungen, Wiederholteile, Zulieferteile usw. mit allen Angaben exakt zu berücksichtigen sind. Außerdem ist dieser Vorgang gekennzeichnet durch **Entwerfen und Verwerfen.**

Das bedeutet, viele Ideen der Gestaltung und Anordnung können erst nach der Darstellung beurteilt werden und stellen sich dann als gut oder nicht brauchbar heraus. Außerdem müssen erkannte Fehler beseitigt und viele Größen durch mehrfache Ansätze optimiert werden. Ebenso müssen Änderungen und deren Auswirkungen eingearbeitet werden. Deswegen ist ein konsequentes Vorgehen nach einem Ablaufplan nicht möglich. Der Konstrukteur wird also sein Vorgehen festlegen und anpassen:

- nach der Art der Aufgabe
- nach dem Umfang der Aufgabe
- nach der Informationsbereitstellung
- nach den Gesprächsergebnissen

Die **Gestaltung** ist ein wesentlicher Schwerpunkt des Entwerfens. Beim **Grobgestalten** werden erste Abmessungen festgelegt, die sich häufig durch Erfahrungswerte und Überschlagsrechnungen ergeben. Die Festlegung aller Einzelheiten durch entsprechende Formelemente für einen endgültigen Entwurf nennt man **Feingestalten**. Für das Gestalten sind einige Methoden bekannt, die die Erfahrungen guter Konstrukteure durch systematische Untersuchungen nutzen und anwendbar machen.

Das Gestalten beginnt stets beim **Kern der Aufgabe**, in dem nach einer Auslegungsrechnung die funktionsbestimmenden Elemente unter Beachtung der geforderten Werkstoffe skizziert werden. Dies sind z. B. bei einem Zahnradgetriebe die Zahnräder und deren Anordnung, die sich aus den Anforderungen ergeben, bei einem Ventil die Stelle, die den Stofffluss öffnet oder schließt, und bei einer Werkzeugmaschine die Elemente, die den Fertigungsprozess im Arbeitsraum bestimmen.

Daraus ergeben sich die ersten Abmessungen, die mit den Anschluss- und Schnittstellen, der Einbaulage und den werkstoffabhängigen Gestaltungselementen zu einem Grobentwurf führen. Das Feingestalten umfasst die endgültigen Abmessungen, die Toleranzen und Passungen, die Werkstoffe, die Normteile und die Fertigungsteile, Montage, Transport usw.

Zusammengefasst ergeben sich folgende Arbeitsschritte:

- Anforderungen für die Gestaltung erfassen
- Bestimmung der Grobgestalt ausgehend vom Kern der Aufgabe
- Abmessungen festlegen für Geometrie, Bewegungen, Kräfte usw.
- Gestaltungsprinzipien und Gestaltungsrichtlinien anwenden
- Einzelheiten aller Elemente durch Feingestalten festlegen
- Bewertung und Abnahme für das Ausarbeiten

Bei größeren oder komplexeren Produkten wird die gesamte Aufgabe nach bewährten Strukturen gegliedert, um überschaubare und technisch sinnvolle Einheiten als Baugruppen zu erhalten. Dabei können auch Gestaltungselemente als Module besonders wichtig sein und erfordern dann besondere Untersuchungen, wie z. B. Bedienungselemente, Großteile oder terminführende Bestellungen von Zulieferern. [4]

Der im Bild 21.1 dargestellte Umfang der beim Gestalten zu berücksichtigenden Schritte wird mit den folgenden Begriffsklärungen erläutert, ist als Übersicht zu verstehen und wird aufgabenabhängig angewendet.

Entwerfen nennt man alle Tätigkeiten zur grafischen Darstellung von technischen Gebilden. Die Gestaltung und Anordnung aller Elemente eines Produkts sowie alle Angaben zur Herstellung und Beschaffung dieser Elemente werden festgelegt.

Gestalten bedeutet, die Gestalt eines Elements durch die geometrisch beschreibbaren Merkmale Form, Größe und Oberfläche festzulegen. Ein Produkt wird bestimmt durch die Gestalt seiner Elemente, deren Zahl und Lage sowie von Werkstoffen und Fertigung. Dabei ergibt sich die Größe jeweils aus den Abmessungen, und die Lage der Elemente entspricht deren Anordnung.

Konstruktionsgrundsätze sind produktspezifische Kenntnisse, die als fachgebiets- und branchenspezifische Erfahrungen für das Entwerfen von Produkten beachtet werden müssen. Sie werden in der Regel in Form von Werknormen, Technischen Anweisungen oder als Konstruktionsmappen in den Unternehmen erstellt und gepflegt.

Gestaltungsgrundregeln sind gestaltbestimmende Vorschriften, die als Grundregeln stets gelten. Sie werden allgemein gültig formuliert und sollten vorrangig eingehalten werden.

Gestaltungsprinzipien sind konstruktionsbestimmende Grundsätze, bei denen es sich in der Regel um systematisch geordnete Erkenntnisse bewährter konstruktiver Lösungen handelt.

Gestaltungsrichtlinien sind Konstruktionsregeln, die besondere Eigenschaften in Verbindung mit dem Wort gerecht beschreiben, die bei der Gestaltung zu beachten sind.

Gestaltungsbewertung ist eine abschließende vergleichende Beurteilung von Gestaltvarianten mit Kriterien nach vorgegebenen Zielen. Diese Bewertung erfolgt in der Regel von Mitarbeitern aus den Bereichen Konstruktion, Arbeitsvorbereitung, Fertigung, Montage und Qualität mit anschließender Freigabe für das Ausarbeiten.

Ein Entwurf, und damit die Gestaltung, wird in der Regel mit Bleistift und Radiergummi am Zeichenbrett erarbeitet. Das rechnerunterstützte Entwerfen mit 2-D-CAD-Systemen erfolgt ähnlich und hat in vielen Arbeitsbereichen das Zeichenbrett ersetzt. Der Einsatz von 3-D-CAD/CAM-Systemen ermöglicht die dreidimensionale Modellierung der Entwurfsarbeiten mit neuen Möglichkeiten und Methoden.

21 Technische Gestaltung

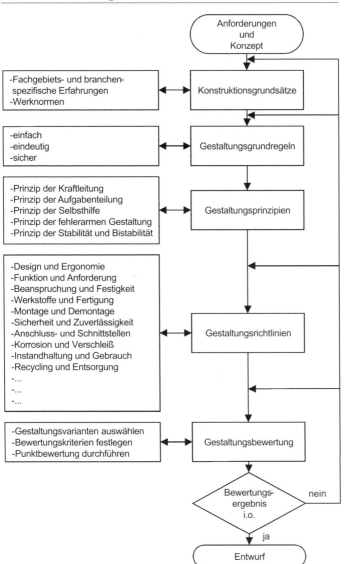

Bild 21.1: Übersicht Gestaltung

21.2 Gestaltungsgrundregeln

Gestaltungsregeln sind gestaltbestimmende Vorschriften, die als Grundregeln stets gelten. Sie werden allgemein gültig formuliert und sollten vorrangig eingehalten werden.

Fast alle Gestaltungsarbeiten werden durch die Einhaltung der folgenden Grundregeln zu besseren Ergebnissen führen, weil dadurch die allgemeinen Ziele beim Entwerfen erreicht werden. Die dafür einzuhaltenden Maßnahmen sind in allgemeiner Form im Bild 21.2 enthalten.

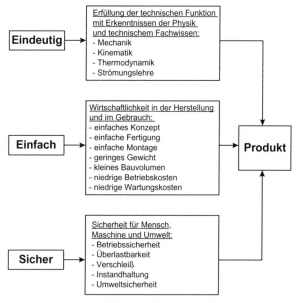

Bild 21.2: Grundregeln der Gestaltung [1]

Die Beachtung der **Gestaltungsgrundregeln** eindeutig, einfach und sicher bei der Gestaltung ergeben:

- Erfüllung der technischen Funktion
- Wirtschaftlichkeit in der Herstellung und im Gebrauch
- Sicherheit für Mensch, Maschine und Umwelt

Die umfangreich bekannten Gestaltungsregeln haben fast alle als Grundlage die Forderung, eindeutige, einfache und sichere Lösungen zu schaffen:

21 Technische Gestaltung 391

Eindeutige Lösungen sind besser zu beurteilen, da die Umsetzung des Lösungsprinzips ohne zusätzlichen Aufwand erkennbar und gewährleistet ist.

Einfache Lösungen zeichnen sich durch wirtschaftliche Herstellung und wirtschaftlichen Gebrauch aus. Einfache Gestaltung hat Auswirkungen auf Fertigung und Montage des Produkts; einfache Konzepte senken die Wartungskosten.

Sichere Lösungen arbeiten ohne Störungen im Betrieb, gefährden niemanden und gewährleisten Umweltsicherheit.

Gute Lösungen erfordern die Verbindung der Gestaltungsgrundregeln so, dass alle eingehalten sind und sie sich gegenseitig unterstützen.

21.2.1 Eindeutig als Grundregel

Die Grundregel **Eindeutig** kann für alle Merkmale und Eigenschaften des Produkts angewandt werden. Von einer eindeutigen Funktionsbeschreibung über ein eindeutiges Wirkprinzip und eindeutige Beanspruchungen für die Auslegung gibt es jeweils viele Gesichtspunkte, die man beim Gestalten beachten muss. Die eindeutige Erfüllung der technischen Funktion ist fast immer dann gegeben, wenn der Konstrukteur ohne viel Aufwand die Auslegungsgrößen berechnen kann, indem er z. B. statisch bestimmte Anordnungen festlegt.

Beispiele:

- Eindeutiges Wirkprinzip: Festlager – Loslager statt Schwimmende Lagerung
- Eindeutige Auslegung von Welle-Nabe-Verbindungen
- Eindeutige Montagefolge auf Grund der konstruktiven Gestaltung, die zwangsläufig Verwechslungen ausschließt
- Eindeutige Trennstellen zwischen verwertungsunverträglichen Werkstoffen und für die Demontage zum Recycling

21.2.2 Einfach als Grundregel

Einfach bedeutet hier einfaches Konzept mit einfachen Teilen, die ohne besonderen Aufwand mit normalen Fertigungs- und Montageverfahren hergestellt werden können. Also keine zusammengesetzten und unübersichtlichen Teile und eine Montage mit geringerem Aufwand. Wenige und einfache Elemente eines Produkts sind kostengünstig und vermeiden Störungen im Betrieb.

Beispiele:

- Einfache Funktionen mit möglichst wenigen Teilfunktionen sind die Voraussetzung für eine einfache Erfüllung mit einfachen Elementen.

- Einfache Auslegung wird bei Bauteilen mit geometrisch einfacher Gestaltung durch weniger Rechen- und Versuchsaufwand ermöglicht.

- Einfache Montage durch leicht erkennbare Teile und Reihenfolge der Montage sowie nur einmal notwendige Einstellvorgänge.

- Einfaches Recycling durch Verwendung verwertungsgeeigneter Werkstoffe durch einfache Demontagevorgänge und durch einfache Teile.

21.2.3 Sicher als Grundregel

Sicher als Grundregel hat den Zweck, die technische Funktion beim Einsatz eines Produkts zuverlässig zu gewährleisten und dabei weder den Menschen noch die Umgebung zu gefährden. Da dieses Kerngebiet der Technik schon sehr lange einen hohen Stellenwert hat, wurden alle wichtigen Sicherheitserkenntnisse in der DIN 31000 zusammengestellt.

Die Sicherheitstechnik ist in der DIN 31000 als Drei-Stufen-Methode entwickelt worden und wird in Tabelle 21.1 mit dem Wirkprinzip den entsprechenden Kernaussagen der EG-Maschinenrichtlinie DIN EN 292 gegenübergestellt.

Tabelle 21.1: Drei-Stufen-Methode und Maschinenrichtlinie [1]

Sicherheitstechnik DIN 31000	Wirkprinzip	EG-Maschinenrichtlinie DIN EN 292
unmittelbare	Gefahr vermeiden	Gefahren beseitigen oder minimieren
mittelbare	gegen Gefahren sichern	Gegen nicht zu beseitigende Gefahren notwendige Schutzmaßnahmen ergreifen
hinweisende	vor Gefahren warnen	Benutzer über Restgefahren unterrichten

Beispiele:

- Umlaufende Teile oder Bewegungen stets in Gehäusen anordnen
- Scher- und Quetschstellen vermeiden
- Schutzhauben und Gitter vorsehen
- Schilder mit Symbolen und Hinweisen für Gefahrenstellen

21 Technische Gestaltung

21.3 Gestaltungsprinzipien

Gestaltungsprinzipien sind konstruktionsbestimmende Grundsätze, bei denen es sich in der Regel um systematisch geordnete Erkenntnisse bewährter konstruktiver Lösungen handelt. Aus den Prinzipien kann die konkrete Gestalt abgeleitet werden, sodass sie bei bestimmten Voraussetzungen den Grundregeln übergeordnet sind. [1]

Übergeordnete Prinzipien zur zweckmäßigen Gestaltung sind in der Konstruktion bekannt, da deren Anwendung in Veröffentlichungen erläutert worden sind. Beispielsweise gibt es Prinzipien zur Minimierung von Herstellkosten, des Raumbedarfs, des Gewichts nach *Kesselring* oder das von *Leyer* vertretene Prinzip des Leichtbaus.

In einem Entwurf für ein technisches Produkt werden jeweils nur einige Prinzipien angewendet, da nicht alle Prinzipien die geforderten Eigenschaften unterstützen oder verbessern können. Insbesondere werden sich die geeigneten Prinzipien für den Konstrukteur aus den Anforderungen an das Produkt und aus den Möglichkeiten der Realisierung des Produkts in Fertigung und Montage ergeben. Die Nutzung der Prinzipien setzt deren Kenntnis voraus und führt in der Regel zu besseren Entwürfen für neue Erzeugnisse. Von den vielen bekannten Gestaltungsprinzipien sollen hier auch nur einige kurz erläutert werden, um deren Bedeutung zu erkennen. Es ist nicht möglich, alle Prinzipien in einem Produkt zu realisieren. Der Konstrukteur muss sich entsprechend den Anforderungen für die Nutzung der Prinzipien entscheiden. [4]

Wichtige Gestaltungsprinzipien sind als Übersicht angegeben, weitere Prinzipien und Beispiele enthält die Literatur. [2], [3]

Prinzipien der Kraftleitung beschreiben Regeln und Erfahrungen für eine Standardaufgabe der Konstrukteure, Kräfte oder Momente durch Elemente zu leiten.

Beispiele:

- Gerade Stäbe für Zugkräfte gestalten
- Kurze Abstände von Zahnrädern bis zur Gehäusewand
- Große Wege für elastische Elemente vorsehen

Die Aufgabe, Kräfte und Momente durch Elemente zu leiten, kann anschaulich, aber physikalisch nicht definierbar, mit Kraftfluss bezeichnet werden, für den sich folgende Regeln bewährt haben [1], [2]:

Regeln zur kraftflussgerechten Gestaltung

Regel 1: Kraftfluss eindeutig führen
Überbestimmungen oder Unklarheiten der Kraftübertragung vermeiden.
Beispiel: Fest-/Loslager-Anordnung

Regel 2: Für steife, leichte Bauweisen den Kraftfluss auf kürzestem Wege führen.
Biegung und Torsion vermeiden, Zug und Druck mit voll ausgenutzten Querschnitten bevorzugen.
Merksatz: „Kräfte und Momente nicht spazieren führen".
Symmetrieprinzip bevorzugen.
Beispiele: Innenbackenbremsen, Doppelschrägverzahnungen
Zugbeanspruchung ergibt leichte Konstruktionen, Biegebeanspruchung schwere.

Regel 3: Für elastische, arbeitsspeichernde Bauweisen den Kraftfluss auf weitem Weg führen.
Biegung und Torsion bevorzugen: „Den Kraftfluss spazieren führen".
Beispiele: Federn, Rohrkompensatoren und die Crashzonen von modernen Pkw-Karosserien.

Regel 4: Sanfte Kraftflussumlenkung anstreben.
Beispiel: Zugmuttern statt normaler Muttern einsetzen

> **Prinzip der Aufgabenteilung** zur Aufteilung von Funktionen in Teilfunktionen, um diesen verschiedene Lösungselemente zuzuordnen, die besser ausgenutzt werden können und ein eindeutiges Verhalten der Bauteile sicherstellen. Dabei ist aber zu beachten, ob nicht die Vorteile komplexer Bauteile für mehrere Funktionen überwiegen.

Beispiele:

- Radial- und Axialkräfte durch jeweils ein Lager aufnehmen
- Umfangskräfte übertragen und Zugkräfte leiten als Teilfunktionen von Riemen durch verschiedene Werkstoffe realisieren

> **Prinzip der Selbsthilfe** zur sinnvollen Verbindung von Teilfunktionen und der damit verbundenen Ausnutzung unterstützender Hilfswirkungen. Eine bessere Lösung ergibt sich nach diesem Prinzip, wenn sich durch bestimmte Anordnung von Elementen die gewünschten Wirkungen verstärken lassen und damit auch vor einem Versagen schützen.

21 Technische Gestaltung 395

Beispiele:

Selbstverstärkende Lösungen nutzen durch geeignete Anordnungen von Elementen die Hilfswirkung zur Verstärkung der Gesamtwirkung.

- In schlauchlosen Autoreifen bewirkt der Innendruck eine verstärkte Abdichtung der Reifendecke an der Felge
- Dichtungen, die durch den Innendruck in Gehäusen besser dichten

Selbstschützende Lösungen nutzen die Hilfswirkung im Überlastfall durch andere Kraftleitungswege oder durch andere physikalische Wirkungen.

- Druckfedern, die beim Bruch auf ihren Drahtwindungen aufliegen und damit noch eine eingeschränkte Kraftübertragung bewirken
- Kupplungen, die bei Bruch oder starkem Verschleiß ihrer elastischen Elemente noch Drehmomente durch Anschläge übertragen

> **Prinzip der fehlerarmen Gestaltung**, um das Auftreten von Fehlern und Störungen zu vermeiden durch wenige, einfache Teile und Baugruppen ohne enge Toleranzen mit Nachstell- und Justiereinrichtungen.

Beispiele:

- Druckbolzen mit Spielpassungen und Kugelkappen zur Wegübertragung
- Einstellschrauben zum Nachstellen des Spiels in Führungen

> Das **Prinzip der Stabilität** wird umgesetzt durch die Gestaltung eines stabilen Zustands der Lösung, sodass Störungen sich selbst aufheben oder deren Wirkung verringert wird.

Beispiel:

Die Kegelrollenlagerung einer Welle, die sich durch Überlast stärker erwärmt als das Gehäuse, führt bei X-Anordnung der Lager zu einer Belastungsverstärkung und labilem Verhalten, während bei einer O-Anordnung eine Belastungsminderung auftritt und stabiles Verhalten. [3]

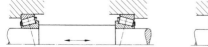 

Bild 21.3: Kegelrollenlagerung in X- und in O-Anordnung [3]

Das **Prinzip der Bistabilität** wird umgesetzt durch die Gestaltung einer Lösung, die ein gewollt labiles Verhalten zwischen zwei stabilen Zuständen anstrebt.

Beispiel:

Schnellschlusseinrichtung in Turbinenläufern, die ab einer Grenzdrehzahl die Dampfzufuhrventile schließen soll. In einer Bohrung quer zur Längsachse am lastfreien Ende eines Turbinenläufers wird ein Schnellschlussbolzen montiert, der mit einer Feder so vorgespannt ist, dass sein Schwerpunkt eine zur Drehachse exzentrische Lage einnimmt. Bei der Grenzdrehzahl bewegt sich der Bolzen gegen die Federvorspannkraft nach außen. Dadurch wird die Zentrifugalkraft größer und er fliegt ohne weitere Drehzahlerhöhung labil nach außen gegen eine Klinke, die das Schließen der Ventile bewirkt. [3]

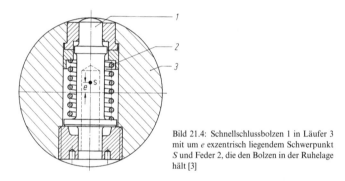

Bild 21.4: Schnellschlussbolzen 1 in Läufer 3 mit um e exzentrisch liegendem Schwerpunkt S und Feder 2, die den Bolzen in der Ruhelage hält [3]

Die Gestaltungsprinzipien sind als Erfahrungswissen in den Firmen vorhanden und werden dort auch vorteilhaft genutzt. Sie werden jedoch selten veröffentlicht, um das Konstruktionswissen als Vorsprung vor dem Wettbewerb zu erhalten.

Quellen und weiterführende Literatur

[1] *Conrad, K.-J.:* Grundlagen der Konstruktionslehre. 2. Aufl., München Wien: Carl Hanser Verlag, 2003
[2] *Ehrlenspiel, K.:* Integrierte Produktentwicklung. München Wien: Carl Hanser Verlag, 2003
[3] *Pahl, G.; Beitz, W.; Feldhusen, J.; Grote, K.-H.:* Konstruktionslehre. Berlin: Springer Verlag, 2002

[4] VDI-Richtlinie 2223: Methodisches Entwerfen technischer Produkte. Berlin: Beuth Verlag, 2004

Hoenow, G.; Meißner, T.: Entwerfen und Gestalten im Maschinenbau. Leipzig: Fachbuchverlag, 2004

Raedt, H.-W.: Leichtbau durch Massivumformung. Hagen: Infostelle Industrieverband Massivumformung e. V., 2004

22 Industriedesign und Ergonomie

Prof. Dr.-Ing. Falk Höhn

Historisch betrachtet ist mit dem Aufkommen der massenhaften industriellen Produktion eine stärkere Arbeitsteilung verbunden. So entstanden sehr schnell neue Berufsbilder, u. a. das des Gestalters. In der Anfangsphase industrieller Entwicklung waren es besonders Architekten, die dieses neue Berufsfeld besetzten (*C. R. Mackintosh, P. Behrens, W. Gropius, L. Mies van der Rohe* u. a.).

In Deutschland leisteten z. B. das **Bauhaus**, die **Hochschule für Gestaltung** in Ulm, aber auch Unternehmen wie Braun entscheidende Beiträge dazu, dass sich das **Industriedesign** (engl.: Industrial Design) als eigenständige Fachdisziplin etablieren und entwickeln konnte. Von wenigen Ausnahmen abgesehen sind die heute existierenden Ausbildungsstätten in der Regel künstlerisch und leider nicht technisch orientiert. Deshalb existieren u. U. bei Ingenieuren teilweise große Vorurteile gegenüber der („künstlerischen") Gestaltung.

Heutzutage sind die technologischen Möglichkeiten bei „Standardprodukten" aber weltweit so breit verfügbar, dass sich viele Erzeugnisse in der Hauptsache nicht unterscheiden und nur über eine Differenzierung in ihrer Gestaltung vermarkten lassen. Das gilt gleichermaßen auch für stark technisch geprägte Produkte. Insofern sind Gestalter und Ingenieure wichtige Partner bei der Produktentwicklung und sollten sehr eng zusammenarbeiten. Überhaupt ist davon auszugehen, dass Gestalter heute mehr denn je in interdisziplinäre Entwicklungsteams eingebunden sind.

22.1 Einordnung der Gestaltung

Produkte werden hinsichtlich folgender Anforderungen optimiert:

- **Leistung** (*utilitäre* Forderungen) [U]
- **Kosten** (*ökonomische* Forderungen) [Ö]
- **Herstellung** (*faktibilitäre* Forderungen) [F]
- **Gebrauch** (*operationale* Forderungen) [Op]
- **Umwelt** (*ökologische* Forderungen) [O]
- **Zeichen** (*kommunikative* Forderungen) [K] und
- **Gestalt** (*ästhetische* Forderungen) [Ä] (Bild 22.1)

22 Industriedesign und Ergonomie 399

Je nachdem, welche der am Produktentwicklungsprozess beteiligten Professionen man betrachtet, sind die Schwerpunktsetzungen qualitativ unterschiedlich verteilt (vgl. Bild 22.2).

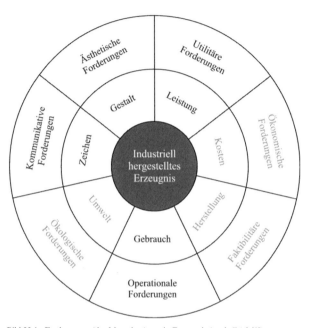

Bild 22.1: Forderungen (des Menschen) an ein Erzeugnis (nach *Frick* [1])

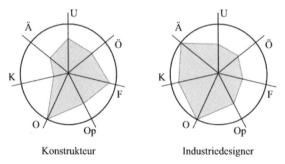

Bild 22.2: Erfüllung des Anforderungsprofils Konstrukteur/Industriedesigner (als qualitatives Radiogramm dargestellt)

Wie Bild 22.2 zu entnehmen (und zu erwarten) ist, richtet sich das Hauptaugenmerk des Gestalters auf die Erfüllung der ästhetischen und kommunikativen Forderungen der Erzeugnisse (technischen Gebilde).

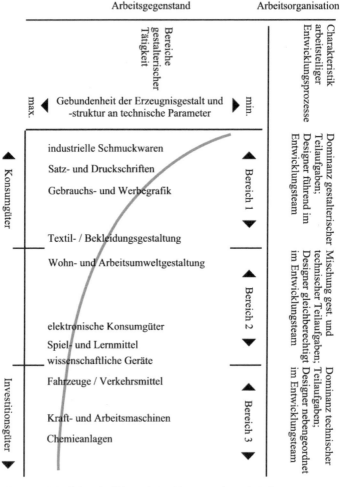

Bild 22.3: (Methodische) Klassifizierung industrieller Erzeugnisse nach *Frick*

Aber auch die Produkte lassen sich nach methodischen Kriterien klassifizieren. So gibt es ein breites Spektrum, das zwischen den stark technisch determinierten Investitionsgütern und den formal nur gering vorbestimmten Konsumgütern liegt (vgl. Bild 22.3).

Das Hauptbetätigungsfeld der Industriedesigner liegt – gemäß Bild 22.3 – im mittleren Bereich (2) der Erzeugnisklassen. Im Bereich (1) tätige Gestalter produzieren das sog. **Autorendesign**.

Die Parameter, die gestalterische Möglichkeiten eröffnen, sind im Prinzip sehr beschränkt und werden in Bild 22.4 dargestellt.

Richtet sich beim Ingenieur das Hauptaugenmerk auf die Erfüllung der **Funktion**, realisiert durch eine adäquate technische **Struktur**, kommt durch die Einbeziehung des Designers die Dimension der **Gestalt** hinzu. Zwischen Funktion, Struktur und Gestalt besteht bei dieser Betrachtungsweise ein unmittelbarer Zusammenhang.

Die Gestalt eines Erzeugnisses wird bestimmt durch die Gestaltelemente und die Gestaltstruktur (Bild 22.4).

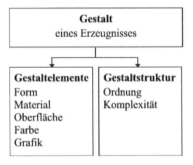

Bild 22.4: Bestimmung einer Gestalt (nach *Frick*)

Die **Gestaltelemente** ergeben sich durch die Form, das Material und – damit eng verbunden – die Oberfläche und die Farbe sowie durch grafische Elemente (z. B. Produktgrafik oder Ziffern auf einer Anzeige) bis hin zu Dekoren.

Die **Gestaltstruktur** wird durch Ordnung und Komplexität bestimmt.

22.2 Gestalterische Mittel

Dem Gestalter stehen grundlegende Gestaltungsmittel zur Verfügung, die eigentlich allgemein bekannt sein sollten:

- Kontrastbildung und damit verbunden das „Figur-Grund-Problem" (Was ist Figur und was Hintergrund?)
- Ordnung, Anordnung und Über- bzw. Unterordnung – auch, um die Komplexität zu beherrschen

Besonders bei den letztgenannten Gestaltungsansätzen überschneidet sich die „Lehre der Gestaltung" mit Ansätzen aus der (Wahrnehmungs-) Psychologie.

Auch wenn der Eindruck entsteht, hier wird nur sehr abstrakt über Gestaltung gesprochen, beschreibt dies doch das fachliche Instrumentarium des Gestalters. Darüber hinaus muss der Industriedesigner natürlich z. T. über vertieftes konstruktives, technologisches, ergonomisches, ökonomisches usw. Wissen bzw. Verständnis verfügen, um die technische Umsetz- und Realisierbarkeit seines Entwurfes zu ermöglichen.

Überaus umfassend hat sich aus Sicht der Designgrundlagen *Habermann* [2] dazu geäußert; in strafferer Form *Zitzmann, Schultz* [3].

Schematisch kann man die dem Gestalter zur Verfügung stehenden Möglichkeiten wie in Bild 22.5 gezeigt zusammenfassen. (Die Terminologie ergibt sich aus [3]. Eine kurze Erläuterung der verwendeten Termini findet man als Definitionen im Anschluss.)

Formkategorien:
Die Gestalt jedes visuell wahrnehmbaren Elementes kann grundlegenden Formkategorien zugeordnet werden. Die Übergänge zwischen den einzelnen Formkategorien sind gleitend.

Folgende Formkategorien werden unterschieden:
- „richtungslos" – enthält Elemente, die sich (auf einer Fläche) als Fleck ohne Betonung einer Richtung darstellen (simpel: Kreise).
- „Richtung" – enthält Elemente, die sich (auf einer Fläche) als eine Richtung betonend darstellen (simpel: Linien in einer Richtung).
- „Richtungsgegensatz" – enthält Elemente, die sich (auf einer Fläche) als gegensätzliche Richtungen betonend darstellen (simpel: Rechtecke).
- „richtungsdifferenziert" – enthält Elemente, die sich (auf einer Fläche) als beliebige Richtungen betonend darstellen (simpel: Dreiecke).
- „richtungsbewegt" – enthält Elemente, die sich (auf einer Fläche) als bewegte Linien darstellen (simpel: Kurven).
- „formunbestimmt" – enthält eigentlich keine differenzierbaren Elemente, die sich (auf einer Fläche) einzeln darstellen. Vielmehr

handelt es sich um ein „formales Rauschen". Vergrößert man Ausschnitte daraus, schlägt die Charakteristik des Ausschnittes irgendwann in eine der vorstehend genannten Kategorien um.

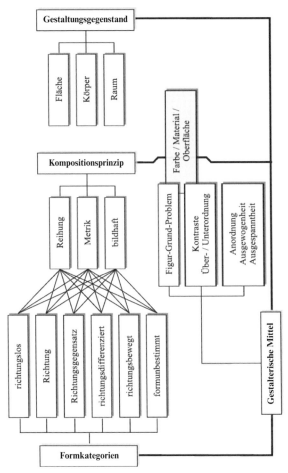

Bild 22.5: Schematische Darstellung „Gestalterischer Mittel" (nach *Zitzmann, Schultz*)

Kompositionsprinzipien:
Aus der Art der Zusammenstellung der einzelnen Gestalt-Elemente bezogen auf den Gestaltungsgegenstand (Flächen, Körper, Raum) ergibt sich die Komposition. Man unterscheidet drei grundsätzliche Prinzipien:

- „Reihung" – ein weitgehend gleiches bzw. sehr ähnliches gestalterisches Grundelement wird nach einem mehr oder weniger erkennbaren System vielfach aneinander gereiht. Das Prinzip ist nach allen Seiten offen bzw. erweiterbar (simpel: Tasten einer Tastatur).
- „Metrik" – einige gleiche oder ähnliche gestalterische Elemente werden durch eine oder mehrere Symmetrieachsen geordnet. Das Prinzip ist in sich geschlossen und nicht nach allen Seiten erweiterbar. (Ein sehr häufig angewandtes Prinzip – vermutlich, weil unser Körper und unser Wahrnehmungsapparat auch symmetrisch sind.)
- „bildhaft" – ungleiche gestalterische Elemente werden in eine lockere Ordnung gebracht, die in sich abgeschlossen wirkt. (Dies ist das schwierigste Kompositionsprinzip.)

Ausgewogenheit –
resultiert im Wesentlichen aus unserem Bestreben nach Gleichgewicht. Die Gestalt-Elemente werden nach ihrer Anordnung auf dem Bezugssystem (z. B. Fläche) abgewogen. Dabei wird an der (empfundenen) senkrechten Mittelachse austariert. Eine Gestaltung erscheint uns erst dann gelungen, wenn sich das optische „Gleichgewicht" einstellt.

Ausgespanntheit –
stellt sich ein, wenn die gestaltete Fläche in allen Bereichen „aktiviert" ist. Aktivierung ist aber nicht zu verwechseln mit Füllung! Auch ungefüllte Bereiche können als aktiv empfunden werden.

22.3 Gestaltungsansätze

Grundsätzlich kann man sich (nicht nur) aus Sicht des Gestalters drei Typen von Aufgabenstellungen vorstellen:
1. Ein bekanntes Produkt ist ohne große funktionale Änderungen gestalterisch zu überarbeiten. Man spricht in diesem Fall von der „gestalterischen Überarbeitung" (Redesign). (Beispiel: Gestaltung eines weiteren TV-Gerätes – heute)

22 Industriedesign und Ergonomie

2. Ein bekanntes Produkt wird auf Grund neuer technischer Möglichkeiten grundsätzlich funktional und gestalterisch bearbeitet. Hier spricht man von der „gestalterischen Bearbeitung". (Beispiel: Entwicklung eines Fahrradrahmens aus Carbon – vor ca. 10 Jahren)
3. Neue technische Möglichkeiten erlauben die „Erfindung" eines neuen Produkts. In diesem Fall handelt es sich um die sog. „gestalterische Erfindung". (Beispiel: Erfindung der Gestalt des Personalcomputers – vor ca. 20 Jahren)

Im Normalfall werden gestalterische Aufgabenstellungen den ersten beiden Typen entsprechen.

Typ (3) enthält das meiste kreative Potenzial. Bei den Typen (1) und (2) bilden sich im Laufe der Zeit zwangsläufig formale und funktionale Leitbilder heraus – in diesem Zusammenhang spricht man auch oft von der **Zeichenfunktion** des Produkts. (Wie sieht normalerweise ein Produkt X aus?) Die allen so oder ganz ähnlich aussehenden Produkten gemeinsamen Merkmale nennt man „archetypisch".

Hier liegt ein ganz wesentlicher Ansatz der Gestaltung, der der Differenzierung vom Archetyp.

Dieser gestalterische Ansatz funktioniert allerdings nur in den Grenzen formaler Bandbreite, die entsprechend der Klassifizierung der Erzeugnisse (vgl. Bild 22.3) erlaubt ist.

Die **Ergonomie** (s. 22.4) spielt eine zentrale Rolle bei gestalterischen Lösungsansätzen.

Einen anderen weiteren Gestaltungsansatz liefert die **material-** und **fertigungsgerechte Gestaltung**. Oft trifft man auf das Vorurteil, dass Gestaltung das Produkt nur unnötig verteuert. Diesem Vorurteil muss aber entschieden widersprochen werden:

Gute Gestaltung berücksichtigt einerseits die materialgerechte Gestalt. Jedes Material hat eine eigene Charakteristik und **Anmutung**. Ziel der Gestaltung ist es, diese charakteristischen Merkmale hervorzuheben und damit besonders zur Geltung zu bringen. Dies schließt die Anwendung von Fertigungsverfahren, die **materialgerecht** sind, ein.

Andererseits berücksichtigt eine gute Gestaltung auch immer die vorhandenen fertigungstechnischen Möglichkeiten. Ziel muss sein, **fertigungsgerecht** zu gestalten, um Kosten zu senken und trotzdem ein gestalterisch optimales Ergebnis zu finden. Dieser Gestaltungsansatz erschließt sich auch sehr schnell aus Bild 22.3. Landläufige Vorstellungen darüber, was Gestaltung ist, beziehen sich auf den Bereich 1. Dass auch in den Bereichen 2 und 3 gestaltet wird und Gestaltung wichtig ist, wird oft nicht bewusst.

Dabei liegt gerade im Ansatz der fertigungsgerechten Gestaltung ein enormes Kosteneinsparpotenzial!

(Dazu gehört natürlich auch die passfähige Wahl der Mittel. Deshalb sind u. a. auch im Design CAD-Systeme in den Entwurfsprozess integriert.)

An dieser Stelle soll noch einmal auf die besondere Bedeutung einer strategischen Komponente im Lebenszyklus der Erzeugnisse – auch für das Design – hingewiesen werden. Normalerweise planen die Hersteller den Lebenszyklus ihrer Produkte mittel- bis langfristig. So wird oft schon zur Zeit der Einführung eines Produkts am Nachfolgemodell entwickelt. Dies muss insbesondere auch für die Gestaltung gelten! Hier sollte sogar vor der technischen Entwicklung die formale liegen (Bild 22.6).

22.4 Ergonomie

Der Terminus wird als Kunstwort von den altgriechischen Wörtern „ergon" (Arbeit) und „nomos" (Gesetz) hergeleitet. Die wörtliche Übersetzung als „Lehre von der menschlichen Arbeit" reicht heute nicht mehr aus, um die komplexen Betätigungsfelder der Ergonomie zu beschreiben. Zutreffender ist die Definition von *Bullinger* [4]:

> **Ergonomie** ist die Wissenschaft von der Anpassung der Technik an den Menschen zur Erleichterung der Arbeit bzw. der menschlichen Tätigkeit. Das Ziel, die Belastung des arbeitenden Menschen so ausgewogen wie möglich zu halten, wird unter Einsatz technischer, medizinischer, psychologischer sowie sozialer und ökologischer Erkenntnisse angestrebt.

Ergonomische Produktgestaltung umfasst damit alle Maßnahmen, durch die das System Mensch–Produkt–Umwelt menschengerecht beeinflusst werden kann. Dieser Anspruch kann nur durch das Zusammenwirken einschlägiger Wissenschaftsdisziplinen eingelöst werden.

Selbst bei – auf den ersten Blick – „einfachen" Produkten lohnt sich eine ergonomische Untersuchung, um Produktverbesserungen im Zuge der Neugestaltung vorzunehmen. Besonders wichtig ist eine gute ergonomische Lösung aber überall dort, wo physisches oder psychisches menschliches Leistungsvermögen zur Erfüllung bestimmter Aufgaben unerlässlich ist.

22 Industriedesign und Ergonomie

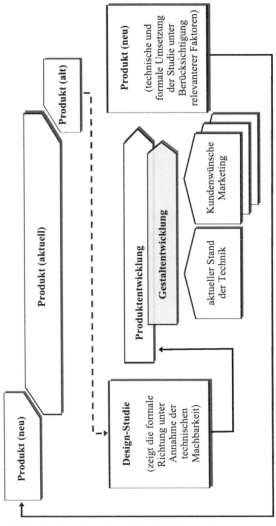

Bild 22.6: Idealisierte Darstellung des Produkt-Lebenszyklus

Also: Vermeidung von Irritation, Fehlbedienung, Überlastung und Ermüdung.

Viele Produkte sind oder bestimmen gleichzeitig Arbeitsplätze; d. h., die gute ergonomisch optimierte Gestaltungslösung verbessert das Wohlbefinden des Arbeitenden und damit sein Leistungsvermögen sowie das Arbeitsergebnis. (Das gilt natürlich auch im übertragenen Sinne hinsichtlich anderer Produkte.)

Ergonomische Untersuchungen kann man mit einfachen Mitteln und ein wenig Sachkenntnis bis zu einem gewissen Grad selbst durchführen. Bei komplexeren Analysen sollte man aber unbedingt Fachleute zu Rate ziehen, um die Schwachstellen zu analysieren und Gestaltungsansätze zu erkennen. (In diesem Bereich gibt es eine Vielzahl ausgezeichneter Literatur – z. B. [5].)

22.4.1 Aufgaben der Ergonomie bei der Produktentwicklung und -gestaltung

Langjährige Forschungen führten zur Verankerung wesentlicher Ziele und Forderungen für die Gestaltung von Produkten in einschlägigen Gesetzen bzw. Normen (z. B. EN 1005 „Safety of machinery", ISO 11228 „Ergonomics" oder EN 614-1, Europa-Norm, CEN/TC 122/WG 2). Letztgenannte Norm nennt als ergonomische Aufgaben im Gestaltungsprozess u. a.:

- Festlegung der ergonomischen Systemziele, der Operatorengruppe und der relevanten technischen Ausgangsdaten
- Durchführung einer Aufgabenanalyse und die Festlegung der resultierenden ergonomischen Anforderungen
- Festlegung der einzelnen ergonomischen Bewertungsmethoden
- Entwurfsbewertung: nach Bewertung und Auswahl der Varianten und gezielter Weiterentwicklung sind Modell oder Simulationen mit einer Operatorengruppe zu bewerten

Die hieraus ableitbaren (ergonomischen) Gestaltungsziele hat *Wegner* [6] in einer (für Gestalter und Ingenieure verständlichen) Tabelle zusammengefasst:

Tabelle 22.1: Ergonomische Bewertungs- und Zielkriterien nach *Wegner*

Ergonomische Gestaltungsziele	Zweckmäßigkeit Funktionalität	Sicherheit Umfeld	Nutzer Belastung Beanspruchung	Komfort
Ergonomische Bewertungs-Kriterien	Funktionsgerecht sinnvoll, einfach, handlungssicher, zuverlässig, wirksam, Funktionen überschau- und beherrschbar	sicherer Umgang, keine Verletzungsgefahr keine Gesundheitsbeeinträchtigung	Funktionsverteilung Mensch–Gerät optimal gelöst, angemessen, ausgeglichen, ohne Beeinträchtigung, langfristig zu bewältigen, keine Monotonie, keine Sättigung	Bequeme Benutzung, abwechslungsreich, anregend, erzeugt Wohlbefinden bei hoher Zuverlässigkeit, Effizienz u. Effektivität
Ergonomische Ziel-Formulierung	Was soll geschehen, welche Funktionen soll das Gerät erfüllen?	Wogegen muss der Benutzer bzw. Beteiligte/Unbeteiligte geschützt werden?	Welchen Beitrag muss der Mensch leisten (muskuläre/informatorische Arbeit)? Welche Organe werden besonders beansprucht?	Wodurch kann ein angenehmes, sicheres Gefühl beim Benutzen erreicht werden?

Unter Berücksichtigung der speziellen Eigenschaften des Menschen, die natürlich statistisch ermittelt und verallgemeinert werden, spielt das sog. **Belastungs-Beanspruchungs-Konzept** eine wesentliche Rolle. Dabei werden Ursachen (äußere Arbeitsbedingungen als Belastungen) und Wirkungen (menschliche Reaktionen als Beanspruchungen) modelliert.

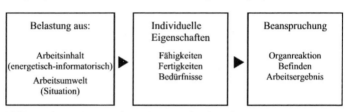

Bild 22.7: Belastungs-Beanspruchungs-Konzept nach *Rohmert* [7]

Die Höhe der Beanspruchung des Nutzers ist immer abhängig von den wirkenden Belastungskomponenten und den individuellen Eigenschaften der Person. Unter der Annahme, dass Intensität und Dauer einer Tätigkeit deren Belastung bestimmen, bezeichnet man die Wirkung dieser Belastung auf den Menschen als dessen Beanspruchung. Das heißt, gleiche Belastung kann bei verschiedenen Personen zu unterschiedlichen Beanspruchungen führen, da die individuellen Eigenschaften und Fähigkeiten verschieden sind.

Für die Beurteilung der Beanspruchung gilt allgemein, dass zusätzliche Beanspruchungen auftreten können, die nicht direkt durch den eigentlichen Tätigkeitsvollzug hervorgerufen werden, sondern durch unzureichende Arbeitsplatzgestaltung und Störeinflüsse durch Umwelteinflüsse entstehen können.

22.4.2 Eigenschaften des Menschen

Der Mensch kann in unterschiedlicher Weise wirken oder von Wirkungen betroffen sein:

Wenn Körperbewegungen erforderlich sind, werden biomechanische Grenzwerte heranzuziehen sein; wenn körperliche und klimatische Belastungen auftreten, sind physiologische Parameter zu berücksichtigen.

Wenn hohe Anforderungen an das Zusammenspiel von Wahrnehmen, Entscheiden, Verhalten/Handeln zu stellen sind, werden psychologische Aspekte zu beachten sein. So lassen sich verschiedene ergonomische Aspekte sozio-technischer Systeme nennen, bei denen jeweils unterschiedliche Eigenschaften bzw. Gegebenheiten des Menschen im Vordergrund stehen.

22 Industriedesign und Ergonomie

Bei der Festlegung einer zweckmäßigen Funktionsteilung zwischen Mensch und technischem Erzeugnis sind die spezifischen Eigenschaften des Menschen unbedingt zu hinterfragen, und es ist eine sinnvolle Wahl zu treffen. Die „Stärken" und „Schwächen" des Menschen im Vergleich zur Technik sind bei der optimalen Funktionsverteilung zu berücksichtigen. Ausschlaggebend sollten dabei immer die Wünsche und Bedürfnisse des Menschen sein. Tabellen mit einer groben Gegenüberstellung von Eigenschaften des Menschen und technischem Erzeugnis können dabei nur einen ersten Ansatz darstellen (vgl. Tabelle 22.1 in: VDI 2242/1).

Tabelle 22.2: Menschliche Eigenschaften

Im Lebenszyklus unveränderbar	Direkter Einflussnahme unzulänglich, aber veränderlich	Durch langfristige Prozesse veränderbar	Durch Eingriffe kurzfristig veränderbar
Geschlecht Körperbau ethnische Herkunft Erbanlagen	Alter Körpergewicht Gesundheitszustand Rhythmologische Einflüsse	Erfahrung Wissen Fähigkeiten Fertigkeiten Bildung	Beanspruchbarkeit Ermüdung Stimmung Motivation Konzentration
Konstitutions-Merkmale	Dispositions-Merkmale	Qualifikations-Merkmale	Anpassungs-Merkmale
▼	▼	▼	▼
Menschliche Leistung / Beanspruchung			

Durch eher langfristige Prozesse veränderbar sind Qualifikationsmerkmale einer Person (Qualifizierungsprozesse), aber auch hier können ergonomische Maßnahmen zur Erhöhung des Bildungsniveaus ansetzen.

22.5 Beispiele

Im Folgenden sollen einige Beispiele das zuvor Gesagte dokumentieren:

Bild 22.8: Diplomentwurf *(D. Reuschel)* einer Thermo-Kaschier-Anlage der Fa. Bürkle

Schwerpunkt dieser Diplomarbeit war die Schaffung klarer Strukturen und damit (visueller) Ordnung der Anlage. Die Schaffung und Betonung formaler Elemente dienen der Zuordnung zur Produktfamilie der Firma. Gleichzeitig wurde die Zahl unterschiedlicher Gehäuseteile drastisch reduziert, die Bedienbarkeit und Servicefreundlichkeit verbessert.

Bild 22.9: Fotorealistische Darstellung des Redesigns eines Radladers
(B. Gambietz, J. Keunecke)

22 Industriedesign und Ergonomie

Im Rahmen der Studienarbeit wurden lediglich Gehäuse- und Kabinenteile unter formalen Gesichtspunkten optimiert und dargestellt.

Bilder 22.10: Diplomentwurf (prämiert) eines Autoradios mit zusätzlichem Funktionsumfang in Zusammenarbeit mit Blaupunkt *(St. Zwingmann)*

Die technischen Möglichkeiten der Kommunikation im Auto nehmen zu. Diese Diplomarbeit versucht (neben anderen Aspekten) einen Weg zu zeigen, wie damit vernünftig umgegangen werden kann, um zu vermeiden, dass jeder Nutzer mit einer Vielzahl solcher Kommunikationsgeräte „bestückt" wird.

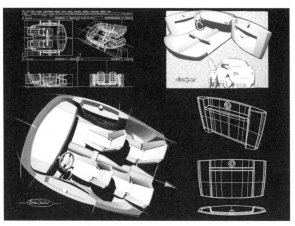

Bild 22.11: Diplomentwurf eines innovativen Innenraumkonzeptes für Verleih-Autos in Kooperation mit Karmann *(M. Dziubiel)*

Im Rahmen dieser Diplomarbeit wurden die (damals) neuen Möglichkeiten der CAD-Technologien im Design erprobt. Insbesondere war interessant, wie die Daten der Gestalter mit den Daten der Ingenieure verzahnt werden können.

Bild 22.12: Diplomentwurf Designstudie eines Roadsters mit alternativem Antriebskonzept in Zusammenarbeit mit VW *(D. Bergmann)*

Ziel dieser Diplomarbeit war es, die Möglichkeiten der sog. Virtual-Reality für das Design und die Entscheidungsfindung im Management auszuloten.

Bild 22.13: Diplomentwurf Designstudie eines Highspeed-Helikopters in Zusammenarbeit mit VW *(S. Cengil)*

VW wollte mit dieser Studie das Marktpotenzial der Marke „Bugatti" ausloten, die durch lange Tradition, höchste Leistung und technische Kompetenz geprägt ist.

22.6 Zusammenfassung

Gestalter und Ingenieure sollten eng und langfristig bei der Entwicklung neuer Produkte zusammenarbeiten. Im Ergebnis entsteht eine neue Produktqualität, weil die Funktion-Struktur-Relation zur Funktion-Struktur-Gestalt-Relation erweitert wird, die den Bedürfnissen nach formal guten, fertigungstechnisch optimalen und handhabungsseitig angenehmen Erzeugnissen wesentlich besser Rechnung tragen kann. Das gegenseitige Verständnis für die Arbeitsabläufe und die -teilung ist Grundvoraussetzung effizienter Zusammenarbeit.

Hauptansätze für die Gestaltung ergeben sich aus der formalen Differenzierung des Produkts, der Anwendung ergonomischer Erkenntnisse sowie fertigungs- und materialgerechter Gestaltung.

Quellen und weiterführende Literatur

[1] *Frick, R.:* Erzeugnisqualität und Design: zu Inhalt und Organisation polydisziplinärer Entwicklungsarbeit. Berlin: Verlag Technik, 1996
[2] *Habermann, H.:* Kompendium des Industrie-Design. Grundlagen der Gestaltung. Heidelberg: Berlin Heidelberg: Springer-Verlag, 2003
[3] *Zitzmann, L.; Schultz, B.:* Grundlagen visueller Gestaltung. Herausgeber: Hochschule für industrielle Formgestaltung, Halle. Halle: Eigenverlag, 1990
[4] *Bullinger, H.-J.:* Ergonomie: Produkt- und Arbeitsplatzgestaltung. Stuttgart, 1994
[5] *Lindqvist, B.:* Ergonomie bei Handwerkzeugen. Ein Knowhow-Beitrag von Atlas Copco. Helsingborg: Atlas Copco, 1997
[6] *Wegner, R.:* Untersuchungen zum ergonomischen Informations- und Beratungsbedarf bei der Entwicklung eines Hydraulikbaggers der Fa. Orenstein & Koppel. Berlin: Burg Giebichenstein Halle, 1997
[7] *Rohmert, W.:* Arbeitswissenschaftliche Methodensammlung. Darmstadt, 1989

Enders, G.: Design als Element wirtschaftlicher Dynamik. Herne: Verlag für Wissenschaft und Kunst, 1999
Neudorfer, A.: Konstruieren sicherheitsgerechter Produkte. Berlin Heidelberg New York: Springer Verlag, 2002
Niemann, G.; Winter, H.; Höhn, B.-R.: Maschinenelemente. Band 1. Berlin Heidelberg New York: Springer Verlag, 2001

23 Gestaltungsrichtlinien

Prof. Dipl.-Ing. Klaus-Jörg Conrad

Gestaltungsrichtlinien und Regeln für das Gestalten von Teilen, Baugruppen und Maschinen sind als Erfahrungswerte umfangreich vorhanden. Hier sollen allgemein angewendete Erkenntnisse wichtiger Fachgebiete, die bei der Gestaltung zu beachten sind, vorgestellt werden.

> **Gestaltungsrichtlinien** beschreiben besondere Eigenschaften in Verbindung mit dem Wort gerecht, die bei der Gestaltung zu beachten sind. Als **Konstruktionsregeln** unterstützen sie die Grundregeln „Eindeutig", „Einfach" und „Sicher".

Die Bezeichnung einer Gestaltungsrichtlinie beschreibt dann, welche Eigenschaft vorrangig beachtet werden soll, wie z. B. fertigungsgerecht, montagegerecht usw. Viele Gestaltungsrichtlinien sind Bestandteil eigener Fachgebiete und werden dort behandelt. So ergibt sich z. B. bei der Berechnung der Haltbarkeit von Bauteilen eine beanspruchungsgerechte Gestaltung und bei der Behandlung der Fertigungsverfahren Hinweise für die fertigungsgerechte Gestaltung. Konstrukteure mit einem breiten Technikwissen haben deshalb eine gute Grundlage für die Produktgestaltung.

Die Gestaltungsrichtlinien werden auch als Restriktionsgerechtes Konstruieren bezeichnet. **Restriktionsgerechtes Konstruieren** beachtet Randbedingungen, die sich aus den Anforderungen an Produkte oder aus anderen Bereichen in der Prozesskette ergeben. Durch die Berücksichtigung von Restriktionen in den der Konstruktion folgenden Bereichen soll erreicht werden, Zeit und Kosten zu reduzieren, die Qualität der Produkte zu erhöhen und die Umweltbelastung zu verringern.

Mit den stark zunehmenden Informationen, die der Konstrukteur für alle diese Richtlinien benötigt, zeigt sich schnell, dass eine rechnerunterstützte Bereitstellung am Arbeitsplatz sehr vorteilhaft sein wird. Außerdem muss beachtet werden, dass viele neue Verfahren mit komplexen Abläufen Stand der Technik werden. Für die Konstrukteure sind dies also große Herausforderungen, insbesondere dann, wenn die Komplexität neuer Produkte und deren Entwicklungszeiten betrachtet werden. Eine Übersicht wichtiger **Produkteigenschaften**, die der Konstrukteur kennen sollte, enthält Bild 23.1. Von den angegebenen Gestaltungsrichtlinien wird der Konstrukteur auf Grund seiner Erfahrungen jeweils nur die produktspezifischen anwenden und deren Auswirkungen beim Entwerfen beachten.

23 Gestaltungsrichtlinien

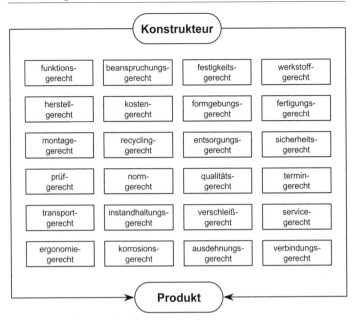

Bild 23.1: Konstrukteur und Produkteigenschaften [3]

Die Übersicht ist weder vollständig noch Aufforderung, sondern eine Orientierungshilfe, die insbesondere Erfahrungshinweise geben will. Die Bedeutung liegt eher in der Kenntnis und sinnvollen Auswahl der Gestaltungsrichtlinien.

Konstrukteure müssen in der Regel einige Gestaltungsrichtlinien für alle Maschinenbauprodukte anwenden, wie z. B. fertigungsgerecht, werkstoffgerecht und funktionsgerecht. Hinzu kommen produktspezifische Gestaltungsrichtlinien für Produktbereiche mit z. B. vorwiegend mechanischen, elektromechanischen, mechatronischen, thermischen oder optischen Komponenten, die einzuhalten sind.

Die Berücksichtigung aller Richtlinien ist weder möglich noch sinnvoll, da Qualität, Zeit und Kosten in der Konstruktion durch solch eine Vorgehensweise nicht optimierbar sind. Außerdem ergeben sich durch die ständige Weiterentwicklung der Technik neue Erkenntnisse und Erfahrungen, deren Anwendung bessere Produkte ergibt.

Wichtige Gestaltungsrichtlinien enthalten die folgenden Abschnitte. Für hier nicht behandelte Gestaltungsrichtlinien enthalten die Literaturangaben Hinweise.

23.1 Funktionsgerechte Gestaltung

Funktionen und Anforderungen ergeben sich als wesentliche Punkte einer Konstruktion schon in der ersten Konstruktionsphase aus der Umsetzung der Aufgabenstellung in eine Anforderungsliste. [3]

> **Funktionsgerechtes Gestalten** bedeutet die vollständige Erfüllung der Anforderungen, die für Einsatz und Anwendung von Produkten erforderlich sind.

Die Funktionen müssen vom Konstrukteur vollständig erkannt und in ein geeignetes Lösungsprinzip umgesetzt werden. In der Gestaltung sind die Funktionen durch Teile zu realisieren, die die notwendigen Abmessungen, Funktionsflächen und technischen Eigenschaften haben. Zu beachten sind natürlich auch die Kosten und die produktspezifischen Anforderungen.

Beim manuellen Konstruieren werden die Entwicklungsstufen als Grobentwurf, Feinentwurf und Detaillierung bezeichnet. Einzelteilzeichnungen enthalten die Teile mit allen Angaben für die Herstellung. Rohteile sind je nach Fertigungsverfahren neu zu zeichnen oder mit Strich-Zweipunktlinien in das Fertigteil zu zeichnen.

Beim rechnerunterstützten Konstruieren erfolgt die Gestaltung von Teilen in der Entwurfsphase über die Entwicklungsstufen Funktionsteil, Rohteil und Fertigteil, die sich insbesondere für Serienteile bewährt haben. Für das Modellieren mit 3D-CAD-Systemen wird definiert:

Ein **Funktionsteil** ist die geometrische Darstellung der Bauteilstruktur mit allen Elementen und Informationen für die geforderten Funktionen.

Ein **Rohteil** ist die geometrische Darstellung eines Teiles mit Abmessungen, Bearbeitungszugaben und einer herstellungsgerechten Formgestaltung für ein bestimmtes Material, sodass daraus ein Fertigteil hergestellt werden kann.

Ein **Fertigteil** ist die geometrische Darstellung eines Bauteils mit allen Angaben und Merkmalen für die Herstellung und für den funktionsgerechten Einsatz.

Beispiele sind Guss- und Schmiedeteile, für die Konstruktion, Rohteillieferant und Fertigung eine geeignete Prozesskette entwickeln.

Funktionsgerecht bedeutet auch, dass alle geforderten Funktionen eines fertigen Produkts zu erfüllen sind. Dies gilt für technische und wirtschaftliche Funktionen, wie z. B. Realisierung der geforderten Eigenschaften für Einsatz und Anwendung, Bedienung und Verbrauch von Energie, Nutzen für den Anwender beim Produktgebrauch usw.

23.2 Beanspruchungsgerechte Gestaltung

Beanspruchung und Festigkeit sind wichtige Eigenschaften, die ein Produkt im Einsatz erfüllen muss. Mechanische, thermische, chemische und weitere physikalische Belastungen müssen vom Konstrukteur erkannt und durch eine beanspruchungsgerechte Gestaltung der Konstruktion berücksichtigt werden. Schäden durch Bruch, unzulässige Verformung, unzulässigen Verschleiß oder Korrosion sind dadurch zu vermeiden.

> **Beanspruchungsgerecht Gestalten** bedeutet für ein geeignetes physikalisches Prinzip die Festlegung einer günstigen Geometrie und eines geeigneten Werkstoffes für optimale Tragfähigkeit bei minimalem Werkstoffaufwand.

Beanspruchungsgerecht gestaltete Bauteile haben im Idealfall überall gleiche Spannungen, keine Schwachstellen durch ungünstige Querschnitte und keine Materialanhäufungen.

Die Tragfähigkeit eines Bauteils ergibt sich aus der geometrischen Form und aus dem Werkstoff, wobei die vier Grundbeanspruchungsarten durch Längskraft, Biegung, Schub und Torsion die Querschnittsform beeinflussen. [6]

Die Festigkeit ist beim Gestalten so zu berücksichtigen, dass Abmessungen und Werkstoffkennwerte entsprechend den gegebenen Belastungen berechnet und festgelegt werden.

Verformungen sind ebenfalls maßgebend für die Dimensionierung eines Bauteils, um Durchbiegungen von Wellen, Aufhebung von Spiel, Wärmedehnungen oder das Entstehen von Schwingungen durch unzulässige Werte zu vermeiden.

Wichtige Regeln für das beanspruchungsgerechte Gestalten [8]:

- Geeignete Werkstoffe für die Bauteile wählen
- Werkstoffanhäufungen vermeiden, wo sie nicht erforderlich sind
- Kräfte möglichst auf kurzem Weg übertragen
- Kräfte bei elastischen Bauteilen auf langen Wegen übertragen
- Gleichmäßige Kraftübertragung pro Flächeneinheit anstreben
- Zug- oder druckbeanspruchte stabförmige Bauteile anstreben
- Kraft- und Momentenausgleich anstreben
- Kerben an hoch beanspruchten Querschnitten vermeiden
- Unterschiedliche Spannungsarten in Bauteilen vermeiden
- Ungleichmäßige Spannungsverteilungen vermeiden

Einige einfache Beispiele enthält Bild 23.2.

K_T	Gestaltungsrichtlinie Beanspruchungsgerechte Gestaltung	Blatt-Nr.: 1 / 1

Verfahren: Beanspruchung und Festigkeit geeignet festlegen

Grundsatz: Kräfte und geometrische Gestalt abstimmen

Aufgabe / Fehler	Lösung / Verbesserung	Erklärung / Regel
Kraftumleitung 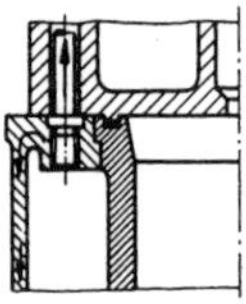	Direkte Kraftleitung 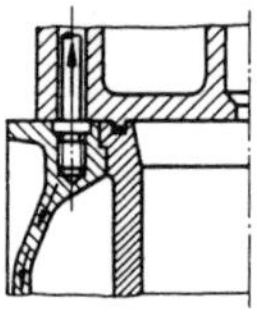	Kräfte auf möglichst kurzen Wegen übertragen, wenn Formstabilität gewünscht wird.
Federwirkung schlecht 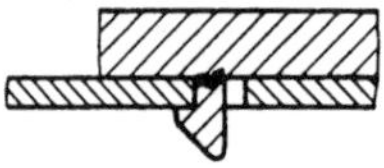	Federwirkung gut 	Kräfte auf langen Wegen übertragen, wenn Federwirkungen gewünscht sind.
Kraftübertragung ungleichmäßig 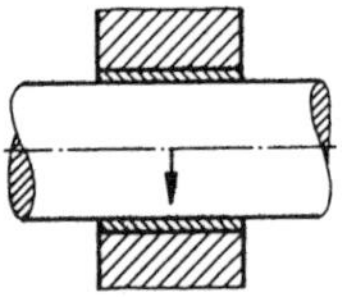	Kraftübertragung gleichmäßig 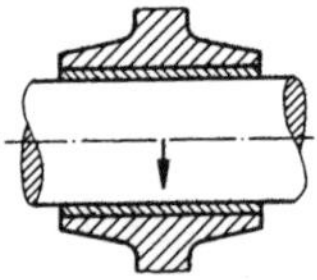	Kraftüberleitungsbereiche so gestalten, dass eine gleichmäßige Kraftübertragung pro Flächeneinheit erreicht wird.
Werkstoffanhäufung 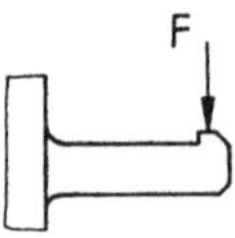	Werkstoffanhäufung beseitigt 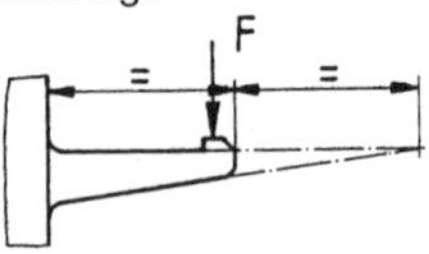	Gleichmäßige Spannungsbeanspruchung von Bauteilen anstreben.

Bild 23.2: Beanspruchungsgerechte Gestaltung – Beispiele [8]

23 Gestaltungsrichtlinien 421

23.3 Werkstoffgerechte Gestaltung

Die Gestaltung mit Werkstoffen erfolgt nach den geforderten Eigenschaften im Einsatz durch die Beanspruchung, den zulässigen Kosten, der sicheren Funktionserfüllung, dem Gewicht, der Entsorgung und nach den Fertigungsverfahren.

> Beim **werkstoffgerechten Gestalten** werden Eigenschaften und Art des Werkstoffes so festgelegt, dass günstige Werkstoffeigenschaften genutzt und nachteilige ausgeglichen werden.

Die Werkstoffe Stahl, Gusseisen, Kunststoffe und keramische Werkstoffe werden im Maschinenbau nach Erfahrungen häufig eingesetzt. Wichtige Eigenschaften der Werkstoffe sind statische Festigkeit, dynamische Festigkeit, Zähigkeit, Warmfestigkeit, Steifigkeit, Verschleißfestigkeit und Korrosionsfestigkeit, für die entsprechende Kennwerte und Anwendungserfahrungen vorliegen. [10]

Besondere Bedeutung haben die Kosten, die als Materialkosten der größte Anteil der Herstellkosten sind und deshalb insbesondere bei großen Stückzahlen oder komplexen Bauteilen sehr wichtig sind.

Für Maschinenelemente sind viele werkstoffgerechte Gestaltungshinweise und Erfahrungswerte in der Fachliteratur vorhanden, die in der Regel von Konstrukteuren genutzt werden.

Weniger bekannt sind Gestaltungsregeln für **Technische Keramik**, die deshalb hier mit ersten Begriffen und einfachen Beispielen vorgestellt werden sollen. Keramische Werkstoffe sind anorganisch und nichtmetallisch. In der Regel werden sie bei Raumtemperatur aus einer Rohmasse geformt und erhalten ihre typischen Werkstoffeigenschaften durch einen Sintervorgang bei hohen Temperaturen. [7]

KG

Das Konstruieren mit keramischen Werkstoffen erfordert eine grundlegend andere Vorgehensweise als bei der Konstruktion mit Metall. Es sind andere Konstruktionsprinzipien, Berechnungs- und Fügeverfahren anzuwenden. Einfache Beispiele enthält Bild 23.3.

Das werkstoffgerechte Gestalten wird entsprechend dem Grundsatz der Definition durch den Vergleich von Ausführungen in Stahl und in Kunststoff mit verschiedenen Beispielen in Bild 23.4 gezeigt.

Grundsätzlich sollten Konstrukteure die Beratungs- und Informationsangebote der Lieferanten und der Fachverbände intensiv nutzen, und zwar bereits in der Entwicklung, um wertvolle Zeit und Kosten zu sparen.

Da die **Werkstoffauswahl** aus konstruktiver Sicht ein wichtiger Bereich ist, wird im Kapitel 18 die Vorgehensweise ausführlich erklärt.

	Gestaltungsrichtlinie Keramikgerechte Gestaltung	Blatt-Nr.: 1 / 1

Verfahren: Grundregeln für die Gestaltung von Keramik-Bauteilen

Grundsatz: Einfache und herstellungsgerechte Formen

Aufgabe / Fehler	Lösung / Verbesserung	Erklärung / Regel
Hinterschneidungen 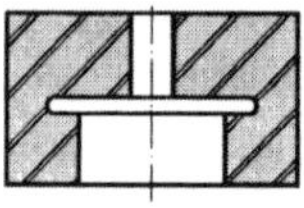	Modulbauweise 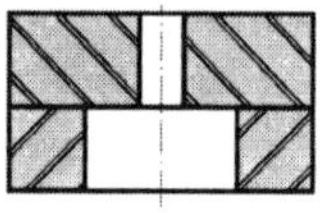	Einfache Formen anstreben, Modulbauweise bervorzugen
Komplizierte Hohlräume 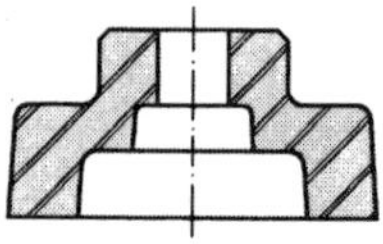	Keine Hohlräume zur Masseersparnis 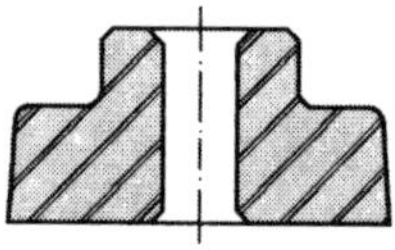	Einfache Formen anstreben, Modulbauweise bevorzugen
Materialanhäufungen 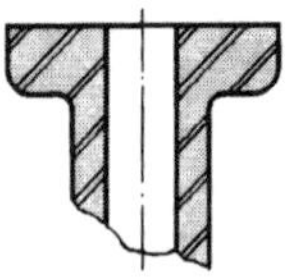	Keine dicken Ränder bei Formteilen 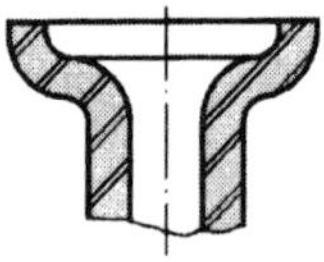	Materialanhäufungen vermeiden
Bearbeitungsflächen zu groß 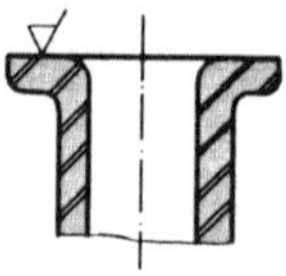	Bearbeitungsflächen abheben 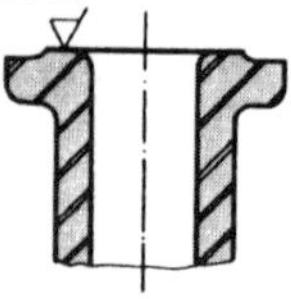	Nachbearbeitung minimieren, Bearbeitungsflächen gering halten und ggf. abheben

Bild 23.3: Keramikgerechte Gestaltung – Beispiele [7]

23 Gestaltungsrichtlinien

K_T	Gestaltungsrichtlinie Werkstoffgerechte Gestaltung	Blatt-Nr.: 1 / 1

Verfahren: Bauteile aus Stahl oder Kunststoff gestalten

Grundsatz: Vorteilhafte Werkstoffeigenschaften nutzen, nachteilige ausgleichen

Aufgabe / Fehler	Lösung / Verbesserung	Erklärung / Regel
Stahlgelenk 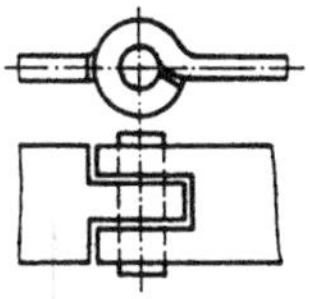	Kunststoffgelenk 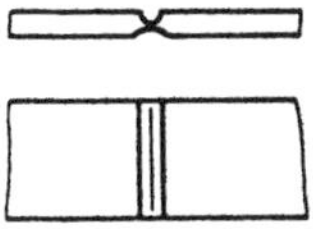	Bauteile gleicher Funktion werden entsprechend den Anforderungen nach den Werkstoffeigenschaften gestaltet.
Stahlgelenkwelle 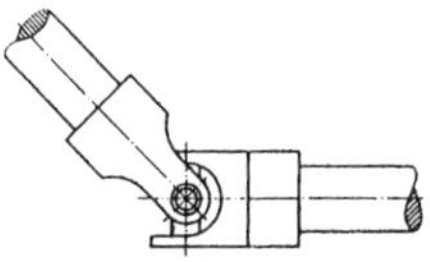	Kunststoffgelenkwelle 	Bauteile gleicher Funktion werden entsprechend den Anforderungen nach den Werkstoffeigenschaften gestaltet.
Stahlfeder 	Kunststofffeder 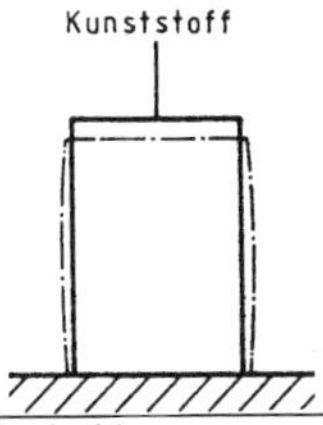	Federwege sind abhängig vom E-Modul, der bei Stahl größer ist als bei Kunststoff und längere Stahlfedern ergibt.
Wäscheklammer aus Stahl 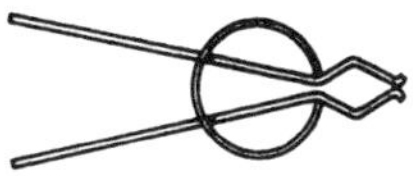	Wäscheklammer aus Kunststoff 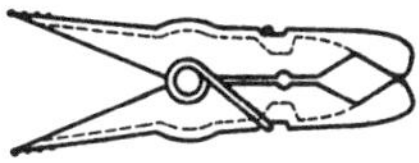	Materialeigenschaften für die Gestaltung nutzen.

Bild 23.4: Werkstoffgerechte Gestaltung – Beispiele [8]

23.4 Fertigungsgerechte Gestaltung

Das Fertigungsverfahren sollte so gewählt werden, dass die Herstellung ohne besonderen Aufwand möglich ist. Damit ist dann gleichzeitig gewährleistet, dass ein fertigungsgerecht entworfenes Bauteil auch ein kostengünstiges Bauteil ist. Der Konstrukteur sollte also z. B. bei Gussteilen die Freimaßtoleranzen für Gussrohteile beachten und nicht die für spanende Bearbeitung einsetzen. Ebenso ist zu beachten, dass nur die Flächen bearbeitet werden, die für die Funktion notwendig sind. [3]

> Beim **fertigungsgerechten Gestalten** werden Gestalt und Werkstoff des zu entwerfenden Produkts so festgelegt, dass mit den vorgesehenen Fertigungsverfahren eine kostengünstige und problemlose Herstellung in guter Qualität erreicht wird.

Die Gestalt der Werkstücke wird entsprechend den Beanspruchungen und Funktionen insbesondere durch die Fertigungsverfahren festgelegt, die für die Herstellung erforderlich sind. Die Fertigung von Werkstücken erfolgt nach **Fertigungsverfahren**, wie sie in der DIN 8580 in sechs Hauptgruppen aufgeführt sind: Urformen, Umformen, Trennen, Fügen, Beschichten, Stoffeigenschaft ändern. Alle bekannten Fertigungsverfahren sind diesen Hauptgruppen zugeordnet.

Konstrukteure können fertigungsgerecht gestalten, wenn sie gute Kenntnisse der Fertigungsverfahren haben und wenn sie sich rechtzeitig mit Mitarbeitern der zu einer Produktion gehörenden Betriebsbereiche zusammensetzen, wie

- Materialwirtschaft
- Arbeitsvorbereitung
- Fertigung
- Montage und
- Qualitätswesen.

Dazu gehören auch Rohteillieferanten und Zulieferfirmen, um gemeinsam gute fertigungsgerecht gestaltete Werkstücke zu erarbeiten.

Die Anwendung der **Grundregeln** „einfach" und „eindeutig" ergeben in Verbindung mit fertigungsgerecht bereits eine sichere Grundlage für eine gute Gestaltung. Eine einfache und eindeutige Fertigung von Werkstücken ist in jedem Fall vorteilhaft, weil diese sicher beherrscht wird.

Ein weiterer Gesichtspunkt sind die firmenspezifischen Werknormen und Erfahrungen. Konstrukteure sollten deswegen regelmäßig Kontakte zur Fertigung pflegen, um deren Fertigungskenntnisse schon bei der Entwurfsarbeit zu berücksichtigen.

Auch wenn manchmal der Eindruck entsteht, dass der Konstrukteur sich eigentlich um alles kümmern muss, was die Umsetzung seiner Ideen in Produkte betrifft, so ist dies bisher häufig noch der sicherste Weg zum Erfolg eines Produkts. Deshalb ist es auch üblich, dass Konstrukteure neben der Einzelteilgestaltung die Baugruppen für Erzeugnisse festlegen und sich überlegen, welche Teilearten gefertigt und welche gekauft werden.

Fertigungsgerechte Gestaltung umfasst in der Regel:

- Erzeugnisgliederung nach Baugruppen und Einzelteilen
- Eigenfertigung oder Fremdfertigung von Werkstücken
- Zulieferteile und Rohteile
- Teilearten als Neu-, Wiederhol- oder Normteile
- Fertigungsabläufe und Fertigungsverfahren
- Stückzahl für Massen-, Serien- oder Einzelfertigung
- Fertigungsmittel und Qualität
- Werkstoffwahl und Materialwirtschaft
- Qualitätsprüfung
- Zeichnungsangaben

Diese Einflussgrößen zeigen den Umfang erforderlicher Kenntnisse, die hier nur teilweise vorgestellt werden. [3]

Fertigungsorientierte Erzeugnisgliederung

Die Gliederung eines Erzeugnisses in Baugruppen, Fertigungseinzelteile oder Normteile muss beim Entwerfen überlegt und geplant werden:

- Der Konstrukteur legt fest, welche Gestalt die Bauteile erhalten, indem er Flächen und Linien zu Körpern verbindet und mit Formelementen ergänzt. Dabei erkennt er, ob ein Bauteil gefertigt werden muss, ob es als Zulieferteil oder Normteil gekauft werden kann oder ob ein Bauteil aus anderen Konstruktionen als Wiederholteil eingesetzt werden kann.

- Der Konstrukteur gestaltet Fügestellen und Verbindungen und gliedert seinen Entwurf in sinnvolle Baugruppen, damit Fertigung und Montage einfach und eindeutig möglich sind. Dabei überprüft er natürlich, ob nicht Baugruppen vollständig übernommen oder als Zulieferkomponenten beschafft werden können.

- Der Konstrukteur legt unter Berücksichtigung der Stückzahl fest, welche Werkstoffe, Toleranzen, Passungen, Oberflächenbeschaffenheiten und Prüfpläne für die Qualitätssicherung geeignet sind.

Fertigungsgerechte Werkstückgestaltung

Die Werkstückgestaltung nach fertigungstechnischen Regeln ist besonders wichtig, da alle Bauteile für Produkte hergestellt werden müssen. Da damit gleichzeitig Kosten, Zeiten und die Qualität von Produkten beeinflusst werden, müssen Konstrukteure die möglichen Fertigungsverfahren gut kennen. Entsprechend den bereits genannten Kriterien werden auf den Fertigungszeichnungen, die in der Ausarbeitungsphase erstellt werden, alle wichtigen Größen der Bauteile festgelegt. Deshalb ist es sehr wichtig, schon in der Entwurfsphase die notwendigen Fragen einer fertigungsgerechten Gestaltung umfassend zu klären. [3]

Auch hier gelten die bekannten Regeln: Grundlagenkenntnisse aus Büchern, Fachkenntnisse aus Fachzeitschriften und Firmenprospekten entnehmen, Seminare besuchen, rechtzeitig Fachleute der Produktion und der Lieferanten einschalten und dann nach den bewährten Erfahrungen entscheiden. Sehr gute Informationen stellen auch die Fachverbände bereit, die mit Broschüren, Programmen, Seminaren, Lieferantenverzeichnissen und fachlicher Beratung den Konstrukteur unterstützen.

Gestaltungsrichtlinien zum Fertigungsgerechten Gestalten von Werkstücken sind umfangreich im Schrifttum vorhanden. Fast alle Maschinenelementebücher enthalten Richtlinien zur Gestaltung, außerdem gibt es einige Fachbücher, die umfangreiche Beispielsammlungen enthalten. Deswegen sollen diese hier nicht wiederholt werden. Da es sich bei den Beispielen zur Werkstückgestaltung um Erfahrungen handelt, die die Vorteile der Verfahren nutzen, sind stets nur die aktuellen Richtlinien entsprechend dem ständigen Fortschritt in der **Fertigungstechnik** anzuwenden, die mit modernen **Werkzeugmaschinen** möglich sind. [4]

Fertigungsgerechte Gestaltung ist nur dann gegeben, wenn alle Gesichtspunkte des gewählten Fertigungsverfahrens mit den neuesten Erkenntnissen unter Beachtung der Wirtschaftlichkeit genutzt werden. Dies ist aber nur in Gesprächen mit Fertigungsfachleuten möglich, die die neuesten Fertigungsverfahren kennen.

Konstrukteure sammeln eigene Erfahrungen und schätzen gut aufbereitete, systematisch zusammengestellte Übersichten, wenn diese helfen, Lösungen für Teilaufgaben zu finden, die in der Regel unter Termindruck gelöst werden müssen. Gleichzeitig sollten eigene Erkenntnisse ständig aktuell eingearbeitet werden können.

Beispiele dafür sind **Arbeitsblätter** für das fertigungsgerechte Gestalten, die in Bild 23.5 für **Drehbearbeitung**, in Bild 23.6 für **Bohrbearbeitung** und in Bild 23.7 für **Fräsbearbeitung** dargestellt sind. Zu beachten sind die angegebenen Verfahren und Grundsätze, da es sich jeweils um Teilprozesse handelt, die der Konstrukteur entsprechend den Anforderungen für die gesamte Aufgabe anwenden muss und bei Bedarf ergänzen kann.

23 Gestaltungsrichtlinien

K_T	Gestaltungsrichtlinie Fertigungsgerechte Gestaltung	Blatt-Nr.: 1 / 1
Verfahren: Drehbearbeitung von Werkstücken		
Grundsatz: Werkzeugeinsatz und Spanvorgang optimieren		

Aufgabe / Fehler	Lösung / Verbesserung	Erklärung / Regel
Werkzeugauslauf beachten 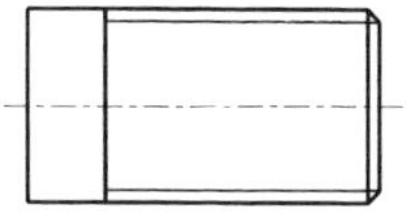	Gewindefreistich vorsehen 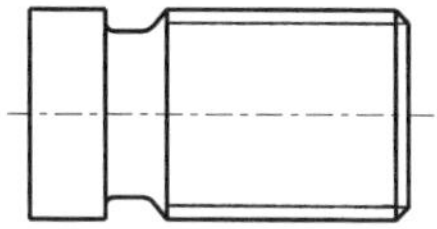	Eindeutige Übergänge zwischen Gewinde und Wellendurchmesser
Übergangsradien stören Werkzeugauslauf 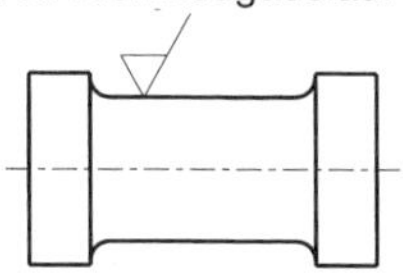	Freistiche an Wellenschulter vorsehen 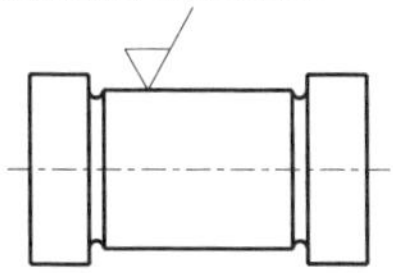	Eindeutige Bearbeitungsflächen für Werkzeuge durch Freistiche schaffen
Innendurchmesser mit Absatz stört Werkzeugauslauf 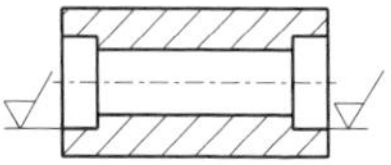	Innendurchmesser ohne Absatz vorsehen 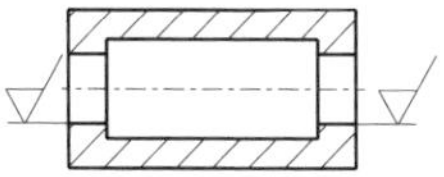	Einfache Bearbeitung gleich großer Innendurchmesser in einer Aufspannung
Außendurchmesser für Lagersitze und Zahnräder mit gleichem Durchmessermaß 	Angepasste Durchmesser und Längen für Lager und Zahnräder 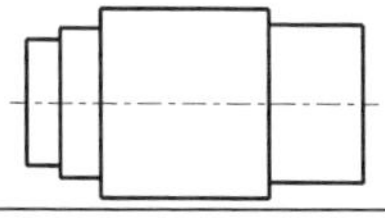	Maße mit Toleranzen für Funktionen der Durchmesser und Längen von Wellenabsätzen festlegen

Bild 23.5: Fertigungsgerechte Gestaltung – Drehbearbeitung [3]

Konstruktion und Gestaltung

	Gestaltungsrichtlinie Fertigungsgerechte Gestaltung	Blatt-Nr.: 1 / 1
Verfahren: Bohrbearbeitung von Werkstücken		
Grundsatz: Werkzeugeinsatz und Spanvorgang optimieren		
Aufgabe / Fehler	Lösung / Verbesserung	Erklärung / Regel
Bei schräg liegenden Flächen verlaufen die Bohrer oder brechen ab 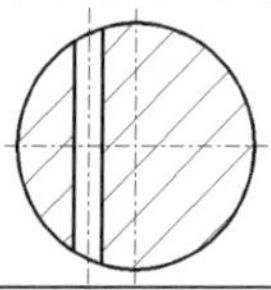	Ansatz- und Auslaufflächen zum Bohren schaffen 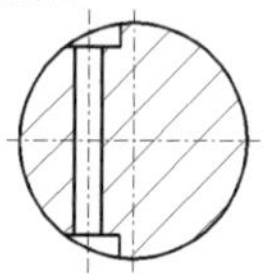	Ansatz- und Auslaufflächen senkrecht zur Bohrungsmitte anordnen
Sacklöcher ohne Bohrkegelspitze 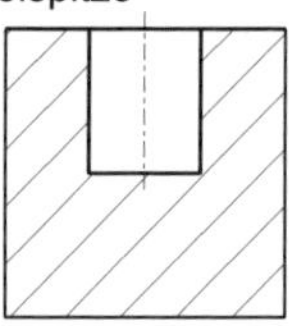	Sacklöcher mit Bohrkegelspitze 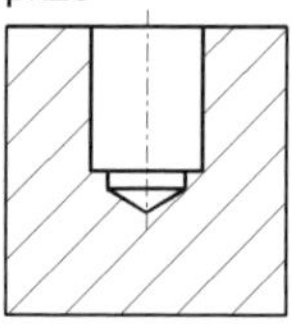	Sacklochgrund nur als Ringfläche nutzen
Keine durchgehenden Bohrungen; ein Sackloch 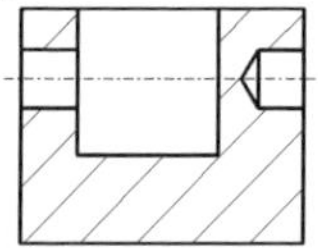	Durchgehende Bohrungen 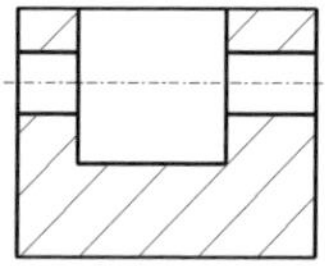	Durchgangsbohrungen statt Sacklöchern vorsehen
Kein Auslauf für Bohrwerkzeuge 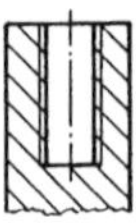	Auslauf vorhanden 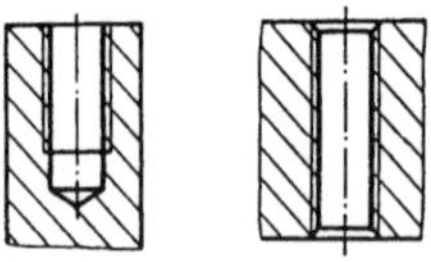	Gewindebohrungen mit Kernlochtiefe > Gewindetiefe, durchgehendes Gewinde oder Gewindetiefe 1,5 × Gewindedurchmesser

Bild 23.6: Fertigungsgerechtegerechte Gestaltung – Bohrbearbeitung [3]

23 Gestaltungsrichtlinien 429

K_T	Gestaltungsrichtlinie Fertigungsrechte Gestaltung	Blatt-Nr.: 1 / 1

Verfahren: Fräsbearbeitung von Werkstücken

Grundsatz: Werkzeugeinsatz und Spanvorgang optimieren

Aufgabe / Fehler	Lösung / Verbesserung	Erklärung / Regel
Flächen nicht in gleicher Höhe 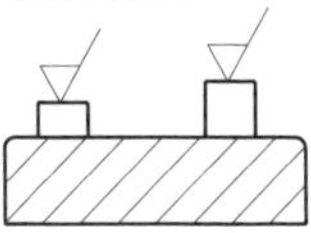	Flächen auf gleicher Höhe anordnen 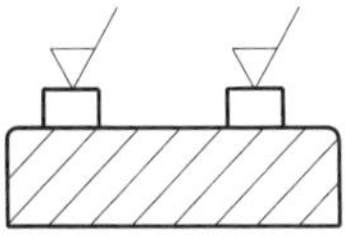	Höhenunterschiede von Flächen in einer Bearbeitungsebene vermeiden
Bearbeitungsflächen nicht rechtwinklig zueinander 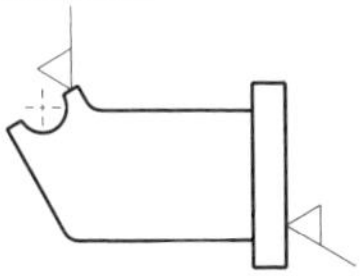	Bearbeitungsflächen rechtwinklig zueinander angeordnet 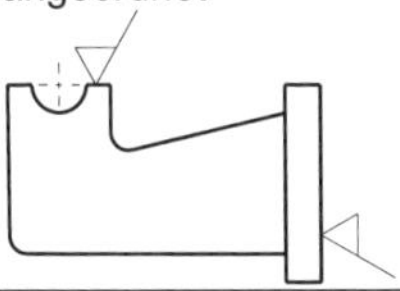	Bearbeitungsflächen rechtwinklig zueinander und parallel zur Aufspannung legen
Spannen des Werkstücks ohne sichere Abstützung 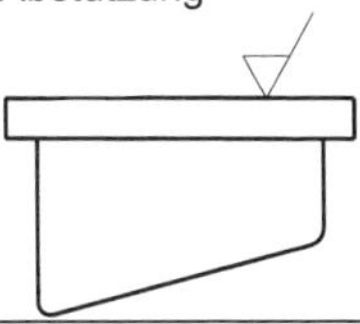	Sicheres Spannen mit angegossener Stütze 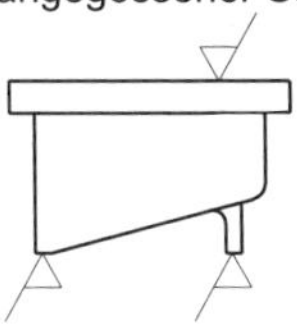	Geeignete Flächen zum Spannen vorsehen, die als Stützen leicht wieder entfernt werden können
Werkzeugauslauf nicht möglich 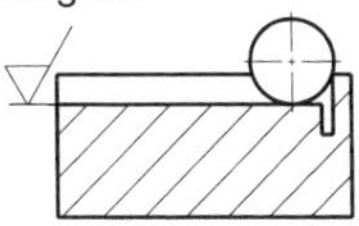	Werkzeugauslauf möglich 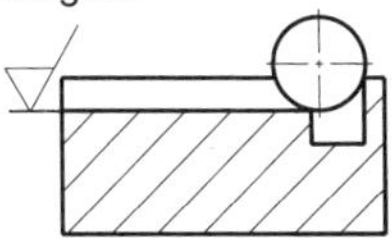	Bearbeitungsflächen so anordnen, dass Werkzeugauslauf möglich ist

Bild 23.7: Fertigungsgerechtegerechte Gestaltung – Fräsbearbeitung [3]

23.5 Montagegerechte Gestaltung

Beim **montagegerechten Gestalten** werden Einzelteile und Baugruppen eines Produkts so angeordnet und aufgebaut, dass durch manuelle oder automatisierte Montage mit minimalem und wirtschaftlichem Aufwand alle Produktfunktionen eindeutig festgelegt sind.

Um dies zu erreichen, sind einige Maßnahmen und Erfahrungen zu beachten, die schon während der Entwurfsphase zu überlegen sind [3]:

- Bauteilemontage zu Baugruppen möglichst problemlos
- Anzahl der zu montierenden Bauteile reduzieren
- Anzahl der Fügeseiten und Fügerichtungen reduzieren
- Kurze und geradlinige Montagewege ermöglichen
- Schlaffe Fügeteile vermeiden bzw. steife Fügeteile anstreben
- Greifen von Fügeteilen erleichtern
- Zuführen von Bauteilen erleichtern
- Positionieren von Bauteilen problemlos ermöglichen
- Fügen von Bauteilen durch einfache Verbindungen anstreben
- Positionier- und Justierhilfen (z. B. Fasen) vorsehen
- Fügevorgänge überprüfbar gestalten
- Vorhandene Montageeinrichtungen beim Gestalten beachten
- Anpassaufgaben vermeiden

Diese beispielhaft aufgelisteten Maßnahmen sind natürlich erst dann zu realisieren, wenn der Konstrukteur sich mit den Funktionen, Tätigkeiten und Abläufen von Montageabteilungen beschäftigt hat. Insbesondere Berufsanfänger können in der **Montageabteilung** am besten ein Unternehmen kennen lernen, da dort viele Fehler und Schwächen der Mitarbeiter aller Abteilungen sowie der Aufbau- und Ablauforganisation auftreten und trotzdem qualitätsgerechte Produkte termingerecht produziert werden müssen.

Einige grundlegende Hinweise zum **Montagebereich** sollen einen ersten Einblick geben. Insgesamt muss jedoch beachtet werden, dass die Montage ein sehr umfangreicher und schwieriger Bereich ist, da von der manuellen Montage bis zur automatisierten Montage viele Kriterien zu beachten sind. Einerseits stellen Montageautomaten und Roboter an die Montagegerechte Gestaltung üblicherweise höhere Anforderungen als eine manuelle Montage, andererseits haben Monteur und Montageroboter aber auch sehr ähnliche Schwächen, sodass man die Betrachtungen der Montagearten gemeinsam durchführen kann. Wie Beispiele zeigen, sind Gestaltungsmaßnahmen, die einer Montage mit Automaten entgegenkommen, auch für manuelle Montagevorgänge von Vorteil.

In der **Montage** gibt es grundsätzliche Vorgänge und Abläufe, die schon bei der Entwurfsarbeit beachtet werden sollten. Dafür sind folgende Begriffe und Zusammenhänge hilfreich. [3]

> **Montieren** ist die Gesamtheit aller Vorgänge, die dem Zusammenbau von geometrisch bestimmten Körpern dienen. Dabei kann nach VDI 2860 zusätzlich formloser Stoff wie Dichtmittel, Schmiermittel oder Kleber eingesetzt werden. Die Hauptfunktion der Montage ist das Fügen.
>
> **Handhaben** bedeutet zwei oder mehrere Bauteile in eine bestimmte räumliche Anordnung (Position und Orientierung) zu bringen, um durch Fügen diese gegenseitige Beziehung gegen äußere Störungen zu sichern.
>
> **Fügen** nennt man das dauerhafte Verbinden von zwei oder mehr geometrisch bestimmten Körpern oder von geometrisch bestimmten Körpern mit formlosem Stoff (DIN 8593). Als Nebenfunktionen der Montage werden Tätigkeiten durchgeführt, die vor oder nach dem Fügen erforderlich sind, wie Handhaben oder Prüfen.
>
> **Prüfen** stellt sicher, dass der Zusammenbau wie geplant erfolgt ist.

Die **Vormontage** von Einzelteilen zu Baugruppen wird bei komplexen Produkten mit vielen Bauteilen vorteilhaft angewendet und sollte schon in der Entwurfsphase durch einen modularen Aufbau der Baugruppen berücksichtigt werden. Beispielsweise sollten Getriebewellen so gestaltet werden, dass sie mit Lagern, Zahnrädern und Dichtungen als Vormontagegruppe montiert und ohne besondere Vorrichtungen komplett eingebaut werden können.

Die Anwendung der montagegerechten Gestaltung erfolgt in der Regel erst in der letzten Phase der Entwurfsarbeiten, in der vorrangig die Daten für die Fertigungszeichnungen festgelegt werden. Die Montagegesichtspunkte können dann aus Zeitgründen häufig nicht mehr optimal berücksichtigt werden. Abhilfe schaffen Gespräche mit Mitarbeitern aus Montage, Planung, Fertigung und Betriebsmittelkonstruktion. Diese müssen unbedingt vor der Freigabe von Entwürfen für das Ausarbeiten durchgeführt werden.

Die Montage ist in der Anfangsphase der Konstruktion mehr zu beachten, um den Produktaufbau und die Teilegestaltung so zu beeinflussen, dass ein optimaler Montageprozess möglich ist. Dies erfordert die Zusammenarbeit von Konstruktion, Montage, Arbeitsvorbereitung und Fertigung schon am Anfang der Entwurfsphase neuer Produkte in einem Projektteam.

Um montagegerecht konstruieren zu können, muss der Konstrukteur wissen, unter welchen Voraussetzungen und Randbedingungen ein Monteur den Produktaufbau in der Montage durchführt. Regelmäßige Abstimmungen mit den Monteuren in der Montage und gemeinsame Gespräche während der Entwurfsarbeiten im Konstruktionsbüro führen zu besseren Produkten und reduzieren den Änderungsaufwand.

Das montagegerechte Konstruieren kann man nicht dadurch lernen, dass man darüber liest, sondern es muss praktiziert werden.

Gestaltungsrichtlinien zur montagegerechten Gestaltung

Richtlinien zum montagegerechten Gestalten sind umfangreich in mehreren Fachbüchern zu finden. Die wesentlichen Richtlinien lassen sich von den Grundregeln „einfach" (vereinfachen, vereinheitlichen, reduzieren), „eindeutig" (Vermeidung von Über- und Unterbestimmungen) und „sicher" (sicheres Handhaben, Fügen und Prüfen) ableiten.

Die Erfahrungen aus vielen Konstruktionen sind in umfangreichen Tabellen mit montagegerechter und nicht montagegerechter Gestaltung als Anregungen vorhanden. Die Bilder 23.8, 23.9 und 23.11 zeigen Beispiele. Außerdem sollten die Einbauhinweise von Unterlieferanten genutzt werden, die z. B. für Wälzlager, Dichtungen oder Messsysteme vorhanden sind und als Erfahrungen unbedingt beachtet werden müssen.

Für die Gestaltung montagegerechter Einzelteile gilt:

- Teile so gestalten, dass Ordnen der Teile vor der Montage entfällt.
- Lage und Orientierung der Teile durch äußere Merkmale, wie z. B. symmetrische Gestalt, vereinfachen.
- Positionieren durch Fasen, Einführschrägen, Senkungen, Führungen usw. erleichtern.
- Fügestellen gut zugänglich für Werkzeuge und Beobachtung des Montagevorgangs gestalten.

Für die Gestaltung montagegerechter Baugruppen gilt:

- Erzeugnisgliederung mit übersichtlichen, prüfbaren Baugruppen aufbauen, um Montageoperationen mit einfachen Bewegungsarten durchzuführen.
- Toleranzen funktionsgerecht, aber nicht zu eng wählen (keine „Angsttoleranzen").

23 Gestaltungsrichtlinien 433

- Demontage und Recycling bei der Gestaltung beachten.
- Durch gute Zugänglichkeit Einstellvorgänge vereinfachen oder vermeiden.
- Zahl der Einzelteile und der Fügestellen reduzieren.
- Wiederholbaugruppen gestalten.

Das **montagegerechte Gestalten** beginnt mit dem Entwurf einer Baugruppe oder eines Produkts und endet nach dem Erstellen der Baugruppen- oder Hauptzeichnung mit den dazugehörigen Stücklisten sowie einer Erzeugnisgliederung. Der Konstrukteur achtet bei der Gestaltung, Auswahl und Anordnung der Bauteile und bei der Einzelteilgestaltung auf das erforderliche Montieren und Demontieren, indem er gedanklich den Montagevorgang plant und überprüft. Dazu gehören das Untersuchen von Bauraum, Zugänglichkeit, Kollisionen, Werkzeugeinsatz, Montagevorrichtungen, Hilfsmittel, Wartung oder Service.

Nützlich sind gute Kenntnisse des Montageablaufs, die hier als Überblick noch einmal genannt werden:

- Die Montage beginnt mit einem Basisteil, das alle Fügeflächen, Formelemente und Abmessungen für die Aufnahme der Bauteile, Kaufteile und der vormontierten Baugruppen enthält.
- Das Basisteil ist mit den erforderlichen Formelementen und einheitlichen Verbindungselementen zu gestalten.
- Die Montage erfolgt durch einfache und eindeutige Fügebewegungen, möglichst nur in einer Fügerichtung.
- Die vormontierten Baugruppen lassen sich ohne Demontage fügen.
- Für den Einsatz von Montagevorrichtungen sind ausreichende Stabilität und gute Spannmöglichkeiten vorhanden.
- Alle Fügeoperationen sind ohne Spezialwerkzeuge möglich.
- Die Montagereihenfolge aller Einzelteile und Vormontagegruppen zu einem Produkt ist ohne besondere Hilfen durchführbar.
- Alle Montagearbeiten sind gut sichtbar und prüfbar zu erledigen.
- Die Demontage von Verschleißteilen wird berücksichtigt.
- Wartung und Service des Produkts sind einfach durchführbar.
- Alle Forderungen der Anforderungsliste sind nachweisbar erfüllt.

Als Beispiel soll ein Zahnradgetriebe betrachtet werden. Das Gehäuse als Basisteil nimmt die vormontierten Wellen mit Welle-Nabe-Verbindungen, Zahnrädern, Lagern, Dichtungen usw. auf. Einzelteile zur Schmierung, Deckel, Verschlussschrauben und Anzeigen sowie Transporthilfen lassen sich montieren und beim Gebrauch nutzen.

Gestaltungsrichtlinie – Montagegerechte Gestaltung

K_T | Blatt-Nr.: 1 / 1

Verfahren: Bauteile fügen

Grundsatz: Fügestellen reduzieren, vereinheitlichen und vereinfachen

Aufgabe / Fehler	Lösung / Verbesserung	Erklärung / Regel
Bohrung mit Deckel durch Schrauben verschließen 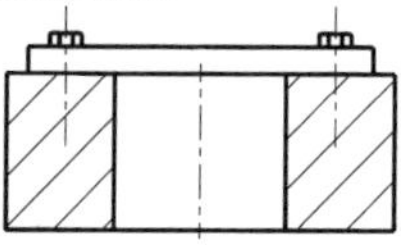	Klemmverschluss als Zulieferteil einsetzen 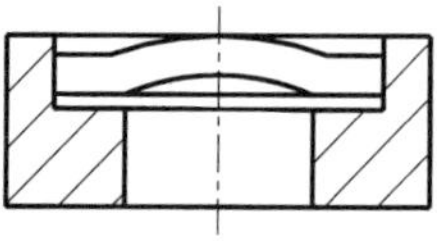	Verbindungselemente reduzieren, z. B. durch Klemm- oder Schnappverbindungen
Flanschfläche mit verschiedenen Gewinden 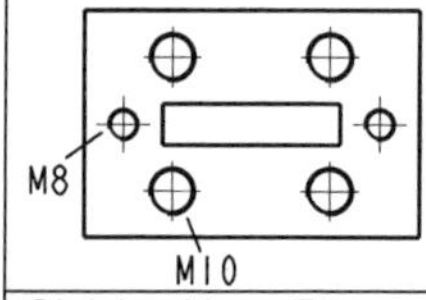 (M8, M10)	Alle Gewinde mit gleichem Durchmesser 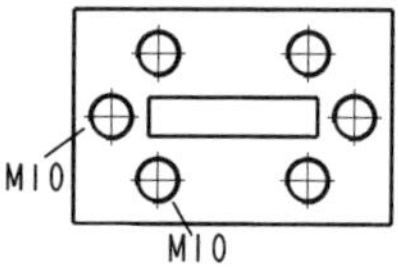 (M10)	Gleiche Gewinde an einem Werkstück auch für unterschiedliche Funktionen ergeben gleiche Verbindungselemente
Gleichzeitiges Fügen von zwei Verbindungen 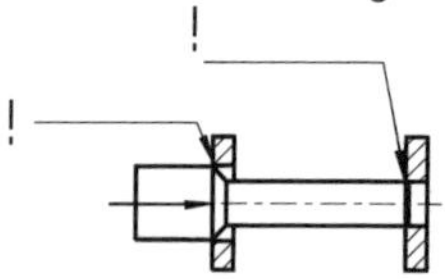	Fügen nacheinander durch längere Absätze 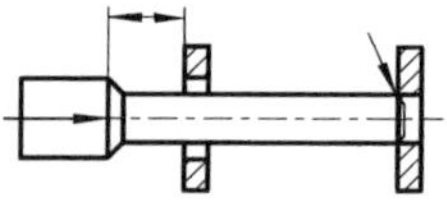	Gleichzeitiges Fügen an mehreren Stellen durch ein Bauteil vermeiden. Positionieren mit Fasen, Konus, Kugelkuppe vereinfachen
Doppelpassung durch falsche Maßtolerierung 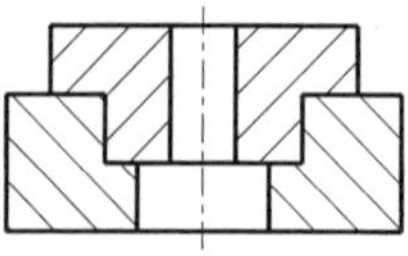	Eindeutige Position 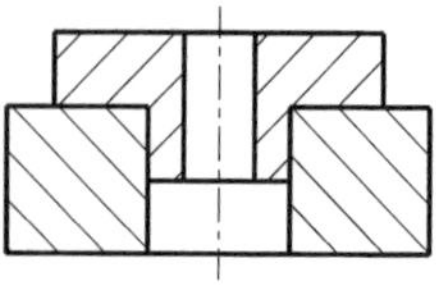	Zur eindeutigen Anordnung und zur Verringerung von Maßtoleranzen Doppelpassungen vermeiden

Bild 23.8: Montagegerechte Gestaltung – Beispiele [3]

23 Gestaltungsrichtlinien 435

K$_T$	Gestaltungsrichtlinie Montagegerechte Gestaltung	Blatt-Nr.: 1 / 1

Verfahren: Montageoperationen

Grundsatz: Montageoperationen reduzieren und vereinfachen

Aufgabe / Fehler	Lösung / Verbesserung	Erklärung / Regel
Zwei Fügerichtungen und unterschiedliche Montage 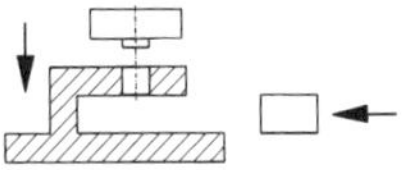	Eine Fügerichtung und einfachere Montage 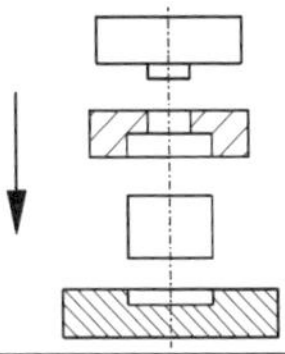	Eine Fügerichtung und einheitliche Montageverfahren anstreben
Montieren von mehreren Einzelteilen erfordert das Halten von mehreren Teilen 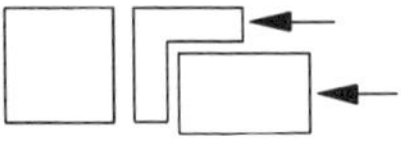	Vormontage von Werkstücken erleichtert das Halten 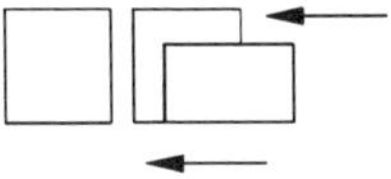	Gleichzeitiges Halten mehrerer Einzelteile vermeiden durch Vormontage oder Vorrichtungen
Zwei Werkstücke mit Verbindungselementen montieren 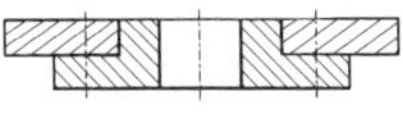	Ein Werkstück ohne Montageoperationen 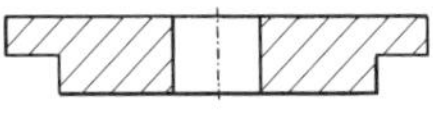	Teile zusammenfassen zu einem Teil durch Integral- oder Verbundbauweise vermeidet Montage
Positionieren von Schrauben ohne Fase 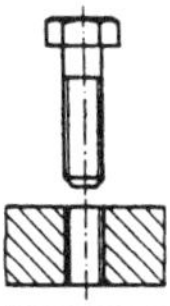	Einschraubvorgang vereinfachen 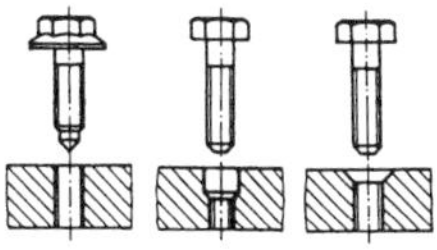	Fasen und Senkungen zum Vereinfachen der Montage vorsehen

Bild 23.9: Montagegerechte Gestaltung – Beispiele [3]

23.6 Toleranzgerechte Gestaltung

Toleranzen sind Abweichungen von der Idealgestalt, die bei der Herstellung von Teilen, Baugruppen oder Produkten zugelassen werden, um wirtschaftlich zu fertigen. Die Differenz zwischen dem Istmaß und dem Nennmaß ist eine **Abweichung**. Abweichungen von der Gestalt können als Maß-, Form-, Lage-, und Oberflächenabweichungen auftreten.

Eine **Toleranz** ist die Differenz zwischen dem zugelassenen Größt- und Kleinstwert einer messbaren Eigenschaft. Toleranzen sollten nicht enger als nötig vorgeschrieben werden, sondern nur so eng, wie es die Funktion erfordert. Abweichungen, die innerhalb der Toleranz liegen, sind keine Fehler der Herstellung.

> **Toleranzgerecht Gestalten** bedeutet, die Gestalt eines Teiles oder einer Baugruppe so festzulegen, dass keine engen Maßtoleranzen erforderlich sind oder dass deren Herstellung relativ kostengünstig realisierbar ist.

Toleranzgerechtes Gestalten ist ein Teilprozess, der mit dem fertigungsgerechten und dem montagegerechten Gestalten verbunden ist, um Fertigung und Montage entsprechend den Grundforderungen einfach, eindeutig und sicher zu erledigen.

Enge Maßtoleranzen sind aufwändig herzustellen und bedeuten hohe Kosten in Fertigung und Montage. Werden Toleranzen um den Faktor 10 reduziert, z. B. von 0,1 auf 0,01, so steigen die Kosten mindestens um den Faktor 10. [8] Für das Festlegen von Maßen gilt deshalb der

Grundsatz: Toleranzen so eng wie nötig bzw. so grob wie möglich.

Richtlinien und konstruktive Möglichkeiten zur toleranzgerechten Gestaltung [8]:

- Einfach herstellbare und prüfbare Teile entwickeln
- Zahl der Bauteile und Maße reduzieren
- Überbestimmungen (Doppelpassungen) vermeiden
- Spiel zwischen Teilen durch Kraft (Feder) einseitig herausdrückbar
- Justierbare Passelemente statt präziser Passungen einsetzen
- Einfach zu fertigende Passelemente entwickeln
- Abstände von Wirkflächen klein wählen, da Toleranzen günstiger
- Präzise Flächen durch Unterbrechungen in der Größe reduzieren
- Justierelemente einsetzen in Verbindungen über mehrere Teile
- Teilegestaltung für Komplettfertigung in einer Aufspannung

Einige Beispiele für konstruktive Ausführungen enthält Bild 23.10.

23 Gestaltungsrichtlinien 437

K_T	Gestaltungsrichtlinie Toleranzgerechte Gestaltung	Blatt-Nr.: 1 / 1

Verfahren: Enge Toleranzen vermeiden

Grundsatz: Fertigung und Prüfung vereinfachen

Aufgabe / Fehler	Lösung / Verbesserung	Erklärung / Regel
Geneigte Flächenanordnungen 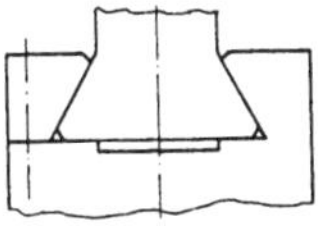	Parallele oder rechtwinklige Flächen 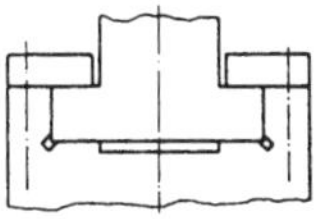	Einfache und kostengünstig herstell- und meßbare Flächen anordnen; Quader statt Trapezkörper bzw. Zylinder statt Kegel
Wirkflächenabstand groß 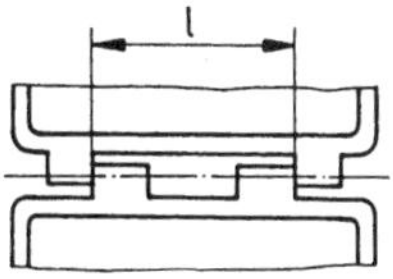	Wirkflächenabstand klein 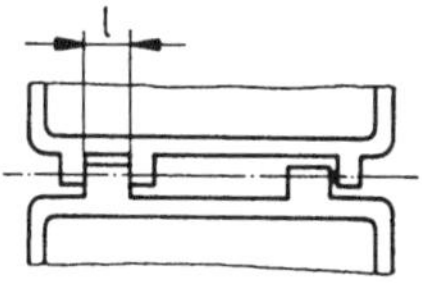	Abstände von Wirkflächen möglichst klein wählen, da enge Toleranzen dann kostengünstiger sind.
Führung fertigen und prüfen ist aufwändig 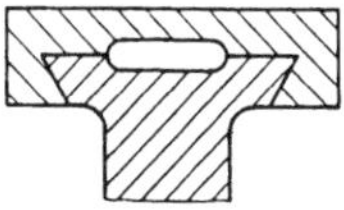	Führung mit einstellbaren Leisten 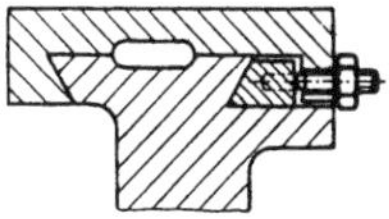	Spielfreie Führungen, Gewinde und Gelenke sind mit Justierelementen kostengünstiger als durch enge Toleranzen herstellbar
Flächen nicht in einer Aufspannung herstellbar 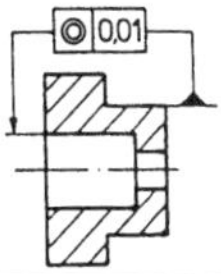	Flächen in einer Aufspannung zu fertigen 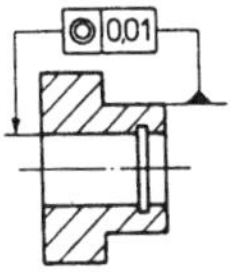	Zentrische, parallele oder fluchtende Flächen durch Komplettbearbeitung in einer Aufspannung fertigen.

Bild 23.10: Toleranzgerechte Gestaltung – Beispiele [8]

23.7 Transportgerechte Gestaltung

Die **transportgerechte und handhabungsgerechte Gestaltung** wird realisiert durch Lösungen, die die Vorgänge beim Transportieren und Handhaben vereinfacht, sicher durchführt oder vermeidet.

Transport und **Handhabung** von Werkstücken, Baugruppen und Produkten durch Gestaltungsarbeit in der Konstruktion zu erleichtern, hat erhebliche Vorteile für die Produktion. Dabei ist zu unterscheiden nach

- Eigenschaften (Abmessungen, Gewicht, Bewegung) und Stückzahl
- Produktart (Rohteil, Fertigteil, Montagegruppe, Maschine, Anlage)
- Transport (Einzelteil, Kleinserienteile, Serienteile) oder Handhabung (Maschinenbeschickung, Montageoperationen).

Schon aus dieser einfachen Übersicht ergeben sich viele Anforderungen an eine transport- und handhabungsgerechte Gestaltung. Weitere Aufgaben liefert eine grobe Analyse des Produktionsprozesses, der in drei Bereiche einzuteilen ist:

- Herstellung der Rohteile durch Urformen oder Umformen

  Ergebnis: Unbearbeitete Rohteile als Gussteile, Schmiedeteile, Schweißteile (z. B. Gehäuse, Maschinenbetten)

- Herstellung der Fertigteile durch Trennen, Beschichten oder Stoffeigenschaften ändern

  Ergebnis: Bearbeitete Fertigteile (z. B. Spindeln, Gehäuse)

- Montage durch Handhaben, Fügen und Prüfen

  Ergebnis: Produkte (z. B. Getriebe)

Teile mit großen Abmessungen und Gewichten, die durch Gießen, Schmieden oder Schweißen als Rohteile erzeugt werden, erfordern angegossene, angeschmiedete oder angeschweißte Formelemente oder Löcher für Standardelemente des Transports. Fertigung und Montage legen Wert auf Bohrungen und Gewinde für genormte Betriebsmittel, die so anzuordnen sind, dass das Werkstück sowie die vormontierten und die montierten Baugruppen sicher bewegt werden können. Damit werden der Transport und die Wendevorgänge in der Produktion verbessert.

Der Konstrukteur hat dabei entsprechend der Masseverteilung den Schwerpunkt zu beachten, die Dimensionierung durchzuführen, die Anschlagpunkte zu gestalten und die technischen Daten der sicheren Transportmittel von Zulieferern zu nutzen. Der Zulieferer stellt nicht nur allgemeine Informationen zur Verfügung, sondern auch Sicherheitsgrundsätze, Berechnungshinweise, Erfahrungswerte und Geometriedaten für CAD-Systeme. [14]

23 Gestaltungsrichtlinien

Für den Transport großer Teile oder Baugruppen sind schon in der Entwurfsphase die maximal möglichen Abmessungen für die Transportfahrzeuge, Türen im Transportbereich, Container, Kisten usw. zu beachten. Vorhandene Hebezeuge, Kräne usw. sollten die maximalen Gewichte aufnehmen können. Diese Punkte sind mit dem Versand zu klären und in der Anforderungsliste festzuhalten.

Der Konstrukteur muss außerdem die zulässigen maximalen Werkstückabmessungen und Gewichte für die Fertigung auf Werkzeugmaschinen beachten und bei der Gestaltung berücksichtigen.

Transportgerecht bedeutet heute z. B. im Werkzeugmaschinenbau, so genannte Kranhakenmaschinen zu entwickeln. Die komplette Maschine einschließlich Schaltschrank wird so konstruiert, dass sie als eine Einheit transportiert werden kann. Die Gestaltung der Anschlagpunkte sorgt dafür, dass die Werkzeugmaschine schnell zu verladen und wieder aufzustellen ist.

Das handhabungsgerechte Gestalten wird zur Verbesserung der Werkstückbeschickung von Werkzeugmaschinen und für die Montage genutzt. Für diese Anwendungen sind große Stückzahlen und Werkstücke mit kleineren Abmessungen und geringeren Gewichten üblich.

Folgende Richtlinien für die transport- und handhabungsgerechte Gestaltung haben sich bewährt:

- Geeignete Transportmöglichkeiten vorsehen
- Die Gestaltung der Bauteile sollte mit definierten Auflageflächen für den Transport und die Lagerung in Behältern erfolgen
- Die Ordnung von Werkstücken sollte vor und nach Fertigungs- oder Montageoperationen erhalten bleiben
- Für die Handhabung bei der Maschinenbeschickung oder in der Montage sollten die Bauteile gut greifbar und orientierbar sein
- Gute Stapelfähigkeit ist anzustreben
- Werkstücke symmetrisch oder eindeutig unsymmetrisch gestalten
- Eindeutige Orientierungsmerkmale anstreben
- Greifen an unempfindlichen Oberflächenbereichen
- Werkstückbewegungen durch Flächen erleichtern, damit beim Transport auf Bändern auflaufende Teile nicht aneinander aufsteigen können

Einige Beispiele für die transport- und handhabungsgerechte Gestaltung sind im Bild 23.11 dargestellt.

	Gestaltungsrichtlinie Transportgerechte Gestaltung	Blatt-Nr.: 1 / 1

Verfahren: Bauteile handhaben

Grundsatz: Erkennen, Greifen und Bewegen ermöglichen und vereinfachen

Aufgabe / Fehler	Lösung / Verbesserung	Erklärung / Regel
Werkstücke haben unterschiedliche Bohrungen 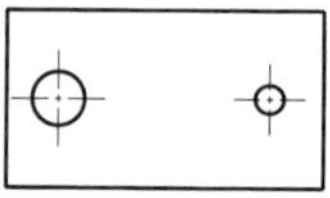	Gleiche Formelemente mit symmetrischer Anordnung 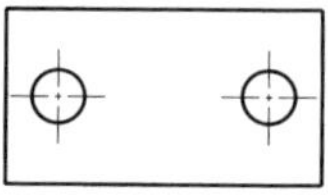	Symmetrische Werkstücke mit gleichen Formelementen ermöglichen eine einfache Lageerkennung
Werkstück lässt sich schlecht greifen 	Parallele Flächen zum Greifen 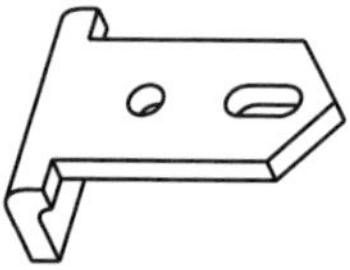	Flächen oder Formelemente parallel anordnen für manuelles und automatisches Greifen
Unsymmetrische Werkstücke lassen sich schlecht erkennen 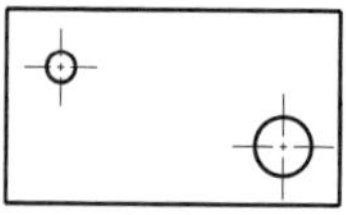	Außenmerkmale zum Erkennen und Ordnen 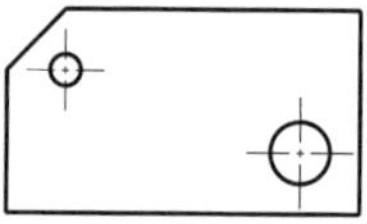	Unsymmetrische Werkstücke sollten äußere Formmerkmale erhalten zum Erkennen und Ordnen
Bewegen der Werkstücke wird beim Auflaufen erschwert 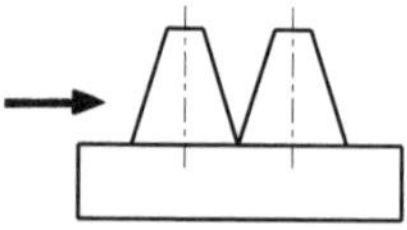	Werkstücke mit Flächenberührung lassen sich verschieben 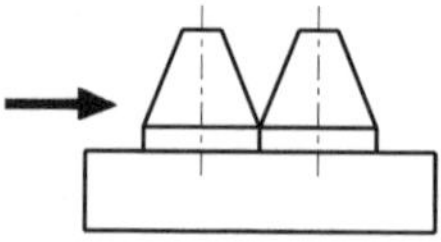	Werkstückbewegungen durch Flächen erleichtern, damit auflaufende Teile nicht aneinander aufsteigen können

Bild 23.11: Transportgerecht durch gute Handhabung – Beispiele [3]

23.8 Sicherheit und Zuverlässigkeit

Sicherheit und Zuverlässigkeit sind wesentliche Merkmale für die Qualität von technischen Produkten. Die Bedeutung wird schon durch die stets geltende Grundregel „sicher" ausgedrückt.

Das Konstruieren sicherheitsgerechter Produkte ist für alle Konstrukteure selbstverständlich und ist außerdem durch entsprechende Gesetze, Richtlinien und Vorschriften eindeutig festgelegt. [9]

Sicherheitsgerechtes Konstruieren umfasst alle Maßnahmen, die die Wahrscheinlichkeit des Eintretens eines Schadensfalls und den Schadensumfang verringern. [8]

Zuverlässigkeit ist die Wahrscheinlichkeit, mit der ein Produkt innerhalb festgelegter Zeitgrenzen und Umgebungsbedingungen seine Aufgabe erfüllt. Zuverlässig funktionierende Elemente sind wesentliche Voraussetzung für die Sicherheit technischer Systeme. Die **Wahrscheinlichkeit** errechnet sich allgemein aus dem Verhältnis der Anzahl der günstigen Fälle zur Anzahl der möglichen Fälle. Ein sicheres Ereignis hat die Wahrscheinlichkeit eins.

Zuverlässigkeit verbesserndes Konstruieren umfasst alle Maßnahmen, die die Ausfallwahrscheinlichkeit technischer Produkte verringern. [8]

Das zuverlässige Erfüllen von Funktionen technischer Produkte und die Forderung nach Sicherheit für Mensch, Maschine und Umwelt werden erfasst durch die Forderung „sicher" und sind stets umzusetzen. Die Sicherheitsbegriffe sind in der DIN 31004 definiert.

Die Konstruktion eines Produkts kann nie absolut zuverlässig oder absolut sicher sein. Der Konstrukteur legt fest, wie sicher und zuverlässig ein Produkt ist, und er hat die aktuellen Gesetze, Richtlinien und Vorschriften zu beachten.

Technische Produkte sollen mit höchstmöglicher, aber auch vertretbarer und sinnvoller Sicherheit konstruiert werden. Aus dieser Forderung wurden Vorgehensweisen erarbeitet, um als Ergebnis sicherheitsgerechte Produkte zu entwickeln.

In der Konstruktion sind Maßnahmen zu ergreifen, um sowohl vorhersehbare als auch unvorhersehbare Gefährdungen zu vermeiden. [9]

Vorhersehbare Gefährdungen ergeben sich aus dem Aufbau der Produkte und bedeuten eine unmittelbare Gefahr für den Menschen. Maßnahmen zur Vermeidung vorhersehbarer Gefahren sind aus DIN 31000 bekannt:

- unmittelbare Sicherheitstechnik
- mittelbare Sicherheitstechnik
- hinweisende Sicherheitstechnik

Beispiele für die unmittelbare Sicherheitstechnik enthält Bild 23.12.

Unvorhersehbare Gefährdungen entstehen durch den Ausfall oder das Versagen von Bauteilen. Maßnahmen zur Vermeidung dieser Gefährdungen bewirken, dass keine Bauteilausfälle oder Fehlfunktionen während der Betriebsdauer auftreten. Maßnahmen zur Vermeidung unvorhersehbarer Gefahren sind

- Prinzip des sicheren Bestehens
- Prinzip des beschränkten Versagens
- Prinzip der Redundanz.

Der Einsatz der Prinzipien hängt auch davon ab, ob mechanische, hydraulische, elektrische oder elektronische Komponenten vorliegen. [9]

Die Sicherheit von technischen Produkten wird durch das Beachten folgender Konstruktionsmaßnahmen verbessert [8]:

- Gefahren vermeiden – aktive Sicherheitsmaßnahmen
  Schadensfälle nicht eintreten lassen

  Beispiele: Bessere Bremsen, bessere Fahrwerke

- Gegen Gefahren sichern – passive Sicherheitsmaßnahmen
  Schadensumfang eintretender Schadensfälle begrenzen

  Beispiele: Schutzbleche, Stoßfänger, Sicherheitsgurt

- Auf Gefahren hinweisen – anzeigende Sicherheitsmaßnahmen
  Schadensfälle anzeigen, bevorstehende oder schon eingetretene

  Beispiele: Warnleuchten, Warnsignale

Konstruktionsmaßnahmen, die allgemein gelten und zuverlässigere und sichere technische Produkte ergeben [8]:

- Wenige, einfache Elemente einsetzen
  Beispiel: Antriebe mit möglichst wenigen Bauteilen und kurzen, direkten Kraftleitungswegen

- Zuverlässige Lösungsprinzipien bevorzugen
  Beispiel: Formschlüssige Antriebe sind sicherer als kraftschlüssige (Bild 23.13)

- Redundante Systeme vorsehen
  In redundanten Systemen wird eine Funktion durch mehrere unterschiedliche Elemente oder Baugruppen realisiert, sodass bei einem Ausfall eines Elementes ein anderes die Funktion gewährleistet.
  Beispiel: Redundanz ist durch parallele oder serielle Anordnung möglich (Bild 23.13)

23 Gestaltungsrichtlinien 443

K_T	**Gestaltungsrichtlinie** **Sicherheitsgerechte Gestaltung**	**Blatt-Nr.:** **1 / 1**

Verfahren: Methode der unmittelbaren Sicherheitstechnik

Grundsatz: Gefahrenstellen vermeiden

Aufgabe / Fehler	Lösung / Verbesserung	Erklärung / Regel
Quetschstelle 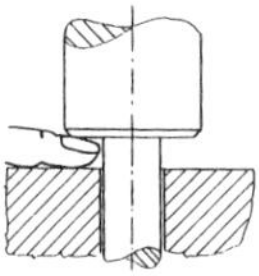	Quetschstelle beseitigt 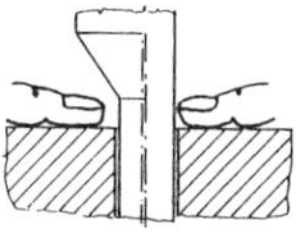	Quetschstellen durch Ändern der Geometrie umgestalten, wenn sie keine technologische Funktion haben
Scherstelle durch Spalt 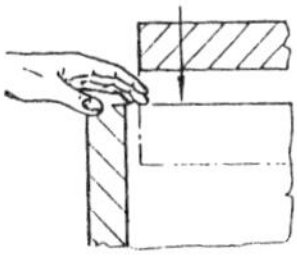	Scherstelle beseitigt 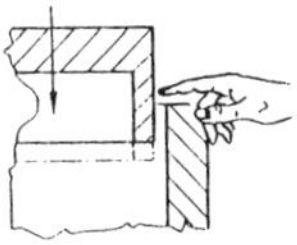	Bewegte Teile so gestalten, dass in den Endlagen keine Spalte entstehen
Handrad mitlaufend 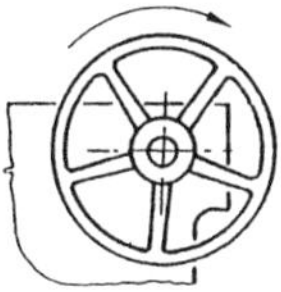	Handrad ausgerastet und stillstehend 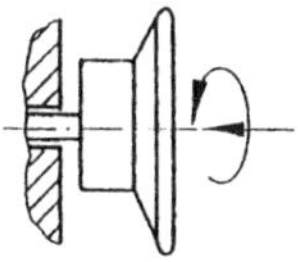	Handräder dürfen nicht zwangsläufig mitlaufen, sondern müssen beim Kraftbetrieb automatisch ausrasten
Offener Zahnriementrieb 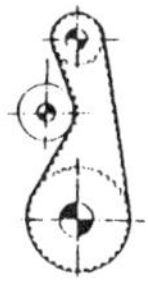	Geschlossener Antrieb mit Flanschmotor 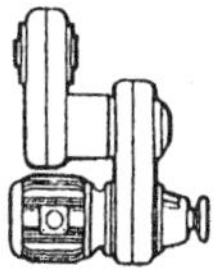	Riementriebe in Gehäusen anordnen oder durch angeflanschte Getriebemotoren ersetzen

Bild 23.12: Sicherheitsgerechte Gestaltung – Beispiele [9]

- Überdimensionierte Systeme einsetzen
  Bekannte Belastungen von Elementen sind durch Überdimensionierung vor Versagen oder Ausfall geschützt
  Beispiele: Größere Abmessungen, Werkstoffe höherer Festigkeit
- Berechnung, Simulation und Versuche durchführen
  Sicherheitsbauteile erfordern den Einsatz von bewährten Berechnungsverfahren, Simulationsprogrammen und Versuchsdurchführungen
  Beispiele: Komponenten für Kraftwerke, Flugzeuge und Fahrzeuge

Rechtliche Anforderungen

Sicherheitsgerechtes Konstruieren muss auch die rechtlichen Anforderungen umfassen. Konstrukteure sind verpflichtet, die wichtigsten Rechtsbereiche zu kennen und die Bestimmungen des nationalen und des europäischen Rechts einzuhalten. [9]

Für Konstruktions- und Informationsfehler sind sowohl die Leiter der Konstruktionsbereiche als auch Konstrukteure und Planer verantwortlich. In Deutschland sind z. B. folgende Gesetze einzuhalten [9]:

- Gerätesicherheitsgesetz
- Produktsicherheitsgesetz
- Produkthaftungsgesetz

Das **europäische Recht** erweitert das **deutsche Recht** insbesondere auf der formalen Ebene. Zum europäischen Recht gehört die formale Pflicht, folgende Nachweise zu belegen:

- Gefährdungsanalyse
- Risikobewertung
- Produktdokumentation
- Produktzertifizierung
- Betriebsanleitungen

Europäische Rechtsbestimmungen sind unbedingt einzuhaltende Anforderungen, die schon während der Aufgabenklärung festzulegen sind. Besonders zu beachten ist die verursacherunabhängige **Produkthaftung** der Hersteller. Das **Produkthaftungsgesetz** ist seit 1989 verbindliches nationales Recht und wird angewendet, wenn Schäden durch fehlerhafte Produkte entstehen. [9]

Die **EG-Maschinenrichtlinie** wurde geschaffen, um das Sicherheitsniveau und grundlegende Sicherheitsanforderungen an Maschinen in den Mitgliedstaaten zu vereinheitlichen, beizubehalten oder zu verbessern. Alle Mitgliedsstaaten sind verpflichtet, die Richtlinie in nationales Recht umzusetzen. [9]

23 Gestaltungsrichtlinien 445

K$_T$	Gestaltungsrichtlinie Zuverlässigkeit verbessernde Gestaltung	Blatt-Nr.: 1 / 1
Verfahren: Zuverlässigkeit technischer Systeme erhöhen **Grundsatz: Störfälle verhindern**		
Aufgabe / Fehler	Lösung / Verbesserung	Erklärung / Regel
Eine Schraube 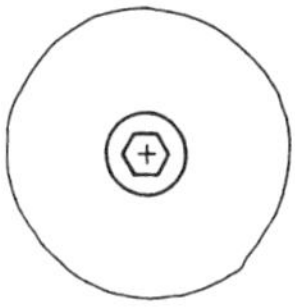	Fünf Schrauben 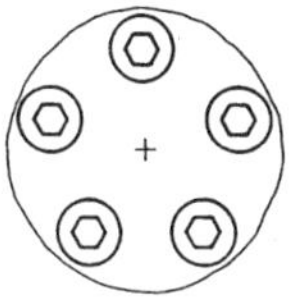	Zuverlässigkeit verbessern durch redundante Systeme mit parallel angeordneten Elementen
Ein Ventil 	Zwei Ventile 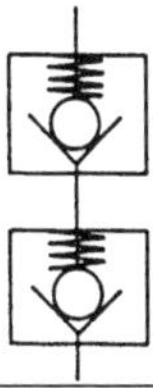	Zuverlässigkeit verbessern durch redundante Systeme mit seriell angeordneten Elementen
Kraftschlüssiger Antrieb 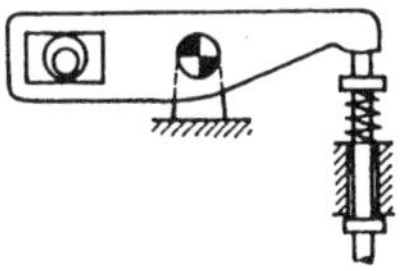	Formschlüssiger Antrieb 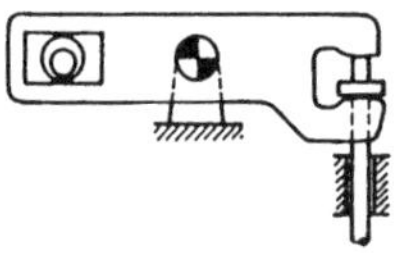	Zuverlässige Lösungsprinzipien einsetzen, die auch bei sich ändernden Bedingungen funktionieren
Durchgehende Welle 	Reibkupplung 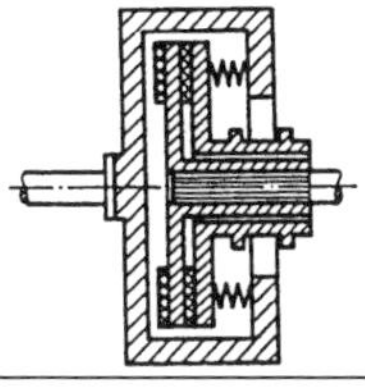	Zuverlässigkeit verbessern durch Begrenzung von Kräften oder Drehmomenten durch elastische Elemente oder Reibflächen

Bild 23.13: Zuverlässigkeit technischer Systeme erhöhen [8]

23.9 Anschluss- und Schnittstellen

Anschluss- und **Schnittstellen** ergeben sich bei technischen Systemen, die aus mehreren technischen Gebilden, aus Baugruppen, aus mechanischen und elektrischen sowie elektronischen Baugruppen bestehen oder als mechatronische Produkte zu entwickeln sind. **Mechatronik** bezeichnet das synergetische Zusammenwirken der Fachdisziplinen Maschinenbau, Elektrotechnik und Informationstechnik beim Entwurf und der Herstellung industrieller Erzeugnisse sowie bei der Prozessgestaltung. [15]

Im Maschinenbau sind die mechanischen Verbindungen von Baugruppen eine Standardaufgabe, die mit genormten Verbindungselementen und entsprechender Gestaltung der Verbindungsflächen gelöst wird. Beispiele sind, zwei Gehäuseteile oder einen Elektromotor über einen Flansch mit einem Gehäuse zu koppeln.

Anschluss- oder Schnittstellen im Maschinenbau sind unterteilbar für:

- geometrische Daten von Anschlüssen (Verbindungen, Flansche), Stecker, Rohre, Schläuche für stoffliche Verbindungen

- technische Daten wie Kräfte, Drehzahlen, Drehmomente, Strom, Spannung usw. für Energieübertragung

- ergonomische Daten für Elemente zur Bedienung durch Personen

- elektrische und elektronische Daten für Informationsflüsse

Wesentlich vielfältiger sind die Schnittstellen zwischen unterschiedlichen Baugruppenarten, wie z. B. Verbindungen von mechanischen mit elektrischen oder elektronischen Komponenten wie bei mechatronischen Produkten, die Konstrukteure heute immer häufiger entwickeln.

Die **Reduzierung von Schnittstellen** kann durch entsprechende Gestaltung erreicht werden, indem unterschiedliche Baugruppen auf einer gemeinsamen Basis angeordnet werden, um so Steckverbindungen zu vermeiden, weil z. B. für den Transport nicht mehr getrennt werden muss. Zusätzlich werden für die Kommunikation **die Punkt-zu-Punkt-Verbindungen** immer häufiger durch **Datenbusse** ersetzt. [1]

Die **Schnittstelle** überträgt Daten zwischen Systemen oder Komponenten, die miteinander verbunden werden sollen. Besondere Vorteile der Schnittstelle sind die Möglichkeit des Austauschs einzelner Komponenten und die Wahlmöglichkeit zwischen verschiedenen Herstellern. Weiterhin können Systeme durch neue Komponenten einfach erweitert werden bis hin zur Kopplung unterschiedlicher Gesamtsysteme. Allgemein wird die Schnittstelle als Verbindungsstelle zweier interagierender Systeme bezeichnet. Als Definition der Schnittstelle hat sich bewährt:

23 Gestaltungsrichtlinien 447

> Eine **Schnittstelle** ist ein System von Verbindungen, Regeln und Vereinbarungen, das den Informationsaustausch zweier kommunizierender Systeme oder Systemkomponenten festlegt.

Grundsätzlich wird zwischen den Hardwareschnittstellen (Geräteschnittstellen) und den Softwareschnittstellen (Programmschnittstellen) nach Bild 23.14 unterschieden. **Hardwareschnittstellen** sind die Steckverbindungen zwischen den Einzelgeräten. **Softwareschnittstellen** bestehen aus einer Prozedur zur Informationsübermittlung zwischen Programmteilen.

Bild 23.14: Einteilung von Schnittstellen [1]

Über die **Anschlussschnittstellen** werden unterschiedliche Geräte verschiedener Hersteller miteinander verbunden. Für einen Datenaustausch muss die Verdrahtung richtig gewählt werden, und die Schnittstellen der Geräte müssen identisch sein. Dafür werden genormte Schnittstellen-Standards eingesetzt.

Netzwerkschnittstellen beschreiben die Vereinbarungen zur Datenübertragung in einem Netzwerk.

Protokollschnittstellen beschreiben den durch Protokolle vereinbarten Datenaustausch. Das Protokoll ist ein vollständiger Satz von Regeln für den Ablauf einer Übertragung von Daten, bezogen auf eine Betrachtungsebene.

Interne Schnittstellen legen die Prozedur zum Datenaustausch zwischen Modulen eines Programms fest. Interne Schnittstellen dienen dem Datenaustausch zwischen verschiedenen Komponenten eines CAD-Systems, wie Kommunikationsmodul, Modul für Modellmanipulation oder Datenbankbaustein.

Externe Schnittstellen legen die Prozedur zum Datenaustausch zwischen verschiedenen Programmen fest. Externe Schnittstellen sind die Verbindung zwischen CAD-Systemen und anderen Programmen. [1]

23.10 Korrosion und Verschleiß

Korrosion und Verschleiß lassen sich durch geeignete Maßnahmen in der Konstruktion so beeinflussen, dass Schäden vermieden oder vermindert werden.

> **Verschleiß** ist der kontinuierliche Materialabtrag von Oberflächen durch mechanische Ursachen. [10]

Unterschieden wird der Einlaufverschleiß von Elementpaaren als positive Wirkung und der fortschreitende Verschleiß als negative Wirkung.

Als allgemeine Maßnahmen gegen Verschleiß sind bekannt [10]:

- Beanspruchung mindern, z. B. Flächenpressung
- Schwingungen vermeiden oder dämpfen
- Schnelle Gleitbewegungen vermeiden, z. B. berührungslose Labyrinthdichtung statt Gleitdichtung
- Kinematik verbessern, z. B. Wälzen statt Gleiten, Federgelenk statt Bolzengelenk

Wichtige Verschleißhinweise enthalten Maschinenelementebücher. [10]

> **Korrosion** nennt man die Zerstörung von Werkstoffen durch chemische oder elektrochemische Reaktion mit ihrer Umgebung. [13]

Unterschieden wird die trockene und die nasse Korrosion. Bei der trockenen Korrosion reagieren Metalle an der Oberfläche mit Gasen. Die nasse Korrosion ist ein Vorgang, bei dem das Metall in Gegenwart eines Elektrolyten auf Grund elektrischer Potenziale in Lösung geht. [13]

> **Korrosionsschutzgerechtes Gestalten** umfasst alle Maßnahmen, die Schäden durch Korrosion vermeiden oder vermindern.

Allgemeine Regeln zum korrosionsschutzgerechten Gestalten [2]:

- Korrosionsbeständigen Werkstoff wählen
- Schutzschichten aufbringen
- Größere Wanddicke vorsehen
- Bauteile so anordnen, dass der Witterungseinfluss sehr gering ist
- Spalte und Toträume vermeiden oder ausreichend groß wählen
- Offene Profile mit nach unten weisenden Schenkeln einbauen
- Korrosionsschäden durch Kontrollmöglichkeit früh erkennen

In jedem Fall ist zu untersuchen, ob die höheren Kosten für konstruktive Maßnahmen im Vergleich zu den Folgekosten für Reparatur und einge-

23 Gestaltungsrichtlinien 449

K_T	**Gestaltungsrichtlinie** **Korrosionsschutzgerechte Gestaltung**	**Blatt-Nr.:** **1 / 1**

Verfahren: Anordnung und Auswahl von Verbindungselementen

Grundsatz: Korrosion vermeiden

Aufgabe / Fehler	Lösung / Verbesserung	Erklärung / Regel
Spalten vorhanden 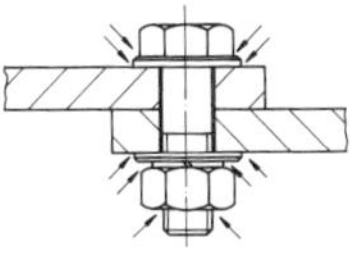	Naht umlaufend ohne Spalt 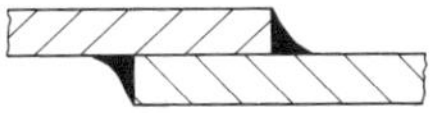	Spalte sind zu vermeiden oder durch Dichtungen zu schließen, die Schweißverbindung vermeidet Spaltkorrosion.
Welle-Nabe-Verbindung ohne Schutz 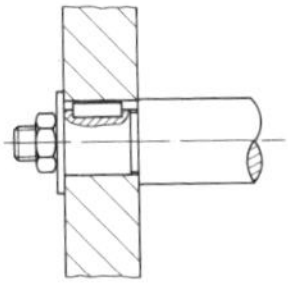	Verbindung mit Dichtungsringen 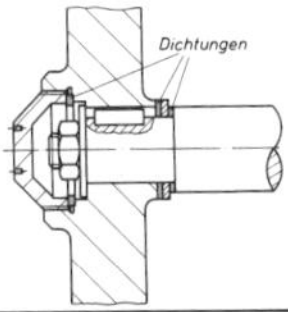	Dichtungsringe schützen Verbindung vor korrosiven Medien und vermeiden Spalt- und Reibkorrosion
Schraubenkopf 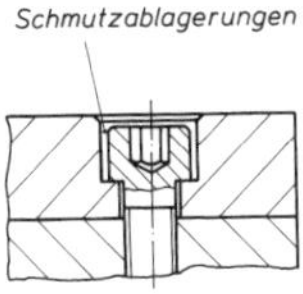 *Schmutzablagerungen*	Kunststoffkappe schützt Schraubenkopf 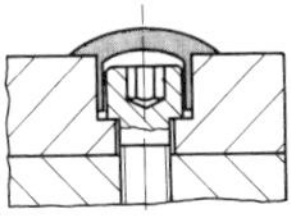	Kunststoffkappen oder Dichtungsmassen verhindern Korrosion unter Ablagerungen und Spaltkorrosion
Spalte oben 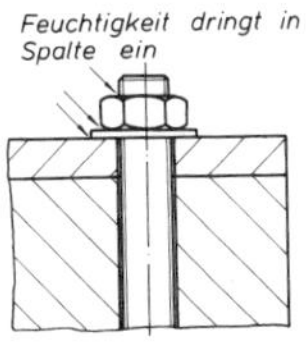 *Feuchtigkeit dringt in Spalte ein*	Spalte unten 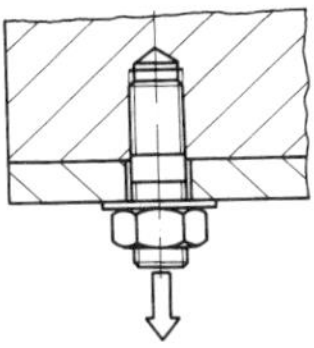	Verbindungselemente so anordnen, dass Selbstreinigung oder freier Abfluss möglich, Spalte an der Unterseite von Bauteile anordnen

Bild 23.15: Korrosionsschutzgerechte Gestaltung [1]

schränkte Verfügbarkeit gerechtfertigt sind. Beispiele für das korrosionsschutzgerechte Gestalten enthält Bild 23.15. In der Literatur gibt es viele weitere Korrosionsschutzempfehlungen für Konstrukteure. [2]

23.11 Instandhaltung und Gebrauch

Instandhaltung hat die Aufgabe, eine hohe technische Verfügbarkeit von Maschinen und Anlagen zu gewährleisten. Dies wird erreicht durch wenig Maschinenstillstände, kurze Instandsetzungszeiten und geringe Auswirkungen von Maschinenstillständen auf die Nutzungszeit. [4]

> **Instandhaltung** nennt man sämtliche Maßnahmen zur Bewahrung des Sollzustandes (Wartung), zur Feststellung und Beurteilung des Istzustandes (Inspektion) und zur Wiederherstellung des Sollzustandes (Instandsetzung) (nach DIN 31051).

Die Anforderungen an Produkte umfassen auch die Instandhaltung, um durch entsprechende Gestaltungen den Gebrauch einfach, sicher, umweltgerecht und kostengünstig zu gewährleisten. Gleichzeitig sollen die Nutzungsphase verlängert und die dafür erforderlichen Reparaturen erleichtert werden. Wartungsfreiheit, geringer Inspektionsaufwand und einfache Instandsetzung durch gut zugängliche Komponenten sind Kennzeichen guter, instandhaltungsgerechter Produkte.

> **Instandhaltungsgerechte Gestaltung** bedeutet übersichtlich angeordnete und gut zugängliche Elemente zur Wartung vorsehen, vereinfachen von Inspektionsmaßnahmen und anstreben von kostengünstigen Instandsetzungen, um eine lange, umweltgerechte Nutzungsphase zu erreichen.

Diese Gestaltungsregel wird unterstützt durch ein geeignetes Konzept mit konstruktiven Maßnahmen zum Überlastschutz, geringer Fehleranfälligkeit, Beachtung von Verschleiß und Korrosion sowie einfacher Montage und Demontage.

Instandhaltungsfördernde Maßnahmen sind [5]:

- Konstruktionsprinzip funktionssicher und mit wenigen Teilen
- Gestaltung eindeutig, einfach und sicher
- Zugänglichkeit und Erreichbarkeit ermöglichen
- Funktions- und Verschleißteile trennen
- Verschleiß auf wenige Teile reduzieren und diese in einer Baugruppe zusammenfassen
- Modulare Bauweise mit standardisierten Verbindungen zum einfachen Austausch von verbrauchten Teilen

23 Gestaltungsrichtlinien

- Schnelles Erkennen eines Funktionsausfalls durch defekte Teile
- Kontroll- und Diagnosemöglichkeiten vorsehen durch Kontrolllampen, Sichtfenster, Anzeigen usw.
- Produktdokumentation mit Instandhaltungsanleitungen für Kunden und Service erstellen, z. B. nach DIN 31052

Bei der Gestaltung ist zu beachten, dass alle Bereiche der Instandhaltung den Anforderungen entsprechen und eindeutig dokumentiert sind:

- **Wartung**: Reinigen, Schmieren, Nachfüllen, Filter wechseln
- **Inspektion**: Kontrollieren von Zustand und Einstellungen
- **Instandsetzung**: Demontieren und Montieren von Verschleiß- und Ersatzteilen

Die bekannten Maßnahmen der **Instandhaltung** unterstützten das **Recycling** von Produkten durch erneute Verwendung, z. B. nach einer Aufarbeitung.

Der Unterschied zwischen Instandhaltungsmaßnahmen und Recyclingprozessen besteht darin, dass Instandhaltung überwiegend zur Erreichung der vorgesehenen Lebensdauer bzw. Nutzungszeit eines Produkts durchgeführt wird, während durch Recycling weitere zusätzliche Nutzungszyklen erreicht werden sollen. Auch zwischen Abläufen und Merkmalen der Aufarbeitung in Serie, also der Austauscherzeugnisfertigung, und der Einzelinstandsetzung gibt es Unterschiede.

Eine strenge Trennung zwischen der Aufarbeitung in Serie und der Instandsetzung ist nicht immer vorhanden und sollte auch nicht festgelegt werden, da sie nicht zweckmäßig ist. Eine aufarbeitungsgerechte Konstruktion fördert stets auch die Instandsetzbarkeit. Statt eine Abgrenzung zu betreiben, sollte man besser von einer „Verwandtschaft" der beiden Begriffe Instandhaltung und Recycling von Produkten nach Bild 23.16 sprechen.

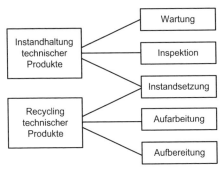

Bild 23.16: Recycling und Instandhaltung [16]

23.12 Recyclinggerechte Gestaltung

Produkte mit einer umweltverträglichen Produktgestaltung zeichnen sich dadurch aus, dass alle drei **Phasen des Lebenszyklus** – Produktion, Produktgebrauch und Entsorgung – optimal durchlaufen werden. Gesamtheitlich muss in Kreisläufen gedacht werden, wie es ja auch der Gesetzgeber mit dem „Kreislaufwirtschafts- und Abfallgesetz" fordert, das stufenweise bis zum Oktober 1996 in Kraft getreten ist.

Der ideale Produktkreislauf nach *Quella* ist ein Produkt- und Materialkreislauf, in dem durch Vermeidung oder Wiederverwendung von Komponenten Belastungen für die Umwelt entweder gar nicht erst entstehen oder durch längere Lebensdauer von Komponenten möglichst gering werden. Die **Produktlebensphasen** zeigen als Kreislauf im Bild 23.17 alle Phasen eines neuen **umweltverträglich** gestaltenden Produkts. Der Kreislauf enthält die Abteilungen mit den jeweils zugeordneten Aufgaben und Hinweisen für eine beispielhafte Firma. [3]

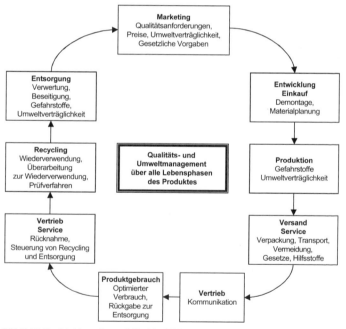

Bild 23.17: Produktlebensphasen als Kreislauf [12]

23 Gestaltungsrichtlinien

> **Recyclinggerechte Gestaltung** bedeutet, ein Produkt umweltverträglich zu konstruieren unter Berücksichtigung von Kreisläufen für Produktion, Produktgebrauch und Entsorgung. Umweltverträgliche Produkte wirken in keiner Produktlebensphase negativ auf die Umwelt.

Recyclinggerechte Gestaltung soll dazu beitragen, dass die Entsorgungsproblematik nach der Produktnutzung und die Einsparung von Energie und Werkstoffen entsprechend ihrer herausragenden Bedeutung bei der Konstruktion technischer Produkte mit hohem Stellenwert berücksichtigt werden. Entsprechende Forderungen sollten Bestandteil der Anforderungsliste sein.

Kennzeichnend für das Recycling ist die **Kreislaufwirtschaft**. Die Kreislaufwirtschaft ist eigentlich aus der Natur sehr genau bekannt, da dort im Wechsel der Jahreszeiten alles in Kreisläufen entsteht und verfällt. Nach der Herstellung und Nutzung eines Produkts wurde bisher der nicht mehr verwendbare Teil auf eine Mülldeponie gebracht. In einer Kreislaufwirtschaft ist jedoch eine erneute Nutzung, entweder des aufgearbeiteten Produkts oder der Werkstoffe des Altprodukts, anzustreben.

Beide Formen eines solchen Produktkreislaufs werden Recycling genannt. Je nachdem, ob man das aufgearbeitete Produkt in seiner ursprünglichen oder einer veränderten Funktion einsetzt, spricht man von Wieder- oder Weiterverwendung. Die zweite Form nennt man Wieder- oder Weiterverwertung, je nachdem, ob aus den Altwerkstoffen nach ihrer Aufbereitung die gleichen Werkstoffe oder andere Sekundärwerkstoffe hergestellt werden.

Außer diesem Produktrecycling ist auch ein Recycling der Produktionsrückläufe notwendig. **Produktionsrückläufe** sind sowohl Materialreste als auch die für Fertigungsprozesse notwendigen Hilfs- und Betriebsstoffe.

Jedes Recycling hat für die Entsorgung eine herausragende Bedeutung, da eine Deponielagerung vermieden werden muss. Dabei sollte einer erneuten Nutzung mit Hilfe von Aufarbeitungsprozessen Vorrang vor einer Altstoffverwertung mit Hilfe von Aufbereitungsprozessen gegeben werden.

Der verstärkte Recyclingeinsatz ergibt sich aus der Entsorgungsnotwendigkeit für technische Produkte. Die Wirtschaftlichkeit der Recyclingverfahren muss aber auch erreicht werden, z. B. durch Weiterentwicklung der Aufbereitungs- und Aufarbeitungstechnologien.

> Eine **recyclinggerechte Produktgestaltung** kann einen wesentlichen Beitrag leisten, um die Aufbereitung und Aufarbeitung zu unterstützen. Bei der Betrachtung der Wirtschaftlichkeit sollte der gesamte Herstell-, Nutzungs- und Entsorgungszyklus eines Produkts erfasst werden.
>
> Recyclinggerechte Gestaltung braucht zunächst nicht zu einer Erhöhung der Herstellkosten zu führen, wenn der Konstrukteur die Anforderungen eines geplanten Aufarbeitungs- oder Aufbereitungsverfahrens bereits zu Beginn der Produktgestaltung berücksichtigt. Sind kostenerhöhende Zusatzmaßnahmen bei der Werkstoffwahl oder hinsichtlich demontagefreundlicher Fügeverfahren erforderlich, so wird in der Regel damit auch die Instandhaltung erleichtert.
>
> Schließlich muss erwartet werden, dass sich bei einem verstärkten Altstoff- und Altteile-Recycling neue Wirtschaftszweige bilden oder die Abfallwirtschaft bessere Aufbereitungs- und Ausschlachtmethoden entwickelt.

Die unmittelbare Wiederverwendung und Wiederverwertung kann auch für die Produkthersteller interessant sein, z. B. um die Fertigungseinrichtungen besser auszulasten oder um wertvolle Werkstoffe besser zu nutzen.

In die Wirtschaftlichkeitsbilanz müssen auch die Entsorgungs- und Folgekosten bei konventioneller Deponielagerung oder Verbrennung eingehen. Die Gesamtbilanz eines Produktlebens unter Berücksichtigung sämtlicher Auswirkungen des Produkts auf das Ökosystem wird **„Ökobilanz"** genannt.

Öko hat als Wortbildungselement mehrere Bedeutungen:

- „Lebensraum", z. B. Ökologie, Ökosystem
- „Haushaltung; Wirtschaftswissenschaft", z. B. Ökonomie

Ökologisch bedeutet nach Duden: „auf naturnahe Art und Weise erfolgend, der natürlichen Umwelt gerecht werdend". Beim Aufstellen einer Ökobilanz sind alle Einflussgrößen sehr genau zu erfassen. Neben dem Energieaufwand sind die Belastung von Luft und Wasser ebenso wichtig, wie das Gewicht bei der Herstellung eines Produkts.

Die Grundlagen der Ökobilanz-Methodik wurden in der Norm DIN EN ISO 14040 „Ökobilanz – Prinzipien und allgemeine Anforderungen" festgelegt. Ziel einer Ökobilanz ist es, über die Umweltrelevanz eines Produkts oder einer Dienstleistung zu informieren. Dabei sollen alle Lebenszyklusphasen und deren Auswirkungen auf die Umwelt berücksichtigt werden. Ökobilanzen können die Entwicklung von umweltverträglichen Produkten sinnvoll unterstützen.

23 Gestaltungsrichtlinien

Begriffe zum Recycling

Der sehr weit gespannte Begriff des Recyclings beinhaltet das Recyceln von Stoffen aus festen, flüssigen und gasförmigen Aggregatzuständen. Entsprechend groß und auch unübersichtlich ist das Spektrum der zu beachtenden Gesetzmäßigkeiten aus physikalischen, chemischen, biologischen und technischen Wissenschaften.

Die begriffliche Gliederung des Recyclings, wie beispielhaft in Bild 23.18 gezeigt, ist durch viele Arbeiten bereits so weit erfolgt, dass ein zielgerichtetes Vorgehen möglich ist. Nach VDI 2243 erfolgt die Zuordnung und Gliederung der Begriffe zweckmäßigerweise bei den

- Recycling-Kreislaufarten
- Recycling-Formen
- Recycling-Behandlungsprozessen.

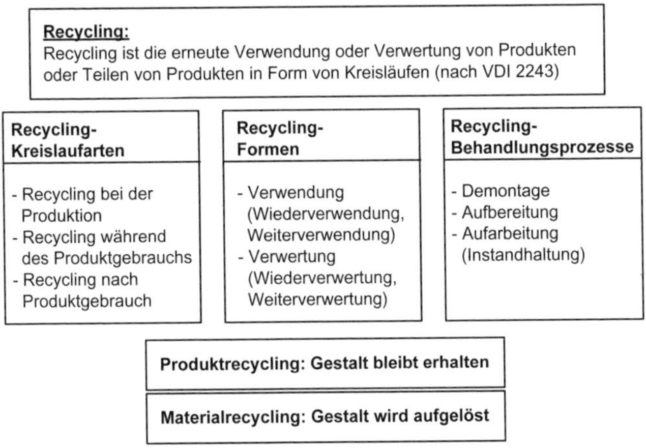

Recycling:
Recycling ist die erneute Verwendung oder Verwertung von Produkten oder Teilen von Produkten in Form von Kreisläufen (nach VDI 2243)

Recycling-Kreislaufarten	Recycling-Formen	Recycling-Behandlungsprozesse
- Recycling bei der Produktion - Recycling während des Produktgebrauchs - Recycling nach Produktgebrauch	- Verwendung (Wiederverwendung, Weiterverwendung) - Verwertung (Wiederverwertung, Weiterverwertung)	- Demontage - Aufbereitung - Aufarbeitung (Instandhaltung)

Produktrecycling: Gestalt bleibt erhalten

Materialrecycling: Gestalt wird aufgelöst

Bild 23.18: Recyclingbegriffe [3]

Recycling-Kreislaufarten

Recycling-Kreislaufarten beschreiben den Ablauf der Verfahren beim Recycling. Nach VDI 2243 sind drei Recycling-Kreislaufarten zu unterscheiden:

- Recycling während des Produktgebrauchs
- Produktions-Rücklaufrecycling
- Altstoff-Recycling

Recycling während des Produktgebrauchs ist, unter Nutzung der Produktgestalt, die Rückführung von gebrauchten Produkten nach oder ohne Durchlauf eines Behandlungsprozesses – z. B. Aufarbeitungsprozesses – in ein neues Gebrauchsstadium (Produktrecycling).

Produktions-Rücklaufrecycling ist die Rückführung von Produktionsrückläufen sowie Hilfs- und Betriebsstoffen nach oder ohne Durchlauf eines Behandlungsprozesses – d. h. Aufbereitungsprozesses – in einen neuen Produktionsprozess (Materialrecycling).

Altstoff-Recycling ist die Rückführung von verbrauchten Produkten bzw. Altstoffen nach oder ohne Durchlauf eines Behandlungsprozesses – d. h. Aufbereitungsprozesses – in einen neuen Produktionsprozess (Materialrecycling).

Recyclingformen

Innerhalb der Recycling-Kreislaufarten sind verschiedene Recyclingformen möglich. Grundsätzlich ist zwischen einer erneuten Verwendung und einer Verwertung zu unterscheiden.

Die Verwendung ist durch die (weitgehende) Beibehaltung der Produktgestalt gekennzeichnet. Diese Recyclingform findet also auf hohem Wertniveau statt und ist deshalb anzustreben. Je nachdem, ob bei der erneuten Verwendung ein Produkt die gleiche oder eine veränderte Funktion erfüllt, wird zwischen Wiederverwendung und Weiterverwendung unterschieden.

Tabelle 23.1: Recyclingformen – Beispiele [16]

Recyclingform	Beispiel	Weitere Verwendung
Wiederverwendung	Nachfüllverpackung	gleiche Anwendung
	Mehrwegverpackung	
	Wartung	
	Kfz-Austauschteile	
	Reifenrunderneuerung	
Weiterverwendung	Einkaufstüte	Müllbeutel
	Senfglas	Trinkglas
	Altreifen	Kinderschaukel
Wiederverwertung	Angüsse umschmelzen	gleiche Anwendung
	Späne einschmelzen	
	Kunststoffe umschmelzen	
	Glasscherben umschmelzen	
Weiterverwertung	Stanzabfälle	Kleinteile
	Automobilschrott	Baustahl
	Kunststoffe gemischt	Schallschutzwand
	Kunststoffbatteriegehäuse	Innenkotflügel

Die Verwertung löst die Produktgestalt auf, was zunächst mit einem größeren Wertverlust verbunden ist. Je nachdem, ob bei der Verwertung eine gleichartige oder geänderte Produktion durchlaufen wird, ist zu unterscheiden zwischen Wiederverwertung und Weiterverwertung.

Daraus ergeben sich die Definitionen der Recyclingformen, die mit Beispielen in Tabelle 23.1 enthalten sind.

Konstruktionsablauf mit Recyclingorientierung

Der Entwicklungs- und Konstruktionsprozess mit den vier Phasen

Planen, Konzipieren, Entwerfen und Ausarbeiten

kann mit Empfehlungen zur Recyclingorientierung ergänzt werden.

In die Anforderungsliste sollten bereits Recyclingforderungen aufgenommen werden, die beim Konzept zu beachten sind. Entwurf, Zeichnungen und Stücklisten mit Einzelteilen enthalten dann recyclinggerechte Gestaltung sowie zu bestellende Handelsteile aus entsorgungsgerechten Komponenten. Die folgende erste Übersicht ist nach den angegebenen Quellen zu vertiefen. [3]

A) Recycling bei der Produktion

Produktions-Rücklaufmaterial fällt in verschiedenen Arten an und wird meist als Schrott bezeichnet. Zu unterscheiden ist:

- Kreislaufschrott oder Eigenschrott (Angüsse und Steiger in Gießereien, Walzenden in Walzwerken; problemlos zur Wiederverwertung aufzubereiten im Rohstoffkreislauf der Werke)

- Neuschrott (Stanzabfälle, Brennmatten, Schmiedegrate, Späne; getrennte Sammlung erforderlich, Aufbereitung beschränkt sich auf das Zerkleinern und ggf. Paketieren oder Brikettieren)
- Kunststoffabfall (Reste und Fehlteile)

Außerdem gibt es noch die bereits mehrfach erwähnten Hilfs- und Betriebsstoffe in der Fertigung.

Der Konstrukteur bestimmt über Formgebung und Werkstoff zumindest teilweise die Fertigungstechnologie und beeinflusst damit Art und Menge des Neuschrotts sowie die Wirtschaftlichkeit der Fertigung. Regeln für den Konstrukteur können naturgemäß nur das Recycling unterstützen und müssen mit den weiteren Konstruktionszielen und Anforderungen sowie mit der Fertigung abgestimmt werden. [3]

B) Recycling während des Produktgebrauchs

Das Recycling während des Produktgebrauchs (Produktrecycling) hat zum Ziel, ein genutztes Produkt einer erneuten Verwendung zuzuführen.

Es ist im Maschinenbau in so genannten Austauscherzeugnis-Fertigungen verwirklicht. Kfz-Austauschmotoren entstehen z. B. in fünf Arbeitsschritten:

- Demontage
- Reinigung
- Prüfen und Sortieren
- Bauteileaufarbeitung bzw. Ersatz durch Neuteile
- Wiedermontage

Eine solche industrielle Aufarbeitung in Serie wird in vielen Branchen angewendet, wie die Übersicht in Bild 23.19 zeigt.

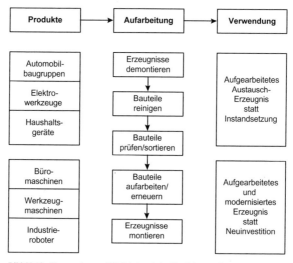

Bild 23.19: Erzeugnisse und Tätigkeiten beim Produktrecycling [3]

Konstruktionsregeln

Der Entwicklungs- und Konstruktionsprozess erhält mit der Berücksichtigung der Anforderungen aus einer aufarbeitungsgerechten Produktgestaltung eine zusätzliche Bedeutung. Die neuen Anforderungen müssen mit den generellen Zielsetzungen wie Funktionstüchtigkeit, Sicherheit, Gebrauchsfreundlichkeit, Wirtschaftlichkeit usw. abgestimmt werden. Die allgemein gültigen Regeln sollen eine bessere Abstimmung von Lebensdauer, Instandsetzbarkeit und Aufarbeitbarkeit ermöglichen.

Maßnahmen zur Begünstigung der fünf Fertigungsschritte in Austauscherzeugnis-Fertigungen:

- Demontagegerechte Gestaltung
- Reinigungsgerechte Gestaltung
- Prüf-/Sortiergerechte Gestaltung
- Aufarbeitungsgerechte Gestaltung
- Montagegerechte Gestaltung

Allgemein gültige, übergreifende Gestaltungsregeln:

- Verschleißlenkung auf niederwertige Bauteile
- Korrosionsschutz, Schutzschichten
- Zugänglichkeit
- Standardisierung

An Beispielen ist zu erkennen, dass sich die Verwirklichung der Maßnahmen und Regeln häufig ohne höheren baulichen und fertigungstechnischen Aufwand ermöglichen lässt, wenn man sie nur rechtzeitig berücksichtigt. In einigen Fällen werden dadurch sogar zusätzliche Vorteile erkennbar, die sich auch in der Neuproduktion auswirken. [3]

Demontagegerechte Gestaltung

Die bei einem Produkt verwendeten Verbindungen der Bauteile müssen leicht lösbar und gut zugänglich sein. Beschädigungen an wiederverwendbaren Teilen sind zu vermeiden.

Anzustreben ist eine Demontage, bei der die zu verbindenden Bauteile und die Verbindungselemente unbeschädigt wiederverwendbar oder zumindest aufarbeitbar sind. Ist dieses Idealziel nicht zu erreichen, sollten wenigstens die Bauteile unbeschädigt bleiben; die Verbindungselemente werden dann durch neue ersetzt.

Beispiele für die recyclinggerechte Gestaltung zur Demontage von Erzeugnissen enthält Bild 23.20.

Alle anderen Konstruktionsregeln mit kurzen Erläuterungen und weitere Beispiele enthält die Literatur. [3], [12]

C) Recycling nach Produktgebrauch

Dieses auch als Material-Recycling bezeichnete Recycling nach Produktgebrauch soll bewirken, dass die Materialien von Produkten, die nicht mehr benutzt werden, nicht auf einer Deponie landen. Sie können als Werkstoffe gleicher Qualität wiederverwertet oder auch als Werkstoffe mit veränderten Eigenschaften weiterverwertet werden. Dazu sind die Altstoffe bzw. der Schrott so aufzubereiten, dass die Anforderungen des Verwertungsprozesses erfüllt werden. [3]

	Gestaltungsrichtlinie Recyclinggerechte Gestaltung	Blatt-Nr.: 1 / 1

Verfahren: Demontage von Erzeugnissen

Grundsatz: Verbindungselemente einheitlich, gut zugänglich und beschädigungsfrei lösbar mit Standardwerkzeugen

Aufgabe / Fehler	Lösung / Verbesserung	Erklärung / Regel
Flansch mit verschiedenen Verbindungselementen 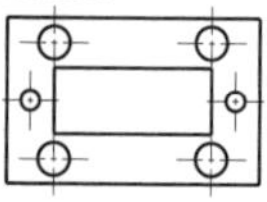	Alle Verbindungselemente sind gleich 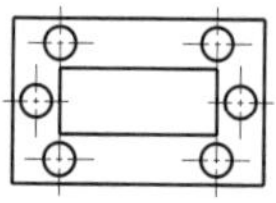	Einheitliche Verbindungselemente lassen sich schnell mit Standardwerkzeugen demontieren
Deckel bei der Demontage innen schlecht zugänglich für Werkzeuge 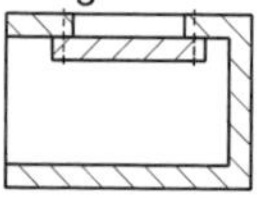	Deckel von außen gut zugänglich 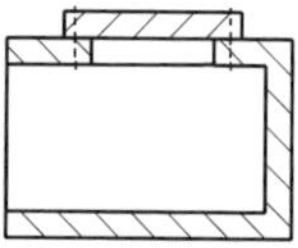	Gute Zugänglichkeit für Demontagewerkzeuge bei außen liegenden Verbindungselementen
Langer Demontageweg für das Entfernen des Lagers 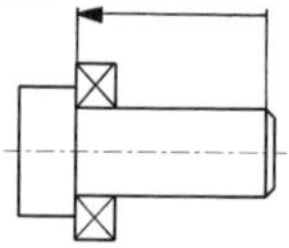	Lager muss nur von kurzem Wellenabsatz abgezogen werden 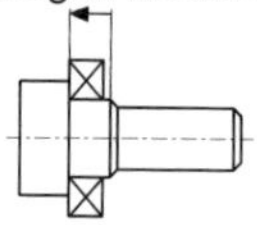	Kurze Demontagewege durch gestufte, funktionsgerechte Wellendurchmesser
Stift wird beim Entfernen beschädigt 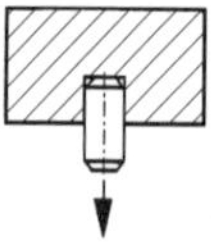	Stift kann mit Dorn ohne Beschädigung entfernt werden 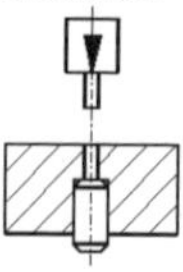	Beschädigungsfreie Demontage durch zusätzliche Formelemente wie Bohrungen, Nuten usw. ermöglichen

Bild 23.20: Recyclinggerechte Gestaltung [3]

23 Gestaltungsrichtlinien

23.13 Entsorgungsgerechte Gestaltung

Die **Entsorgung** komplexer Produkte (Kühlschränke, Fernsehgeräte, Computer, Kraftfahrzeuge usw.) zeigt die Problematik besonders deutlich, da diese Produkte in großer Anzahl pro Jahr anfallen. Fernsehgeräte und Kraftfahrzeuge müssen bereits in einer Stückzahl von jeweils ca. 2 Millionen pro Jahr als Abfall entsorgt werden. Die Industrie entwickelt ständig neue Verfahrenstechniken und Werkstoffe mit neuen, in vielen Bereichen verbesserten Eigenschaften, wie z. B.:

- Steigerung der Sicherheit des Verbrauchers
- Kosteneinsparungen in der Gebrauchsphase
- leichtere Formbarkeit und Verarbeitbarkeit bei der Produktion und modisches Design

Nicht unerwähnt bleiben darf in diesem Zusammenhang, dass in den letzten Jahren z. B. durch die Halbierung des Energieverbrauchs von modernen Haushaltsgeräten auch umweltrelevante Fortschritte erzielt wurden. Diesen Vorteilen stehen aber zunehmend größere Nachteile für die Entsorgung gegenüber. Die technische Entwicklung führt dazu, dass

- die Anzahl der verwendeten Werkstoffe in einem Produkt wächst,
- das Spektrum dieser Stoffe, wie z. B. der Kunststoffe, zunimmt,
- die Verbindungen zwischen den Bauteilen durch Verschweißungen, Verklebungen und Beschichtungen zunehmen und damit dafür sorgen, dass die Produkte immer schwerer demontierbar, also technisch schlechter trennbar werden.

Für Konstrukteure sind Kenntnisse sehr hilfreich, die auf den bekannten Grundregeln des Gestaltens aufbauen und die Entsorgung mit erfassen, wie in Bild 23.21 gezeigt.

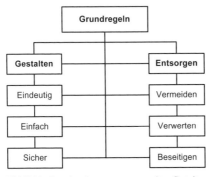

Bild 23.21: Grundregeln entsorgungsgerechter Gestaltung [3]

Die **Entsorgungskosten** werden neben den Gebrauchskosten wachsende Anteile an den Produktgesamtkosten haben. Dies wird sich besonders auf die Großserienprodukte auswirken, wenn deren Kostenverteilung nach Bild 23.22 betrachtet wird.

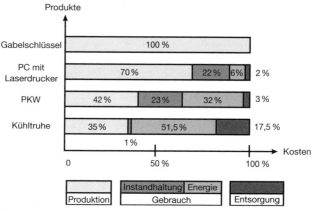

Bild 23.22: Kostenverteilung von Großserienprodukten [3]

Staatliche Maßnahmen, die in Form von Gesetzen die Abfallentsorgung regeln, gibt es durch ein bundesweites Abfallbeseitigungsgesetz von 1972. Das Abfallbeseitigungsgesetz wurde 1986 durch das „Gesetz über die Vermeidung und Entsorgung von Abfällen" (Abfallgesetz – AbfG) ersetzt.

Das Abfallgesetz führte die **Prioritätenfolge Abfall** ein:
Vermeidung vor Verwertung vor Beseitigung

Maßgeblich sind heute die Richtlinien der Europäischen Union (EU). Für das Recycling von Kraftfahrzeugen gilt in der EU ab 1.1.2006 die neue Altauto-Richtlinie, nach der mindestens 85 % eines Altautos verwertet werden, mindestens 80 % davon auf stofflichem Weg. Ab 2015 fordert die EU eine Verwertungsquote von 95 %, mit einem Anteil von mindestens 85 % für das stoffliche Recycling. Außerdem müssen Neufahrzeuge spätestens ab 2004 zu mindestens 95 % wiederverwendbar oder verwertbar sein.

Für Elektro- und Informationstechnologiegeräte, allgemein E-Schrott, sind von der EU ebenfalls Richtlinien geplant. Darin werden die Verwertungsquoten für die Wiederverwendung und Wiederverwertung von

Elektro- und Elektronikgeräten festgelegt mit Angaben der Jahreszahl 2006. Dann muss z. B. für Computer mindestens eine Verwertungsquote von 75 % und eine Wiederverwendungsquote von 65 % erfüllt werden. Die Herstellerverantwortung wird der Kern der Richtlinien und bedeutet, dass die Hersteller elektrischer Geräte die Kosten des Recyclings und der Entsorgung tragen sollen.

> **Entsorgungsgerecht gestalten** bedeutet, bereits bei der Konstruktion die Prioritätenfolge Abfall nach dem Abfallgesetz einzuhalten:
>
> **Vermeidung vor Verwertung vor Beseitigung**
>
> Die Produkte sind so zu gestalten, dass bei der Entsorgung nach einer langen Lebensdauer möglichst wenig Abfall entsteht, der problemlos zu beseitigen ist.

Die Umsetzung umfasst viele Hinweise, die schon beim Recycling angegeben wurden, sind hier aber im Kreislauf der Produktlebensphasen aus der Sicht der Entsorgung zu sehen. Als Regeln für die Konstruktion haben sich folgende bewährt, für die weitere Kriterien bekannt sind [3]:

- Schadstoffarme Werkstoffauswahl
- Vermeidung von Beschichtungen
- Lebensdauererhöhung
- Demontagefreundlichkeit
- Bauteilkennzeichnung
- Wiederverwendung einzelner Bauteile nach Aufarbeitung
- Reduktion der Bauteile zur Erhöhung der Reparaturfreundlichkeit
- Werkstoffminimierung
- Werkstoffkennzeichnung zur leichteren Verwertung
- Recyclingfreundliche Werkstoffe
- Minderung der Werkstoffvielfalt
- Vermeidung von Verpackung bzw. Verwendung von wiederverwendbaren Verpackungen oder recyclingfähigen bzw. biologisch abbaubaren Verpackungsmaterialien

> Die gesamte Problematik der umweltverträglichen Produktgestaltung besteht so lange, bis wirtschaftliche Verfahren eingeführt sind oder entsprechende Verordnungen oder Richtlinien Gesetzeskraft haben.

Um Produkte mit verbesserter Umweltverträglichkeit zu entwickeln, gibt es Listen mit Fragen, die die Durcharbeitung aller Produktlebensphasen nach Bild 23.17 unterstützt. Die erzielbaren Erfolge können in der Fachliteratur nachgelesen werden.

Quellen und weiterführende Literatur

[1] *Beuke, D.; Conrad, K.-J.:* CNC-Technik und Qualitätsprüfung. München Wien: Carl Hanser Verlag, 1999
[2] *Bode, E.:* Konstruktionsatlas. 6. Aufl., Braunschweig: Verlag Vieweg, 1996
[3] *Conrad, K.-J.:* Grundlagen der Konstruktionslehre. 2. Aufl., München Wien: Carl Hanser Verlag, 2003
[4] *Conrad, K.-J.* (Hrsg.): Taschenbuch der Werkzeugmaschinen. Leipzig: Fachbuchverlag, 2002
[5] *Eversheim, W.; Schuh, G.* (Hrsg.): Produktion und Management – Betriebshütte Teil 1 u. 2. 7. Aufl., Berlin: Springer Verlag, 1996
[6] *Haberhauer, H.; Bodenstein, F.:* Maschinenelemente. 10. Aufl., Berlin: Springer Verlag, 1996
[7] Informationszentrum Technische Keramik (Hrsg.): Brevier Technische Keramik. 3. Aufl., Lauf: Fahner Verlag, 1999
[8] *Koller, R.:* Konstruktionslehre für den Maschinenbau. 4. Aufl., Berlin: Springer Verlag, 1998
[9] *Neudörfer, A.:* Konstruieren sicherheitsgerechter Produkte. 2. Aufl., Berlin: Springer Verlag, 2001
[10] *Niemann, G.; Winter, H.; Höhn, B.-R.:* Maschinenelemente Band 1. 3. Aufl., Berlin: Springer Verlag, 2001
[11] *Pahl, G.; Beitz, W.; Feldhusen, J.; Grote, K.-H.:* Konstruktionslehre. Berlin: Springer Verlag, 2002
[12] *Quella, F.* (Hrsg.): Umweltverträgliche Produktgestaltung. München: Publicis MCD Verlag, 1998
[13] *Schwister, K.* (Hrsg.): Taschenbuch der Umwelttechnik. Leipzig: Fachbuchverlag, 2003
[14] *Smetz, R.:* Richtige Auswahl von Anschlagpunkten. Aalen: RUD-Kettenfabrik Rieger und Dietz, 1999
[15] VDI-Richtlinie 2206 E: Entwicklungsmethodik für mechatronische Systeme. Berlin: Beuth Verlag, 2003
[16] VDI-Richtline 2243: Konstruieren rercyclinggerechter technischer Produkte. Berlin: Beuth Verlag, 1993

Defren, W.; Kreutzkamp, F.: Personenschutz in der Praxis. K. A. Schmersal GmbH, Wuppertal. Ratingen: Verlag H. von Ameln, 2001
Defren, W.; Wickert, K.: Sicherheit für den Maschinen- und Anlagenbau. K. A. Schmersal GmbH, Wuppertal. Ratingen: Verlag H. von Ameln, 2001
Eberhardt, O.; Jedelhauser, R.: Die EU-Maschinenrichtlinie Praktische Anleitung zur Anwendung – Mit allen Richtlinientexten zur Maschinen- und Gerätesicherheit. 3. Aufl., Renningen-Malmsheim: Expert Verlag, 2001
Ehrlenspiel, K.: Integrierte Produktentwicklung. 2. Aufl., München Wien: Carl Hanser Verlag, 2003

Eichlseder, W.: Optimieren von Gussbauteilen mit Hilfe der Simulation. Konstruieren und Gießen 25(2000) Nr. 3, S. 15–21

GPSG Geräte- und Produktsicherheitsgesetz: Gesetz über technische Arbeitsmittel und Verbraucherprodukte. Textausgabe mit amtlicher Begründung. Filderstadt: Verlagsgesellschaft W. E. Weinmann mbH, 2004

Herfurth, K.; Ketscher, N.; Köhler, M.: Giessereitechnik kompakt. Werkstoffe, Verfahren, Anwendungen. Düsseldorf: Giesserei-Verlag GmbH, 2003

Hintzen, H.; Laufenberg, H.; Kurz, U.: Konstruieren Gestalten Entwerfen. 2. Aufl., Braunschweig: Verlag Vieweg, 2002

Hoenow, G.; Meißner, Th.: Entwerfen und Gestalten im Maschinenbau. Leipzig: Fachbuchverlag, 2004

Höhne, G.; Langbein, P.: Konstruktionstechnik. In: Grundwissen des Ingenieurs. 13. Aufl., Leipzig: Fachbuchverlag, 2002

Informationsstelle Schmiedestück – Verwendung (Hrsg.): Schmiedeteile – Gestaltung, Anwendung, Beispiele. Hagen: 1994

Kahmeyer, M.; Rupprecht, R.: Recyclinggerechte Produktgestaltung. Würzburg: Vogel Verlag, 1996

Muckelbauer, M., u.a.: Simulation in der Massivumformung. Hagen: Infostelle Industrieverband Massivumformung e. V., 2004

VDI-Richtlinie 2223: Methodisches Entwerfen technischer Produkte. Berlin: Beuth Verlag, 2004

KONSTRUKTION UND INNOVATION

KI

24 Innovation technischer Produkte

24 Innovation technischer Produkte

Prof. Dr.-Ing. Rainer Przywara

Innovation und **Kreativität** und die mit ihrem Einsatz verbundenen Methoden sind so alt wie die Menschheit – und sie waren von jeher ihr Schlüssel zum Überleben. Gleichwohl sind sie hochaktuelle Begriffe, die den Diskurs in Wirtschaft und Gesellschaft prägen. Heute hat sich beinahe weltweit die Marktwirtschaft als Wirtschaftsform durchgesetzt. In ihr weisen Innovation und Kreativität den Weg zu hohen Gewinnen, die nahezu jedes Unternehmen anstrebt.

24.1 Bedeutung und Ursachen von Innovationen

In der wissenschaftlichen Fachwelt besteht heute Einigkeit dahingehend, dass im Hinblick auf die Marktdynamik eine hohe **Produktinnovationsrate** für jedes Unternehmen lebenswichtig ist. Üblicherweise wird diese Rate definiert als „Quotient, der den Gesamtumsatz einer zeitlich abgegrenzten Planungsperiode zu dem Erlös in Beziehung setzt, der aus den neu in das Verkaufsprogramm des Unternehmens aufgenommenen Produkten resultiert" [2].

So werden allerdings auch „Innovationen" berücksichtigt, die lediglich für den Hersteller, weder aber technisch noch für den Kunden neu sind – eine sicherlich zu weit gefasste Begriffsdefinition.

24.1.1 Herkunft des Wortes Innovation

Der erste Vorläufer des Begriffs Innovation taucht im Kirchenlatein bei *Tertullian* um 200 n. Chr. auf: „innovatio" bedeutet Erneuerung bzw. Veränderung. Um 1300 wurde das Wort ins Französische und Italienische, um 1550 ins Englische aufgenommen – nicht dagegen ins Deutsche. Hier wurde der Begriff „Neuerung" verwendet.

Seine heutige Prägung erfuhr der Begriff durch den österreichischen Nationalökonomen *J. A. Schumpeter* (1873–1950). In seinem 1939 erschienen Werk „Business Cycles" findet sich ein Kapitel, welches in der 1961 herausgegebenen Übersetzung mit „Theorie der Innovation" wiedergegeben wurde. Rasch gelangte der Begriff nun in den deutschen Sprachgebrauch. Bereits 1966 erschien das erste deutsch verfasste Buch, in welchem von „Innovation" die Rede war.

Interessanterweise wurde in diesem Jahr auch der Begriff **Kreativität**, zurückgehend auf das 1678 geprägte englische Kunstwort „creative", erstmalig schriftlich in dem Sinne gebraucht, der vorher durch „schöpferisches" bzw. „produktives Denken" bezeichnet wurde.

24.1.2 Der Innovationsbegriff

Die auf *Schumpeter* zurückgehende Innovationsökonomie trennt insbesondere folgende Begriffe:

- Invention   Erfindung
- Innovation   erfolgreiche Einführung einer Invention
- Diffusion   massenhafte Verbreitung

Im engeren Sinne umfasst der Begriff also nur die Einführung eines Produkts. Meist wird der Begriff aber heute in einem weiteren Sinne verstanden, der den gesamten Prozess der Neuproduktentwicklung umfasst. Außerdem werden stets folgende wesentlichen Arten von Innovationen unterschieden

- **Produktinnovationen** kennzeichnen neue Produkte
- **Prozessinnovationen** sind neue Methoden zur Herstellung bekannter Produkte.

Die OECD hat im 1996 veröffentlichten „Oslo Manual" Empfehlungen zur Vereinheitlichung der Messung technischer Innovationen herausgegeben. Dort werden die genannten Innovationsbegriffe wie folgt definiert [4]:

1. „**Produktinnovationen** sind neue oder merklich verbesserte Produkte, die ein Unternehmen auf den Markt gebracht hat. Unter diesen Begriff fallen auch Marktneuheiten, dass heißt Produkte, die das Unternehmen im relevanten Markt als erstes angeboten hat.

2. **Prozessinnovationen** sind Neuerungen oder merkliche Verbesserungen bei Fertigungs- oder Verfahrenstechniken, die im Unternehmen eingeführt wurden. Diese unterteilen wir nochmals in zwei Arten:

    a) Funktions-/Qualitätsverbesserungen sind Prozessinnovationen, die auf Grund von echten Mängeln zur Verbesserung der Qualität und Funktion eines Produkts bzw. eines Prozesses eingeführt wurden.

    b) Rationalisierungsinnovationen sind Prozessinnovationen, die zu einer Senkung der durchschnittlichen Produktkosten geführt haben und denen ein Rationalisierungsmotiv zu Grunde lag."

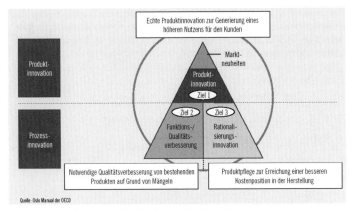

Bild 24.1: Innovation hat grundsätzlich drei mögliche Ziele [9]

Im Kontext dieses Buches sind Produktinnovationen von besonderer Bedeutung und werden daher im Zentrum der Betrachtung stehen.

Innovationen können nach weiteren Kriterien klassifiziert werden [8]:

- **Neuigkeitsgehalt (Innovationsintensität)**
  - Weltneuheiten (Basisinnovationen, Breakthrough-Innovationen)
  - Quasi-Innovationen (Weiterentwicklungen)
  - Scheininnovationen (reine Marketing-Maßnahmen)
- **Branchenauswirkung**
  - Ergänzungsinnovation (erweitertes Warenangebot)
  - Substitutionsinnovation (Technologietausch)
- **Zielsetzung**
  - Ablösung veralteter Produkte
  - Generierung zusätzlicher Nachfrage
  - Imageverbesserung
  - Einstieg in ganz neue Marktbereiche (**Diversifikation**)
- **Verbreitungsgebiet**
  - globale Innovation
  - regional begrenzte Innovation

Im Marketing wird häufig bereits dann von einer Innovation gesprochen, wenn Käufer ein Produkt subjektiv als neu empfinden (Scheininnovation, s. o.).

Die eingangs erwähnte Definition der Produktinnovationsrate geht aber selbst darüber hinaus. Damit erhält der Begriff Innovation ein ihn letztlich ad absurdum führendes Maß an Beliebigkeit. Ein Beispiel möge das verdeutlichen: Ein Spielwarenhersteller, der erstmalig ein Plagiat von „Mensch ärgere dich nicht!" auf den Markt brächte, würde definitionsgemäß innovativ agieren.

24.1.3 Ursachen von Produktinnovationen

Bei Produktinnovationen unterscheidet man nach dem auslösenden Moment der Innovation folgende Typen:

- marktinduzierte Innovation (**need-pull**), ausgehend von Kundenbedürfnissen
- technologieinduzierte Innovation (**technology-push**) ausgehend vom technischen Fortschritt

Während die erstgenannte von außen nach innen getragen wird (Outside-in-Orientierung), wird bei der zweiten eine interne Idee nach außen getragen (Inside-out-Orientierung). Häufig wird in der Literatur die Marktkomponente stärker betont als der Technologie-Aspekt – wohl auch, da jede Innovation erst durch die erfolgreiche Markteinführung entsteht. Als besonders erfolgreich haben sich in empirischen Studien Mischstrategien (**balanced strategies**) erwiesen, bei denen eine ausgeprägte F&E- und Marktorientierung verbunden wurden.

Anspruchsvolle Technologien erfordern einen hohen F&E-Aufwand, wie ihn sich zumeist nur Großunternehmen leisten können. Kleine und mittlere Unternehmen sind daher in besonderem Maße darauf angewiesen, ihr „Ohr am Kunden" zu haben, um auf dessen Bedürfnisse mit neuen Produkten einzugehen.

24.1.4 Wirtschaftliche Bedeutung von Innovationen

Bereits *Schumpeter* ging in seiner „Theorie der wirtschaftlichen Entwicklung" davon aus, dass der wirtschaftliche Fortschritt hauptsächlich von kreativen Neuschöpfungen dynamischer Unternehmer ausgelöst würde. Welcher besondere Anreiz besteht nun aber für derartige Neuschöpfungen? Der Grund ihrer Attraktivität ist hauptsächlich ökonomischer Natur.

24.1.4.1 Entstehung von Pioniergewinnen

Normalerweise befinden sich Unternehmen in der Marktwirtschaft in einem harten Wettbewerb mit mehreren Anbietern vergleichbarer Produkte, der zu kontinuierlich sinkenden Preisen führt (Bild 24.2: vollständiger Wettbewerb). Durch Prozessinnovationen versuchen Unternehmen kontinuierlich ihre Stückkosten zu reduzieren, um in der Gewinnzone zu verbleiben. Auf lange Sicht führt der Wettbewerbsdruck dennoch zu fallenden Unternehmensgewinnen.

Durch Produktinnovationen kann es gelingen, diesem Wettbewerb zumindest zeitweise zu entkommen, indem ein temporäres Angebotsmonopol geschaffen wird. Ein solches Monopol ermöglicht es, bei einem von den Käufern stark nachgefragten Produkt besonders hohe Preise zu verlangen. So entstehen so genannte Pionier- oder Vorsprungsgewinne, die erst später allmählich durch nachziehende Firmen wieder verkleinert werden (Bild 24.2: funktionsfähiger Wettbewerb). [3]

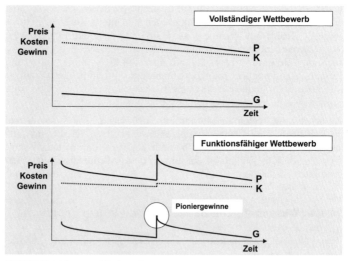

Bild 24.2: Entstehung von Pioniergewinnen

Vollständiger Wettbewerb ist zumeist gegeben bei technisch weniger anspruchsvollen Produkten, deren Herstellung von vielen Firmen beherrscht wird.

Das Modell des funktionsfähigen Wettbewerbs findet man dagegen häufig in technologiegetriebenen Branchen, insbesondere in Nischen mit nur wenigen Marktteilnehmern. Als Beispiel sei die Produktion von Fahrzeug-Bremssystemen genannt. ABS- und neuerdings ESP-Systeme sind sehr anspruchsvolle Kombinationen aus Hard- und Software. Über das nötige Know-how für diese Spitzentechnologie verfügt bestenfalls eine Hand voll Firmen weltweit. Innovationen wie ESP ermöglichen Pioniergewinne; diese kommen aber auf Grund der Marktstrukturen innerhalb der Branche hauptsächlich den Automobilherstellern zugute.

24.1.4.2 Sonstige Auswirkungen

Der technische Fortschritt verändert ständig die Grundlagen des Wettbewerbs und sorgt bei einzelnen Unternehmen für Chancen, aber auch Risiken, beispielsweise auf Grund neuer bedrohlicher Konkurrenz oder teuren Entwicklungsprojekten mit ungewissem technischem und wirtschaftlichem Erfolg. Die Auswirkungen technischer Veränderungen sind aber nicht nur auf Unternehmen beschränkt; Innovationen können sogar ganze Industriezweige erblühen, andere absterben lassen.

In einer Studie der Boston Consulting Group konnte anhand von über 600 Teilnehmern aus der Industriegüterbranche bestätigt werden, dass Unternehmen, die innovative Produkte auf den Markt bringen, am schnellsten wachsen und ihren Marktanteil erhöhen [9]. Die überragende wirtschaftliche Bedeutung überlegener Technologien macht ein sorgfältiges Technologie- und Innovationsmanagement demnach zu einer Quelle möglicher Wettbewerbsvorteile und ist daher für jedes Unternehmen von herausragender Bedeutung.

24.2 Quellen der Innovation

KI

Etablierte Produkte befriedigen stets Marktbedürfnisse. Diese hängen von einer Vielzahl von Faktoren ab (Tabelle 24.1), die sich aber mit der Zeit ändern können – und damit der Produkterfolg.

Mögliche Veränderungen des Absatzverhaltens gehen häufig mit gesellschaftlichen Verschiebungen einher. Vielfach lassen sie sich aber auch aus Änderungen bestimmter Marktgegebenheiten, beispielsweise der Konkurrenzsituation, ableiten. Mitunter schafft eine unausgeglichene Programmstruktur eine zu starke Abhängigkeit von den Abnehmern weniger Produkte. All das sind Indikatoren für notwendige Innovationen, und nach ihnen kann mit geeigneten Analysewerkzeugen systematisch gesucht werden.

Strategische Frühaufklärung zur Aufdeckung gesellschaftlicher Verschiebungen kann bestenfalls von Großunternehmen selbst geleistet werden,

Tabelle 24.1: Indikatoren für notwendige Innovationen

Indikatoren	Analysewerkzeuge
Veränderungen in der globalen Umwelt – Bevölkerungsstruktur – Werte – Technologie – Recht – Politik	Frühaufklärungssysteme – Trendforschung – operative Frühaufklärung
Lebenszyklus eingeführter Produkte – Schwächen durch Konkurrenzaktivitäten – Schwächen durch verändertes Abnehmerverhalten	Lebenszyklusanalyse
Unausgeglichene Programmstruktur – Gefahren für das finanzielle Gleichgewicht	Portfolio-Analyse

erfolgt aber zumeist durch spezialisierte Institutionen bzw. Presseorgane, deren Ergebnisse von den Firmen in Erfahrung gebracht werden müssen. Sie geschieht in drei Schritten:

1. Abgrenzung für die Frühaufklärung geeigneter Suchfelder:
   - Wirtschaft (z. B. Handel, Kapital-, Arbeitsmarkt, Konjunktur)
   - Technologie (z. B. Produktion, Substitutionstechnik)
   - Politik und Recht (z. B. Arbeitsrecht, Wirtschaftspolitik)
   - Gesellschaft (z. B. Demographie, Bildungswesen)
   - Ökologie (z. B. Verfügbarkeit von Rohstoffen, Umweltschutz, Recycling)
2. Identifikation der wesentlichen Interessengruppen
3. Ermittlung unternehmenspolitisch relevanter Entwicklungen

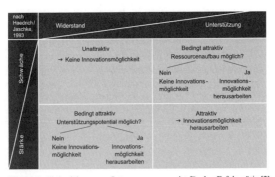

Bild 24.3: Einbeziehung von Interessengruppen ist für den Erfolg nötig [2]

Nur dort, wo zumindest ein Teil der Interessengruppen für die Innovation gewonnen werden können und entsprechende Ressourcen zur Verfügung stehen bzw. aufgebaut werden können, ist der Schritt von der Invention zur Innovation möglich.

Erfolgreiches **Neuproduktmanagement** bzw. erfolgreiche neue Produkte sind durch folgende Faktoren gekennzeichnet:

- **Alleinstellungsmerkmal (USP = Unique Selling Proposition)**:
  - Design
  - Qualität
  - Technologie
- Verträglichkeit mit Philosophie und Leitbild des Unternehmens
- Anknüpfen an vorhandene Kompetenzen, um Produktvorteil und Synergien zu schaffen
- konsequente Marktorientierung
- hohe Marktattraktivität:
  - Größe
  - Wachstum
  - Potenzial
- große technologische Entwicklungsmöglichkeiten
- genaue Definition der finanziellen Erwartungen (Businessplan)
- systematische Entwicklung des Produktkonzepts auf Basis einer guten Innovationskultur

Die Quellen der Innovation, manchmal nur ihre Inspiration, korrespondieren mit den o. g. Indikatoren zur Notwendigkeit einer Innovation.

In einem weiten Feld der globalen Umwelt kann möglicherweise ein **need-pull** identifiziert werden; sehr konkret werden Problemlösungswünsche von Kunden an das Unternehmen herangetragen – und Not macht bekanntlich erfinderisch.

Ein **technology-push** kann aus ganz anderen technischen Bereichen stammen (wobei die der Raumfahrt entsprungene Teflonpfanne eine Legende ist – die Pfanne gab es schon früher –, aber den Sachverhalt sehr schön illustriert). Häufig hat die Konkurrenz gute Ideen, oder Lieferanten haben für andere Geschäftsfelder Lösungen entwickelt, die sich adaptieren lassen.

Insgesamt läuft es darauf hinaus, dass man entweder selbst kreativ ist oder fremde Ideen aufspürt und am Markt durchsetzt. Demnach unterscheidet man zwischen betriebsinternen und betriebsexternen Quellen.

Ein schönes Beispiel dafür, dass beide Vorgehensweisen erfolgreich sein können, war die frühe Elektroindustrie. *Werner v. Siemens* entdeckte selbst das elektrodynamische Prinzip und machte bedeutende Erfindungen, auf denen er sein Unternehmen aufbaute. *Emil Rathenau* dagegen erkannte lediglich frühzeitig die Bedeutung der Elektrotechnik und ihre Entwicklungschancen, erwarb 1881 die Patente *Edisons* und gründete die AEG. Beide Unternehmen erlangten gleichermaßen Weltgeltung.

24.2.1 Entwickeln eigener Ideen

Nach dem Prozess der Ideenfindung unterscheidet man:

- logisch-systematische Verfahren
- intuitiv-kreative Verfahren

Bei der Anwendung logisch-systematischer Verfahren versucht man in der Regel, durch eine systematische Gliederung das Gesamtproblem in Teilprobleme und ihre Parameter zu zerlegen und durch die Kombination von Teillösungsmöglichkeiten zu neuen Gesamtlösungen zu kommen. Diese Verfahren eignen sich besonders dazu, Verbesserungen zu finden.

Intuitiv-kreative Verfahren beruhen auf spontanen Einfällen, Intuition, Assoziationsverkettung, Analogieschlüssen und Verfremdung des Problems, um andere Betrachtungsweisen zu erzwingen. Das Suchfeld wird, im Gegensatz zu den logisch-systematischen Verfahren, nicht eingeschränkt, weshalb intuitiv-kreative Verfahren insbesondere für ganz neue Lösungen, gar Break-Through-Innovationen, geeignet scheinen.

24.2.1.1 Logisch-systematische Verfahren

Drei besonders wichtigeVerfahren unter weitaus mehr bekannten seien hier kurz erläutert. [7]

1. Eigenschaftslisten (Attribute Listing)

Alle Eigenschaften, Ausprägungen und Merkmale eines bestehenden Objekts werden aufgelistet. Die eigentliche Ideenproduktion besteht darin, ein oder mehrere Merkmale auszutauschen oder zu verändern und neu zu kombinieren. Voraussetzung für die Anwendung ist die Feststellbarkeit der problemlösungsrelevanten Eigenschaften.

2. Erzwungene Beziehungen (Forced Relationship)

Bei der Technik der erzwungenen Beziehungen erfolgt die Ideenfindung durch gedankliche Kombination ursprünglich nicht zusammenhängender Gegenstände. So können aus den Einzelobjekten Schreibtisch, Schreibmaschine und Tischlampe u. a. folgende Ideen abgeleitet werden: in die Schreibtischplatte versenkbare Schreibmaschine, Stuhl-Tisch-Einheit, Umgestaltung der Schreibtischfächer zu Karteikästen.

3. Morphologischer Kasten

Die 1971 von dem Astronomen *Zwicky* entwickelte Methode beinhaltet im Wesentlichen eine Strukturanalyse. Die wichtigsten Strukturelemente eines Problems werden isoliert und sämtliche möglichen Lösungskombinationen aufgestellt und untersucht. Das nachfolgende Beispiel veranschaulicht die Methode.

Tabelle 24.2: Uhrkonstruktion mit dem morphologischen Kasten [8]

Merkmale	Lösungen		
Energiequelle	Aufzug von Hand	Stromnetz	Batterie
Energiespeicher	Gewichte	Feder	Akkumukator
Motor	Federmotor	Elektro	Hydraulik
Geschwindigkeitsregler	Fliehkraft	Hippscher-Pendel	Netzfrequenz
Getriebe	Zahnrad	Kette	Magnet
Anzeige	Zeiger, Zifferblatt	LCD	Wendeblätter

24.2.1.2 Intuitiv-kreative Verfahren

Aus der Literatur [2], [5], [6], [8] sind eine Vielzahl von Verfahren bekannt, von denen hier die wichtigsten vorgestellt werden sollen.

1. Brainstorming

Brainstorming wurde 1963 vom Amerikaner *A. Osborn* entwickelt. Es eignet sich dazu, bei schlecht strukturierten Problemen eine Vielzahl von Lösungsideen zu bekommen, deren Bewertung erst zu einem späteren Zeitpunkt erfolgt. Folgende Grundregeln gelten beim Brainstorming:

- 5–15 Teilnehmer je Sitzung
- Gleichberechtigung aller Teilnehmer
- Dauer 15–30 Minuten
- Freie, ungezwungene Ideenäußerung
- Quantität geht vor Qualität
- Verbot gegenseitiger Kritik
- Keine Urheberrechte der Teilnehmer

- Themenbekanntgabe einige Zeit vor der Sitzung
- 3–5 Tage nach der Sitzung Bewertung der Ideen

Die Ideen werden durch Schriftführer oder per Tonband aufgezeichnet. Naturgemäß ist der Anteil verwertbarer Ideen eher gering.

2. Metaplan-Methode

In Abwandlung des Brainstormings werden die Ideen einzeln auf Kärtchen notiert, die dann nach Sinnzusammenhängen gruppiert werden und als Grundlage weiterer Diskussionen dienen.

3. Synektik

Diese von *W. J. Gordon* 1961 vorgestellte Methode beruht auf dem systematischen Verfremden eines Problems, indem Analogien aus anderen Bereichen aufgezeigt werden, die schließlich mit dem ursprünglichen Problem verknüpft werden. Dabei werden folgende Schritte durchlaufen:

- Erklärung des Problems
- Analyse des Problems und Klärung durch Experten
- Problemverständnis prüfen und vertiefen
- spontane Lösung festhalten
- Übereinstimmung des Teams zum Problemverständnis
- Analogien bilden und vertiefen
- Beziehung zwischen Analogien und Problem herstellen
- Übertragung auf das Problem
- Lösungen entwickeln

Es gelten folgende Grundregeln:

- 5–7 Teilnehmer
- vorhergehende Schulung der Teilnehmer in der Methode
- Sitzungsdauer 90–120 Minuten
- Festhalten der einzelnen Schritte auf großformatigen Tafeln

Für die Anwendung ist ein qualifizierter Leiter erforderlich. Das Verfahren ist anspruchsvoller und zeitraubender als das Brainstorming, häufig aber auch effektiver.

4. Methode 6-3-5

Diese Methode ist eine Abwandlung des Brainstorming und gehört zu den Brainwriting-Verfahren. An einer Sitzung nehmen sechs Teilnehmer teil, die zu einem Problem jeweils drei Ideen innerhalb von fünf Minuten aufschreiben. Diese Ideen werden anschließend ausgetauscht und durch drei neue Vorschläge des nächsten Teilnehmers ergänzt, bis jeder Teilnehmer 18 Lösungsideen zu Papier gebracht hat. Auf diese Weise erhält man in 30 Minuten 108 Lösungsvorschläge.

Die Methode eignet sich nur für verhältnismäßig einfache Probleme (z. B. Namensfindung).

5. Delphi-Methode

Ihr Grundprinzip ist eine systematische Expertenbefragung. Die Experten werden einzeln und getrennt befragt, sodass nicht bekannt ist, wer welche Aussagen gemacht hat. Durch Rückkopplung und Wiederholung wird versucht, Fehleinschätzungen sowie „Ausreißer" zu vermeiden. Die Delphi-Methode ist genau genommen eher eine Vorhersagemethode, die primär für langfristige Fragestellungen angewendet werden kann.

6. Bionik

Die Bionik versucht Lösungen aus der Natur in den Bereich der Technik zu übertragen. Das kann streng systematisch erfolgen; häufig dienen natürliche Formen aber auch nur als Assoziationsgrundlage. Ein Beispiel dafür war ein 1999 auf den Markt gebrachter Reifen der Continental AG, dessen Oberflächenstruktur einer Bienenwabe glich.

Im Bereich von Fahrzeugoberflächen dienen Fischleinhäute als Vorbild, die den Tieren beeindruckend geringe Strömungswiderstände ermöglichen.

24.2.2 Nutzung fremder Kreativität

Produktideen können vielfach dem Unternehmensumfeld abgelauscht werden. Als externe Quellen dienen dabei u. a.:

- Konkurrenzanalyse (z. B. Benchmarking)
- Kundenbefragung (z. B. Lead-User, Gruppendiskussion)
- Expertenbefragung (z. B. Einkäufer, Verkäufer von Handelsorganisation)
- Messebesuche
- systematische Untersuchung von Patentschriften

Strategien der Innovationsübernahme können dabei sein:

1. **Innovationskauf**

   Kleine Ingenieurbüros oder auch Großunternehmen, die ihre Erfindungen nicht nutzen wollen oder können, bieten diese zum Kauf an.

2. **Joint-Venture-Konzeption**

   Mehrere Firmen teilen sich das Innovationsrisiko und bringen die Invention in einer eigenen Gesellschaft zur Marktreife.

3. **Firmenübernahme**

   Kapitalkräftige Unternehmen kaufen nicht nur die Innovation, sondern gleich das ganze innovative Unternehmen (und schalten damit einen potenziellen Konkurrenten aus).

4. **Lizenzkauf**

   Die Invention verbleibt im Eigentum des Erfinders, der sie Dritten gegen Gebühr zur Nutzung anbietet. Das hat für den Lizenznehmer den Vorteil, nicht sofort viel Kapital aufbringen zu müssen.

5. **Imitation**

   Imitatoren versuchen gezielt, Markteintrittbarrieren wie z. B. Patente zu umgehen. Das Unrechtsbewusstsein ist dabei vielfach erschreckend gering.

Mitunter entspricht es auch den Interessen einkaufender Unternehmen, nicht nur von einem Partner abhängig zu sein. Sie können – entsprechende Marktmacht vorausgesetzt – ihre Lieferanten dazu zwingen, ihr Know-how an eine andere Firma weiterzugeben, die dann die Produktion aufnimmt und so für eine stabile Versorgung und, auf Grund des nunmehr funktionierenden Wettbewerbs, ein niedrigeres Preisniveau sorgt.

Reicht die Marktmacht nicht aus, ein Monopol zu brechen, tut es bisweilen auch eine „versehentlich" auf dem Tisch eines potenziellen Lieferanten vergessene Zeichnung. Derlei Praktiken sind natürlich zutiefst unseriös, aber wer wird schon gegen einen guten Kunden Klage erheben?

24.3 Technologie- und Innovationsmanagement

Technologie- und Innovationsmanagement dient Firmen dazu, ihre Wettbewerbsstrategie wirksam zu unterstützen. Im Mittelpunkt stehen dabei vier Aspekte:

1. Entwicklung einer **Technologie-Strategie**,
   um die richtigen Projekte zur richtigen Zeit zu verfolgen
2. gezieltes **Innovationsmanagement**,
   um Wettbewerbsvorteile und darüber Gewinne zu erhalten
3. effiziente **Projektsteuerung**,
   um neue Produkte möglichst rasch zu entwickeln
4. Aufbau einer innovationsorientierten Organisation

Alle Punkte stehen in engem Zusammenhang mit den involvierten Mitarbeitern und deren Motivation, Initiative und persönlichem Netzwerk. Technologie- und Innovationsmanagement ist daher zu einem großen Teil auch ein sozialer Prozess. [1]

24.3.1 Entwicklung einer Technologie-Strategie

Gutes Technologie- und Innovationsmanagement ist nicht zu verwechseln mit Ausgaben für F&E nach dem Gießkannen-Prinzip. Die Höhe des F&E-Budgets korreliert nämlich keineswegs mit der Höhe des Geschäftserfolgs (in Bild 24.4 ausgedrückt als Umsatzrendite). Der vielfach unterstellte einfache Zusammenhang zwischen eingesetzten Mitteln und Erfolg ist offenbar empirisch nicht nachweisbar.

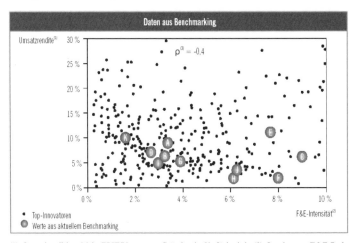

(1) Operationalisiert: Meist EBIT/Umsatz aus Gründen der Verfügbarkeit; (2) Quotient aus F&E-Budget und Umsatz; (3) Standardisierte Covarianz
Quellen: „Ranking of Top 500 International Companies by R&D Investment", DTI Innovation; F&E-BM 2002

Bild 24.4: F&E-Intensität und Unternehmenserfolg korrelieren nicht [9]

Daraus darf aber nicht der vollkommen falsche Schluss gezogen werden, F&E sei letztlich nicht maßgeblich für den Unternehmenserfolg. Ohne F&E gäbe es keine Innovation, was bei einem endlichen Produktlebenszyklus das mittelfristige Aus für jede Unternehmung bedeuten würde.

Festzuhalten bleibt, dass es offenbar keine absolut richtige Höhe des F&E-Anteils gibt. Hier ist offenbar eine tiefer gehende Analyse der jeweiligen Unternehmenssituation notwendig. [9]

24.3.1.1 Bemessung des F&E-Budgets

Von besonderer Bedeutung für die geeignete F&E-Strategie und die damit verbundenen Ausgaben ist die Gesamtstrategie der jeweiligen Unternehmung, die insbesondere mit der Marktsituation korrespondiert.

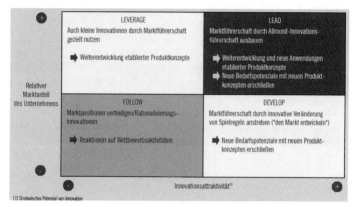

Bild 24.5: Die Höhe des F&E-Budgets muss aus der Unternehmensstrategie abgeleitet werden [9].

In der im Bild dargestellten so genannten Innovationsmatrix wird die Bedeutung von F&E im Verhältnis zu den anderen Unternehmensfunktionen anhand der Parameter des Marktanteils und der strategischen Bedeutung von Innovationen beschrieben. Je nach Quadrant ergeben sich gewisse Unternehmensstrategien, aus denen verschiedene Konsequenzen für die Budgethöhe resultieren. Dabei ist keines der vier Felder per se besser als ein anderes: „Es ist nicht immer sinnvoll, Innovationsführer zu sein!" [5]

Unternehmen im Quadranten FOLLOW müssen ihre Position verteidigen und auf Innovationen im Markt reagieren. Dabei gilt es, das F&E-Budget zu begrenzen, um über niedrige Preise im Markt verbleiben zu können.

Der Quadrant LEAD bedingt Marktführerschaft und ein hohes strategisches Potenzial von Innovationen. Ein hier platziertes Unternehmen muss seinen Innovationsvorsprung ständig verteidigen; das erlaubt ihm, einen höheren Preispunkt anzusteuern.

Arbeitet ein Unternehmen mit hohem Marktanteil in einem Markt mit geringer Innovationsattraktivität (Quadrant LEVERAGE), so bedarf es eines hervorragenden Produktmanagements, um die nur noch möglichen inkrementalen Innovationsschritte unter Ausnutzung der führenden Marktstellung in Wettbewerbsvorteile umzuwandeln.

Eine große Herausforderung bedeutet die Position DEVELOP. Hier gilt es, durch Ausnutzung von Innovationen die Marktspielregeln so zu verändern, dass nach und nach Marktführerschaft entsteht. Dabei werden bisherige im Markt vorhandene Kompromisse aufgedeckt und aufgebrochen. Das F&E-Budget muss dieser Herausforderung angemessen groß und zeitlich begrenzt nach oben offen sein.

24.3.1.2 Formulierung der F&E-Strategie

Ein unternehmensweites und funktionenübergreifendes Verständnis von den F&E-Aufgaben ist die Grundlage für erfolgreiches Technologie- und Innovationsmanagement. In einer ausformulierten F&E-Strategie sollten insbesondere folgende Fragen beantwortet werden:

- Was ist der Sinn und Zweck von F&E in meinem Unternehmen?
- Welche Ziele sollen mit F&E verfolgt werden?
- Wie hängen die Ziele mit dem Geschäftsmodell zusammen?
- Wie können die Ziele operationalisiert werden?

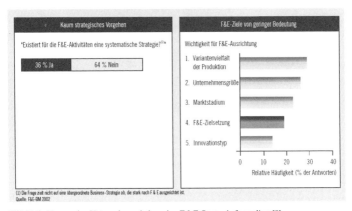

Bild 24.6: Nur wenige Unternehmen haben eine F&E-Strategie formuliert [9]

Die F&E-Strategie ist das Fundament aller daraus abzuleitenden Managementschritte und damit die Grundlage für Effektivität und Effizienz. Dennoch hatten laut einer Studie [9] lediglich 36% der befragten Unternehmen eine solche Strategie entwickelt (Bild 24.6). Für alle anderen dürfte es schwierig sein, die gemeinsamen Anstrengungen zu fokussieren und nachvollziehbar Prioritäten zu setzen.

Besonders auffällig an den Ergebnissen der genannten Studie war, dass selbst Unternehmen mit einer F&E-Strategie diese dennoch nicht konsequent verfolgten, sondern den Erfordernissen des Tagesgeschäfts (z.B. Variantenvielfalt der Produktion, Unternehmensgröße) Priorität einräumten. Dies steht in eklatantem Widerspruch zu dem Faktum, dass Forschung und Entwicklung die zukünftige Produktpalette maßgeblich bestimmen und ihre Arbeit auf die Unternehmenszukunft hin ausgerichtet sein sollte.

Eine ausformulierte Strategie setzt darüber hinaus einen verbindlichen Handlungsrahmen, der ein aufwändiges, bis in die operative Ebene reichendes zentrales Management vielfach entbehrlich macht. Wie kann man aber eine geeignete Strategie entwickeln?

Das grundsätzliche Vorgehen veranschaulicht Bild 24.7.

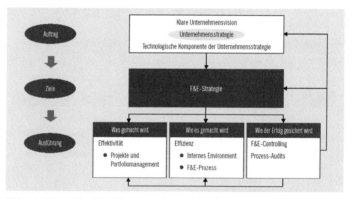

Bild 24.7: Erfolgreiches F&E-Management baut auf der Unternehmensstrategie auf [9]

In der Unternehmensstrategie sind, abgeleitet aus der Vision bzw. dem Geschäftsmodell, die grundsätzlichen Ziele der Unternehmens dargelegt. Daraus (und aus der erreichten Marktposition) ergibt sich die Bedeutung von F&E im Unternehmen, aus der „top-down" die Höhe des Entwicklungsbudgets abgeleitet wird (s. o.); damit steht die technologische Komponente der Unternehmensstrategie fest. Aus den genannten Vorgaben der Geschäftsleitung entwickelt nun das F&E-Management die F&E-Strategie. Das kann typischerweise wie folgt geschehen:

1. Erfassung von Technologien bzw. Innovationen im Unternehmen:
   – Identifikation bedeutender Technologien

24 Innovation technischer Produkte

- Analyse möglicher sich ergebender Veränderungen auf Grund dieser und neuer Technologien
- Analyse des Einflusses wichtiger Technologien auf die Wettbewerbsposition
- SWOT-Analyse der Technologien im Vergleich zum Wettbewerb (gegenwärtig/zukünftig)

2. Grundlegende Einschätzung der Bedeutung von Technologien und Innovationen auf der Grundlage einer Innovationsmatrix (s. o.)
3. Prioritätensetzung und Formulierung der F&E-Ziele:
   - Innovationsanstrengungen je Produktsegment
   - Abgleich mit den Zielen von Marketing, Produktion und Vertrieb
4. Operationalisierung (Quantifizierung) der F&E-Ziele:
   - Wer macht was wann wie?
   - Wie wird der Erfolg überprüft und gesichert?

Die Ausrichtung nach F&E-Zielen lässt sich dabei stets auch visualisieren (siehe Bild 24.8).

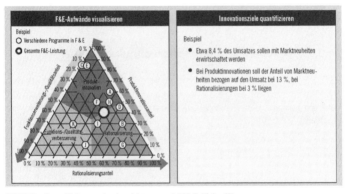

Bild 24.8: Quantifizierung der Ausrichtung nach F&E-Zielen [9]

Auf der Basis einer solchen Strategie, die bereits operativ handhabbare Oberziele beinhaltet, können nun Projekte gezielt ausgewählt und durch die Arbeit an ihnen die zukünftige Produktpalette bestimmt werden. [9]

24.3.2 Gezieltes Innovationsmanagement

Nur aus sehr wenigen der in einem Unternehmen gemachten Erfindungen werden am Ende Produkte, wie die in Bild 24.9 wiedergegebene Analyse des Beratungshauses *A. D. Little* zeigt.

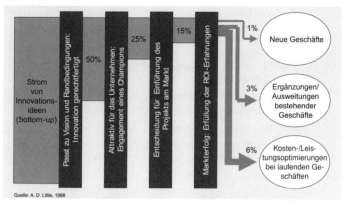

Bild 24.9: Innovationserwartungen und Realisierungschancen [2]

Um so wichtiger ist es, zunächst einen möglichst breiten Strom an Ideen in das System einzuschleusen und diesen dann effektiv und effizient zu managen, um am Ende wirklich erfolgreiche Neuprodukte zu bekommen.

24.3.2.1 Auswahl von Zukunftstechnologien

Zukunftstechnologien müssen zuallererst mit der sorgfältig formulierten F&E-Strategie im Einklang sein. Sie entsprechen damit der Wettbewerbsposition des Unternehmens und unterstützen es beim Ausbau von Wettbewerbsvorteilen.

Es gibt einige weitere Leitgedanken, die Manager bei der Auswahl von Zukunftsideen beachten sollten.

Erfindungen führen nicht immer zu einer Wertschöpfung.

Manche Erfindungen stoßen auf keinen Bedarf, oder die mit ihrer Umsetzung verbundenen Kosten sind höher als der Umsatz. Am Anfang einer Entwicklung fällt die Beurteilung aber schwer, und es kommt zu mitunter grotesken Fehleinschätzungen, wie das nachstehende Beispiel zeigt.

Kraftstoffeinspritzung sorgt für einen höheren Wirkungsgrad und geringere Emissionen eines Motors. Dennoch versprach sich die Urheberfirma Bendix in den USA im Jahre 1967 kaum Gewinne von der Technologie, da der amerikanische Benzinpreis so niedrig war, dass der Minderverbrauch für den Verbraucher kein Anreiz war. Man vergab daher eine elfjährige Lizenz an die Firma Bosch. Mitte der 1970er-Jahre hatte Bosch die Technik fortentwickelt, den europäischen und japanischen Markt besetzt und begann, die Einspritzdüsen im US-Markt zu verkaufen.

> Alle erfolgreichen Innovationen entsprechen Marktbedürfnissen. Bei komplett neuen Produkten oder Dienstleistungen ist es wichtig, den Erstkunden zu finden, als detaillierte Betrachtungen über die zukünftige Marktgröße anzustellen.

Gerade vor der Markteinführung ist es wichtig, konkret zu agieren, anstatt sich mit häufig auf unsicheren Annahmen beruhenden Schätzungen einen sicheren Erfolg vorzugaukeln.

> Innovation allein reicht nicht aus, um ihre Früchte zu ernten.

Viele Erfindungen machten nicht diejenigen reich, die sie als Erste zur Marktreife entwickelten. Die Computertomographie wurde von EMI erfunden. Ihre Geräte konnten aber lediglich Schädel abtasten. Erst mit der nächsten Generation der Firma GE konnte der gesamte Körper untersucht werden, und das brachte den kommerziellen Durchbruch, während EMI den Markt verließ.

> Vertrautheit mit dem Markt oder die Technologie hilft bei der Markteinführung neuer Produkte und Dienstleistungen.

Man sollte nicht zu vieles auf einmal bewegen wollen: Eine neue Technologie sollte möglichst nur in etablierte Märkte eingeführt werden, neue Märkte sollten möglichst nur mit vertrauten Technologien erobert werden. Kunst kommt eben von Können, nicht von Wollen (sonst hieße sie bekanntlich Wulst!).

> Die Chance, die Innovationsfrüchte selbst zu ernten, steigt mit der Schwierigkeit, die Innovation nachzumachen.

Nachahmung wird am wirkungsvollsten verhindert durch Schutz- und Geheimhaltungsmaßnahmen, zügige F&E-Arbeit und ein hohes technisches Niveau. Auch die generelle Situation des Unternehmens, beispielsweise seine Finanzkraft und die Qualität seines Vertriebsnetzes, kann eine wichtige Rolle spielen.

> Zukünftige Forschungsergebnisse beinhalten Ungewissheiten. Die Erfolgswahrscheinlichkeit und der Nutzen im Erfolgsfall sollten die Mittelallokation bestimmen.

Näheres zu diesem Aspekt beinhaltet der nachfolgende Abschnitt, in dem das Portfoliomanagement auf der Grundlage dieses Leitgedankens beschrieben wird.

24.3.2.2 Effektive Gestaltung von Projektportfolios

Auf der Grundlage der Strategie muss nun das F&E-Management entscheiden, welche Projekte am besten zu den festgelegten Zielen passen. Wichtig ist es, diesen Projekten eine klare Rangordnung zu geben und sie mit entsprechenden Ressourcen zu versehen.

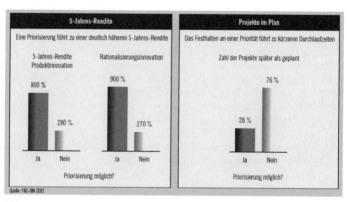

Bild 24.10: Die Priorisierung von Projekten wirkt sich stark auf die Gesamtprojektrendite aus [9]

Firmen, die eine solche Priorisierung durchführen und auch konsequent daran festhalten, erreichen im Durchschnitt einen deutlich höheren Projekterfolg und kürzere Durchlaufzeiten (Bild 24.10).

Bei der Priorisierung sollte man folgende Fragesequenz beantworten:

- Welche Themen folgen aus den F&E-Zielen?
- Mit welchen Projekten werden diese Themen vorangetrieben?
- Nach welchen Kriterien wird die Wichtigkeit beurteilt?
- Welches sind die wichtigsten Projekte?

In der bereits erwähnten BCG-Studie gaben lediglich 55% der Firmen an, überhaupt eine Rangfolge zu erstellen. Bei näherer Betrachtung zeigte sich, dass die Priorisierung hauptsächlich auf Grund der Anforderungen des Tagesgeschäfts geschah (Bild 24.11).

24 Innovation technischer Produkte

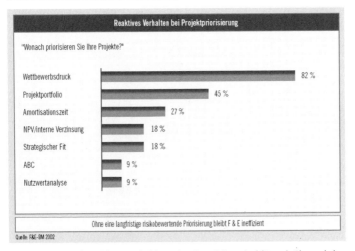

Bild 24.11: Die meisten Firmen priorisieren derzeit reaktiv und nicht nach ökonomischen Kriterien [9]

Diese Rangfolge hat aber einen gravierenden Nachteil: Mit einer sich schnell und häufig ändernden Wettbewerbssituation ändert sich notwendigerweise auch unablässig die Ausrichtung von F & E. Die Abhängigkeit vom Tagesgeschäft führt zu Projektfragmentierung; man macht alles, aber nichts richtig.

Vorzuziehen ist eine Priorisierung und Steuerung der Projekte nach nachvollziehbaren ökonomischen Kriterien wie beispielsweise dem aktuellen Barwert des Projekts (NPV) oder der internen Verzinsung.

Steuert man das Projekt nicht nach ökonomischen Kennzahlen, so kann auch das Portfolio vielfach nicht um offensichtlich zum Scheitern verurteilte Projekte bereinigt werden, da transparente Kriterien dafür fehlen. Diese sind aber nötig, um Ressourcen nicht unnötig und ineffizient zu binden.

Idealerweise wird ein Projektportfoliomanagement institutionalisiert. Das bedeutet, dass kontinuierlich der Nutzen und das Risiko sämtlicher Projekte bewertet werden. Der Nutzen lässt sich über die Nettokapitalrendite berechnen; dabei sind Kannibalisierungseffekte bestehender Produkte möglichst zu berücksichtigen.

Die technischen und wirtschaftlichen Risiken sollten mit einem **Scoringmodell** erfasst werden, in welchem die Realisierungswahrscheinlichkeit sowie der Zeitraum bis zur Erstauslieferung ermittelt wird.

Ein gut betriebenes F&E-**Portfoliomanagement** führt zu einer gezielten Ausrichtung der F&E-Aktivitäten nach deren wirtschaftlichem Erfolg. Durch die Transparenz wird aber auch eine sachliche Diskussionskultur, ein fairer Wettbewerb um Ressourcen sowie eine hohe Akzeptanz und Motivation befördert. [9]

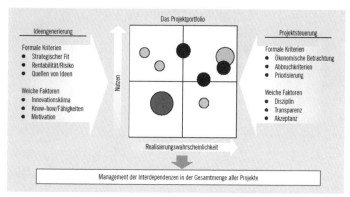

Bild 24.12: Portfoliomanagement dient der Steuerung aller Projekte [9]

24.3.3 Effiziente Steuerung von Innovationsprojekten

Im Mittelpunkt der Steuerung von Innovationsprojekten stehen die Aspekte Zeit, Kosten und Qualität. Dabei geht es um folgende Kernfragen:

- Mit welchen Instrumenten können identifizierte Themen richtig umgesetzt werden?
- Wie lassen sich Durchlaufzeit, Qualität und Kosten positiv beeinflussen?
- Wie können Mitarbeiter motiviert und Ressourcen mobilisiert werden, ohne dass unnötig großer Steuerungsaufwand nötig ist?

Die Boston Consulting Group hat sechs Felder identifiziert, in denen Effizienzsteigerungen die Gesamtperformance zu steigern helfen (Bild 24.12). Darunter sind die Maßnahmen zum Zeit- und Qualitätsmanagement sowie zur Steigerung der Innovationskraft unmittelbar wirksam („primäre Erfolgshebel"), während mit dem Personal- und Ressourcenmanagement sowie F&E-Controlling als „sekundären Erfolgshebeln" die Voraussetzungen für den Einsatz der primären Hebel geschaffen werden. [9]

24 Innovation technischer Produkte

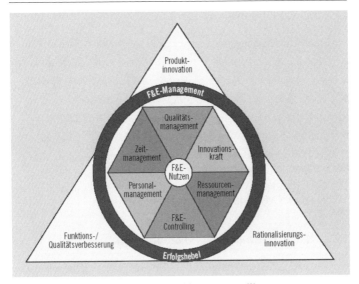

Bild 24.13: Die sechs Erfolgshebel des F&E-Projektmanagements [9]

24.3.3.1 Zeitmanagement

Hierunter fallen insbesondere folgende Punkte:

- systematisches Projektmanagement
- systematische Erfassung der Dauer von F&E-Aktivitäten
- Projektverfolgung anhand von Zeitplänen mit fixen Meilensteinen
- prozessorientiert organisierte Projektverantwortung
- voller Zugriff der Projektleiter auf ihnen zugeordnete Kapazitäten

Besonders wirksam ist ein so genannter **„Spec-Freeze"**, also die endgültige Festlegung der Entwicklungsziele zu einem bestimmten Zeitpunkt. So kann wirksam der Versuchung widerstanden werden, immer wieder Änderungen in die Produktentwicklung einzubringen, die Verzögerungen und hohe Kosten mit sich brächten.

24.3.3.2 Qualitätsmanagement

Im Unternehmen, dem Innovationsqualität besonders wichtig ist,

- wird immer ein Lastenheft zum Innovationsprojekt geschrieben
- sind viele Abteilungen an der Erstellung des Lastenhefts beteiligt
- ist die Produktkostenrechnung Teil des Lastenhefts
- wird das Lastenheft stets in ein eigenes Pflichtenheft überführt
- werden Qualitätsmanagementtools im F & E-Bereich genutzt.

Dabei sollte genau darauf geachtet werden, dass im Lastenheft das Produkt vordefiniert wird, im Pflichtenheft dagegen genau spezifiziert.

Um eine Überbürokratisierung zu vermeiden, sind bestimmte Maßnahmen (z. B. FMEA) nur auf A-Projekte anzuwenden.

24.3.3.3 Steigerung der Innovationskraft

Innovationskraft ist die Fähigkeit eines Unternehmens, „Innovationen zu erkennen und erfolgreich in eine Produktidee umzuwandeln" [9]. **Best-practice**-Unternehmen

- nutzen mehr interne und externe Quellen zur Generierung von Innovationsideen
- berücksichtigen dabei Kompetenzzentren (Fachgruppen außerhalb der Linienorganisation), Hochschulkontakte und Wettbewerbsinformationen
- platzieren den höchsten F & E-Verantwortlichen im Vorstand oder unmittelbar darunter.

Wissensmanagementsysteme sind wichtig dafür, dass keine Erfahrungen aus dem Unternehmen abfließen. Sie beinhalten meist aber lediglich das „Know-what", also ein Faktenwissen. Die Begleitumstände einer Lösung können über hauseigene „Gelbe Seiten", in denen dargelegt wird, welche Person sich schon einmal mit einem Problem auseinander gesetzt hat, erschlossen werden.

Eine wichtige, gerade in kleinen Unternehmen vielfach unerschlossene Ideenquelle ist der Einkauf. Er sollte unbedingt an der Erstellung des Lastenhefts beteiligt werden.

24.3.3.4 Ressourcenmanagement

Um Engpässe und längere Entwicklungszeiten zu vermeiden, helfen folgende Vorgehensweisen:

- systematische Realisierungsplanung der Projekte
- umfassende Engpassplanung
- Projektpriorisierung anhand weniger harter Kriterien
- Ressourcenallokation anhand der Projektpriorisierung

24.3.3.5 F&E-Controlling

Best-Practice-Unternehmen

- verfügen über ein eigenständiges F&E-Controlling
- quantifizieren das Potenzial jedes Projekts
- beurteilen das Projekt umfassend
- berücksichtigen auch Marketingaspekte bei der Projektbewertung
- wenden **Target-Costing**-Methoden an.

Die Aufgabe des Controllings ist es, Zahlen vorzubereiten, auf deren Grundlage das F&E-Management entscheidet – nicht, selbst diese Entscheidungen zu treffen.

24.3.3.6 Personalmanagement

Im Personalmanagement geht es darum, mangelnde Qualifikation und Motivation sowie Überlastung von Mitarbeitern zu vermeiden. Sorgfältige Zielvereinbarungen sind ein wichtiger Schritt auf diesem Weg.

Um ein besonders innovationsorientiertes Arbeiten zu unterstützen, gilt es,

- innovative Leistungen in Beurteilungssystemen zu erfassen
- attraktive Karriereentwicklungen von F&E-Mitarbeitern zu ermöglichen
- Anreize beispielsweise in Form von Innovationspreisen zu setzen.

Karrieren sollten nicht nur eindimensional verlaufen können, sondern der Motivation des Mitarbeiters entsprechen. Es sollte möglich sein, sowohl den Weg des Entwicklers wie des Managers einzuschlagen als auch zwischen beiden Pfaden zu wechseln.

24.3.4 Die innovationsorientierte Organisation

Innovationsorientierung setzt sich aus zwei wesentlichen Faktoren zusammen:

1. gutes Management
2. kreative Firmenkultur

Das Erstere bemisst sich hauptsächlich an den harten Fakten, also typischen ökonomischen Kennzahlen. Ob aber ein Unternehmen kreativ und erfolgreich ist, hängt wesentlich von den weichen Faktoren ab, die gemeinhin als Unternehmenskultur subsummiert werden. Natürlich hat auch hier das Management einen prägenden Einfluss und kann – das wurde im vorhergehenden Abschnitt angedeutet – innovationsorientiertes Arbeiten durch geeignete Beurteilungs- und Entlohnungssysteme wirksam fördern. Im Idealfall ergibt sich etwas, was im Unternehmen Dow Chemical als „*Good Thinking*" bezeichnet wird – das Unmögliche möglich machen. [1]

Einige Wege führen dorthin [8]:

- „Querdenker" sind zu akzeptieren, sofern sie sich der Innovation verpflichtet fühlen.
- Experimentierfreude und Spieltrieb sind ebenfalls zu tolerieren.
- Die Lernfähigkeit einer Organisation ist zu fördern. Ein gutes Mittel dafür sind Außenimpulse durch Teilnahme an Seminaren, Kongressen, Symposien etc.
- Ein betriebliches Vorschlagswesen, das nicht nur Kostensenkungsmaßnahmen honoriert, ist einzurichten.
- Vorschläge sind konsequent zu verfolgen und umzusetzen.
- Zielsetzungen sollten ambitioniert, aber realistisch sein. Mitunter spornt die Konkurrenz zu Höchstleistungen an.
- Innovationsvorschläge sollten aus allen Bereichen des Unternehmens kommen, insbesondere auch aus Einkauf und Außendienst.

All das gedeiht am besten in einem geeigneten organisatorischen Rahmen, mit dem eine geschützte Zone, gewissermaßen ein Reservat für Kreativität, geschaffen wird. Hier gibt aber keine Patentlösung, sondern viele verschiedene Möglichkeiten [1]:

- physischer Abstand (eigenständiger F&E-Bereich)
- Projektteams für bestimmte F&E-Aufgaben
- Zusammenarbeit mit Mitbewerbern **(Joint Venture)**
- Matrixorganisation, dadurch operative und innovative Aufgaben

- Gründung neuer Unternehmen (**Spin-offs**), in denen es besondere finanzielle Anreize für die Mitarbeiter gibt (bei erhöhtem Risiko)
- Zusammenarbeit mit Zulieferern oder Vertriebsorganisationen, um Innovationen außerhalb der Organisation voranzutreiben

Ein zu großer Abstand kann aber unter Umständen auch hinderlich bei der praktischen Umsetzung neuer Ideen sein. Gerade im Maschinenbau ist die Nähe zur Produktion hilfreich, um kleine Veränderungen zeitnah einzupflegen und Rückmeldungen aus der Fertigung zu berücksichtigen.

Für Großunternehmen mit vielen Fertigungsstandorten ist es besonders schwierig, eine geeignete Organisationsform zu finden. Eine große zentrale Organisation bündelt die Forschungskräfte an einem Ort und schafft eine möglicherweise kritische Masse für Großprojekte; andererseits geht leicht die Nähe zur Fertigung verloren. Ein möglicher Kompromiss, den beispielsweise die Continental AG verfolgt, ist es, so genannte „Lead-Werke" zu definieren, also Produktionsstandorte, in denen die F&E-Ressourcen für einen Unternehmensbereich gebündelt werden.

Quellen und weiterführende Literatur

[1] *Bruner, R. F.,* et al.: The Portable MBA, 3rd ed., New York, 1998
[2] *Haedrich, G.; Tomczak, T.:* Produktpolitik, Stuttgart, 1996
[3] *Henrichsmeyer, W.; Gans, O.; Evers, I.:* Einführung in die Volkswirtschaftslehre, Stuttgart, 1993
[4] *OECD* (Hrsg.): The Measurement of Scientific and Technological Activities. Proposed Guidelines for Collecting and Interpreting Technological Innovation Data, Paris, 1996
[5] *Porter, M.:* Competitive Advantage, New York, 1985
[6] *Richter, H.-P.:* Investitionsgütermarketing, München, 2001
[7] *Weis, C.:* Marketing, 12. Aufl., Ludwigshafen, 2001
[8] *Winkelmann, P.:* Marketing und Vertrieb, 3. Aufl., München, 2002
[9] *Zimmermann, K; Obring, K.; Klewitz, S.:* Spitzenleistung in der Innovation, The Boston Consulting Group, München, 2003

König, M.; Völker, R.: Innovationsmanagement in der Industrie, München, 2002

KONSTRUKTION UND PRODUKTENTSTEHUNG

25 Produktentstehung

25 Produktentstehung

Prof. Dr.-Ing. Martin Reuter

Um am Markt erfolgreich zu agieren, müssen die konventionellen Methoden der Produktkonstruktion der zweiten Hälfte des 20. Jahrhunderts sich hin zu einem ganzheitlichen Ansatz eines modernen Produktentstehungsprozesses wandeln.

> Unter **Produktentstehung** oder -erstellung ist der Vorgang von der ersten Idee beziehungsweise der Auftragserteilung bis zur Auslieferung an den Kunden zu verstehen [2]. Der Zweck der Produktentstehung sind überlegene Produkte für den Kunden.

Die unterschiedlichen Phasen und Zyklen (Bild 25.1) sind an diesen Zweck optimal auszurichten.

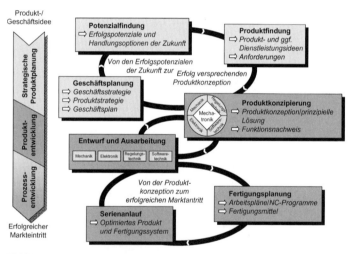

Bild 25.1: Der Produktentstehungsprozess [1]

Die Erfordernisse an den **Produktentstehungsprozess** (oder -erstellungsprozess) werden heute geprägt durch

- einen raschen Wechsel der Produkte im Markt
- die Globalisierung des Marktes
- eine hohe Produktflexibilität und die damit erforderliche hohe Zahl an Produktvarianten

25 Produktentstehung

- eine hohe Komplexität des Produkts (Mechanik, Elektronik, Software usw. in einem Produkt)
- eine hohe Produktqualität bei niedrigem Preis
- und Fragen der Produkthaftung (Sicherheit, Zuverlässigkeit)
- ein hohes Bildungsniveau aller beim Entwicklungsprozess Beteiligten.

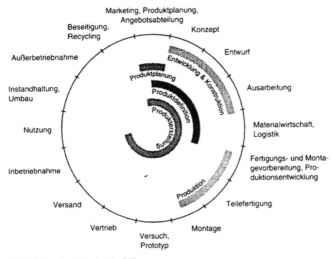

Bild 25.2: Der Produktlebenslauf [2]

Daraus leiten sich wesentliche Anforderungen an den Produktentstehungsprozess wie kürzere Entwicklungszeit, gutes Zeit- und Kostenmanagement und die Einbeziehung des gesamten Produktlebenslaufs im Hinblick auf eine umfassende Wertschöpfungskette ab. Letztere Anforderung geht über den Produkterstellungsprozess hinaus (Bild 25.2). Wertschöpfung wird heute bis in die Phase des Produktrecyclings betrieben (z. B. Entsorgung von Kraftfahrzeugen, Autobatterien, Computern).

Zur Erfüllung der Anforderungen an den Prozess sind nicht nur effizientere Methoden zu wählen, sondern es müssen auch die unentdeckten oder bisher nicht genutzten Mitarbeiterpotenziale intensiver genutzt werden (siehe 25.3.4).

In diesem Kapitel wird die Produktentstehung in den Phasen der Produktplanung, -entwicklung und -konstruktion hinsichtlich

- der notwendigen Teilprozesse
- der heute angewendeten Methoden und Werkzeuge und
- der sich zzt. stark im Markt etablierenden Werkzeuge

näher betrachtet.

25.1 Produktplanung

Die strategische **Produktplanung** ermittelt systematisch die Anforderungen der zukünftigen Produkte an die Eroberung der Märkte von morgen [1] und liefert den Input für die Forschungs- und Entwicklungsabteilungen des Unternehmens. Sie geht der Produktentwicklung voraus und umfasst die Teilprozesse

- Potenzialfindung
- Produktfindung sowie
- Geschäftsplanung.

Bei der **Potenzialfindung** sind zunächst die strategischen Aspekte wie die zukünftigen Unternehmensziele und die vorhandenen Unternehmenspotenziale als auch die aktuelle und zukünftige Wettbewerbssituation zu analysieren.

Im **Produktfindungsprozess** werden den Potenzialen entsprechende Produktideen geboren und im Zusammenhang mit strategischen Zielen und Marktsituationen bewertet.

Bei der abschließenden **Geschäftsplanung** sind die ausgewählten Lösungen daraufhin zu prüfen, inwieweit ein markt- und produktionsgerechtes Produkt ausgewählt wurde und ob damit der wirtschaftliche Erfolg des Unternehmens garantiert werden kann.

> Der Markt und die damit verbundene Unternehmensstrategie sind die wesentlichen Kriterien bei der Definition des neuen Produkts.

25.1.1 Potenzialfindung

In dieser den Produktentstehungsprozess einleitenden Phase sind die folgenden Fragestellungen zu beantworten [2]:

- Was will das Unternehmen?
  z. B. Unternehmensziele wie Marktführerschaft, Technologieführer
- Was kann das Unternehmen?
  z. B. Unternehmenspotenziale wie Möglichkeiten, neue Produkte auf Grund vorhandener Fertigungstechnologien zu schaffen

- Was braucht der Markt?
  z. B. durch Kundenbefragung, Zukunftsanalysen.

Zu diesen offenen Fragen werden heute Methoden und systematische Vorgehensweisen zur Informationsgewinnung und zur Entscheidungsfindung eingesetzt [1]. Die Analyse betrachtet

- die Kundenwünsche
  z. B. über Kundenbefragung (auf Basis des Kano-Modells, siehe 25.1.1.1, oder Bottle-Neck Engineering)
- die Marktposition bestehender und zukünftiger Produkte z. B. mittels Markt-Technologie-Portfolio (siehe 25.1.1.2), Benchmarking (siehe Abschnitt 25.4.1.2), QFD (siehe Abschnitt 25.4.1.1)
- etwaige zukünftige Risiken eines Produkts z. B. mittels Szenario-Technik (siehe 25.1.1.3).
- die Schlüsselfaktoren (Erfolgsfaktoren) des Produkts bzw. eines Produktbereichs z. B. mittels der Erfolgsfaktorenanalyse (siehe 25.1.1.2) oder wiederum der Szenario-Technik.

Im Folgenden werden grundlegende Prinzipien und Methoden zur Potenzialfindung kurz erläutert.

25.1.1.1 Befragung der Kunden

Um zukünftige **Produktpotenziale** des Unternehmens zu finden, bietet es sich an, den Kunden hinsichtlich seiner Bedürfnisse und Wünsche zu befragen. Im Hinblick auf eine „strategische Produktplanung" wird dieses Vorgehen aber nur wenig Ausblick auf zukünftige Produkte bieten. Ähnlich verhält es sich mit einer Befragung des Vertriebs, da dieser nur die aktuellen Kundenbedürfnisse und -wünsche wahrnimmt. Um „schlummernde" Potenziale aufzuspüren, bedarf es häufig der Kreativität und der Fantasie (z. B. des Forschers und Entwicklers), der auf Grund seiner Kenntnis über das Machbare ungeahnte Möglichkeiten eines Produkts erschließen kann. An diese neuen Produkte bzw. Produktmöglichkeiten wird der Verbraucher bei der Markteinführung herangeführt.

Potenziale werden im Investitionsgüterbereich vor allem durch das Erkennen des Kundenproblems und damit des Nutzenpotenzials eines neuen Produkts, im Konsumgüterbereich durch das Erkennen auch emotionaler Bedürfnisse der Kunden erschlossen. Chancen ergeben sich durch nicht artikulierte Bedürfnisse oder durch bisher nicht bediente Kunden. Für die Erforschung des Kundenverhaltens ist die Kano-Analyse verbreitet, die auf der Auswertung von systematisierten Kundeninterviews basiert und die Produktmerkmale in Begeisterungs-, Qualitäts- und Leistungsmerkmale sowie Grundbedürfnisse klassifiziert [1], [4]. Das Beispiel in Bild 25.3 [3] zeigt, dass ein Pkw mit Sonderausstattungen Begeisterung beim Kunden hervorrufen kann. Eine hohe Lebensdauer ist hingegen eine notwendige Qualitätsforderung, Sicherheit bereits eine Grundforderung. Dies zeigt, dass insbesondere Begeisterungsmerkmale dem Unternehmen die Möglichkeit bieten, sich mit einem neuen Produkt vom Wettbewerb abzuheben und möglicherweise den Absatz zu steigern.

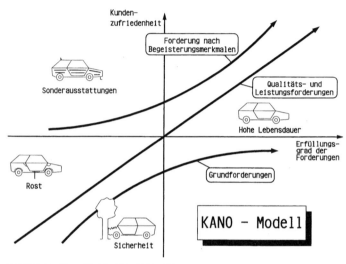

Bild 25.3: Das Kano-Modell – Beispiel Pkw [3]

25.1.1.2 Methoden zur Marktanalyse

Durch die Analyse der Position von Produkten im Markt können voreilige Produktneuentwicklungen vermieden werden. Denn auch bestehende Produkte haben unter Umständen noch „Potenziale", die bisher noch nicht abgerufen und entwickelt wurden.

Für Neuentwicklungen hingegen ist zu analysieren, welchen Platz das Produkt zukünftig im Markt einnehmen soll. Differenzierungen wie Nischenprodukt oder Massenprodukt, Hochpreis-Produkt oder Niedrigpreis-Produkt sind für die spätere Entwicklung richtungsweisend.

Gebräuchliche systematische Methoden zur Potenzialfindung werden im Folgenden kurz beschrieben.

25 Produktentstehung

- **Markt-Technologie-Portfolio (nach *McKinsey*)**

Die Ergebnisse der Analyse eines Produkts auf Marktattraktivität und Wettbewerbsstärke (Markt-Portfolio) sowie der Technologieattraktivität und der relativen Technologieposition (Technologie-Portfolio) werden im integrierten Markt-Technologie-Portfolio zusammengefasst. Das Portfolio erlaubt, die zukünftigen und/oder aktuellen Erfolgsaussichten eines (neuen) Produkts zu beurteilen. Da diese sich im Laufe des Produktlebens verändern, wird das Portfolio gegebenenfalls zu unterschiedlichen Zeitpunkten des Produktlebenszyklus erstellt.

Bild 25.4 zeigt am Beispiel der Marktpositionen der Produkte A bis E im Portfolio, welche Möglichkeiten einer Weiterentwicklung oder Positionierung eines zukünftigen Produkts angestrebt werden können. Zielsetzungen wie die Marktführerschaft oder Technologieführerschaft beeinflussen anstehende Produktentwicklungen. Handlungsoptionen wie Joint Ventures oder Lizenznahmen werden ebenso deutlich wie der oft überfällige Rückzug aus dem Markt.

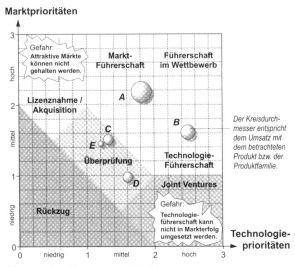

Bild 25.4: Markt-Technologie-Portfolio [1]

- **Erfolgsfaktorenanalyse**

Ein Erfolgsfaktoren-Portfolio analysiert die den Erfolg eines Geschäfts beeinflussenden Faktoren auf kritische, ausgeglichene und überbewertete Erfolgsfaktoren gegenüber branchenspezifischen Erfolgsfaktoren.

Letztere werden per Datenerhebung festgestellt und stellen quasi die objektivierte Kundensicht dar.

Bild 25.5 weist die aktuellen Erfolgsfaktoren für den Maschinenbau aus und wertet aus Unternehmenssicht die Positionierung des Marktführers und eines Mitbewerbers aus. Mittels einer Selbsteinschätzung kann die eigene Lage beurteilt werden, woraus sich marktorientierte Entwicklungsziele ableiten. Alternativ ist eine Darstellung im Spinnendiagramm gebräuchlich.

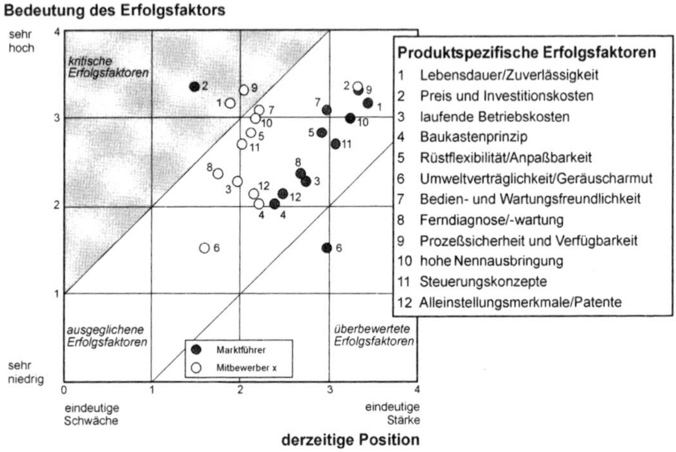

Bild 25.5: Erfolgsfaktoren-Portfolio [1]

- **Quality Function Deployment** (QFD, siehe Abschnitt 25.4.1.1)

Diese Methode stimmt Kundenforderungen an ein neues Produkt mit Produktmerkmalen ab und erlaubt deren zielgerichtete Realisierung im Produktentwicklungsprozess.

- **Benchmarking** (siehe Abschnitt 25.4.1.2)

Benchmarking nutzt den Vergleich mit dem Wettbewerb zur Erstellung einer eigenen Best-Practice Strategie.

- **Conjoint-Analyse**

Diese Methode ist dem Bereich der Marktforschung zuzuordnen. Als komplexes statistisch fundiertes Verfahren richtet sie Produkte oder Produktkonzepte optimal am Markt aus. Ihre hauptsächliches Einsatzgebiet ist der Konsumgüterbereich; daher sei hier nur auf eine kurze Beschreibung in [1] verwiesen.

25.1.1.3 Der Blick in die Zukunft

Die Auseinandersetzung mit der Zukunft – ein Vorausdenken möglicher Einflüsse auf den Markt – erfolgt mit der **Szenario-Technik**. Der Prognose-Zeitraum beträgt in der Regel fünf bis zehn Jahre. Ziel ist es, Entwicklungen des Marktes zu erkennen, die einem traditionellen Fortschreiten der Produktentwicklung entgegenstehen. Dabei werden Faktoren miteinbezogen, die nicht nur vom Markt und vom Wettbewerb verursacht werden, sondern im globalen Umfeld liegen (branchenfremde Parallelentwicklungen, Gesetzgebung, Umwelt, neue Absatzmärkte u. a.). Diese Einflussgrößen können den Markt völlig verändern und letztlich ein Produkt vom Markt eliminieren.

So hat zum Beispiel die Entwicklung der CD die Schallplatte fast völlig vom Markt verdrängt. Heute erleidet die CD durch die Möglichkeit, Musik aus dem Internet (MP3) zu ziehen, einen starken Umsatzrückgang.

Für eine Produktinnovation (Neuentwicklung) ist es daher unerlässlich, mögliche Entwicklungen vor dem Start von Entwicklungsaktivitäten zu analysieren. Die Vernetzung der Einflussfaktoren lässt mehrere Möglichkeiten zu, wie sich eine Zukunft für ein Produkt (oder Produktbereich) entwickeln könnte. Diese „Zukünfte" (multiple Zukunft) werden in komplexen Bildern (Szenarios) beschrieben.

> „Ein Szenario ist eine allgemein verständliche Beschreibung einer möglichen Situation in der Zukunft, die auf einem komplexen Netz von Einflussfaktoren beruht. Ein Szenario kann darüber hinaus die Darstellung einer Entwicklung enthalten, die aus der Gegenwart zu dieser Situation führt." [1]

Die Bilder oder Beschreibungen unterliegen keinen Gestaltungsregeln. Als Resultat leiten sich strategische Handlungsoptionen ab. Neue Produkte (bzw. -bereiche) werden durch die Szenarien konkretisiert oder weitere Schlüssel- (oder Erfolgs-)Faktoren für Produkte offenbar. Diese Erkenntnisse sind in der Produktspezifikation (bzw. in Produktmerkmale) des neuen Produkts umzusetzen.

Die Potenzialfindung hat letztlich durch die Marktanalyse, die Kundenbefragung und den Blick in die Zukunft ein Suchfeld (bzw. Suchfelder) für Produktideen eröffnet, deren grober Umriss durch Erfolgsfaktoren und Marktpotenziale beschrieben werden.

25.1.2 Produktfindung

Nach Analyse der Erfolgspotenziale und der Schlüssel- bzw. Erfolgsfaktoren für das neue oder zu ändernde Produkt ist bereits die grobe Richtung für die Produktfindung vorgegeben. Die Potenzialfindung hat aufgezeigt, welcher Weg nicht beschritten werden soll und welche Wege für den wirtschaftlichen und technologischen Erfolg begehbar sind.

Im Folgenden ist das zukünftige Produkt bzw. sind die zukünftigen Produkte entsprechend den in Bild 25.6 dargestellten Prozessschritten Situationsanalyse, Ideenfindung sowie Bewertung und Auswahl näher zu definieren. Diese Methodik verhindert, dass – wie in traditionellen Konstruktions- und Entwicklungsabteilungen üblich – das Kreieren eines neuen Produkts allein auf Grund der kreativen Kraft eines Teams (oder sogar nur eines Mitarbeiters) erfolgt. Vielmehr ist vor der Ideenfindung (z. B. durch Kreativitätstechniken) ein fundiertes Wissen über den Produktbereich aufzubauen (Situationsanalyse).

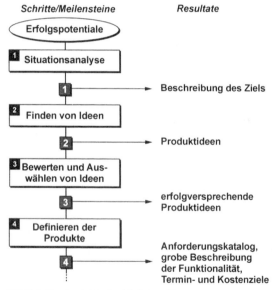

Bild 25.6: Vorgehen bei der Produktfindung [1]

Situationsanalyse

Bei der Situationsanalyse sind die aus der Potenzialfindung ermittelten Suchfelder detaillierter zu untersuchen. Das Produktwissen ist über das

Sammeln möglichst umfassender qualitativer wie quantitativer Fakten zu erweitern. Auf Grund der Analyse entsteht eine Zielbeschreibung des zukünftigen Produkts.

Ideenfindung

Der zweite Prozessschritt, die Ideensuche für ein neues oder verändertes Produkt, verwendet ähnliche Methoden wie die Konstruktionsmethodik. Möglichkeiten zur Ideenschöpfung sind

- kreativitätsfördernde und analytische Methoden oder
- die Generierung einer Idee auf Grund bekannter Lösungen bzw. Teillösungen.

Das intuitiv kreative und das systematisch-analytische (diskursive) Denken werden durch das in der Situationsanalyse erweiterte Produktwissen intensiver angeregt. Die bekannten kreativitätsfördernden Methoden sind einfach anwendbar und aus dem Produktentstehungsprozess sowohl im Großbetrieb als auch in kleineren Unternehmungen nicht mehr wegzudenken. Auf Grund des niedrigen Aufwands sind das **Brainstorming** (in Teams) und das **Mindmapping** (vom Einzelnen oder in Teams) zu empfehlen. In jedem Fall vorzuziehen sind Kreativitätstechniken, die auf die kreative Kraft eines Entwicklungsteams und nicht nur auf einen Einzelnen setzen. Bei den analytischen Methoden sind der **morphologische Kasten** [5] und **TRIZ** (Theory of inventive problem solving) [6] verbreitet.

Um Ideen aus bekannten Lösungen zu erhalten, werden natürliche und bekannte technische Systeme analysiert. **Konstruktionskataloge** stellen Prinziplösungen zur Erfüllung grundlegender Funktionen oder Teilfunktionen zusammen. Durch **Recherchen** wie der Zugriff auf Produktinformationen, auf Patente, auf Literatur über das Internet ist heute die Fülle an Informationen über bestehende Lösungen häufig so groß, dass eine Beschränkung auf das Wesentliche unbedingt stattfinden muss.

Eine Übersicht der Methoden zur Ideenfindung und ihre Einordnung im Hinblick auf das nötige Maß an intuitiver und diskursiver Denkart zeigt Bild 25.7.

Abgeschlossen wird die Phase der Ideenfindung mit einer Liste an Produktideen, die jeweils kurz beschrieben werden.

Bewertung und Auswahl

Die Bewertung und Auswahl der Produktideen muss an Kriterien erfolgen, die einen Markterfolg gewährleisten können. Unerlässlich ist die Bewertung [1]

- nach Funktionalität der Idee
- Wahrscheinlichkeit eines kommerziellen Erfolgs

- Wahrscheinlichkeit eines technischen Erfolgs
- Kosten und
- Differenzierungsstärke.

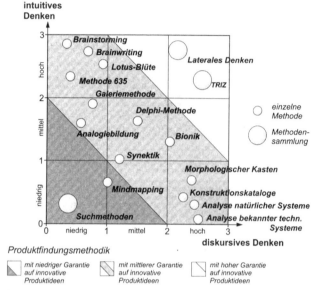

Bild 25.7: Kreativitätstechniken für die Produktfindung ([1], S. 123)

Die Erstellung einer Bewertungsmatrix mit Punktesystem z. B. nach VDI-Richtlinie 2225 und anschließender Schwachstellenanalyse [5] sollte auf Grund des geringen Konkretisierungsgrads des „neuen Produkts" ohne den in Entwicklungsteams häufig anzutreffenden „Punktestreit" erfolgen. Häufig reicht in dieser frühen Phase des Produktentstehungsprozesses eine qualitative (binäre) Entscheidung völlig aus, um die weiter zu verfolgende(n) Produktidee(n) auszuwählen. Ein Großteil der abgeleiteten Produktideen wird in der Regel nicht realisiert.

Definieren der Produkte

Ausgewählte erfolgversprechende Produktideen sind durch Anforderungskataloge, grobe funktionelle Beschreibungen sowie durch Kosten- und Terminziele zu konkretisieren. Da Produkteigenschaften am stärksten durch die planerischen Phasen

- der Produktplanung und
- der Entwicklung und Konstruktion des Produkts

bestimmt werden, ist in der frühen Phase der Produktplanung die Konkretisierung der Produktidee von entscheidender Bedeutung. Der Produktvorschlag versteht sich als klarer Auftrag für die Forschungs- und Entwicklungsabteilung (F&E) eines Unternehmens. Außerhalb der technischen Entwicklung des Produkts muss der Prozess der Geschäftsplanung angestoßen werden, um den wirtschaftlichen Erfolg der Produktidee genauer vorauszusagen.

25.1.3 Geschäftsplanung

> Grundsätzliches Ziel der Geschäftsplanung ist, den Nachweis zu erbringen, ob mit dem neuen Produkt über den Produktlebenszyklus Gewinn erzielt werden kann.

Dieses Ziel muss unter anderem durch eine der Unternehmensstrategie untergeordnete Strategie, die Produktstrategie, abgesichert werden. Die Ziele einer Produktstrategie [1] sind

- eine dauerhafte Differenzierung des Produkts im Markt
- ein dauerhafter Vorteil gegenüber Wettbewerbsprodukten
- eine marktgerechte Variantenvielfalt, die kostengünstig produziert und angeboten werden kann
- eine effiziente und erfolgreiche Entwicklung und Markteinführung des Produkts.

Insbesondere die Teile- und Typenvielfalt sind große Kostentreiber in vielen Industrieunternehmen. Diese hohe Komplexität lässt sich einschränken, wenn bereits im Vorfeld marktgerechte Varianten identifiziert und diese mit entsprechend kostengünstigen Produktionsmöglichkeiten wie Plattform- oder Baukastensystemen entwickelt werden.

Eine Investitionsrechnung prüft die Wirtschaftlichkeit eines neuen Produkts bereits vor dem Start weitergehender F&E-Tätigkeiten. Methoden wie die Kapitalwertmethode, die Berechnung des Return on Investment (RoI), die Amortisationsrechnung und/oder die Break-Even-Analyse sind anwendbar. [1]

25.2 Produktentwicklung

Die Produktdefinition (-vorschlag, -idee) ist das initialisierende Dokument für den in der Entwicklungs- und Konstruktionsabteilung ablaufenden Produktentwicklungsprozess. Er vollzieht sich in vier Konstruktionsphasen:

1. Aufgabe klären
2. Konzipieren

3. Entwerfen und
4. Ausarbeiten

Die Produktdefinition ist in den wenigsten Fällen eine völlige Neukonstruktion eines Produkts. Häufig wird ein Produkt angepasst (z. B. zur Überwindung von Fertigungsproblemen, zur Reduzierung von Garantiefällen, zur Leistungsverbesserung ...) oder eine Variante des Produkts konstruiert.

Konstruktionsarten

Die Produktentwicklung unterscheidet die Konstruktionsarten Neu-, Anpassungs- und Variantenkonstruktion.

> Bei der **Neukonstruktion** wird ein völlig neues Lösungsprinzip für eine gleiche, veränderte oder neue Aufgabenstellung erarbeitet.

> Bei der **Anpassungskonstruktion** wird bei veränderter Aufgabenstellung das Lösungsprinzip beibehalten, um offenbar gewordene Grenzen eines Produkts zu überwinden. Dazu kann die Neukonstruktion einzelner Baugruppen oder -teile notwendig sein.

> Die **Variantenkonstruktion** variiert Größe und/oder Anordnung innerhalb von Grenzen vorausgedachter Systeme. Funktionen und Lösungsprinzipien bleiben erhalten.

Bei einer Neukonstruktion sind alle drei Phasen Konzipieren, Entwerfen und Ausarbeiten völlig neu auszuarbeiten; bei Varianten- und Anpassungskonstruktionen ist die Konzeptphase nur ansatzweise oder gar nicht vorhanden, da i. d. R. auf ein vorhandenes Lösungsprinzip aufgesetzt wird. Die Entwicklungszeit wird davon beträchtlich beeinflusst, da die beiden Phasen Konzipieren und Entwerfen etwa die Hälfte der Arbeitszeit eines Konstrukteurs bzw. Entwicklers einnehmen können (Bild 25.8).

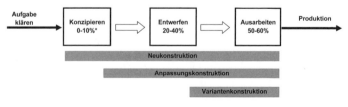

*) Anteil am Konstruktionsprozess

Bild 25.8: Konstruktionsphasen unterschiedlicher Konstruktionsarten (nach [7])

Produktarten

Außer den Konstruktionsarten ist die Art des Produkts für die Gestaltung des Entwicklungsprozesses entscheidend. Die Komplexität eines Produkts ist am Vernetzungsgrad der notwendigen Entwicklungsdisziplinen Mechanik, Elektronik, Software und Regelungstechnik messbar. Bei einem komplexen mechatronischen Produkt sind Lösungen und Lösungsansätze gleichzeitig, fachbereichsspezifisch und in ständigem Abgleich zueinander zu entwickeln. Die arbeitsteilige Organisation des iterativen Entwicklungsprozesses verlangt dazu den ständigen Austausch von Informationen, um den Prozess erfolgreich zu gestalten (siehe 25.3.1).

Ein zu entwickelndes Produkt erfordert je nach Größe des Entwicklungsprozesses und nach der Zahl der für diesen Prozess notwendigen Unternehmensbereiche eine unterschiedliche Prozessorganisation. Die erforderliche Vernetzung der Abteilungen wird wesentlich von der Produktart bestimmt. Ein rein mechanisches Produkt (z. B. ein Spritzgusswerkzeug) kann über eine bereichsinterne Projektgruppe oder einen einzelnen Mitarbeiter entwickelt werden. Produktionsmaschinen hingegen erfordern eine wesentlich komplexere Organisationsform des Projekts, um das Zusammenwirken der Mechanik, Elektronik, Software und Regelungstechnik erfolgreich zu gestalten (siehe Abschnitt 25.3.1.2).

Einen weiteren Einfluss auf die Prozessgestaltung der Entwicklung nimmt die Frage, ob es sich bei dem Produkt um ein Massenprodukt, ein Groß- oder Kleinserienprodukt oder ein Einzelprodukt (Unikat) handelt.

Vor der inhaltlichen Beschreibung und Erläuterung der Prozessschritte soll zunächst die Arbeit des Ingenieurs im Produktentwicklungsprozess verdeutlicht werden.

25.2.1 Die Ingenieurarbeit in der Produktentwicklung

Trotz des meist vorgeschriebenen Ablaufs eines Entwicklungsprozesses ist die Ingenieurarbeit der wesentliche Erfolgsfaktor bei der Entwicklung neuer oder geänderter Produkte (und Prozesse). Die Qualität der beteiligten Ingenieure wird durch keine Methodik und kein Werkzeug ersetzt. Gut ausgebildete Ingenieure mit breitem **Grundlagen- und Fachwissen** sind für ein Unternehmen unverzichtbar. Sie sind nicht nur entsprechend diesen Anforderungen bei der Einstellung von Ingenieuren auszuwählen, sondern das Unternehmen muss durch weitergehende Schulungen und Fördermaßnahmen laufend in sie investieren.

Produktentwicklungsmethoden und -werkzeuge sind nur ein Angebot an die Entwicklungsingenieure,

- den Entwicklungsprozess bezüglich Qualität, Kosten und Zeit effizient zu gestalten sowie
- bei „Ideen" nicht nur auf sich zu vertrauen, sondern durch ein Team zu jedem Zeitpunkt des Entwicklungsprozesses die Breite der Möglichkeiten bei der Lösungssuche und bei der Beurteilung auszuschöpfen.

Dem Ingenieur bleibt die Entscheidung offen, welche Methoden bzw. ob er Werkzeuge für die Entwicklung von Lösungen einsetzt. Die Analyse einer Entwicklungsaufgabe kann aus Zeit- und Kostengründen nie mit allen verfügbaren Werkzeugen durchgeführt werden. So ist die Zahl der verwendeten Werkzeuge i. d. R. in einem Qualitätsmanagement-Handbuch eingegrenzt und der Entwickler wählt sie als der eigentliche „Ideengeber" des Prozesses sinnvoll aus.

Der Einsatz von Methoden ist mit dem Erfolg eines Projekts und damit dem persönlichen Erfolg der Ingenieure verbunden; dies ist letztlich die größte Motivation des engagierten Mitarbeiters, diese Werkzeuge auch einzusetzen.

Außer dem angesprochenen Wissen (Produkt-, Methoden- usw.) werden heute **weitere Fähigkeiten des Entwicklungsingenieurs** erwartet:

- Fähigkeit zu systematischem Arbeiten
- Fähigkeit, in Gruppen zu arbeiten
- Fähigkeit, Konflikte einzugehen und zu lösen
- Fähigkeit, rechnergestützt zu arbeiten (CAD, Auslegung, FEM ...)
- Fähigkeit, in Funktionen zu denken

Insbesondere die zuletzt genannte Fähigkeit erlaubt es dem Ingenieur, ein Produkt als Teil eines Systems zu begreifen und in Funktionen zu zerlegen. Dieses systematische Abstrahieren führt zu effizienten Lösungen in funktionellen Baugruppen.

Der gute Ingenieur ist ein **Problemlöser** und sieht diese Aufgabe als Herausforderung an. Er weiß, dass die erfolgreiche Bearbeitung einer Aufgabe nur aus einem breiten Fach- und Grundlagenwissen entsteht. Die stetige Erweiterung seines Wissenshorizonts darf dabei nicht nur auf sein maschinenbauliches Tätigkeitsfeld beschränkt bleiben, sondern muss auch angrenzende Disziplinen wie die Elektrotechnik, die Elektronik, die Regelungstechnik, die Informatik usw. umfassen. In Fachzeitschriften, auf Messen, in Seminaren, durch Recherchen (Literatur, Patente, Internet ...) ist er stets auf dem **Stand der Technik** und kennt durch das „Querlesen" wissenschaftlicher Veröffentlichungen aufkommende Entwicklungen des Marktes. Erst dies schafft die Möglichkeit für innovative Neuentwicklungen im Unternehmen.

Auch **Wettbewerbsprodukte** sind ihm nicht fremd, und die dauerhafte Auseinandersetzung mit den Vergleichsprodukten der Branche lässt Ziele für die Vorteile des eigenen Produkts erkennen.

Der Konstrukteur denkt heute mehr denn je in **Kosten**. Eine kostengünstige Lösung ist nicht allein durch ein umfassendes Wissen über Produkteigenschaften möglich. Durch Kenntnisse der Fertigung, der Montage, des Recyclings von Bauteilen und Produkten (u. v. m.) konstruiert er für unterschiedlichste Kostenarten kostenbewusst.

Der Erfolg von **Produktinnovationen** ist am stärksten durch die mit der Entwicklungsaufgabe betrauten Mitarbeiter bestimmt. Um die Schwerpunkte des Entwicklungsprozesses richtig zu setzen, ist insbesondere in der Phase der Aufgabenanalyse und der Konzeption eine tiefe Durchdringung der Aufgabe unerlässlich. Dies setzt bei der Analyse der Aufgabe eine akribische (geduldige) Suche „am Schreibtisch" voraus. Das aufgebaute breite Basiswissen erlaubt dann ein Denken des Ingenieurs in neue Entwicklungsrichtungen. Bei „Verdacht auf Erfolgspotenzial" benötigt er die gestalterischen Freiheiten (z. B. grundlegende Versuche), die nur bedingt durch Methodiken zu lenken und zu steuern sind. Hieraus resultiert öfter die Kritik von Entwicklungsingenieuren an Projekt- und Qualitätsmanagementmethoden: eine zu starke Eingrenzung der Aktivitäten und zu viel „Papierarbeit". Diesem Standpunkt darf aber nur teilweise entsprochen werden, da sonst ein starker Verlust an effizienter Systematik einhergeht und Teamarbeit durch individuelles Handeln ersetzt wird.

25.2.2 Aufgabe klären

Die aus der strategischen Produktplanung erarbeiteten Produktvorschläge (-ideen) führen in der Regel zu Neukonstruktionen, die eine Neubearbeitung des Konzepts, des Entwurfs und der Ausarbeitung erfordern (siehe Bild 25.8). Eine Entwicklungsaufgabe kann alternativ direkt aus einem Kundenauftrag erwachsen oder extern oder intern auf Grund festgestellter Produktdefizite (z. B. Qualität, Leistung, Ausfall von Bauteilen u. Ä.) beauftragt werden. Produktverbesserungen (z. B. über Vorschlagswesen oder Beobachtungen der Qualitätsabteilung) führen häufig im Produktlebenszyklus zu neuen Aufgabenstellungen (siehe Konstruktionsarten).

> Das Klären der **Aufgabenstellung** umfasst alle mit der Aufgabenstellung zusammenhängenden zeitlichen, inhaltlichen und personellen Fragen.

Soweit eine Analyse der Situation nicht bereits in der Produktplanung durchgeführt wurde, ist als erster Schritt eine Betrachtung der eigenen Produkte, der Wettbewerbsprodukte (siehe 25.4.1.2) oder Produkte im Umfeld der Aufgabenstellung zum Aufbau eines soliden Basiswissens sinnvoll. Das Sammeln von Informationen sowohl zum Stand der Technik, aber auch zu zukünftigen Entwicklungen ist heute mittels Internet (Patente, Literaturrecherche, Wettbewerbsinformationen, Vorschriften und Gesetze ...) wesentlich vereinfacht.

Bei Kundenauftrag sind die Kundenforderungen in einem rechtsverbindlichen Lasten- oder Pflichtenheft des Vertriebs formuliert. Die Gesamtheit **aller** Anforderungen an die Produktkonstruktion wird in einer Anforderungsliste zusammengefasst. Sie bildet für den Konstrukteur die produktspezifische Grundlage zur Durchführung der Entwicklungsaufgabe. Die Anforderungsliste enthält nicht nur Forderungen an das Produkt; auch Wünsche, über deren Erfüllung nach oder während der Konzeptphase entschieden wird, sind in dieser Phase anzugeben. Diese Zusammenstellung aller Forderungen und Wünsche an das neue oder geänderte Produkt wird auch als Produktspezifikation bezeichnet.

Die Produktspezifikation

Eine Produktspezifikation hat als Hauptaufgabe die klare Zielsetzung für das Entwicklungsteam. Sie darf nicht nur als eine Beschreibung der Anforderungen an das zu entwickelnde Produkt genutzt werden (Kommunikationsfunktion); sie muss das wesentliche Kontrollelement des Projektes werden (Kontrollfunktion) (nach [8]). Bei der Erstellung einer Produktspezifikation sind zwei Punkte hervorzuheben:

1. Beschränkung auf das Wesentliche

> Eine gute **Produktspezifikation** ist kurz und transportiert nur die wesentlichen Zielattribute des zu entwickelnden Produkts.

2. Verdeutlichung der Bedeutung eines geforderten Produktmerkmals
   Häufig ist hier eine Fokussierung auf die Merkmale für den wirtschaftlichen Erfolg des Produkts vorrangig (z. B. Zielkosten).

Erreicht wird wirtschaftlicher Erfolg nur durch eine Ausrichtung des Spezifikationsprozesses an den Zielen

- niedriger Entwicklungsaufwand
- niedrige Produktkosten
- hohe Produktleistung
- hohe Entwicklungsgeschwindigkeit.

Die Forderung jedes Entwicklungsteams nach einer Produktspezifikation vor Beginn einer Produktentwicklung kann den Produktentstehungsprozess unzulässig verzögern. Daher ist es notwendig, den Zeitplan für die Erstellung der Spezifikation zu definieren und bereits mit einer vereinfachten Produktbeschreibung den Entwicklungsprozess zu starten. Die Arbeit an einer Spezifikation findet während der gesamten Zeit der Produktdefinition statt, sie wird „progressiv festgeschrieben". Die Spezifikation ist somit ein „lebendes" Dokument, das mit dem Projekt- und Produktfortschritt wächst.

Bei der Erstellung der Spezifikation ist es entscheidend, die Zielgruppe (den Kunden) zu definieren und diesen „zu verstehen". Dem Entwicklungsteam sind neben der Spezifkation weitere Evaluierungswerkzeuge zur Verfügung zu stellen, um Produktmerkmale kundenorientiert zu formulieren. Am geeignetsten ist dazu der direkte Kontakt mit Kunden oder einer Vertretergruppe. Qualitäts- und Projektmanagementmethoden sichern diesen Kontakt heute durch Aufbau von Projektteams. Der Begriff „Kunde" ist nach dem heutigen Prozessverständnis nicht nur als der externe Kunde (z. B. der Autohersteller des Automobilzulieferers) zu sehen. Gleichwertig sind Entwicklungen für interne Kunden wie z. B. Produktionsmaschinen für die Fertigung, Prüfwerkzeuge für die Qualitätssicherung, Simulationssoftware für den Vertrieb usw.

Die Produktdefinition unterscheidet bezüglich der Anforderungen qualitative und quantitative Merkmale eines Produkts. Soweit möglich sollten Kundenforderungen quantitativ gefasst werden. Damit werden entscheidende Produktmerkmale messbar und vergleichbar (z. B. in einem Benchmark gegenüber dem Wettbewerb).

25.2.3 Konzeptfindung

Wird die Erstellung der Anforderungsliste bzw. der Produktspezikation in der Regel im Unternehmen noch durch interdisziplinäre Teams geleistet, so findet das Konzipieren einer Lösung in der Hauptsache im Verantwortungsbereich der Entwicklung und Konstruktion statt. Der Prozessablauf umfasst die Schritte

- Aufstellen von Funktionsstrukturen
- Suche nach Lösungen der Teilfunktionen
- Kombination von Teillösungen zu einer Gesamtlösung (i. d. R. im morphologischen Kasten)
- Konkretisierung von Konzeptvarianten
- Bewertung

- abschließende Lösungsauswahl (gegebenenfalls mit Schwachstellenanalyse).

Die Methoden werden im Kapitel „Konstruktionsmethodik" erläutert [5]. Bei der Lösungssuche wird auf die in Abschnitt 25.1.2, Bild 25.7, aufgeführten Werkzeuge zurückgegriffen, wobei konkretere und detailliertere Ergebnisse als in der Produktfindungsphase entwickelt werden.

Als Input für den Entwurf liegt nach der Konzeptphase eine prinzipielle Lösung vor, die im Wesentlichen durch die Wirkstruktur und nur in geringem Maße durch eine „Gestalt" definiert wird.

Eine Qualitätssicherung beim Konzipieren beinhaltet nach VDI 2247:

- Checklisten

Die wichtigste Checkliste ist die Anforderungsliste!

- die Anwendung von Konstruktionsmethodik mit einer systematischen Lösungsfindung unter Verwendung eines morphologischen Kastens
- die Nutzung von Informationssystemen (Kataloge, technische Datenbanken, Patente, Literaturrecherche …)
- Nutzung des bestehenden Know-hows des Unternehmens sowie möglicher Dritter (Zulieferer, Berater u. a.)
- die Einbeziehung von Experten
- Fehlermöglichkeits- und Einflussanalyse (in dieser Phase insbesondere die System-FMEA)
- Quality Function Deployment (QFD)
- Aufstellung von Organisationsplänen
- Standardisierung von Schnittstellen.

25.2.4 Vom Konzept zum Entwurf

Das Konzept liefert ein qualitativ funktionierendes Produkt. Dieses ist im weiteren Prozess sowohl quantitativ funktionsfähig (z. B. im Hinblick auf Leistung) als auch aus Fertigungssicht in den wesentlichen Bauteilen und Baugruppen zu gestalten. Aus Skizzen entstehen maßstäbliche Entwurfszeichnungen, wobei der Prozess iterativ (über Optimierungsschleifen) von der Grob- zur Feingestaltung erfolgt. Das Ergebnis ist ein **Lösungsentwurf mit endgültiger Entwurfszeichnung**, welche

- die Einzelteile mit den Positionsnummern einer vorläufigen Stückliste und
- die Auslegungsrechnungen als Leistungsnachweis des Produkts

enthält.

Das Ergebnis des Entwerfens ist ein **maßstäblicher Entwurf** eines Produktmodells mit allen für die Ausarbeitung notwendigen geometrischen Angaben und stofflichen Merkmalen.

Heute sind diese Entwürfe in zunehmendem Maße 3D-CAD-Modelle (mit ggf. bereits entsprechenden PDM-Einträgen zur näheren Beschreibung des Entwurfs, siehe 25.4.2.1).

Gestaltungsregeln

Beim Entwerfen sind Gestaltungsregeln einzuhalten, um die Funktion zu gewährleisten und den Kosten- und Zeitaufwand gering zu halten. Ein guter Entwurf ist

- eindeutig
- einfach und
- sicher.

Die **Eindeutigkeit** garantiert die Erfüllung der technischen Funktionen. Die in der Konzeptphase erstellte Funktionsstruktur gibt entscheidende Hinweise bezüglich der Gestaltungsstruktur (und spätere Erzeugnisgliederung) des Produkts. Den Hauptfunktionen ordnen sich Baugruppen (oder Bauteilen) zu. Die dadurch mögliche Modularisierung des Produkts erleichtert zukünftig notwendige Varianten- oder Anpassungskonstruktionen.

Die **Einfachheit** eines Entwurfs ist i. d. R. ein Maß für die Wirtschaftlichkeit des Produkts in der Herstellung, beim Gebrauch und (heute) auch bei der Entsorgung. Hohe Kostenersparnisse sind durch die Verwendung von Norm- und Zulieferteilen bei der Feingestaltung des Entwurfs realisierbar. Eine frühzeitig im Entwicklungsprozess implementierte Standardisierung von Teilen bläht eine in vielen Unternehmensbereichen kostenintensive Komplexität des Produkts (oder eines Produktbereichs) nicht unnötig auf. Die Vorteile der Konstruktion mit Zulieferkomponenten liegen in

- der Konzentration der Entwicklungsarbeit auf die wesentlichen Merkmale des Produkts („Kerngeschäft")
- Einbeziehung externen Zulieferer-Know-hows zur Optimierung der Konstruktion
- reduzierter Entwicklungszeit
- reduziertem Entwicklungrisiko
- niedrigeren Herstellkosten und
- reduzierten Kosten für die Teileverwaltung und -vorhaltung.

Im Investitionsgüterbereich (z. B. bei Produktionsmaschinen) geht Einfachheit mit der Erfüllung wesentlicher seitens der Fertigung gewünschter TPM-Forderungen (Total Productive Maintenance) wie einfache Wartung, Reinigung, Reparatur und einfaches Umrüsten einher.

Sicherheit ist unter den heutigen Regelungen zur Produkthaftung gegenüber Menschen und Sachen als auch im Rahmen der Gesetzgebung des Umweltschutzes eine für das Unternehmen überlebensnotwendige Grundforderung an ein Produkt. Ein Qualitätsmanagement stellt die Sicherheit eines Produkts über eine Vielzahl von Methoden und Werkzeugen sicher (siehe 25.3.2); der Einsatz von Methoden der Risikoanalyse und Risikobewertung ist im Bereich der Europäischen Union gesetzlich für eine gültige CE-Kennzeichnung eines technischen Produkts vorgeschrieben.

Bezüglich der beim Entwerfen anzuratenden Gestaltungsprinzipien (Krafteinleitung, Aufgabenteilung …) und Gestaltungsrichtlinien (funktionsgerecht, fertigungs- …) sei auf die Kapitel 21, 22 und 23 unter „Konstruktion und Gestaltung" sowie auf [7], [2] verwiesen.

Bei der Suche nach dem optimalen Entwurf (oder bereits in der Konzeptphase auf der Suche nach einem Wirkprinzip) sind für komplexere Aufgabenstellungen, bei denen sich das Ergebnis eines Prozesses nicht ohne weiteres berechnen lässt, Methoden der statistischen Versuchsmethodik förderlich (siehe 25.4.1.4). Ggf. werden dazu Funktionsmodelle gebaut und getestet (siehe 25.4.2.2). Es sind aber auch virtuelle Methoden wie Simulationstechniken denkbar. Die möglichen systematischen Verfahren zur Reduzierung des Versuchs- und Simulationsaufwands werden unter dem Begriff „Design of Experiments" (DoE) zusammengefasst (siehe 25.4.1.4).

Qualitätssichernd in Anlehnung an die VDI 2247 sind

- Checklisten
- eine Vorprüfung der Randbedingungen
- der Einsatz gesicherter, standardisierter Auslegeverfahren
- Qualitätssicherungspläne für Software
- das Aufstellen von Toleranzplänen
- die Verwendung von Werkstoffauswahlsystemen
- die Verwendung von Technologiekatalogen und Lösungssammlungen und Nutzung von deren Bewertungskriterien
- der Einsatz von Riskoanalysen wie die Fehlermöglichkeits- und Einflussanalyse oder Fehlerbaumanalyse
- die Überprüfung der Gestaltungsrichtlinien
- die Nutzung der Erfahrung z. B. aus der Fertigung, aus Garantiefällen und aus Reklamationen

- die Einhaltung von Normen und Vorschriften (Werkstoffe, Unfallverhütung, CE usw.).

25.2.5 Gestaltung und Ausarbeitung

In der vierten und letzen Phase der Konstruktion wird der endgültige Lösungsentwurf ausgearbeitet und das Produkt herstellungstechnisch festgelegt. Die Entwurfszeichnung muss dazu alle Angaben beinhalten, um

- die Einzelteil-, Zusammenbau- und Gruppenzeichnungen anzufertigen sowie
- die Stückliste(n) zu erstellen.

Bei der Ausarbeitung und Gestaltung der Einzelteile sind die Festigkeits- (bzw. Sicherheits-)Nachweise, die Einhaltung von Verformungsgrenzen (Durchbiegung, Verdrillung) sowie gegebenenfalls erforderliche Stabilitätsnachweise (z. B. Knickung, biegekritische Drehzahlen) nach dem Stand der Technik zu erbringen. Die dafür nötigen Eingangsgrößen sind aus den mechanischen, thermischen, chemischen sowie anderen Belastungen des Produkts auf die Baugruppen und letztlich auf die Bauteile herunter zu berechnen. Die saubere und vollständige Dokumentation der Berechnungen und ihrer Grundlagen haben unter den Gesichtspunkten der rechtlich verankerten Produkthaftung stark an Bedeutung gewonnen.

Weitere Aktivitäten bei der Ausarbeitung sind das Vervollständigen der Fertigungsunterlagen für die Montage, den Transport, den Gebrauch, die Qualitätssicherung u. v. m. Alle Fertigungsunterlagen sind abschließend zu prüfen. Prüfkriterien sind die Übereinstimmung mit Normeninhalten, die Vollständigkeit und die Richtigkeit. Das Paket der geprüften Unterlagen ist als vollständige Produktdokumentation zu archivieren und stellt die Arbeitsgrundlage für die folgenden Prozessschritte im Produktentstehungsprozess (Produktion, Fertigungsvorbereitung, Materialeinkauf, …) dar.

Das Erzeugnis des Konstruktionsprozesses, die Fertigungsunterlagen, ist für die Herstellung des Produkts sinnvoll zu gliedern. Die Erzeugnisgliederung erfolgt in der Regel fertigungs- und montageorientiert nach dem Prinzip des Zusammenbaus. Diese Vorgehensweise beschreibt am besten den Fertigungsablauf, und das Ergebnis kann in allen Abteilungen besser genutzt werden. Der Zeichnungs- und Stücklistensatz gliedert sich in (Herstellungs-)Stufen: Stufe 0 entspricht dem Gesamterzeugnis, das aus Teilen und Baugruppen der Stufe 1 montiert wird. Dementsprechend werden Baugruppen der Stufe 1 aus Teilen und Baugruppen der Stufe 2 zusammengesetzt, usw. Stücklisten des Erzeugnisses werden in ihrer Sachnummer nach der Erzeugnisgliederung aufgebaut.

Funktionsorientierte Gliederungen liegen zwar dem Denkprozess des Konstruierens näher, sind jedoch weniger praktikabel und daher selten zu finden.

Zur Qualitätssicherung beim Ausarbeiten werden nach VDI 2247 folgende Maßnahmen aufgeführt:

- Teileinformationssysteme nutzen
- Systematische Entfeinerung der Teile durchführen
- Prüfplanung einsetzen
- Stücklistenerstellung eindeutig festlegen
- Fertigungsfreigabe durch Anwenden von eindeutigen Richtlinien

25.2.6 Prototypen, Vor- und Nullserie

Auf der Basis der vollständigen Fertigungsunterlagen des Produkts kann mit dem Bau und dem Testen von technischen Prototypen (siehe 25.4.2.2) begonnen werden.

> Allgemein stellt ein **Prototyp** ein vereinfachtes System dar, das bereits charakteristische Eigenschaften des Endprodukts besitzt. Je nach Stand des Entwicklungsprozesses werden reine Designprototypen bis hin zu technischen Prototypen verwendet. Letztere stimmen mit dem Endprodukt in Funktionalität und Gestalt (fast) völlig überein.

Der Prototyp erlaubt, früh im Prozess das Produktverhalten (-leistungsfähigkeit und -reife) zu überprüfen. Die Prüfung muss zeigen, ob die in der Produktspezifikation (z. B. in der Anforderungsliste) definierten Anforderungen des Produkts erfüllt werden. Damit wird es möglich, ein Feedback des Kunden vor einer kosten- und zeitintensiven Fertigstellung von Betriebsmitteln einzuholen. Auch Verfahrensfragen der zukünftigen Produktion werden frühzeitig in Testprozeduren (siehe 25.4.1.4) beantwortet. Der Prozess der Betriebsmittelentwicklung erfährt dadurch wertvolle Zusatzinformationen. Mit der Herstellung eines Prototyps durch **Rapid-Prototyping-Techniken** (RPT, siehe 25.4.2.2 und Kap. 28 „Rechnerunterstützung der Produktion") wird zudem eine weitere Verkürzung der Entwicklungszeit erreichbar.

> Der Weg vom Prototyp in die Produktion wird als **Pilotphase** bezeichnet. Der Pilotprozess beinhaltet den Aufbau, die Erprobung und die Optimierung der Fertigungskapazitäten mit dem Ziel, die geforderten Zeit-, Kosten- und Qualitätsziele des Produkts und der Produktion zu erreichen.

In der Pilotphase werden – im Falle einer Serienfertigung – in der Regel eine Vorserie und eine Nullserie geplant. Dabei steht nicht nur die Erprobung neuer oder geänderter Werkzeuge und Verfahren im Vordergrund, sondern verstärkt auch die Schulung und Einarbeitung der Mitarbeiter in den Produktionsprozess. Das Ziel dieser Maßnahmen ist eine steile Anlaufkurve der Produktion.

Häufig werden der Kosten- und Zeitaufwand für Prototypen gescheut oder Prototypen nicht ausreichend getestet. Folge ist, dass dieser Aufwand in den Anlauf verlagert wird. Dadurch werden nicht nur höhere Kosten verursacht, sondern Auslieferungsprobleme können zudem die Verärgerung des Kunden nach sich ziehen.

Nach Abarbeitung aller Korrekturmaßnahmen der Pilot-, Vorserie und Nullserie läuft die Serie an (SOP: „Start of Production").

25.2.7 Produktionsvorbereitung

Bei den Formen industrieller Fertigung ist die Massen-, Sorten-, Groß- und Klein- sowie Einzelfertigung zu unterscheiden. Je nach Fertigungsform werden die Betriebsmittel als Linie (Fließ- oder Taktfertigung) bis hin zur Werkstatt- oder Baustellenfertigung angeordnet. Entsprechend kann auch das Produkt vom Massenprodukt bis hin zum Unikat klassifiziert werden (siehe entsprechende Konstruktionsarten eingangs 25.2).

> **Produktionsplanung und -steuerung** (PPS) ist die integrierte Material-, Personal- und Betriebsmittelplanung in jeder Produktionsphase und beinhaltet die Organisation aller Vorgänge, die beim Materialfluss durch die Produktion zu planen und zu steuern sind.

Heute werden zur Produktionsplanung und -steuerung (PPS) vornehmlich EDV-Systeme verwendet (z. B. SAP), die insbesondere für eine Serienfertigung ein unverzichtbares Hilfsmittel zur Planung und Steuerung darstellen.

Betriebsmittelplanung

Im Folgenden wird nur auf die im Rahmen der Betriebsmittelplanung für die Produktion notwendigen entwicklerischen Maßnahmen eingegangen.

Betriebsmittel sind nach VDI 2815:

- Maschinelle Anlagen und Produktionsmaschinen
- Werkzeuge, Vorrichtungen, Modelle, Formen

- Fertigungsmittel
- Mess- und Prüfmittel
- Förder- und Transportmittel
- Ver- und Entsorgungsanlagen
- Lagermittel
- Organisationsmittel, z. B. DV-Anlage,
- Kommunikationseinrichtungen, Kopier-, Schreibgeräte

Ihre Planung umfasst

- die Betriebsmittel-Bedarfsplanung
- die Betriebsmittelbeschaffung und -entwicklung
- den Betriebsmitteleinsatz.

> Ziel der Bedarfsplanung ist es, dass sich der Bestand an Betriebsmitteln in der Produktion (für Einsatz, Ersatz und Reserve) mit dem Bedarf an Betriebsmitteln für die zu produzierende Menge an Produkten trifft.

Damit wird eine mengen- und fristgerechte Produktion bewerkstelligt. Die Bedarfsplanung kann nur durch Kenntnis der Kapazitätsplanungen des Produkts / der Produkte (geplantes Produktprogramm) sowie der Standorte der Produktion erfolgen. Über das Leistungsvermögen der Betriebsmittel wird der Bedarf errechnet.

Die fristgerechte **Betriebsmittelbereitstellung** erfolgt ausgehend vom Serienanlauf (SOP) durch eine Rückwärtsterminierung aller Beschaffungs- und/oder Entwicklungsaktivitäten. Im umgekehrten Fall wird über Vorwärtsterminierung der früheste mögliche Produktionszeitpunkt festgestellt.

„Make or Buy"-Entscheidung

Bei der Bereitstellung von Betriebsmitteln steht die Frage „Make or Buy" zunächst im Vordergrund, d. h., entweder wird das Betriebsmittel intern entwickelt („Make") oder extern zugekauft oder geleast („Buy").

Zur Vorbereitung der „Make or Buy"-Entscheidung sind dazu

- Angebote für das Betriebsmittel auf dem Markt einzuholen und zu bearbeiten
- ein „Make" mittels grober Betriebsmittelentwürfe durch die Betriebsmittelkonstruktion (-entwicklung) vorzukalkulieren und Vor- und Nachteile der Eigenentwicklung aufzuzeigen.

Die Bearbeitung der Angebote zu einem Betriebsmittel umfasst die wirtschaftliche und technische Bewertung. Bei der technischen Bewertung bietet sich wie bei der Produktentwicklung das Verfahren des **Benchmarkings** an, bei dem entsprechend vereinbarter Bewertungskriterien eine Rangfolge (Ranking) der konkurrierenden Marktoptionen erstellt wird.

Auskunft über die wirtschaftlichen Vorteile eines „Make" oder „Buy" gibt eine **Investitionsrechnung**. Über Amortisationsrechnung, Kapitalwertrechnung oder Deckungsbeitragsrechnung (u. a.) wird die wirtschaftlich günstigste Alternative ermittelt.

Darüber hinaus spielen weitere Faktoren bei der Entscheidungsfindung mit. So steht für „Make or Buy" heute häufig der Gedanke der **Kernkompetenz** eines Unternehmens im Mittelpunkt. Bei speziellem unternehmensspezifischem Fertigungs-Know-how wird die Eigenproduktion von Betriebsmitteln oder der externe Bau durch rechtlich eingebundene Zulieferer forciert. Letztere stehen dabei unter der entwicklerischen Obhut des Unternehmens, womit zusätzlich versucht wird, das eigene **Know-how** durch den Fremdbezug zu schützen (eine häufig schwierige Situation!).

Bezüglich einer Vielzahl an Betriebsmitteln ist extern ein größeres Knowhow als im Unternehmen selbst vorhanden. Der Zukauf bietet daher Vorteile, um auch technologisch mit den Wettbewerbern mitzuhalten.

Weitere Beurteilungskriterien sind das Bestreben nach **Standardisierung** von Prozessen, Produktionsmaschinen und Qualitätssicherungsmaßnahmen. Das Verwalten und Bearbeiten unterschiedlicher Verfahren, Anlagen und Werkzeuge in einem Unternehmen ist als Kostenverursacher für ein Produkt nicht zu unterschätzen.

Ein „Make" wird gegebenenfalls auf Grund fehlender **Beschaffungsoptionen** oder zu langer Lieferzeiten der Hersteller erzwungen oder muss auf Grund fehlender **Ressourcen** in der Betriebsmittelkonstruktion abgelehnt werden. Letzteres ist durch die Zusammenarbeit mit externen Konstruktionsbüros zu vermeiden, was einen stärkeren Einsatz von Projektingenieuren im Bereich der Betriebsmittelentwicklung bedingt.

Inwieweit **wirtschaftliche Aspekte** das „Make or Buy" letztlich entscheiden, ist aus Unternehmenssicht abzuwägen und zu beurteilen.

Anpassung von Betriebsmitteln und damit verbundener Prozesse

Betriebsmittelentwicklungen führen zu

- neuen oder geänderten Prozessen (Prozessplanung)
- zu neuen oder geänderten Maschinen und Anlagen (Betriebsmittelkonstruktion)

- zu neuen oder geänderten Prüfprozessen oder -anlagen (Qualitätsplanung).

Die Entwicklung von Betriebsmitteln und die Entwicklung von Produkten sind methodisch annähernd deckungsgleich. Das Produkt der Betriebsmittelentwicklung ist ein „Produktionsmittel"; der Prozess ist analog mittels Projekt-, Qualitätsmanagement und Simultaneous Engineering abzusichern, um externe wie interne Kundenforderungen an das Produktionsmittel zu erfüllen.

Neue und geänderte Betriebsmittel sind vor Produktionsstart zu testen. Dies kann bereits früh nach der Ausarbeitung der Konstruktion durch den Bau eines Prototyps erfolgen. Bei nur geänderten oder weniger komplexen Anlagen erfolgt der Test meist beim Bau von Funktionsmustern des Produkts, spätestens aber bei der Null- oder Vorserie. Technologische Neuentwicklungen erfordern vor Produktionsstart eine ausreichende Testphase. Optimierungsschleifen (entsprechend dem Deming-Zyklus Plan – Do – Check – Act) sind übereinstimmend mit dem Vorgehen bei der Produktentwicklung zu dokumentieren und auszuwerten. Die Ergebnisse finden Eingang in die Maßnahmenkataloge der Risikoanalysen und Qualitätsmanagementpläne.

Wesentliche Aspekte bei der Betriebsmittelentwicklung

Zwei weitere Aspekte der Betriebsmittelentwicklung sollen auf Grund ihrer Bedeutung für einen erfolgreichen Produktionsstart und Produktionsverlauf kurz aufgezeigt werden:

- TPM-Anforderungen
  Eine Betriebsmittelkonstruktion muss heute den Anforderungen eines TPM-Konzepts (Total Productive Maintenance) genügen. Dies bedeutet in erster Linie, der Forderung zu entsprechen, dass keine ungeplanten Maschinenstillstandszeiten für das Produktionsmittel auftreten. Die Konstruktion ist eindeutig, einfach und sicher auszuführen. Die hohe Funktionssicherheit muss durch präventive Maßnahmen wie vorbeugende Wartung und regelmäßige Reinigung erreicht werden, sodass Konstruktionsziele wie Reparatur-, Umrüst-, Wartungs- und Reinigungsfreundlichkeit sowie ergonomische Grundbedingungen (z. B. kurze Laufwege, einfache Handhabung) hohes Gewicht erhalten. Bei der Ausarbeitung der Betriebsmittelkonstruktion sind TPM-Vorgänge ausführlich zu dokumentieren.

- „Null Fehler"
  Eine Betriebsmittelentwicklung ist auf das Ziel „Null Fehler" auszurichten, um steile Anlaufkurven bei Produktionsstart zu erzielen. Dies stellt nur eine zeitlich ausreichende Testphase vor Serienstart

sicher. Leider wird dieser Zeitraum der Betriebsmittelerprobung unter Zeitdruck meist unzulässig verkürzt, sodass die Optimierung der Konstruktion und des Prozesses in der Startphase der Produktion erfolgt.

25.3 Integrierte Produktentwicklung (IPE)

Um den Erfordernissen des heutigen Marktes zu entsprechen, ist die Produkterstellung eine gemeinsame Anstrengung unterschiedlicher Disziplinen im Unternehmen. Kosten-, Zeit- und Qualitätsziele sind nur durch eine arbeitsteilige Organisation und durch das gemeinsame Handeln nach effizienten Methoden und Techniken erreichbar.

Arbeitsteilung erfordert Kooperation und integratives Handeln. Die integrierte Produkterstellung (IPE) setzt daher auf eine

- persönliche
- informatorische und
- organisatorische

Integration [2]. Die Elemente und Methoden der integrierten Produktentwicklung zeigt Bild 25.9.

Die **persönliche Einbindung** des Mitarbeiters kann durch eine Beteiligung am Erfolg (und Misserfolg) des Produkterstellungsprozesses (z. B. durch eine erfolgsorientierte Bezahlung), durch eine Orientierung auf gemeinsame Ziele („Visionen") und durch Weiterbildung (z. B. generalistisches Gesamtverständnis des Entwicklungsprozesses) erfolgen. Auch Job-Rotationen sind ein Mittel, integratives Wissen zu vermitteln.

Informatorische Integration nutzt alle am Produktentstehungsprozess Beteiligten zur Informationsgewinnung (Kunde, interne Bereiche usw.) und stellt z. B. durch Gruppen- und Teamarbeit im Rahmen eines Qualitäts-/Projektmanagements oder durch den Einsatz moderner Datentechnik (CAD, PDM) die gegenseitige Information sicher.

Die **organisatorische Integration** wird wesentlich durch die Aufbau- und Ablauforganisation des Produktentstehungsprozesses geleistet. Komplexe Produktentwicklungen zu managen bedeutet, die organisatorischen Voraussetzungen für die Parallelisierung der Arbeitsabläufe zu schaffen. Dazu gehören Aktivitäten wie die Regelung der Verantwortlichkeiten, die Organisation gemeinsamen Handelns (Simultaneous Engineering, Projektmanagement) und selbst einfach anmutende Maßnahmen wie die Bereitstellung von Handlungsorten (Arbeitsräume etc.).

Konstruktion und Produktentstehung

Bild 25.9: Integrative Methoden der IPE (nach [2])

Die Werkzeuge und Methoden von IPE zielen auf fünf grundlegende Aufgaben der Produktentwicklung:

1. Management der **Komplexität**
2. Management der **Qualität**
3. Management der **Entwicklungszeit**
4. Management der **Kosten**
5. Management von **Information**

Für das Management der Kosten werden in Kapitel 20 „Kosten in der Konstruktion" entsprechende Methoden und Werkzeuge vorgestellt; das Informationsmanagement und das Wissensmanagement werden in den Kapiteln 9 und 10 behandelt. Übergreifend ist für einen erfolgreichen Prozess ein weiterer Aspekt, die sozialen Kompetenzen der Beteiligten, zu beachten (siehe 25.3.4).

25.3.1 Management der Komplexität

25.3.1.1 Arbeitsteilung und Ablauforganisation

Auf Grund der zunehmenden Komplexität von Produkten und Prozessen und der notwendigen kurzen Entwicklungszeiten ist Kooperation zwischen den am Produkterstellungsprozess beteiligten Abteilungen für den

Erfolg heute zwingend erforderlich. Je nach Art der Aktivität und deren Aufwand ist der „Grad" der Arbeitsteilung zur Parallelisierung von Prozessschritten zu überdenken und festzulegen. Statt eines verschleppenden sequenziellen Arbeitsfortschritts werden heute die Aktivitäten in Unterprozessen (in Teams, Arbeitsgruppen o. Ä.) parallel bearbeitet und so eine große Einsparung an Zeit erzielt (siehe 25.3.3.1). Zudem werden Projektschritte teilweise nicht mehr intern im Unternehmen gemanagt, sondern durch externe Know-how-Träger.

Dokumente

Diese Arbeitsteilung erfordert zum Management der Schnittstellen zwischen den Prozessbeteiligten eine deutlich verbesserte Dokumentation der Aufgaben und des Arbeitsergebnisses. So sind die Ziele eines Prozesses vorab klar zu definieren.

> Eine unklare Zieldefinition führt zu häufigen Änderungsaktivitäten im Produktentstehungsprozess, einem unkalkulierbaren Kosten- und Zeitfaktor.

Ein Dokument trägt ein Arbeitsergebnis als „eingefrorene" Information in die nachfolgenden neuen Prozessschritte.

Prozesse und Teilprozesse

Die Aufteilung des Produktentstehungsprozesses in eine Vielzahl arbeitsteiliger Unterprozesse ist sowohl inhaltlich als auch personell, zeitlich und räumlich zu gestalten. Alle diese Vorgänge haben es gemeinsam, eine Aufgabe zu analysieren und festzuschreiben, ein Konzept zu erstellen und eine Lösung zu erarbeiten. In der Regel ist es zu Beginn nicht möglich, die für den Gesamtprozess nötigen Prozessschritte vollständig zu übersehen. Ein Ablaufplan (Vorgehens-, Projekt-) ist stets als ein ausbaubarer Rahmenplan zu verstehen, der mit dem Fortschritt des Gesamtprozesses verfeinert wird. In der Praxis werden solche Vorgehenspläne in der Entwicklungsabteilung meist als Störung des effektiven intuitiven Normalbetriebs angesehen. Der Übergang vom sequenziellen auf paralleles Arbeiten macht aber ein derartiges Management der Produktkomplexität auf Grund der hohen Zahl an Prozessbeteiligten und auf Grund gewaltiger Informationsflüsse (Dokumentation) unumgänglich. VDI 2221 oder DIN ISO 9000 (Qualitätsmanagement) beschreiben einen allgemein formulierten Vorgehensplan zur Produkterstellung.

Im Folgenden soll das Projektmanagement als eines der meistverbreiteten Methoden des Managements von Komplexität vorgestellt werden.

25.3.1.2 Projektmanagement

Nach dem heutigen Projektmanagement-Begriff ist ein Projekt ein Vorhaben,

- das in seinem Ablauf weitgehend einmalig ist,
- dessen Struktur eine höhere Komplexität aufweist und
- dessen festgelegte Ziele in einer vorgegebenen Zeit mit gegebenen Ressourcen (Finanzmittel, Personal, ...) erreicht werden sollen.

Das zielorientierte Vorhaben zur Entwicklung und Herstellung eines Produkts ist demzufolge ein Projekt.

> **Projektmanagement** ist nach DIN 69901 die Gesamtheit von Führungsaufgaben, -organisation, -techniken und -mitteln für die Abwicklung eines Projekts.

Der Projektleiter und sein Projektteam

Das Projekt „Produktentstehung" wird durch das übergeordnete Management einem Projektleiter (Projektmanager) anvertraut, dessen Aufgaben in der

- Planung
- Überwachung und
- Steuerung des Projekts

bestehen. Es wird dadurch quasi eine Institution für das Vorhaben im Unternehmen geschaffen; der Projektleiter vertritt das Projekt gegenüber der übergeordneten Instanz.

Der Projektleiter nimmt eine Führungsaufgabe wahr und muss sich auch der Lösung von Konflikten (z. B. Projekt- gegen Linienverantwortung, Zielkonflikte, Konflikte zwischen Fachabteilungen usw.) annehmen. Ihm steht ein Projektteam zur Seite, welches in der Regel aus Mitarbeitern der am Prozess beteiligten Fachabteilungen besteht. Die grundlegende Frage dieses Teams ist:

> „Was wird wann von wem getan?"

Die fachliche Ausführung obliegt weiterhin in der Verantwortung der Fachabteilungen.

Projektorganisation

Die Weisungs- und Entscheidungsbefugnisse eines Projektleiters (und eines Projektteams) sind stark von der Projektorganisation abhängig. Sie wird durch die Größe des Projekts und der Komplexität des Projekts (Produkts) bestimmt. Letztere kann anhand der Kriterien

- Neuigkeitsgrad
- Risikohaltigkeit
- Grad abteilungsübergreifender Aktivitäten („Überbereichlichkeit") und
- Vernetzung der Teilaufgaben

bewertet werden. Unterschiedliche Organisationsformen für die Projektorganisation zeigt Bild 25.10. [9]

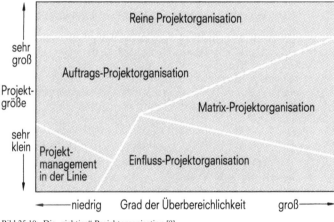

Bild 25.10: Die „richtige" Projektorganisation [9]

In der Projektorganisation werden die Regelungen für die Aufbau- und Ablauforganisation des Projekts festlegt. Sehr große komplexe Projekte werden bei einer reinen Projektorganisation durch eine selbstständige, speziell für das Projekt eingerichtete Organisationseinheit im Unternehmen gemanagt. Für kleinere Vorhaben ist ein Projektmanagement „in der Linie" sinnvoll.

Vorgehensweise

Das Projektwesen setzt im Produktentstehungsprozess häufig bei Übergabe des Produktvorschlags an die Forschungs- und Entwicklungsabteilung des Unternehmens an. Initialisiert wird das Projekt über den Projektantrag, welcher die Eckpunkte der geplanten Produktentwicklung als Zielvorgabe formuliert.

Bei der Produktentstehung wird zunächst das Projektziel durch die Anforderungsliste (siehe Produktspezifikation in 25.2.2.1) präzisiert.

Bei den Aufgaben sind durch das Projektteam

- Planungsaufgaben
- Steuerungsaufgaben und
- Überwachungsaufgaben (Kontrollaufgaben)

zu leisten.

Die **Planung des Projekts** umfasst die Analyse des Projekts, die Optimierung der Projektaufgabe, die Analyse und Minimierung des Risikos, die Planung des Ablaufs und das Setzen von Teilzielen.

Die Projektanalyse strukturiert das Projekt, in dem die komplexe Gesamtaufgabe in einfachere Teilaufgaben zerlegt wird (Projektstrukturplan) und entstehende Arbeitspakete Organisationseinheiten oder Fachabteilungen zugeordnet werden. Die bei komplexen Projekten stark vernetzten Abläufe (Prozesse) zur Lösung der Teilaufgaben werden identifiziert und ihre Abhängigkeiten zueinander in Vorgangslisten und Zeitplänen dargestellt. Die Planungen bzw. die damit verbundenen Planungsdokumente werden mit dem Fortschreiten des Projekts immer stärker detailliert und die Aufgaben entsprechend des Detaillierungsgrads erweitert. Außerhalb der Ablauf- und Zeitplanung sind Kostenplanungen und Ressourcenplanungen (Personal, Arbeitsmittel ...) durch das Projektteam durchzuführen.

Die **Steuerung** richtet sich an den Projektzielen aus. Dies betrifft die Abläufe wie auch die Aktivitäten der Projektbeteiligten. Der informatorische Austausch (Berichtswesen, Projektmeetings, PDM) sowie die Zusammenarbeit der Mitarbeiter ist zu koordinieren. Des Weiteren sind Entscheidungen für den Fortgang des Projekts zu treffen.

Überwachungsaufgaben

Bei der Durchführung des Projekts sind die Kosten, die Qualität (z. B. durch Qualitätsaudit) und die Termine des Projekts zu überwachen. Dazu werden regelmäßig Soll-Ist-Vergleiche durchgeführt und ggf. die Pläne des Projekts revidiert (bzw. angepasst).

Standardisierung im Unternehmen

Ein Projektwesen wird in einem Unternehmen bezüglich Dokumentation und Prozessgestaltung vereinheitlicht und baut damit auf ein standardisiertes Antrags-, Berichts- und Überwachungswesen auf. Projektmeetings finden in regelmäßigen Abständen statt. Vorteilhaft hat sich die Gliederung des Gesamtprozesses über Meilensteine erwiesen, bei denen die Fertigstellung entscheidender Arbeitspakete erfolgt. Im Produktentwicklungsprozess bieten sich die Fertigstellung der Produktspezifikation (Anforderungsliste), des Produktkonzepts (Entwicklungsfreigabe), des Produktentwurfs, der Fertigungsunterlagen, der Prozessunterlagen, der Bau eines Prototyps (oder Funktionsmusters) und letztlich die Freigabe der Produktion als Meilensteindefinitionen an. In Freigabebesprechungen wird am Meilenstein – wie oben bereits aufgeführt – der Soll-Ist-Vergleich durchgeführt und über den weiteren Fortschritt des Projekts entschieden.

Projektabschluss

Am Ende eines jeden Projekts ist ein Projektabschlussbericht zu erstellen, der einen Soll-Ist-Vergleich zwischen den Zielen und dem tatsächlich Erreichten mit einschließt. Abweichungen sind zu begründen. Des Weiteren wird häufig vergessen, die zukünftige Verantwortlichkeit im Entwicklungsbereich für weitere Aktivitäten um das Produkt zu benennen (z. B. Betreuung der Fertigung, Behandlung von Schadensfällen).

Vorteile des Projektmanagements

Die Vorteile eines Projektmanagements liegen nicht nur in den eindeutigen Planungs-, Steuerungs- und Kontrollprozessen mit vorgegebenen Projektzielen. Definierte Entscheidungskompetenzen und eindeutige Zuordnung von Verantwortungen gestalten den Prozess effizient, zumal wenn die Projektorganisation auf Größe und Komplexität des Projekts zurechtgeschnitten ist (siehe Bild 25.10). Durch die Zusammenstellung des Projektteams wird eine aufgabengerechte Qualifikation der Beteiligten erzielt; Gruppen- und Teamarbeit bei kooperativem Führungsstil erfordern allerdings entsprechende soziale Kompetenzen bei den Projektbeteiligten.

25.3.2 Management der Qualität

Die Qualität eines Produkts ist ein Überlebensfaktor für ein Unternehmen. Sie ist Grundbedingung für den Erhalt und den Gewinn von Kunden. Diese Einsicht führte zur Änderung des Qualitätsgedankens bei der Produktentwicklung. Statt Qualität nur über Kontrollen zu sichern (Fehlerentdeckung), wird Qualität heute geplant und „konstruiert" (Fehlervermeidung).

25.3.2.1 Qualitätsmanagement

Ein Qualitätsmanagement (QM) umfasst die Gesamtheit aller qualitätsbezogenen Tätigkeiten und Zielsetzungen. Es muss durch ein im Unternehmen aufgebautes Regelwerk bereits in frühen Phasen der Produktentwicklung

- Fehler vermeiden
- Kosten senken und
- Erfolg sichern.

Ein Großteil der Fehler im Produktentstehungsprozess findet in den Phasen Entwicklung, Konstruktion und Planung statt. Diese können später nur mit hohen Kosten korrigiert werden. Fehler, die zu hohen Garantieraten führen, sind dabei am folgenschwersten zu werten. Sie können den wirtschaftlichen Erfolg eines Produkts gefährden oder völlig verhindern. Die Kosten der Fehlerbehebung können in Abhängigkeit von den Phasen der Produktentstehung als „Zehnerregel" veranschaulicht werden (siehe Bild 25.11).

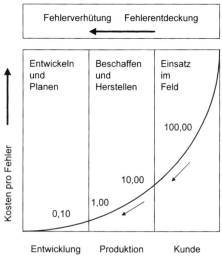

Bild 25.11: Die Zehnerregel [7]

Qualitätsmanagement setzt eine für das Unternehmen formulierte Qualitätsstrategie um. Als die umfassendste Qualitätsstrategie wird das Total Quality Mangament (TQM) verstanden:

> Ein „**Total Quality Management**" (Umfassendes Qualitätsmanagement) ist nach DIN EN ISO 8402 eine auf der Mitwirkung aller ihrer Mitglieder basierende Führungsmethode einer Organisation, die Qualität in den Mittelpunkt stellt und durch Zufriedenstellung der Kunden auf langfristigen Geschäftserfolg sowie auf Nutzen für die Mitglieder der Organisation und für die Gesellschaft zielt.

Im TQM werden nicht nur für den Endkunden relevante Merkmale von Produkten abgesichert. Das Verständnis des TQM basiert darauf, dass jede Abteilung als Kunde aufgefasst wird. So sind die Kunden einer Konstruktionsabteilung nicht nur die Werkstatt, sondern auch die Produktion, Geschäftsführung u. v. m. Denn auch Letztere haben durch Steuerung des Produktplanungsprozesses ihre Wünsche im Produktvorschlag aufgezeigt und möchten diese realisiert sehen.

Die Fehlervermeidung beim TQM wird in Null-Fehler-Programmen angestrebt.

Im Entwicklungsprozess „Produkt" sind entsprechend der im Unternehmen projektunabhängig festgelegten Qualitätsstrategie bereits in der Planungsphase

- die Qualitätsziele und -merkmale für das Produkt und seinen Herstellprozess

zu definieren. Die Qualitätsplanung von Produktmerkmalen greift heute vermehrt auf systematische Methoden wie QFD (= Quality Function Deployment) zur Auffindung der kundenrelevanten Anforderungen an ein Produkt (sowie deren Umsetzung im Prozess, siehe 25.4.1.1) zurück. Auch die Ergebnisse von Schadensanalysen der Produkte fließen quasi als Feedback des Marktes über standardisierte Abläufe in den Produktentwicklungsprozess ein. Diesbezüglich werden heute verstärkt Fachabteilungen zur Reklamationsbearbeitung aufgebaut, um kritische Produkt- und Prozessmerkmale zu identifizieren und technische Spezifikationen für Neuentwicklungen danach auszurichten.

Handlungsfelder der Qualitätsarbeit

Weitere Handlungsfelder zur Qualitätsarbeit im weiteren Ablauf der Produktentwicklung sind

- das Risikomanagement
- die Produkt- und Prozessbefähigung sowie
- der Nachweis und die Überwachung der Produkt- und Prozessqualität.

Das **Risikomanagement** umfasst ein Maßnahmenpaket zur systematischen Identifizierung und Beseitigung bei der Gestaltung, Konstruktion und Fertigung des Produkts. Dazu zählen u. a. die Fehlermöglichkeits- und Einflussanalyse (FMEA), Fehlerbaumanalysen, statistische Toleranzanalysen und wiederum das Quality Function Deployment. Bei FMEAs werden sowohl Systemfehler wie auch Konstruktionsfehler und Prozessfehler analysiert (siehe Abschnitt 25.4.1.3).

Risiken des Produkts und des Prozesses sind frühzeitig im Produktentstehungsprozess durch Grundlagenversuche oder Simulation von Vorgängen (CAD, Simulation von Fertigungsverfahren z. B. beim Spritzguss, Crash-Test-Simulation …, siehe 25.4.2.2) abzuschätzen und deren Ergebnisse in Konzepte und Entwürfe einzuarbeiten. Im späteren Verlauf der Produktentstehung werden Risiken durch den Bau von Funktions- und technischen Prototypen bzw. die Analyse von Musterbauten, Vor- und Nullserien erkannt und Korrekturmaßnahmen eingeleitet. Ursachen von Fehlern können dabei anhand von Methoden wie der statistischen Versuchsmethodik (DoE, siehe 25.4.1.4) oder der bereits erwähnten Fehlermöglichkeits- und Einflussanalyse identifiziert werden.

Auch **Design-Reviews** und **Qualitätsbewertungen** (als Entwicklungs- und Konstruktionsüberprüfungen) und die Verwendung messbarer Eigenschaften und vollständiger Aufgabenbeschreibungen (wie Produktspezifikationen) vermeiden Fehler, die durch das Abweichen von den gesetzten Entwicklungszielen entstehen.

Trotz aller Fehler vermeidenden Maßnahmen treten Fehler auf; das **Grundprinzip der Fehlerbehebung** muss lauten:

> Jeder Fehler darf nur einmal auftreten!

Für die **Produkt- und Prozessbefähigung** sind aus Sicht der Betriebsmittelentwicklung Maßnahmen zu planen, die mittels Mess- und Prüftechnik die Herstellung der Fertigungsqualität eines Produkts gewährleisten. Der Nachweis und die Überwachung der Produkt- und Prozessqualität kann z. B. über eine Bemusterung (Erstmusterprüfberichte) oder über Qualitätsaudits (Überprüfung von Qualitätsmerkmalen an Produkten der Nullserie) erfolgen. Prozesse und Maschinen lassen sich über Fähigkeitsuntersuchungen beizeiten auf die Einhaltung der Anforderungen überprüfen. Die Beherrschung der Fertigungs- und Prüfprozesse vor Serienanlauf erspart die hohen Kosten einer zu späten Fehlerbehebung sowie die Umsatzverluste eines verspäteten Markteintritts.

In der Regel wird zur **Überwachung von Prozess- und Produktmerkmalen** eine statistische Prozesskontrolle (SPC) installiert, welche die Serien-

25 Produktentstehung

produkte während der Fertigung ständig auf die vereinbarte Qualtität kontrolliert.

Qualitätsmanagementplan

Alle Maßnahmen zur Qualitätssicherung des Produkts und des Prozesses sind in einem Qualitätsmanagementplan zusammengetragen.

> Nach DIN EN ISO 8402 ist ein Qualitätsmanagementplan (QM-Plan) das Dokument, in dem die konkreten qualitätsbezogenen Arbeitsweisen und Hilfsmittel sowie der Ablauf der Tätigkeiten im Hinblick auf ein einzelnes Produkt oder ein einzelnes Projekt festgehalten werden.

Derartige Pläne werden häufig für Entwicklungsprojekte eingesetzt. Die Maßnahmen sind Verantwortlichen zuzuweisen und in den Maßnahmenplan des Projekts einzuarbeiten. Die Dokumentation der Qualitätsarbeit erfolgt entsprechend der Optimierungsschleifen des Deming-Zyklus: Plan, Do, Check und Act (PDCA). Diese Arbeitsweise gewährleistet die systematische und kontinuierliche Verbesserung eines Produkts oder Prozesses. Im **Verifizierungsvorgang** wird das Ergebnis eines Prozesses mit einer Forderung auf Übereinstimmung geprüft. Am Ende eines Prozesses oder einer Entwicklung steht stets eine **Validierung**, d. h. die Überprüfung des Wertes eines Produkts (bzw. einer Leistung) aus Sicht des Kunden und seiner speziellen Verwendung. Für ein Produkt sind in der Regel mehrere Validierungen von Werten erforderlich.

Vorteile eines Qualitätsmanagements

Die drei Hauptvorteile bei Einsatz eines QM-Systems sind laut Umfrage [10]

- klare Abläufe und Prozesse
- eindeutige Organisation und Struktur
- höhere Transparenz.

Unternehmen können heute auf das Vorhandensein und die Funktionsfähigkeit eines Qualitätsmanagement-Systems nach unterschiedlichen Normungen überprüft werden. Verbreitet sind die branchenspezifischen Normen QS 9000 und VDA 6.1 (Automobilbau) oder die AS 9100 (Luftfahrt) sowie die allgemeine Norm DIN EN ISO 9000:2000. Ein anderes verbreitetes System, das EFQM-Modell für Business Excellence, basiert auf der Betrachtung der Wechselwirkungen der drei fundamentalen TQM-Säulen: der Menschen, der Prozesse und der Ergebnisse [11].

25.3.2.2 Werkzeuge zur Qualitätssicherung

Die im vorangegangenen Abschnitt genannten wesentlichen qualitätssichernden Werkzeuge und Methoden für den Entwicklungs- und Konstruktionsprozess seien kurz erläutert:

- **Design Review**

Beim Design Review wird formal (häufig mittels Checklisten) überprüft, ob ein Entwicklungsergebnis den festgelegten Anforderungen der Projektziele genügt. Bei Unzulänglichkeiten oder Problemen sind Korrekturmaßnahmen abzuleiten. Als Objekte für Design Reviews dienen Pflichtenhefte, Konzepte, Fertigungsunterlagen, Prototypen, Fertigungsprozesse, Pilotlose u. v. m.

- **Qualitätsbewertung**

Sie verfolgt das Ziel, über ein systematisches Abfragen der an der Produktentwicklung beteiligten Fachabteilungen Schwachstellen zu identifizieren, welche die angestrebte Produktqualität beeinflussen können. Diese sind zu bewerten und mittels Korrekturmaßnahmen vor Serienanlauf zu beseitigen. In der Regel werden Qualitätsbewertungen mit Freigaben gekoppelt, die den Projektfortschritt erlauben und daher häufig als „Meilensteine" des Projekts fungieren. Bei negativem Ergebnis sind Optimierungsschleifen zu durchlaufen.

- **Methoden der Risikoanalyse** (siehe 25.4.1.3)

Diese versuchen, bereits frühzeitig Fehler im Produkt und im Prozess zu erkennen und vorbeugend Maßnahmen zu ihrer Vermeidung abzuleiten. Beispiele sind die FMEA und Fehlerbaumanalyse.

- **Statistische Toleranzanalyse**

Maßabweichungen vom Sollwert sind trotz hochwertiger Fertigungsverfahren nicht zu vermeiden. Die Berechnung nach dem konventionellen arithmetischen Verfahren summiert bei Kettenmaßen alle Einzeltoleranzen auf. Tatsächlich besitzen die realen Maße eine statistische Verteilung um (bzw. nahe um) den Sollwert. Mit Hilfe der statistischen Tolerierung können daher die Toleranzfelder statistisch optimiert werden; kleinere Toleranzfelder werden vermieden und damit Fertigungskosten eingespart.

- **Statistische Versuchmethodik** (DoE, siehe 25.4.1.4)

Versuche sind beträchtliche Kostenverursacher und verlängern die Entwicklungszeit. Die statistische Versuchsmethodik zeigt Lösungen auf, über eine geringe Zahl an Versuchen möglichst viel Information über das Produkt- oder Prozessverhalten zu gewinnen. Zeit und Kosten werden gespart.

25.3.3 Management „kurzer" Entwicklungszeiten

Entwicklungszeit verlängert den Eintritt eines Produkts in den Markt. Eine Studie von Siemens aus dem Haushaltgerätebereich dokumentiert, dass eine Verlängerung der Entwicklungsdauer um bereits sechs Monate die Gewinne um 33 % schmälert. Dagegen sind die Erhöhung der Entwicklungskosten um 5 % nur mit 4 % Verlust, eine Produktionskostenerhöhung um 9 % nur mit 22 % Gewinneinbuße verbunden. Dieses Beispiel aus dem Konsumgüterbereich verdeutlicht die Bedeutung des „Time to Market" [12]. Auf Investitionsgüter lässt sich dieses Ergebnis sicherlich nicht übertragen, aber der Trend bleibt.

Viele Methoden und Werkzeuge zielen daher auf die Reduzierung der Entwicklungszeit ab. So verkürzt ein Qualitätsmanagement auf Grund der reduzierten Fehlerquote des Prozesses ebenso die Entwicklungszeit wie ein Projektmanagement, das komplexe parallel ablaufende Vorgänge effizient koordiniert. Werkzeuge wie das Rapid Prototyping (RP, siehe 25.4.2.2) tragen dieses Ziel quasi im Namen. Produktdaten-Management (PDM, siehe 25.4.2.1) gestaltet den Informationsfluss effizient und beschleunigt Prozesse. Eine Methode, die das Ziel „Reduzierung von Entwicklungszeit" als das Hauptziel betrachtet, ist das Simultaneous Engineering.

Simultaneous Engineering

> **Simultaneous Engineering** (SE) bedeutet zielgerichtete und interdisziplinäre Zusammen- und Parallelarbeit für Produkt-, Produktions- und Vertriebsentwicklung mit Hilfe eines straffen Projektmanagements und unter Betrachtung des gesamten Produktlebenslaufs [2].

Simultaneous Engineering führt die Werkzeuge des Projektmanagements (Projektorganisation und -steuerung) und des Qualitätsmanagements (Qualitätsplanung und -sicherung) zusammen, wobei die Parallelisierung der Arbeitsabläufe als Hauptschwerpunkt zur Reduzierung von Entwicklungszeit gesehen wird (siehe Bild 25.12). Ein weiterer Leitgedanke des Simultaneous Engineerings ist die gute informationstechnische Abstimmung zwischen den Prozessbeteiligten.

Die Verantwortung für den Prozess übernimmt ein interdisziplinär zusammengesetztes SE-Team, das sich nach Abschluss des Entwicklungsprozesses wieder auflöst. Es trifft sich zu bestimmten Zeitpunkten im Projektablauf, um den Fortschritt des Projekts zu kontrollieren und zu steuern. Das SE-Team setzt auf Methoden wie Teamarbeit, Projektmanagement, Fehlermöglichkeits- und Einflussanalyse und Kosten reduzierende Verfahren (siehe Kapitel 20 „Kosten in der Konstruktion").

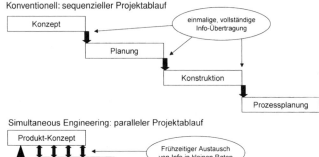

Bild 25.12: Reduzierte „Time to Market" mit SE [12]

Ziele des Simultaneous Engineerings sind Zeitersparnisse im Entwicklungsprozess, die Kostenreduzierung (Produkt und Prozess) sowie die Qualitätssicherung (entsprechend Kundensicht).

Die Risiken des SE liegen in der Gefahr des Misserfolgs, da bei einem interdisziplinären Team unter Führung eines Teamleiters Qualifikation und Kooperation der Beteiligten über den Erfolg entscheidet. Das „Bereichsdenken" steht leider immer wieder dem temporären Teamgedanken entgegen.

25.3.4 Allgemeine Aspekte der Produktentwicklung

Die Untersuchungen komplexer Prozesse in Unternehmen zeigen, dass trotz des vorhandenen reichlichen Fachwissens der Mitarbeiter über das Produkt sich Erfolg nur unter Beachtung weiterer individueller Erfolgsfaktoren einstellt:

- Methodenwissen der Mitarbeiter
- soziale Kompetenz der Mitarbeiter und
- Motivation der Mitarbeiter.

Das notwendige **Methodenwissen** ist aufgabenspezifisch zu schulen: Ein Projektleiter benötigt eine stärkere Schulung im Bereich Management

25 Produktentstehung

von Prozessen und Führung von Gruppen als ein Konstrukteur, der ausgewiesene Kenntnisse im Bereich der Konstruktionsmethodik vorweisen sollte. Dennoch ist in einem Unternehmen darauf zu achten, dass ein solides (generalistisches) Grundwissen der ausgewählten Methoden vorhanden ist. Dieses sichert eine effiziente Kommunikation zwischen den Beteiligten und ist Basis für ein funktionierendes Simultaneous Engineering, Projekt- und Qualitätsmanagement. Die Angebote an die Mitarbeiter sind über den Bereich Personalentwicklung zu leisten. Dabei ist verstärkt auf bisher ungenutzte Mitarbeiterpotenziale zu achten.

Soziale Kompetenzen werden neben den fachlichen Kompetenzen häufig bei der Führung von Mitarbeitern bewertet. Integrierte Produktentwicklung erfordert nicht nur von der Führungskraft (z. B. dem Projektleiter), sondern von jedem Prozessbeteiligten soziale Kompetenz. Offenheit, gute Kooperations- und Kommunikationsfähigkeiten, das situationsgerechte Verhalten in einer Gruppe sowie Konfliktfähigkeit fördern den Fortgang des Entwicklungsprozesses. Ungeachtet der charakterlichen Ausprägung des Einzelnen ist das Verhalten im Team wirkungsvoll vermittelbar, insbesondere das Verhalten bei Konflikten. Diese werden selten miteinander ausgetragen und führen so häufig zu schwer abwendbaren Verschleppungs- oder Stillstandszeiten im Projekt. Vordringlich bleibt für einen effizienten Prozess die geeignete Personalauswahl der Projektbeteiligten entsprechend ihren Stärken und Schwächen.

Ohne **Mitarbeitermotivation** sind trotz vorhandenen Methodenwissens und „Teamfähigkeit" Kosten- und Zeitverluste unvermeidbar. Da dies nicht allein vom Arbeitsplatz abhängig ist, sondern auch das private Umfeld eine wesentliche Rolle spielt, kann nur über eine positive Gestaltung der Rahmenbedingungen nachgedacht werden, um auf die Motivationslage des Einzelnen Einfluss zu nehmen. Motivation kann dabei nur kurzfristig durch finanzielle Anreize erreicht werden [13]. Wesentliche (langfristig wirkende) Faktoren für Motivation sind das Arbeitsumfeld und die Wertschätzung durch Vorgesetzte und Kollegen. Die Fähigkeit, den Wert des Kollegen zu schätzen, muss sowohl in Phasen des Erfolgs als auch des Misserfolgs erfolgen.

Ein weiterer Aspekt der Motivation von Mitarbeitern liegt heute in deren Flexibilisierung. Ein vielfältig einsetzbarer Mitarbeiter ist zugleich ein wesentlicher Baustein im Kampf gegen Kosten und Zeit. Nur die Motivation des Mitarbeiters führt letztlich zum Bekenntnis, selbst Verantwortung zu übernehmen und damit einen Prozess nach vorn zu bringen.

25.4 Ausgewählte Methoden der Produktentwicklung

Viele Werkzeuge im Bereich der Integrierten Produktentstehung wie das Quality Function Deployment, das Benchmarking, die CAx-Techniken (siehe Kapitel 26 bis 29 unter „Konstruktion und Rechnereinsatz"), die Risikoanalysen oder die statistische Versuchsmethodik sind bereits weit verbreitet. Andere stehen vor dem Durchbruch und werden sicherlich nicht nur Großunternehmen, sondern auch mittelständische Unternehmen durchdringen. Einige dieser Werkzeuge werden im Folgenden kurz vorgestellt.

25.4.1 Häufig eingesetzte Methoden

25.4.1.1 Quality Function Deployment (QFD)

Quality Function Deployment (QFD) hat zum Ziel, eine technische Lösung auf die Kundenforderung abzustimmen.

Diese Kundensicht erhält beim QFD einen höheren Stellenwert als die Vorstellungen des Ingenieurs, wie ein Produkt zu gestalten ist. Die Methode des QFD begleitet die Produktenstehung von der Phase der Produktplanung bis zur Serienreife.

House of Quality

Als wichtigstes Formblatt werden die Kundenforderungen und Qualitätsmerkmale sowie ihre Beziehungen zueinander im „House of Quality" dargestellt. Nach der Initiierung eines QFD-Teams erfolgt der Ablauf in den fünf fett gedruckten Arbeitsschritten, die am Beispiel eines Autospiegels in Bild 25.13 nachvollzogen werden können. [3]

Nach der **Ermittlung der Kundenanforderungen** (1) mittels Kundenbefragung, Marktanalysen o. Ä. werden diese klassifiziert und gewichtet (2). Für das Produkt werden anhand der Kundenforderungen **Qualitätsmerkmale** (3) **abgeleitet**. In der sich im House of Quality (HoQ) ergebenden Matrix der Kundenforderungen und Qualitätsmerkmale wird die Stärke der Wechselwirkungen (4) zwischen beiden eingetragen. Die Bedeutung (5) eines Qualitätsmerkmals lässt sich als Summenprodukt der Gewichtungen der Kundenforderungen (2) und der Stärken der Wechselwirkungen (4) ermitteln. Für jedes Qualitätsmerkmal wird eine falls möglich quantitative **Zielgröße** (6) **gesucht**, für welche die Richtung einer gewünschten Variation festgelegt wird (7). Die Schwere des Erreichens der Zielgröße ist über den Schwierigkeitsgrad (8) bewertet.

Die Korrelationsmatrix stellt quasi das Dach des HoQ dar. In dieser wird geprüft, inwieweit eine **Wechselwirkung zwischen Qualitätsmerkmalen** besteht und in welcher Richtung dieser Einfluss wirkt (9).

25 Produktentstehung 541

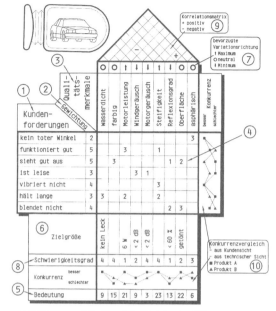

Bild 25.13: House of Quality – Beispiel: Autospiegel [3]

Mit dieser Matrixstruktur werden ein **technischer Leistungsvergleich und ein Vergleich aus Kundensicht** zwischen eigenen Produkten und denen des Wettbewerbs möglich (10).

Der Einfluss auf Teilprozesse

Anhand des HoQ wird die stark integrative Wirkung von QFD deutlich. Um die Arbeitsschritte durchzuführen, sind Marketing, Entwicklung, Fertigung, Qualitätsabteilung, Vertrieb u. v. m. am „Bau" beteiligt. QFD eignet sich daher ausgezeichnet für das Entwickeln in Parallelprozessen (siehe 25.3.3.1). Das House of Quality wird den Erfordernissen der Teilprozesse Produktplanung, Komponentenplanung, Prozessplanung und Produktionsplanung angepasst (Bild 25.14). Die Vorgehensweise wird dadurch gekennzeichnet, dass die Ausgangsgrößen des Qualitätshauses des vorangegangenen Teilprozesses Eingangsgrößen des nächsten werden. Dieses Qualitätsmanagement stellt sicher, dass die Kundenforderungen in den Teilprozessen der Produktentstehung den erforderlichen Stellenwert erhalten. Der Entwicklungsingenieur hat die Aufgabe, diese Forderungen über entsprechend heruntergebrochene Produkt- und Prozessmerkmale technisch zu realisieren.

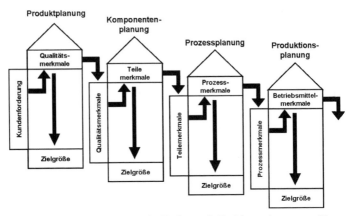

Bild 25.14: Ablauf eines Quality Function Deployment im Produktentstehungsprozess [3]

Vor- und Nachteile des QFD

QFD ist meist Bestandteil eines umfassenden Qualitätsmanagements (Total Quality Management). Trotz des Vorteils der prozessgesteuerten Abdeckung der Kundenforderungen durch die Produkteigenschaften wird die QFD-Methode in kleineren Unternehmenseinheiten deutlich seltener genutzt. Die Durchführung fordert Zeit und Kosten und die Darstellung im HoQ wird bereits bei einfachen Produkten häufig sehr unübersichtlich. Gegebenenfalls können zukünftig EDV-Systeme (wie die sich etablierenden PDM-Systeme) als ein nützliches vereinfachendes Werkzeug QFD zum Durchbruch verhelfen.

25.4.1.2 Benchmarking

„Benchmarking ist die Suche nach Lösungen, die auf den besten Methoden und Verfahren der Industrie, den Best Practices, basieren und Unternehmen zu Spitzenleistungen führen" [14].

Diese kontinuierliche Suche nach Erfolgspotenzialen ist heute ein Erfolgsfaktor für die Wettbewerbsfähigkeit eines Unternehmens. Das Benchmarking unterstützt die systematische Suche nach neuen Ideen für Methoden, Prozesse und Produkte teilweise sogar außerhalb der eigenen Branche. Wer die „Best Practices" identifiziert und sie im Unternehmen implementiert, erhält nachhaltige Wettbewerbsvorteile.

Vorgehensweise

Der Ablauf eines Benchmarking-Prozesses erfolgt in fünf Schritten:

1. Auswahl des Objekts z. B. ein Produkt oder ein Prozess
2. Festlegung der Vergleichsmerkmale und der Vergleichsobjekte (i. d. R. Wettbewerbsprodukte oder -prozesse)
3. Primäre und sekundäre Informationsgewinnung (d. h. direkt vom Wettbewerber oder durch Informanten, Produktbroschüren, Internet oder Kauf eines Wettbewerbsprodukts und dessen Analyse)
4. Vergleich mit Schwachstellenanalyse sowie Ursachenanalyse für Stärken und Schwächen des Objekts im Vergleich zum Wettbewerb
5. Entwicklung der eigenen „Best Practice"

Beim Vergleichen von Objekten sollte in jedem Fall derjenige Wettbewerber mit einbezogen werden, den das Unternehmen als „Best in Class" ansieht. Bei der Festlegung der Vergleichsmerkmale ist ein quantitativer Vergleich stets dem qualitativen vorzuziehen.

Der Vergleich der funktionalen Leistung des Objekts, welche für Kunden ebenfalls einen sehr hohen Stellenwert besitzt, eröffnet dem Entwicklungsteam des Produkts die Sicht auf wesentliche Parameter zur Optimierung.

Probleme des Benchmarks

Die Informationsgewinnung über das Wettbewerbsobjekt (insbesondere für einen Prozess) gestaltet sich häufig schwierig, wenn nicht auch der Wettbewerber Eigeninteresse an einem Benchmark zeigt und Informationen „gefiltert" ausgetauscht werden (ggf. auch gegenseitige Besuche). Bei Produkten ist häufig ein Erwerb des Objekts möglich, und eine Analyse kann mittels der Methode des „Reverse Engineerings" durchgeführt werden. Dabei wird das Produkt in alle Einzelteile zerlegt und vermessen; Werkstoffe und mögliche Fertigungsverfahren von Produktteilen werden identifiziert.

Ferner können Tests (auf Grundlage der statistischen Versuchsmethodik) Teil eines Benchmarks und eines „Reverse Engineerings" werden.

„Best in Class"

Die Methodik deckt die Ursachen der Schwächen und Stärken von Wettbewerbsprodukten gegenüber den eigenen auf. Werden die Vergleichsmerkmale quantitaiv bewertet, wird sich das Bild des „Best in Class"-Wettbewerbers versachlichen. Des Weiteren ist bei Kombination aller Bestbewertungen eines Vergleichsmerkmals die Identifikation eines „virtuell Besten" möglich.

Die aus dem Benchmark heraus geborenen neuen Ideen für Produkte und Prozesse tragen zu einer Verbesserung des eigenen Produkts/Prozesses bei. Das Ziel, die Leistungslücke zum „Best in Class"-Wettbewerber zu schließen und diesen zu überholen, kann aber nur über die Entwicklung einer eigenen „Best Practice" erreicht werden.

25.4.1.3 Risikoanalyse

In der Produktplanung und Entwicklung sind Fehler, die erst in einer späteren Phase der Produktenstehung aufgedeckt werden, kosten- und zeitintensiv. Daher sind vorbeugende Methoden zu deren Aufdeckung und Vermeidung in den Qualitätsmanagement-Prozess zu installieren.

Heute sind

- die Fehlerbaumanalyse und
- die Fehlermöglichkeits- und Einflussanalyse (FMEA, auch Ausfalleffektanalyse)

weit verbreitet.

Fehlerbaumanalyse

In Fehlerbaumanalysen wird das Produkt nach Vorgabe eines Fehlers hinsichtlich seiner Komponenten sowie hinsichtlich der logischen Beziehung zwischen Ein- und Ausgangsgrößen analysiert. Ausfallursachen und -erscheinungen werden darstellbar. Die Methode wird mit Beispielen in der DIN 25424 und der VDI 2247 erläutert.

Fehlermöglichkeits- und Einflussanalyse (FMEA)

> Die Fehlermöglichkeits- und Einflussanalyse (FMEA) ist eine analytische Methode zur vorbeugenden System- und Risikoanalyse. Nach der DGQ (Deutsche Gesellschaft für Qualität e. V.) dient sie dazu,
> - mögliche Schwachstellen zu finden
> - deren Bedeutung zu erkennen, zu bewerten und
> - geeignete Maßnahmen zu ihrer Vermeidung bzw. Entdeckung rechtzeitig einzuleiten. [12]

Die Methode ist auch dazu geeignet, bestehende Prozesse und Produkte weiterzuentwickeln und zu verbessern.

25 Produktentstehung

Arten von Fehlermöglichkeits- und Einflussanalyse

Je nach Schwerpunkt der FMEA und Zielrichtung werden

- die System-FMEA
- die Konstruktions-FMEA und
- die Prozess-FMEA

unterschieden. Die Analysen entstehen im Produktentstehungsprozess zeitlich in der aufgeführten Reihenfolge und bauen aufeinander auf: Fehler, Fehlerursache und Folgen des Fehlers sind zwischen den unterschiedlichen Arten der FMEA miteinander verknüpft.

Die System-FMEA analysiert das Produkt im Systemzusammenhang, z. B. das Produkt „Kupplung" im System „Auto". Die Konstruktions-FMEA will mögliche Fehler bei der Konstruktion des Produkts „Kupplung", die Prozess-FMEA Fehler in den mit der Herstellung verbundenen Prozessen des Produkts „Kupplung" aufspüren und vermeiden.

Vorgehensweise bei der FMEA

Die Durchführung der FMEA erfolgt in den in Tabelle 25.1 aufgeführten fünf Schritten. In interdisziplinären Teams wird analysiert, welche Fehler welche Folgen des Fehlers bedingen. Diese sind entsprechend ihrer unterschiedlichen **Bedeutung** in ein Punkte-Ranking (von 1 bis 10) einzustufen. Die Spanne der Beurteilung reicht von „Personenschäden verursachen" (Einstufung 10) bis zu „Der Fehler hat keine erkennbaren Auswirkungen" (Einstufung 1).

Bei der Frage nach den Ursachen des Fehlers kann auf weitere systematische Methoden wie das Ishikawa- oder Fischgräten-Diagramm zurückgegriffen werden. Jede der Fehlerursachen tritt im System, im Konstruktionsprozess bzw. im Planungs- und Produktionsprozess mit unterschiedlicher Häufigkeit auf. Die **Auftretenswahrscheinlichkeit** ist daher dem Ranking nach Punkten zu unterziehen. Außerdem kann sich die **Entdeckung** des Fehlers in Bezug auf eine angegebene Fehlerursache schwierig („nicht erkennbar" – 10 Punkte) bis „offensichtlich" (1 Punkt) gestalten.

Aus den Bewertungsfaktoren Bedeutung des Fehlers, Auftretenswahrscheinlichkeit und Entdeckungswahrscheinlichkeit der Fehlerursache wird eine **Risikoprioritätszahl RPZ** ermittelt, die je nach Größe zu Korrekturmaßnahmen im Prozess bzw. in der Konstruktion führen muss. Dabei können die Maßnahmen auf eine Reduzierung der Bedeutung des Fehlers und/oder eine Senkung der Auftrittswahrscheinlichkeit bzw. Erhöhung der Entdeckungswahrscheinlichkeit des Fehlers zielen.

Tabelle 25.1: Vorgehensweise bei einer FMEA [7]

Fehlermöglichkeits- und Einflussanalyse (FMEA)	
1. Organisation vorbereiten	– Produkte, Baugruppen, Teile oder Prozesse, Fertigung, Montage für FMEA auswählen – Verantwortlichen und Team bestimmen – Termine festlegen
2. Inhalte vorbereiten	– Aufgabenstellung systematisch aufbereiten – Analysegegenstand eindeutig strukturieren und beschreiben – Aufgaben im Team verteilen
3. Analyse durchführen	– Mögliche Fehler, Fehlerfolgen und Fehlerursachen erarbeiten – Vorgesehene Maßnahmen beschreiben – Vorhandenen Zustand bewerten nach Bedeutung, Auftreten und Entdeckung
4. Analyseergebnisse auswerten	– Maßnahmen zur Risikominimierung bei allen Schwachstellen beschreiben – Verantwortliche und Termine festlegen – Einheitliches Formblatt anwenden
5. Termine verfolgen und Erfolge kontrollieren	– Geplante Maßnahmen, Termine und Wirksamkeit überwachen – Verbesserten Zustand bewerten

Das weitere Vorgehen richtet sich nach dem Deming-Zyklus Plan – Do – Check – Act, wobei der durch die FMEA abgeleiteten Abarbeitung der Maßnahmenliste besondere Aufmerksamkeit gelten muss. Ohne die Benennung von Verantwortlichen und die Terminierung der Maßnahme wird der Erfolg der „vorbeugenden" Fehlervermeidung ausbleiben.

Die Analyse erfolgt nach Formblatt (Bild 25.15).

FMEA-Nr.: .... / Seite .... von	**FEHLERMÖGLICHKEITS- UND EINFLUSSANALYSE** • System-FMEA • Konstruktions-FMEA • Prozess-FMEA			Fachhochschule Hannover University of Applied Sciences and Arts
Typ/Modell/Fertigung/Charge:	Sach-Nr.:	Verantwortlich.:		Abteilung.:
	Änderungsstand:	Firma:		Datum:
System/Prozessschritt/Funktion/Aufgabe:	Sach-Nr.:	Verantwortlich.:		Abteilung.:
	Änderungsstand:	Firma:		Datum:

Mögliche Fehlerfolgen	B	Möglicher Fehler	Mögliche Fehler-ursachen	Vermeidungs-Massnahmen	A	Entdeckungs-Massnahmen	E	RPZ	Verantwortlich Termin

B = Bedeutung des Fehlers A = Bewertung der Auftretenswahrscheinlichkeit E = Bewertung der Entdeckungswahrscheinlichkeit RPZ = Risikoprioritätszahl = B x A x E

Bild 25.15: Formblatt für eine FMEA

Problematik der Nutzung und Vorteile

Der Aufwand für die Erstellung einer Neu-FMEA ist nicht zu unterschätzen, schafft jedoch durch die bereichsübergreifende Zusammenarbeit ein großes Wissenskontingent über das Produkt und seine Prozesse. Die Pflege der FMEA und die Verwendung bei Anpassungs- oder

25 Produktentstehung

Variantenkonstruktionen kommt mit wesentlich geringerem Zeitbedarf aus. Software-Programme erleichtern heute Einführung sowie Handhabung und Pflege der FMEAs.

Die Implementierung der FMEA im Unternehmen i. d. R. durch die Qualitätsabteilung wird durch eine erkennbare Reduzierung der Fehlerhäufigkeit gerechtfertigt. Des Weiteren bietet die Erarbeitung durch Teams den unverzichtbaren Vorteil des gegenseitigen Lernens und Austauschs von Produktions- und Entwicklungserfahrung.

25.4.1.4 Statistische Versuchsmethodik (DoE)

Bei der Neu- oder Weiterentwicklung von Produkten und Prozessen werden an verschiedenen Stellen des Produktentstehungsprozesses Versuche zur Entscheidungsfindung über das weitere Fortgehen notwendig (z. B. Grundlagenversuche bei der Lösungsfindung oder Funktionsüberprüfungen beim Prototypentest). Der Aufwand für diese kosten- und zeitintensive Untersuchungen ist möglichst gering zu halten.

> **Design of Experiments** (DoE = **D**esign **o**f **E**xperiments) versucht, über Methoden der statistischen Versuchsmethodik mit möglichst wenigen Versuchen ein Höchstmaß an abgesicherten Informationen über eine Produktfunktion oder eine Prozessgestaltung zu erhalten.

Die statistische Versuchsmethodik schafft auf der Grundlage der Statistik und unter Ausnutzung von Methoden, einen Versuch effizient und zielorientiert zu gestalten. Die Versuchskosten und die Projektlaufzeiten werden um 40 bis 75 % gesenkt. [15]

Versuchsplanung

Die Versuchsplanung unterscheidet zwischen den

- klassischen Methoden, in welchen die Abhängigkeit von Zielgrößen durch i. d. R. quantitative Parameter untersucht wird

- Methoden (z. B. nach *Taguchi*), bei denen ein Prozessergebnis oder ein Produktverhalten möglichst „robust" gestaltet werden soll (geringe Abhängigkeit von Störgrößen)

- Methoden (z. B. nach *Shainin*) zur Identifikation von entscheidenden Störgrößen des Prozessergebnisses oder des Produktverhaltens.

Für jede Versuchsplanung ist es zunächst entscheidend, die wichtigsten Einflussgrößen zu identifizieren. Ein Parameter, der nicht variiert wird, kann bezüglich seiner Auswirkungen auf das Ergebnis nicht beurteilt werden.

Wird über den Versuch die optimale Kombination einer Vielzahl quantitativer, sich zum Teil gegenseitig beeinflussender Produkt- oder Prozessparameter gesucht, so verbietet sich aus Zeit- und Kostengründen i. d. R. der Test aller möglicher Kombinationen (vollständiger faktorieller Versuchsplan). Die statistische Versuchsmethodik erbringt über nur wenige Einzelversuche einen Großteil an notwendigen Information, um über die „Einstellungen eines Prozesses" oder die „Produktgestaltung" (u. v. m.) zu entscheiden. Dazu liegen bereits ausgearbeitete Screening-Versuchspläne (bei fraktionellen faktoriellen Versuchsplänen) oder Versuchspläne nach *Taguchi* bei der Entwicklung von robusten Produkten und Prozessen vor [15].

Methoden nach *Taguchi*

Die Suche nach dem robusten Prozess oder Produkt wird nach der Strategie von *Taguchi* nicht allein durch die Optimierung der Zielgrößen bestimmt, sondern wesentlich von deren Streuung. Je größer die herstell- oder prozessbedingten Abweichung von Zielgrößen werden, je höhere Qualitätskosten werden verursacht und je geringer ist der Gebrauchswert des Produkts oder Prozesses für den Kunden. Daher ist eine Zielgröße unempfindlich gegen die unvermeidliche Schwankungen seiner Einflussgrößen zu gestalten („Robust-Design").

Methoden nach *Shainin*

Die Untersuchung von Fehlerursachen und Störgrößen mittels der Methoden nach *Shainin* basiert auf den Verfahren des Komponententauschs, des Multi-Variations-Bildes und des paarweisen Vergleichs. Bei geringerer Zahl an Einflussgrößen können auch vollständig faktorielle Versuchspläne oder Variablenvergleiche angewendet werden.

Durchführung und Auswertung

Versuche müssen nicht im Unternehmen durchgeführt werden. Der Auftrag für Experimente kann an Dritte gehen oder beim Kunden selbst stattfinden. Beim Virtual Prototyping lassen sich Versuche durch Simulationen ersetzen (siehe auch 25.4.2.2).

Die Auswertung der Versuche erfolgt meist über am Markt erhältliche Softwarelösungen.

25.4.2 An Einfluss gewinnende Werkzeuge und Methoden

25.4.2.1 Produktdaten-Management (PDM)

Mit dem Anstieg von Informationsflut und -bedarf gewinnt der Zugriff auf die Daten eines Projekts bzw. Entwicklungsprozesses sowie auf das Wissen eines Unternehmens über ein Produkt im Hinblick auf die Reduzierung der Produktentstehungszeiten strategische Bedeutung. Dabei gestaltet sich die Steuerung und Verwaltung des Datenbestands umso schwieriger, je flexibler und dezentraler die Organisations- und Prozessstrukturen im Unternehmen aufgebaut sind. Das **Produktdaten-Management** (PDM) ist heute auf den gesamten Produktentstehungsprozess und den Produktlebenszyklus anzuwenden.

> **PDM** ist das Management von produktdefinierenden Daten (Produktmodell) und prozessdefinierenden Daten (Prozessmodell). Dazu zählen auch die im Unternehmen definierten Methoden der Geschäftsprozessgestaltung. Produktdaten-Management bezieht die externen Partner (= Kunden, Lieferanten) mit ein. Produkt- und Prozessmanagement zusammen erlauben es, alle Konstruktions-, Fertigungsstände und Entwicklungszustände über den gesamten Produktlebenszyklus abzurufen und für zukünftige Geschäftsprozesse zu nutzen.

Die Informationen, die in den Unternehmen durch die eingesetzten rechnergestützten Verfahren für Entwicklung und Konstruktion, für Produktion und Qualität (sowie anderer Bereiche) gespeichert werden, sind bei einer umfassenden Informationslogistik

- geeignet zu verwalten sowie
- gezielt und schnell zu verteilen.

Eine Information muss einem Anwender am richtigen Ort zur richtigen Zeit mit einer bedarfsgerechten Qualität und Quantität bereitgestellt werden. Dazu müssen Zugriffe auf Produkt- und Prozessdaten während des Produktentwicklungsprozesses (im umfassenderen Sinne für den gesamten Produktlebenszyklus) möglichst durchgängig und transparent bleiben. Das System des Produktdaten-Managements integriert die Information aus den unterschiedlichen Unternehmensbereichen und bietet als Integrationsdrehscheibe aller rechnergestützten Systeme des Unternehmens die Daten allen Benutzern der Geschäftsprozesse an.

Ziel des Informationssystems ist

- die Reduzierung von Entwicklungszeiten durch schnellere Informationslogistik sowie

- die Steigerung der Qualität des Produkts, der verbundenen Fertigungs- und Prüfprozesse sowie des Entwicklungsprozesses selbst.

Das PDM unterstützt damit die wesentlichen Zielsetzungen der integrierten Produktentwicklung.

Nutzen des PDM für die Entwicklung und Konstruktion

PDM ist speziell in der Entwicklung und Konstruktion eines Produkts ein wesentliches Hilfsmittel, da hier ein Großteil an Produktinformation erzeugt wird. Diese Prozesse nehmen einen hohen Anteil am gesamten Produktentstehungsprozess ein und beeinflussen die Kosten des Produkts am stärksten. So soll PDM Informationen steuern und bereitstellen, sodass durch den Informationszugang bereits bestehende passende Lösungen erkannt und zeit- und kostenintensive Neuentwicklungen vermieden werden. In der Konzeptphase sichert der Datenzugriff den Einsatz von Norm- oder Katalogteilen bzw. von firmenspezifischen Standardlösungen.

Der Prozess der Entwicklung komplexer Produkte sowie von Produkten, die unterschiedlichen Zertifizierungsvorschriften unterliegen, erfolgt durch die Parallelisierung von Arbeitsabläufen sowie durch Methoden des Projekt- und Qualitätsmanagements. PDM fällt die Aufgabe zu, Verwaltungsaufgaben des Simultaneous Engineerings, Projekt- und Qualitätsmanagements zu vereinfachen.

Aufbereitung von Entwicklungsdaten

PDM-Systeme für Entwicklungsprozesse müssen so gestaltet werden, dass konstruktionsrelevante Informationen strukturiert abgelegt werden. Zeichnungen (mit Geometrie- und Strukturdaten) sind mit Materialdatenblättern und Prozessdaten zu verknüpfen. Dabei sind traditionell vorzufindende Insellösungen in den Konstruktionsabteilungen aufzugeben und die „alten" Systeme für ein effizientes PDM von „Karteileichen" (Mehrfachidentifikationen von Bauteilen, Mehrfachfreigaben...) zu befreien. Die Aufbereitung der Daten erfolgt anhand der Hauptaktivitäten im Entwicklungsprozess:

- Informationsbeschaffung
- Konzepterstellung (inkl. der Prozessrichtlinien des Unternehmens)
- Entwurf und Design (mittels CAD-Systemen)
- Berechnung und Simulation, Versuche
- Dokumentation.

Die anfallende Neuorganisation (und Standardisierung) der Prozesse sorgt zusätzlich für eine effizientere Gestaltung des Entwicklungsprozesses.

Die parallele Nutzung der Produkt- und Prozessdaten durch PDM erlaubt es allen Prozessbeteiligten, jederzeit den aktuellen Stand des Produkts und des Produktenstehungsprozesses abzurufen und entsprechend zu handeln. Dieser Zugriff beschleunigt den Entwicklungsprozess und reduziert das Risiko fehlerhafter Weiterarbeit in Teilprozessen.

Darüber hinaus leistet PDM durch die lückenlose Dokumentation der Prozess- und Produktdaten (insbesondere der Qualitätsdaten) gute Dienste bei anfallenden Produkthaftungsfragen.

Vorteile des PDM

Ein PDM-Einsatz im Unternehmen schafft außerhalb der Kosten- und Zeitziele für das Produkt und den Prozess

- eine hohe Datenqualität
- eine hohe Datentransparenz sowie
- eine hohe Datenkonsistenz.

25.4.2.2 Rapid und Virtual Prototyping

Um Produkte frühzeitig zu testen, sind Prototypen bereits in der kritischen Frühphase der Produktentwicklung von hohem Informationswert.

> Ein **Prototyp** ist ein Baumuster oder ein Modell oder das erste Stück einer Vor-, Null- oder Pilotserie und ein erstes reales Werkstück des neuen Produkts. Die notwendigen Informationen für einen Prototyp werden von der Konstruktionsabteilung geliefert. Je nach Typ des Prototyps lassen sich Erscheinen (Ästhetik), technische (Funktion, Herstellbarkeit) und wirtschaftliche Eigenschaften (Kosten) beurteilen (vergleiche 25.2.6).

Möglichkeiten der Prototypengewinnung

Beim Bau von gegenständlichen Prototypen können grundsätzlich zwei Wege begangen werden:

- Umbau vorhandener Produkte oder von Wettbewerbsprodukten auf das „neue Produkt"
- Bau des neuen Produkts als Prototyp (z. B. durch Rapid Prototyping).

Die erste Methode hat den Vorteil, geringere Kosten zu verursachen. In beiden Fällen sind die Ziele, in einer frühen Phase der Entwicklung das Design sowie technisch innovative und wirtschaftliche Produktmerkmale zu beurteilen bzw. effizient zu testen. Unter Produkt soll dabei auch ein Betriebsmittel zählen, das zur Produktion notwendig wird.

Vorteile von Prototypen

Bei relativ kurzen Produktzyklen ist der Vertrieb möglichst hoher Stückzahlen erforderlich. Eine verzögerte Markteinführung („Time to Market") führt zu nicht mehr wettzumachenden Gewinneinbußen.

Der Entwicklungsprozess erfährt mit Hilfe des Prototyps eine Beschleunigung durch

- eine Verbesserung bei der Kostenbeurteilung eines neuen Produkts
- eine Verbesserung der Kommunikation und des Verständnisses des neuen Produkts („Show and Tell"-Modelle)
- die Möglichkeiten eines frühen Anlaufs von Zertifizierungs- und Normungsverfahren oder anderer Produktauflagen
- die frühzeitige Überprüfung heute notwendiger Recyclingsmerkmale (z. B. Demontageversuche)
- eine hohe Motivation der Beteiligten auf Grund des vergegenständlichten Ziels.

Arten von Prototypen

Nach der NC-Gesellschaft (NCG) werden je nach Abstraktionsgrad, Detaillierungsgrad und Funktionalität des Prototyps

- Konzeptmodelle
- Geometrische Prototypen
- Funktionsprototypen und
- Technische Prototypen

unterschieden. Je nach Phase der Produktenstehung (siehe Bild 25.16) werden sie erstellt. Während Konzeptmodelle (Designprototypen) die Beurteilung optischer, ästhetischer und ergonomischer Produktmerkmale erlauben, lassen sich mit geometrischen Prototypen bereits Genauigkeits-, Montage- und Gebrauchsversuche durchführen. Dabei werden diese noch nicht aus den endgültigen Materialien gefertigt. Der Funktionsprototyp ermöglicht den Test ausgewählter Funktionen eines neuen Produkts; der technische Prototyp stimmt mit dem Endprodukt, gegebenenfalls mit Ausnahmen bei Materialien und Fertigungsverfahren, überein.

25 Produktentstehung

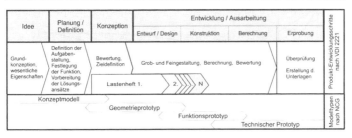

Bild 25.16: Prototypen im Produktenstehungsprozess [16]

Virtuelle Prototypen

In der Entwicklung werden heute auch „virtuelle Prototypen" mit entsprechender Klassifizierung eingesetzt. Virtuelle Methoden des Virtual Prototypings (VP) basieren meist auf CAD-Systemen, Simulationsprogrammen oder Finite-Elemente-Methoden (FEM). Diese sind häufig geschütztes Firmen-Know-how.

Beispielsweise lässt sich der räumliche Eindruck eines Produkts teilweise oder gesamt durch ein in allen Richtungen drehbares 3D-CAD-Modell vermitteln, und der Bau eines Designmodells (Konzeptmodells) wird überflüssig. Simulationen ersetzen Montageversuche, Strömungsversuche (z. B. c_w-Wert-Bestimmung), Crash-Tests, Funktionstests (z. B. Roboterabläufe) oder Fertigungsversuche (z. B. Blechumformung mit FEM oder Spritzgussvorgänge). Die Produktmerkmale werden virtuell überprüfbar. Im äußersten Fall entsteht ein Produkt bei einer virtuellen Produktentwicklung bis zum Produktionsanlauf völlig immateriell.

Vorteile des Rapid und Virtual Prototyping

Die schnelle Verfügbarkeit von Prototypen durch verkürzte Fertigungszeiten beim Rapid Prototyping oder durch Programmierung beim Virtual Prototyping deckt noch früher Fehler im Entwicklungsprozess auf; darin liegt der Hauptvorteil des Rapid oder Virtual Prototypings gegenüber der konventionellen Fertigung von Modellen: die Zeit- und Kostenersparnis durch geringere Fehlerquoten im Entwicklungsprozess.

Erfolgt die Herstellung von Werkzeugen, häufig von Formen, über RP-Techniken, wird dies als Rapid Tooling bezeichnet und kann für die Betriebsmittelentwicklung gleiche Vorteile bieten.

Die Organisation des Entwicklungsprozesses ist bei RP bzw. VP zwangsläufig von einem „sequenziellen" in einen „parallelen" Ablauf umzugestalten. Der parallel durchgeführte Versuch mit Prototypen liefert dem Entwicklungsteam die Inputs für die Weiterarbeit. Notwendige Entscheidungen werden rasch vorangetrieben.

KP

Techniken des Rapid Prototypings

RP-Verfahren „bauen" im Gegensatz zu den häufig abtragenden Fertigungsverfahren „über Volumenelemente das Produkt auf" (Schichtfertigungsverfahren). Der Input ist ein 3D-Modell der Konstruktionsabteilung. In zwei Verfahrensschritten wird

1. das 3D-CAD-Modell in Schichten (2D-Kontur konstanter Dicke) zerlegt
2. der Prototyp durch Aufeinanderfügen dieser 2D-Konturen aufgebaut.

Je kleiner die Schichtdicke gewählt wird, je genauer wird der Prototyp auch in dieser Dimension gefertigt. Bei den RP-Technologien sind unterschiedliche physikalische Prinzipien im Einsatz:

1. Verfestigen flüssiger Materialien
2. Herstellung aus festen Materialien (Schichten, Extrudieren oder Sintern, Verkleben von Granulaten oder Puvern)
3. Abscheiden aus der Gasphase

Das erste Wirkprinzip wird bei der **Stereolithographie** verwandt, die einen photosensitiven Polymerwerkstoff mittels Laser verfestigt (Polymerisation). Die bekanntesten Verfahren zur Herstellung aus festen Materialien sind das **Laser-Sintern** (LS) aus Pulvern und Granulaten, das Ausschneiden aus Folien mittels **Layer Laminate Manufacturing** (LLM), das **Fused Layer Modeling** (FLM) sowie das **3D-Printing**. Ein noch in der Entwicklung befindliches Verfahren ist das **Laser Chemical Vapor Deposition** (LCVD). Durch Abscheiden aus der Gasphase können damit feinste filigrane (metallische) Strukturen hergestellt werden.

Die hergestellten Modelle sind aus jeweils prozesstypischen Werkstoffen und besitzen einen verfahrensspezifischen Detaillierungsgrad. Um serienidentische Produktmerkmale zu prüfen, werden die RP-Modelle mittels Nacharbeit (Finishing der Oberflächen) als Urmodelle für Nachfolgeprozesse, i. d. R. Gießverfahren, verwendet. Damit werden geometrisch identische Prototypen mit den gewünschten mechanischen Produkteigenschaften in Kunststoff oder Metall gegossen.

Wirtschaftlichkeit von Rapid Protyping

Für den wirtschaftlichen Einsatz von RP-Methoden sind folgende Grundsätze zu berücksichtigen:

- Die Modelle müssen komplex sein.
- Eine möglichst kurze Produktentstehungszeit ist für eine dominierende Stellung im Markt erforderlich.
- Ein 3D-CAD-System ist im Unternehmen bereits implementiert.

Häufig wird das RP-Modell als externe Dienstleistung zugekauft. Dies sichert die Anwendung modernster RP-Techniken und vermeidet das Vorhalten von kostenintensiven Fertigungsverfahren und geschulten Mitarbeitern. Die eigene RP-Abteilung rechnet sich nur bei einer großen Zahl an notwendigen RP-Modellen oder im Falle hoher Wettbewerbsvorteile durch das RP-Know-how.

Quellen und weiterführende Literatur

[1] *Gausemeier, J.; Ebbesmeyer, P.; Kallmeyer, F.*: Produktinnovation. München Wien: Carl Hanser Verlag, 2001
[2] *Ehrlenspiel, K.:* Integrierte Produktentwicklung. 2. Auflage. München Wien: Carl Hanser Verlag, 2002
[3] *Pfeifer, T.:* Qualitätsmanagement. 3. Aufl., München Wien: Carl Hanser Verlag, 2001
[4] *Sauerwein, E.:* Das Kano-Modell der Kundenzufriedenheit. Wiesbaden: Deutscher Universitäts-Verlag, 2000
[5] *Pahl, G.; Beitz, W.* (et al.): Konstruktionslehre. 5. Aufl., Berlin: Springer Verlag, 2003
[6] *Klein, B.:* TRIZ/TIPS – Methodik des erfinderischen Problemlösens. München: Oldenbourg Verlag, 2002
[7] *Conrad, K.-J.:* Grundlagen der Konstruktionslehre. 2. Aufl., München Wien: Carl Hanser Verlag, 2003
[8] *Reinertsen, D. G.:* Die neuen Werkzeuge der Produktentwicklung. München Wien: Carl Hanser Verlag, 1998
[9] *Burghardt, M.:* Projektmanagement. 5. Aufl., München: Publicis MCD Verlag, 2000
[10] Zeitschrift QZ Qualität und Zuverlässigkeit, Nr. 1/2003
[11] *Wittig, K.-J.:* Prozessmanagement. Weil der Stadt: J. Schlembach Fachverlag, 2002
[12] *Bonten, Ch.:* Produktentwicklung. München Wien: Carl Hanser Verlag, 2001
[13] *Sprenger, R. K.:* Mythos Motivation. 17. Aufl., Frankfurt/Main New York: Campus Verlag, 2002
[14] *Camp, R. C.:* Benchmarking. 3. Aufl., München Wien: Carl Hanser Verlag, 1994
[15] *Kleppmann, W.:* Taschenbuch Versuchsplanung. 3. Aufl., München Wien: Carl Hanser Verlag, 2003
[16] *Gebhardt, A.:* Rapid Prototyping. 2. Aufl., München Wien: Carl Hanser Verlag, 2000

Kleinschmidt, E. J.; Geschka, H.; Cooper, R. G.: Erfolgsfaktor. Berlin Heidelberg: Springer Verlag, 1996
Weule, H.: Integriertes Forschungsmanagement und Entwicklungsmanagement. München Wien: Carl Hanser Verlag, 2002
Sprenger, Reinhard K.: Das Prinzip Selbstverantwortung. 11. Aufl., Frankfurt/Main NewYork: Campus Verlag, 2002

Lincke, W.: Simultaneous Engineering. München Wien: Carl Hanser Verlag, 1995
Ehrlenspiel, K.; Kiewert, A.; Lindemann, U.: Kostengünstig Entwickeln und Konstruieren. 4. Aufl., Berlin Heidelberg New York: Springer Verlag, 2003
Tietjen , Th.; Müller, D. H.: FMEA-Praxis. München Wien: Carl Hanser Verlag, 2003
Klein, B.: QFD – Quality Function Deployment. Renningen-Malmsheim: Expert-Verlag, 1999
Eigner, M.; Stelzer, R.: Produktdatenmanagement-Systeme. Berlin Heidelberg New York Barcelona Hongkong London Mailand Paris Tokio: Springer Verlag, 2001
Baraldi, U.; Bauer, J.; Mieritz, B.; Steger, W.: EARP – European Action on Rapid Prototyping. RPT in the Product Development Process – A Guide: Why? When? How? Use. Buchpublikation am Fraunhofer IPA, 1995

Normen und Richtlinien

VDI-Richtlinie 2211, Blatt 1: Datenverarbeitung in der Konstruktion; Methoden und Hilfsmittel; Aufgabe, Prinzip und Einsatz von Informationssystemen. Berlin: Beuth Verlag, 1980

VDI-Richtlinie 2211, Blatt 2: Informationsverarbeitung in der Produktentwicklung – Berechnungen in der Konstruktion. Berlin: Beuth Verlag 2003

VDI-Richtlinie 2211, Blatt 3: Datenverarbeitung in der Konstruktion; Methoden und Hilfsmittel; Maschinelle Herstellung von Zeichnungen. Berlin: Beuth Verlag 1980

VDI-Richtlinie 2218: Informationsverarbeitung in der Produktentwicklung – Feature-Technologie. Berlin: Beuth Verlag 2003

VDI-Richtlinie 2219: Informationsverarbeitung in der Produktentwicklung – Einführung und Wirtschaftlichkeit von EDM/PDM-Systemen. Berlin: Beuth Verlag, 2002

VDI-Richtlinie 2220: Produktplanung, Ablauf, Begriffe, Organisation. Berlin: Beuth Verlag, 1980

VDI-Richtlinie 2221: Methodik zum Entwickeln und Konstruieren technischer Systeme und Produkte. Berlin: Beuth Verlag, 1993

VDI-Richtlinie 2222, Blatt 1: Konstruktionsmethodik – Methodisches Entwickeln von Lösungsprinzipien. Berlin: Beuth Verlag, 1997

VDI-Richtlinie 2222, Blatt 2: Konstruktionsmethodik – Erstellung und Anwendung von Konstruktionskatalogen. Berlin: Beuth Verlag, 1982

VDI-Richtlinie 2223: Methodisches Entwerfen technischer Produkte. Berlin: Beuth Verlag, 2004

VDI-Richtlinie 2225, Blatt 1–4: Technisch-wirtschaftliches Konstruieren. Berlin: Beuth Verlag, 1998

VDI-Richtlinie 2234: Wirtschaftliche Grundlagen für den Konstrukteur. Berlin: Beuth Verlag, 1990

VDI-Richtlinie 2235: Wirtschaftliche Entscheidungen beim Konstruieren. Berlin: Beuth Verlag, 1987

VDI-Richtlinie 2243: Recyclingorientierte Produktentwicklung. Berlin: Beuth Verlag, 2002

VDI-Richtlinie 2246, Blatt 1–2: Konstruieren instandhaltungsgerechter technischer Erzeugnisse. Berlin: Beuth Verlag, 2001
VDI-Richtlinie 2247: Qualitätsmanagement in der Produktentwicklung. Berlin: Beuth Verlag, 1994
VDI-Richtlinie 2519, Blatt 1: Vorgehensweise bei der Erstellung von Lasten-/Pflichtenheften. Berlin: Beuth Verlag, 2001
DIN EN ISO 9000: Qualitätsmanagementsysteme – Grundlagen und Begriffe. Berlin: Beuth Verlag, 2000
DIN 25448: Ausfalleffektanalyse (Fehler-Möglichkeits- und Einfluss-Analyse). Berlin: Beuth Verlag, 1990
DIN 25424, Blatt 1: Fehlerbaumanalyse. Berlin: Beuth Verlag, 1981
DIN 25424, Blatt 2: Fehlerbaumanalyse; Handrechenverfahren zur Auswertung eines Fehlerbaumes. Berlin: Beuth Verlag, 1990
DIN 69901: Projektwirtschaft; Projektmanagement; Begriffe. Berlin: Beuth Verlag, 1987
ISO 10007: Quality management systems – Guidelines for configuration management. Berlin: Beuth Verlag, 2003
ISO 11442, Teil 2–4: Technische Produktdokumentation; Rechnerunterstützte Handhabung technischer Daten. Berlin: Beuth Verlag, 1993
DGQ-Bd. 13-11: FMEA – Fehlermöglichkeits- und Einflussanalyse. Berlin: Beuth Verlag, 2001
DGQ-Bd. 13-21: QFD – Quality Function Deployment. Berlin: Beuth Verlag, 2001
DGQ-Bd. 13-51: Qualitätsmanagement in der Entwicklung. Berlin: Beuth Verlag, 1995
FQS-DGQ, Bd. 84-01: Qualität und Fehlerkosten im Maschinenbau unter Berücksichtigung technischer und betriebswirtschaftlicher Gesichtspunkte. Berlin: Beuth Verlag, 1996
FQS-DGQ, Bd. 85-01: Effiziente Abwicklung technischer Änderungen bei Produktentwicklungen. Berlin: Beuth Verlag, 2003
FQS-DGQ, Bd. 85-02: Rechnergestützte, wissensbasierte Erstellung von Fehlermöglichkeits- und Einflussanalysen (FMEA). Berlin: Beuth Verlag, 1994
FQS-DGQ, Bd. 97-01: Erfolgsfaktoren im Qualitätsmanagement – Leitfaden zur Ermittlung und Management. Berlin: Beuth Verlag, 1999

KONSTRUKTION UND RECHNEREINSATZ

KR

26 Rechnerunterstützung der Konstruktion
27 Finite-Elemente-Methode
28 Rechnerunterstützung der Produktion
29 Produktdaten-Management

26 Rechnerunterstützung der Konstruktion

Prof. Dipl.-Ing. Klaus-Jörg Conrad

Der Einsatz von Rechnern zur Unterstützung der konstruktiven Aufgaben wird mit der schnell fortschreitenden Entwicklung der Informationstechnik zu einem wesentlichen Faktor für die Produktentwicklung. Die Unternehmensstrukturen, die Märkte, der Bedarf an neuen Produkten, die Nutzung neuer Technologien und das Internet haben Einflüsse, die die Vorgehensweise beim Konstruieren und Produzieren maßgeblich beeinflusst haben. [8]

26.1 CAD/CAM-Begriffe und Übersicht

Der Umgang mit Computern in fast allen Bereichen der Unternehmen ist heute selbstverständlich. Hier sollen wichtige Bereiche der technischen Datenverarbeitung vorgestellt werden, die allgemein als CA-Techniken bekannt sind. In Anlehnung an Arbeiten des AWF (Ausschuss für wirtschaftliche Fertigung) gelten die folgenden Definitionen. [1]

26.1.1 CAD – Computer Aided Design

Das **rechnerunterstützte Konstruieren** wird allgemein als CAD bezeichnet. **CAD** ist ein Sammelbegriff für alle Aktivitäten, bei denen die EDV direkt oder indirekt im Rahmen von Entwicklungs- und Konstruktionstätigkeiten eingesetzt wird.

Dies bezieht sich im engeren Sinn auf die grafisch-interaktive Erzeugung und Manipulation einer digitalen Objektdarstellung, z. B. die zweidimensionale Zeichnungserstellung oder die dreidimensionale Modellbildung.

Objekte können beispielsweise sein:

- Einzelteile
- Baugruppen
- Erzeugnisse
- Anlagen
- Leiterplatten
- Bauwerke etc.

Die digitale Objektdarstellung wird in einer Datenbank abgelegt, die auch anderen betrieblichen Abteilungen für weitere Aufgaben zur Verfügung steht. Im weiteren Sinne bezeichnet CAD allgemeine technische Berechnungen mit oder ohne grafische Ein- und Ausgabe.

Funktionszuordnungen:

- Entwicklungstätigkeiten
- Technische Berechnungen
- Konstruktionstätigkeiten
- Zeichnungserstellung

Die Funktionszuordnung gibt also wesentliche Aufgaben und Tätigkeiten an, die mit den jeweils definierten CA-Techniken in den entsprechenden Unternehmensabteilungen durchgeführt werden.

CAD ist im Unternehmen in der Regel keine eigene Abteilung, sondern wird dem Bereich Entwicklung und Konstruktion zugeordnet, wie im Bild 26.1 gezeigt.

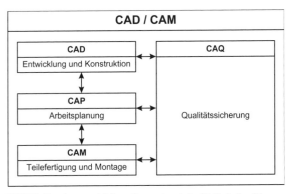

Bild 26.1: Zuordnung und Informationsaustausch der CA-Techniken [2]

26.1.2 CAP – Computer Aided Planning

CAP bezeichnet die EDV-Unterstützung bei der Arbeitsplanung. Hierbei handelt es sich um Planungsaufgaben, die auf den konventionell oder mit CAD erstellten Arbeitsergebnissen der Konstruktion aufbauen, um Daten für Teilefertigungs- und Montageanweisungen zu erzeugen.

Darunter wird verstanden:

- rechnerunterstützte Planung der Arbeitsvorgänge und der Arbeitsvorgangsfolgen
- Auswahl von Verfahren und Betriebsmitteln zur Erzeugung der Objekte
- rechnerunterstützte Erstellung von Daten für die Steuerung der Betriebsmittel des CAM

Ergebnisse des CAP sind Arbeitspläne und Steuerinformationen für die Betriebsmittel des CAM. Auch dieser Bereich ist im Bild 26.1 angegeben.

Funktionszuordnungen:

- Arbeitsplanerstellung
- Betriebsmittelauswahl
- Erstellung von Teilefertigungsanweisungen
- Erstellung von Montageanweisungen
- NC-Programmierung

26.1.3 CAM – Computer Aided Manufacturing

CAM bezeichnet die EDV-Unterstützung zur technischen Steuerung und Überwachung der Betriebsmittel bei der Herstellung der Objekte im Fertigungsprozess.

Dies bezieht sich auf die direkte Steuerung von Arbeitsmaschinen, verfahrenstechnischen Anlagen, Handhabungsgeräten sowie Transport- und Lagersystemen.

Technische Steuerung und Überwachung erfolgt bei den Funktionen:

- Fertigen
- Handhaben
- Transportieren
- Lagern

26.1.4 CAQ – Computer Aided Quality Assurance

CAQ bezeichnet die durch EDV unterstützte Planung und Durchführung der Qualitätssicherung. Hierunter wird einerseits die Erstellung von Prüfplänen, Prüfprogrammen und Kontrollwerten verstanden, andererseits die Durchführung rechnerunterstützter Messund Prüfverfahren. CAQ kann sich dabei der EDV-Hilfsmittel des CAD, CAP und CAM bedienen.

Funktionszuordnungen:

- Festlegen von Prüfmerkmalen
- Erstellung von Prüfvorschriften und -plänen
- Erstellung von Prüfprogrammen für rechnerunterstützte Prüfeinrichtungen
- Überwachung der Prüfmerkmale am Objekt

26.1.5 PPS – Produktionsplanung und -steuerung

PPS bezeichnet den Einsatz rechnerunterstützter Systeme zur organisatorischen Planung, Steuerung und Überwachung der Produktionsabläufe von der Angebotsbearbeitung bis zum Versand unter Mengen-, Termin- und Kapazitätsaspekten.

Die Hauptfunktionen der PPS sind:

- Produktionsprogrammplanung
- Mengenplanung
- Termin- und Kapazitätsplanung
- Auftragsveranlassung und -überwachung

ERP – Enterprise Resource Planning – Planung von Unternehmensressourcen steht als Begriff ERP-Systeme für eine neue Generation von PPS-Systemen zur Unterstützung prozessorientierter Vorgänge der Logistik, jedoch auch für Aufgabenbereiche wie Finanzen, Controlling oder Personalwirtschaft. [7]

26.1.6 CAD/CAM

> CAD/CAM beschreibt die Integration der technischen Aufgaben zur Produkterstellung und umfasst die EDV-Verkettung von CAD, CAP, CAM und CAQ. Auf der Basis der digitalen Objektdarstellung im CAD-System werden im CAP Steuerinformationen erzeugt, die im CAM-Modul zum automatisierten Betrieb der Fertigungseinrichtungen eingesetzt werden. Die entsprechenden Aufgaben werden im Rahmen des CAQ für Mess- und Prüfeinrichtungen durchgeführt.

CAD/CAM ist mehr als die Verbindung von CAD und NC-Programmierung. Eine Zuordnung der Begriffsdefinition und das Zusammenwirken im Unternehmen enthält Bild 26.1. Dabei ist zu beachten, dass in der Regel die CA-Techniken bestimmten Bereichen im Unternehmen zugeordnet werden.

Die seit einigen Jahren eingesetzten 3D-CAD/CAM-Systeme mit Volumenmodellen wurden entwickelt, um die Schwächen der 2D-CAD-Systeme zu überwinden und um die in Bild 26.1 vorgestellten Bereiche der Unternehmen mit einem System abzudecken. Die Systeme sind unter Ausnutzung der Leistungsfähigkeit der modernen Hardware modulartig aufgebaut und können alle Daten von der Umsetzung der Produktidee durch Modellierung über Entwicklung, Konstruktion, Berechnung, Baugruppenmodellierung, NC-Programmierung und Simulation, Vorrichtungskonstruktion, Qualitätsplanung, Montagesimulation usw. als integrierte Lösung mit einer gemeinsamen Datenbasis verarbeiten. Damit ist es also möglich, mit einem System alle erforderlichen Arbeitsschritte unter der gleichen Bedieneroberfläche zu bearbeiten und alle Daten für ein Produkt dort zu speichern. Voraussetzung sind gute Schulungen und entsprechende Produktentwicklungsprozesse, damit das Verhältnis von Nutzen und Aufwand die Wirtschaftlichkeit nachweist.

Die enorme Leistungsfähigkeit kann nicht durch diese kurzen Hinweise erkannt werden, das schafft nur die Benutzung eines 3D-CAD/CAM-Systems. Die Benutzung ist jedoch nur nach entsprechender Schulung und Einarbeitung möglich, wobei zu beachten ist, dass der gesamte Umfang der Produktentwicklung natürlich nicht allein vom Konstrukteur durchgeführt werden kann. Dafür ist wie bisher die abteilungsübergreifende Zusammenarbeit notwendig.

Auch wenn bisher nur ein Teil der Unternehmen die 3D-CAD/CAM-Systeme in vollem Umfang einsetzt, so zeigt sich doch, dass Konstrukteure diese neuen Systeme kennen müssen, weil z. B. mit voller Leistungsfähigkeit der Systeme die Entwicklungszeiten und die Durchlaufzeiten im Unternehmen erheblich reduziert werden können. Außerdem wird durch die Vernetzung der Unternehmen und die Kopplung mit den Produktionsplanungs- und -steuerungssystemen (PPS) eine noch bessere Nutzung der Teile- und Stücklistendaten der Konstruktion erreicht. [2]

26.2 CAD-Systeme

Die Rechnerunterstützung der Konstruktion wird in der Regel mit CAD gleichgesetzt, da die CAD-Systeme für die Hauptaufgaben der Konstrukteure einzusetzen sind. Durch ständige Weiterentwicklung von Hard- und Software sind jedoch viele weitergehende Möglichkeiten vorhanden, um fast alle Tätigkeiten von der Konstruktion bis zur Montage am Rechner durchzuführen. Die Rechnerunterstützung für die Produktentwicklung wird insbesondere eingesetzt für

- Modellierung von Geometrie und Produkten
- Erstellung und Verwaltung von Zeichnungen
- Stücklistengenerierung
- Bereitstellung von Informationen und deren Nutzung
- Durchführung von Berechnungen und Simulationen.

CAD-Systeme bestehen aus Hardware und Software. Zur **Hardware** gehören Rechner und Peripheriegeräte, zur **Software** Betriebssysteme und Anwendungssoftware, die allgemein CAD-Software genannt wird. Die CAD-Hardware besteht aus sehr leistungsfähigen PCs oder Workstations mit Bildschirmen, Maus, Tastatur und Drucker entsprechend dem Stand der Technik.

CAD-Software wird für verschiedene Fachgebiete angeboten [3]:

- CAD-Systeme Mechanik für die Einsatzbereiche Maschinenbau, Werkzeugbau, Formenbau, Modellbau usw. in allen Branchen
- CAD-Systeme Elektrotechnik für die Einsatzbereiche Schaltanlagenentwurf, Elektronik oder Hydraulik, Pneumatik
- CAD-Systeme Architektur/Bauwesen für Einsatzbereiche wie Architekturplanung, Bewehrplanung, Schalplanung usw.

Diese CAD-Systeme werden in Marktübersichten mit Angaben von Herstellern nach bestimmten Kriterien vergleichend dargestellt, um eine erste objektive Orientierung zu geben. [3] In diesem Kapitel sollen nur die CAD-Systeme Mechanik betrachtet werden.

26.2.1 CAD-System-Schnittstellen

Die CAD-Systeme bestehen aus Hard- und Softwarekomponenten, die in der Regel durch typische Schnittstellen in die vorhandenen EDV-Systeme des Unternehmens zu integrieren sind. Bild 26.2 zeigt Komponenten und Schnittstellen eines möglichen CAD-Systems, die in Anlehnung an *Spur/Krause* vorgestellt werden. [8]

Der CAD-Anwender arbeitet über eine Benutzerschnittstelle an den Komponenten Bildschirm, Tastatur und Maus, modelliert seine Bauteile mit dem CAD-Basis-System und kann seine Ergebnisse in einer Datenbank speichern und mit einem Drucker ausgeben. Die **Benutzerschnittstelle** dient also einer möglichst anwenderorientierten Systembedienung und -steuerung. Die **Grafikschnittstelle** sorgt dafür, die Ein- und Ausgabegeräte softwaretechnisch anzusprechen und zu steuern.

Anwendungsschnittstellen sind erforderlich, um auf die produktbeschreibenden Daten und Methoden zuzugreifen. Über diese Schnittstelle werden insbesondere Funktionen zur Modellierung oder zur Bereitstellung von CAD-Daten verfügbar gemacht.

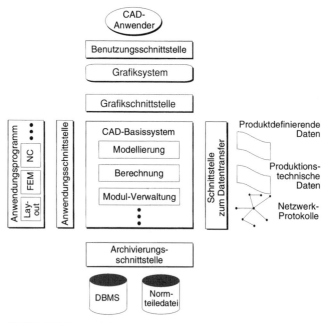

Bild 26.2: CAD-System mit Komponenten und Schnittstellen [8]

Die Speicherung der produktbeschreibenden Daten und Informationen in einer Datenbank erfordert Datenbankschnittstellen bzw. **Archivierungsschnittstellen**, die intern als Datenbankverwaltungssystem (DBMS) vorhanden sind.

Die **Schnittstelle zum Datentransfer** wird für den Austausch der produktdefinierenden Daten, der produktionstechnischen Daten sowie für Netzwerkprotokolle benötigt. Die produktdefinierenden Daten sind Geometrie, Topologie, technologische Informationen und organisatorische Daten, die während der Konstruktion im System verarbeitet werden. Die Produktmodelldaten können über diese Schnittstelle transferiert werden. Die Übertragung kann zwischen CAD-Systemen oder zu anderen EDV-Anwendungen erfolgen, wobei möglichst genormte Schnittstellen angewendet werden.

Norm-, Zukauf- und Wiederholteile sind schon immer als bewährte Komponenten eingesetzt worden. Für die Nutzung in CAD-Systemen sind dafür jedoch CAD-System-gerechte digitale Formen notwendig. Dies erfolgt mit der genormten Schnittstelle DIN V 66304 für die **CAD-Normteiledatei** nach DIN 4000 Teil 100 und 101. Diese prozedurale CAD-Programmierschnittstelle ermöglicht die Einbindung von Normteilen in verschiedene CAD-Systeme. [8]

Produktionstechnische Daten werden über Schnittstellen ausgetauscht, um für die NC-Programmierung, die Industrieroboterprogrammierung oder für die Simulation rechnerinterne Modellinformationen verfügbar zu haben.

In den Unternehmen können rechnerinterne Produktdaten über Netzwerk-Schnittstellen übertragen werden. Damit wird das Konstruieren in unterschiedlichen Bereichen möglich sowie eine zeitlich überlappte Entwicklung von Produkten. Weitere Hinweise zur Anwendung genormter Schnittstellen enthält die Fachliteratur. [8]

26.2.2 2D-CAD-Systeme

2D-CAD-Systeme haben auch heute noch Anwendungsgebiete, die insbesondere aus wirtschaftlichen Überlegungen sinnvoll sind. Diese Systeme wurden entwickelt, um die aufwändigen Arbeitsschritte der Zeichnungserstellung zu unterstützen. In der Ausarbeitungsphase, die 50...60 % der Konstruktionstätigkeiten umfasst, ergeben sich durch den CAD-Einsatz viele Vorteile. Es sind jedoch Einflussgrößen zu beachten:

- Produktarten, Stückzahlen, Komplexität der Teile
- Normteile, Zulieferteile, Wiederholteile

- Weiterverwendung, Änderungsaufwand
- Zeichnungsverwendung

2D-CAD-Systeme werden heute noch eingesetzt, um z. B. folgende Aufgaben zu erledigen:

- Zeichnungserstellung für Aufgaben, die nur einmal gebraucht werden, wie z. B. Aufstellungspläne für spezielle Anlagen oder Zeichnungen für spezielle Fertigungshilfsmittel
- Pläne mit grafischen Symbolen für Hydraulik, Pneumatik usw.
- Zeichnungserstellung für Produkte, die nur nach Zeichnung gefertigt werden, ohne weitere Nutzung der CAD-Dateien
- Konstruieren von Teilen, Baugruppen oder Produkten in kleinen Firmen ohne durchgängige Datenverarbeitung

Die Arbeitsweise der 2D-CAD-Systeme ist einfacher zu lernen, da folgende Aufgaben auszuführen sind [6]:

- Geometrieelemente zum Konstruieren einsetzen
- Zeichnungsnormen und Zeichnungstechniken einsetzen
- Assoziativität nutzen. Geometrie und Bemaßung sind dauerhaft verbunden, um beim Ändern von Geometrie automatisch die neuen Maße zu erhalten
- Gruppieren von Elementen. Ebenentechnik zur Vereinfachung der Zeichnungserstellung
- Darstellungshilfen am Bildschirm und Modellinformationen. Zoomen, Fenster, Raster usw.

Als Arbeitstechniken sind bekannt:

- Voreinstellungen anpassen. Elemente, Darstellungen und Hilfsfunktionen sowie Zeichnungsnormen sind nach Konstruktionsrichtlinien für das Arbeiten am CAD-System festzulegen
- Geometriebeschreibung für maßstäbliche Zeichnungen
- Musterung zur regelmäßigen Anordnung von gleichartigen Elementen
- Makro- und Variantentechnik, um mit wenigen Eingaben die automatische Generierung und Anpassung zeichentechnischer Elemente zu erreichen
- Parametrische 2D-Konstruktion, um Einzelheiten oder Teile variabel und anpassungsfähig auszuführen

Umfangreiche Erläuterungen enthält die Fachliteratur [6]. Für die gängigsten CAD-Systeme gibt es weiterführende Anwendungsbeschreibungen.

26.2.3 Konstruieren mit 3D-CAD/CAM-Systemen

Die Produktentwicklung wird in zunehmendem Umfang durch den Einsatz von 3D-CAD/CAM-Systemen unterstützt. Die Entwicklung dieser Systeme hat in den letzten Jahren erhebliche Fortschritte gemacht, ist aber noch nicht abgeschlossen, wenn der gesamte Konstruktionsprozess betrachtet wird. Während die ersten 2D-CAD-Systeme insbesondere im Bereich des Ausarbeitens zur Zeichnungsherstellung sehr gute Unterstützung bereitstellen, sind 3D-CAD/CAM-Systeme für das Entwerfen von Teilen und Baugruppen durch Modellieren besser geeignet. Für die ersten beiden Phasen, Planen und Konzipieren, sind noch keine CAD-Systemmodelle bekannt. Es laufen jedoch umfangreiche Untersuchungen, auch in diesen Bereichen eine CAD-System-Unterstützung zu entwickeln. Zurzeit ist die Ingenieurarbeit der Konstrukteure nicht durch Computer ersetzbar.

> Ein Problem wird nicht im Computer gelöst, sondern in irgendeinem Kopf. (*Charles Kettering*)

Die Nutzung der Informationstechnik für die Lösung konstruktiver Aufgaben ist jedoch schon sehr weit entwickelt. Ein Vergleich der Unterstützung des Konstrukteurs durch Konstruktionsmethodik zum Arbeiten mit 3D-CAD/CAM-Systemen in Tabelle 26.1 zeigt die „weißen Flecken" im Bereich Planen und Konzipieren, die durch die 3D-Systeme noch nicht unterstützt werden.

Die Konstruktionsphasen Planen, Konzipieren, Entwerfen und Ausarbeiten werden nach den Angaben in Tabelle 26.1 erst beim Entwerfen durch das Gestalten der Bauteile vom System unterstützt. Die VDI 2249 hat für alle Konstruktionsphasen Modelle definiert, die zurzeit entwickelt werden [10]:

- Das **Anforderungsmodell** formuliert funktionelle Anforderungen sowie die Randbedingungen für das neue Produkt. Die Anforderungen bestehen aus Texten, Skizzen und technischen Daten.

- Das **Funktionsmodell** ist durch die Funktionsstruktur bestimmt und besteht aus Strukturgraphen und symbolischen Darstellungen.

- Das **Prinzipmodell** enthält die physikalische Wirkstruktur und ihre stofflich-geometrische Realisierung als Konzept. Für die Beschrei-

Tabelle 26.1: Konstruktionsmethodik und 3D-CAD/CAM-System – Vergleich [2]

Konstruktionsphasen	Aufgaben und Ergebnisse	Konstruktionsmethodik	3D-CAD/CAM-Systeme
Planen	Anforderungen festlegen ... **Anforderungsliste**	– Klären der Aufgabenstellung – Formular ausfüllen – PC-Unterstützung vorhanden	
Konzipieren	Funktion festlegen ... **Funktionsstruktur**	– Gesamtfunktion und Teilfunktionen lösungsneutral formulieren – Black-Box-Darstellung	
	Physikalische Prinzipien festlegen ... **Wirkprinzip**	– Systematische Lösungsentwicklung – Lösungselemente für alle Teilfunktionen ermitteln – Morphologischen Kasten aufstellen – PC-Unterstützung vorhanden	
	Geometrie, Bewegungen, Stoffarten festlegen ... **Lösungsprinzip**	– Handskizzen der Einzelteile – Auslegungsberechnungen – Werkstoffwahl – Prinzipien darstellen	Prinzipien darstellen
Entwerfen	Teile, Baugruppen, Verbindungen festlegen ... **Entwurf**	– Handskizzen des Grobentwurfs – Entwurfsberechnungen – Informationsbeschaffung, auch mit PC-Unterstützung	– Modellierung der Bauteile – Anordnen und verbinden der Bauteile – Baugruppe untersuchen – Simulation
Ausarbeiten	Fertigungs- und Montageangaben festlegen ... **Zeichnungen, Stücklisten**	– Handskizzen der Einzelteile mit Formelementen, Gestaltung und Bemaßung – Technische Zeichnungen – Stückliste aufstellen, auch mit PC-Unterstützung	– Feingestaltung – Einzelteilzeichnungen aus 3D-Modellen ableiten – Zusammenbau- und Explosionszeichnungen ableiten – Stückliste generieren – Finite-Elemente-Methode

bung sind symbolische Darstellungen, Strichzeichnungen und unmaßstäbliche Skizzen denkbar.

■ Das **Gestaltmodell** besteht aus der konkreten Geometrie, die durch technische Angaben zur Ausführung des Produkts ergänzt werden. Das rechnerinterne Modell wird insbesondere durch geometrische Manipulationen generiert. CAD-Systeme verarbeiten Geometrie,

26 Rechnerunterstützung der Konstruktion

egal ob 2D-orientiert oder 3D-orientiert, und unterstützen deshalb besonders die Geometrieverarbeitung.

Bevor die Modelle für die ersten Phasen des Konstruierens nicht rechnerunterstützt verfügbar sind, muss der Konstrukteur die bekannten Arbeitsabläufe des methodischen Konstruierens anwenden und kann erst nach den entsprechenden Vorarbeiten am CAD-System arbeiten.

Als **CAD-Benutzungsfunktion** wird der Zusammenhang zwischen den für einen Arbeitsschritt erforderlichen Eingaben und den daraus folgenden

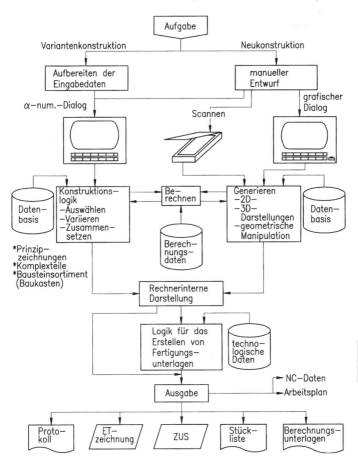

Bild 26.3: CAD-CAM-System [5]

Reaktionen des CAD-Systems bezeichnet. In der VDI 2249 werden Bedeutung und Auswirkungen einer sinnvollen Vereinheitlichung für die CAD-Systeme erläutert. [10]

3D-CAD/CAM-Systeme mit integrierten Modulen werden heute so eingesetzt, dass der Produktentstehungsprozess durchgängig in einem System erfolgt. Ein Beispiel für die Integration von CAD und CAM mit allgemeinen Angaben zeigt Bild 26.3.

Ein CAD-Basissystem ist in der Regel mit Modulen für bestimmte zusätzliche Aufgaben erweiterbar. Die CAD-Softwarefirmen bieten für ihre Systeme Zusatzmodule an, wie z. B. für NC-Programmierung und Arbeitsplanung, Bewegungssimulation von Mechanismen, Blechverarbeitung, Rohrleitungsplanung oder für Kabelpläne. Konstrukteure sollten sich über die einsetzbaren Module für bestimmte Aufgaben informieren und nach einer Schulung diese Unterstützung des Systems auch nutzen.

26.2.4 3D-CAD-Systeme

Die Geometriemodellierung in 3D-CAD-Systemen erfolgt entweder in einem kanten-, flächen oder volumenorientierten Modell. In **Draht-** oder **Kantenmodellen** wird die Geometrie durch Punkte oder Linien beschrieben, damit fehlt dem System die Information, wo sich Material befindet. In **Flächenmodellen** wird die Geometrie mit Flächen, Punkten und Linien beschrieben, ebenfalls ohne die Information, wo sich Material befindet. Flächenmodelle werden angewendet für die Darstellung von Freiformflächen im Schiffbau, Karosserie- und Flugzeugbau.

Volumenmodelle enthalten die vollständige Beschreibung von Körpern mit Aussagen, wo sich Material befindet. Die flächenorientierten Volumenmodelle, die auch B-Rep-Modelle (Boundary Representation) genannt werden, beschreiben Volumen durch Grenzflächen, die verknüpft und durch Angabe von Punkten und Kanten definiert sind. Körperorientierte Volumenmodelle, die auch CSG-Modelle (Constructive Solid Geometry) genannt werden, verknüpfen einfache Grundelemente wie Quader, Zylinder, Kegel oder Kugel zu einem Körper. [4]

Hybridmodelle sind eine Sonderform der volumenorientierten Modelle, die durch eine Kombination von CSG- und B-Rep-Modellen versuchen, die Vorteile beider zu nutzen und die Nachteile zu beseitigen.

Von den Eigenschaften und Modellierungstechniken werden hier nur die Feature-Technologie und die Parametrik erläutert, die anderen werden nur mit Beispielen genannt, da sie Bestandteil einer Systemschulung sind.

26.2.4.1 Feature-Technologie

Der Begriff Feature ist seit Jahren bekannt, wird jedoch sehr unterschiedlich definiert, da er sehr vielfältig verwendet wird. Ursprünglich wurde definiert: Ein **Feature** ist eine mit einer Maschinenoperation bearbeitbare geometrische Region. [8] Nach dieser Definition ist das Modellieren einer gestuften Bohrung mit mehreren Formelementen in beliebigen Varianten und die entsprechende Fertigung ein typisches Beispiel.

Konstrukteure denken beim Modellieren in Funktionen oder Bearbeitungsverfahren, wie Drehen, Bohren, Fräsen, Biegen usw. Diese Vorstellungswelt wird mit dem Feature-Ansatz umgesetzt, um den Entwurfsprozess flexibler zu machen gegenüber dem Modellieren mit einfachen Elementen oder Grundkörpern. Features dienen also der Bereitstellung häufig verwendeter Objekte bei der rechnerunterstützten Konstruktionsarbeit.

Die **Feature-Technologie** hat im gesamten Produktentwicklungszyklus eine sehr wichtige Funktion für die Informationsverarbeitung und für das Produktdaten-Management. Features schaffen Möglichkeiten, die Modellbildung am CAD-System zu vereinfachen und dem Produktmodell mehr Informationen über Fertigung oder Recycling mitzugeben. Das featurebasierte Arbeiten im Konstruktionsbereich muss nach einer Analyse der erforderlichen Konstruktionsaufgaben aufgabenspezifisch eingesetzt werden. Dafür können folgende Arten unterschieden werden [6]:

- **Geometriefeature** zur Zusammenfassung mehrerer Modellierungsschritte (Sackloch, Senkung, Ausschnitt, Anpassung usw.)
- **Konstruktionsfeature** zum schnellen funktionsgerechten Modellaufbau (Gelenk, Wellenaufnahme, Lagerfläche)
- **Analysefeature** (Toleranzanalyse, Passungen usw.)
- **Berechnungsfeature** zur Verknüpfung von Gestaltung und Berechnung (Vernetzung, Parameteroptimierung, Tragwerke usw.)
- **Fertigungs- und Montagefeature** (Oberflächenbearbeitung, Bolzenverbindung, Schweißverbindung usw.)

Features setzen also auch das Wissen um, das der Anwender hat und das in den folgenden Schritten des Produktentwicklungsprozesses zu beachten ist. Zusammengefasst wird heute in der Konstruktion alles, was im Benutzerdialog aktiviert werden kann und für das vollständige Produktmodell erforderlich ist, mit dem Begriff Feature verbunden. Damit erhält das Produktmodell auch die technischen Bedeutungen, Randbedingungen und Beziehungen.

> **Features** sind geometrische und/oder semantische Modellierungselemente für Produkte und/oder Prozesse. [6]

Features können auch ohne eigene Geometrie definiert werden. In der VDI 2218 werden verschiedene Anwendungsstrategien für featurebasierte Systeme erläutert. [9]

26.2.4.2 Parametrische CAD-Systeme

Wird die Geometrie mit variablen Parametern modelliert, spricht man von einer **parametrischen Konstruktion**. Dazu werden Konturen und Flächenelemente mit variablen Parametern dimensioniert und durch die erforderlichen Relationen in Beziehungen gesetzt. Damit besteht eine Möglichkeit, Anpassungs- und Variantenkonstruktionen mit variablen Maßen ohne zusätzliche Variantenprogramme durchzuführen. Allgemeine weitergehende Erläuterungen enthält die Fachliteratur [6].

Anwendungen sind insbesondere die Variantenkonstruktion von Teilen, Normteilen, Wiederholteilen und Wiederholzonen sowie die Teilefamilien. Der Eingabeaufwand zur Erzeugung von wiederkehrender Geometrie ist geringer und bewirkt eine bessere Nutzung des CAD-Systems. **Teilefamilien** sind ähnliche Teile, die in den Bereichen Konstruktion oder Fertigung zusammengefasst werden, wie im Kapitel Variantenmanagement beschrieben. Konstruktive Teilefamilien sind entweder Maß- oder Gestaltvarianten, also z. B. Profile oder Schrauben nach Norm.

Die nutzbaren Hilfsmittel sind systemabhängig und können z. B. Beziehungen oder Familientabellen sein. Mit **Beziehungen** kann das Verhältnis von mehreren Maßen in Form von Gleichungen eingegeben werden, um z. B. Durchmesser und Länge von Wellenzapfen für unterschiedliche Ausführungen als Varianten zu modellieren.

Familientabellen sind Tabellen, die im System erstellt werden, um Teile einer Familie gesteuert abzulegen und aufzurufen. Ein Ursprungsteil oder generisches Teil wird nach dem Modellieren in die Tabelle aufgenommen, indem die Konstruktionselemente und Maße definiert und zugeordnet werden. Für die Varianten werden dann in diese Tabelle verträgliche Maße, Konstruktionselemente oder die Unterdrückung von Elementen sowie der Aufruf neuer Elemente eingetragen. Der Aufruf der Varianten erfolgt dann durch einfaches Anklicken einer Zeile der Familientabelle. Für das Beispiel Wellenzapfen mit unterschiedlichen Durchmessern und Längen, Fasen, Bohrung und Rundung zeigt Tabelle 26.2 einige Varianten.

26 Rechnerunterstützung der Konstruktion

Tabelle 26.2: Familientabelle für Wellenzapfen

Familientabelle ZAPFEN					
Variantenname	F97 [FASE]	F76 [FASE]	F108 [BOHRUNG]	d0	F126 [RUNDUNG]
ZAPFEN	Y	N	Y	100.0	Y
VAR_ZAPF_1	N	Y	N	30.0	N
VAR_ZAPF_2	Y	N	Y	50.0	N
VAR_ZAPF_3	Y	N	Y	70.0	Y

3D-CAD-Systeme sind werkstückorientiert, da die Modellierung stets eine räumliche Gestalt schafft, aus der dann Zeichnungen abgeleitet werden können. Beispiele enthält das Kapitel Technische Zeichnungen. Die 3D-Modellierung ist methodisch durchzuführen, damit die Ergebnisse für weitere Operationen verwendbar sind. Für die Baugruppenerstellung aus modellierten Teilen werden Platzierungsbedingungen und Strukturmodelle (Skelett) eingesetzt, um eine Referenz für die ein- und auszubauenden Komponenten zu haben.

Die **Erzeugung von Profilkörpern** durch das Ziehen von Profilflächen entlang von Geraden oder Kurven zeigt das Beispiel der Schraubenfeder mit unterschiedlichen Steigungen in Bild 26.4.

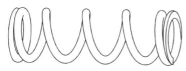

Bild 26.4: Schraubenfeder

Für die **Mustererzeugung** ist die Ankerlamelle in Bild 26.5 ein Beispiel, das die Vorteile der Systemanwendung zeigt.

Bild 26.5: Ankerlamelle

Der Deckel in Bild 26.6 zeigt ebenfalls die Anwendung einiger Techniken der 3D-Modellierung.

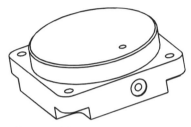

Bild 26.6: Deckel

Funktionsteil – Fertigteil – Rohteil

Die Entwicklung von Serienteilen erfolgt in der Regel durch eine Folge von Arbeitsschritten, die aus der Praxis bekannt sind. Nach der Konstruktion beginnt die Fertigung mit der Erstellung eines Rohteils durch kostengünstiges Gießen, Schmieden oder Pressen. Durch spanende Verfahren wird aus dem Rohteil das Fertigteil. Für jeden dieser Arbeitsschritte sind Zeichnungen, Arbeitspläne, Werkzeuge, NC-Programme, Werkzeugmaschinen und Fertigungsverfahren erforderlich, die insbesondere für Serien optimiert sein müssen.

Beim **manuellen Konstruieren** werden in einer Entwurfszeichnung erst die wesentlichen Abmessungen festgelegt und eine erste Vorstellung von Geometrie so angeordnet, dass die vorgesehenen Funktionen die Anforderungen an einen **Grobentwurf** erfüllen. Anschließend werden die Abmessungen aller Bauteile so konstruiert, dass daraus die endgültigen Formelemente mit Maßen, Toleranzen und Oberflächen als **Feinentwurf** entstehen. Im letzten Schritt erfolgt durch das Ausarbeiten die endgültige Festlegung von Geometrie, Maßen, Toleranzen, Oberflächenangaben, Werkstoffen usw. zum **Fertigteil**. In die Zeichnung des Fertigteils wird das Rohteil so eingezeichnet, dass für die spanende Fertigung genügend Aufmaß vorhanden ist. Nach der Werkzeugerstellung wird alles überprüft und die Zeichnung geändert, falls erforderlich.

Beim **rechnerunterstützten Konstruieren** mit einem 3D-CAD-System modelliert der Konstrukteur am System den Entwurf mit den wichtigsten Abmessungen, sodass die Funktionen erfüllt werden, und schafft damit ein **Funktionsteil**. Durch die vollständige Konstruktion der Geometrie wird daraus ein **Fertigteil** im System generiert mit allen Maßen, Toleranzen, Oberflächen, Werkstoffen usw. Die Datei des Fertigteils wird an die Fertigung geschickt, die am gleichen System eine Werkzeugkonstruktion entwickelt, um das **Rohteil** durch Simulation zu erzeugen.

26 Rechnerunterstützung der Konstruktion

Dabei werden die Erfahrungen der Fertigung in Form von Radien, Schrägen, Wandstärken usw. eingearbeitet, sodass sich in der Regel Abweichungen der Kontur ergeben. Nach der Herstellung des Werkzeugs werden Prototypen gefertigt und vermessen. Wenn alle Anforderungen erfüllt sind, kann die Serienfertigung beginnen. Die Änderungen am Fertigteil werden als Datei an die Konstruktion zurückgeschickt, die die Änderungen erfasst und einarbeitet. Wenn der Informationsfluss erfolgt ist, muss das System dem Konstrukteur das Ändern des Fertigteils möglichst einfach ermöglichen. Hier zeigt sich die Leistungsfähigkeit des Systems, und es bewährt sich eine methodische Vorgehensweise, um die beschriebene Prozesskette sinnvoll abzuschließen. Bild 26.7 zeigt den Ablauf in vereinfachter Form.

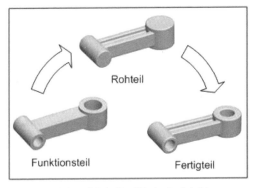

Bild 26.7: Funktionsteil, Rohteil und Fertigteil – Beispiel

Für die Verknüpfung von Funktionsteil, Rohteil und Fertigteil in parametrischen 3D-CAD-Systemen gibt es mehrere Möglichkeiten, wie z. B. Familientabellen, Verschmelzen, Kopiegeometrien, Vererben oder Flächenkopien. Durch die Verknüpfung werden Änderungen in allen drei Teilearten im System durch einmalige Eingabe möglich. Ohne Verknüpfung muss jedes Modell für sich bearbeitet werden.

Für das rechnerunterstützte Konstruieren wird definiert:

- Ein **Funktionsteil** ist die geometrische Darstellung der Bauteilstruktur mit allen Elementen und Informationen für die geforderten Funktionen.

- Ein **Rohteil** ist die geometrische Darstellung eines Bauteils mit Abmessungen, Bearbeitungszugaben und einer herstellungsgerechten Formgestaltung für ein bestimmtes Material, sodass daraus das Fertigteil hergestellt werden kann.

- Ein **Fertigteil** ist die geometrische Darstellung eines Bauteils mit allen Angaben und Merkmalen für den funktionsgerechten Einsatz und für die Fertigung.

Für die Umsetzung müssen Informationen und Daten aus Entwürfen von Baugruppen im System vorliegen und das Herstellverfahren, sowie der zu verwendende Werkstoff bekannt sein.

3D-CAD-Systeme mit Parametrik

Die 3D-CAD-Systeme mit Parametrik sind in unterschiedlichem Umfang am Markt vorhanden. Je nach der Ausführung als voll-, teil- oder nicht parametrisches System sind bestimmte Verknüpfungsmöglichkeiten gegeben:

- **Vollparametrische CAD-Systeme**: Die einzelnen Konstruktionselemente sind direkt voneinander abhängig und bilden untereinander Referenzen. Beim Modellieren sind von Anfang an Verknüpfungen zwischen Konstruktionselementen aufzubauen. Um ein neues Konstruktionselement in einem Bauteil zu platzieren, ist eine vorhandene Geometrie oder ein Bezug als Referenz zu wählen.

- **Teilparametrische CAD-Systeme**: Abhängigkeiten zwischen den Konstruktionselementen sind nicht zwingend erforderlich, sie können auf Wunsch jedoch hinzugefügt werden. Daraus ergibt sich ein schneller Konstruktionsfortschritt, der z. B. bei Entwürfen sinnvoll ist, um die geometrische Machbarkeit zu erkennen.

- **Nicht parametrische CAD-Systeme**: Zwischen den Konstruktionselementen bestehen keine Abhängigkeiten. Die einzelnen Konstruktionselemente werden zur gewünschten Geometrie modelliert, ohne dass zwischen diesen Referenzen definiert werden. Vorteile ergeben sich ebenfalls bei Entwürfen, da die Komponenten einfach zu manipulieren sind.

Der Einsatz richtet sich nach den Anforderungen, die vor dem Einsatz eines Systems zu erfassen sind. Allgemein gilt, dass parametrische Systeme vor allem bei nachträglichen Änderungen bzw. Verbesserungen den anderen überlegen sind.

Das Arbeiten mit 3D-CAD-Systemen gehört heute zu den Tätigkeiten der Konstrukteure, die diese als Werkzeug für durchgängige Produktentwicklungsprozesse nutzen. Die Umsetzung der Konstruktionsaufgaben erfolgt dann durch eine Integration der eigenen Konstruktionstechniken in die des CAD-Systems. Diese Vorgehensweise wird am System erarbeitet und durch Schulungen, Erfahrungen und Fachbücher über die Möglichkeiten des eingesetzten Systems unterstützt.

Quellen und weiterführende Literatur

[1] AWF (Hrsg.): Integrierter EDV-Einsatz in der Produktion. Eschborn: Ausschuss für wirtschaftliche Fertigung, 1985
[2] *Conrad, K.-J.:* Grundlagen der Konstruktionslehre. 2. Aufl., München Wien: Carl Hanser Verlag, 2003
[3] *Dressler, E.:* Computer-Graphik-Markt 2003/2004. Heidelberg: Dressler Verlag GmbH, 2003
[4] *Eversheim, W.; Schuh, G.* (Hrsg.): Betriebshütte – Produktion und Management. 7. Aufl., Berlin: Springer Verlag, 1996
[5] *Höhne, G.; Langbein, P.:* Konstruktionstechnik. In: Grundwissen des Ingenieurs. 13. Aufl., Leipzig: Fachbuchverlag, 2002
[6] *Köhler, P.:* Moderne Konstruktionsmethoden im Maschinenbau. Würzburg: Vogel Verlag, 2002
[7] *Schöttner, J.:* Produktdatenmanagement in der Fertigungsindustrie. München Wien: Carl Hanser Verlag, 1999
[8] *Spur, G.; Krause, F.-L.:* Das virtuelle Produkt. München Wien: Carl Hanser Verlag, 1997
[9] VDI-Richtlinie 2218: Informationsverarbeitung in der Produktentwicklung – Feature-Technologie. Berlin: Beuth Verlag, 2003
[10] VDI-Richtlinie 2249: Informationsverarbeitung in der Produktentwicklung – CAD-Benutzungsfunktionen. Berlin: Beuth Verlag, 2003

27 Finite-Elemente-Methode

Prof. Dr.-Ing. Wilhelm Rust

27.1 Computergestützte Berechnung in der Konstruktion

Eine Konstruktion muss Funktionalität, Herstellbarkeit und Festigkeit gewährleisten. Allen diesen Gesichtspunkten kann man sich mit der Computersimulation nähern, im Falle der Funktionalität z. B. mit so genannten Mehrkörpersystemen, bestehend vor allem aus Starrkörpern als Repräsentanten für Trägheitswirkungen sowie äußeren Abmessungen und Federn als Repräsentanten für Steifigkeiten, aber auch mit Finiten Elementen, von denen hier die Rede sein soll, im Falle der Herstellbarkeit vor allem mit Finiten Elementen, aber auch mit vereinfachten (z. B. Einschrittverfahren in der Blechumformung) oder anderen Methoden.

In diesem Beitrag liegt der Fokus auf den verschiedenen Festigkeiten, wobei noch zwischen Simulation und Berechnung unterschieden werden soll.

27.1.1 Berechnung und Simulation

> Unter Berechnung wird hier die rechnerische Erfassung eines Zustandes verstanden, z. B. Spannungen und Verformungen infolge einer vorgegeben Belastung.
>
> Die Berechnung einer Abfolge aufeinander aufbauender Zustände ist Simulation, die Abbildung eines Vorgangs, z. B. eines Umformprozesses.

Auch in der Festigkeitsberechnung kann eine Simulation notwendig sein, nämlich dann, wenn die Erreichung des Endzustandes weg- oder zeitabhängig ist. Ein Beispiel für Zeitabhängigkeit ist Kriechen, für Wegabhängigkeit Plastizität, weil dort Be- und Entlastung auf verschiedenen Pfaden verlaufen und somit zu einem Spannungszustand verschiedene Dehnungszustände gehören können.

27.1.2 Numerische Verfahren

Zur Lösung der ein technisches Problem beschreibenden Differenzialgleichungen werden verschiedene numerische Verfahren eingesetzt. Lösungen werden jeweils für bestimmte („diskrete") Punkte errechnet.

> Die Festlegung der Punkte heißt Diskretisierung, die darauf aufbauenden Methoden heißen Diskretisierungsverfahren.

Allen ist gemein, dass für ein reales System eine große Datenmenge bewältigt werden muss und sich vielfach wiederholende Rechenoperationen durchgeführt werden müssen. Dazu benötigt man leistungsfähige Rechner.

Die wichtigsten computergestützten Verfahren sind (M = Methode)

- **Finite Differenzen** (FDM)
  Hierbei werden im Grundsatz die Ableitungen in der Differenzialgleichung durch Differenzenquotienten ersetzt. Hauptanwendung dürfte die Strömungsmechanik sein.

- **Finite Volumina** (FVM)
  Im Mittelpunkt steht eine Bilanzgleichung für das jeweilige diskrete Volumen. Hauptanwendung in der Strömungsmechanik.

- **Rand- oder Boundary-Elemente** (BEM)
  Hier wird eine Lösung der Differenzialgleichung verwandt, die Randbedingungen werden jedoch nur angenähert. Deshalb erfolgt die Diskretisierung nur auf dem Rand. Die BEM allein beschränkt sich eher auf Nischenanwendungen, als Ergänzung zu anderen Verfahren ist sie sehr hilfreich, wenn einseitig unbeschränkte Gebiete berechnet werden sollen, z.B. bei Abstrahlvorgängen oder in der Bodenmechanik.

- **Finite Elemente** (FEM)
  Die Idee wird unten ausgeführt. Anwendungen erstrecken sich über alle Gebiete zumindest der klassischen Physik. Bei der Berechnung fester Körper ist die FEM absolut dominant.

27.1.3 Analytische oder FEM-Berechnung?

Für Standardfälle gibt es analytische Lösungen, die angewandt werden können (und sollen), wenn ein solcher Fall vorliegt oder die Situation zu so einem Fall idealisiert werden kann. Letzteres ist zulässig, wenn die Idealisierung auf der sicheren Seite liegt, „konservativ" ist. Das kann jedoch unwirtschaftlich sein. Die FEM kann Systeme beliebiger Geometrie – im Rahmen der implementierten Theorie – beliebig genau berechnen, erschließt also viel größere Anwendungsbereiche.

27.1.4 Versuch oder FEM-Berechnung?

Versuche

- erfordern Prototypen
- erfordern spezielle Versuchseinrichtungen mit Personal
- sind in den Randbedingungen beschränkt
- erfordern neue Proben auch dann, wenn lediglich andere Randbedingungen oder Belastungen untersucht werden sollen.

FEM-Berechnungen

- erfordern eine Geometriebeschreibung und Materialdaten
- erfordern geeignete Software und geschultes Personal
- erlauben vielseitigere Randbedingungen, sodass Ausschnitte richtiger untersucht werden können
- erlauben die Wiederverwendung der Diskretisierung bei veränderten Randbedingungen
- erlauben die Ermittlung von Werten, die der Messung nicht zugänglich sind.

Die Entscheidung ist letztlich eine wirtschaftliche Frage, deren Beantwortung stark von der jeweiligen Anwendung abhängt.

Die Simulation von Vorgängen und für Nachweise geeignete Berechnungen sind nur dann ohne Versuchsabgleich denkbar, wenn die Bedeutung aller Einflüsse bekannt ist. Ansonsten hilft die Berechnung, die Zahl der Versuche zu reduzieren.

Zur Verbesserung einer Konstruktion hilft oft aber auch eine Tendenzaussage. Hier ist die computergestützte Berechnung auch ohne Versuch unschlagbar, insbesondere wenn ohnehin CAD-Modelle erstellt werden.

27.2 Hintergründe der Finite-Elemente-Methode

Der sinnvolle Umgang mit der Methode der Finiten Elemente erfordert zumindest die Kenntnisse einiger Grundtatsachen, um die Einsatzmöglichkeiten richtig abzuschätzen.

27.2.1 Grundgedanke

Ein technisches Problem wird mathematisch oft durch eine Differenzialgleichung beschrieben. Diese lässt sich nur für sehr spezielle Geometrien und Randbedingungen lösen. Gesucht sind ja Funktionen, die den Verlauf bestimmter Größen, z. B. von Verschiebungen oder Spannungen im System, vollständig beschreiben, was im Allgemeinen nicht möglich ist, weil diese Verläufe zu kompliziert sind. Betrachtet man einen (endlich) kleinen Ausschnitt, so kann man die Differenzialgleichung vielleicht immer noch nicht erfüllen, aber die gesuchten Verläufe durch gewählte (!) einfache Funktionen, in der FEM typischerweise Polynome, annähern. Diese Ansätze enthalten noch freie Parameter, die so zu bestimmen sind, dass die Abweichung von der richtigen Lösung minimiert wird. Da man die aber nicht kennt, behilft man sich mit dem Prinzip der virtuellen Arbeiten oder – in der Statik – mit dem Prinzip vom Minimum der potenziellen Energie. Statt der Bestimmung einer Funktion als Lösung der Differenzialgleichung berechnet man die freien Parameter durch Lösen algebraischer Gleichungssysteme.

27.2.2 Begriffe

Die kleinen Abschnitte in dem zu berechnenden System heißen Elemente.

Sie sind im Gegensatz zur Infinitesimalrechnung endlich (= finit) klein.

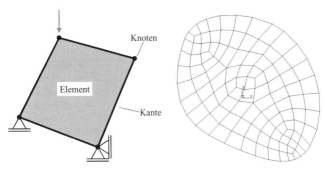

Bild 27.1: Finites Element und Diskretisierung (Vernetzung)

Die Elemente sind von einfacher Geometrie, die von der Lage weniger Punkte bestimmt wird. Trotzdem kann, weil die Elemente klein sind, ein beliebig geformtes System hinreichend genau abgebildet werden.

Die Ränder der Elemente heißen Kanten.

> Die die Geometrie bestimmenden Punkte heißen Knoten.

Sie liegen in den Ecken der Elemente, auf den Kanten oder auch im Innern der Elemente.

> Die Aufteilung eines Gebietes in Knoten und Elemente heißt Diskretisierung.

27.2.3 Ansatz

Obwohl vielfach die Spannungsverteilung in einem System gesucht ist, dominieren Elemente, bei denen ein Ansatz für die Verschiebungen gemacht wird.

> Die Ansatzparameter sind Verschiebungen der Knoten.

Bei den meisten Elementen sind die Ansätze über die Elementgrenzen hinaus nur stetig in den Verschiebungen.

Die Dehnungen werden daraus durch Differenzieren berechnet, die Spannungen anschließend über das Werkstoffgesetz.

> Die Dehnungen und Spannungen haben dadurch Sprünge an den Elementkanten.

Da diese Sprünge in Wirklichkeit nicht vorkommen, werden gewöhnlich die an den Knoten gemittelten Spannungswerte dargestellt.

27.2.4 Knotenkräfte, Steifigkeitsmatrix

Die Spannungen werden zu inneren Kräften an Knoten f_{int} aufintegriert. Darin sind jedoch die Knotenverschiebungen v noch unbekannt. Bei einer **linearen** Berechnung lässt sich der Zusammenhang durch die Matrizenoperation

$$f_{int}(v) = Kv$$

angeben.

> K heißt Steifigkeitsmatrix.

Äußere Lasten greifen nur an den Knoten an. Verteilte Belastungen werden in äußere Knotenkräfte f_{ext}, die im Sinne des bei der Elementformulierung verwendeten Arbeitsprinzips äquivalent sind, umgerechnet.

Da am Knoten Gleichgewicht herrschen muss, muss

$f_{int} = f_{ext}$ und damit

$Kv = f_{ext}$

gelten. Letzteres stellt ein lineares Gleichungssystem dar.

> Das Gleichungssystem ist eindeutig lösbar, wenn genügend Festhaltungen existieren, sodass Starrkörperbewegungen verhindert werden.

27.2.5 Ablauf einer FE-Berechnung

Am Anfang einer Berechnung nach der FEM steht die Erstellung des Netzes aus Elementen. Normalerweise geschieht das in einem Präprozessor, der auf einer Geometriebeschreibung aufsetzt. Die notwendigen Arbeitsschritte sind also:

- Erstellung oder Import der Geometrie
- Festlegung der Netzweite, global und lokal
- Vernetzung (Diskretisierung)
- Definition von Randbedingungen (Festhaltungen) und Lasten
- Berechnungsdurchführung
- Ergebnisauswertung, grafisch unterstützt

Bei der Durchführung der Berechnung muss das Programm folgende Schritte durchführen:

- Einlesen der Knotenkoordinaten und der Topologie (Zuordnung Knoten – Elemente)
- Aufbau der Elementsteifigkeitsmatrizen und der Elementlastvektoren
- Zusammenfügen zur Gesamtsteifigkeitsmatrix und zum Gesamtlastvektor
- Lösen des Gleichungssystems
- Berechnung von Reaktionskräften, Dehnungen und Spannungen

27.2.6 Elementtypen

Finite Elemente unterscheiden sich in ihrer mathematischen Formulierung nach der Dimension und der Beanspruchungsart, also

- Fachwerkstäbe, Balken und Stabwerke
- Scheiben, Platten und Schalen
- Volumina

sowie dem Ansatz, vor allem der Ansatzordnung (Ansatzgrad). Die Ansätze für Scheiben und Volumina sind meist linear oder quadratisch, selten kubisch. Höhere Ansätze werden nur in der p-Methode verwandt (s. 27.3). Balken, Platten und Schalen werden senkrecht zu ihren Ausdehnungsrichtungen, d. h. auf Biegung, beansprucht. Die Ansätze können je nach Theorie linear, quadratisch oder auch kubisch mit Stetigkeit in den ersten Ableitungen sein.

27.3 Genauigkeit und Aufwand

Mit Finiten Elementen lässt sich theoretisch eine beliebige Genauigkeit erreichen. Die exakte Lösung erhält man aber nur mit unendlich kleinen Elementen, d. h. mit unendlich großem Aufwand. Ziel muss also sein, eine für die Aufgabenstellung hinreichende Genauigkeit (s. u.) zu erzielen. Unter gewissen Voraussetzungen kann der Fehler in den Verschiebungen als

$$\|e_u\| = c h^{p+1}$$

angegeben werden, wobei

- e_u der Fehler in den Verschiebungen
- h die Kantenlänge der Elemente
- p die Polynomordnung des Ansatzes und
- c eine systemabhängige Konstante

ist. c lässt sich nur durch Beobachtung der Konvergenz bestimmen.

Die Genauigkeit einer FE-Berechnung lässt sich durch Verfeinerung des Netzes (h-Methode) oder durch Erhöhung des Ansatzgrades des Elementtyps (p-Methode) verbessern.

Für lokale Effekte müssen diese Maßnahmen nur örtlich begrenzt vorgenommen werden.

27 Finite-Elemente-Methode

Die Genauigkeit einer FE-Berechnung lässt sich nur durch Vergleich der Ergebnisse, die mit mindestens zwei unterschiedlich feinen Vernetzungen erzielt wurden, zuverlässig abschätzen.

Es sind mathematische Verfahren entwickelt worden, die Fehlerabschätzungen auf Grund einer Lösung („a posteriori") vornehmen, indem sie die Spannungssprünge an den Elementkanten sowie bei höheren Ansatzgraden auch die Verletzung der Differenzialgleichung durch den Elementansatz als Kriterien heranziehen. Solche Fehlerschätzer sind die Basis für die so genannte adaptive, d. h. an die Lösung angepasste Netzverfeinerung, die zu lokal unterschiedlich dichten Diskretisierungen führt. Für eine genaue Lösung werden hier automatisch mehrere Vernetzungen und Berechnungen durchgeführt. Wegen der Verkleinerung der Kantenlänge h heißt die Methode h-Adaptivität im Gegensatz zur p-Adaptivität, der angepassten Erhöhung der Ansatzordnung p, die bei einem solchen Verfahren auch 8 oder 10 erreichen kann.

Spannungen sind abgeleitete Größen und konvergieren daher eine Ordnung schlechter.

Aus den unter 27.2.3 erwähnten Spannungssprüngen lassen sich Fehler in den Spannungen näherungsweise abschätzen.

Der Rechenaufwand wird im Wesentlichen von zwei Vorgängen bestimmt, nämlich dem Aufbau der Elementsteifigkeitsmatrizen, der sich etwa proportional zur Elementanzahl verhält, sowie der Gleichungslösung. Bei einem direkten Löser, der nach dem Gauß-Algorithmus arbeitet, aber berücksichtigt, dass ein großer Teil der Systemmatrix planmäßig nur Nullen aufweist (schwache Besetzung, englisch „sparse"), wächst der Aufwand im Zweidimensionalen etwa mit dem Quadrat der Unbekannten, im Dreidimensionalen noch etwas stärker. Eine Alternative sind iterative Löser, z. B. vorkonditionierte konjugierte Gradienten (PCG) oder Mehrgitterverfahren (MG, AMG). Hier wächst der Aufwand deutlich langsamer, sodass sie für größere Systeme vorteilhaft werden.

27.4 Anwendungsgebiete und Berechnungsziele

Wichtige Anwendungsgebiete der Methode der Finiten Elemente in der Konstruktion sind

- Berechnung von Temperaturverteilungen
- Berechnung von Spannungen, allgemeiner von Beanspruchungen

- Berechnung von Verformungen
- Berechnung von Eigenfrequenzen und Systemantworten auf dynamische Anregungen
- Berechnung von Versagensmechanismen und von aufnehmbaren Lasten (Widerständen)
- Simulation von Formungsvorgängen.

Berechnungsziele können sein:

- Auslegung
- Untersuchung von Schadenfällen
- Konstruktive Verbesserungen
- Nachweise
- Untersuchung der Maßhaltigkeit

Auslegungs- und Nachweisberechnungen können z. B. folgende Gesichtspunkte umfassen:

- statische Festigkeit
- Dauer- bzw. Betriebsfestigkeit
- Zeitstandsfestigkeit
- zeitabhängige Verformungen oder verbleibende Vorspannungen

Vorbereitung und Durchführung einer FE-Berechnung hängen stark von der Einordnung in diese Kategorien ab.

27.5 Lineare und nichtlineare Berechnungen

Bei einer vollständig linearen Berechnung ergibt eine einmalige Gleichungslösung eine eindeutige Lösung, was sehr vorteilhaft ist.

Nichtlinearitäten können sein:

- Geometrische Nichtlinearitäten
  - Gleichgewicht am verformten System (für Stabilität)
  - große Verformungen (Dehnungen oder Verdrehungen), schließt obigen Effekt mit ein
- Materialnichtlinearitäten, z. B.
  - Plastizität
  - Kriechen und anderes zeitabhängiges Verhalten
  - Hyperelastizität (für gummiartige Materialien)

27 Finite-Elemente-Methode

- Kontakt
  Das umfasst alle Situationen, in denen die Größe einer Auflagerfläche oder Berührfläche zweier Körper nicht im Vorhinein bekannt ist, sondern von den berechneten Verformungen abhängt.

Es entstehen nichtlineare Gleichungen, die normalerweise nicht direkt, sondern nur iterativ gelöst werden können. Am häufigsten geschieht das mit dem Newton-Raphson-Verfahren, das aus der Nullstellenbestimmung bekannt ist. Da n Gleichungen vorliegen, ist auch die darin vorkommende Tangente nicht eine Gerade, sondern n-dimensional. Die nichtlinearen Gleichungen sind erst gelöst, wenn Konvergenz vorliegt.

> In jedem Iterationsschritt muss ein lineares Gleichungssystem gelöst werden, dessen Systemmatrix, die Tangentenmatrix, die Struktur der Steifigkeitsmatrix aufweist. Der Rechenaufwand multipliziert sich gegenüber der linearen Berechnung mit der Gesamtzahl der Iterationsschritte.

Manchmal werden so genannte Quasi-Newton-Verfahren, z.B. BFGS, eingesetzt, bei denen die Inverse der Tangentenmatrix iterativ angenähert wird.

Die Konvergenz der Iterationsverfahren ist nicht immer gesichert. Deshalb müssen die Lasten in Schritten aufgebracht werden, damit die Entfernung des Startvektors zur Lösung nicht zu groß wird.

Die Lastinkrementierung ist außerdem nötig, um die Verläufe der gesuchten Größen zu berechnen und bei pfadabhängigen Problemen überhaupt die zutreffende Lösung zu erreichen.

27.6 Modellbildung, Idealisierung

Vor Durchführung einer numerischen Berechnung müssen neben dem Berechnungsziel folgende Punkte geklärt sein:

- Wie groß muss der Ausschnitt aus dem Gesamtsystem gewählt werden?
  Lokale Einflüsse klingen ab, folglich genügt für z.B. lokale Spannungsspitzen die Abbildung der näheren Umgebung sowie in der Statik die vereinfachte Berücksichtigung der Anschlusssteifigkeiten. In der Dynamik müssen auch die Trägheiten der Restbereiche abgebildet werden. Es können z.B. Feder- und Masseelemente ausreichend sein; alternativ kann eine sehr grobe Vernetzung gewählt werden.

- Wie ist die Geometrie beschrieben?
  Möglichkeiten reichen von Zeichnungen bis zu fremden CAD-Modellen, s. Erörterung unter 27.7 (CAD-FEM-Kopplung)
- Wie wird mit kleinen Radien umgegangen?
  Zur Bestimmung von Kerbspannungen sind sie erforderlich, kommt es an dieser Stelle nur auf die Steifigkeit an, genügt ein Knick. Das spart Elemente und Rechenzeit. Es kann aber Arbeitszeit zum Vereinfachen des Geometriemodells hinzukommen.
- Welche Theorie ist anzuwenden?
  Wegen des Aufwandes interessiert besonders, ob nichtlinear gerechnet werden muss. Ein *Beispiel*:
  – Für die Absicherung gegen den Eintritt von Plastifizieren genügt ein lineares Materialgesetz und die Gegenüberstellung der Spannungen und der Fließgrenze.
  – Bauen sich lokale Spannungen durch Plastifizieren ab, kann eine Vorschrift ein Überschreiten der Fließgrenze bei elastischer Berechnung zulassen → Problem bleibt linear.
  – Sollen Tragreserven nach Eintritt des Fließens berechnet werden, muss das nichtlineare Materialverhalten abgebildet werden.
- Sind Vorschriften einzuhalten?
  Diese bestimmen häufig die Annahmen und damit das Modell.
- Temperaturabhängigkeit?

  Folgende Fälle sind denkbar:

  – Die Temperatur(verteilung) ist bekannt → Temperatur ist nur Belastung für die mechanische Berechnung.
  – Die Temperaturverteilung kann im Vorhinein berechnet werden → sequenzielle Berechnung.
  – Die Temperaturverteilung hängt von der Verformungsberechnung ab → gekoppelte Berechnung
- Deckt das zu benutzende Programm die anzuwendende Theorie ab?
  Wenn nicht, kann es u. U. trotzdem angewendet werden, man muss jedoch den Fehler abschätzen. *Beispiele*:
  – Gesetze für klassische „Von Mises"-Plastizität unterscheiden nicht zwischen Zug und Druck und gehen von der Volumenkonstanz der plastischen Dehnungen aus. Beides gilt schon nicht für Guss, erst recht nicht für granulare Materialien. Trotzdem kann mit einen solchen Werkstoffmodell oft eine sinnvolle Lösung erzielt werden, jedoch nicht, wenn der Zug-Druck-Unterschied besonders wichtig ist oder eine allseitige Dehnungsbehinderung auftritt (etwa: aufliegende ↔ eingelassene Dichtung).
  – Man wird kein Gesetz finden, dass das Verhalten von Kunststoffen vollständig abdeckt. Trotzdem kann man mit klassischer

Plastizität oder nur mit Kriechen rechnen, wenn einer dieser Effekte bei der betrachteten Anwendung dominant ist.

- Liegen genügend Daten vor bzw. wie genau sind die Daten? Dies bestimmt die Auswahl der Berechnungsoptionen und die Genauigkeit mit: Eine Spannungsberechnung auf 1% Genauigkeit ist sinnlos, wenn die Materialdaten oder die Lastannahmen um 20% streuen; eine viskoplastische Berechnung ist sinnlos, wenn nicht Messwerte bei mehreren relevanten Geschwindigkeit vorliegen.

- Zu welchem Zweck, für welches Verfahren sollen die Ergebnisse ausgewertet werden?
  Beispiel:
  In der Betriebsfestigkeit kennt man u.a. das Nennspannungs- und das örtliche Konzept. Nennspannungen können aus einer FE-Berechnung i.d.R. nur nachträglich berechnet werden, das Netz muss aber nur so fein sein, dass die Verformungen genau genug werden; örtliche Spannungen fallen direkt als Ergebnisse an, sie sind aber nur genau, wenn das Netz zumindest lokal fein ist.

- Was ist über die Lasten und Randbedingungen bekannt?
  – Dies bestimmt u.a. die zu erwartende Genauigkeit.
  – Unzutreffende Festhaltungen (z.B. punktförmig statt verteilt, zu viel Querdehnungsbehinderung) können zu lokalen Spannungsüberschreitungen führen und besonders nichtlineare Berechnungen stören.
  – Weiteres Beispiel: Muss eine Rotation abgebildet werden, oder genügt deren Wirkung durch Vorgabe einer Winkelgeschwindigkeit als Belastung?

Erst nach Beantwortung dieser und ähnlicher Fragen sollte die Erstellung des FE-Netzes erfolgen.

27.7 CAD-FEM-Kopplung

Vielfach werden bereits vor der Berechnung CAD-Modelle erstellt. Diese können einem Präprozessor auf verschiedene Arten verfügbar gemacht werden:

- über eine Standardschnittstelle wie IGES, STEP oder VDAFS
  Trotz des Standards kommt es immer wieder zu Übertragungsfehlern, deren Korrektur aufwändig sein kann. Ebenfalls ist die Geometrievereinfachung schwierig.

- über eine direkte Schnittstelle zwischen CAD- und FE-Programm
  Die Übertragungsqualität ist hier deutlich größer; die Vereinfachung kann trotzdem schwierig sein.

- über eine direkte Interpretation der CAD-Beschreibung eines bestimmten Programms (oder CAD-Standards) durch den Präprozessor

  Diese Methode verspricht höchste Qualität, die Nachbearbeitung hängt jedoch stark von den Fähigkeiten des Präprozessors in Bezug auf das spezifische CAD-Programm ab.

- durch Aufruf eines in das CAD-Programm integrierten Vernetzers und FE-Berechnungsteils

  Das ist die schnellste Methode, jedoch sind sowohl die Vernetzungs- als auch die Berechnungsfähigkeiten meist stark eingeschränkt.

Einige CAD-Programme verlangen, dass bei der Übersetzung oder direkten Interpretation der CAD-Datei eine CAD-Lizenz verfügbar ist.

CAD-Modelle, speziell solche, die ausschließlich zur Zeichnungserstellung verwendet werden, sind im Sinne der FEM häufig überdetailliert und fehlerbehaftet, z. B.:

- nicht geschlossene Linienzüge und Volumina
- Überlappungen, wo in Wirklichkeit Stöße oder gemeinsame Linien bzw. Flächen sein müssten
- nicht zusammenhängende Abschnitte desselben Bauteils
- Trennlinien und kleine Radien, die für die Berechnung unbedeutend sind, aber die Vernetzung belasten
- Beschriftungen und Schraffuren auf der falschen Ebene

Ist aus einem dieser Gründe eine Nachbearbeitung erforderlich, ist die Nachbearbeitung im CAD-System meist erfolgreicher.

Gegen fehlende Zusammenhänge und Überdetaillierung bieten die Präprozessoren oft auch logische Verknüpfungen an, sodass das Netz nicht zu oft unterbrochen wird, die Knoten jedoch auf der exakten Geometrie liegen.

Getrennte Teile der Geometrie können auch auf der Finite-Elemente-Ebene durch Klebekontakt verknüpft werden. Zum Teil können solche Zonen automatisch erkannt werden. Überlappungen und Spalte werden auf der FE-Seite durch Toleranzangaben beseitigt.

27.8 Interpretation der Ergebnisse

Bei nichtlinearen Berechnungen muss zunächst Folgendes geprüft werden:

- Liegt Konvergenz vor?
- Wenn keine Konvergenz vorliegt, gibt es dafür eine physikalische Begründung (z. B. Stabilitätsproblem, Erreichen der Traglast)?

27 Finite-Elemente-Methode

- Ist der Verlauf charakteristischer Größen über der Last oder Zeit plausibel?

Es ist zu beachten, dass das Superpositionsgesetz (Behandlung von Lastkombinationen durch Kombination der Ergebnisse von Teillasten) nicht gilt. Jedoch kann die Lastfallüberlagerung benutzt werden, um die Veränderung der Lösung von einem Lastinkrement zum anderen herauszuarbeiten.

Bei allen Berechnungen ist zunächst zu prüfen, ob die **Ergebnisse plausibel** sind. Wenn nicht, liegt das wahrscheinlich am Benutzer! Die häufigsten Fehlerquellen sind:

- Einheitenfehler
  FE-Programme sind normalerweise einheitenkohärent.
  - In der Statik sind Kraft und Länge zu wählen und dann in allen abgeleiteten Einheiten zu verwenden. Spannungen haben die Einheit des E-Moduls.
  - In der Dynamik, aber auch, wenn Eigengewicht über eine Erdbeschleunigung aufgebracht werden soll, sind von den Grundeinheiten Länge, Masse, Zeit und Kraft nur drei unabhängig zu wählen, die vierte ist abhängig (vgl. Tabelle 27.1)

Tabelle 27.1: Beispiele für konsistente Einheitensysteme

Kraft	N	N	N	kN
Länge	m	mm	mm	mm
Masse	kg	t	g	kg
Zeit	s	s	ms	ms
Spannung	$N/m^2 = Pa$	$N/mm^2 = MPa$	$N/mm^2 = MPa$	$kN/mm^2 = GPa$
E-Modul von Stahl	$2,1 \cdot 10^{11}$	$2,1 \cdot 10^5$	$2,1 \cdot 10^5$	210
Geschwindigkeit	m/s	mm/s	mm/ms = m/s	mm/ms = m/s
Beschleunigung	m/s^2	mm/s^2	mm/ms^2	mm/ms^2
Erdbeschleunigung	9,81	9810	$9,81 \cdot 10^{-3}$	$9,81 \cdot 10^{-3}$
Dichte	kg/m^3	t/mm^3	g/mm^3	kg/mm^3
Dichte von Wasser	1000	$1 \cdot 10^{-9}$	$1 \cdot 10^{-3}$	$1 \cdot 10^{-6}$
Energie	J	mJ	mJ	J
Leistung	W	mW	W	kW

In der CAD-Integration können unterschiedliche Einheiten vorgeschrieben sein.

- falsche bzw. ungeeignete Randbedingungen (s. 27.6)
- falsche Zuordnung von Materialdaten

Die **Genauigkeit der Ergebnisse** ist abzuschätzen (s. 27.3).

Erst dann sollten die Resultate weiterverarbeitet und für technische Entscheidungen und Nachweise benutzt werden.

Weiterverarbeitung kann z. B. bedeuten:

- Ermittlung von speziellen Kenngrößen
- Ermittlung von Spannungsspielen
- Berechnung gemittelter oder gewichteter Größen

27.9 Varianten- und Parameterstudien, Optimierung

Als Aufgabenklassen der mathematischen Optimierung in der Konstruktion erscheinen u. a.:

- Topologieoptimierung

  Es wird ermittelt, wo in einem Bauraum Material am nötigsten bzw. am entbehrlichsten ist.

- Dickenoptimierung bei Schalen (dünnwandigen Bauteilen)
- Gestaltoptimierung

Während die ersten beiden Verfahren auf der Basis der Vernetzung arbeiten, erfordert die Gestaltoptimierung ein parametrisierbares Geometriemodell. Damit muss es dem Optimierer möglich sein,

- Präprozessor mit Geometrieerstellung/-bearbeitung und Vernetzung
- FE-Berechnungsteil
- Postprozessor zur Ergebnisauswertung

anzusprechen.

Bei engerer CAD-Integration können manche Programme auch das CAD-Programm oder -Modell direkt einbeziehen und dessen Parameter verändern.

Der Benutzer muss mindestens festlegen:

- Designvariablen (d. h. die zu verändernden Parameter)
- Zielfunktion, die zu minimieren (z. B. Gewicht) oder zu maximieren (z. B. Eigenfrequenz) ist
- i. d. R. Nebenbedingungen, z. B. maximale Spannung

Vor dem Start eines Optimierungsverfahrens muss geprüft werden, ob die gewählten Designvariablen tatsächlich wesentliche Einflüsse darstellen und ob zwischen deren oberer und unterer Schranke überhaupt ein Extremum zu erwarten ist.

27.10 Qualitätssicherung

Qualitätssicherung ist auch und gerade in der FE-Berechnung erforderlich. Das Prinzip bei der Dokumentation lautet, dass der Stellvertreter sich anhand der Unterlagen zurechtfinden können muss.

Es muss mindestens festgehalten werden:

- Berechnungsziel (s. 27.4)
- Quelle und Stand der Geometriebeschreibung
- Idealisierungen (s. 27.6)
- Lasten (mit Quelle) und Randbedingungen
- Berechnungsoptionen
- im nichtlinearen Verlauf des Lösungsvorgangs
- Ergebnisprüfungen (z. B. Gleichgewicht, Plausibilität, Kontinuität der Spannungsverläufe, ggf. Vergleich mit analytischen Lösungen)
- Ergebnisse, abgeleitete Werte und Schlussfolgerungen

Außerdem sollte eine zweite Person Prüfungen durchführen, und zwar:

- nach der Erstellung des Finite-Elemente-Modells
- nach Erzielung von Ergebnissen
- nach Erstellung eines etwaigen Berichtsentwurfes

27.11 Auswahl geeigneter Software

Die wichtigsten Fragen bei Auswahl einer FE-Berechnungssoftware sind:

- Deckt das Programm alle ins Auge gefassten Berechnungsmöglichkeiten ab, ist es später auf andere Anwendungsbereiche erweiterbar?
- Wie ist die Anbindung an das im Hause bevorzugte CAD-System?
- Liegt ein Komplett- oder integriertes System mit Durchgängigkeit von der Modellerstellung bis zur Ergebnisauswertung vor?
- Gibt es eine eingängige Benutzerführung?
- Gibt es zusätzlich die Möglichkeit der Steuerung durch Texteingabe für geübte Benutzer?
- Gibt es eine Protokolldatei, mit der im Falle eines Programmabsturzes das Arbeitsergebnis reproduziert werden kann?
- Gibt es genügend Eingriffsmöglichkeiten in zentrale Prozesse, für die es andererseits auch Voreinstellungen gibt?

- Gibt es Hilfsmittel zur Beurteilung der Genauigkeit?
- Kann innerhalb des Programms eine Weiterverarbeitung von Ergebnissen z. B. zu speziellen Kenngrößen erfolgen?
- Enthält das Programm Optimierungswerkzeuge?
- Ist eine Anbindung an externe Programme (von der Optimierung bis zur Nachbearbeitung von Ergebnissen) möglich?

Ferner sollte überlegt werden, welches Personal das Programm bedienen soll. Es gibt Produkte, die dem Konstrukteur schnelle begeleitende Berechnungen, i. W. zur Beurteilung von konstruktiven Veränderungen, ermöglichen. Nachweisberechnungen gehören in die Hand von tiefer gehend ausgebildeten Fachleuten, die man, wenn man sie nicht in der Firma hat, auch bei externen Dienstleistern findet.

Quellen und weiterführende Literatur

Bathe, K.-J.: Finite-Elemente-Methoden. Berlin Heidelberg: Springer, 2002

Link, M.: Finite Elemente in der Statik und Dynamik. Stuttgart: B. G. Teubner, 2002

Müller, G.; Groth, C.: FEM für Praktiker. Renningen: expert-Verlag, Bd. 1: Grundlagen, 2002; Bd. 2: Strukturdynamik (mit *U. Stelzmann*), 2002; Bd. 3: Temperaturfelder, 2004

Rieg, F.; Hackenschmidt, R.: Finite Elemente Analyse für Ingenieure. 2. Aufl., München Wien: Carl Hanser Verlag, 2003

Wriggers, P.: Nichtlineare Finite-Elemente-Methoden. Berlin: Springer, 2001

28 Rechnerunterstützung der Produktion

Prof. Dr.-Ing. habil. Gerd Witt
Dipl.-Ing. Andreas Sauer

28.1 Rapid Prototyping – RP

Die generativen Verfahren bilden heute die Hauptgruppe der so genannten Rapid-Prototyping-Technologie (RP), welche die schichtweise Fertigung von **Modellen** und Bauteilen in vergleichsweise kurzer Zeit zu verringerten Kosten ermöglicht. Die unterschiedlichen Einsatzbereiche von Modellen zeigt Bild 28.1. Darüber hinaus sind einige Verfahren zur schnellen Herstellung von Vor- und Kleinserienwerkzeugen (**Rapid Tooling** – RT) geeignet.

Zählte man ursprünglich nur die in den letzten 15 Jahren neu entstandenen Verfahren dazu, lassen sich mittlerweile auch konventionelle Verfahren wie das Hochgeschwindigkeitsfräsen durch beschleunigte Prozesse zu dieser Gruppe hinzuzählen.

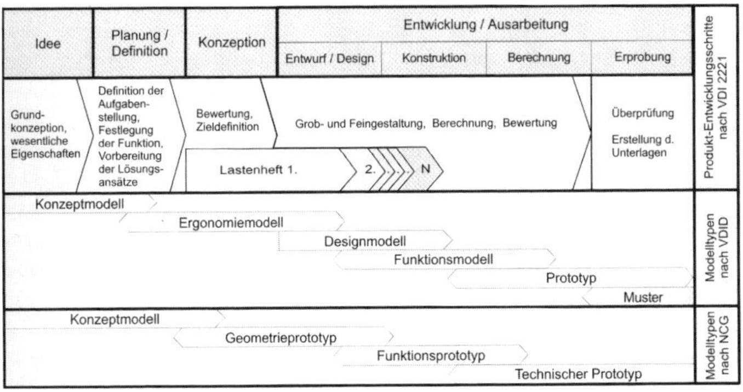

Bild 28.1: Modelle in der Produktentwicklung nach VDI

Die **generativen Fertigungsverfahren** unterscheiden sich von den konventionellen spanenden Verfahren in der Weise, dass sie ein Werkstück durch das schichtweise Aneinanderfügen von Werkstoff aufbauen, also generieren. Als Ausgangsmaterial sind heute Kunststoff-, Stärke- und Metallpulver, flüssige Harze, kunststoffbeschichtete Folien und Kunststoffdraht im Einsatz.

Bei den meisten unten vorgestellten Verfahren dient ein Werkzeug zur Schaffung des Werkstoffzusammenhalts, zur Konturierung oder zur Formgebung in einer Schicht. Anschließend erfolgt die Absenkung der Bauplattform um den Betrag der Schichtdicke, ein **Beschichtungssystem** trägt neuen Werkstoff auf, und die nächste Schicht wird gefertigt (Bild 28.2). Die mechanischen Eigenschaften sind in der Regel richtungsabhängig, da die Schichtverbindung häufig durch Hilfsstoffe wie z. B. Klebstoff erfolgt oder aus prozesstechnischen Gründen (Abkühlung) keine ausreichende Verbindung möglich ist. Die höchsten **Festigkeiten** werden daher im Allgemeinen in x-y-Richtung innerhalb einer Schicht erreicht.

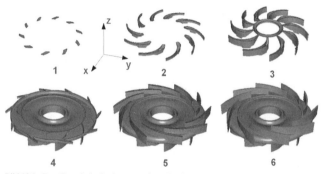

Bild 28.2: Das Grundprinzip der generativen Fertigung

Die Vorbereitung eines Prozesses beschränkt sich hauptsächlich auf die Transformation der CAD-Daten in ein maschinenübliches Format, d. h., der Programmieraufwand ist als gering einzustufen. Gegebenenfalls ist noch eine **Stützengenerierung** oder eine bestimmte Ausrichtung im Bauraum vorzunehmen. Eine schichtweise Fertigung erfordert keine Formen und stellt keine werkstückspezifischen Anforderungen an den Prozess. Da in einer aktuell zu fertigenden Schicht die Gesamtgeometrie keine Rolle spielt, ist die Fertigung komplexer Teile mit **Hinterschneidungen** auf einfache Weise möglich. Die Komplexität ist beinahe sogar eine Voraussetzung für die Wirtschaftlichkeit eines generativen Verfahrens, da einfache Körper, wie z. B. eine Welle, günstiger durch konventionelles Spanen hergestellt werden können.

Die **Prozessdauer** hängt vornehmlich von der Bauhöhe (meist die z-Richtung) ab, da diese die Anzahl der aufzubringenden Schichten und somit den zeitlichen Aufwand für den Werkstoffauftrag bestimmt. Die Ausbreitung des Bauteiles in x- und y-Richtung kann je nach Werkzeuggeschwindigkeit die Bauzeit ebenfalls erheblich beeinflussen.

Neben den fertigungstechnischen Möglichkeiten, die sich durch die generative Fertigung bieten, hat sie einen direkten Einfluss auf die Dauer und die **Wirtschaftlichkeit** der Produktentwicklung. Einerseits beschleunigen die Verfahren den Modellbau an sich, was sich in einer Verkürzung der Produktentwicklung niederschlägt und den Faktor „time to market", d. h. die Zeit von der Produktidee bis zur Serienreife, verkürzt, andererseits sind die Verfahren bei kleinen Stückzahlen, insbesondere bei der Losgröße „1", meist preisgünstiger als die herkömmlichen Methoden.

Durch die Fertigung von vereinfachten Modellen ist es möglich, in einer frühen Phase der Entwicklung Fehler aufzudecken, eine gemeinsame Kommunikationsbasis zu schaffen oder ein Produkt vor seiner Serienfertigung dem Kunden zu präsentieren. Hier kann es zwischen Modell und Endprodukt zunächst noch Differenzen in Hinblick auf Stabilität, Detailtreue und Funktion geben, jedoch erlauben einige Verfahren auch die Fertigung von serienähnlichen **Funktionsmodellen** für vorzeitige Montagetests, Funktionsüberprüfungen oder einen Variantenvergleich. Betrachtet man die Änderungskosten in verschiedenen Stufen der Produktentwicklung (Bild 28.3), ergibt sich durch die geschilderten Möglichkeiten ein hohes wirtschaftliches Einsparpotenzial.

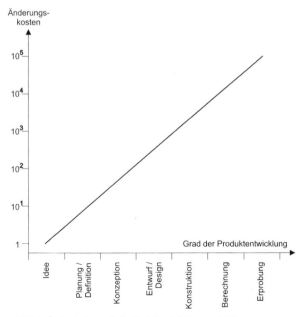

Bild 28.3: Änderungskosten in der Produktentwicklung nach [1]

28.2 Gestaltung und Fertigung

Voraussetzung für die Erstellung der einzelnen Schichten (Layer) ist ein dreidimensionales **Volumenmodell**, welches mittels moderner CAD-Tools im Rechner entsteht. Ein Volumenmodell beinhaltet eine genaue Definition eines jeden Punktes, der zum Werkstück gehört, beispielsweise durch Beschreibung seiner Oberfläche oder seine Repräsentation durch geometrische Grundkörper. Die größte Verbreitung hat aus historischen Gründen das **STL-Format** gefunden, welches die Oberfläche eines Bauteils durch Dreiecke beschreibt (Bild 28.4). Die ersten Stereolithographieanlagen nutzten bereits Ende der 80er-Jahre dieses Format. Die ursprüngliche Bedeutung ist daher „STereolithography Language", jedoch hat sich mittlerweile der allgemeiner gefasste Begriff „Standard **Triangulation** Language" verbreitet.

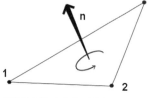

Bild 28.4: Leitrad im STL-Format   Bild 28.5: Dreiecke im STL-Format

Die Eckpunkte der Dreiecke sind dabei in mathematisch positiver Richtung entgegen dem Uhrzeigersinn bezeichnet, wodurch die Außenseite festgelegt ist. Zusätzlich zeigt der **Normalenvektor** in Richtung der äußeren Oberfläche (Rechte-Hand-Regel) (Bild 28.5).

Nur wenn beide Eigenschaften zutreffen, ist das Dreieck fehlerfrei beschrieben. Alle Eckpunkte und der Normalenvektor sind jeweils durch drei Koordinaten beschrieben, sodass sich pro Dreieck zwölf Daten ergeben. Zusätzlich muss gewährleistet sein, dass zwei Eckpunkte eines Dreiecks mit zwei Eckpunkten eines weiteren Dreiecks identisch sind (Bild 28.6).

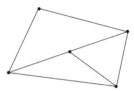

Bild 28.6: Fehlerhafte (links) und fehlerfreie (rechts) Dreiecke

28 Rechnerunterstützung der Produktion

Sämtliche Koordinaten müssen positiv und nicht null sein. Sie enthalten keine Information über ihren Maßstab, sondern geben nur ihre gegenseitigen Größenverhältnisse wider. Zur Vereinfachung der Schichtberechnung für das Rapid-Prototyping sollten die Dreiecke nach ihrer z-Koordinate aufsteigend sortiert werden. Die modernen Anlagensteuerungen erledigen dies jedoch auch auf Wunsch automatisch. Es existieren zwei verschiedene STL-Formate, das ASCII-Format und das binäre Format.

Das ASCII-Format hat die in Bild 28.7 dargestellte Form und erzeugt große Datenfiles im Vergleich zum **Binär-Format**.

```
solid name
    facet normal n_i n_j n_k
        outer loop
            vertex v1_x v1_y v1_z
            vertex v2_x v2_y v2_z
            vertex v3_x v3_y v3_z
        endloop
    endfacet
endsolid name
```

Bild 28.7: STL-Daten im ASCII-Format [2]

Die kursiven Variablen $n_i \ldots n_k$ beschreiben den Normalenvektor, der aus positiven oder negativen Fließkommazahlen bestehen darf, die Werte für die Vektoren $v1_x \ldots v3_z$ müssen positive Fließkommazahlen sein. Die Generierung eines STL-Datensatzes aus der CAD-Konstruktion ist mit den meisten modernen Volumenmodellierern möglich. Beim Export sind zwei Parameter anzugeben. Zum einen die minimale **Sehnenhöhe**, mittels derer ein Kurvenzug dargestellt werden soll, zum anderen der Winkel, der maximal zwischen der Soll- und der Dreieckskontur liegen darf (Bild 28.8).

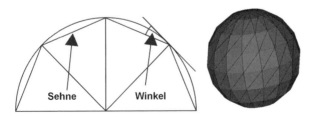

Bild 28.8: Sehnenhöhe im STL-Format und Kugeloberfläche mit Dreiecken

Aus der Annäherung von Kurvenzügen ergibt sich einerseits die Forderung nach möglichst kleinen Dreiecken mit kurzen Sehnen. Gleichzeitig steigt damit aber die Größe des Datensatzes und die damit verbundene

Forderung an die Leistungsfähigkeit der Steuerungsrechner bei der Schichtberechnung (Slicen). Demgegenüber steht die Auflösung der verschiedenen RP-Verfahren, die durch die wirtschaftlich und technisch bedingte Schichtdicke begrenzt ist. Es macht daher Sinn, die Feinheit eines STL-Datensatzes auf die Qualität des ausgewählten Fertigungsverfahrens abzustimmen.

Die generativen Verfahren ermöglichen die Fertigung von Geometrien, welche mit konventionellen spanenden Verfahren nur eingeschränkt zu realisieren sind. So sind nahezu beliebige Hinterschneidungen und komplexe Geometrien möglich, der Prozess ist hauptsächlich durch den verfügbaren Bauraum, die **Anisotropie** und die Materialeigenschaften beschränkt. Es sind in gewissen Grenzen „montierte" Baugruppen herstellbar, und Freiformflächen sind exakt wie in der CAD-Konstruktion darstellbar. Zur optimalen Umsetzung der Möglichkeiten ist es notwendig, bestimmte Anforderungen an die Datensätze und die Prozessführung zu beachten. Dazu zählt beispielsweise die Generierung und Entfernung von Stützen, die Anordnung und Orientierung im Bauraum sowie die Möglichkeit, überschüssigen Werkstoff aus Hohlräumen und Hinterschneidungen zu entfernen. In der unten stehenden Tabelle 28.1 sind die aus fertigungstechnischer Sicht interessanten Eigenschaften der generativen und die spanenden Verfahren gegenübergestellt. Es ergeben sich hieraus **Gestaltungsvorgaben** für RP-Teile, die i. Allg. nicht in der CAD-Konstruktion enthalten sind, da sie nur der Modellerstellung dienen bzw. eine gewisse Erfahrung des Anlagenbedieners erfordern. Somit

Tabelle 28.1: Vergleich der generativen und spanenden Verfahren

Eigenschaft	generativ	spanend
Festigkeit	x-y-Richtung maximal, z-Richtung gering	richtungsunabhängig
Stützgeometrien/ Einspannung	mechanisch trennen, wasserlöslich/ kein Einspannen	keine Stützen/dünne Wände und Umspannen problematisch
Hinterschneidungen	Abfallentfernung	eingeschränkt
Hohlräume	Abfallentfernung	nicht möglich
Kühlkanäle	beliebig (Metall)	nur linear
Montierte Baugruppen	Spaltgröße Welle-Nabe durch Offset	nicht möglich
Große Bauteile	mehrteilige Fertigung mit Fügekanten	unproblematisch
Serieneigenschaften	gering bis sehr nahe	sehr nahe
Oberfläche	z-Stufung	sehr gut
Verzug	thermische Verfahren	gering

28.3 Werkzeuge

28.3.1 Stereolithographie – SL

Die Stereolithographie (SL) war der Auslöser sämtlicher Entwicklungen auf dem Gebiet der generativen Fertigung, da sich mit ihr erstmals die schichtweise Fertigung umsetzen ließ. Bei dem eingesetzten Baumaterial handelt es sich um ein flüssiges **Harz**, das durch Bestrahlung mit UV-Licht aushärtet.

Zu Beginn des Prozesses ist der Bauraum mit dem benötigten Werkstoff gefüllt. Bei den Anlagen, in denen ein Laser die Belichtung der Geometrien übernimmt, befindet sich die Bauplattform zu Beginn etwa eine Schichtdicke unterhalb des Flüssigkeitsspiegels. Der Laser schreibt die aktuelle Schichtstruktur in das Harz, und die Plattform senkt sich um eine weitere Schichtdicke ab. Eine Wischvorrichtung sorgt für die Glättung des nachfließenden Harzes, und die nächste Schicht wird generiert (Bild 28.9). Da überhängende Strukturen zum Absinken im Harzbad neigen, sind auf jedes Teil abgestimmte Stützen mitzubauen.

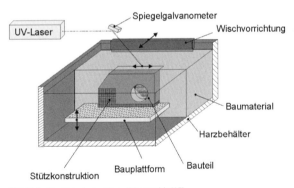

Bild 28.9: Das Prinzip der Stereolithographie [17]

Die Stereolithographie gilt als das genaueste aller generativen Verfahren. Lediglich der Laserstrahldurchmesser begrenzt die Auflösung der Linienbreite und somit der minimalen Wandstärke. Hohlräume sind mit der Einschränkung darstellbar, dass Öffnungen zum Herausfließen des unvernetzten Harzes vorhanden sein müssen. Die **Transparenz** vieler SL-

Werkstoffe erlaubt weiterhin die Betrachtung solcher Hohlräume. Überschreitet die Größe eines Modells den möglichen Bauraum, besteht die Möglichkeit, das Modell mehrteilig zu bauen und zusammenzukleben. Die Festigkeit ausgehärteter SL-Teile erlaubt eine Bearbeitung durch Sandstrahlen, Schleifen, Lackieren und teilweise spanende Verfahren [1].

Bild 28.10: Stereolithographie-Anlage SLA-7000 und SLA-Teile [3]

Die folgenden Tabellen geben eine Übersicht über derzeit mögliche Bauteilabmaße, Festigkeiten, Genauigkeiten und Einsatzbereiche.

Tabelle 28.2: Das Perfactory-System [4]

Modelltyp	Funktionsmuster	
Auflösung (in dpi)	1280 × 1024	
Bauvolumen (in mm^3)	200 × 160 × 230	90 × 72 × 230
Biegefestigkeit (in MPa)	90 ... 100	

Tabelle 28.3: Daten zu SLA-Maschinen [3]

Genauigkeit	0,05 mm		
Bauvolumen (in mm^3)	250 × 250 × 250	508 × 508 × 584	508 × 508 × 600
Zugfestigkeit (in MPa)	bis zu 67,0		

Tabelle 28.4: Daten zu Objet QuadraTempo [5]

Modelltyp	Funktionsmuster
Bauvolumen (in mm^3)	270 × 300 × 200
Druckauflösung (in dpi)	x: 600, y: 300, z: 1270

28.3.2 Laser-Sintern – LS

Das Laser-Sintern (LS) zählt zu den am häufigsten angewendeten Verfahren, da es Modelle mit seriennahen Eigenschaften liefert. Es lassen sich Werkstücke aus Kunststoffen und neuerdings auch aus Metallwerkstoffen herstellen. Der Begriff Laser-Sintern leitet sich aus der Ähnlichkeit mit dem aus der Pulvermetallurgie bekannten Fertigungsverfahren Sintern ab. Aus einem pulverförmigen Ausgangsmaterial wird durch Aufschmelzen eine **Sinterhalsbildung** mit anschließendem Verschmelzen der Partikel eingeleitet, und durch Abkühlung unter den Schmelzpunkt bildet sich ein fester Werkstoffverbund. Der Parameter Druck fehlt hier gegenüber dem klassischen Sintervorgang.

In Bild 28.11 ist das Verfahrensprinzip mit zwei verschiedenen Möglichkeiten des Werkstoffauftrags dargestellt. Auf der Bauplattform befindet sich vorgeheiztes **Pulver**, welches durch einen CO_2-Laser geometrieabhängig aufgeschmolzen wird. Ein Spiegelsystem dient zur Führung des Laserstrahls, welcher zeilenweise die zu generierende Kontur überstreicht.

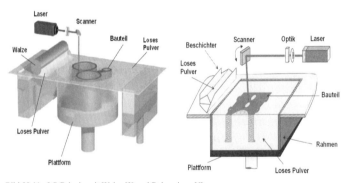

Bild 28.11: LS-Prinzip mit Walze [3] und Pulverrinne [6]

Durch die Versinterung entweicht die im Pulver enthaltene Umgebungsluft, und es findet eine Dichtesteigerung statt, die mit einer **Schrumpfung** einhergeht. Die hohe Vorwärmtemperatur verhindert eine starke Abkühlung der Schichten während des Bauprozesses und minimiert die Spannungen zwischen den Schichten. Ist eine Schicht generiert, senkt sich der Bauraum um den Betrag der voreingestellten Schichtdicke ab, und ein Beschickungssystem trägt neues Pulver auf. Dies kann einerseits mittels einer Walze, die einen Pulverhaufen vor sich her schiebt, oder durch Überstreichen des Pulverbettes mit einer werkstoffgefüllten Rinne erfolgen. Abschließend erwärmt das Heizsystem das neu aufgetragene Pulver auf die Vorwärmtemperatur, und der Laser sintert die nächste Schicht, sodass Schicht für Schicht das Bauteil entsteht. Es ist dabei dauerhaft von nicht versintertem Pulver umgeben, welches eine stützende Wirkung hat.

Ist ein Bauprozess beendet, so ist es nötig, den Pulverkuchen, der die Teile enthält, bis zur Formstabilitätstemperatur abkühlen zu lassen, da diese andernfalls schockartig abkühlen und Verzug auftritt. Im schlimmsten Fall sind solche Teile dann unbrauchbar. Zur Entnahme der Teile aus dem Pulverkuchen dient eine so genannte Breakout-Station, mit der sich unversintertes Pulver auffangen lässt. Diese verfügt über ein Absaugsystem zur Reinhaltung der Umgebungsluft. Mittels Pinsel und Bürsten lassen sich die Teile auspacken, und durch Glasperlenstrahlen entfernt man zusätzlich anhaftendes Pulver und verbessert die Oberflächenrauigkeit. Nach der Entnahme sind die Teile einsatzbereit.

Die unten aufgeführten Tabellen (Tabelle 28.5 bis Tabelle 28.8) geben einen Überblick der derzeit verfügbaren Anlagen und ihrer Leistungsfähigkeit. Metallbauteile lassen sich entweder in speziellen Anlagen direkt fertigen (EOS), oder dem Sinterprozess schließt sich eine **Infiltration** an (3D-Systems), wodurch einerseits der Aufwand erhöht ist, sich aber eine erhöhte Warmfestigkeit ergibt. Zum Betrieb einer Sinteranlage ist eine Stickstoffzufuhr nötig, da der Prozess unter inerter Atmosphäre stattfindet. Dies verhindert eine Pulverexplosion und Oxidation der Bauteile.

Bild 28.12: Laser-Sinteranlage Eosint P700 [6] und Leitrad

Tabelle 28.5: Anlagendaten 3D-Systems [3]

Bauvolumen	$381 \times 330 \times 457$ mm^3		
Genauigkeit	ca. ± 0,13 mm		
Werkstoff	DuraForm	Castform	ST100 / 200
Modellarten	Funktion	Abform	Werkzeuge
Schmelzpunkt (in °C)	184 / 185	63 (Wachs)	1050 (Bronze)
Zugfestigkeit (in MPa)	44 / 38	2,84	510 / 435
Oberflächenrauigkeit			
ohne Nacharb. R_a (in µm)	8,5 / 6,2	13,0	–

28 Rechnerunterstützung der Produktion

Tabelle 28.6: Anlagendaten EOSINT [6]

Anlagentyp EOSINT	P380	P700
Modellart/Werkstoff	Funktion/Kunststoff	Funktion/Kunststoff
Bauvolumen (in mm^3)	340 × 340 × 620	700 × 380 × 580
Anlagentyp EOSINT	S750	M250X^{tended}
Modellart/Werkstoff	Sandkerne/-formen	Werkzeuge/Metallteile
Bauvolumen (in mm^3)	720 × 380 × 380	250 × 250 × 200

Tabelle 28.7: Werkstoffe für Anlagen EOSINT P [6]

Werkstoff	PA 2200	PA 3200 GF	PS 2500	PrimeCast 100
Anwendung	Funktion	Gehäuse	Feinguss	Gipsguss
Zugfestigkt. (in MPa)	45 ± 3	48 ± 3	550	5,5 ± 1

Tabelle 28.8: Werkstoffe für Anlagen EOSINT M [6]

Werkstoff	Direct Metal 50	Direct Metal 20	DirectSteel 50	DirectSteel 20
Oberflächenrauigkeit				
ohne Nachbehandlung (in µm)	R_a 14 R_z 50...60	R_a 9 R_z 40...50	R_a 18 R_z 60	R_a 10 R_z 50

28.3.3 Selective Laser Melting – SLM

Mit dem Selective Laser Melting (SLM) führt MCP ein neuartiges Rapid-Tooling-Verfahren ein, das durch die hohe Schmelzleistung des Lasers in der Lage ist, aus handelsüblichen **Metallpulvern** 100 % dichte Teile zu fertigen. Die Teile oder speziellen Werkzeuge werden, wie bei anderen Rapid-Prototyping-Anwendungen, schichtweise aufgebaut. Dabei schmilzt ein intensiver Laserstrahl, der gemäß der jeweiligen Schichtgeometrie geführt wird, das verwendete Pulver lokal begrenzt auf. Mit dem SLM-Verfahren ist es möglich, feinste Details, wie z. B. dünne Wände mit weniger als 100 µm Dicke, zu bauen. Direkt nach dem Bauprozess weisen die Teile oder Werkzeuge R_z-Werte von 10...30 µm an den **Oberflächen** auf. Da die SLM-Teile 100 % Dichte und ähnliche Materialparameter wie herkömmlich hergestellte Teile aufweisen, können sie wie konventionelle Metallteile bearbeitet werden. Dazu gehören das Bohren, Fräsen, Gewindeschneiden, Polieren, Tempern und evtl. Härten.

Ein großer Vorteil der generativen Fertigung ist die Möglichkeit, Formenkavitäten zu erzeugen, die oberflächennahe **Kühlkanäle** aufweisen. Diese unter der Werkzeugoberfläche angelegten Bohrungen (conformal cooling), ermöglichen durch effektives Kühlen schnellere Zyklus- bzw. Entformungszeiten beim Spritzgießen ohne die bekannten Einfallstellen im Kunststoff. Eine weitere Anwendung des SLM ist die Fertigung von Blechumformungswerkzeugen zur Herstellung dickwandiger Pressteile. Der derzeit verfügbare MCP Realizer^{SLM} hat einen Bauraum von 250 × 250 × 240 mm^3. Auch der SLM-Prozess läuft unter inerter Atmosphäre ab, der Gasverbrauch liegt bei 3 l/min.

Bild 28.13: SLM-Anlage MCP-Realizer und Beispiel-Werkzeug [7]

28.3.4 Laserformen

Für das neue Technologiefeld TRUMPF Laserformen entwickelt TRUMPF zwei generative Laserverfahren, das Direkte Laserformen aus dem Pulverbett und das Direct-Metal-Deposition-Verfahren mit der **Pulverdüse**.

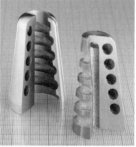

Bild 28.14: Verfahrensprinzip und Beispielteil Laserformen [8]

Bei beiden Verfahren werden metallische Bauteile oder Bauteilsegmente direkt aus 3D-CAD-Modellen erzeugt (Bild 28.14), indem reines Metallpulver ohne Bindemittel schichtweise mit dem Laser aufgeschmolzen wird. Typische Anwendungsgebiete sind die Herstellung, Reparatur und Formänderung von Werkzeugen.

28.3.5 Laser Cusing – LC

Das Laser Cusing (LC) basiert auf der Verschmelzung einkomponentiger metallischer Pulver-Werkstoffe mittels Laser. Dieses Verfahren ermöglicht es, aus nahezu allen metallischen Werkstoffen (z. B. Edelstahl, Warmarbeitsstahl) Bauteile schichtweise aufzubauen. Metallpulver wird hier Schicht für Schicht komplett aufgeschmolzen, die Eigenspannungs- und Verzugsproblematik überwunden und dabei eine 100%ige Bauteildichte erreicht. Die Materialeigenschaften der Bauteile aus der Anlage entsprechen ohne Nachbehandlung dem Originalmaterial vor der Verdüsung. Die erreichte Genauigkeit liegt vor einer Oberflächenpolitur bei ±50 µm. Der Bauraum hat eine Größe von 250 mm × 250 mm × 170 mm, die Mindestschichtdicke beträgt 1 µm. Die auf diese Weise linear generierten Werkzeugkerne oder Bauteile zeichnen sich durch eine nahezu 100%ige Dichte aus und lassen sich mit allen konventionellen Verfahren wie Erodieren, Fräsen und Schweißen bearbeiten.

Bild 28.15: Laser Cusing – Beispiele [9]

28.3.6 Layer Laminate Manufacturing – LLM

Hinter dem Layer Laminate Manufacturing (LLM) verbirgt sich die schichtweise Fertigung durch Aufeinanderkleben von Werkstoffschichten (Bild 28.16). Allgemein hat sich der Begriff Laminated Object Manufacturing (LOM) durchgesetzt. Aktuell setzt man vornehmlich beschichtete **Papierfolien** ein. Die Schichtbildung erfolgt durch Aufkleben, wodurch die Teile **anisotrope** Eigenschaften besitzen. In der Schichtebene sind die Festigkeiten höher als in z-Richtung, wo die Klebstoffeigenschaften die Festigkeit begrenzen. Die **Druckfestigkeit** ist dagegen höher als bei anderen RP-Verfahren. Da der LOM-Prozess bei Raumtemperatur läuft, sind Zwischenstopps möglich, z. B. zum Einlegen von Funktionselementen oder zum Entfernen von überflüssigem Werkstoff in Hohlräumen.

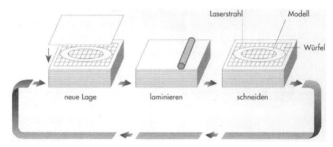

Bild 28.16: Prinzip des LLM [10]

Tabelle 28.9: Daten zum LOM-Verfahren [10]

Anlage	LOM-1015Plus	LOM-2030H
Modelltyp	Geometrie- und Funktionsprototypen	
Bauteilgröße (in mm³)	381 × 254 × 356	813 × 559 × 508
Genauigkeit (in mm)	0,0508	

Tabelle 28.10: Eigenschaften des PLT-Verfahrens [11]

Modellgröße (in mm³)	280 × 190 × 200	400 × 280 × 300
Genauigkeit (in mm)	± 0,2	

Tabelle 28.11: Daten der Zippy-Anlagen [12]

Modellgröße (in mm³)	380 × 280 × 340	1180 × 730 × 550
Genauigkeit (in mm)	± 0,2	± 0,3

28.3.7 Fused Layer Modeling – FLM

Unter dem Begriff Fused Layer Modeling (FLM) werden alle Verfahren zusammengefasst, die erhitzten, geschmolzenen Werkstoff auf die Bauplattform auftragen. Dabei kann der Werkstoff in **Tropfenform** oder als kontinuierlicher **Werkstoffstrang** vorliegen. Da der nicht zum Modell gehörende Raum nicht mit unbenutztem Werkstoff gefüllt wird, wie es beim Laser-Sintern der Fall ist, sind im FLM-Prozess zusätzlich Stützen zu generieren, damit der Bau von Überhängen möglich ist.

Bild 28.17: FDM-Anlage Vantage 200 und Beispiel Säge [13]

Tabelle 28.12: Werkstoffdaten FDM [13]

Werkstoff	ABS	ABSi	Elastomer	ICW	PC	PPSU
Zugfestigkeit (in N/mm^2)	35	38	6	3,6	64,5	70,6

Tabelle 28.13: Anlagendaten FDM [13]

Anlagentyp	FDM 2000/3000	FDM TITAN	FDM Maxum
Bauraum (in mm^3)	245 × 254 × 254/406	406 × 355 × 406	600 × 500 × 600
Genauigkeit	± 0,1 mm	± 0,1 %	± 0,1 %
Material	ABS, E20, ICW	PC, PPSU, ABS	ABS

Tabelle 28.14: Das Multi-Jet Modeling MJM [3]

Anlagentyp	ThermoJet
Modellgröße (in mm^3)	250 × 190 × 200
Einsatzbereich	Konzept, Form- und Gussprozesse
Auflösung (in dpi)	x: 300, y: 400

Tabelle 28.15: Daten zu den Anlagen Model Maker T612 [14]

Bauraum	30,48 × 15,24 × 15,24 cm^3
Genauigkeit	0,1 %
Minimale Konturgröße	0,254 mm
Werkstoff	Thermoplast, Schmelzpunkt 90…113 °C

28.3.8 3D-Printing – 3DP

Die 3D-Printing-Technologie (3DP) lehnt sich eng an die Funktionsweise eines Tintenstrahldruckers an. Das Hauptfunktionselement ist ein mit Binderflüssigkeit gefüllter **Druckkopf**. In der Anlage (Bild 28.18) befindet sich ein Pulver- oder Granulatbett mit dem zu verbindenden Werkstoff, auf das die zu generierende Schichtgeometrie aufgedruckt wird. Der **Binder** verklebt dabei die losen Pulverpartikel zu einem festen Gebilde. Ein Verzug der Teile ist ausgeschlossen, da die Prozesse bei Raumtemperatur ablaufen und keine thermisch bedingte Schrumpfung auftritt. Durch die **Farboption** lassen sich z. B. Ergebnisse einer FEM-Berechnung direkt auf das Modell drucken.

Bild 28.18: 3D-Printer Z-406 und FEM-Turbinenschaufel [15]

Tabelle 28.16: 3D-Printing Z-Corp [15]

Anlagentyp	Z 310	Z 406	Z 810
Modelltyp	Konzept		
Bauvolumen (in mm³)	$250 \times 200 \times 200$		$600 \times 500 \times 400$
Farboption	–	24 Bit RGB	24 Bit RGB
Werkstoff	Stärke – Zellulose/Mineralstoff – Polymer		

28.3.9 Electron Beam Melting – EBM

Das Electron Beam Melting (EBM) dient zur Herstellung metallischer Prototypen und Kleinserienteile aus herkömmlichen Stahlpulvern und ist geeignet für das Rapid Tooling. Der Verfahrensablauf ähnelt dem Laser-Sintern, jedoch dient hier kein Laser als konturierendes Werkzeug, sondern ein hochenergetischer **Elektronenstrahl** (Bild 28.19). Dieser ermöglicht den Einsatz der gebräuchlichsten **Stähle**, sodass die Nähe zum Serienteil gegeben ist. Neben der Fertigung von Metall-Prototypen und Funktionsteilen können auch Werkzeuge gebaut werden. Das direkte Einbringen von komplexen Kühlkanälen ist weniger problematisch als beim indirekten Metall-Lasersintern, es muss lediglich eine Öffnung zum Entfernen des Pulvers vorhanden sein. Der Prozess läuft unter Vakuum ab, wodurch eine 100%ige Dichte erreicht wird. Die Oberfläche ähnelt derjenigen von Sandgussteilen, daher ist gegebenenfalls eine mechanische Nachbearbeitung nötig.

Bild 28.19: EBM-Anlagenschema und Beispielteil [16]

Quellen und weiterführende Literatur

[1] *Gebhardt, A.:* Rapid Prototyping: Werkzeuge für die schnelle Produktentstehung 2., völlig überarb. Aufl., München Wien: Hanser, 2000
[2] *The Ennex™ Companies*, http://www.ennex.com/
[3] *3D-Systems*, http://www.3dsystems.com/
[4] *Envisiontec GmbH*, http://www.envisiontec.de/02hperfa.htm
[5] *Objet Geometries Ltd.*, http://www.2objet.com/
[6] *EOS-GmbH Electro Optical Systems*, http://www.eos-gmbh.de/
[7] *HEK GmbH*, http://www.mcp-group.com/de/index.html
[8] *TRUMPF Werkzeugmaschinen GmbH + Co. KG*, http://www.trumpf.com/
[9] *Concept-Laser GmbH*, http://www.concept-laser.de/

[10] *Cubic Technologies Inc.*, http://www.cubictechnologies.com/
[11] *Kira Corporation*, http://www.kiracorp.co.jp/kira/rp/pr-E.htm
[12] *Kinergy Pte. Ltd.*, http://www.kinergy.com.sg/
[13] *Stratasys Inc.*, http://www.stratasys.com/
[14] *Solidscape Inc.*, http://www.solid-scape.com/
[15] *Z Corporation*, http://www.zcorp.com/
[16] *Arcam AB*, http://www.arcam.com/
[17] *Macht, M.:* Vielfalt der Rapid Prototyping-Verfahren. In: Reinhart, G.; Millberg, J.: Rapid Prototyping, Rapid Tooling – Schnell zu funktionalen Prototypen. München: Utz, 1996, S. 1–17 (iwb Seminarberichte Band 49)

Conrad, K.-J. (Hrsg.): Taschenbuch der Werkzeugmaschinen. Leipzig: Fachbuchverlag, 2002

Diverse: Euro-uRapid 2002: International User's Conference on Rapid Prototyping & Rapid Tooling & Rapid Manufacturing, Tagungsband, Frankfurt, Dezember 2002

Wohlers, T.: Wohlers Report 2003: Rapid Prototyping, Tooling & Manufacturing, State of the industry, Wohlers Associates, Colorado, USA, 2003

29 Produktdaten-Management

Prof. Dipl.-Ing. Klaus-Jörg Conrad

Der Konstruktionsprozess entwickelt sich durch den Einsatz von Methoden und Hilfsmittel der Informationstechnik ständig weiter. Die in diesem Prozess erzeugten Geometriedaten sind nur ein Teilbereich der Daten, die heute durch Produktmodellierungsprozesse als Produktdaten digital zur Verfügung stehen. Mit neuen Systemen sind Möglichkeiten vorhanden, den gesamten Produktlebenszyklus mit Produktdaten rechnergestützt abzubilden. Die dafür erforderlichen Begriffe und grundsätzlichen Überlegungen werden als Übersicht vorgestellt.

29.1 Konstruktion und Informationstechnik

Der Fortschritt der Informationstechnik hat die Voraussetzungen geschaffen, den Konstruktionsprozess methodisch durch Rechnerunterstützung zu rationalisieren. Die Entwicklung der elektronischen Rechnertechnologie hat hier, wie auch für andere Produktionsbereiche, den eigentlichen Durchbruch zur Rationalisierung geschafft. Hilfsmittel und Methoden der Informationstechnik sind für den Konstruktionsprozess unentbehrlich geworden.

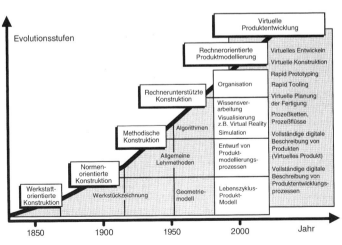

Bild 29.1: Evolutionsphasen des Konstruierens [7]

Die industrielle Produktion hat in den 200 Jahren ihrer Entwicklung erhebliche Veränderungen in den Tätigkeiten erlebt, die Konstruktion und Gestaltung betreffen. Die wichtigsten Phasen sind in Bild 29.1 dargestellt und werden nach *Spur/Krause* erläutert. [7]

Der **Werkstattorientierten Konstruktion** mit den Kennzeichen Entwicklung und Bau in der Werkstatt folgte der arbeitsteilige Tätigkeitsablauf. Die zunehmende Industrialisierung erforderte dieses Vorgehen. Anschließend entstand die **Normenorientierte Konstruktion**, die Werkstückzeichnungen mit allen Einzelheiten für die Fertigung lieferte. **Konstruktionsmethodik** schaffte die Möglichkeit, den Konstruktionsprozess in einer allgemeinen, abstrakten Form zu beschreiben.

Das **Rechnerunterstützte Konstruieren** stellte Hilfsmittel zur Verfügung, die die Produktentwicklung sehr stark veränderten. Das geometrische Modellieren von Teilen oder Baugruppen lieferte technische Zeichnungen, Berechnungsergebnisse, Fertigungspläne sowie NC-Programme. Komplexe Berechnungen wie die Finite-Elemente-Methode wurden ebenfalls durch leistungsfähige Rechner möglich.

Die verfügbaren Geometriesysteme hatten Vorteile und Mängel, da die interaktive Eingabe der Geometrie erforderlich war. Der Konstrukteur musste die Geometrie aus einzelnen Elementen zu Bauteilen verbinden. Abhilfe brachten 3D-Systeme, die mit entsprechenden Anwendungsmodulen und einer programmtechnischen Konstruktionslogik die Geometrie automatisch generieren, wobei die interaktive Steuerung durch den Konstrukteur erforderlich ist.

Die **Rechnerorientierte Produktmodellierung** schafft die Möglichkeiten, zusätzlich Funktion, Geometrie und Technologie mit ihren Abhängigkeiten gemeinsam zu behandeln. Die Integration dieser Aufgaben durch 3D-System-Module unter einer gemeinsamen Datenbasis war ein wichtiger Beitrag zur rechnerintegrierten Fabrik.

Produktmodellierungsprozesse stellen Produktmodelldaten zur Verfügung. Rechnergestützte Konstruktionsprozesse liefern nur Geometriedaten. [7]

29.2 Virtuelle Produktentwicklung

Die **Virtuelle Produktentwicklung** stellt eine neue Phase beim Aufbau von Anwendungssystemen dar. Der integrierte Rechnereinsatz wird zur wesentlichen Technologie der Rationalisierung. Basis sind neue Strategien und Organisationsformen wie **Simultaneous Engineering** oder die Zusammenfassung von Entwicklung und Fertigung zu **produktionsspezifischen Prozessketten**. Die konsequente Nutzung der Informationstech-

29 Produktdaten-Management

nik beim Produktentstehungsprozess führt zur Ablösung der strengen Arbeitsteilung durch Prozessteams. **Prozessteams** bestehen aus Mitarbeitern verschiedener Bereiche eines Unternehmens, die die Aufgaben als Projekte mit den Methoden des Projektmanagements lösen.

Die Produktentwicklung ist ein sehr wichtiger Bereich in den Unternehmen, da dort Produktkosten und Innovationen als wesentliche Eigenschaften neuer Produkte maßgeblich beeinflusst werden. Die Produktentwicklung muss außerdem Entwicklungszeiten und Entwicklungskosten einhalten. Der Bereich Produktentwicklung nutzt alle Möglichkeiten, um eine durchgängige Prozesskette zu schaffen:

- Geometrieerstellung
- Bauteilberechnung
- Funktionssimulation
- Prototypenherstellung
- Fertigungsdatengenerierung

Die Produktentwicklungszeiten werden durch organisatorische und technologische Maßnahmen verkürzt, die einzelnen Prozesse werden beschleunigt und parallelisiert, und die gesamte Prozesskette wird optimiert. Die Praxis in den Unternehmen benötigt für diese Aufgaben eine durchgängige Rechnerunterstützung in allen Konstruktionsphasen. Bild 29.2 zeigt die Einflussgrößen auf den Produktentwicklungsprozess.

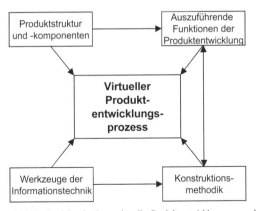

Bild 29.2: Produktorientierter virtueller Produktentwicklungsprozess [7]

Insbesondere sind produktspezifische Konstruktionslogiken erforderlich, die einen Konstruktionsablauf ermöglichen, um virtuelle Produkte zu modellieren sowie eine aufgabenbezogene Unterstützung mit alternativen Vorgehensweisen zur Verfügung zu stellen.

Das Ziel der rechnerintegrierten Generierung produktorientierter Entwicklungsprozesse ist es, auszuführende Funktionen des Produktmanagements mit den Werkzeugen der Informationstechnik und Konstruktionsmethodik im Produktentwicklungsprozess virtueller Produkte zu integrieren. Diese grundlegende Veränderung der rechnergestützten Konstruktionstechnik im Sinne einer Virtualisierung der Konstruktionsobjekte kann dazu führen, dass das förmliche, methodische Vorgehen nach der VDI-Richtlinie 2221 angepasst werden muss.

29.3 Virtualisierung der Produktentwicklung und Digital Mock-Up

Die Konstruktionstechnik erhielt mit der Weiterentwicklung informationstechnischer Systeme wesentliche Impulse zu einer neuen Gestaltung des Konstruktionsprozesses. Dieser Innovationsvorgang reicht von der Einführung der Datenverarbeitung bis zur Virtualisierung der Produktentwicklung.

Der Begriff **Virtualität** kommt aus dem Französischen und bedeutet „Wirkungskraft", „Wirkungsvermögen" oder „Wirkungsfähigkeit".

Etwas, das der Möglichkeit nach vorhanden ist, nennt man „virtuell". In der Optik wird z. B. unter einem virtuellen Bild ein scheinbares Bild verstanden. Im wissenschaftlichen Sprachgebrauch versteht man unter virtuell eine in der Möglichkeit vorhandene Eigenschaft, die unter gewissen Umständen Wirklichkeit werden kann.

Beim Konstruktionsprozess ist unter einem virtuellen Produkt ein nur in der Möglichkeit vorhandenes Produktmodell zu verstehen, das Eigenschaften hat, die dem wirklichen Verhalten entsprechen. Ein virtuelles Produkt zu entwickeln bedeutet die Entwicklung eines Produktmodells, das in digitalisierter Form in einem Rechnersystem manipulierbar gespeichert ist. [7]

Virtualisierung nennt man die methodische Überführung eines Konstruktionsprozesses in einen rechnerintegrierten Ablauf mit gleichzeitiger Darstellungsmöglichkeit des wirklichen Verhaltens der zu entwickelnden Objekte. Produktentwicklung und Produktentstehung lassen sich in eine virtuelle und eine reale Phase unterteilen, wenn man den gesamten Ablauf betrachtet.

Die Leistungsfähigkeit der Informationstechnik ist die Grundlage für die virtuelle Phase der Produktentwicklung. Die Rechnerunterstützung ist nicht nur vom Leistungsstand der Hard- und Software abhängig, sondern auch von den Peripheriegeräten für die Produktentwicklung. Bausteine virtueller Produktentwicklung sind:

29 Produktdaten-Management

- geometrische Modelliersysteme
- Feature-verarbeitende Systeme
- grafische Darstellungssysteme
- Datenmanagement-Systeme
- Simulationssysteme
- wissensbasierte Systeme

Managementsysteme zur Handhabung der Systeme und Schnittstellen gehören ebenfalls dazu. Von diesen Bausteinen sind einige grundlegende Erläuterungen in den verschiedenen Kapiteln beschrieben. Weitere Erläuterungen enthält die Fachliteratur. [7]

Serienprodukte werden in vielen Unternehmen durch Nutzung physischer Versuchsmodelle (**Physical Mock-Up = PMU**) untersucht. Diese sollen jedoch schrittweise durch Berechnungen und Simulation ergänzt werden. Mock-Up bedeutet wörtlich übersetzt „Nachbildung". Durch die immer besseren Rechnerleistungen wurden die Formen des PMU durch eine digitale Form, ein digitales Versuchsmodell (**Digital Mock-Up = DMU**) abgelöst. Die dafür erforderliche vollständig digitale, dreidimensionale Beschreibung der Produkte ist heute wirtschaftlich und wird im Flugzeugbau, Schiffbau und Automobilbau erfolgreich eingesetzt. [7]

Zielsetzung des Digital Mock-Up (DMU) ist die aktuelle, konsistente Verfügbarkeit vieler Sichten auf Produktgestalt, Produktfunktion und technologische Zusammenhänge, auf deren Basis die Modellierung und die Simulation (Experimente) zur verbesserten Auslegung durchgeführt und kommuniziert werden können. Das primäre, digitale Auslegungsmodell wird auch als **Virtuelles Produkt** bezeichnet, das spezifisch für die Entwicklungsphase und die Disziplinen der Auslegung die Referenz der Produktentwicklung darstellt.

Neue Produktentwicklungsstrategien, die eine Produktivitätssteigerung als Ziel haben, benötigen eine konsistente Produktbeschreibung, die erreicht wird durch:

- Informationsverarbeitung über Regelkreise zur verbesserten Informationsbereitstellung und Abstimmung
- Parallelisierung der Aufgabenerledigung
- schnelle Entscheidungsfindung

Concurrent Engineering sowie der Aufbau von Prozessketten sind Beispiele für solche Strategien. Das vollständig virtuelle Produkt und die damit verbundene Anwendung virtueller Methoden und Techniken in der Produktentwicklung sind notwendig, um die sich immer schneller wandelnden Anforderungen des Marktes zu erfüllen.

Concurrent Engineering (CE) oder **Simultaneous Engineering** (SE) sind als Begriffe eingeführt worden, um zu beschreiben, dass die sequenzielle Vorgehensweise beim Produktentwicklungsprozess durch eine simultane (zeitparallele, überlappende) zu ersetzen ist. Grundlage dafür ist die Kooperation und Abstimmung der Prozesse durch die Mitarbeiter. Der Begriff Concurrent Engineering (CE) wird bevorzugt verwendet.

28.4 Produktdaten-Management

Produktdaten-Management (PDM) soll die technische Dokumentenverwaltung mit der Produktionsdatenverwaltung so verbinden, dass alle Informationen in einem Unternehmen bereichsübergreifend unterstützt werden. Es handelt sich im Kern also um Datenbanken, die firmenspezifisch angepasst werden, sodass der gesamte Informationsfluss und Arbeitsfluss am Bildschirm rechnerunterstützt durchgeführt werden kann.

PDM-Systeme sollen sämtliche CA-Techniken im Unternehmen zusammenführen, um die Produktivität zu verbessern. Für alle Abteilungen eines Unternehmens sind CA-Komponenten einzusetzen, die im Sinne des Produktdaten-Managements optimal sind und einen Daten- und Informationsaustausch effektiv unterstützen. Die Integration der CA-Komponenten wie CAD, CAP, CAM, CAQ usw. ist durch PDM-Lösungen möglich. [3]

Für PDM gibt es auch andere gebräuchliche Begriffe:

- Engineering Document Management (EDM)
- Engineering Data Management (EDM)
- Engineering Database (EDB)

Unabhängig von der Bezeichnung ist die Grundfunktion aller Systeme das Speichern und Verwalten von Produktinformationen, wie Zeichnungen, 3D-Modelle, NC-Programme, technische Dokumente usw. in Datenbanken; also die Verwaltung von produktdefinierenden Daten (Produktmanagement) in Verbindung mit der Abbildung von Geschäftsprozessen (Prozessmanagement).

PDM-Lösungen integrieren alle Komponenten der Wertschöpfungskette eines Unternehmens und verwalten Dokumente nicht nur statisch, sondern kontrollieren auch deren Entstehung, Freigabe und Änderungen.

Zu den wichtigsten Funktionsbereichen von PDM gehören [3]:

- Zeichnungsverwaltung
- Teileverwaltung
- Klassifizierung

29 Produktdaten-Management

- Dokumentenmanagement
- Steuerung der Freigabeprozesse
- Änderungswesen
- Sachmerkmalleisten-Management
- Speicherung aller produktrelevanten Daten
- Anbindung der ERP-Systeme
- Steuerung der Bereiche Scannen, Plotten, Vervielfältigen und Archivieren

CAD/CAM-Systeme und ERP-System sind über Schnittstellen mit dem PDM-System zu verbinden, wie im Bild 29.3 vereinfacht dargestellt

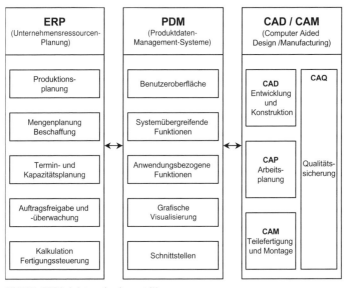

Bild 29.3: PDM als Integrationskonzept [1]

Enterprise Resource Planning (ERP) oder **Unternehmensressourcen-Planung** wird heute als System für die Produktionsplanung und -steuerung von produzierenden Unternehmen eingesetzt. ERP-Systeme unterstützen die prozessorientierten Vorgänge der Logistik für Beschaffung, Produktion und Absatz sowie die Aufgabenbereiche Finanzwesen, Controlling und Personalwirtschaft. [6]

Der Geschäftsprozess **Produktentstehung** ist so zu entwickeln, dass die Teilprozesse **Produktentwicklung** und **Produktherstellung** informationstechnisch eine Einheit werden. Dafür ist das technische Informationssystem für das Produktdaten-Management über die Schnittstelle PDM/CAD mit dem kommerziellen Informationssystem über die Schnittstelle PDM/ERP zu verbinden. Umfangreiche Erläuterungen der CAD-Anbindung und der ERP-Anbindung enthält die Fachliteratur. [6]

Die im Bild 29.3 für PDM-Systeme angegebenen Bereiche umfassen beispielsweise folgende Grundfunktionen [3]:

- Benutzeroberfläche (Benutzerführung, Mehrsprachigkeit, Standards)
- Systemübergreifende Funktionen (Änderungswesen, Datensicherung, Kommunikation)
- Anwendungsbezogene Funktionen (Zeichnungen, Teile, Stücklisten, Klassifizierung, NC-Daten, Werkzeuge, Betriebsmittel, Methoden beim Management unterstützen)
- Grafische Visualisierung (Scannen manuell erstellter Unterlagen)
- Schnittstellen (Datenbank, Anwenderfunktionen, Produktdatenaustausch)

Der Funktionsumfang ist wegen der geforderten Integration und Datentransparenz sehr groß und kann hier nur angedeutet werden. Weitere Angaben zu anwendungsorientierten Funktionen von PDM-Systemen sind der Fachliteratur zu entnehmen. [4], [6]

PDM-Systeme werden als Software angeboten und stehen für einen ersten objektiven Überblick mit wichtigen Eigenschaften nach Kriterien geordnet in Marktübersichten zur Verfügung. [2]

Neben den technischen Faktoren nimmt PDM dem Anwender viel Routinearbeit ab, verschafft Übersicht über betriebliche Abläufe und die Gesamtzusammenhänge im Unternehmen.

29.5 Von PDM zu PLM

Nach den grundlegenden Eigenschaften der PDM-Systeme werden allgemeine Begriffe und Hinweise erläutert, die von PDM-Systemen zu **Produktlebenszyklus-Management (PLM)** führen.

Produktmodelle enthalten für den gesamten Lebenszyklus von Produkten alle wichtigen Daten und Informationen. Sie werden auch als virtuelles Produkt bezeichnet, wenn diese in digitaler Form vorliegen. Das Produktmodell besteht aus Teilmodellen für unterschiedliche Anwendungsgebiete, wie Architektur/Bauwesen, Elektrotechnik/Elektronik oder Maschinen-/Anlagenbau und für alle Phasen des Produktlebenszyklus. Der

Produktlebenszyklus beschreibt den Kreislauf der Produktlebensphasen [4]:

- Produktentwicklung und -konstruktion
- Produktionsplanung (Arbeitsvorbereitung)
- Produktherstellung (Fertigung, Montage, Beschaffung)
- Produktvertrieb
- Produktgebrauch und -wartung
- Produktrecycling

Produktmodelle bestehen aus Stücklisten (Produktstruktur), Zeichnungssatz (Dokumentenstruktur) und Beschreibungen (Dokumente). Produktmodelle sind das Ergebnis von Prozessen im Bereich Entwicklung und Konstruktion, also von technisch-organisatorischen Geschäftsprozessen. Das Prozessmodell wird im Qualitätsmanagement-Handbuch beschrieben und dargestellt, sodass alle Abläufe, Methoden und Zuständigkeiten bekannt sind.

Die Kombination der Funktionen des Produkt- und des Prozessmodells ergibt ein Konfigurationsmodell. Das **Konfigurationsmodell** ist ein methodisches Gerüst, das alle Informationen nach Inhalt, Status oder Version organisiert. Alle Änderungen am Produkt werden dann automatisch verfolgt, und es ist stets möglich, den Konstruktions- bzw. Fertigungsstand anzuzeigen. [4]

Prozessmanagement umfasst das Management der Prozesse bzw. der Prozessmodelle durch Anwenden der Prozesse auf das Produktmodell. Das Produktmodell wird dadurch zeitliche Veränderungen darstellen und dokumentieren. Prozessmanagement erfüllt drei Funktionen, um Wechselwirkungen zwischen Aufgaben bzw. Abläufen und Informationen zu beschreiben [4]:

- Verwalten der Informationsverarbeitung (**Arbeitsmanagement** zum Erfassen aller Änderungen und Ergänzungen durch sog. Versionen, die bei Bedarf abgerufen werden, um frühere Zustände des Produktmodells zu erhalten)

- Steuern des Informationsflusses zwischen am Prozess beteiligten Mitarbeitern (**Workflow Management** mit Werkzeugen, um Abläufe grafisch, interaktiv zu bearbeiten)

- Verfolgen aller Ereignisse und Änderungen während der Prozessabwicklung (**Arbeitsprotokollverwaltung**, um alle Prozessschritte und -bearbeiter zu protokollieren)

Konfigurationsmanagement oder **Configuration Management (CM)** ist eine systemtechnische Methode zur Verwaltung des Konfigurationsmodells. Dadurch soll erreicht werden, während der gesamten Lebensdauer eines Produkts alle funktionellen und physikalischen Merkmale zu übertragen und zu überwachen. Zu jedem Zeitpunkt des Lebenslaufs eines Produkts sollen Informationen über seinen aktuellen Bauzustand (= Konfiguration) vorhanden sein. Außerdem gibt es Informationen über die Maßnahmen, die zu dem aktuellen Bauzustand geführt haben.

Zusammengefasst ergibt sich als Definition von PDM:

> **PDM** ist das Management des Produkt- und Prozessmodells mit dem Ziel, eindeutige und reproduzierbare Produktkonfigurationen zu erzeugen. [4]

PDM-Systeme können drei grundsätzlichen Ansätzen zugeordnet werden [5]:

1. PDM-System verbunden mit CAD/CAM-System vom CAD/CAM-Hersteller

Die Integration von CAD/CAM und PDM ist ein Vorteil dieser Systemart. Das PDM-System ist auf die Arbeitsweise des CAD-Systems abgestimmt ohne eine Schnittstelle. Nachteile entstehen durch Einsatz mehrerer CAD-Systeme beim Anwender, z.B. durch eine Mechanik- und eine Elektrotechnikkonstruktion. Zu beachten ist auch die Kopplung mit dem ERP-System. Außerdem führt ein CAD-System-Wechsel zu Datenverlusten.

2. PDM-System verbunden mit dem ERP-System

ERP-Systeme enthalten viele Funktionen, die für das Produktdaten-Management gebraucht werden. Stücklistenverwaltung, Dokumentenmanagement und die Anbindung von CA-Systemen ist dann vom ERP-Systemanbieter zu realisieren. Als Vorteil entfallen die Schnittstellen zwischen PDM und ERP. Zu klären sind die Anforderungen der Konstruktion, die Eigenschaften der ERP-Systeme, die Einbindung der komplexen CAD-Systeme, die Datensicherheit sowie die Zuständigkeit für Konstruktionsdaten und ERP-Daten.

3. PDM-System ohne Abhängigkeiten

Diese Systeme sind weder an ein CAD-System noch an ein ERP-System gebunden und sind am weitesten verbreitet. Für viele CAD-Systeme sind Schnittstellen vorhanden, und es können Daten von mehreren CAD-Systemen gleichzeitig verwaltet werden. Schnittstellen zu ERP-Systemen sind vorhanden, sodass auch ERP-Systeme ausgewechselt werden können, ohne Daten des PDM-Systems zu verlieren. Nachteilig ist der hohe Anpassungsaufwand durch Entwicklung der Schnittstellen für die vielen CAD- und ERP-Systeme.

Hinweise zu Einführung, Nutzen und Anwendung von PDM-Systemen enthält die Fachliteratur. [4], [5], [6]

29.6 Produktlebenszyklus-Management

Produktlebenszyklus-Management oder **Product Lifecycle Management (PLM)** erweitert den PDM-Ansatz, um dem Ingenieur viele Informationen aus den verschiedenen inner- und außerbetrieblichen Datenquellen an seinem Arbeitsplatz zur Verfügung zu stellen. PLM ist ein Konzept mit Lösungskomponenten wie CAD, CAM oder PDM und Schnittstellen zu anderen Anwendungsbereichen, wie z.B. ERP.

Die Informationen sind jederzeit aus betriebsspezischen Fremdsystemen, dem Internet oder dem Intranet abrufbar. Mit den Methoden eines durchgängigen Konfigurationsmanagements wird PDM zur Grundlage des Lebenszyklus-Managements. Für diese Art der Informationsbeschaffung und -verarbeitung wurde allgemein der Begriff PLM (Product Lifecycle Management) geschaffen. [4]

PLM bedeutet gegenüber PDM grundsätzlich einen früheren Einsatz und einen höhere Integrationstiefe in den Phasen Entwicklung und Konstruktion sowie einen breiteren Einsatz über alle Phasen des Produktlebenszyklus, wie in Bild 29.4 dargestellt.

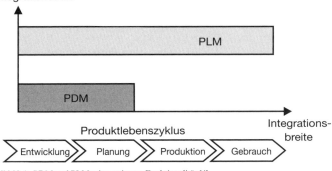

Bild 29.4: PDM und PLM mit erweiterter Funktionalität [4]

PLM-Systeme sollten das Gliedern und Delegieren von Aufgaben als Projektmanagementfunktionen ebenso unterstützen wie die Zusammenarbeit von Ingenieuren verschiedener Abteilungen, verschiedener Unternehmen sowie mit Zulieferern und Kunden. Das Einbinden der Zulieferer in Entwicklung, Produktion und Wartung sowie die Integration und der Informationsaustausch mit Kunden gehören ebenfalls zum Leistungsumfang.

Durch PLM-Systeme sind alle technischen Produktinformationen während aller Phasen des Produktlebenszyklus verfügbar. Die Nutzung von PLM-Systemen erfolgt nach Anwenderbefragungen im Jahr 1999 in folgender Reihenfolge [4]:

- Unternehmensweiter Zugriff auf Produktdaten (85%)
- Produkt Lifecycle Management (45%)
- Konfigurationsmanagement (35%)
- Finanzielle Einsparungen (20%)

Eine Vertiefung dieser Hinweise enthält die Fachliteratur. [4], [6]

Aus dieser ersten Übersicht erkennen erfahrene Ingenieure, dass eigentlich nur alle Informationen und Daten, die in jedem Unternehmen unterschiedlich anfallen, jetzt konsequent mit rechnerunterstützten Systemen verarbeitet werden. Neben der technischen Machbarkeit sind Nutzen und Aufwand für das Unternehmen entscheidend.

Quellen und weiterführende Literatur

[1] *Conrad, K.-J.:* Grundlagen der Konstruktionslehre. 2. Aufl., München Wien: Carl Hanser Verlag, 2003

[2] *Dressler, E.:* Computer-Graphik-Markt 2003/2004. Heidelberg: Dressler Verlag GmbH, 2003

[3] *Eigner, M.; Hiller, Ch.; Schindwolf, St.; Schmich, M.:* Engineering Database. München Wien: Carl Hanser Verlag, 1991

[4] *Eigner, M; Stelzer, R.:* Produktdaten-Management-Systeme. Berlin: Springer Verlag, 2001

[5] *Obermann, K.:* CAD/CAM/PLM-Handbuch 2003/04. München Wien: Carl Hanser Verlag, 2003

[6] *Schöttner, J.:* Produktdatenmanagement in der Fertigungsindustrie. München Wien: Carl Hanser Verlag, 1999

[7] *Spur, G.; Krause, F.-L.:* Das virtuelle Produkt. München Wien: Carl Hanser Verlag , 1997

Köhler, P.: Moderne Konstruktionsmethoden im Maschinenbau. Würzburg Vogel Verlag, 2002
VDI-Richtlinie 2219: Informationsverarbeitung in der Produktentwicklung – Einführung und Wirtschaftlichkeit von EDM/PDM-Systemen. Berlin: Beuth Verlag 2001

KONSTRUKTION
UND SCHUTZRECHTE

KS

30 Schutzrechte in der Konstruktion

30 Schutzrechte in der Konstruktion

Dr.-Ing. Karsten Straßburg

Ingenieure, die in Forschung und Entwicklung, Konstruktion und Fertigung beschäftigt sind, arbeiten ständig an der Verbesserung der industriellen Produktionsprozesse und der Qualität der Erzeugnisse. Dabei müssen sie ihr Wissen auf dem neuesten Stand halten, um den Mitbewerbern möglichst um mehrere Schritte voraus zu sein. Bei der Lösung der täglichen Probleme entstehen manchmal aus den Ideen der Ingenieure erfinderische technische Lösungen, die als neue Verfahren und Produkte durch ein gewerbliches Schutzrecht gegen die Nachahmung geschützt werden können.

30.1 Arten gewerblicher Schutzrechte

30.1.1 Das Patent

Das bekannteste Schutzrecht ist sicherlich das **Patent**. Patente werden auf gewerblich anwendbare technische Geräte und Verfahren erteilt, wenn diese weltweit neu und erfinderisch sind. Vor einer Erteilung wird die Patentanmeldung, auf einen kostenpflichtigen Antrag hin, geprüft. Ein erteiltes Patent ist immer ein geprüftes Schutzrecht und gilt bis zu 20 Jahre ab dem Anmeldedatum.

Patentschutz kann durch eine Anmeldung, z. B. beim **Deutschen Patent- und Markenamt** (DPMA), erreicht werden. Die Anmeldung besteht üblicherweise aus einer Beschreibung, die einem Fachmann das Nachvollziehen der Erfindung ermöglicht, den Patentansprüchen, die den Schutzumfang definieren, und den Abbildungen (Figuren), die das Verständnis der Beschreibung unterstützen.

Eine Ausdehnung einer Patentanmeldung auf das Ausland ist innerhalb eines Jahres möglich. Für die Details der internationalen Anmeldeverfahren sei hierzu auf die weiterführende Literatur verwiesen.

30.1.2 Das Gebrauchsmuster

Das **Gebrauchsmuster** ist, wie das Patent, ein technisches Schutzrecht. Deshalb spricht man oft auch vom „kleinen Patent". Es kann aber nur für technische Erzeugnisse erhalten werden, technische Verfahren sind von diesem Schutzrecht ausgeschlossen.

Im Gegensatz zum Patent handelt es sich bei dem Gebrauchsmuster um ein ungeprüftes Schutzrecht, das auf Antrag vom Amt für bis zu zehn Jahre eingetragen wird, wenn die Formerfordernisse erfüllt sind. Es erfolgt keine Prüfung darauf, ob es sich bei dem angemeldeten Gegenstand wirklich um eine schutzwürdige Entwicklung handelt.

Das Gebrauchsmuster ist nicht überall bekannt. Eine Ausdehnung der Anmeldung kann aber durch eine entsprechende internationale Patentanmeldung innerhalb eines Jahres nach der Gebrauchsmusteranmeldung erfolgen.

30.1.3 Das Geschmacksmuster

Durch ein „Design Patent" (**Geschmacksmuster**) können Formschöpfungen gesichert werden. Diese Designs können zwei- oder dreidimensional sein. Durch ein Geschmacksmuster kann auch dann ein Schutz für ein technisches Produkt erreicht werden, wenn die dabei angewendeten konstruktiven Lösungen altbekannt sind.

Es handelt sich beim Geschmacksmuster um ein ungeprüftes Schutzrecht. Es wird auf Antrag vom DPMA eingetragen und gilt maximal 20 Jahre. In Europa gibt es seit dem 1. April 2003 ein Gemeinschaftsgeschmacksmuster mit einer Laufzeit von bis zu 25 Jahren.

30.1.4 Die Marke

Durch eine **Marke** können Handelsnamen und -zeichen geschützt werden, die Waren und Dienstleistungen kennzeichnen. Dafür ist keine spezielle technische Lösung oder ein besonderes Design erforderlich. Nur der Name oder das Logo müssen eigentümlich und nicht beschreibend sein, damit die Marke ihre Herkunfts-, Garantie- und Werbefunktion erfüllen kann. Die Eintragung der Marke in ein nationales oder internationales Register dokumentiert und festigt die Rechte des Inhabers. Diese Eintragung kann beliebig oft verlängert werden.

30.1.5 Weitere Schutzrechte

Die vorgenannten Schutzrechte decken den Bereich der Konstruktionstechnik fast vollständig ab. Der Vollständigkeit halber seien hier weitere existierende Regelungen erwähnt:

- Über den **Sortenschutz** werden neue Pflanzenzüchtungen und deren Bezeichnungen bis zu 25 Jahre geschützt.

- Die **Oberflächengestaltung/Topographie** von Halbleitern kann bis zu 10 Jahren gesichert werden.

- Das **Urheberrecht** schützt Werke der Literatur, Wissenschaft und Kunst automatisch 70 Jahre vor Plagiatoren, auch über den Tod ihres Schöpfers hinaus.

30.2 Wirkung von gewerblichen Schutzrechten

Gewerbliche Schutzrechte bewirken, dass allein ihr Inhaber befugt ist, das geschützte Gerät oder Verfahren, die Formschöpfung oder Marke zu benutzen. Der Inhaber kann entscheiden, ob und wie er den geschützten Gegenstand, beispielsweise durch Eigennutzung oder Lizenzvergabe, verwerten will.

Dem Inhaber eines Patents wird für bis zu 20 Jahre ein Monopol auf die Nutzung der Erfindung gewährt. Er darf anderen verbieten, geschützte Produkte herzustellen, anzubieten, in den Verkehr zu bringen, zu importieren oder patentierte Verfahren anzuwenden.

Ein Gebrauchsmuster wird, wenn die formalen Erfordernisse bei der Antragstellung erfüllt sind, in einigen Wochen nach der Einreichung eingetragen und tritt damit schnell in Kraft. Als Inhaber eines Gebrauchsmusters sollte man deshalb sehr genau prüfen, ob das Schutzrecht im Streitfall auch Bestand haben wird.

Der Schutzbereich eines Geschmacksmusters ergibt sich aus den Abbildungen, die mit dem Antrag eingereicht und im Geschmacksmusterblatt veröffentlicht werden. Eine Beschreibung erweitert den Schutzumfang nicht.

Eine Marke verhindert, dass andere Unternehmen ein ähnliches Produkt produzieren und dieses unter einer identischen oder verwechslungsfähigen Bezeichnung in den Handel bringen. Hat ein Unternehmen erst einmal ein positives Image für seine Marke aufgebaut, so kann es diese Wirkung auf Verbraucher unbegrenzt entfalten. Mitbewerber dürfen die Marke nicht benutzen, auch wenn technische Schutzrechte bereits abgelaufen sind.

30.3 Arbeitnehmererfindungen

Neue und erfinderische technische Verfahren und Produkte sind erst einmal geistiges Eigentum des oder der Erfinder. In einem Unternehmen beschäftigte Mitarbeiter müssen ihre Erfindungen ihrem Arbeitgeber anbieten. In einem Großunternehmen gibt es dafür üblicherweise eine **Patentabteilung**. Der Arbeitgeber hat dann dem Erfinder mitzuteilen, ob

30 Schutzrechte in der Konstruktion

er die Nutzungsrechte an der Erfindung in Anspruch nehmen will. Der weitere Ablauf des Verfahrens ist gesetzlich festgelegt.

In Deutschland sind die Regeln für die Behandlung von Erfindungen von Mitarbeitern in einem Unternehmen im „Gesetz über Arbeitnehmererfindungen" (ArbEG) festgelegt. Wenn der Arbeitgeber eine Erfindung seines Arbeitnehmers in Anspruch nimmt, ist dafür eine Vergütung zu zahlen. Diese bemisst sich nach dem Umsatz, der mit der Erfindung gemacht wird. Die Details sind in den „Richtlinien für die Vergütung von Arbeitnehmererfindungen im privaten Dienst" festgelegt. In anderen Ländern, beispielsweise in den USA, kennt man solche Regelungen nicht, was in internationalen Unternehmen zu Irritationen führen kann.

30.4 Patentbewertung

Im Bezug auf ihre wirtschaftliche Bedeutung werden technische Schutzrechte oft überbewertet. Es gilt immer sorgfältig abzuwägen, ob eine Entwicklung das Geld wert ist, das für die nationale und internationale Anmeldung, Erteilung und Aufrechterhaltung eines technischen Schutzrechts investiert werden muss.

In vielen Fällen sind technische Verfahren, die bei der Herstellung eingesetzt werden, am Produkt nicht nachweisbar. Wettbewerber werden durch eine Patentanmeldung, die nach 18 Monaten offengelegt wird, auf die Erfindung aufmerksam gemacht und zur Erarbeitung von Umgehungslösungen angeleitet. Es kann also günstiger sein, wenn ein solches Verfahren für betriebsgeheim erklärt wird.

Eine große Anzahl von Schutzrechten sagt allein nichts über die technologische Stärke eines Unternehmens aus. Ein **Patentportfolio** muss regelmäßig überprüft werden: Nur Patente mit einem hohen Erlös rechtfertigen auch hohe Kosten für Erwerb und Aufrechterhaltung, insbesondere des internationalen Schutzes.

30.5 Patente als Informationsquelle

Patentrecherchen sind die beste Möglichkeit, sich über den aktuellen Stand der Technik zu informieren. Der weitaus überwiegende Teil technischer Veröffentlichungen ist nur in **Patentliteratur** erfolgt. In jeder Patentschrift wird ein konkreter Lösungsweg für ein technisches Problem beschrieben. Die meisten dieser technischen Lösungen können frei benutzt werden, weil der Schutz entweder bereits abgelaufen oder aber nie erteilt worden ist.

Für ein Unternehmen bietet die regelmäßige Überwachung der neu veröffentlichten Patentschriften ein effektives Mittel zur Marktbeobachtung. Oft können neue technologische Trends lange vor der Markteinführung fertiger Produkte erkannt werden. Ebenso ist es möglich, dass technische Lösungen und Verfahren ursprünglich für ein ganz anderes Problem auf einem anderen technischen Gebiet entwickelt wurden und für eine neue Anwendung adaptiert werden können. All dies hilft kostspielige Doppel- und Neuentwicklungen zu vermeiden.

30.5.1 Vorgehen bei einer Patentrecherche

Der Zugang zu **Patentinformationen** ist in den vergangenen Jahren sehr erleichtert worden. In Deutschland konnte bereits früher auf ein Netz von 28 öffentlichen Patentinformationszentren (PIZ) zugegriffen werden. Hier findet man nicht nur einen umfangreichen Bestand an Patentliteratur – Besucher finden hier Unterstützung bei Eigenrecherchen (www.patentinformation.de).

Heute reicht ein Internetzugang, um von jedem Ort auf einen großen Teil der in Patentliteratur verfügbaren technischen Informationen frei oder kostenpflichtig zugreifen zu können. Freie Patentserver werden beispielsweise vom DPMA, der Europäischen Patentorganisation (EPO), dem U.S. Patent and Trademark Office (USPTO) oder dem Japanischen Patentamt (JPO) bereitgestellt.

Auf eine unklar formulierte Datenbankabfrage wird man bestenfalls zufällig das gewünschte Ergebnis erzielen. Zu Beginn einer Recherche muss deshalb möglichst exakt und umfassend ein Thema definiert werden. Notieren Sie, was Ihnen bereits bekannt ist, und grenzen Sie Ihre Aufgabe gegen benachbarte Technikgebiete ab. Einige Schlüsselwörter helfen Ihnen beim Einstieg in die Suche nach relevanten Dokumenten. Dazu gehören auch die Namen von Firmen oder möglichen Erfindern. Besonders einfach wird die Suche, wenn bereits eine Patentnummer bekannt ist.

30.5.2 Patentrecherche im Internet

Der Patentserver des DPMA – DEPATISnet – ist unter der Internetadresse „www.depatisnet.de" zu erreichen. Dem Nutzer wird für eine erste Recherche eine Eingabemaske zur Verfügung gestellt. Es kann aber auch eine Expertensuche mit einer eigenen Abfragesyntax durchgeführt werden. Das Archiv umfasst alle deutschen Patente seit 1877 und auch die elektronisch verfügbaren Dokumente vieler anderer Staaten. Insgesamt sind es mehr als 25 Millionen Patentdokumente, und wöchentlich kommen etwa 20000 dazu. In diesem Heuhaufen wollen Sie eine Nadel finden!

Der esp@cenet Server ist ein Kooperationsprojekt der europäischen Patentorganisation (de.espacenet.com). Hier kann in einem Bestand von mehr als 30 Millionen Patenten aus aller Welt recherchiert werden. Die Abfrage muss in englischer Sprache erfolgen. Die Begriffe in den Abfragefeldern können durch die Boole'schen Operatoren AND, OR und NOT miteinander verknüpft werden. Im ersten Versuch werden oft zu viele Dokumente ermittelt – die Recherche muss überarbeitet werden.

30.5.3 Die internationale Patentklassifikation

Abschließend sei auf ein wichtiges Hilfsmittel bei der Patentrecherche hingewiesen: die internationale Patentklassifikation (IPC). Weltweit werden Patentanmeldungen von den nationalen und internationalen Patentämtern nach diesem einheitlichen System klassifiziert. Die IPC ist ein sehr wertvolles Hilfsmittel bei der Patentrecherche, weil sich relevante Dokumente unabhängig vom Auftreten einzelner Schlüsselwörter auffinden lassen. Oft werden nämlich synonyme Begriffe zur Beschreibung eines ähnlichen technischen Sachverhalts verwendet. Oder die anmeldende Firma hat ihren Namen gewechselt. Die bibliografischen Daten eines Patents können sich ändern, aber die Einordnung in ein bestimmtes Gebiet der Technik, die Verschlüsselung gemäß IPC, liefert einen sicheren Hinweis darauf, dass ein relevantes Dokument vorliegen könnte.

Quellen und weiterführende Literatur

Rebel, D.: Handbuch des Gewerblichen Schutzrechte. Köln: Heymanns Vlg., 1997
Lehmann, F.; Schneller, A.: Patentfibel. Hannover: Innovationsgesellschaft Universität Hannover mbH, 2002

Sachwortverzeichnis

2D-CAD-Systeme 567
3D-CAD-Systeme 48, 161, 572
3D-CAD/CAM-Systeme 569
3D-Printing 554
3D-Printing-Technologie 612

A

Abbot-Firestone 86
Abbot-Kurve 86, 87
ABC-Analyse 307, 349, 378
Ablauf einer FE-Berechnung 585
Ablauforganisation 224, 526
Abmaß, oberes 100
–, unteres 100
Abteilungsorganisation 226
Abweichung 436
Abweichungskosten 298
Abwicklungen 42
Achsen 140
Aftermarket 348
Ähnlichkeit 312
–, spezielle 312
Alleinstellungsmerkmal 475
Allgemeintoleranzen 101, 125
Analyse 199
Analyseprozesse 240
Anfertigung 32
Anforderungen 21
–, rechtliche 444
Anforderungskataloge 253
Anforderungsliste 201, 252 f., 320 f., 514
Anforderungsmodell 569
Angebotserstellungsprozess 302
Anisotropie 602
Anmutung 405
Anordnung der Ansichten 31
Anpassungskonstruktion 215, 309, 510
Anschlussmaße 64
Anschlussschnittstellen 447
Anschlussstellen 446
Ansichten 31
–, unterbrochene 43
Antriebselemente 130

Antuschieren 93
Anwenderwissen 22
Anwendung der Linienarten 37
Anwendungsschnittstellen 566
Anziehmoment 138
Arbeitnehmererfindungen 630
Arbeitsblätter 426
Arbeitsmanagement 623
Arbeitsprotokollverwaltung 623
Arbeitsteilung 526
Archivierungsschnittstellen 567
Armaturen 148
Art der Darstellung 32
Attribute Listing 476
Aufbauorganisation 224
Aufgabenstellung 251, 513
Auftragserteilung 498
Auftretenswahrscheinlichkeit 545
Ausarbeiten 257, 386
Ausarbeitung 519
Ausführungsrichtlinien 33
Ausgespanntheit 404
Ausgewogenheit 404
Auslegungsrechnung 156
Ausschusswahrscheinlichkeit 110
Autorendesign 401
Axiallager 141

B

B2B 345
BAB (Betriebsabrechnungsbogen) 369
Balanced Scorecards 186
balanced strategies 471
Baugruppenbauweise 256
Bauhaus 398
Baukasten 313
Baukastenstückliste 262
Baukastensystem 311, 315
Baureihen 309
Beanspruchung 163, 169
–, mehrachsige 176
–, schwingende 168
–, zusammengesetzte 179
Beanspruchungsarten 165
Beanspruchungsfälle 171

Bedarfsplanung 522
Bedeutung 545
Belastung 163
Belastungs-Beanspruchungs-Konzept 410
Belastungsfälle 169
Bemaßung der Werkstückgeometrie 48
Bemaßung, steigende 58
Bemaßungsinformationen 41
Benchmarking 379, 504, 523, 542
Benutzerschnittstelle 566
Berechnung 154
–, nichtlineare 588
Berechnungssoftware 595
Berechnungsverfahren 154
Berechnungsziele 587
Beschaffenheitsmerkmale 267
Beschaffungsverhalten, organisationales 353
Beschichtungssystem 598
Best in Class 543
Best-of-Benchmarking 379
Best Practices 185, 542
Best-practice-Unternehmen 492
Betriebsabrechnungsbogen (BAB) 369
Betriebsmittel 521
Betriebsmittelbereitstellung 522
Betriebsmittelentwicklung 524
Betriebsmittelplanung 521
Betriebssicherheit 140
Bewertung 212, 338, 507
Bewertung und Entscheidung 321
Bewertung von Managementsystemen 281
Bewertungsmatrix 508
Bewertungsmodell 284
Beziehungen 574
Bezugsebenentastsystem 94
Bezugselement 114
Bezugsflächentastsystem 94
Bezugssystem 114
Binär-Format 601
Binder 612
Bionik 208, 479
Blindleistungen 301
Bögen 53
Bohrbearbeitung 428

Bolzenverbindungen 137
Bottom-up-Analyse 380
Brainstorming 208, 477, 507
Branchenauswirkung 470
Break-Even-Diagramm 363
Break-Even-Point 363
Bremsen 144
Bruch 168
Buying-Center 353 f.

C

CAD-Benutzungsfunktion 571
CAD-CAM-System 571
CAD-FEM-Kopplung 591
CAD-Modelle, fehlerhafte 592
CAD-Normteiledatei 567
CAD-System-Schnittstellen 566
CAD-Systeme 42, 47, 67 f., 565
–, nicht parametrische 578
–, parametrische 574
–, teilparametrische 578
–, vollparametrische 578
CAD/CAM 560, 564, 621
CAM 562
CAP 561
CAQ 563
CE-Kennzeichnung 518
Checkliste 322, 324, 516
Cherrypicking 379
Computer Aided Design (CAD) 560
Computer Aided Manufacturing (CAM) 562
Computer Aided Planning (CAP) 561
Computer Aided Quality Assurance (CAQ) 563
Concurrent Engineering 192, 620
Configuration Management (CM) 623
Conjoint-Analyse 379, 504
Coulomb'sches Reibungsgesetz 133

D

Dauerfestigkeitsschaubild 173 f.
Dauerschwingbeanspruchung 175
Dauerschwingfestigkeit 173 f.
Dauerschwingversuch 172

dead-end knowledge 192
Deckungsbeitrag 373
Deckungsbeitragsrechnung 372
Dehnung 167
Delphi-Methode 479
Deming-Zyklus 535
Denken, traditionelles 221
Denkweise, prozessorientierte 288
design history 192
Design of Experiments 547
Design Review 536
Design-for-manufactury-assembly 380
Design-to-Cost (DTC) 376
Designparameter 329, 331
Designvariablen 594
Detaillieren 207
Dichtungen 130, 150
Differenzen, finite (FDM) 581
Digital Mock-Up (DMU) 618 f.
Dimensionierung 156
Dimetrie 39
DIN EN ISO 9000:2000 272
DIN-EN-ISO-Normen 71
DIN-EN-Normen 71
DIN-ISO-Normen 71
DIN-Normen 71
Diskretisierung 584
Diskretisierungsverfahren 581
Diversifikation 470
Divisionskalkulation 370
Dokumente 527
Draufsicht 31
Drehbearbeitung 427
Dreitafelprojektion 30
Druckfestigkeit 610
Druckkopf 612
Durchdringungen 41
Durchmesser 52

E

E-Modul 167
Ebenheit 113, 117
EDB (Engineering Database) 620
EDM (Engineering Data Management) 620
Effektivität 185, 230, 364
Effektivitätsverlust 185
Effizienz 185, 230, 364
Effizienzgewinne 185
EFQM (European Foundation for Quality Management) 276
EFQM-Excellence-Modell 276, 282
EFQM-Kriterien 283
EFQM-Modell 282
Eigenschaften 21
–, anisotrope 610
Eigenschaftslisten 476
Einbindung, persönliche 525
Eindeutig 391
Eindeutigkeit 517
Einfach 391
Einfachheit 517
Einheitensysteme 593
Einheitsbohrung 105 f.
Einheitswelle 105 f.
Einkauf 344
Einkufentastsystem 94
Einzelkosten 361
Einzelmessstrecke 82
Einzelteil-Zeichnungen 32
Eisenwerkstoffe 332
Elastizitätsmodul 167
Electron Beam Melting 613
Elektronenstrahl 613
Element, finites 583
Elemente 583
– der Maßeintragung 49
–, abgeleitete 115 f.
–, finite (FEM) 581
Elementtypen 586
Engineering Data Management (EDM) 620
Engineering Database (EDB) 620
Engineering Document Management (EDM) 620
Entdeckung 545
Enterprise Resource Planning (ERP) 563, 621
Entscheidung 340
– für den Werkstoff 339
Entscheidungssituationen 318
Entsorgung 461
Entwerfen 205, 255, 386, 388
Entwicklungskosten 363
Entwurf 516

Entwurfsrechnung 156
EOQ (European Organisation for Quality) 276
EQA (European Quality Award) 276, 286
Erfolgsfaktoren-Portfolio 504
Erfolgsfaktorenanalyse 503
Ergonomie 398, 405 f.
ERP (Enterprise Resource Planning) 563, 621
Erzeugnis 258
Erzeugnisgliederung 258, 519
–, fertigungsorientierte 425
Erzeugnisstruktur 259
Erzeugung von Profilkörpern 575
Erzwungene Beziehungen 476
European Organisation for Quality (EOQ) 276
European Quality Award (EQA) 276, 286
Evolventenverzahnungen 146
Explosionszeichnungen 64

F

F & E-Budgets 482
F & E-Controlling 493
F & E-Management 484
F & E-Projektmanagement 491
F & E-Strategie 483
Fachliteratur 331
Fachwissen 22
Fähigkeiten des Entwicklungsingenieurs 512
Faktenwissen 222
Faltung 110
Familientabellen 574
Farboption 612
Fasen 55
Fast Follower 185
Feature 573
Feature-Technologie 573
Federkennlinie 137
Federkonstante 137
Federn 137
Fehler im Produktentstehungsprozess 532
Fehlerbaumanalyse 544
Fehlerfolgekosten 298

Fehlerkosten 296
Fehler-Möglichkeits- und -Einfluss-Analyse (FMEA) 207, 256, 544
Fehlerverhütungskosten 295
Fehlervermeidung 533
Fehlleistungen 301
Fehlleistungskosten 297
Feinentwurf 576
Feingestalt 81, 88
Feingestalten 387
FEM-Berechnung 582
Fertigteil 418, 576, 578
Fertigungstechnologie 318
Fertigungsunterlagen 207
Fertigungsverfahren 424
–, generative 597
Festigkeit 162, 598
Festigkeitsbedingung 163, 175, 177
Festigkeitsberechnung 162, 176
Festigkeitshypothesen 176 f.
Festigkeitsnachweis 162,
Finite-Elemente-Methode 580, 582
Firmenübernahme 480
Flachbettdrehmaschinen 311
Flächenmodelle 572
Flächenprofil 118
Fließen 168
FMEA (Fehler-Möglichkeits- und -Einfluss-Analyse) 207, 256, 544
Forced Relationship 476
Forderungen der QM-Systeme 271
Formabweichungen 81
Formelemente 46
Formelemente Normen 47
Formkategorien 402
Formschlussverbindungen 135
Formtoleranzen 99, 113, 116
Fräsbearbeitung 429
Freihandzeichnen 66, 68
Freihandzeichnungen, technische 66
Freitastsystem 94
Frontloading 377
Fügen 431
Fügeverfahren 318
Führungen 143
Funktion 198
Funktionsflächen 88 f.
Funktionsmodell 569, 599
Funktionsorientierung 219

Sachwortverzeichnis

Funktionsstruktur 203
Funktionsteil 418, 576 f.
Funktionsunfähigkeit 168
Fused Layer Modeling 554, 610

G

Gebrauchsmuster 628
Gefährdungen, unvorhersehbare 442
–, vorhersehbare 441
Gemeinkosten 361
Genauigkeit 586
Geometrie, darstellende 41
Geometrieinformationen 41
Geradheit 113, 116
Gesamtfunktion 203
Gesamthöhe des Profils 85
Gesamtlauf 113, 123
Gesamtmessstrecke 82
Gesamtplanlauf 124
Gesamtrundlauf 124
Gesamttoleranz 124
Geschäftsplanung 500, 509
Geschäftsprozesse 234 f., 239
–, Gestaltung 242
Geschäftsprozessmanagement 235, 278
Geschäftsprozesstypen 237
Geschmacksmuster 629
Gestaltabweichungen 81
Gestaltänderungsenergiehypothese 178
Gestaltelemente 401
Gestalten 388
Gestaltmodell 570
Gestaltstruktur 401
Gestaltung 206, 398
–, beanspruchungsgerechte 419 f.
–, entsorgungsgerechte 461
–, fertigungsgerechte 405, 424, 427
–, funktionsgerechte 418
–, handhabungsgerechte 438
–, instandhaltungsgerechte 450
–, keramikgerechte 422
–, korrosionsschutzgerechte 449
–, kraftflussgerechte 394
–, materialgerechte 405
–, montagegerechte 430, 434
–, recyclinggerechte 452 f., 460

–, sicherheitsgerechte 443
–, technische 386
–, toleranzgerechte 436 f.
–, transportgerechte 438, 440
–, werkstoffgerechte 421, 423
–, Zuverlässigkeit verbessernde 445
Gestaltungsbewertung 388
Gestaltungsgrundregeln 388, 390
Gestaltungsphase 205
Gestaltungsprinzipien 388, 393
Gestaltungsregeln 517
Gestaltungsrichtlinien 388, 416, 432
Gestaltungsvorgaben 602
Gestaltvarianten 308
Getriebe 145
Gewichtung 203, 213
Gewinde, genormte 56
Gewindedarstellung 45
Gewinne 359
Gleichteile 311
Gleitkufentastsysteme 94
Gleitlager 141
–, hydrodynamische 141
–, hydrostatische 142
Grafikschnittstelle 566
Grazer Modell 184
Grenzkostenrechnung 373
Grenzmaß 100
–, wirksames 101
Grenzwellenlänge 82
Grobentwurf 576
Grobgestalt 81, 88, 387
Grundabmaß 103
Grundähnlichkeiten 312
Grundbelastungsfälle 164
Grundfunktionen 72
Grundkonstruktionen, geometrische 41
Grundlagenwissen 22
Grundrautiefe 84 f.
Grundsymbol 91
Grundtoleranz 103
Grundtoleranzgrad 103
Gruppen-Zeichnungen 32, 64

H

h-Methode 586
Halbschnitte 44

Handhaben 431
Handhabung 438
Handwerkszeug 24
Hardware 565
Hardwareschnittstellen 447
Harz 603
Hauptzeichnungen 64
Herstellkosten 362
Hilfsmaß 102
Hinterschneidungen 598
Hochschule für Gestaltung 398
Höhe des Profils, größte 84
Hooke'sches Gesetz 167
House of Quality 540
Hüllbedingung 107
Hüllprinzip 108, 124
Hybridmodelle 572

I

Idee 219
Identifizieren 264
Illustration 67
Imitation 480
Industriedesign 398
Infiltration 606
Informationen 191
Informationsaustausch 28
Informationsbeschaffung 189
Informationsfluss 224, 227
Informationsgewinnung 324
Informationsmanagement 188
Informationsquellen 190
Informationstechnik 615
Ingenieurarbeit 511
Ingenieuraufgaben 22
Inhalt einer Zeichnung 32
Innovation 183, 468
Innovation und Lernen 277
Innovationsintensität 470
Innovationskauf 479
Innovationskraft 492
Innovationsmanagement 480, 485
Innovationsprojekte 490
Inside-out Orientierung 471
Inspektion 451
Instandhaltung 450
Instandsetzung 451
Intangible Assets 186

Integration, informatorische 525
–, organisatorische 525
Interferenzmikroskop 93
International Organization for Standardization (ISO) 190
Internet 182, 185
Investitionsrechnung 509
ISO (International Organization for Standardization) 190
ISO-Toleranz 104
ISO-Toleranzsystem 102
Isometrie 39
Istmaß, örtliches 100
–, wirksames 101
Istoberfläche 80

J

Joint Venture 494
Joint-Venture-Konzeption 480

K

KAIZEN 288
Kalkulation 370
Kalkulationsverfahren 370
Kano-Analyse 501
Kanten 55, 583
Kantenmodelle 572
Kasten, morphologischer 210, 477
Kataloge 190
Käufermacht 345
Kegel 54
Kegelbemaßung 54
Kegelräder 146
Kegelsitz 134
Keilriemen 147
Kenntnisse 21
Kennzeichnung des Schnittverlaufs 44
Keramik, technische 421
Kerbspannungen 590
Kernprozesse 237, 247
Ketten 147
Key Account Management 193
Klären der Aufgabe 321
– der Aufgabenstellung 252
Klassifizieren 264
Klassifizierungsinformationen 198
Klassifizierungssystem 266

Kleben 131 f.
Klemmverbindungen 135
Knockout-Kriterien 325
Knoten 584
Knotenkräfte 584
Know-how 523
Koaxialität 113, 121
Kommunikationsfunktion 514
Kompetenz, heuristische 222
–, soziale 538
Komplexität 526
Kompositionsprinzipien 404
Konfigurationsmanagement 623
Konfigurationsmodell 623
Konformitätskosten 297
Konstruieren 20
–, methodisches 196
–, rechnerunterstütztes 560, 616
–, restriktionsgerechtes 416
–, sicherheitsgerechtes 441
–, Zuverlässigkeit verbesserndes 441
Konstrukteur 417
Konstruktion 20, 317
–, normenorientierte 616
–, werkstattorientierte 616
Konstruktions-FMEA 545
Konstruktionsablauf 249
Konstruktionsabteilung 226
Konstruktionsarten 215, 510
Konstruktionsberechnung 154
Konstruktionsbereich 225
Konstruktionsgrundsätze 388
Konstruktionsinformatik 191
Konstruktionskataloge 507
Konstruktionskosten 363
Konstruktionsmethodik 616
Konstruktionsmittel 23
Konstruktionsphasen 249, 386, 569
Konstruktionsprozess 199, 201, 218, 251, 615
Konstruktionsregeln 416, 458
Konstruktionsrichtlinien 191, 211
Konstruktionsskizze 67
Konstruktionstechnik 20, 218
Konstruktionswerkstoffe 333
Kontrollfunktion 514
Konvergenz 589
Konzentrizität 113, 121
Konzept 200, 205

Konzeptfindung 515
Konzeptionsphase 200
Konzipieren 255, 386
Koordinatenbemaßung 59
Korrosion 149, 448
Kosten 358, 513
–, fixe 360
–, qualitätsbezogene 295
–, variable 360
Kostenart 361
Kostenbegriffe 360
Kostenentstehung 359
Kostenermittlung 368
Kostenfestlegung 359
Kostenfrüherkennung 373
Kostenführerschaft 347
Kostenmanagement 376
Kostenrechnung 368
Kostenstelle 361
Kostenträger 361
Kostentreiberanalyse 378
Kostenverantwortung 358
Kräfte 165
Kreativität 185, 468
Kreativitätstechniken 508
Kreislaufwirtschaft 453
Kugeln 53
Kühlkanäle 607
Kunde 515
–, externe 235
–, interne 236
Kunden-Lieferanten-Beziehungen 241
Kundenforderungen 514
Kundenorientierung 292, 352
Kundenwünsche 501
Kundenzufriedenheit 291 f.
Kunststoffe, faserverstärkte 333
Kupplungen 144

L

Lager 141
Lagerbelastung, äquivalente 142
Lagetoleranzen 99, 113
Längen 59
Längspresssitz 134
Laser Chemical Vapor Deposition 554
Laser Cusing 609
Laser-Sintern 554, 605

Laserformen 608
Lastenheft 194, 253
Lastfall 169
Lastinkrementierung 589
Lauf 113, 122
Lauftoleranzen 113, 122
Layer Laminate Manufacturing 554, 609
Lead-user 187
Leader 185
Lebensdauer, nominelle 142
Lebenslaufkosten 366
Leichtbau 332
Leistungsfähigkeit 301
Leitungen 148
Leitungssysteme 147
Lessons Learned 185
Lichtschnittmikroskop 93
Life-Cycle-Cost 366
Linear-performance-pricing 380
Linien 36
Linienarten 36
Linienbreite 37
Linienprofil 118
Lizenzkauf 480
Lösungen, selbstschützende 395
–, selbstverstärkende 395
Lösungsfindung 207
Lösungskataloge 210
Lösungsprinzipien 204
Lösungssuche 204
Löten 131 f.
Ludwig-Erhard-Preis 287

M

Make or Buy 522
Management der Qualität 531
Managementprozesse 237, 239
Marke 629
Marketing 344
Markt 500
Markt-Technologie-Portfolio 501, 503
Marktanalyse 502
Marktanteil 352
Marktkräfte 346
Marktsegmente 348
Marktteilnehmer 345
Marktwirtschaft 346

Maschinenelemente 130
Maschinenstundensatzrechnung 372
Maß, theoretisches 102
Maßeintragung 48, 51
–, fertigungsbezogene 49
–, fertigungsgerechte 52
–, funktionsbezogene 49
–, NC-gerechte 52
–, prüfbezogene 49
Maßhilfslinien 50
Maßkette 52, 108
Maßlinie 50
Maßlinienbegrenzungen 50
Maßstab 35
Maßtoleranzen 99, 102
Maßvarianten 309
Maßzahl 49, 51
Materialanteil 86
Materialanteilkurve 86
Materialkosten 329 f., 336 f.
Matrix-Organisation 228
Maximum-Material-Bedingung 124
Maximum-Material-Grenzmaß 101
Mechatronik 446
Mengenübersichtsstückliste 262
Merkmal 268
Merkmalausprägung 268
Merkmalliste 202
Messprozesse 240
Metallpulver 607
Metaplan-Methode 478
Methode 6-3-5 209, 478
Methode, morphologische 210
Methoden 377
– der IPE, integrative 526
– der Risikoanalyse 536
–, diskursive 210
–, intuitive 208
Methodenwissen 222, 538
Mindmapping 507
Mitarbeiter 229
Mittelwert der Profilordinaten 83
Mittenmaß 100
Mittenrauwerte 83
Modell 597
Modellbildung 589
Modulbauweise 256
Momente 165
Montage 431

Montieren 431
Motivation 538
Multipersonalität 353
Mustererzeugung 575

N

Nachrechnungen 158
Nachweis 588
Nagelprobe 92
nedd-pull 471, 475
Neigung 54, 113, 120
Nenn-Geometrieelement 98
Nennmaß 100
Netzverfeinerung, adaptive 587
Netzwerkschnittstellen 447
Neuigkeitsgehalt 470
Neukonstruktion 215, 510
Neuproduktmanagement 475
Newton-Raphson-Verfahren 589
Nichtkonformitätskosten 298
Nichtlinearitäten 588
Normalenvektor 600
Normalspannungen 179
Normalspannungshypothese 177
Normalverteilung 279
Normen 69, 190
Normenarten 74
Normenbereiche 73 f.
Normenfunktion 72
Normenpyramide 70
Normstrategie 352
Normung 69
Normungsebenen 70
Normzahlen 75, 310
Normzahlreihe 75, 78
Null Fehler 524
Null-Fehler-Philosophie 111
Nullserie 521
Nummer 263
Nummernsystem 264 ff.
Nuten 56 f.
Nutzleistungen 301
Nutzwertanalyse 379

O

Oberfläche 332, 607
–, geometrische 80

Oberflächengestaltung 630
Oberflächensymbole 92
Ökobilanz 454
Opponenten 354
Optimieren 206
Optimierung 594
–, mathematische 594
Optimierungsrechnungen 159
Ordnungsmäßigkeit 230
Ordnungssystem für Gestaltabweichungen 81
Organisation 224
–, funktionale 228
–, innovationsorientierte 494
–, prozessorientierte 233
Organisationsform 229
Organisationsinformationen 41, 61
Ortstoleranzen 113, 120
Outside-in Orientierung 471

P

p-Methode 586
Paarung 143
Papier-Endformate 33
Papierfolien 610
Parallelbemaßung 58
Parallelität 113, 119
Parallelnummernsystem 267, 309
Passfederverbindungen 136
Passung 97, 104
Passungsart 104
Passungssysteme 105
Patent 628
Patentabteilung 630
Patentinformationen 632
Patentliteratur 631
Patentportfolio 631
PDCA-Zyklus 290
PDM (Produktdaten-Management) 549, 615, 620 f., 624
PDM-Systeme 620
Personalmanagement 493
Pfeilmethode 42
Pflichtenhefte 253
Phasen des Lebenszyklus 452
Physical Mock-Up (PMU) 619
Pilotphase 520
Pioniergewinne 472

Planen 386
Planlauf 123
Planung des Projekts 530
Platzkostenrechnung 371
PLM (Product Lifecycle Management) 625
Poisson'sches Gesetz 167
Portfolio-Analyse 350
Portfoliomanagement 490
Position 113, 121
Positionsnummer 64
Potenzialfindung 500
PPS 563
Präventivkosten 297
Preisbildungsmechanismus 346
Pressverband 134
Pressverbindung 134
Primärprofil 82
Prinzip der Aufgabenteilung 394
– der Bistabilität 396
– der fehlerarmen Gestaltung 395
– der Selbsthilfe 394
– der Stabilität 395
–, ökonomisches 362
– der Kraftleitung 393
Prinzipmodell 569
Problemdefinition 200
Probleme 222
Problemlöser 222
Problemlösung 221
Problemlösungsprozess 199
Product Lifecycle Management (PLM) 625
Produkt, virtuelles 619
Produktarten 226, 511
Produktbefähigung 534
Produktdaten-Management (PDM) 549, 615, 620 f., 624
Produktdefinition 509
Produkte, marktgerechte 219
Produkteigenschaften 416 f.
Produktelimination 352
Produktentstehung 498, 621
Produktentwicklung 509, 621
–, integrierte 525
–, virtuelle 616
Produktentwicklungsmethoden 511
Produktentwicklungswerkzeuge 511
Produktfindung 500, 506

Produktherstellung 621
Produktinnovation 219, 471, 513
Produktionsinnovationen 469
Produktionsinnovationsrate 468
Produktionsplanung 521, 563
Produktionsrückläufe 453
Produktionssteuerung 521, 563
Produktionstechnik 20
Produktionsvorbereitung 521
Produktivität 360
Produktkostenoptimierung (PKO) 379
Produktlebenslauf 499
Produktlebensphasen 452
Produktlebenszyklus 351
Produktlebenszyklus-Management (PLM) 622, 625
Produktmodelle 622
Produktmodellierung, rechnerorientierte 616
Produktplanung 500
Produktpolitik 345
Produktpotenziale 501
Produktspezifikation 514
–, geometrische 97
Produktsubstitution 345
Produktvariation 352
Produktvielfalt 307
Profilfilter 82
Profilspitze 85
Profiltal 85
Profiltoleranzen 113
Profilwellen 136
Projekt 228
Projektabschluss 531
Projektion, orthogonale 29
Projektionen 29
–, axonometrische 39
Projektionsmethode 30
Projektkostenmodellierung 379
Projektleiter 528
Projektmanagement 228, 528
Projektorganisation 529
Projektportfolios 488
Projektsteuerung 480
Projektteam 528
Promotoren 354
Protokollschnittstellen 447
Prototyp 219, 520, 524, 551 f.

Sachwortverzeichnis

–, virtueller 553
Prozess 226, 230, 232
Prozess-Aufbaustruktur 243
Prozess-FMEA 545
Prozess-Landkarte 240
Prozessanalyse 231
Prozessbefähigung 534
Prozessbeschreibungen 243
Prozessdauer 598
Prozessdokumentation 247
Prozessfähigkeitswert 110
Prozessinnovationen 469
Prozessketten 232
–, produktionsspezifische 616
Prozesskostenrechnung 372
Prozessleistungsarten 302
Prozessmanagement 230, 234, 623
Prozessmodell 237 f.
Prozessorganisation 225, 233
Prozessorientierung 219
Prozessteams 617
Prozessverbesserungen 287
Prüfkosten 296
Prüfmaß 101
Pulver 605
Pulverdüse 608

Q

QFD (Quality Function Deployment) 254, 379, 504, 533, 540
Quadrate 54
Qualitätsbewertung 534, 536
Qualitätsführerschaft 347
Qualitätsmanagement 492, 532
Qualitätsmanagement-System 535
Qualitätsmanagementplan 535
Qualitätsmanagementsysteme, prozessorientierte 271
Qualitätsmerkmale 533
Qualitätspreise 272
Qualitätsprinzipien 272
Qualitätssicherung 595
Qualitätsverbesserung 272, 287
Qualitätsziele 533
Quality Function Deployment (QFD) 254, 379, 504, 533, 540
Quality-Gates 377
Querpresssitz 134

R

Radar-Konzept 284
Rädergetriebe 145
Radiallager 141
Radien 52
Rand- oder Boundary-Elemente (BEM) 581
Ranking 320, 338
Rapid Prototyping 551, 597
Rapid-Tooling 597
Rauheitsprofil 83
Rautiefe, mittlere 84
Recherchen 208
Rechnerunterstützung 560
Rechnungswesen, betriebliches 369
Rechtwinkligkeit 113, 120
Recycling 451
– bei der Produktion 457
– nach Produktgebrauch 459
– während des Produktgebrauchs 457
Recycling-Begriffe 455
Recycling-Kreislaufarten 455
Recyclingformen 456
Regelmessstrecke 82
Reibradgetriebe 146
Reibschlussverbindungen 132
Reibung 149
Relationship Management 355
Relationsinformationen 198
Relativkosten 375
Ressourcenmanagement 493
Reverse Engineering 380
Richtlinien 71
Richtungstoleranzen 113, 119
Riemen 147
Risiken 320
Risikoanalyse 207, 325, 340, 544
Risikomanagement 534
Risikoprioritätszahl 545
Robust-Design 548
Rohrleitungen 130
Rohteil 418, 576 f.
Rundheit 113, 117
Rundlauf 123
Rundlingspaarungen 143

S

Sachmerkmale 267
Sachmerkmalleiste 268, 309
Sachnummer 265 f.
Sachnummernsystem 265
Schadensfälle 324
Schalenmodell 220
Schließmaß 108
Schließtoleranz, arithmetische 108
–, quadratische 110
Schlüsselfaktoren 501
Schlüsselweiten 54
Schmiermittel 130, 149
Schmierstoffe 150
Schneckengetriebe 146
Schnittdarstellungen 43
Schnittstelle 446 f.
–, externe 447
–, interne 447
– zum Datentransfer 567
Schnittzeichnungen 46
Schraffuren 44
Schraffurlinien 43
Schraubenfedern 138
Schraubenräder 146
Schraubensenkungen 55
Schraubenverbindungen 138
Schriften 35
Schriftfeld 34
Schrumpfung 605
Schubspannungshypothese 177
Schutzrechte 628
Schwachstellenanalyse 508
Schweißen 131
Schwerpunktbildung 318
Scoringmodell 489
Sehnenhöhe 601
Seitenansicht 31
Selbstkosten 365
Selective Laser Melting 607
Selling-Center 353
Senkrechtgrößen (Amplitudenkenngrößen) 82
Senkungen 55
Sicher 392
Sicherheit 163, 441, 518
Sichtprüfung 92
Simulation 160, 553, 580
Simulationsrechnungen 160
Simultaneous Engineering 192, 537, 616, 620
Sinterhalsbildung 605
Situationsanalyse 506
Six-Sigma-Qualität 278, 280
Skalierung, multivariate 354
Skizze 67
Software 565
Softwareschnittstellen 447
Sortenschutz 629
Spannelementverbindungen 135
Spannung 163, 584
–, gleich gerichtete 179
–, zulässige 175
Spannungs-Dehnungs-Diagramm 167
Spannungsermittlung 170
Spannungssprünge 587
Spec-Freeze 491
Spielpassung 104
Spin-off 495
Stähle 613
Standard Triangulation Language 600
Standard-Papierformate 34
Standardabweichung 279
Standardisieren 69
Standardisierung 523
Standards 69
–, betriebliche 69
Stärke-Diagramm 214
Starrkörperbewegungen 585
Steifigkeitsmatrix 584
Stereolithographie 554, 603
Steuerung 530
Stiftverbindungen 137
Stirnräder 145
STL-Format 600
Stoffschlussverbindungen 131
Störgrößen 548
Strategie 185
Strukturstückliste 262
Stückliste 260, 519
Stücklistenarten 262
Stücklistensatz 259
Stützengenerierung 598
Stützleistungen 301
Suchkriterien 322

Symbole, grafische 66
Symmetrie 113, 122
Synektik 478
Synthese 199
System 221
System-FMEA 545
Systemdenken 221
Systeme, technische 197
Szenario-Technik 501, 505

T

Tangentialspannungen 179
Target Costing 194, 381
Target Pricing 194
Taster, optische 93
Tastschnittverfahren 93
Tätigkeitsanalysen 302
Taylor'scher Prüfgrundsatz 106 f.
Taylorisierung 184
Technischer Vertrieb 20
Technologie 317
Technologie-Strategie 480 f.
Technologieinformationen 41, 60
Technologiemanagement 480
technology-push 471, 475
Teil 260
Teilefamilien 308, 574
–, fertigungstechnische 309
–, konstruktive 308
Teilevielfalt 307
Teilfunktion 203
Teilkostenrechnung 372
Teilprozessbeschreibung 246
Teilprozesse 246
Teilschnitte 44
Tellerfedern 138
Time to Market 537
Toleranz 59, 97, 100, 436
Toleranzanalyse 108
–, statistische 536
Toleranzangaben 99
Toleranzarten 99, 113
Toleranzeintragungen 126
Toleranzfelder 103
Toleranzrahmen 114
Toleranzsynthese 108
Toleranzverknüpfungen 108
Toleranzzonen 113

Tolerierung, arithmetische 108
–, statistische 109
Tolerierungsgrundsatz 106
Topologie 585
Total Quality Management (TQM) 532
TPM-Anforderungen 524
TQM 273, 533
TQM-Business Excellence 277
TQM-Modell 277
Tragzahl 142
Transparenz 603
Transport 438
Tropfenform 610

U

Übereinstimmungskosten 297
Übergangspassung 105
Übermaßpassung 105
Übersetzungsverhältnis 145
Übersichtsmaße 64
Überwachungsaufgaben 530
Unabhängigkeitsprinzip 107, 124, 126
Ungefährmaß 102
Unique Selling Proposition (USP) 475
Unternehmensressourcen-Planung 621
Unternehmensstrategie 500
Unterstützungsprozesse 237, 239
Urheberrecht 630
USP (Unique Selling Proposition) 475

V

Value Analysis 382
Value Management 382
Varianten 306
Variantenbaum 307
Variantenkonstruktion 215, 510
Variantenmanagement 306
VDI-Richtlinien 71, 219
Verbesserungsprozess, kontinuierlicher (KVP) 288
Verbesserungsprozesse 240
Verbindungen, elastische 137
Verbindungselemente 130

Verbreitungsgebiet 470
Verbundnummernsysteme 266
Verfahren, numerische 580
Vergleichsspannung 177 f.
Verjüngung 54
Vermeidung von Fehlern 299
Vernetzung 585
Versagen 168, 175
Versagensart 177
Versagensbedingung 177
Verschleiß 149, 448
Verschwendungen 288
Verspannungsdiagramm 139
Versuche, grundlegende 339
Versuchskosten 547
Versuchsmethodik, statistische 536, 547
Verteilungsfunktionen 110
Vertrieb 344
Verursachungsprinzip 368
Verwendbarkeitsmerkmale 267
Virtual Prototyping 551
Virtualisierung 618
Virtualität 618
Vollschnitt 43
Volumenmodell 572, 600
Volumina, finite (FVM) 581
Vorauswahl 212, 325
Vorderansicht 31
Vorgehenspläne 250
Vormontage 431
Vorserie 521

W

Wahrscheinlichkeit 441
Wälzlager 142
Wartung 451
Wegabhängigkeit 580
Weglassen von Ansichten 42
Weiterverwendung 456
Weiterverwertung 456
Wellen 140
Welligkeitsprofil 83
Werknormen 70, 190
Werkstoff-Variante 319
Werkstoffauswahl 316 f.
Werkstoffdatenbanken 316
Werkstoffinnovation 319
Werkstoffkennwert 163, 165, 323
Werkstofflösungen 321
Werkstoffneueinführungen 319
Werkstoffschaubild 325 f.
Werkstoffstrang 611
Werkstofftechnik 316
Werkstoffverhalten 166, 172
Werkstoffwahl 320, 341
Werkstückgeometrie 41
Werkstückgestaltung 426
Werkstückkanten 56
Wertanalyse 382
Wertigkeit, technisch-wirtschaftliche 214
–, technische 212
–, wirtschaftliche 213
Wertschöpfung 299, 360
Wettbewerbsfähigkeit 182
Wettbewerbsintensität 345
Wettbewerbsprodukte 513
Wettbewerbsvorteile 182
Wiederverwendung 456
Wiederverwertung 456
Winkelmaße 59
Wirkprinzip 204
Wirtschaftlichkeit 230, 360, 599
Wirtschaftlichkeitsprinzip 368
Wissen 182, 185
Wissensmanagement 182
Wöhlerkurven 172
Workflow Management 623

Z

Zahnriemen 147
Zehnerregel 298, 532
Zeichenfunktion 405
Zeichnen, rechnerunterstütztes 42
Zeichnung 28, 67, 519
–, technische 28
–, Regeln für technische 48
Zeichnungseintragungen 91
Zeichnungssatz 259
Zeitabhängigkeit 580
Zeitmanagement 491
Zielfunktion 594
Zielkosten 381
Zielsetzung 470
Zugmitteltriebe 147

Zukunftstechnologie 486
Zulieferermacht 345
Zusatzfunktionen 72
Zuschlagskalkulation 370
Zuverlässigkeit 441

Zweck einer Zeichnung 32
Zweikufentastsystem 94
Zweipunktverfahren 100
Zylindrizität 113, 117

HANSER

Werkzeugmaschinen praxisnah erklärt.

Conrad u.a.
Taschenbuch der Werkzeugmaschinen
808 Seiten, 613 Abb., 69 Tab.
ISBN 3-446-21859-9

Das Taschenbuch gibt einen fundierten Überblick über Einteilung, Aufbau, Einsatz und Leistungsfähigkeit moderner Werkzeugmaschinen.
Die Autoren aus Unternehmen des Werkzeugmaschinenbaus und Hochschulen beschreiben moderne Werkzeugmaschinen und die Fertigungstechnologien der Metallbearbeitung.
Der anwendungsorientierte Nutzen wird durch zahlreiche Fertigungsbeispiele unterstützt.

 Fachbuchverlag Leipzig im Carl Hanser Verlag
Mehr Informationen unter **www.hanser.de/taschenbuecher**

HANSER

Konstruktion im Produktionsprozess.

Conrad
Grundlagen der Konstruktionslehre
2. verbesserte u. erw. Auflage
419 Seiten, 203 Abb., 74 Tab.
ISBN 3-446-22367-3

Dieses Lehrbuch beschreibt ausführlich die Phasen der Konstruktion, von der Aufgabenstellung über die Konzeptentwicklung bis zum Entwurf und dessen Ausarbeitung. Auch organisatorische Gebiete wie Nummerungstechnik, Stücklisten, Kosten, Qualität und CAD/CAM-Einsatz werden behandelt.
In die 2. Auflage wurden neue Kapitel über Herstellkosten, Qualitätssicherung in der Produktion (QFD, FMEA) und das rechnergestützte Konstruieren eingefügt.

 Fachbuchverlag Leipzig im Carl Hanser Verlag
Mehr Informationen unter **www.hanser.de**

HANSER

Die optimale Konstruktionslösung finden!

Hoenow/Meißner
Entwerfen und Gestalten im Maschinenbau
259 Seiten, 483 Abb.
ISBN 3-446-22603-6

Dieses Lehrbuch behandelt das Entwerfen und Gestalten von Bauteilen und Baugruppen übergreifend für den gesamten allgemeinen Maschinenbau.
Es wird der Konstruktionsprozess unter Berücksichtigung von Werkstoffen und Fertigungsverfahren beschrieben.
Ziel ist es dabei, einen Weg zu finden, der die Vielzahl möglicher Lösungsvarianten einschränkt. Dieser Prozess wird durch viele Beispiele und Gegenüberstellungen unterstützt.

 Fachbuchverlag Leipzig im Carl Hanser Verlag
Mehr Informationen unter **www.hanser.de**